KUHMINSA

한 발 앞서나가는 출판사, 구민사
독자분들도 구민사와 함께 한 발 앞서나가길 바랍니다.

구민사 출간도서 中 수험서 분야

- 용접
- 자동차
- 조경/산림
- 품질경영
- 산업안전
- 전기
- 건축토목
- 실내건축

- 기술사
- 기계
- 금속
- 환경
- 보일러
- 가스
- 공조냉동
- 위험물

전문가를 위한 첫걸음, 구민사는 그 이상을 봅니다!

전국 도서판매처

• 일산남부서점 • 안산대동서적 • 대전계룡서점 • 대구북앤북스 • 대구하나도서
• 포항학원사 • 울산처용서림 • 창원그랜드문고 • 순천중앙서점 • 광주조은서림

www.kuhminsa.co.kr

자격증 시험 접수부터 자격증 수령까지!

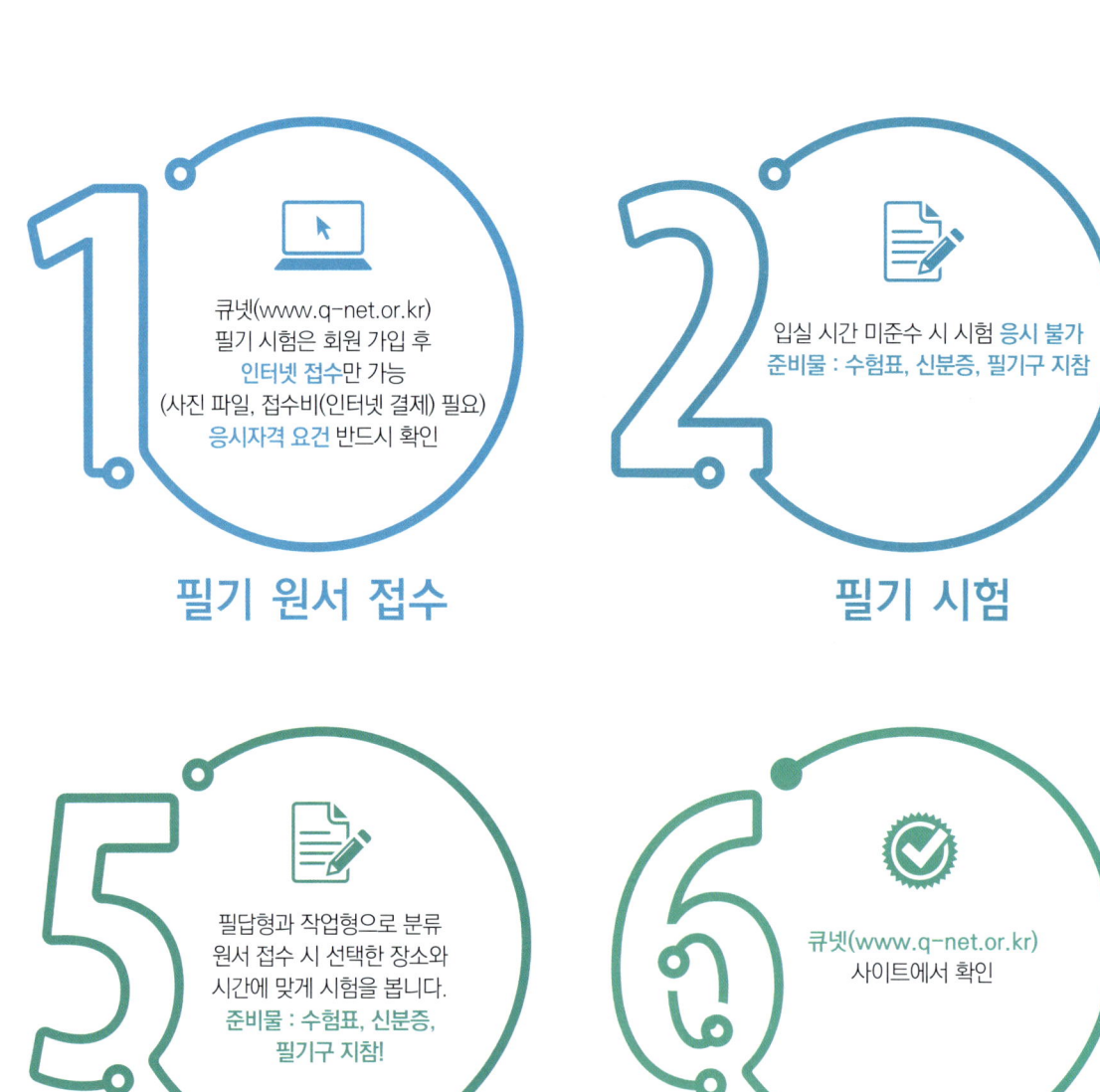

전문가를 위한 첫걸음, 구민사는 그 이상을 봅니다!

상시시험 12종목
굴삭기운전기능사, 지게차운전기능사, 미용사(일반), 미용사(피부), 미용사(네일), 미용사(메이크업), 조리기능사(양식, 일식, 중식, 한식), 제과·제빵기능사

필기 합격 확인

큐넷(www.q-net.or.kr) 사이트에서 확인

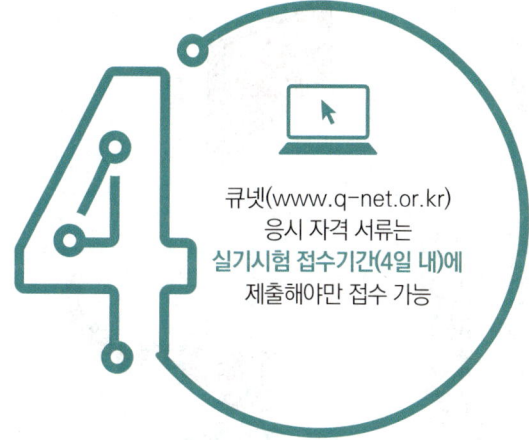

실기 원서 접수

큐넷(www.q-net.or.kr) 응시 자격 서류는 **실기시험 접수기간(4일 내)에** 제출해야만 접수 가능

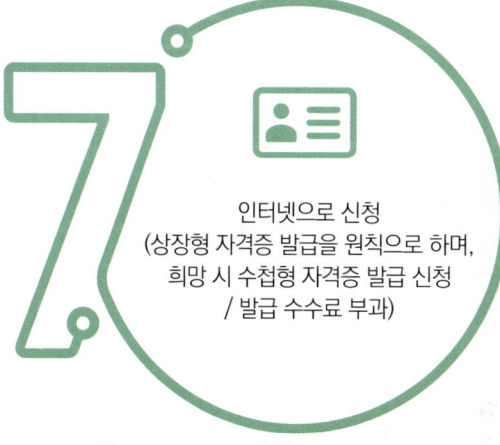

자격증 신청

인터넷으로 신청
(상장형 자격증 발급을 원칙으로 하며, 희망 시 수첩형 자격증 발급 신청 / 발급 수수료 부과)

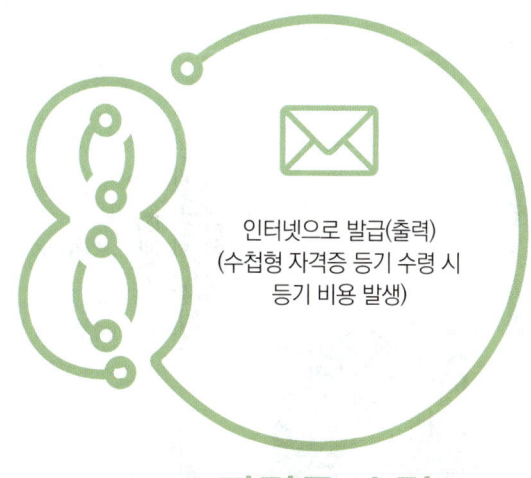

자격증 수령

인터넷으로 발급(출력)
(수첩형 자격증 등기 수령 시 등기 비용 발생)

철은 이렇게 만들어집니다.

제선공정

철광석 → 소결공장
원료탄 → Coke공장
→ 고로 → 용선 → 훈선차(토페도카)

제강공정

전로 → [용강] → Ladle → 노외정련 → 연속주조

제강

압연공정

Slab → 열간압연, 후판압연
Coil → 냉간압연, 전기강판압연
Bloom Billet → 선재압연

철이 있어 세상은 더 즐겁고 아름다워집니다.

[최고의 합격 수험서]

금속계열 수험자격 시리즈 No.1

수험서 특징

1. 강의 경력 최소 30년 이상 된 분들로 구성된 최고의 집필진
2. 필기 & 실기 시험 완벽 대비
3. 개정된 출제기준에 따른 이론 내용과 예상문제 수록
4. 최신 과년도 문제해설 수록
5. 실기 예상문제 및 과년도 문제 수록

금속계열 수험자격 시리즈

압연기능사 필기&실기	주조기능장 필기&실기
압연기능장 필기&실기	주조산업기사 필기&실기
제선기능사 필기&실기	열처리기능사 필기&실기
제선기능장 필기&실기	
제강기능사 필기&실기	금속재료시험기능사 필기&실기
제강기능장 필기&실기	금속재료기능장 필기&실기
	금속재료산업기사 필기&실기
원형기능사 필기&실기	금속재료산업기사 과년도 문제해설
주조기능사 필기&실기	금속재료기사 필기

목차

제1편 주조공학 ... 1

- 제1장 주물의 개요 ... 3
- 제2장 주형재료 및 주물사 시험법 ... 10
- 제3장 원형 및 주형제작법 ... 25
- 제4장 주조방안 설계 ... 36
- 제5장 특수주형 및 특수주조법 ... 56
- 제6장 정밀 주조법 ... 68
- 제7장 용해 및 후처리 ... 101
- 제8장 주물의 결함과 방지 대책 ... 138
- 제9장 안전관리 ... 149
  - ※ 제1편 주조공학 기출 및 예상문제 ... 164

제2편 금속제도 ... 275

- 제1장 제도의 기본 ... 277
- 제2장 투상법 ... 282
- 제3장 제도의 응용 ... 288
- 제4장 기계요소의 제도 ... 294
  - ※ 제2편 금속제도 기출 및 예상문제 ... 306

제3편
금속재료 315

- 제1장 금속재료 총론 ... 317
- 제2장 철강재료 ... 329
- 제3장 비철금속재료 ... 347
- 제4장 신소재 및 그 밖의 합금 ... 355
- ※ 제3편 금속재료 기출 및 예상문제 ... 362

제4편
자동생산시스템 389

- 제1장 자동제어 ... 391
- 제2장 CAD/CAM ... 395
- 제3장 유압장치 ... 399
- ※ 제4편 자동생산시스템 기출 및 예상문제 ... 404

제5편
공업경영 415

- 제1장 품질관리 ... 417
- 제2장 생산관리 ... 420
- 제3장 작업관리 ... 426
- ※ 제5편 공업경영 기출 및 예상문제 ... 430

제6편
부 록 453

- 부록 1. 원소기호표 ... 455
- 부록 2. 주조기능장 2차 실기 필답형 예상문제 ... 459

부록 3. 주조기능장 2차 실기 필답형 시행문제 ... 507
    1. 주조기능장 2001년 시행문제 ... 509
    2. 주조기능장 2002년 시행문제 ... 513
    3. 주조기능장 2003년 시행문제 ... 517
    4. 주조기능장 2004년 시행문제 ... 521
    5. 주조기능장 2005년 시행문제 ... 524
    6. 주조기능장 2006년 시행문제 ... 528
    7. 주조기능장 2007년 시행문제 ... 532
    8. 주조기능장 2008년 시행문제 ... 536
    9. 주조기능장 2009년 시행문제 ... 540
    10. 주조기능장 2010년 시행문제 ... 545
    11. 주조기능장 2011년 시행문제 ... 549
    12. 주조기능장 2012년 시행문제 ... 554
    13. 주조기능장 2013년 시행문제 ... 559

부록 4. 주조기능장 1차 필기 시행문제 ... 565
    1. 주조기능장 2003년 시행문제 ... 567
    2. 주조기능장 2004년 시행문제 ... 574
    3. 주조기능장 2005년 시행문제 ... 581
    4. 주조기능장 2006년 시행문제 ... 588
    5. 주조기능장 2007년 시행문제 ... 595
    6. 주조기능장 2008년 시행문제 ... 602
    7. 주조기능장 2009년 시행문제 ... 610
    8. 주조기능장 2010년 시행문제 ... 618
    9. 주조기능장 2011년 시행문제 ... 626
    10. 주조기능장 2012년 시행문제 ... 633
    11. 주조기능장 2013년 시행문제 ... 640
    12. 주조기능장 2014년 시행문제 ... 648
    13. 주조기능장 2015년 시행문제 ... 656
    14. 주조기능장 2016년 시행문제 ... 663

머리말

금속분야에서 주조공학(鑄造工學)은 기계, 자동차, 선박, 항공기 등 모든 산업분야의 기초가 되는 중요한 소재분야로서 주조기술이 산업기술을 발전시키는데 큰 역할을 하여 왔다.

특히 산업기술의 발전에 따라 새로운 특성 및 경제성이 있는 소재생산기술의 개발로 그 이용범위가 다양하게 확대되고 있다. 이 분야에 종사하는 산업현장기술자나 공학도들의 재능으로 이것을 꼭 해결하여야 한다는 점을 필자는 인식하고 다년간 공학도를 지도·양성한 경험을 살려 이 분야를 전공하는 공학도 및 산업현장실무자들에게 길잡이가 될 수 있는 지침서를 만들고자 노력하였다.

이 책은 주조공학(鑄造工學)을 공부하고자 하는 공학도들에게 길잡이가 될 수 있도록 하였으며, 국가기술자격검정을 준비 중인 수험생들에게 필요한 준비서로 널리 활용할 수 있도록 주조기능장의 출제기준을 기초로 하여 이론과 실기를 구분하여 편집하였다. 1차 필기시험에 대비하여 제1편 주조공학, 제2편 금속제도, 제3편 금속재료공학, 제4편 자동생산시스템, 제5편 공업경영으로 핵심 요점과 예상문제와 기출문제를 함께 편집하였고, 2차 실기시험에 대비하여 제6편에 부록으로 실기필답 기출문제 및 예상문제를 편성하였으며, 과목별, 단원별로 자격검정에 핵심적인 문제를 수록하였고, 각 문제마다 심도 있는 해설을 하는데 역점을 두어 기본적으로 알아야할 문제부터 고급수준의 문제들을 고루 편집하였기 때문에 이 책의 내용을 충실히 이해하면 주조기능장 시험에 많은 도움이 있으리라 사료된다.

이 책을 통하여 주조공학(鑄造工學)을 공부하고 하는 공학도들과 현장실무자들이 활용하는데 많은 도움이 되고 국가기술자격 검정시험을 대비하는 수험생들에게 수험대비용 참고서로서의 지침서가 되기를 바란다.

아무쪼록 이 책을 통하여 주조분야에서 최고의 기술인이 되었으면 하는 것이 저자로서의 욕심이다. 그러나 원고 정리를 끝내고 보니 부족한 부분에 대해서 아쉬움이 많지만 앞으로 신기술 부분과 부족한 것은 수정보완 할 것을 약속드리며, 여러분들의 많은 관심과 성원을 기대하는 바이다.

끝으로 이 책을 출간하기까지 많은 도움과 자료를 제공해주신 선·후배 동료 여러분과 출판에 수고하신 도서출판 구민사 임직원께 깊은 감사를 드리는 바이다.

의문 나는 사항이 있다면 sycho@kopo.ac.kr로 연락을 주시기 바랍니다.

저자 씀

주조(鑄造)기능장

출제기준 필기

직무분야	재료	중직무분야	단조·주조	자격종목	주조기능장	적용기간	2025.1.1.~2028.12.31.
직무내용	주조에 관한 최상급 숙련기능을 가지고 산업현장에서 작업관리, 소속 기능자의 지도 및 감독, 현장훈련, 경영층과 생산계층을 유기적으로 결합시켜주는 현장의 중간관리 등의 업무를 수행하는 직무이다.							
필기검정방법	객관식	문제수	60	시험시간	1시간			

필기과목명	문제수	주요항목	세부항목
주조, 금속재료 및 안전관리, 자동생산 시스템, 공업경영에 관한 사항	60	1. 주조	1. 주물의 개요 및 주형 재료의 제반사항 2. 주형제작법 3. 주조설계 4. 특수주형 5. 특수주조법 6. 정밀주조법 7. 용해재료 및 용해 8. 후처리와 보수 9. 주조품의 결함과 방지대책 및 검사 10. 기타
		2. 원형제작	1. 개요 2. 원형 검사와 관리
		3. 금속제도	1. 제도의 기초 2. 투상법 3. 도면해독법 4. 공차 및 표면거칠기
		4. 금속재료총론	1. 금속재료
		5. 안전관리	1. 안전에 관한 전반적인 사항 2. 작업별 안전관리
		6. 자동화 시스템	1. 자동화시스템
		7. 공업경영	1. 품질관리 2. 생산관리 3. 작업관리 4. 기타 공업경영에 관한 사항

출제기준 실기

직무분야	재료	중직무분야	단조·주조	자격종목	주조기능장	적용기간	2025.1.1.~2028.12.31.
직무내용	주조에 관한 최상급 숙련기능을 가지고 산업현장에서 작업관리, 소속 기능자의 지도 및 감독, 현장훈련, 경영층과 생산계층을 유기적으로 결합시켜주는 현장의 중간관리 등의 업무를 수행하는 직무이다.							
수행준거	1. 제품의 크기, 형상, 수량을 고려하여, 생산성이 최대가 되도록 조형설비 및 방법을 선정할 수 있다. 2. 용해 설비를 선정하고, 규격에 맞도록 장입재의 성분을 계산하여 재료를 장입, 용해 후 성분과 온도를 조정, 확인하고 안전하게 출탕하여 주입할 수 있다. 3. 접종효과, 주입온도, 래들 관리를 위해 출탕에서 주입까지의 시간을 관리할 수 있다. 4. 제품의 크기나 두께에 따라 주입 후, 열응력 변형과 가공성 등 기계적 성질을 고려하여 해체시간을 설정할 수 있다. 5. 다이캐스팅, 인베스트먼트, 셀몰드, 저압주조, 원심주조 등 특수주조 작업을 수행할 수 있다. 6. 주조품의 결함을 파악하고, 결함의 원인을 해결하기 위한 대책을 수립할 수 있다.							
실기검정방법	필답형			시험시간			2시간	

실기과목명	주요항목	세부항목	
주조 실무	1. 조형 작업	1. 조형 방법 결정하기 3. 조형하기	2. 주형재료 준비하기
	2. 주조공정설계	1. 생산방법 결정하기	2. 주조방안 설계하기
	3. 특수주조	1. 설비상태 확인하기 3. 주조작업하기 5. 설비 관리하기	2. 작업조건 관리하기 4. 부적합품 조치하기
	4. 용해작업	1. 용해설비 결정하기 3. 출탕하기 5. 용탕주입하기	2. 용해하기 4. 용해로관리하기
	5. 주조결함 발생대책 수립	1. 결함 발생 원인 분석하기 2. 재발 방지 대책 수립하기	
	6. 주조품질관리	1. 공정검사하기	2. 제품검사하기
	7. 주조환경 안전보건관리	1. 산업안전보건관리 계획하기 2. 위험요인 점검감독하기	
	8. 원형제작	1. 원형의 종류 선정하기 2. 원형 설계하기 3. 원형 제작하기	

MEMO

제1편

주조공학

제1장 주물의 개요
제2장 주형재료 및 주물사시험법
제3장 원형 및 주형제작법
제4장 주조방안 설계
제5장 특수주형 및 특수주조법
제6장 정밀주조법
제7장 용해 및 후처리
제8장 주물의 결함과 방지대책
제9장 안전관리

❂ 기출 및 예상문제

제1장 주조(鑄造)기능장
주물의 개요

01 주물의 개요

❶ 주물과 주조

금속을 녹여서 필요한 모양의 주형(mould)에 주입하고, 그 속에서 냉각, 응고시켜서 제품을 만드는 과정을 주조(casting), 또는 주조작업이라고 하며, 주형 및 용탕의 특성 등을 고려한 공학적 개념을 함께 생각하는 것이 주조공학(foundry engineering)이다.
또, 이때 얻어진 제품을 주물(castings), 또는 주조품이라 하며, 녹은 금속을 주형 중에 부어 넣어 응고시켜서 단순히 덩어리로 만든 잉곳(ingot)과는 일반적으로 구별된다.

❷ 주물의 특징

① 원하는 형태의 모든 것을 만들 수 있다.
② 작은 것부터 큰 제품까지 모양과 무게에 관계없이 만들 수 있다.
③ 모든 합금의 주조가 가능하므로 이용할 수 있는 금속이나 합금의 폭이 넓다.
④ 다량생산을 할 수 있어 융통성이 크다.
⑤ 다른 가공기술에 비해 작업이 비교적 쉽다.

❸ 주물의 제조공정

① 주조계획 수립 ② 원형제작
③ 주형제작   ④ 용해작업
⑤ 주입   ⑥ 후처리 및 보수
⑦ 검사   ⑧ 출하

02 주물의 종류

1 재질에 의한 분류

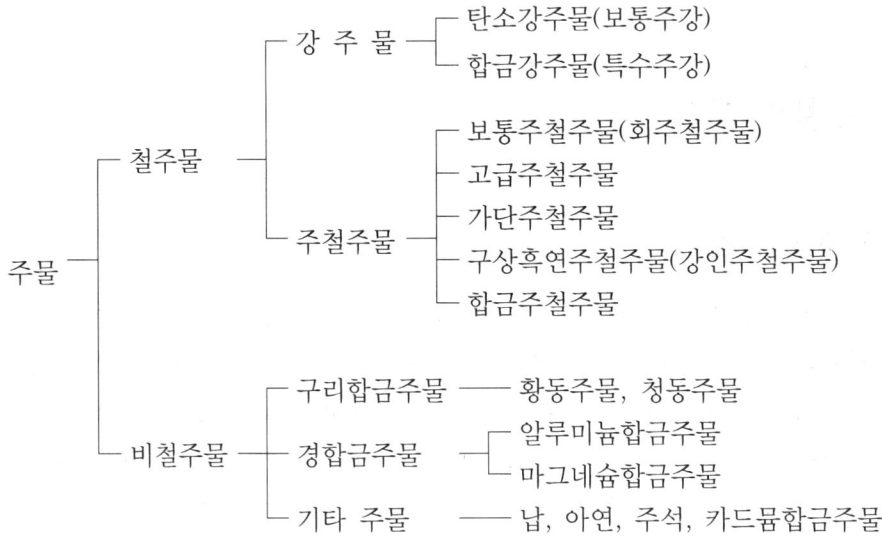

2 주조방법에 의한 분류

압력금형주조법, 중력금형주조법, 폭발주조법, 압박주조법, 흡입주조법, 진공주조법, 연속주조법 및 이들을 적절히 조합한 조합주조법 등이 있다.

3 주형에 의한 분류

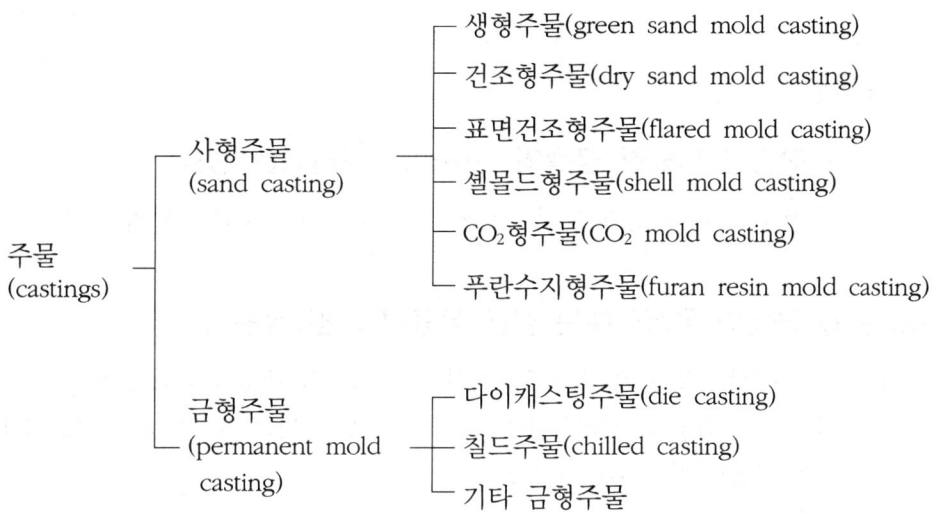

- 주물(castings)
  - 사형주물(sand casting)
    - 생형주물(green sand mold casting)
    - 건조형주물(dry sand mold casting)
    - 표면건조형주물(flared mold casting)
    - 셸몰드형주물(shell mold casting)
    - CO_2형주물(CO_2 mold casting)
    - 푸란수지형주물(furan resin mold casting)
  - 금형주물(permanent mold casting)
    - 다이캐스팅주물(die casting)
    - 칠드주물(chilled casting)
    - 기타 금형주물

4 용도에 따른 분류

(1) 주조품의 용도에 따른 분류

산업 기계용, 금속 공작 기계용, 섬유 기계용, 농업용, 전기 통신기기용, 철도용, 선박용, 일용품, 미술품 등으로 분류한다.

5 그 밖의 주물의 분류(무게, 두께)

① 대형 주물은 주물 한 개의 무게가 1톤 이상인 주물이다.
② 소형 주물은 10kgf 이하인 주물이다.
③ 중형 주물은 대형 주물과 소형 주물의 중간에 속하는 주물이다.
④ 두께 25mm 이상의 주물은 두꺼운 주물, 그 이하인 주물을 얇은 주물이라 한다.

03 금속의 주조성

1 유동성

(1) 주조 작업상 필요한 금속의 난이성을 나타내는 성능

유동성, 점성, 수축성, 용해로 및 조업법, 원형과 주형의 제작과 주입 작업 등

(2) 용융 금속의 유동성에는 실용 유동성과 참 유동성

① 실용 유동성은 어떤 일정한 온도에서 용융 합금을 주입할 때의 유동성이다.
② 참 유동성은 액상과 고상이 평형을 이루는 온도를 넘는 일정한 과열 온도에서 용융 합금을 주입할 때의 유동성이다.

(3) 유동성에 영향을 미치는 인자

① 점도(viscosity)
  ㉠ 점도가 높으면 유동성은 떨어지며, 점도는 합금의 조성에 따라 다르다.
  ㉡ 점도는 용융 금속의 용해도가 높아지면 급격히 떨어지므로 유동성이 좋아진다.
② 표면장력(surface tension)
  표면 장력이 높으면 유동성이 떨어지며, 과열 온도를 높이면 표면 장력은 감소한다.

2 수축(shrinkage)

(1) 용융합금의 응고과정

① 용융합금의 냉각에 따라 체적 감소가 생긴다.
② 합금의 전 표면이 수 초 사이에 미립으로 된 피막이 생기며 점차 이 피막이 두꺼워진다.
③ 피막이 생긴 후 부터는 용융금속의 냉각 응고가 외부 분위기와 접촉없이 피막 내부에서 진행된다.
④ 응고시에 체적의 감소 또는 팽창이 생긴다.
⑤ 고체상태에서 냉각되면 다소 체적이 감소된다.
⑥ 합금주물 내에 수지상이 많으면 수축공이 발생한다.

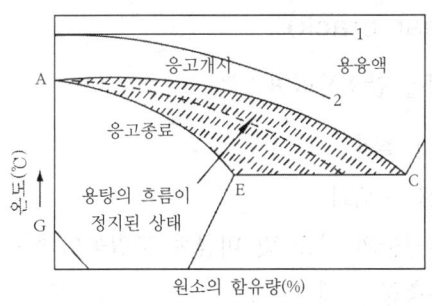

1. 일정한 온도　　　2. 일정한 과열온도
• AC : 액상선　　　• ----액상과 고체상의 평형점

[유동성 측정에서 주입온도]

(2) 수축의 종류

① 체적수축 : 주형의 빈자리에 충전된 용융 합금의 체적과 완전 냉각 후 주물 체적과의 차이다.
② 선수축 : 주형 빈자리의 선치수와 냉각 주물 선치수와의 차이다.
③ 자유수축 : 합금의 수축으로 체적이나 치수가 감소하는데 아무 장애가 없을 때의 수축이다.
④ 주조수축 : 주물 생산에서 일어나는 선수축으로 값은 항상 자유수축보다 작다.

❸ 주조 응력(casting stress)

(1) 주조응력의 종류

① 주물 수축의 제약을 받아 생기는 수축 응력
② 냉각이 균일하지 않아 생기는 열응력
③ 결정 구조의 변화로 생기는 상응력

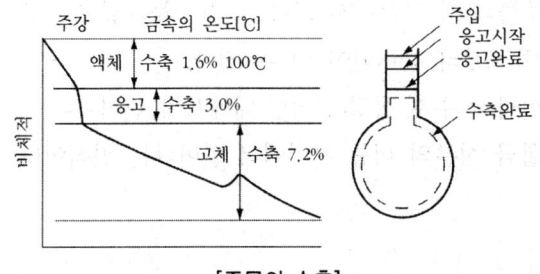

[주물의 수축]

(2) 열간균열(hot tear crack)

합금의 열간균열발생을 감소하려면

① 용융합금의 유동성 증가
② 주조합금의 입자를 미세화
③ 합금내의 유해 혼입물과 가스 및 비금속 혼입물의 함량을 감소
④ 주물내 미세한 수축공을 제거
⑤ 고온에서 주물을 서냉

(3) 냉간균열(cold crack)

냉간균열(cold crack)은 주물의 상온에서 생기는 균열을 말하며 균열의 발생은 다음 내용에 따라 증가한다.

① 합금의 탄성이 높다.
② 낮은 온도에서 수축이 심하다.
③ 열전도율이 낮다.
④ 조직의 상변태에서 합금의 체적변화가 크다.

(4) 주조응력 제거

주물내의 주조응력은 대부분 열처리를 주물의 내부 응력제거풀림(stress relief annealing)이라고 한다.

4 편석(segregation)

(1) 편석의 종류

① 대역 편석 : 주물의 각 부분에서 화학 조성이 불균일한 것으로 액체상 또는 응고시에 합금의 주체로부터 분리되어 이루어진다.
② 입내 편석 : 합금의 수지 상정(결정립)내에서의 편석이다.
③ 비중 편석 : 합금 성분의 비중 차이에서 일어나는 편석이다.

5 가스의 흡수

(1) 흡수된 가스는 다음과 같은 상태로 존재한다.
① 용융금속(용융합금)과 공기 또는 기타 가스가 혼합할 때 얻어지는 비교적 큰 비금속 개재물의 형태
② 용해상태
③ 화합물의 형태

(2) 가스 구멍의 발생
① 가스 구멍의 발생
  ㉠ 용탕의 온도가 저하됨에 따라 가스의 용해도가 감소되어 용탕으로부터 분리되어 방출되면 용탕의 점도가 높아져서 가스의 분리를 저해한다.
  ㉡ 주형과 코어의 특성, 주입조건, 응고 속도 등에 따라 달라진다.
② 가스 구멍의 발생 방지
  ㉠ 대기압과 용탕의 압력 및 금속의 표면장력에 의한 압력의 합을 증대시키면 가스를 용해상태로 합금 내에 잔류시키고 그 분리를 방지하여 가스 구멍의 발생을 억제한다.
  ㉡ 주조용 합금의 수소나 질소 가스의 함유량을 감소하면 가스 구멍이나 균열의 발생을 방지하고, 합금의 기계적 성질을 개선시킨다.

제2장 주형재료 및 주물사 시험법

주조(鑄造)기능장

01 주물사

1 주물사의 구비 조건

(1) 주물사로서의 필요한 구비 조건

① 용탕의 온도에 견딜만한 내화도
② 성형성이 있어 주형을 만들기 쉽고 용탕의 압력에 견딜 만한 고온 강도
③ 용탕에서 나오는 가스를 외부로 배출시킬 만한 통기도
④ 반복 사용하여도 노화하지 않을 것 등

(2) 사립은 주물사의 85~99%를 함유할 때 다음의 조건들을 만족하는 것이 필요하다.

① 충분한 성형을 가질 것
② 사립은 알맞은 입도 분포를 가질 것
③ 통기성이 좋을 것
④ 가축성이 있을 것
⑤ 보온성이 있을 것
⑥ 반복사용이 가능할 것
⑦ 값이 저렴할 것

2 주물사의 성질

주물사의 4대 구성요소 : 모래, 점결제, 첨가제, 수분

(1) 구조적 성질

① 사립자의 선택, 크기 및 분포 상태와 점토 함유량 등이 구조적 성질이다.
② 주물사의 선정 기준은 불순물의 종류와 양, 점결제의 성질 등이다.
③ 사립자의 형상은 환형, 준각형, 첨각형, 첨편각형 등으로 구분한다.
④ 사립자의 입도 분포는 보통 3~6스크린(screen)의 것이 좋다.

(2) 습태 성질(濕態 性質)

① 통기도, 압축강도, 경도, 변형량, 점결력, 전단 강도 등은 수분의 영향을 크게 받는다.
② 수분은 노화된 모래에 대하여 허위의 점결성을 준다.

(3) 경시 성질(硬時 性質)

① 주형이 제작되면 주탕할 때까지 어떠한 변화를 일으키는가를 아는 것을 말한다.
② 주형에는 수분의 증발에 따라 주형면의 표면 경도는 점차 증가하나 그 속도는 모래의 배합이나 다짐 정도, 기타 조건 등에 따라 다르다.

(4) 건태 성질(乾態 性質)

① 습태와의 차이점은 점결제의 종류와 양에 크게 관계가 된다.
② 건태의 성질에는 건조 온도와 시간의 영향이 크다.
③ 점토질 점결제는 300~450℃, 유기질 점결제는 150~250℃에서 건조가 적당하다.

(5) 고온 성질(高溫 性質)

① 고온 강도에서 가장 영향이 큰 것은 점결제의 종류와 양, 사립의 화학 조성이다.
② 고온에 가열하면 주물사는 점결제가 분해되어 강도가 일시적 저하를 초래하나 기준 시간이상 고온가열하면 소결을 일으켜 주물사의 강도가 다시 증가된다.
③ 고온강도가 너무 클 때에는 주물에 균열이 발생되므로 주의를 해야한다.

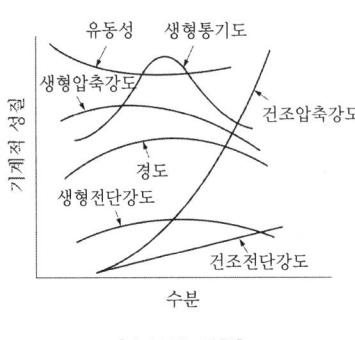

[수분의 영향]   [통기도와 경도의 관계]

❸ 주물사의 종류

(1) 주물사의 분류

① 용도에 따른 분류 : 표면사, 이면사, 코어사
② 제조방법에 따른 분류 : 자연사, 반합성사, 합성사

(2) 자연사

① 사립과 점토로 구성되어 있으며, 사립은 석영과 장석으로 되어 있다.
② 사립의 크기
   조립(평균지름 5.0~0.3mm), 중립(0.3~0.15mm), 세립(0.15~0.05mm)의 3종으로 구분한다.
③ 자연사는 함유되어 있는 점토의 함유량에 따라 저점토사(점토분 5~10%), 중점토사(10~20%), 고점토사(20~30%)로 분류한다.

(3) 배합사

규사와 무기점결제를 배합하고 수분을 첨가하여 인공적으로 조제한 주물사이다.

(4) 배합사를 주물사로서 사용하는 장점

① 주물사의 배합 원료를 임의로 선택, 채취할 수 있으므로 제품과 조형 방법에 따라 원하는 성질 개선을 갖는 주물사를 조제할 수 있다.
② 자연사보다는 주물사 성능의 대부분을 선천적 조건에 의하여 제한 받지 않으므로 주물사의 성질 개선이 용이하다.

③ 기본원료로서 양질의 주형용 규사를 선택할 수 있으므로 복용성이 풍부하고 적절한 재생처리를 함으로써 순환사용이 가능하게 되어 주형용 원료의 비용을 절감할 수 있다.
④ 생산성 면에서 보면 각종 조형기, 조형설비에 적합한 유동성, 강도, 통기성 등의 주물사를 임의로 조제할 수 있으므로 자연사와 같이 선천적 조건에 의한 제약을 받지 않으므로 조형에 특수한 요령과 숙련을 요하지 않는다.

(5) 코어사(중자사)

① 통기도를 높이기 위해 단일 입도에 가깝고 입도 분포 범위가 좁은 모래를 사용한다.
② 보통 소형코어는 0.05~0.1mm, 중형에는 0.1~0.2mm, 대형에는 0.5~1.5mm의 크기가 사용되며, 이 범위에 들어가는 것이 85~90%가 되도록 한다.

02 주형 재료

1 주물용 모래

(1) 규사

① 규사는 SiO_2를 주성분으로 하고 여기에 Fe_2O_3, Al_2O_3, MgO, CaO 등의 불순물이 소량 함유한 것을 말한다.
② 천연규사는 전혀 가공하지 않는 것으로 해사, 하천사, 산사 등으로 구분한다.
③ 인조규사는 석영질 암석을 파쇄한 것이다.
④ 처리규사는 점토, 풍화가 불충분한 장석 및 운모 등을 제거 처리하여 만든 규사이다.

(2) 산사

① 석영질(SiO_2)을 주로 한 모래 입자에 점토분이 2% 함유되어 있는 것이다.
② 이산화규사(SiO_2)의 함유량이 많지 않지만 천연 점토가 2~30% 함유되어 있어 사용하기 편리하고, 첨가 점토를 절약할 수 있으나 균일성이 좋지 않다.

(3) 올리빈사(olivine sand)

① $(Mg \cdot Fe)_2 SiO_2$의 형태로 표시하며, 내화도가 약 1700℃로서 규사보다 높다.
② 열팽창률이 균일하고, 입도가 작기 때문에 주물 표면용 모래로 사용하고 고운 가루는 이형제로서 쓰인다.

(4) 지르콘사(zircon sand)

① 순수한 지르콘사(zircon sand)의 화학식은 $ZrO_2 \cdot SiO_2$로서 화강암이 풍화·붕괴하여 강하류나 해안에 운반 퇴적한 것이다.
② 우수한 물리적 성질을 가지고 있어 강주물의 주형에 많이 사용된다.
③ 내화도가 2200℃ 정도 되고 열팽창률은 규사의 1/3~1/6밖에 되지 않는다.

(5) 샤모트사(chamotte sand)

① 내화 점토를 1300℃ 이상의 높은 온도로 구어 이것을 파쇄하여 만든 것으로 내화도와 강도가 크고, 파괴되거나 소결이 되지 않는다.
② 반복사용이 가능하므로 단순한 형상의 소형주물에 이용되며 이것은 900~1000℃에서 주형을 소성한다.

(6) 카본사(carbon sand)

① 폐액을 코크스화하여 1100℃ 이상의 온도에서 소성, 탈황하여 얻은 경질탄소 입자로 탄소가 99.4%, 휘발분이 0.11%이며 열전도가 좋다.
② 단독 또는 규사와 배합하여 각종 점결제를 이용한 주형 혹은 코어 제작에 사용한다.

❷ 점결제

주형재료인 규사만으로 주형을 만들 수 없으므로 규사를 결합시켜주는 점결제를 배합하여 성형성을 좋게 한다. 점결제는 무기 점결제와 유기 점결제로 분류한다.

(1) 무기 점결제

① 무기 점결제 중에서 많이 사용되는 것은 점토질 점결제이다.

② 내화 점토(fire clay)는 알칼리규산 반토질의 암석이 지열, 지압 및 염류 등의 작용을 받아서 생성된 것이다.
③ 벤토나이트는 화산재의 풍화에 의하여 생성된 몬모릴로나이트(montmorillonite)계의 점토이다.
④ 특수 점토
　㉠ 백점토(halloysite)는 내화도가 매우 높고 적당한 수축성과 가소성을 가지고 있다.
　㉡ 일라이트(illite)점토는 점결력이 크고 동시에 용이하게 분산하므로 습련하기 쉽다.

(2) 유기 점결제

① 유류로 많이 사용되는 것은 건성유로서 아마인유, 대두유 등이다.
② 곡분류는 외형 및 코어의 점결제로서 대부분 다른 점결제와 함께 0.5~1%를 배합하고 소맥분, 호밀분, 옥수수분말, 전분분말 등을 많이 사용하고 있다.
③ 당류는 펄프 제조시 폐액에서 부산물로 제조된 것이며 오진(orgin), 설피트(sulfit), 스텟카, 귤껍질 등의 여러 종류가 있으며, 코어 제조에 많이 사용된다.
④ 합성수지는 많이 사용되는 것은 셸몰드법으로 금속성 원형과 접속한 상태로 열경화시키는 규소수지(sillicon resin)가 있다.
⑤ 피치(pitch)는 타르(tar)증류시 찌꺼기로 남은 탄수화물이다.

(3) 특수 점결제

① 규산나트륨은 점결제로서는 적당한 몰(mol)비는 2.4~2.7 정도이며, 수산화나트륨, 유기질 첨가제와 함께 병용하여 배합한다.
② 포틀랜드 시멘트(portland cement)는 시멘트형 제조시 8~12% 배합하여 수분 4~6%로서 혼련하여 대형의 주형 및 코어 제조에 사용된다.
③ 석고는 통기도가 적고 고온 용해 합금에서는 주입시 열분해를 일으키므로 사용 한도가 제한되나 정밀주조용으로 사용할 때가 있다.

3 첨가제

(1) 탄소계
주철 주물의 표면을 깨끗이 하기 위하여 많이 사용되며, 석탄, 피치, 코크스 및 흑연 분말 등이 있다.

(2) 목분, 곡분 및 당밀
① 목분은 소착을 방지하고 살결을 좋게 하며, 생형사, 오일 코어, 가스형의 주형, 코어에도 사용된다.
② 곡분은 옥수수가루 또는 전분 0.25~1.50% 첨가되며, 습태 강도를 증가시키는 목적 외에 붕괴성을 향상시키고 규사의 팽창으로 인한 패임(scab)을 방지한다.
③ 당밀은 생형에 사용하면 주형 표면을 경화시켜 주며, 주형이 파손되거나 주물사가 혼입되는 것을 막아준다.

(3) 규산 분말(silica powder)
규산 분말은 주물사의 강도는 증가하지만 유동성은 감소한다.

(4) 규산 분말
규산분말(silica powder)은 20메시보다 미세한 것을 주물의 표면사 중에 대략 5~10% 첨가하여 사립 사이의 간격을 적게 하고 용금의 침입을 방지하며 주물사의 강도는 증가하지만 유동성은 감소된다.

(5) 산화철
코어사에 많이 사용하는 것으로 1~2%의 산화철(Fe_2O_3)을 첨가하면 1250~1350℃에서의 고온강도가 2~3배로 증가하게 되며 주형표면의 용금의 침입을 막아 패임(scab)을 방지한다.

4 도형제(coating agent)

용금의 물리적 침투나, 화학반응이 일어나는 것을 막고 주형표면을 곱게 하기 위하여 주형표면에 도장을 하는 것을 도형제(coating agent)라 하고 도형제에는 흑연, 숯가루, 운모분말, 활석가루 등이 있다.

(1) 흑연 및 숯가루

주형의 내화도를 높이고, 환원성 가스를 발생시켜 주는 것으로 흑연 및 숯가루 등의 탄소계 물질이 많이 사용되는데 탄소 성분이 많고 회분이 적을수록 좋다.

(2) 운모 분말

① 일반적으로 활석(talc) 분말이 많이 쓰인다.
② 주철 주물계에서는 탄소계의 것이 단독 또는 점결제와 혼합하여 사용한다.

(3) 도형제의 역할과 구비해야 할 성질

① 도형제의 주요 역할
  ㉠ 용융 금속의 주형 표면에서 주물사의 입자 사이로 침투되는 것을 방지한다.
  ㉡ 용융 금속의 주입시 주형 표면의 모래 소착(sand burning)을 방지한다.
  ㉢ 주물 표면을 아름답게 유지한다.
② 도형제가 구비해야 할 성질
  ㉠ 도포성이 양호할 것
  ㉡ 도형제가 주형의 모래 입자 사이에 침투하는 침투성이 양호할 것
  ㉢ 도형제를 용해시킨 용제가 주형의 점결제를 용해하지 않을 것
  ㉣ 도포한 도형제의 층이 건조시와 용탕 주입시에 균열, 박리를 일으키지 않을 것
  ㉤ 용융 금속을 주입시에 모래 소착 현상이 일어나지 않을 것
  ㉥ 열전도성이 낮아 용융금속의 열을 주형에 전달하는 속도가 느릴 것

5 이형제(parting agent, 분리사)

조형 작업에서 하형과 상형을 쉽게 분리하기 위하여 또는 모형이 주물사에서 쉽게 빠지도록 분할면이나 모형 표면에 뿌리거나 바르는 것을 이형제라 한다.

① 고운 규소나 점토분이 없는 강모래를 사용한다.
② 모형의 분리에는 니스, 랙커, 실리콘유 등이 주로 쓰인다.

03 주물사 배합 및 재생처리법

1 주물사 배합

(1) 주철용 주물사

① 일반주철의 주입온도는 1350~1400℃ 가량으로서 주강에 비하여 높지는 않으나 탄소의 함유량이 많은 것은 비교적 주입온도가 낮다.
② 주철용 주형에 사용되는 주물사는 천연사보다 합성사나 배합사가 많이 쓰인다.
③ 생형사(生型砂)
  ㉠ 산사(山砂)에 통기성과 점결성을 증가시키기 위하여 석탄분, 점토, 규사 등을 배합하며, 산사는 천연적으로 수분과 점토성분이 있으므로 그대로 사용한다.
  ㉡ 통기성이 좋고 주물표면이 곱고, 사립이 가늘고, 내구성이 높고, 성형성이 풍부하다.
④ 건조형사(乾燥型砂)
  ㉠ 하천사, 해사(海砂)와 같은 규사에 점토를 넣어서 혼합하고 필요에 따라서 코크스분 등을 섞어 적당한 수분을 가하여 성형성을 좋게 한다.
  ㉡ 대형 주물과 중형 주물에는 강도와 통기성을 좋게 하기 위하여 입자가 큰 것을, 소형 주물에는 입자가 작은 것이 좋다.

(2) 주강용 주물사

① 주강은 주입온도가 1530~1560℃로서 매우 높기 때문에 주입할 때 주형과 용탕간에 화학반응이 일어나기 쉽고 주형의 표면사가 수축되는 수가 많다.
② 원료사는 순도가 높은 이산화규소(순도 95% 이상)를 많이 사용하고 있다.

(3) 구리 합금용 주물사

① 구리 합금계 주물의 주입온도는 1150~1200℃로서 원료사의 순도는 높지 않아도 되므로 일반주철형으로 사용하는 것이면 된다.
② 도형제로서는 작은 주물품의 생형에는 활석 또는 운모분을 이용하며 대형에는 흑연계가 사용된다.

(4) Al 합금용 주물사

① 알루미늄 합금계 주물의 주입온도는 670~760℃로서 원료사의 순도에는 문제가 되지 않는다.
② 무게가 가벼운 소형 주물에서는 깨끗한 주물 표면이 요구된다.
③ 일반적으로 생형에서는 70~150메시의 고운 자연사가 사용된다.

(5) 마그네슘 합금용 주물사

대기 중에서 연소되기 쉬운 성질을 가지고 있으므로 주입할 때 용탕에 인(P)분말을 뿌려주고 또 생형을 일 때에는 함유수분 중의 산소와 반응하여 산화되며 때에 따라서는 폭발할 위험도 있다.

2 주물사의 재생 처리법

(1) 주물사의 노화 방지

① 규사의 노화 현상
  균열이 된 사립은 자연 시효와 조형할 때 다져주는 외력에 의해서 쉽게 분쇄되어 이러한 사립의 변화가 주물사의 노화를 가져오게 된다.
② 점토의 노화 현상
  ㉠ 주물사의 점결제로 사용되는 점토의 점결력은 점토가 갖는 결합수와 관계가 크며, 보통 550~600℃에서 소실된다(점토 노화온도 : 600℃).
  ㉡ 주입 회수가 많아지면 주물사는 타서 부서지고 또 사립의 노화와 점토의 노화에서 오는 미분이 증가되며, 이러한 영향을 받아 통기성이 저하된다.
③ 산화물의 혼입
  녹는점이 낮은 주형사는 소결 및 소착을 일으켜 주물표면이 거칠어지므로 이들 산화물들은 혼입되지 않도록 주의해야 한다.

(2) 주물사의 노화현상

주물사는 반복 사용할수록 노화되어 간다. 주성분이 규사와 점토이므로 노화의 현상은 이 두가지 외에 금속산화물에 의한 노화이며 다음과 같다.

① 사립이 열로 인하여 붕괴되어 가늘게 되어가는 현상
② 점토가 점결력을 잃어가는 현상
③ 금속산화물의 혼입 등

(3) 주물사의 재생 처리법

① 국부 처리는 주물 제품에 가까이 있는 주물사만을 처리하는 방법이다.
② 전체 처리법은 주물사의 처리방법으로 효과적이다.
③ 가열 처리법은 주물사를 700~800℃로 가열하여 태우는 방법이다.

(4) 주물사 처리공정과 설비

① 주물사를 반복하여 사용하면 점차 통기성과 점결성을 잃고 규사는 575℃ 정도에서 약 2% 정도 팽창하므로 금이 생기고 쪼개지게 되므로 사용회수가 많아짐에 따라 미분이 많고 불순물이 혼입된다.
② 묵은 모래를 처리하고 새로운 모래를 보충하여 주물사로서의 기능을 회복시켜 항상 일정한 성질의 주물사를 얻으려면 올바른 배합과 조정이 필요하다.

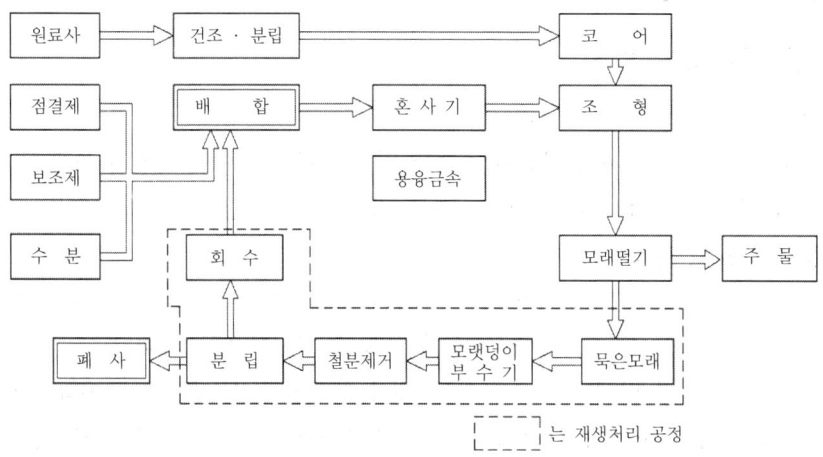

[주물사 처리 공정도]

[주물사처리 시설 및 기계]

설비분류		기계의 종류
건조기(乾燥機)		• 직화식(直火式) 건조기, 가로형 건조기, 세로형 건조기
분리기 (分離機)	분쇄 체질 집진 기타	• 파쇄식 스크린(breaker screen) • 회전식 스크린(rotary screen), 진동식 스크린(vibrating screen) • 미분제거기(微粉除去機), 자기(磁氣)분리기, 건조규사회수기, 인조규사, 수세기(水洗機)
냉각기(冷却機)		• 회전식 모래냉각기, 교반식 모래냉각기
혼사기(混砂機)		• 샌드밀(sand mil), 믹스뮬러(mix-muller), 간이속련기(簡易速練機), 연속밀, 멀티멀(multi-mull), 회전식뮬러, 니더(kneader)
혼련기		• 와류믹서, 심프손믹스뮬러, 스피드뮬러
공기분해기(airator)		• 디스인테그레이터(disintegrator), 블렌더(blender), 리바이비 파이어(revivifler), 샌드블렌더, 큘레이터
주형해체용기계		• 녹아웃 머신(knock-out machine), 셰이크아웃 머신(skake-out machine), 펀치아웃 머신(punch-out machine)
고사(古砂)재생기		• 건식 모래 재생기, 습식 모래 재생기

04 주물사 시험법

1 수분 측정 시험법(KS A 5305)

(1) 증발법

① 잘 혼련된 시료 50g을 채취하여 105±5℃에서 1~2시간 건조시킨 후 냉각하는데 흡습을 방지하기 위하여 데시케이터(decicator)에 넣어 냉각시킨다.

② 상온으로 냉각된 시료의 무게를 측정하여 수분함량을 결정한다.

③ 수분 함유량(%) = $\dfrac{건조\ 전\ 시료의\ 무게(50g) - 건조\ 후\ 시료의\ 무게(g)}{건조\ 전\ 시료의\ 무게(50g)} \times 100$

(2) 카바이드법

일정한 양의 시료와 칼슘카바이드(CaC_2)분을 밀폐된 용기 속에 혼합시켰을 때 발생하는 아세틸렌(C_2H_2)가스를 수분 측정 기구에 부착한 게이지(gauge) 압력을 측정하여 간접적으로 수분 함유량을 구하는 방법으로 현장에서 신속하게 시험할 수 있다.

(3) 전기법

수분을 함유한 주물사에 전류가 흐르기 쉬운 현상을 이용하여 수분을 측정하는 방법으로 거의 소모품이 없이 순간적으로 수분시험을 할 수 있어 능률적이다.

❷ 점토분 시험법(KS A 5301)

(1) 주물사 중의 점토분을 사립과 분리시켜 측정하는 시험 방법

시료는 증발법에 의하여 수분을 측정할 때와 같이 시험하려는 주물사의 대표 시료 약 100g을 취하여 105±5℃에서 1~2시간 건조시켜 데시케이터 중에서 냉각시킨 시료에서 50g을 취하여 시료로 한다.

(2) 수세기 또는 끓여서 시료를 분산시키는 방법

시료를 분산시킨 후 사립과 점토분을 분리시켜 남은 사립의 중량을 계산하여 점토분을 구하며, 회전식 수세기를 사용하여 교반하는 방법과 끓이는 방법이 있다.

(3) 시료에서 점토분만을 분리시키는 방법

점토분을 측정하는 식 : 점토분(%) = $\dfrac{\text{시료의 무게(g)} - \text{남은 모래의 무게(g)}}{\text{시료의 무게(g)}} \times 100$

❸ 입도 시험법(KS A 5302)

(1) 주물사의 입도 분포를 측정하는 실험이다.

① 여러 가지 체를 체눈이 큰 것 순서로 위에서부터 아래로 쌓아놓고 맨 위의 체(체눈이 가장 큰 것)에 시료를 넣고 약 15분 동안 체질한다.
② 각 입도는 그 체면상에 남아 있는 모래의 중량을 측정한다.
③ 입도를 구하는 식 : 입도(%) = $\dfrac{\text{체면상의 모래(g)}}{\text{시료의 무게(g)}} \times 100$

4 통기도 시험법(KS A 5303)

(1) 통기도 측정

① 제작된 시험편을 통기도 시험기에 올려놓고 시험편을 통해 일정 압력으로 2000cc의 공기를 흘려보내는데 시험편 앞, 뒤에서의 압력차이와 공기가 완전히 통과하는데 소요된 시간을 측정한다.

② 통기도를 구하는 식 : 통기도 $= \dfrac{V \times h}{P \times A \times t}$

- V : 시험편을 통과한 공기의 양(cc)
- h : 시험편의 높이(cm)
- P : 시험편 상하의 압력차이에 의한 수주높이(cm/Hg)
- A : 시험편의 단면적(cm^2)
- t : 공기가 통과하는데 걸리는 시간(min)

5 강도 시험법(KS A 5304)

(1) 압축 강도 시험법

① 압축 속도는 보통 습태 압축 시험에서는 1초당 약 30g/cm^2로 압축 하중을 가하고, 건태 압축 시험에서는 1초당 약 150g/cm^2로 압축 하중을 걸어 파괴한다.

② 압축 강도를 구하는 식 : $\sigma_c = \dfrac{W}{A}$

- W : 시험편이 절단되었을 때의 하중(kgf)
- A : 시험편의 단면적(cm^2, 19.6cm^2)

(2) 항절 강도 시험법

① 시험편은 넓이 10mm, 길이 50mm의 홈통 중에 시료를 넣고 높이 10±1mm로 되게 다짐기로 3회 다져서 장방체의 시험편을 만들어 시료를 빼내는 봉으로 눌러 빼낸다.

② 다음에 매초 약 1g의 하중을 가하여 항절 강도를 구한다.

③ 항절 강도를 구하는 식 : $\sigma_t = \dfrac{3LW}{2bh^2}$

- σ_t : 항절강도(kgf/cm^2)
- W : 시험편이 절단되었을 때의 하중(kgf)
- h : 시험편의 높이(cm)이다.
- L : 항절대의 지점간 거리(cm)
- b : 시험편의 넓이(cm^2)

6 표면경도 시험법(KS A 5304)

① 주형의 다짐경도를 측정하는 시험으로 경도계는 생형용과 건조형으로 구분한다.
② 생형경도계는 스프링 강구를 주형 표면에 눌렀을 때 강구가 주형표면에 들어간 깊이를 다이얼 게이지로 읽을 수 있도록 되어 있다.
③ 건조형에 사용되는 경도계는 칼날을 사용한다.
④ 일반 생형사를 손으로 다졌을 때 경도는 30~40이며, 기계조형시는 65~85, 강질주형(rigdmould)과 같이 특수한 것은 90이 넘는 것도 있다.

주조(鑄造)기능장

원형 및 주형제작법

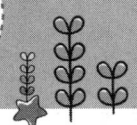

01 원형제작법

1 원형재료

① 원형에는 목재 이외에 금속, 석고, 플라스틱 등이 사용되고, 정밀주조법에서는 왁스가 사용된다.
② 목재가 가장 많이 사용되는 이유는 다음과 같다.
　㉠ 금속에 비하여 재료비, 가공비가 싸며, 특히 대량생산과 특별한 정밀도를 고려하지 않는 경우에 유리하다.
　㉡ 금속, 석고보다 가볍고 가공성이 좋으며 취성이 적다.
　㉢ 합성수지에 비하여 값이 싸며, 소량의 경우에는 가공비가 저렴하다.
　　• 반면에 목재원형의 결점은 다음과 같다.
　　　ⓐ 재질이 불균일하고 온도, 습도에 의한 신축이 있기 때문에 치수 변화의 원인이 된다.
　　　ⓑ 주조에 의하여 제작되는 것이 아니므로 대량생산에는 좋지 않다.
　　　ⓒ 기계적 강도가 금속 및 합성수지보다 약하며, 치수의 정밀성을 유지하지 못한다.

3 원형의 종류

(1) 재료에 따른 분류

① 목형(wooden pattern)
　㉠ 목재는 가공이 용이하며, 제작비용이 적게 들고, 원형 재료로 가장 많이 사용된다.
　㉡ 원형 제작용 목재는 수분 함유량이 8~10%가 넘지 않아야 한다.

② 금속 원형(metal pattern)
  ㉠ 주철, Cu합금, Al합금 등의 금속을 사용하여 만든 원형이다.
  ㉡ 제작비가 비싸고, 내구성과 정밀도가 높으며, 다량 생산용으로 많이 이용된다.
  ㉢ 현물 원형, 석고 원형, 합성수지 원형, 풀 몰드(full mould) 원형 등이 있다.

(2) 구조에 따른 분류

① 현형(solid pattern)
  ㉠ 단체형(one piece pattern)은 주물과 같은 형상으로 작고 간단한 주물 생산에 많이 이용된다.
  ㉡ 분할형(split pattern)은 원형을 두 쪽으로 나누고, 다월로 맞춘 것이다.
  ㉢ 조립형(built-up pattern)은 복잡한 형상이나 대형 원형을 여러 부분으로 분할해서 맞춘다.

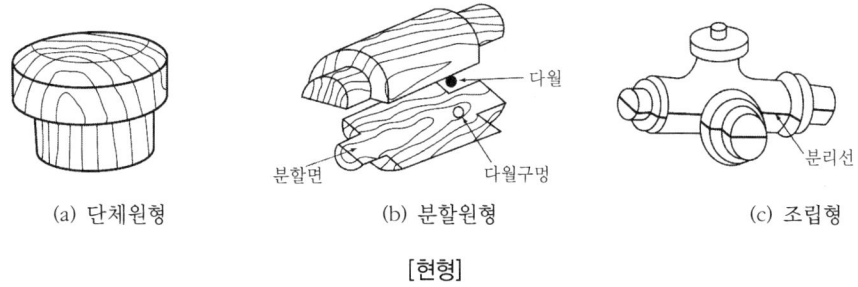

(a) 단체원형   (b) 분할원형   (c) 조립형

[현형]

② 회전형(weep pattern)
  주물의 반지름 단면과 같은 형상으로 된 회전판을 일정한 중심축 주위에 회전시켜 주형을 만드는 것으로 간편하고, 값이 싸나, 조형시간이 길다.

③ 긁기형(strickle pattern)
  긁기판을 일정한 안내판에 따라 움직여서 주형을 만든다.

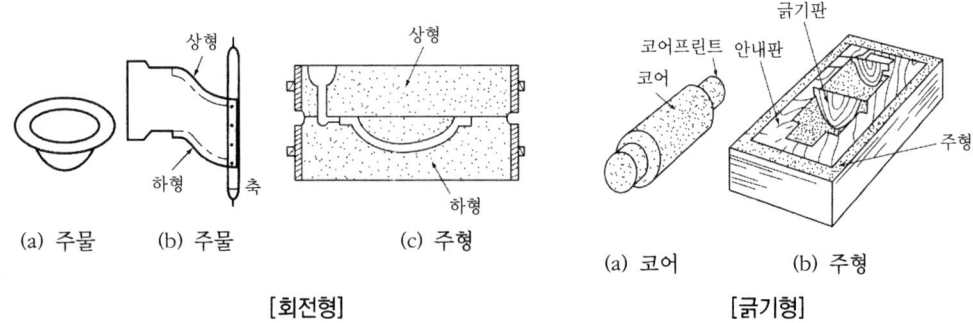

(a) 주물 (b) 주물 (c) 주형   (a) 코어   (b) 주형

[회전형]   [긁기형]

④ 골격형(skeleton pattern)

주물 요소에 단면 형상의 골격으로 만들어 모래를 붙여 현형 대신으로 외형의 표면을 만든 것으로 주물형상이 간단하고, 대형이며, 제작 개수가 적을 때에 이용한다.

⑤ 부분형(section pattern)

모양의 부분이 연속되어 전체를 이루고 있을 때 그 일부에 해당하는 원형이다.

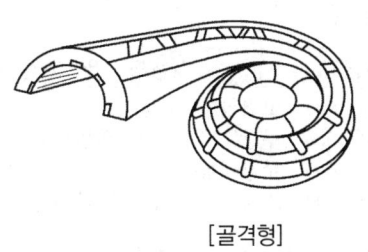
[골격형]

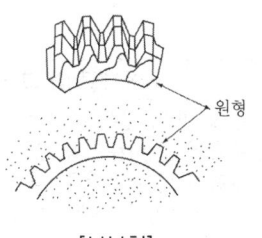
[부분형]

(3) 특수 원형

① 마스터 패턴(master pattern)
  ㉠ 금형원형을 제작하는 경우 특별히 간단한 형상의 주물이 아닌 이상, 목형의 원형을 사용하여 만든 주형에 주입하여 금형을 제작하는 것이다.
  ㉡ 원형은 원제품에 대하여 2중의 수축량을 목형에 붙인다.

② 매치 플레이트(match plate)
  ㉠ 소형의 주물로서 대량생산에서는 이 매치 플레이트를 사용하는 것이 유리하다.
  ㉡ 상 하형 양쪽 원형이 분리선(parting line)을 구성하는 평판의 양쪽에 바로 교착되는 곳에 장치한 것이다.

③ 패턴 플레이트(pattern plate)
  ㉠ 두 개의 플레이트의 한 쪽에만 맞붙여서 상하 주형을 각개의 조형기로 조형하는 것
  ㉡ 매치 플레이트의 경우보다 큰 대형, 중형용에 적합하며, 조형기를 사용하면 대량생산에 유리하다.

3 원형 제작상의 유의점

(1) 수축 여유와 주물자

① 주물의 수축에 대한 보정량을 수축 여유(shrinkage allowance)라 한다.
② 원형을 만들 때에는 수축 여유를 고려한 주물자를 사용한다.

[주물자의 사용 예]

주물자	사용재료 및 그 장소	주물자	사용재료 및 그 장소
+ 8/1000	주철 일반, 얇은 주강의 일부	+ 14/1000	고력황동, 주강
+ 9/1000	수축이 많은 주철품, 얇은 주강의 일부	+ 16/1000	주강(10mm 이상 일반)
+ 10/1000	수축이 많은 주철품, 얇은 주강과 일부	+ 20/1000	주강대형주물
+ 12/1000	알루미늄합금, 청동, 주강 (두께 5~7mm)	+ 25/1000	주강두께가 두꺼운 대형주물

③ 주철에서는 1m에 8mm의 수축이 있다고 보아 주철용 주물자에 8mm의 수축 여유를 더한 1008mm를 1000등분하여 그 한 눈금을 1mm로 한 주물자가 사용된다.

(2) 가공 여유(finishing allowance)

① 설계도면에서 기계절삭가공을 위하여 미리 주물의 표면에 그 만큼의 가공 여유를 붙인 것을 말한다.
② 절삭방법, 주조용 합금의 종류, 형상치수, 주조방안 또는 접촉하게 될 주형, 코어의 위치에 따라 다르다.

(3) 보정 여유

주물자, 가공 여유 등에서도 주물의 변형 등으로 인해 살 두께에 여유를 두어야 할 때, 감소시켜야 할 때 등 치수의 정확성을 위하여 이 부분의 치수를 보정하는 것을 보정 여유라고 한다.

(4) 빼기 기울기(pattern draft, draft taper)

원형을 빼내는 방향에 구배를 주는 것으로 보통 1/4~1° 정도이다.

(5) 라운딩(rounding)

용탕이 주형 내에서 응고할 때 주형면의 직각 방향에 수지 상정이 발달하므로 주물에 직각 부분의 재질이 취약하게 되는 것은 방지하기 위해 각부를 둥글게 한다.

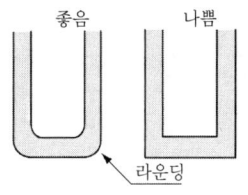
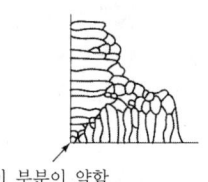
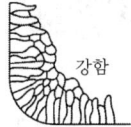

[라운딩과 라운딩효과]

(6) 덧붙임(stop off)

원형의 두께가 얇거나 파손되기 쉬운 것은 덧붙임(stop off)으로 보강

① 주형 제작을 쉽게 하는 원형 덧붙임
② 주입 후의 내부응력에 따른 주물의 변형을 막기 위하여 덧붙임으로 보강하고 주조한 다음 이것을 잘라버리는 주물 덧붙임이 있다.

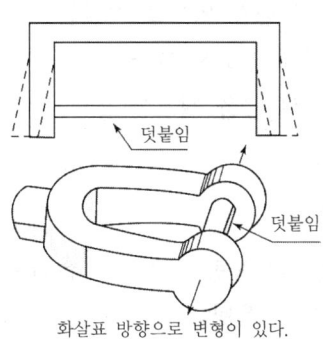

[덧붙임]

(7) 원형의 색깔분류법

[원형구성 부분별 색깔]

구 분	영국 규격	한국, 미국 규격	
		구	1959년 사용
주방상태	검정	검정	모형 원색 투명
기계가공을 요하는 부분 core print core print seat	빨강 노랑 노랑	빨강 노랑 노랑	빨강 검정 검정
loose piece seat에 해당하는 면	노란색 바탕에 붉은색 선	노란색 바탕에 붉은색 선	은색
덧붙임	노란색 바탕에 검정색 선	노란색 바탕에 검정색	녹색

02 주형제작법

1 주형의 역할과 조건

(1) 주형의 역할

주형은 용탕을 주입하여 응고 금속에 소정의 형상을 부여하는 역할을 하는 것으로 그 역할을 보다 구체적으로 구분하면 다음과 같다.

① 용탕을 받아들인다.
② 용탕이 공간부 안까지 흘러 들어가는 통로의 역할을 한다.
③ 용탕에 소정의 형상을 부여하여, 그 모양을 유지하면서 응고하도록 한다.
④ 응고된 주물의 표면상태를 결정한다.
⑤ 주물에 해가 되는 가스를 쉽게 외부로 배출할 수 있어야 한다.
⑥ 주물을 바람직한 분위기에 있도록 한다.
⑦ 주물로부터 적당한 속도로 열을 제거한다.

(2) 주형(사형)의 필요조건

① 주형은 조형 후의 운반이나 용탕 주입시 파손되지 않도록 충분한 강도를 가질 것
② 열분해에 의해 발생된 가스, 용탕의 온도 저하 및 응고시에 방출하는 가스를 배출하기에 필요한 통기도를 유지할 것
③ 주형에 용탕이 주입되는 동안 주형의 온도가 약한 경우는 주형벽이 파손되어 여러 가지 결함을 유발하므로 주형 온도에 주의한다.
④ 열간 성질이 부적당하거나 내열성이 부족하면 소착 등의 표면 결함이 발생하므로 주의하여야 한다.

2 주형의 분류

(1) 주형 재료에 의한 분류

① 모래 주형
  ㉠ 생형(green sand mould)
    수분을 5~10% 함유하고 있는 주물사로 만든 주형으로 바로 용탕을 주입한다.

ⓒ 건조형(dry sand mould)
　　　생형을 건조하여 수분을 제거한 상태로 만들어 용탕을 주입하는 주형이다.
　　ⓒ 표면 건조형(roast sand mould)
　　　표면사에 속경성 점결제를 배합하여 조형한 후 표면만을 건조시킨 주형이다.
　　ⓔ 탄산가스형(CO_2형)
　　　규산나트륨을 점결제로 배합한 주물사로 만든 주형에 탄산가스를 취입 또는 투과시켜 화학반응을 일으키게 하여 신속히 경화시킨 주형이다.
　② 금속 주형
　　특수강 또는 기타 합금으로 만든 주형으로 대량생산에 적합하다.
　③ 특수 주형
　　조형 방법 또는 주형 재료의 배합 등 특수한 주형을 말한다.

(2) 조형법에 의한 분류

① 개방 주형법(open sand moulding)
　바닥에 주물사를 깔고 수평으로 만든 다음 다짐봉으로 다져서 여기에 원형을 수직으로 눌러서 만드는 주형이다.
② 주형상자 주형법(flask moulding)
　주형상자 속에 원형을 넣고 주물사를 다져서 주형을 만드는 방법으로 많이 사용하는 방법이다.
③ 토간 주형법(bed in moulding)
　대형주물에 사용되며 하형 제작시 주형상자를 사용하지 않는 방법이다.

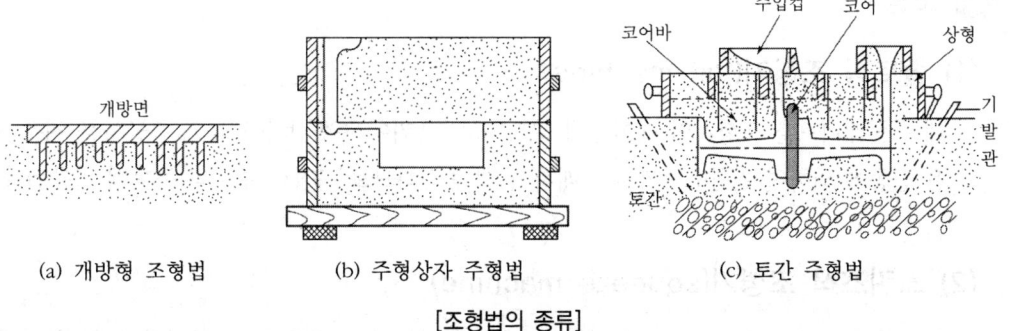

　(a) 개방형 조형법　　(b) 주형상자 주형법　　(c) 토간 주형법

[조형법의 종류]

03 기계 조형법

1 기계 조형법의 장점

손 조형법에 비하여 기계 조형법의 장점

① 생산 능률이 향상된다(1.5~2배).
② 불량률이 적어진다.
③ 제품이 균등하다.
④ 기계 가공 시간이 단축된다.
⑤ 제품의 중량이 감소된다.
⑥ 작업자의 자세는 서 있는 상태이므로 쉽게 피곤해지지 않는다.
⑦ 주물사가 모형에 강하게 붙게 되어서 표면사를 쓰지 않아도 주물면은 깨끗하다.

2 정반형(pattern plate mould)

조형 기계에 사용되는 원형은 정반에 조립하여 정반형으로 한다.

① 탕구, 압탕, 주입구 등의 원형의 일부분으로 설치한다.
② 정반 양면에 상형 및 하형이 될 형상을 분할하여 붙인 것은 매치 플레이트형이다.

3 조형기

(1) 졸트식 조형기(jolt machine)

매치 플레이트를 조형기의 테이블에 고정하고 그 위에 주형상자를 놓고 주물사를 채운다음 진동에 의하여 원형구석까지 모래가 쉽게 충전하므로 복잡한 주물의 조형에 이용된다.

(2) 스퀴즈식 조형기(squeeze machine)

주형상자 속에 담겨져 있는 모래를 스퀴즈 테이블과 스퀴즈 헤드 사이의 압력에 의해 압축시키는 하강식과 상승식으로 조형하는 방법이다.

(3) 졸트 스퀴즈식 조형기(jolt squeeze machine)

먼저 졸트법으로 모래를 충전한 후 스퀴즈법으로 강도를 높이는 방법이다.

(4) 샌드 슬링거(sand slinger, 만능조형기)

만능조형기라 하며 대, 중, 소 어느 것이나 조형할 수 있는 편리한 기계이다. 이 조형기는 고속으로 회전하는 임펠러(impeller)에 의하여 벨트 위의 주물사를 강하게 주물상자 속의 원형 위에 난타 투사하여 주물사의 충전과 다지기가 동시에 이루워지며 샌드 슬링거의 특징은 다음과 같다.

① 조형 능력이 크다.
② 기계의 보수가 쉽다.
③ 투사 중에 통기성이 주어진다.
④ 주형의 경도가 모든 층에 일정하다.
⑤ 융통성이 매우 풍부하다.
⑥ 기초 공사가 필요없다.

(5) 샌드 블로어(sand blower)

압축공기를 이용하여 모래를 고압으로 원형 위에 분사하는 방법이다.

04 코어 제작법

1 코어의 특성

(1) 코어의 구비 조건

① 코어제작이 쉽고 건조 전후에 변형되지 않고 형태가 그대로 보존될 것
② 신속하고 완전한 건조가 가능할 것
③ 용탕에 의한 충격과 파손에 견딜 수 있는 충분한 강도와 경도를 가질 것
④ 내열성이 좋을 것
⑤ 용탕과 접했을 때에 가스 발생이 적고 또 발생한 가스가 충분히 배출될 수 있도록 통기도가 높을 것
⑥ 코어의 표면이 고울 것
⑦ 용탕이 응고 수축될 때 방해되지 않도록 수축성이 있을 것
⑧ 붕괴성이 좋아 용탕 응고 후 모래가 잘 떨어질 것

(2) 코어가 갖추어야 할 성질

① 내화도
② 강도
③ 가스 발생도
④ 통기도
⑤ 흡습도

2 코어의 구조상의 특징

(1) 코어 프린트(core print)

① 코어 프린트는 주형 내에서 코어의 위치를 고정시켜 주입시 용융 금속의 흐름이나 부력에 의해 코어가 움직이거나 떠오르는 것을 방지한다.
② 코어 내에서 발생한 가스의 배출구 역할을 한다.

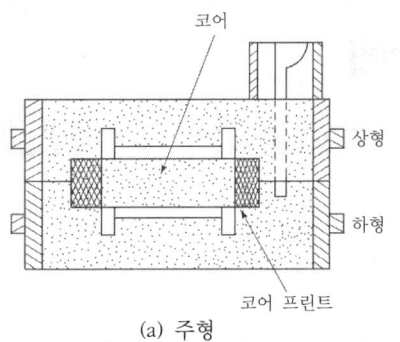
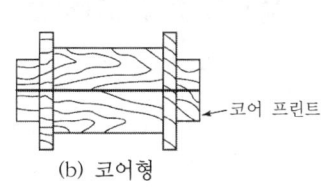

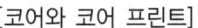

[코어와 코어 프린트]

(2) 코어 메탈(core metal)

코어에 요구되는 강도가 코어 모래의 점결력만으로 부족할 때 코어 건조시에 내부에 철사 또는 주철제의 코어 메탈을 사용하여 보강한다.

3 코어의 제조

① 코어의 제조 방법은 코어의 모양이나 크기에 따라 달라진다. 보통 코어 박스(core box)를 사용하며 대형의 단순한 코어인 경우에는 긁기형법이나 회전형법 등도 이용된다.
② 코어제작(core making)은 코어모래의 배합, 코어의 제작, 건조, 보존 등의 순서로 되어 있다.

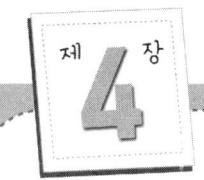

주조(鑄造)기능장

주조방안 설계

01 탕구 방안

1 탕구계(gateing system)

(1) 탕구계의 기능

탕구계는 주형 중의 빈자리에 용탕을 충만시키는데 필요한 통로로서 탕구(sprue, downgate), 탕도(runner, crossgate), 주입구(gate, ingate)를 총칭한다.

탕구계의 기능은 다음과 같다.
① 주형의 공간에 용탕을 주입시킨다.
② 주형의 침식과 가스의 혼입을 방지하기 위하여 가급적 난류를 일으키지 않고 주형내에 인도할 것
③ 주물의 응고에 가급적 최적의 온도구배를 이룰 것
④ 용탕이 탕구계를 통하여 유입될 때 적당한 제재작용(skimming action)을 유도할 것

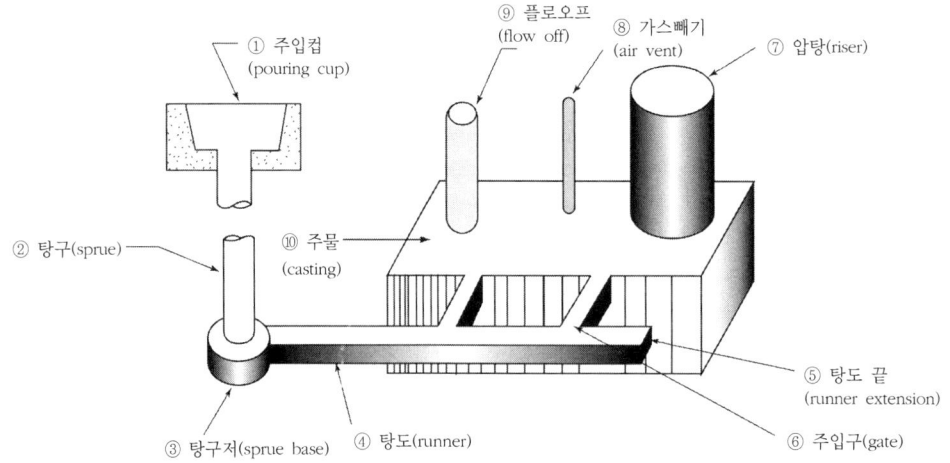

[탕구계의 명칭]

(2) 주입컵(pouring cup)

주형 외부로부터 용탕을 주입하는 곳이다.

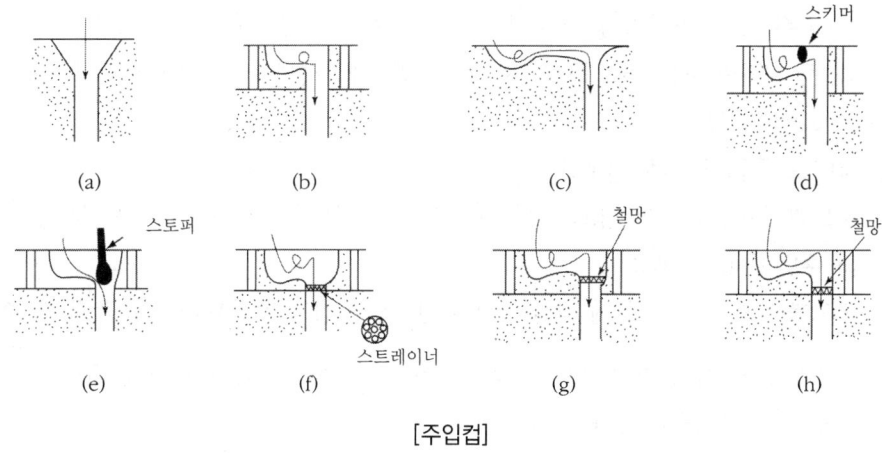

[주입컵]

(3) 탕구(sprue, downgate)

주형 중의 빈 자리에 용탕을 충만시키는데 필요한 통로로서 주입컵에서 밑으로 수직하게 되어 있어 용탕이 주형으로 들어가는 첫 통로이다.

(4) 탕도(runner)

용탕이 탕구로부터 주형에 주입되는 입구까지 용탕을 보내는 수평 부분이다.

(5) 주입구(gate)

탕도에서 용탕이 주형에 들어가는 곳을 주입구라 한다.

① 직접 주입구(direct gate, top gate)
   주형의 제품으로 되는 부분에 직접 주입구를 만드는 것
② 샤워 주입구(shawer gate)
   ㉠ 직접 주입구에서는 불순물을 제거하기 곤란하므로 크게 하고 주입구의 부분을 가늘게 그 수를 많이 한 것이다.
   ㉡ 직접주입구에서 주형이 파손될 염려가 있을 때 방지하는 방법으로 효과적이다.

③ 휠 주입구(wheel gate)
   ㉠ 입구가 옆으로 비스듬히 되어 있는 휠 주입구는 원형주물이나 원형에 가까운 형상의 주물에 용탕을 주입할 때 사용되며 코어 주형표면에 용탕이 충돌되어 파손 및 과열되지 않고 주형의 접선방향으로 된 주입구
   ㉡ 큰 주물에서는 탕도를 2개로 하며 간단한 것에는 말굽형 주입구(horseshoe gate)도 있다.

④ 나이프 주입구(knife gate)
   지느러미(fin)와 같이 얇고 폭이 넓은 탕도에 붙인 주입구를 나이프 주입구

⑤ 랩 주입구(lap gate)
   탕도를 굵게 하여 제품에 직접 얹히게 배치하여 압탕의 작용과 겸한 것을 랩 주입구

- 이와 같은 여러 가지 주입구 중에서 어떤 것을 선택할 것인가에 대하여 주의할 점을 요약하면 다음과 같다.
   ㉠ 탕도까지 깨끗하게 된 용탕을 빨리 주입할 수 있을 것
   ㉡ 용탕은 주형의 구석구석까지 잘 흐르게 할 수 있을 것
   ㉢ 주형에 들어간 용탕은 길게 흘러가지 않게 할 것
   ㉣ 주형이 파손되지 않게 할 것

(a) 샤워주입구   (b) 직접주입구   (c) 휠주입구
(d) 말굽형주입구   (e) 나이프주입구   (f) 랩주입구

[주입구의 종류]

2 탕구의 종류

(1) 탕구의 종류

① 상주식 탕구(top gate)
  간단한 소형 주물로서 침식성에 견디는 주형에 사용한다.

② 분할선 탕구
  보통 주형의 분리선상에 주입구를 만드는 것이 가장 용이하다.

③ 하주식 탕구
  주형 내에서 침식 및 난류를 최소로 줄일 수 있으나 상부에 압탕을 붙이면 온도 구배가 나쁘다.

④ 다단식 탕구(step gate)
  상주식과 하주식을 절충한 것으로 주입구를 상단에 붙이면 이 양자의 장점을 구비할 수 있다.

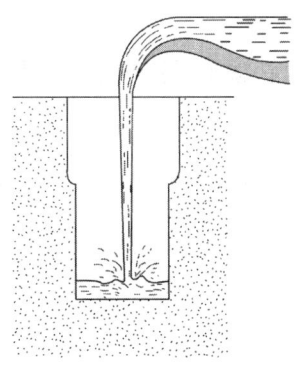

[상주식 탕구]

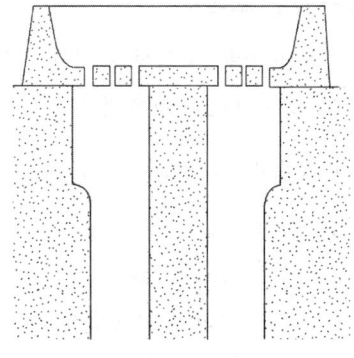

[샤워식 탕구]

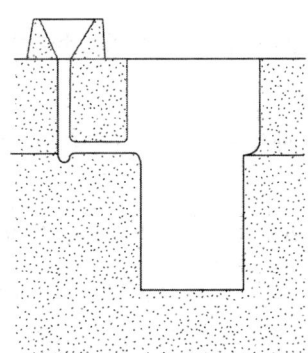

[분할선 탕구]

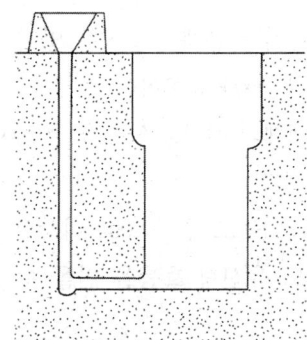

[하주식 탕구]

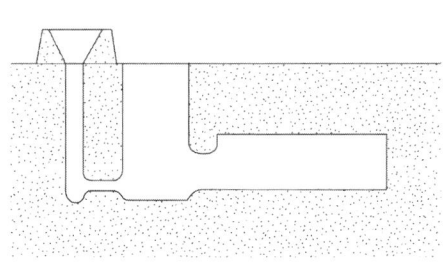
[측면압탕을 통한 하주식 탕구]
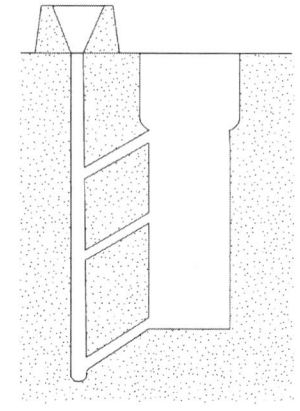
[다단식 탕구]

3 탕구 내의 용탕의 흐름

(1) 유체의 흐름

① 유체의 흐름은 점성에 의한 힘은 층류를 촉진하고, 관성에 의한 힘은 난류를 일으키는 방향으로 작용한다.

② 관성력과 점성력의 비를 레이즈놀 수(reyonld's number)라 하며, 값은 $N_R = \dfrac{\rho V d}{u}$ 로 표시한다.

$$\begin{cases} N_R : \text{레이놀즈 상수} \\ \rho : \text{유체의 밀도(kg/cm}^2) \\ V : \text{유속(cm/sec)} \\ d : \text{통로의 지름(cm)} \\ u : \text{유체의 점성계수(cm·sec/g)} \end{cases}$$

③ 어떠한 유체라도 하부 임계속도에서의 N_R값은 약 2000이며, 상부 임계속도에서의 N_R은 3000~4000이다.

④ 액체의 레이놀즈 수가 약 2000 이하의 속도로 흐를 때에는 진정한 유선층 흐름이 얻어진다.

⑤ 레이놀즈 수가 2000 이상일 때 흐름도 각별한 주의를 한다면 레이놀즈 수 4000에서도 유선형 흐름을 얻을 수 있다.

4 탕구계의 설계

(1) 탕구계 설계에 있어서의 중요인자

탕구계의 설계가 적절하지 못할 경우에 생길 수 있는 문제점을 요약하면 다음과 같다.

① 주물사, 슬래그, 협잡물 이외의 불순물
② 주물의 거친 표면
③ 혼입되어 갇힌 가스
④ 과도하게 산화된 가스
⑤ 국부적 수축소(pipe shrinkage, macro shrinkage)
⑥ 내부에 분포하는 기공률(porosity)
⑦ 두 흐름이 만나는 곳에서 용탕의 불완전 접합
⑧ 미리 응고되어 남아 있는 금속입자
⑨ 주형이 덜 채워짐(misruns)
⑩ 사형 또는 코어에 대한 용탕의 침식작용

(2) 주입컵과 탕류

주입컵과 탕류의 역할

① 레이들을 조작할 때 필요한 유입속도로 유지하게 해준다.
② 탕구 입구에 있어서 난류와 와류의 발생을 감소시켜준다.
③ 용탕이 탕도에 들어가기 전에 협잡물이나 슬래그를 분리해서 부상시키는 목적으로 사용된다.

(3) 탕구계의 형상

용탕을 원활하게 주입하기 위해서 탕구계는 반드시 유선형으로 설계할 필요가 있다. 또한 이들은 다음과 같은 결과를 초래하므로 유선형으로 하여 피해를 최소로 줄이는 것이 바람직하다.

① 공기 또는 산화개재물이 주물에 혼입된다.
② 탕구계의 주형벽을 침식하여 주물에 주물사를 개재시킨다.
③ 용탕의 유속을 감소시킨다.

(4) 탕구비(탕구계의 각 부분의 단면적 비)

탕구비라 함은 탕구, 탕도, 주입구의 총단면적의 비를 말하는 것이며 예를 들면, 탕구는 25cm², 탕도는 50cm², 주입구는 50cm²라 할 때 이의 탕구비는 1 : 2 : 2로 된다.

① 주입구의 총단면적을 구하는 방법

주입구의 총단면적을 구하는 식은 다음과 같다.

$$주입구\ 총단면적 = \frac{W}{V \cdot d \cdot T}$$

W : 주입 중량(kg)
V : 주입구를 지나는 용탕의 흐름속도[cm/sec] = $\sqrt{2gH}$
g : 중력의 가속도(cm/sec²)
H : 탕구의 유효높이
T : 주입시간[S]
d : 주철의 밀도[kg/m³] = 7000~7200

② 탕구의 단면적을 구하는 방법

목표의 주입시간과 주입중량에서 필요한 탕구봉의 단면적을 구하는 데는 탕구 : 탕도 : 주입구의 비가 정해져 있으면 위의 식에서 구한 주입구의 단면적에서 비례적으로 구하는 방법은 다음과 같다.

- 탕구부의   교축의   단면적 =

$$\frac{주입중량}{주입시간} \times \frac{정수}{\sqrt{유효탕구높이}} \times 7.160$$

- 정수 : 탕구봉 교축에서는 0 : 200

  탕도 교축에서는 0.286

③ 탕구비의 계산

- 탕구 단면적 = $\frac{\pi}{4} 30^2 = 707 \text{mm}^2$

- 탕도 단면적 = $\frac{23 + 27}{2} \times 25 = 625 \text{mm}^2$

- 주입구의 총단면적(2개소) = $(47 \times 6) \times 2 = 564 \text{mm}^2$

  탕구단면적(707) : 탕도 단면적(625) : 주입구 단면적(564) 탕구비 1 : 0.9 : 0.8

그림은 전형적인 압력주입 방식으로 탕구비가 1 : 0.75 : 0.5인 경우와 부분적으로 유선화된 탕구비 1 : 3 : 3의 비압력 주입방식의 탕구계를 나타낸 것이다.

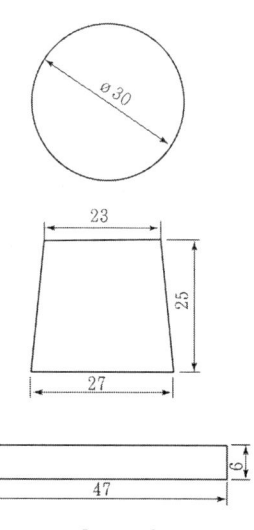

[탕구비]

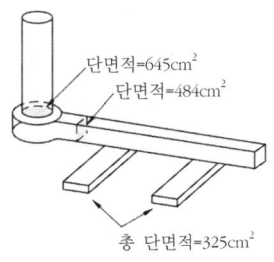
[압력 주입탕구계]

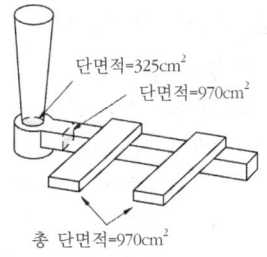
[비압력 주입탕구계]

(5) 주입 온도 및 주입 시간

① 주입 온도

㉠ 주입 온도가 용탕의 유동성에 미치는 영향은 크며 주물의 모양 및 두께에 따라 주입온도를 조절할 필요가 있다.

㉡ 주입 온도가 높을 때 : 용탕의 가스 흡수가 심하므로 기포의 원인이 되며 수축이 커서 균열을 일으키기 쉽다.

㉢ 주입 온도가 낮을 때 : 압탕(riser), 플로오프(flow off)등에 의한 충분한 용탕의 보급이 이루어지기 전에 응고가 되어 불량의 원인이 되고 유동성도 나쁘므로 용탕의 흐름이 나쁘다.

[각종 주물의 주입온도]

주물재질	주입온도(℃)
청동주물	1150~1200
황동주물	1050~1150
알루미늄합금주물	670~760
주철대형기계주물	1350~1360
주철소형기계주물(생형)	1350~1400
주철잉곳케이스	1265~1280
대형주강	1520~1540
소형주강	1540~1560

② 주입 시간(주입 속도)

㉠ 주입속도라고도 하며 주형에 용탕을 주입할 때 걸리는 시간이며 초(sec)로 표시한다.

㉡ 모양이 복잡하고 엷은 두께인 주물의 경우는 압탕을 크게 하여 주입 속도를 빠르게 하고, 모양이 간단하고 두꺼운 주물의 경우는 주입 시간을 길게 한다.

㉢ 주입 온도가 높은 것은 속도가 빠르면 주형을 파손할 우려가 있다.

② 주입 시간 : $T = S\sqrt{W}$

T : 주입시간(sec)
W : 주물의 중량(kg)
S : 주물의 살 두께에 따른 상수
 $S = 1.63$(주물의 살 두께 2.8~3.6mm)
 $S = 1.86$(주물의 살 두께 4.0~8.0mm)
 $S = 2.22$(주물의 살 두께 8.3~15.86mm)

위의 S의 값은 450kgf까지의 소형 주철주물에 대하여 적당한 것이다.

- 무게 1ton까지의 건조형의 주강인 경우는 살 두께와 모양이 복잡한 것 : $T ≒ 0.5\sqrt{W}$, 모양이 간단한 것 : $T ≒ 0.75\sqrt{W}$가 적당하다.

(6) 기타

① 유효 탕구의 높이(effective sprue height)

유효 탕구의 높이 $= \dfrac{2HC - p^2}{2C}$ (사이드 게이트일 때)

$= \dfrac{2HC - 0}{2C}$ (톱 게이트일 때)

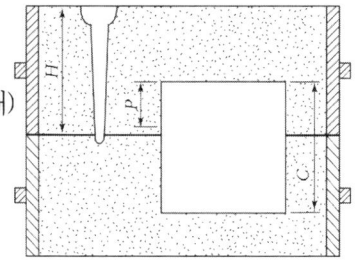

[유효 탕구의 높이]

H : 탕구의 높이(cm)
C : 주물의 높이(cm)
p : 주입구 위부분의 주물 높이(cm)

② 주입구 넓이

주입구의 넓이는 탕구 및 탕도의 크기를 정하는 요소가 되며 다음과 같이 구할 수 있다.

$A = 2.0\sqrt{\dfrac{W}{E \cdot S \cdot H}}$

A : 주입구의 단면적(cm)
W : 주물의 무게(kg)
$E \cdot S \cdot H$: 유효 탕구 높이(cm)

③ 용탕이 주형에 가하는 압력

㉠ 주형에 용탕을 주입하면 주형의 각 부분은 투상면적과 탕구의 높이에 비례하여 압력을 받게 된다.

ⓒ 용탕의 압력 P를 구하는 식은 다음과 같다.

- $P = A \times H \times S$

A : 주물을 위해서 본 면적(m^2)
H : 주물의 윗면에서 주입컵의 면까지의 높이(m)
S : 주입 금속의 비중(kg_f/m^3)

사실 이론상으로는 상형의 무게를 W라 한다면 압상력 $P = A \times H \times S - W = P - W$ 이므로 중추의 무게는($P-W$)보다 크면 된다. 그러나 실제로는 용탕이 흐를 때 큰 압력을 받게 되므로 계산값의 3배 가량으로 여유있게 하는 것이 안전하다.

Q01 그림과 같이 $A = 500 \times 500$m인 주철주물을 만들 때 필요한 중추의 무게는 얼마로 하면 안전한가? (단, $H = 100$mm, $S = 7200$kg/m^3로 한다.)

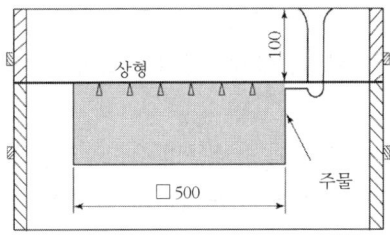

정답

$P = A \times H \times S$
$P = (0.5)^2 \times 0.1 \times 7200 = 180$kg
180kg이 상형에 주는 총 압력이 되므로 상형의 무게는 생각 않고 3배되는 540kg 정도로 하면 안전하다

Q02 그림과 같은 치수를 가진 주물에서 위의 상자가 받는 압력은 H가 150mm 및 350mm의 높이일 때 받는 압력이 합(P_1+P_2)을 받게 된다. 이때 필요한 중추의 무게는 얼마로 하는 것이 안전한가? (단, $S = 7200$kg/m^3로 한다.)

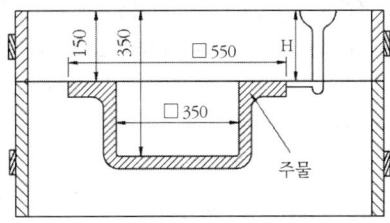

정답

$P_1 = [(0.55)^2 - (0.35)^2] \times 0.15 \times 7200 ≒ 194$kg
$P_2 = (0.35)^2 \times 0.35 \times 7200 ≒ 309$kg
∴ $P_1 + P_2 = 194 + 309 ≒ 500$kg
따라서 안전한 중추의 무게는 1500kg(500×3)으로 한다.

02 압탕 방안

1 압탕의 필요성

(1) 압탕의 목적

① 응고 수축에 의한 수축된 부분에 용탕을 보급하여 수축공을 방지한다.
② 용탕에 혼입된 모래, 슬래그 또는 가스 등을 주물에 남지 않고 떠오르게 한다.

(2) 압탕의 구비 조건

① 압탕은 주물보다 나중에 응고할 수 있도록 충분히 커야 한다.
② 주물의 응고 수축을 보충할 수 있을 정도로 오랫동안 액체금속으로 유지해야 한다.
③ 압탕은 주물의 모든 부분에 정압이 유지되도록 설치해야 하며 대기에 개방되어 있어야 한다.
④ 압탕이 주물보다 먼저 응고되면 주물의 응고수축을 보충해 줄 수 없기 때문에 주물에서부터 압탕쪽으로 지향성 응고(directional solidification)가 일어나도록 설치해야 한다.
⑤ 용융금속을 절약할 수 있는 압탕을 설계해야 하는 등 경제적인 면도 고려되어야 한다.

2 압탕의 종류

(1) 압탕의 종류

① 위치에 따라 : 직압탕(top riser), 측면 압탕(side riser)
② 외측까지 나타나는가에 따라 : 개방형(open type), 폐쇄형(맹압탕, blind riser)
③ 녹 오프 코어(knock off core)를 사용하는 넥다운 압탕(neck down riser)이 있다.

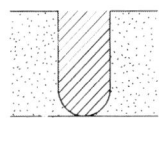 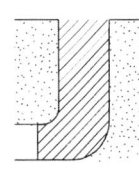 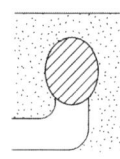 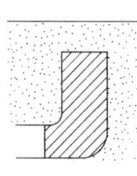 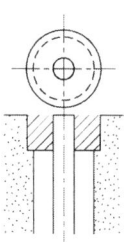

(a) 개방형 직압탕 (b) 개방형 측면압탕 (c) 폐쇄형 직압탕 (d) 폐쇄형 측면압탕 (e) 특수압탕(전면압탕)

[압탕의 종류]

(2) 폐쇄형압탕은 직압탕보다 몇 가지 장점이 있다.

① 압탕을 통하여 주물 저부에 주입구를 설치할 때에는 온도의 분포 상황이 매우 양호하게 된다.

② 맹압탕은 주물 중 필요로 하는 어떤 장소에도 설치할 수 있다.

③ 두부가 반구의 원통형 압탕인 경우에는 체적에 대한 표면적의 비가 최소로 되기 때문에 압탕 자체의 냉각효과는 최소로 된다.

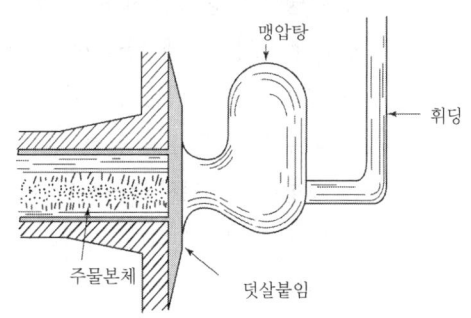

[덧살을 붙인 플런저휘딩에 붙인 맹압탕]

④ 맹압탕은 주물이 평탄한 측면에 붙일 수도 있어서 개방형 직업탕과 훨씬 쉽게 제거할 수 있으며, 또한 제거할 때에 제품의 살이 떨어져 나가는 위험도 줄일 수 있다.

3 압탕의 방향성 응고와 압탕 효과

(1) 덧살붙임

① 주물의 건전성을 높이기 위하여 덧살붙임을 한다.

② 주물은 압탕부에서 멀어질수록 얇아지기 때문에 응고는 얇은 곳에서부터 시작한다.

③ 두께는 지향성 응고가 압탕쪽으로 갈수록 점점 두꺼워지며 연속부분은 그 부분에 적당한 압탕 효과가 있게끔 충분한 양의 용탕을 받는다.

④ 덧살부분은 나중에 기계가공으로 제거해도 되고 또는 기울기를 준 부분이 완제품의 유용한 일부가 되도록 설계할 수도 있다.

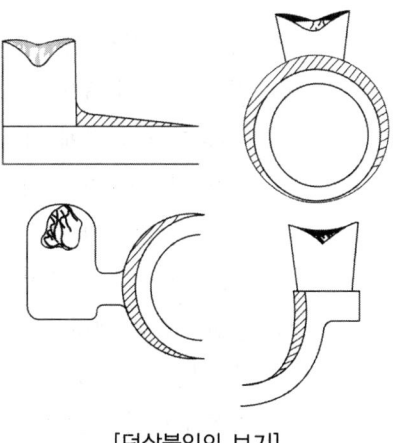

[덧살붙임의 보기]

(2) 냉금 메탈(chill metal)

주물의 필릿 두께가 고르지 않거나 압탕만으로는 용탕의 보급이 미치지 못하는 곳 또는 압탕의 효과가 불충분할 때에는 국부적으로 두꺼운 부분에 수축공을 일으키는 경우가 많으므로 이러한 부분의 응고를 촉진시키기 위하여 냉금 메탈을 사용한다.

① 외부 냉금(external metal)

외부 냉금은 융합될 필요가 없으므로 주물과 동일한 재료가 아니어도 된다. 철주물에는 철 또는 강제 냉금이 사용되고, 비철주물에는 철, 구리, 강철, 흑연제 냉금이 사용되며, 외부 냉금의 사용 목적은 다음과 같다.

㉠ 비교적 두께가 균일한 주물에서는 주물 끝부분이나 측면에 냉금을 설치하여 지향성 응고를 촉진시킨다.

㉡ 두꺼운 부분이나 교차되는 부분에 냉금을 설치하여 열점을 제거시키는 것 등이다.

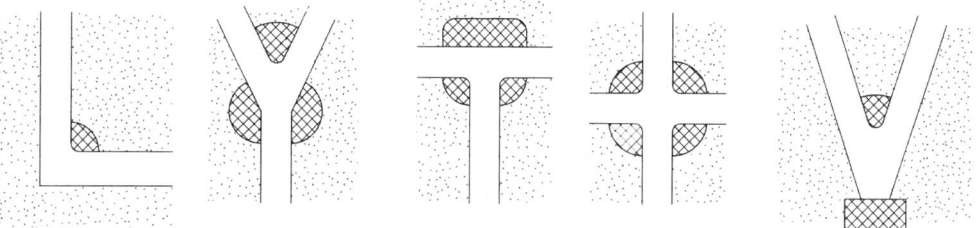

[주물 연결부에서 열점의 형성을 방지하기 위해서 사용된 외부 냉금의 사용]

② 내부 냉금(internal metal)

압탕의 효과가 미치지 않는 부분에 응고를 촉진시키기 위해 사용한다.

※ 냉금을 사용할 때 주의할 사항은 다음과 같다.

㉠ 냉금 메탈의 표면을 깨끗이 하여 녹슬지 않게 해야 한다(기포의 원인이 됨).

㉡ 냉금 메탈 표면에 기름을 엷게 발라 녹의 발생을 방지하고 주형 내에 있어 주탕할 때 습기가 부착되어 물방울로 되는 것을 방지한다(기름은 모빌유, 기계유 등을 사용한다).

㉢ 냉금 메탈 위에 도형을 해도 좋다.

㉣ 일반적으로 생형 또는 건조가 불충분한 주형에 냉금 메탈을 사용하면 주탕할 때 냉금 메탈 표면에 물방울을 일으켜 기포의 원인이 된다.

㉤ 생형을 버너로 말린 상태에서 냉금 메탈을 사용하여도 역시 기포의 원인이 된다. 내부 냉금은 주철 또는 연강봉 등이 쓰이는데 이때에는 표면에 녹이 없는 것을 사용하기 위하여 주석, 알루미늄 등으로 표면처리한 것을 사용한다. 내부 냉금의 두께는 주물 살두께의 20~30% 정도이다.

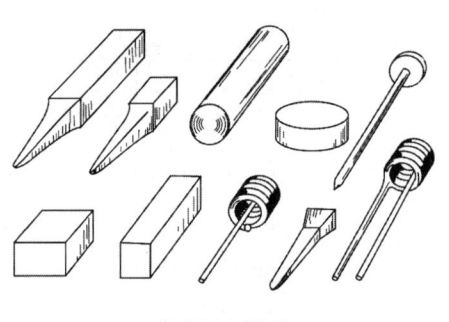

[냉금의 종류]

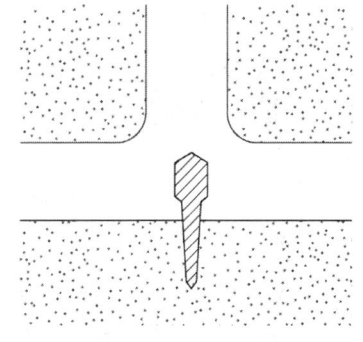

[내부 냉금의 사용보기]

(3) 채플릿(chaplet)

① 코어를 고정시킬 때 보조하는 것을 채플릿이라 한다.
② 채플릿은 코어의 설치가 불안정하거나 용탕의 부력에 의하여 위로 떠오를 염려가 있을 때 코어를 고정시켜 주며 주입 금속과 용착이 잘되는 것이어야 한다.
③ 가공면이나 수압을 요하는 주물에는 그 사용에 주의해야 한다.

4 압탕 설계

(1) 지향성 응고

① 압탕에서 먼 곳부터 차례로 압탕 쪽으로 응고되는 것을 지향성 응고라 한다.

(2) 압탕의 크기 및 모양

① 압탕의 크기가 클수록 주물의 회수율이 낮으므로 단열재 또는 발열재를 사용해 압탕의 응고 속도를 늦추거나 칠 메탈을 사용해 두꺼운 부분의 응고 속도를 빨리한다.
② 그림은 압탕의 위치, 칠 메탈의사용, 단열재의 사용에 따른 수축과 압탕의 관계를 나타낸 것이다.

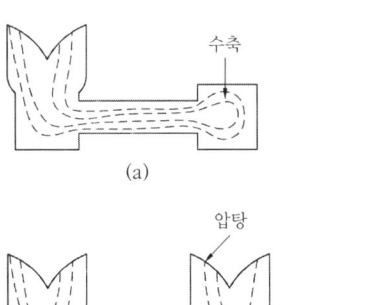
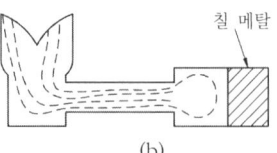
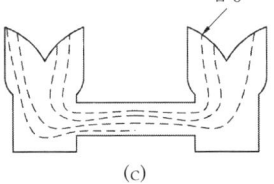
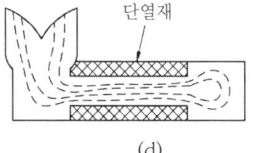

[압탕, 칠 메탈, 단열재에 의한 수축방지]

③ 압탕의 모양

동일한 모양의 주물이 응고하는데 걸리는 시간은 그 부피와 표면적 비의 제곱에 비례한다.

즉, $\theta_f = K\left(\dfrac{V}{A}\right)^2$

- θ_f : 응고시간(sec)
- V : 주물의 부피(cm^2)
- A : 주물의 표면적(cm^2)
- K : 주형 상수

④ 압탕의 크기 계산

㉠ 형상 인자 $\dfrac{l+w}{t}$와 압탕과 주물의 부피비 Vr/Vc와의 관계로부터 압탕의 크기를 구한다.

㉡ 주물의 길이(l)=18, 주물의 폭(w)=18, 압탕을 설치할 주물의 두께(t)=2라면 형상 인자는 18이다.

㉢ 그림에서 형상 인자는 18에 해당하는 Vr/Vc는 약 0.29(=29%)이다. 따라서 압탕의 부피는 주물 부피의 약 30%이어야 한다.

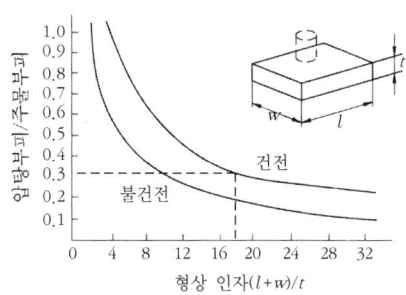

[압탕주물의 부피비와 형상 인자]

(3) 압탕의 위치

① 긴 봉 또는 판재를 주조하면 압탕으로부터 어느 정도의 거리까지 수축이 없는 건전한 주물이 만들어진다. 이것은 끝 부분에서부터 방향성 응고가 일어나기 때문이다.
② 판상의 주강 주물에서 압탕의 효과로 수축이 방지되는 거리는 2T, 또 끝부분에는 방향성 응고되어 수축이 일어나지 않는 거리는 T2.5이므로, 주물의 길이가 4.5T를 넘으면 가운데 부분에 수축이 생기게 된다(여기서 T는 주물 두께임).
(a)는 중심선 수축이 생성된 예를 나타내었고 방향성 응고를 촉진시키기 위해서는 (b)와 같이 주물 덧살을 덧붙여(패딩) 주조할 때도 있다.

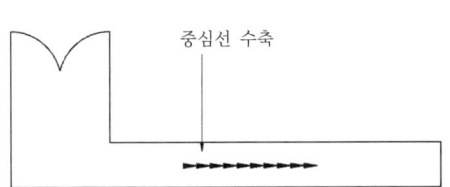
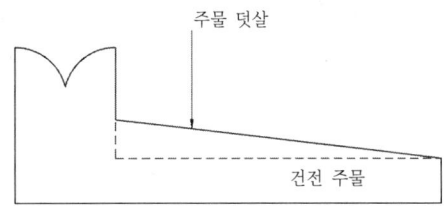

[금속 덧살로 건전한 주물을 만드는 예]

03 주조 설계

1 주조응력에 대한 설계

① 높은 주입온도 때문에 철강 주물은 특히 주형 내에는 외부 균열 또는 열간균열을 일으키지 쉽다.
② 금속의 조성은 적어도 3가지 원인에 의해서 열간균열의 발생에 영향을 미친다.
  ㉠ 임계온도에서 고유강도와 연성에 의해
  ㉡ 고체변태(solid transformation)의 존재와 범위에 의해
  ㉢ 결정립계에서 황과 같은 불순물의 존재에 의해

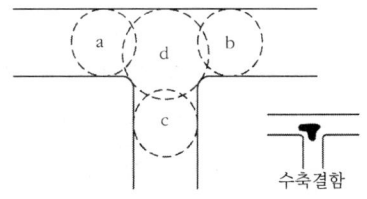

[내접원에 의한 열점 위치결정]

2 방향성 응고를 위한 설계

(1) 방향성을 위한 설계상의 주의 점

① 큰 단면은 작은 단면을 통하여 압탕 효과를 줄 수 없다.
② 가능한 한 단면은 압탕 쪽을 향하여 기울기를 주어야 한다.
③ 수평은 바람직하지 못하며, 고립된 열점은 피하여야 한다.

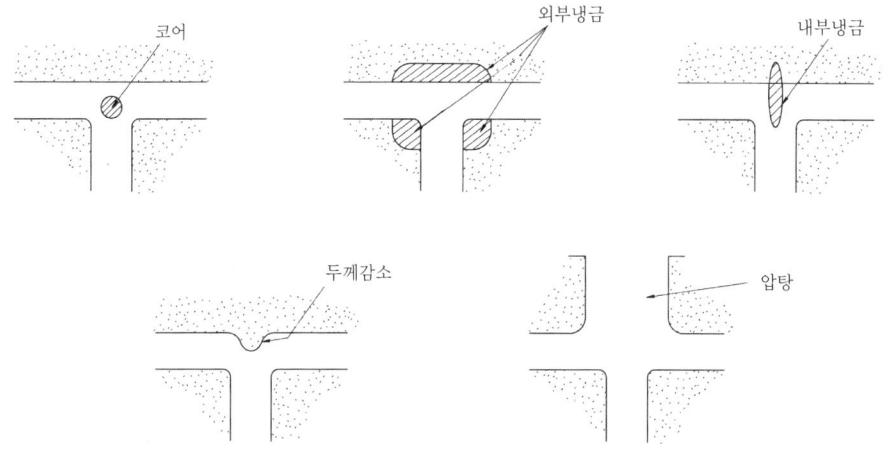

[T단면에서의 열점 제거 방법]

3 유동성에 대한 설계 및 안전율

(1) 유동성에 대한 설계

① 회주철, Al, Mg의 사형 주물과 Cu합금 등은 극히 소형인 주물에서는 3.2mm 이하의 단면으로 되지 않게 설계하고, 대형 주물에서는 4.8~6.4mm 이상으로 한다.
② 강주물은 소형일 때는 6.6mm 이상으로, 대형의 경우는 12.7mm 이상으로 해야 한다.
③ 0.5~1%의 P을 함유한 주철은 경우에 따라서 1.0mm 정도의 두께로 한다.

4 주조 방안의 수립

(1) 주조 방안

① 지금(地金) 등의 주요 원재료의 선정에 관한 사항(품질, 형상, 분량)
② 용해에 관한 사항(배합, 강도, 성분)
③ 모형에 관한 사항(모형의 종류, 제작법, 다듬질 여유)
④ 주물사, 주형 재료에 관한 사항(주형의 종류, 도형재)
⑤ 주입에 관한 사항(주형의 종류, 조형법)
⑥ 조형에 관한 사항(주입 온도, 주입 속도, 주형의 상태)
⑦ 주입 후 주조품 처리에 관한 사항
⑧ 다듬질에 관한 사항
⑨ 운반에 관한 사항 등이다.

(2) 주입 용탕 중량의 결정

① 용탕의 온도 저하를 초래하지 않고, 적정 주입 온도를 유지할 수 있는 범위에서 용탕을 저류할 필요가 있다.
② 주입에 필요한 용탕량은 주물 제품의 부분 외에 탕구계, 압탕, 주입 기준 등의 중량으로 한다.
③ 주조품의 중량은 중량 계산의 약 1.1배 정도로 하고, 다듬질면이 많은 것은 약 1.3배 정도의 여유가 있는 용탕의 준비가 필요하다.

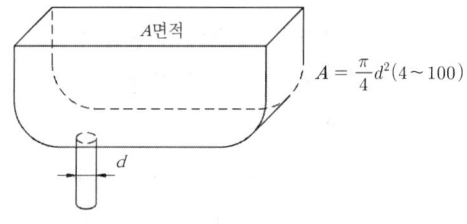

[걸치기 주입컵 면적]

$A = \dfrac{\pi}{4}d^2(4\sim100)$

(3) 걸치기 주입컵(용탕 저류부) 설계

걸치기 주입컵의 설계에 있어서는 다음과 같은 점을 고려해야 한다.

① 용탕 저류부의 형상은 원형보다도 장방형 또는 타원형이 좋다.
② 탕구 구멍의 위치는 중심에서 한쪽으로 벗어난 위치로 한다.
③ 걸치기 주입컵의 밑부의 형상은 깔대기 형상으로 하고 너무 경사를 붙이지 말 것
④ 탕구 구멍에 스트레이너를 사용하면 불순물의 유입 방지에는 다른 곳에 사용하는 것보다 효과는 크나 용탕을 조용히 유입한다고 하는 점에서는 다른 부분에 사용할 때보다 효과는 작다.

5 주조방안과 열전달

(1) 주조방안

① 주조품의 형상, 재질, 치수정밀도, 생산량 등에 따라 적절한 재질, 형상, 치수의 주형을 만들어 용융금속을 주형에 주입하여 응고시켜야만 한다.
② 용탕이 압탕으로부터 응고부에 이동하기 쉽도록 압탕을 향한 지향성응고가 일어나도록 해야 한다.

(2) 주조과정에 있어서의 열전달

① 열전도
  ㉠ 응고는 용탕온도가 액상선 온도 이하로 냉각되면서 진행한다. 용탕의 온도 강하는 용탕 중의 열에너지가 응고층과 주형을 통하여 열전도에 의해 이동함으로써 일어난다.
  ㉡ 열전도란 물질 중에 온도분포가 존재할 때. 그 물질구성분자(분자, 원자, 자유전자 등)의 상호작용의 효과로서 고온부로부터 저온부로 열에너지가 이동하는 현상이다.

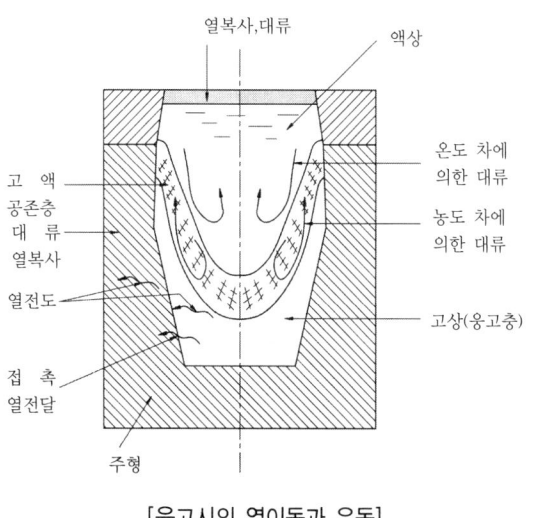

[응고시의 열이동과 유동]

(3) 주조과정에 있어서의 유동현상과 탕구계의 설계

① 탕구계에서의 흐름
  ㉠ 그림은 상주식(上注式)으로 V벨트 풀리를 제작할 때에 주형공간이 용탕에 의해 충만되는 모양을 나타내고 있다.
  ㉡ 주입컵(pouring)으로부터 탕도에 유입된 용탕(이 경우에는 주철)은 탕도 끝(runner extension)을 충만한 후 주입구(ingate)로부터 주형공간에 유입되고 일부의 용탕은 갈라져 하부로부터 상부를 향하여 흐르고 있음을 알 수 있다.

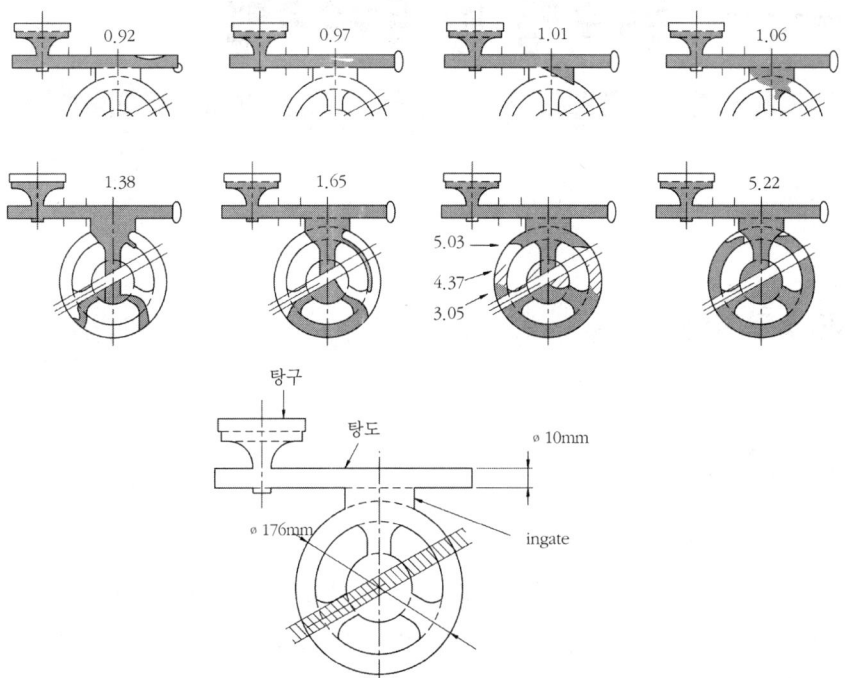

[V belt pulley 주탕시의 주철용탕의 유동]
(숫자는 주탕 후의 시간(sec)을 나타낸다.)

 주조(鑄造)기능장

특수주형 및 특수주조법

01 특수주형법

1 CO_2 주형법

(1) CO_2 주형법의 개요

① 규사에 규산나트륨(Na_2SiO_3)을 4~6% 정도 혼련시켜 일반적인 주형 조형법과 동일한 방법으로 주형 또는 코어를 조형하고, 여기에 CO_2 가스를 불어 넣어 경화시키는 방법이다.

② CO_2법에 있어서 규산나트륨의 경화기구

㉠ $Na_2O \cdot mSiO_2(mn+x)H_2O + CO_2 = Na_2CO_3 \cdot xH_2O + m(SiO_2 \cdot nH_2O)$

※ m : 규산나트륨의 몰비, n : 규산겔의 함수령, x : 탄산나트륨의 결정수 몰비

㉡ 위의 반응에서 CO_2 가스와 Na_2O가 반응하여 Na_2O_3가 생성되고 동시에 SiO_2의 겔화가 진행해서 사립이 견고하게 결합된다.

(2) CO_2 주형법의 장·단점

① CO_2 주형법의 장점

㉠ 건조가 불필요하기 때문에 조형이 빠르고 주탕까지의 시간을 단축할 수 있다.
㉡ 주형과 코어가 곧 경화하기 때문에 변형이 적고 운반이 용이하다.
㉢ 코어의 보강재와 심금 등을 생략할 수 있다.
㉣ 건조할 필요가 없기 때문에 건조 중 변형 등을 고려할 필요가 없다.
㉤ 모래의 유동성이 좋기 때문에 조형에너지가 적게 든다.
㉥ 원형이 있는 상태에서 주형이나 코어가 경화하기 때문에 주형의 정밀도가 높다.
㉦ 주입시 가스 발생이 적다.
㉧ 숙련을 필요로 하지 않고 설비비도 저렴하다.

② CO_2 주형법의 단점
  ㉠ 규산나트륨 첨가시는 대기 중에서 서서히 경화하기 때문에 밀폐용기 중에 보관하여야 한다.
  ㉡ 원형 및 코어박스는 조립식으로 해야 하며 원형을 CO_2 속에 넣어 경화시키므로 원형에 기울기를 많이 준다.
  ㉢ 주형의 가축성, 붕괴성이 나쁘고 고사(古砂)의 회수율이 낮다.
  ㉣ 주형면이 좋지 않기 때문에 도형을 해야 하고 또 소결을 일으키기 쉽고 모서리부에서는 소착이 발생되기 쉽다.
  ㉤ CO_2 가스 사용 중에 용기가 동결하기 때문에 이것을 방지하기 위하여 특별한 장치를 필요로 한다.
  ㉥ 조형 후 시간이 지나면 강도가 떨어지고 흡습성이 있으므로 빠른시간 내에 주입한다.

(3) CO_2 형용 모래
  ㉠ 모든 모래가 가능하지만 규산나트륨량과의 관계로 입도와 분포에 주의해야 한다.
  ㉡ 미립의 경우에는 주형 강도는 크게 되지만 규산나트륨의 첨가량이 증가된다.
  ㉢ 규산나트륨의 첨가량이 많으면 고온에서의 소결성이 높아 사락성이 좋지 않다.

(4) CO_2 형용 재료
  ㉠ 규사 이외에 점결제인 규산나트륨과 경화제로 CO_2 가스가 주요 재료이다.
  ㉡ 첨가제로서 붕괴성을 좋게 하기 위해 씨콜(seacoal) 및 톱밥 등을 사용한다.
  ㉢ 점결제로서 사용되는 범위의 몰비는 2.0~3.3이며, 몰비가 크면 수분이 많다.

(5) 혼련
① 혼련기 선택시 유의점
  ㉠ 혼련 중 모래의 온도를 상승시키지 않아야 한다.
  ㉡ 혼련 중 공기와 사립이 접촉하지 않아야 한다.
  ㉢ 혼련사의 유동성을 해치지 않아야 한다.
  ㉣ 혼련 후에 청소가 용이해야 한다.

(6) 조형방법

① CO_2 주형재료를 혼합할 때 밀폐식 믹서를 사용하는 것이 개방식에 비하여 주형의 강도면에서 유리하며 혼합시간은 4~5분 이하가 좋다.
② 혼합된 모래를 주형상자 속에 넣고 골고루 잘 다진 후 원형을 그대로 둔 채 탄산가스를 불어넣어 준다.

(7) CO_2법 조형시의 주의사항

① 사용되는 탄산가스 자체는 유독하지 않으나 공기 중에 3~4%가 존재하게 되면 두통으로부터 뇌빈혈까지, 15% 이상이면 생명에 위험이 있으므로 환기에 주의하여야 한다.
② 용탕의 종류에 의해 모래의 품질과 입도분포를 선정해야 한다.
③ 혼합물의 조성 종류는 작업의 간편성, 혼합사의 균일성을 고려해야 한다.
④ 모래에 대한 규산나트륨의 첨가량을 가능한 적게 해야 한다.
⑤ CO_2 가스의 통기 조건을 변화하지 않도록 관리하고 가스압을 높이거나 통기시간을 필요 이상으로 길게 하지 않는다.

2 자경성(自硬性) 주형법

(1) 자경성 주형의 특징

① 주형의 건조경화작업을 선택할 수 있다.
② 조형시 다짐작업(ramming)을 생략할 수 있다.

(2) 자경성 주형의 분류

① 경화기구에 의한 자경성주형의 분류
   ㉠ 산화중합 또는 축합반응에 의한 것
   ㉡ 수경성에 의한 것
   ㉢ 겔(gel)화에 의한 것

3 마그네틱 조형법(magnetic molding process)

(1) 마그네틱 조형법의 특징

① 원형을 발포폴리스티렌으로 만들고 이것을 용탕의 열에 의하여 기화, 소실시키는 방법은 풀몰드법과 같으나 모래 입자 대신에 강철 입자를 사용하며 점결제 대신에 자력을 이용하는 방법이다.
② 조형이 빠르고 손쉬우며, 조형비가 저렴하며, 주형 자체의 통기도가 좋다.
③ 주형 재료가 간단하고 내구성을 가지므로 주물사의 처리, 보관 등이 쉽다.

(2) 마그네틱 조형법의 공정

① 자석 안에 주형상자를 놓는다.
② 주형상자 안에 발포 폴리스티렌으로 만든 원형을 놓는다.
③ 철 입자를 주형상자 안에 채운다.
④ 강력한 자력을 일으켜 철 입자를 다진다.
⑤ 탕구를 통해 용융 금속을 주입한다. 원형은 용탕의 열로 기화 소실되고, 그 빈자리에 용융 금속이 가득 채워져 응고된다.
⑥ 적당한 시간 뒤에 자석에 대한 송전을 중단한다.
⑦ 주형상자를 해체하면 결합력이 없는 철 입자가 붕괴되어 버리고 주물이 노출된다.
⑧ 철 입자는 체로 쳐서 미분과 먼지를 제거하고 다시 사용한다.

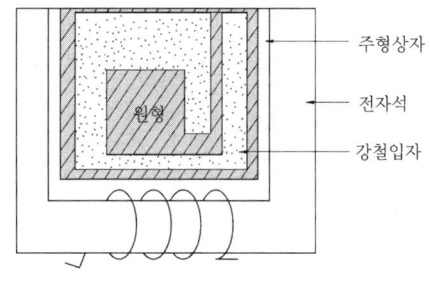

[마그네틱 조형법의 주형]

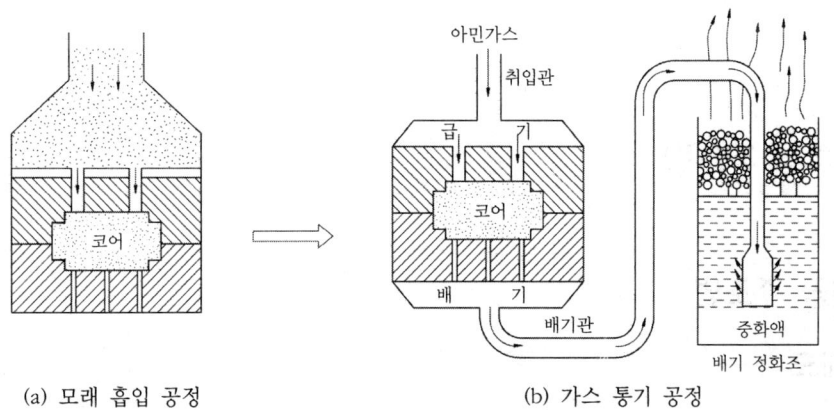

(a) 모래 흡입 공정 (b) 가스 통기 공정

[콜드 박스법에 의한 코어 제조]

4 콜드박스 주형법

(1) 조형법

① 규사에 페놀수지와 폴리이소시아넷(M.D.I)을 적당량 혼합시켜 취입식 조형기에서 조형한다(손조형도 가능하다).

② 주형에 아민가스를 통과시키면 주형은 순간적으로 경화하며, 경화시킨 후 공기를 불어 넣어서 주형속의 미반응의 아민가스를 배출시켜 중화 탱크로 보낸 다음 주형을 꺼낸다.

(2) 콜드 박스형 모래

① 점결제는 페놀수지(I액체)와 M.D.I(II액체)의 두 가지 액체로 되고 모래의 첨가량은 2~3%이며, 모래의 혼합물의 가용 시간은 일반적으로 1.0~1.5시간이다.
② 경화용 아민가스는 트리에틸아민이 좋고, 사용하는 규사는 중성 또는 산성이 좋다.
③ 점결제 I 액체와 II 액체의 비는 5 : 5로부터 4 : 6이 가장 적합하다.

5 시멘트계 주형법

① 가장 많이 사용되는 시멘트로는 포틀랜드(portland) 시멘트(보통 이것을 시멘트라 부르고 있음)이다.
② 알루미나 시멘트나 고로시멘트가 사용되나 그 양은 적다. 최근에는 초경시멘트가 점결제로서 사용되고 있다.

02 특수 주조법

1 진공 주조법

(1) 개요

① 진공 용해는 대기 중에서 용해하는 것에 비하여 전압이 낮고 용금에 접하는 각종 가스의 분압이 낮은 것이 특징이다.

② 작업 방식
- ㉠ 진공 용해 ─ 진공 주조
  └ 대기(또는 분위기) 주조
- ㉡ 대기 용해 ─ 진공 주조
- ㉢ 대기 용해 ─ 진공 처리 ─ 대기(또는 분위기) 주조
  └ 진공 주조

③ 진공용해는 중량 1000kg 이하의 소규모인 경우에만 적용되고, 주로 Cr, Ni, Co 등을 주체로 한 초합금, 각종 전자재료, 특수고합금강, 원자력용재료 또는 구리 및 구리합금, Ti, Zr, Mo, W 등의 용해에 사용된다.

④ 대기용해는 주로 철강관계에 대규모 이용된다.

⑤ 이들 각종 방식은 각기 장점을 가지고 있지만 공통적으로
- ㉠ 용해 주조과정에서 분위기의 오염을 방지할 수 있다.
- ㉡ 수소, 산소, 질소 등의 유해가스성분을 제거할 수 있다.
- ㉢ 유해한 불순원소를 제거할 수 있다.
- ㉣ 진공처리에 의해 정련반응을 촉진할 수 있다.
- ㉤ 활성금속 합금을 용해할 수 있다.

즉, 진공용해법은 용탕의 원재료를 진공 하에 용해하는 방법이고 이것을 진공 하에서 계속 주조하거나 또는 대기 중에 되돌려서 주조한다.

(2) 진공 처리방법(low pressure casting)

주입 전에 실시하는 진공 처리법으로는 진공레이들 탈가스법, 레이들 탈가스법, 2중 레이들 탈가스법 등이 있다.

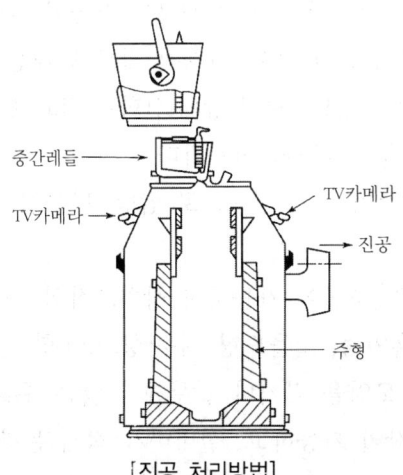

[진공 처리방법]

2 저압 주조법(low pressure casting)

도가니 중에 가열 유지된 용탕위에 공기 또는 불활성가스를 $0.2{\sim}1.0kg/cm^2$ 정도의 압력으로 압입시켜 도가니 안에 장치된 급탕관을 통하여 용탕을 중력과 반대 방향으로 밀어올려서 급탕과 상단에 설치된 주형에 주입하는 주조법이다.

(1) 저압 주조법의 특징

① 저압주조법은 사용하는 주형에 있어서 금형주조법과 비슷하나 용탕주입에 있어서 중력과 반대방향으로 주입하는 점과 주입속도를 제어하면서 주입하는 점이 다르다.
② 저압 주조법은 알루미늄 합금 주물에 많이 이용되며 구리합금, 주강 등 비교적 고용융점합금에도 이용된다.

(2) 저압 주조법의 장·단점

① 장점

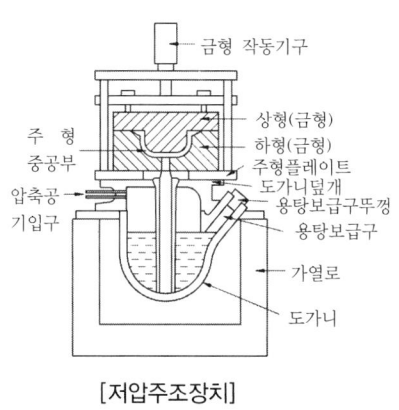

[저압주조장치]

㉠ 용탕이 절약된다. 금형주조법에서는 탕구나 압탕이 크기 때문에 주물제품의 2.5~3배의 용탕이 필요하며 주조수율이 50~60%에 불과하지만, 저압주조 방법은 주조수율이 90~98%로서 다이캐스팅법의 75~80%보다도 높다. 이것은 용해비용의 절약도 가져온다.
㉡ 지향성 응고가 쉽게 이루어지기 때문에 다공질 결함(porosity), 수축공의 발생이 적고 주물의 밀도가 높아 기계적 강도에 대한 신뢰성이 높다.
㉢ 도가니가 밀폐되어 있으므로 용탕의 산화가 적고 주입시 산화물의 혼입이 적다.
㉣ 치수정밀도 및 주조표면이 아름답다.
㉤ 대개의 경우 압탕이 필요 없으므로 압탕, 탕구절단 등의 후처리 및 가공비가 절감된다.
㉥ 용탕 주입속도의 조절이 가능하며 장치조작의 자동제어가 용이하다.
㉦ 주형은 금형, 흑연형, 셸몰드형, 수지형, CO_2형 등을 사용할 수 있다.
㉧ 비교적 복잡한 모양을 갖거나 살두께가 얇은 주물의 주조도 가능하다.
㉨ 대형주물의 제작이 가능하고, 설비비가 적게 든다.

② 단점
- ⊙ 생산성이 좋지 않다.
- ⓒ 사용합금의 종류에 제한을 받는다.
- ⓒ 전반적으로 엄밀한 관리가 필요하다.
- ⓔ 제품중간에 목부분이 있는 경우에는 밑에서 올려 밀기가 어렵다. 그러므로 경우에 따라서는 중력금형주조법만 못한 경우가 있다.

3 고압응고 주조법

(1) 고압응고 주조법의 개요

① 고압응고 주조법(squize casting)은 주형 내에 주입된 금속에 용융 또는 반용융 상태로부터 응고가 완료될 때까지 기계적인 고압력을 가하면서 제품을 성형하는 방법을 말한다.
② 이 방법은 용탕을 직접 가압성형하므로 용탕단조법이라고도 하며, 단조와 조합된 주조법이란 뜻에서 단조주조법이라고도 한다.
③ 이 주조법은 가압할 때 용탕이 이동하지 않는 프레셔가압 응고법(pressure crystallization casting)과 용탕이 상대적인 이동을 하는 압입용탕단조법(extrusion casting)으로 나뉜다. 전자는 강괴나 모양이 비교적 단순하고 두꺼운 주물의 제조에 적합하고 후자는 얇은 제품의 주조에 적당하다.

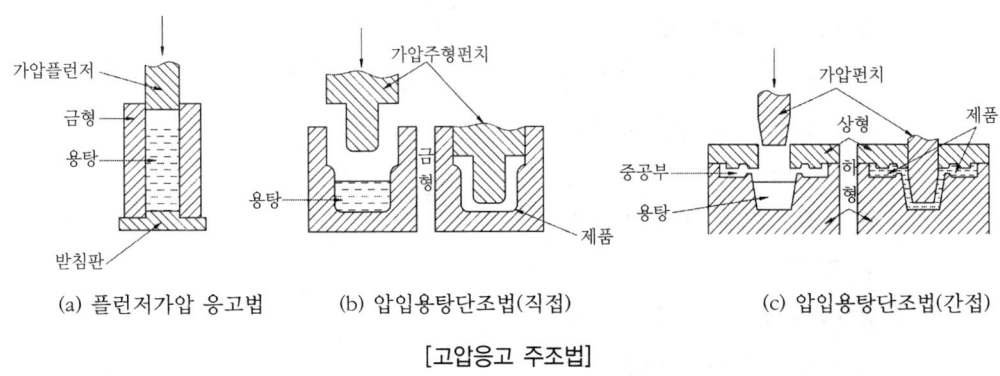

[고압응고 주조법]

(2) 고압응고 주조법의 장점

① 수축공, 미세기공 등의 주조결함제거
② 잔류가스에 의한 악 영향의 배제
③ 조직의 미세화, 균질화 및 고밀도화

④ 주물표면이 곱고 윤곽이 뚜렷함
⑤ 회수율의 개선

4 원심 주조법(centrifugal casting)

(1) 원심 주조법의 특징

① 원심 주조란(centrifugal casting) 주입시에 주형을 회전시켜 주입된 용탕에 원심력을 이용하여 품질이 좋은 주물을 값싸게 주조하는 방법이다.
   제품의 향상에 따라 원심력의 이용방법이 다르며 일반적으로 세 가지로 분류된다.
② 긴 판상의 주물에는 수평식 원심 주조를 이용하며, 짧은 원통상, 환상의 주물에는 수직식 원심 주조를 이용한다.
③ 일반적으로 반원심 주조와 원심 가압 주조에는 수직식 원심 주조가 이용된다.

(2) 원심 주조법의 종류

① 진원심 주조(true centrifugal casting)
   ㉠ 액체를 원통상의 용기에 넣고 수직축 또는 수평축의 둘레를 회전시키면 원심력 때문에 액체는 용기의 내벽에 밀려나고 중공(中空)으로 되는 원리를 이용하여 원형 단면을 갖는 제품을 만드는 방법이다.
   ㉡ 제품 두께는 주입되는 용탕량으로 조절되며, 다공질 결함, 수축공 등의 결함이 없고 치밀한 조직을 갖는 제품을 얻을 수 있다.
   ㉢ 생산성이 좋고, 주조수율 및 품질이 좋아서 많이 이용된다.

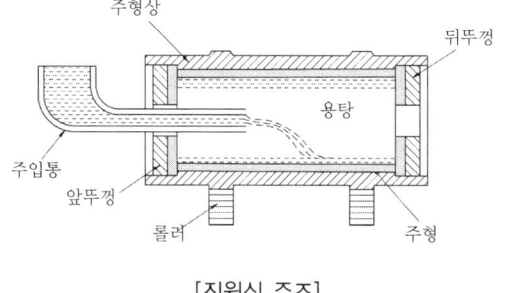

[진원심 주조]

② 반원심 주조(semi centrifugal casting)
   ㉠ 원판상의 기어, 차륜, 풀리 등의 대칭축을 회전축으로 하여 축의 둘레로 주형을 회전시키면서 회전축 중앙의 탕구에서 용탕을 주입한다.
   ㉡ 용탕은 원심력으로 밀어 주변 부위에 있는 주형을 채우고, 탕구가 압탕의 작용을 하며, 제품의 전면이 주형으로 제작되는 점이 진원심 주조와 다르다.

③ 원심 가압 주조(centrifuged casting)

불규칙한 형상의 제품을 중앙의 탕구로부터 방사상의 탕구에 붙여서 배치하고 탕구를 회전축으로 하여 수직축의 주위로 주형을 회전시키면서 주입하는 방법이다.

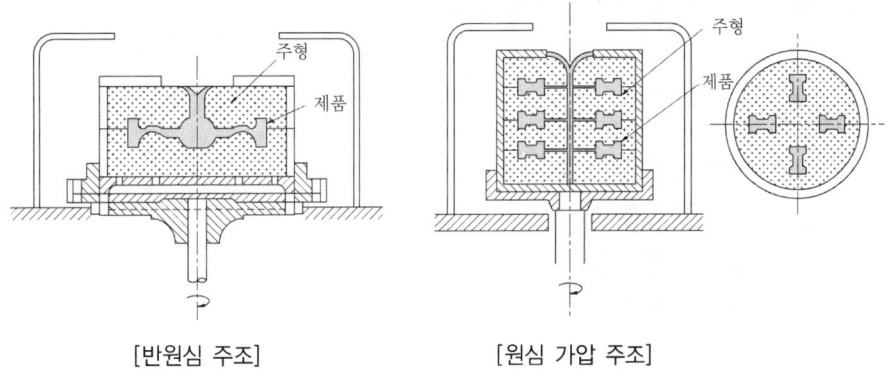

[반원심 주조] [원심 가압 주조]

(3) 원심 주조법의 형식

① 진원심 주조는 생산성이 좋고 주조수율 및 품질이 좋아서 많이 이용된다.
② 주형의 회전축 방향이 수평축 또는 수직축인가에 따라 수평식 원심주조와 수직식 원심주조의 두 가지로 분류된다.
③ 긴 관상의 주물에는 수평식 원심주조를 이용하고 짧은 원통상, 환상의 주물에는 수직식 원심주조를 이용한다.
④ 일반적으로 반원심주조와 원심가압주조에는 수직식 원심주조가 이용된다.

5 금형 주조법(중력 주조법)

금형주조법은 금속으로 만든 주형에 각종 합금의 용탕을 주입하여 제품을 만드는 주조법으로서, 중력의 힘으로 용탕을 주입하는 방법이므로 중력 주조법이라고 부르는 경우도 있다. 현재 알루미늄 합금, 마그네슘 합금 및 구리 합금 등이 이 주조법으로 많이 주조되고 있다.

(1) 금형 주조법의 특징

① 생산성이 높으며, 금형이 차지하는 작업장의 면적이 작다.
② 작업 환경이 좋으며, 시설비가 적게 든다.

③ 치수가 정밀하고, 주물의 표면이 깨끗하다.
④ 주물의 불량이 적고, 기계적 성질이 향상된다.
⑤ 금형 제작에 비용과 시간이 많이 든다.
⑥ 제품의 크기 및 무게에 한계가 있다.

(2) 금형

① 금형재료에 요구되는 성질
  ㉠ 내마모성이 클 것
  ㉡ 가공성이 좋을 것
  ㉢ 열팽창이 적을 것
  ㉣ 온도 확산이 높을 것
  ㉤ 고온 열피로에 잘 견딜 것 등

(3) 주조방법

① 주입시간 전에 금형을 자세히 검토하여 기계적 손상부위는 완전히 보수해야 하며, 녹은 깨끗이 제거해야 한다.
② 도형제 등의 잔류물은 브러시로, 완전히 제거하고 코어 프린트 부분을 완전히 청소해야 한다.
③ 금형표면을 도형하는 목적
  ㉠ 주물의 표면결함의 감소
  ㉡ 금형표면의 소모방지에 의한 수명의 연장
  ㉢ 금형으로부터 주물이 쉽게 빠지게 함
  ㉣ 금형에 발생하는 급격한 열응력의 감소
  ㉤ 금형의 급냉작용의 완화 등

[주입합금에 따른 금형 예열온도와 주입온도]

주입합금의 종류	금형 예열온도	주입온도
Al 합금	300℃	750℃
Al 청동	250~400℃	1000℃
황동	150~200℃	1000℃
주철	1000℃	1250~1350℃

(4) 주철주물의 금형주조에서 가장 큰 문제점은 냉금(chill)부의 생성이며 이것을 방지하기 위한 방법

① 화학성분을 정확히 한다.
② 접종한 개량 주철을 주입한다.
③ 내화 피복을 위한 금형의 가열온도, 표면사 및 도형제의 성분, 도포회수 등을 정확히 해야 한다.

6 연속 주조법

(1) 연속 주조법의 개요

① 금속의 압연제품은 용해 → 조괴 → 균질가열 → 분괴 → 가열 → 압연이라고 하는 공정을 거쳐 제조되고 있다.
② 용융금속에서 직접 압연과 동시에 빌릿(billet)을 연속적으로 주조한다.
③ 위의 공정 중에서 조괴 → 균질가열 → 분괴공정을 생략할 수 있으며 이것을 연속 주조라 한다.

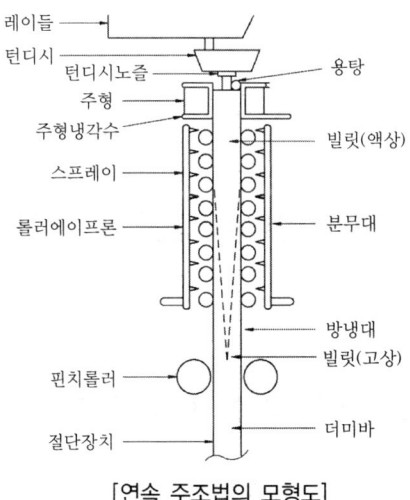

[연속 주조법의 모형도]

(2) 연속 주조법의 장점

① 공정의 간략화로 인한 설비비의 절감
② 주조수율(yield)의 향상으로 인한 경제적인 이점
③ 얻어지는 빌릿의 표면 및 내부의 품질이 우수

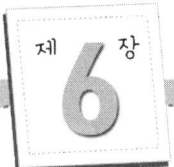

제6장 정밀 주조법

주조(鑄造)기능장

01 셸몰드 주조법(Shell mould process)

1 셸몰드법의 개요

① 셸몰드법(Shell mould process)은 1944년 독일의 요하네스 크로닝(J.Croning)에 의해 발명된 주형제조 방법
② 건조 규사와 100~200메쉬(mesh) 정도의 수지 점결제(일반적으로 노블락계의 페놀 수지)를 배합한 합성사를 200~300℃로 가열경화시켜 얇은 조개 껍질상의 주형을 만드는 방법을 말한다.
③ 이 방법은 발명자의 이름을 부여하여 크로닝 프로세스(Croning process), 또는 C프로세스(C-process)라고 부른다.

2 셸몰드법의 특성(일반 사형법(砂型法)과 비교)

(1) 장점

① 균질 및 균등의 주물이 양산된다.
② 치수의 정밀도가 높고 제품 표면이 우수하기 때문에 기계가공이 절감된다.
③ 조형작업에 숙련공을 필요로 하지 않는다.
④ 주형은 강도가 높고 중량이 가볍기 때문에 취급이 편리하다.
④ 주형을 입체적으로 저장할 수 있으며, 장기간에 걸쳐 보존할 수 있다.
⑤ 통기성이 좋기 때문에 주물의 큰 결점인 가스로 인한 주물 불량이 적다.
⑥ 기계화로 대량 생산이 용이하다.
⑦ 셸몰드형에서는 수분이 없기 때문에 끓거나 모래집, 흠집 등이 적은 양질의 주물을 만들 수 있다.

(2) 단점

① 대형 주물에서는 사용이 어렵다.
② 원가면으로 볼 때 소량 생산에는 부적합하다.

(3)
셸몰드법은 치수의 정밀도가 로스트 왁스법이나, 경합금의 다이 캐스팅 다음으로 좋으며 경합금, 주철, 주강이나 어떠한 금속에서도 사용할 수 있어 많은 이용도를 갖고 있다.

[치수의 정밀도 비교(50mm 정도의 길이)]

(단위 : mm)

조형법	사형법	CO_2법	다이캐스팅법	로스트 왁스법	셸 법
정밀도(허용차)	±0.1~±1.5	±0.2~±1.2	±0.05~±0.2	±0.05~±0.2	±0.1~±0.5

(4) 셸사의 분류

구분＼종류	powder resin sand	resin coated sand		
		냉간혼련법	반열간혼련법	열간혼련법
배합	분말노브락＋헥사아민＋습윤제	분말노브락＋헥사아민＋용제＋액상수지	액상수지＋헥사아민	구상수지＋헥사아민＋액상수지
혼련온도	상온	상온	80~110℃	120~160℃
특징	• 혼련용이 • 수지배합량이 많이 든다. • 충진성이 나쁘다. • 금형 오염이 큼 • 흡습성이 큼	• 수지가 균일하게 피복된다. • 배합량이 적다. • 유동성이 크다. • 복잡한 성형이 됨 • 소성시간 단축	• 혼련기의 청소가 곤란하다. • 혼련에너지 큼 • 덩어리짐이 발생하기가 쉽다.	• 반열간혼련법보다 혼련에너지가 적다. • 설비비가 높다. • 단가는 싸다.

3 셸몰드 주조의 재료 선택

(1) 셸몰드용 주물사

규사가 셸몰드용으로 사용될 수 있는 구비 조건

① 석영분(SiO_2)의 순도는 96% 이상, 상온 강도면에서 입형(粒形)은 둥근 것이 좋다.
② 입도 분포는 평균 입도 지수로서 80~120AFS가 적당하다.
③ 점토분은 0.4% 이하가 적당하다.

(2) 셸몰드용 기타 재료

① 분말상의 열경화수지가 혼합사의 사용 중에 모래입자에서 떨어지지 않게 하기 위한 것이 습윤제로 등유, furufural, 글리세린, 베이클라이트바니스 등이 사용된다.
② 셸을 모래형으로부터 쉽게 빼내기 위한 역할을 한 것이 이형제로 실리콘유 등의 유기 규소화합물, 탄화수소 용액 등이 사용된다.
③ 도형제는 알콜, 메탄올과 같은 용제에 도형제를 현탁시켜 사용한다.
④ 반쪽으로 된 몰드를 맞추기 위해서는 뜨거운 반쪽형끼리 1~1.5분간 접촉시켜서 결합 경화되는 접착제가 필요하다.

4 셸몰드 및 셸 코어 제작법

(1) 레진 샌드(resin sand)와 셸의 성질

① 레진 샌드는 주형 및 주물의 품질을 좌우하는 성질 즉, 파괴 강도, 굴곡 강도, 피복성, 통기성, 가스발생 등을 가진다.
② 레진 샌드의 융합 속도, 경화 온도와 경화 속도는 셸 제작에 사용되는 설비의 처리 능력에 대하여 큰 영향을 미친다.

(2) 셸몰드의 조형법

① 덤프방식 조형 작업
   레진과 모래를 혼합하여 혼합사 또는 레진 코티드 샌드를 덤프박스 속에 넣은 후 그 위에 가열한 금형을 놓고 모래를 한번 회전하면 덤프박스 속의 모래가 금형에 떨어지고 이것을 그대로 두면 혼합사는 금형으로부터 열을 받아 점차 경화된다.
② 블로잉 조형법
   블로잉 조형법은 조형 속도가 빠르고 주형의 치수 정도가 높으므로 코어 및 스텍 몰드법(stack mould), 리브가 달린 주형 조형에 사용된다.
③ 콘터어드 셸몰드법(X-process, 배면 금형법)
   가열한 금형과 뒷댐쇠의 중간 틈새에 레진 코티드 샌드를 블로잉하고 소성 후 셸몰드가 부착한 금형을 주형에서 이형한다.
④ 스텍 몰드법
   소형물로서 많은 양의 생산을 필요로 하는 것에 사용되나, 주탕 중에 있어서 주형의 갈라짐이 최대의 결점이다.

(3) 일반적인 셸몰드 주조에는 다음과 같은 공정 순서를 갖는다.

① 금형을 청소하고 이형제를 바른다.
② 기계를 자동 제어 조작하여 주형을 성형시킨다.
③ 주형에 중자를 넣는다.
④ 형을 조립하고 공기압으로 청소한다.
⑤ 주입장으로 운반하여 용탕을 주입한다.
⑥ 주입된 제품을 냉각시키고 덧살을 제거한다.

5 셸몰드의 금형

(1) 금형용 재료

① Al 합금은 기계화를 수반하는 적은 양의 주물의 생산시, 시험용 금형을 제작할 때 또는 탕도계와 탕구계를 이 합금으로 사용한다.
② 황동은 극히 정밀한 금형에만 사용하며, 아주 얇은 형의 셸몰드와 주형 뽑기가 어려운 것 등의 복잡한 형상에 적합하다.
③ 주철은 셸의 이형성이 양호하므로 셸몰드 주물의 대량 생산에 적합하다.
④ 금형 결합부, 코어 금형 및 금형 상자 등은 탄소강 및 저합금강으로 제작한다.

(2) 금형용 재료의 선택

금형은 300~400℃의 온도에서 반복 가열에 견딜 수 있는 낮은 열팽창 계수를 갖는 종류의 재료로 제작한다. 금형의 마모는 0.1~0.2mm 이하로 한다.

6 셸몰드 주조품의 불량과 대책

(1) 셸 주조법의 불량

① 블로홀(blow hole)

발생원인

㉠ 주입시에 난류(亂流)가 일어날 수 있는 탕도계의 불합리한 구조와 배치
㉡ 레이들 주입구가 지나치게 높을 때, 탕구의 단면이 지나치게 클 때 생기는 용탕의 와류에 의해서 공기가 휩쓸려 들어감

- ⓒ 셸몰드와 코어의 통기성을 나쁘게 하는 백 업(back up)재의 채용
- ⓔ 통기성이 나쁜 미립사에 의한 셸의 두터움
- ⓜ 용해용 원료의 저품질이나 부적당한 용해 조건에 의한 용탕 내의 높은 가스 함유량
- ⓑ 지나치게 낮은 용탕 온도
- ⓢ 가스가 배출이 안 될 정도의 급격한 주입
- ⓞ 코어에서 가스 배출을 가능하게 하는 부적당한 주물 구조(다수의 수평면)

방지대책
- ⓐ 레진 샌드의 가스 발생을 낮추어 형과 코어로부터 가스 발생을 감소시킨다.
- ⓑ 최적의 용탕압과 온도를 설정하여 주입조건을 좋게 한다.
- ⓒ 탕도계의 구조와 배치를 바꾼다.

② 슬래그(slag)의 혼입 및 모래집

발생원인
- ⓐ 탕도계 내의 걸러주는 불순물의 제거시설 미비
- ⓑ 주입전 용탕 내의 불충분한 교반과 레이들 내에서의 슬래그 미제거
- ⓒ 부적당한 주입온도 및 형벽에서의 모래의 떨어짐

방지대책
- ⓐ 용탕을 주입하기 전에 레이들 용탕면에서 슬래그를 제거한다.

③ 탕회 불량(misrun)

용탕의 충진에 미치는 셸몰드의 물리적, 화학적 성질의 영향에 의해서도 탕회 불량이 생기며, 레진량의 증가에 따라 가스 발생량이 크게 되어 주형 용적의 용탕 충진성에 영향을 미친다.

④ 탕경(cold shut)

발생원인
- ⓐ 주조 기술 규정과 주물 구조의 불일치
- ⓑ 용탕의 낮은 유동성
- ⓒ 낮은 주입 온도
- ⓓ 용탕의 유동성을 방해하는 주입시에 형내 발생한 가스의 압력
- ⓔ 주형의 완만한 충진

방지대책
- ⓐ 복잡한 주물을 제작할 때에는 수개의 탕구, 주입구를 포함해서 주물의 각부의 용탕을 유도하며, 용탕을 균일하게 빠르게 주입한다. 주형의 온도 상승을 될 수 있는 한 억제한다.

ⓛ 주입구의 부착 방향을 한 방향으로 하여 용탕의 충돌시 와류의 발생을 방지한다.
ⓒ 얇은 면 또는 리브(핀)를 갖는 주물의 제작에 있어서는 얇은 면에 근접해서 또는 리브에 탕구 주입구를 부착한다.
② 얇은 주물을 주입할 경우에는 소정의 온도를 유지시키는 것 뿐 아니라 용탕의 가열온도를 일정하게 하여야 한다. 이때에는 주물의 벽이 얇고 복잡할수록 높게 가열하여 준다.

⑤ 표면 거칠음
㉠ 셸몰드 또는 셸 코어의 국부 결함(들어간 것, 갈라진 것)의 결과로 발생한다.
ⓛ 주물의 수치를 불량하게 하고, 제품의 외관을 손상시킨다.

⑥ 균열(crack)
㉠ 셸 주형과 코어의 강도 상승에 의한 가축성의 저하로 결함 발생이 된다.
ⓛ 응고 근처에서 높은 취성을 가진 합금을 채용함으로써 결함의 발생원인이 된다.

⑦ 수축(shrinkage)
㉠ 수축의 원인은 부정확한 주물 구조에 기인한다.
ⓛ 셸몰드 주조시의 경우에는 수직 합형면을 가진 형만이 개방 압탕을 설치한다.

⑧ 소착
㉠ 소착은 강주물에서 나타나며, 주철 주물이나 Cu 주물에서는 비교적 작다.
ⓛ 주물의 두께가 보이는 주형 가열부의 용탕이나 주형의 가공률에 의해 좌우된다.
ⓒ 소착의 발생은 레진 샌드의 배합, 규사의 입도에 영향을 받는다.
② 주형의 가열층에는 다음과 같은 형상이 일어난다.
  ⓐ 침투에 의한 셸몰드의 성형면에서 모래 입자간의 기공에 대한 용탕의 침입
  ⓑ 용탕의 열작용에 의한 주형 표면층의 모래 입자의 용해
  ⓒ 용탕내의 산화물에 의한 주형의 표면층 입자의 슬래그 화

02 다이 캐스팅 주조법

1 다이 캐스팅의 특성

정밀한 금형에 용융 합금을 압입하여 표면이 아주 우수한 주물을 얻는 방법이며, 일반적으로 다이캐스트기(die-cast machine)를 사용해서 짧은 시간에 대량 생산하는 주조방식이다.

(1) 다이 캐스트법의 특징

① 충진 시간이 매우 짧다(0.02~0.7초 정도).
② 고속으로 충진한다(탕구 분사 속도 2~100m/sec 정도).
③ 고압을 주물에 건다(70~2000kg/cm^2 정도).

(2) 다이 캐스트 주물의 특징

① 주물 표면이 평활, 미려하며 일반적으로 표면 조도는 12S 이하가 된다.
② 금형에 의한 압입된 용탕이 급냉하므로 그 결정 입도가 작고 강도가 높은 주물이 만들어진다.
③ 고압으로 압입하므로 살 두께가 얇은 주물을 제조할 수 있고 재료비가 경감되어서 생산비가 저하한다.
④ 정밀도가 높으므로 가공 공수를 절감할 수가 있다. 동일 형상의 사형 주물에서 다이 캐스트로 바꿈으로써 중량으로 40%, 절삭 가공 시간이 65%, 절감한 예가 있다.
⑤ 코어를 사용해서 복잡한 형상의 주물을 주조할 수 있으나 주형이 강재이므로 언더컷이 있는 주물의 주조는 곤란하다.

2 다이 캐스팅용 주조기

(1) 주조기의 분류

① 열가압실식(hot chamber)
  ㉠ 용탕을 형내에 압입하기 위하여 가압실이 노내에 있다.
  ㉡ 비교적 융점이 낮은 아연합금, 주석합금, 납합금의 다이 캐스트에 사용한다.

② 냉가압실식(coold chamber)
  ㉠ 가압실이 용탕 안에 없고 가열되지 않는다.
  ㉡ Al합금, Mg합금, Cu합금의 다이 캐스트에 많이 사용된다.

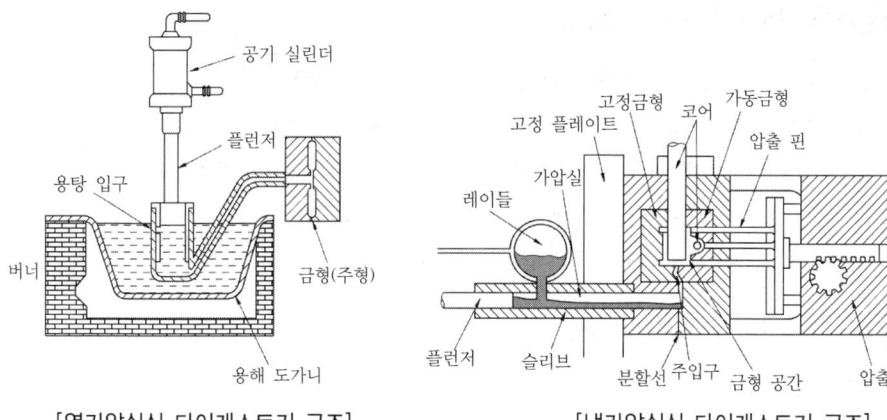

[열가압실식 다이캐스트기 구조]   [냉가압실식 다이캐스트기 구조]

(2) 다이 캐스트기의 형조임 장치

① 다이 캐스트기의 크기는 형조임 능력을 톤(ton)수로 표시하고 있다. 냉가압실식의 형조임력은 압입력의 10~20배 정도이며, 열가압실식은 20~40배 정도가 보통이다.
② 다이 캐스트기의 성능은 형조임력과 압입력, 압입 방식과 압입 속도가 중요하다.
③ 다이 캐스티기의 형조임 장치의 구조상 분류는 직압식, 토클식, 기타의 형조임장치로 나눌 수 있다.
④ 형조임 압력(F)은 $F = \dfrac{\pi}{4} \times (D)^2 \times (P)$ 으로 계산한다.

$\begin{bmatrix} D : 형조임 램의 지름(cm) \\ P : 유압 또는 수압(kg/cm^2) \\ F : 형조임력(kg) \end{bmatrix}$

⑤ 램의 지름 30cm, 유압이 150kg/cm²일 때
  형조임력 = 0.785×30×30×150 = 105975kg로 약 106톤이 된다.

❸ 다이 캐스팅 금형 설계

(1) 다이 캐스트의 3요소

① 재료, 다이 캐스트기 및 금형의 3요소로 이루어지고 있다.

② 금형은 다이 캐스트의 모체로서 금형의 품질 및 기능은 제품의 품질 및 다이 캐스트의 생산성을 결정하는 가장 중요한 요소이다.

(2) 금형용 재료의 선택 조건
① 균일성과 건전성이 있어야 하며, 기계 가공성이 좋아야 한다.
② 열충격에 대한 저항성 및 변경에 대한 저항성이 있어야 한다.
③ 용융 금속에 의한 침식 및 부식에 대한 저항성이 있어야 한다.
④ 열전도도는 가능한 커야 하고, 열팽창률은 작을수록 좋다.

(3) 다이캐스트 주물의 특징
① 치수 정밀도
다른 주물에 비하여 치수 정밀도가 높고 또한 주물 표면이 평활하기 때문에, 그 정밀도에 대한 평가가 아주 좋다.

② 주물 표면
㉠ 다이캐스트 주물 표면은 평활하고 깨끗해야 한다.
㉡ 일반적으로 표면 조도는 12S 이하로 할 수 있다.

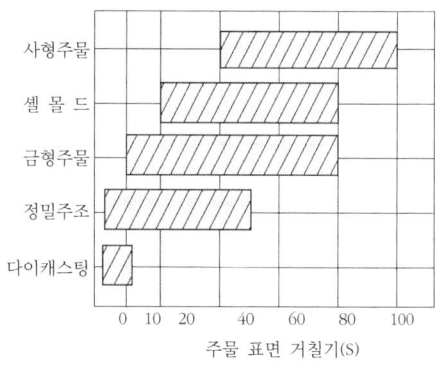

[각종 주물 표면의 거칠기]

③ 살 두께
㉠ 다이캐스트법에서는 살 두께가 얇고, 예각인 주물을 얻을 수 있다.
㉡ 주물의 중량이 경감되고, 사형 주물에 비해 가격이 낮게 된다.
㉢ 사형, 금형 주물에서는 2~4mm의 살 두께가 얇다고 생각되나 다이캐스트에서는 보통이며, 5mm 이상의 살 두께는 드물다.

4 다이 캐스팅용 합금

(1) 고순도 아연을 기본으로 한 다이 캐스팅용 아연 합금의 특징
① 융점이 낮고, 주조 온도(390~420℃)에서 Fe을 침식하지 않고, 열가압실식 다이캐스트기로 주조가 가능하며, 기계적 성질이 좋고, 내식성이 좋은 도금을 할 수 있다.

② 생산성이 높고 주물 표면이 아름답고, 치수 형상을 고정밀도로 할 수 있다.
③ 다른 다이 캐스트합금에 비해 가장 얇은 두께로 정밀한 주조가 가능하다.

(2) Al 합금

① 주조성, 생산성으로 볼 때 Al-Si계, Al-Si-Cu계의 합금이 주로 이용된다.
② 내식성인 점에서는 Al-Mg계가 이용된다.

(3) Mg 합금

① 용탕의 흐름이 양호하고, 얇은 주물도 주조가 되며, 비중이 작기 때문에 열용량이 적고, 고온취성이 있어서 균열이 발생하기 쉬워 다이 캐스팅성이 나쁘다.
② 응고수축과 열팽창계수가 크며, 금형 온도가 너무 높아도 보스나 리브 등에 표면 수축 발생이 쉽고, 용융 상태에서 산화되기 쉽고, 공기와 접촉하면 연소된다.

(4) 구리 합금

① 다이 캐스팅용 구리 합금은 6 : 4황동이 많이 사용되고 있으며 기계적 성질은 좋다.

5 다이캐스트 작업법

(1) 냉가압실식 다이캐스트 작업법

① 다이캐스트는 용탕에 압력을 가하여, 금형의 주입구에서 고속으로 극히 짧은 시간에 분출하여 용탕이 응고하기 전에 금형의 구석구석까지 충전시켜 주물 표면이 곱고, 치수 정밀도가 높고 얇은 두께로 복잡한 고강도의 제품을 만드는 방법이다.
② 냉가압실식 다이캐스트법과 열가압식 다이캐스트법으로 분류된다. 전자는 알루미늄 합금, 마그네슘 합금, 구리 합금 등의 용융점이 높은 합금 다이캐스트이고, 후자는 아연, 납, 주석합금 등 용융점이 낮은 합금 다이캐스트에 쓰여 진다.
③ 다이캐스트 작업의 순서는 금형청소 → 이형제도포 → 형닫기 → 주탕 → 압입 → 큐링 → 형열기 → 압출 → 제품 취출이 1싸이클(cycle)로 되어 있고, 코어 플러를 사용하는 인발 코어가 있는 경우에는 형닫기, 형열기 전후에 코어 넣기와 빼기가 더해진다.

(2) 열가압식 다이캐스트 작업법

① 열가압식 다이캐스트기에는 보온로, 용해포트, 가압실(gooseneck)사출 장치가 하나로 구성되어 있기 때문에 냉가압실식처럼 쇼트마다 주탕할 필요가 없고, 쇼트 후 자동적으로 가압실에 유입하여 다음 쇼트의 준비를 완료한다.
② 가압실에 유입된 용탕의 온도는 용해 포트의 온도와 같기 때문에 주입 온도는 용탕 온도를 관리하는 것처럼 아주 정확하게 유지할 수가 있으며 다음과 같은 특징을 가지고 있다.
  ㉠ 산화물을 포함하지 않은 청정한 용탕
  ㉡ 주입 온도차가 적은 것
  ㉢ 용탕을 흡입하는 작업이 없다(시간 단축).
  ㉣ 사출 압력이 낮다.

6 다이 캐스트 제품의 불량과 대책

(1) 내부 결함의 원인과 대책

① 기포
  원인 기포는 살 두께에 대한 용탕의 공급부족이나 가스의 원인이다.
  대책 대책은 주입 온도를 내리고, 압입 압력의 증가와 주입구의 변경한다.
② 충진 부족
  원인 주입구가 빨리 응고하기 때문에 공극부의 부분에 충분히 용탕이 흘러가지 못하는 것, 주입구부에서의 충진 거리가 길 때, 충진 속도가 늦을 때에 일으킨다.
  대책 주입구와 탕도의 용량을 크게 하고, 용탕 흐름의 방향을 검토하여 주입구 위치를 변경한다.

(2) 표면 결함의 원인과 그 대책

① 탕주름
  원인
  ㉠ 금형 온도 및 용탕 온도가 낮을 때, 충진 시간이 길 때, 이형제 도포량이 많을 때 탕 주름이 생긴다.

대책
　㉠ 탕주름이 있는 장소의 형온도는 200℃ 전후로 되도록 한다(오버 플로우를 붙이거나 크게 하고 전열이나 가스로 가열한다).
　㉡ 용탕 온도를 높게 한다(425℃ 이하).
　㉢ 충진 시간을 짧게 하기 위해 플런저 속도를 빨리한다.
　㉣ 이형제의 종류를 변경하고 도포량을 줄인다(이형제가 많은 경우에는 형온을 내리는 수도 있다).
　㉤ 주입구의 변경 등이다.

② 탕경(cold shut)
　원인 용탕 온도, 금형 온도가 낮은 경우 압입 압력, 압입 속도가 부족한 경우 일어나는 현상으로 용탕이 금형 내를 흐르는 사이에 열량을 상실한다.
　대책 압입 속도를 빠르게, 압입 압력, 금형 온도, 용탕 온도를 올리고, 주입구 단면적을 늘리며, 주입구 위치를 변경한다.

③ 소착(burning)
　원인 금형의 국부적인 과열에 따라 금형과 용탕이 용착하기 때문에 일어나는 현상으로 가는 코어나 나사의 아래 구멍 쪽의 가는 코어 핀 등에 생긴다.
　대책 주입구의 변경, 압입 압력과 사출 속도의 증대, 충진 시간의 단축을 행한다.

④ 표면 거침
　원인 금형의 열균열, 금형 공극부면에서의 용탕부착 등 공극부의 표면조도가 그대로 제품의 표면에 나타나는 현상이다.
　대책 부착물의 제거와 형연마, 금형을 대체하는 방법이 있다.

⑤ 움푹 패임
　원인 금형 표면의 국부적인 과열의 원인이다.
　대책 금형 온도를 관리하여 과열부분에 쇼트 냉각, 살 두께를 완만하게 변경, 주입구의 형상, 위치 등을 변경한다.

⑥ 균열
　원인 빼기 구배의 부족, 불균일한 수축, 예리한 각, 부적당한 압출 장치 등이 원인이다.
　대책 라운딩을 크게 하고, 리브를 붙이며, 압출위치 변경, 빼기 구배를 크게 한다.

⑦ 수축공
　원인 제품의 코어부분에 발생하며, 금형의 각부가 과열되기 때문에 발생한다.
　대책 적당한 라운드를 붙이거나 과열부의 냉각법을 연구한다.

(2) 재질상의 결함 원인과 대책

재질상의 결함에는 하드 스폿(hard spot), 재질 불량, 산화물의 혼입 등의 결함이 있다.

[재질상의 결함 원인과 대책]

재 질	원 인	대 책
비금속성 하드스폿	용탕표면의 산화물 혼입	1. 용탕 표면의 산화물을 꼭 제거한다. 2. 주조시 용탕 표면의 불순물은 주입시키지 않는다. 3. 용해과정의 산화물은 제거해 둔다. 4. 철 도가니의 표면의 표면은 청정하게 하고 라이닝을 해 둔다. 5. Al과 반응하지 않는 라이닝재를 사용한다.
	용탕과 연돌과의 반응물 혼입	1. 내화벽돌, 몰탈 가루 등 알루미늄과 반응하기 어려운 것을 이용한다 (예를 들면 고알루미나질 연돌). 2. 노체의 연돌은 정기적으로 치환한다.
	비금속 개재물 혼입	1. 적당한 탈산제 선택과 탈산처리를 충분히 행한다. 2. 규소 원료 등을 사용한다. 3. 진정시간을 충분히 한다.
	용탕과 라이닝재와의 반응물혼입	1. Al과 반응하지 않는 라이닝재를 이용한다.
	이물질	1. 회전재에 이물, 다른 재료가 들어가지 않도록 관리한다. 2. 회전재에 기름, 흙, 먼지 등이 붙지 않도록 한다. 3. 도가니, 용해 용구의 산화물, 철, 녹 등을 제거한다.
금속성 하드스폿	미용해 된 규소의 혼입	1. Al-Si계 합금의 용해처리시 규소의 세분은 사용하지 않는다. 2. 합금 성분 조성시 규소를 바로 용탕에 넣지 말고 필히 모합금에 넣는다. 3. 용제에 고온으로 장시간 유지하여, 규소를 충분히 녹여 퍼지게 한다.
	초정 규소의 결정이 발달한 것의 혼입	1. 주조 온도의 차가 적게 하고, 꼭 완전 용융상태로 되도록 한다. 2. 냉금장입 때 빌렛트의 용탕이 응고되지 않도록 한다. 3. 규소 초정이 발달하기 쉬운 성분을 아주 적게 한다.
	금속간 화합물 결정이 발달한 것의 혼입	1. 용탕 온도가 고온, 저온으로 되지 않도록 온도차를 적게 한다. 2. 합금 성분, 불순물의 양에 주의하고 불순물이 증가하지 않도록 한다. 3. 금속 화합물이 발생한 재료는 고온으로 올려 용해하고 불순물이 적도록 소량씩 사용한다.

03 인베스트먼트 주조법(Investment casting process법)

1 인베스트먼트 주형법의 개요

① 인베스트먼트 주조법(lost wax process법)의 주형은 주조하고자 하는 제품과 같은 형상의 왁스 모형 둘레에 내화물의 피복층을 형성시킨 뒤 왁스 모형을 용출(熔出)함으로써 만들어진다.
② 각종 정밀 주조법 중에서 가장 복잡한 주조품을 가장 높은 수준으로 만들 수 있는 방법이다.

2 인베스트먼트 주형법의 종류

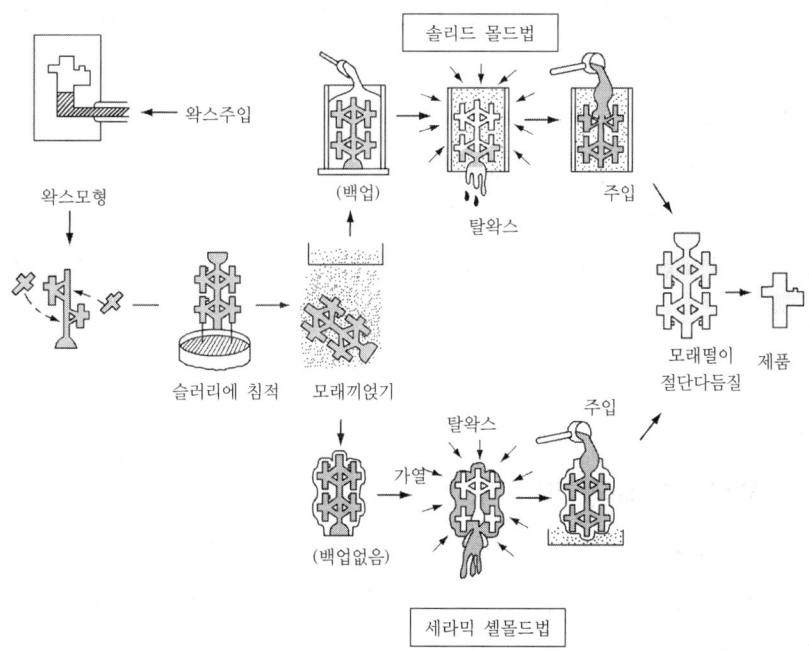

[인베스트먼트 주조법의 기본적인 제조 공정]

① 인베스트먼트 주조법(investment casing process)을 크게 분류하면 솔리드 몰드 주형법(solid mold process)과 세라믹 셸몰드 주형법(ceramic shell mold process)으로 나뉜다.
② 세라믹 셸 주형법이 솔리드 주형법보다 유리한 점
   ㉠ 내화물의 사용량이 현저하게 줄어 주조 원가가 낮다.

ⓒ 주형이 가벼워지므로 취급이 용이하고 솔리드 주형법보다는 큰 제품을 주조할 수 있다.
ⓒ 주형이 얇기 때문에 솔리드 주형법보다 주입후의 열방출이 신속하고 균일하며 이 때문에 어떤 합금에서는 기계적 성질이 향상된다.
㉣ 주조 결함의 발생이 적다.
㉤ 치수의 정밀도가 높다.
㉥ 주형의 피복 작업이 단순 반복 작업으로 이루어지므로 주형 작업 공정을 자동화할 수 있다.

3 제조 공정

(1) 주모형

주모형(master pattern)은 왁스 모형 성형용의 형을 만드는데 필요한 것이다.

(2) 금형

① 금형(die)에는 주모형을 사용하되 저융점 합금, 석고, 수지 등으로 주모형의 형상과 치수를 복제해서 만들어내는 것과 직접 기계 가공에 의해서 만들어지는 것이 있다.
② 전자는 시제품이나 생산량이 적은 것에, 후자는 생산량이 많은 것에 사용된다.

4 금형

(1) 금형 재료 및 제작 방법

① 알루미늄 합금 2024-T6, 6064-T6, 7075-T6 등을 기계 가공하여 금형을 제작한다.
② 알루미늄 합금 6061-T6나 7075-T6을 기계 가공한 후 아노다이징(anodizing)처리하여 사용한다.
③ 코어나 인서트(insert)와 같은 활동 부위는 탄소강을 사용한다.
④ 탄소강을 바로 기계 가공하여 금형을 제작한다.
⑤ 저융점 합금이나 베릴륨-구리 합금을 주조하여 금형을 제작한다.
⑥ 치수보다 형상을 중요시하는 공예품이나 이와 유사한 제품의 경우 실리콘 고무를 주조하여 사출형을 제작한다.

(2) 금형의 품질

① 금형의 형상 및 치수의 공차는 도면 공차의 10% 이내로 제작되어야 한다.
② 최종 다듬질은 왁스 모형이 빠져 나오는 방향으로 해야 한다. 즉, 분할면에 대하여 수직으로 하여야 한다.
③ 경사면이 아닌 다른 부분의 표면 거칠기는 63Rmax 이하 손질되어야 한다.
④ 역경사나 언더컷은 허용되지 않는다.
⑤ 금형은 왁스 모양이 빠져 나올 때 변형을 일으키지 않고 쉽게 빠져 나올 수 있도록 제작되어야 한다.

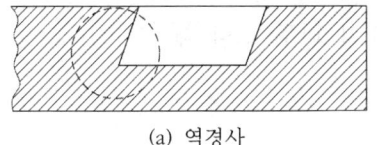
(a) 역경사

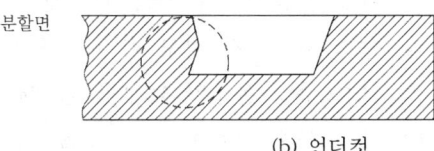
(b) 언더컷

[역경사와 언더컷]

5 모형의 사출 및 조립

(1) 모형의 구비 조건

① 유동성이 좋을 것
② 표면이 매끈하고 평활할 것
③ 응고시 수축이 적고 연화 용융온도까지의 팽창률이 적을 것
④ 응고 시간이 짧을 것
⑤ 작업 및 보관시에 변형이 적을 것
⑥ 상온에서 강할 것
⑦ 비결정질일 것
⑧ 소성 후 회분을 이루는 불순물의 함유량이 적을 것
⑨ 값이 쌀 것

(2) 왁스 모형 결함의 종류와 발생원인

① 면수축
  평형부의 가운데 부분이 움푹 들어가는 현상으로서 특히 단면 두께가 두꺼운 곳에서 많이 발생하는데 일명 디시 또는 싱크라고 하며 그 발생원인은 다음과 같다.

㉠ 사출 압력이 낮을 때
　　㉡ 사출 후 가압 유지 시간이 불충분할 때
　　㉢ 사출 온도가 너무 높을 때
　　㉣ 사출 속도가 너무 느릴 때
　　㉤ 왁스 주입구의 위치 선정이 잘못 되었거나 주입구 크기가 너무 작을 때
　　㉥ 체적 수축률이 큰 왁스를 사용했을 때
② 표면 주름
　왁스 모형 표면에 주름이 발생하는 원인은 다음과 같다.
　　㉠ 와류가 발생하기 쉬운 위치에 왁스 주입구를 설치하였을 때
　　㉡ 왁스 주입구가 너무 작거나 주입 속도가 너무 느릴 때
　　㉢ 왁스 주입 온도가 너무 낮을 때
　　㉣ 왁스 사출 압력이 너무 낮을 때
　　㉤ 왁스 주입 온도는 높으나 금형 온도가 상대적으로 너무 낮을 때
　　㉥ 이형제를 과도하게 분무할 때
③ 기포
　왁스 모형 표면 또는 직하에 발생하는 기포의 발생원인은 다음과 같다.
　　㉠ 왁스 주입구의 위치가 잘못되어 사출되는 왁스가 금형 내벽에 부딪히면서 비산할 때
　　㉡ 사출 속도가 너무 빨라 공극부 내에 있던 공기가 빠져 나가지 못할 때
　　㉢ 왁스 내에 기포나 수분이 이미 함유되어 있는 것을 사용했을 때
④ 왁스 성형불량(non-fill)
　왁스 모형이 완전히 성형되지 않았을 때에는 다음의 원인에 의하여 이 현상이 발생한다.
　　㉠ 왁스 온도가 너무 낮을 때
　　㉡ 사출 압력이 너무 낮을 때
　　㉢ 금형 온도가 너무 낮을 때
　　㉣ 왁스 주입구 위치가 잘못되었을 때
　　㉤ 주입구가 너무 작을 때
　　㉥ 공극부 내의 공기가 빠져 나가지 못했을 때
　　㉦ 이형제를 과도하게 분무했을 때
　　㉧ 한 금형 내에 여러 개의 공극부가 있을 경우에 그 주입구조의 배분이 잘못 되었을 때

⑤ 플래시

왁스 모형의 분할선에 얇은 왁스 날개가 달려 있는 경우는 다음과 같다.
- ⑦ 금형 제작이 잘못되었거나 변형이 되었을 경우에 금형의 상하형이 완전히 밀착되지 않은 상태에서 왁스 모형을 사출했을 때
- ⓒ 사출기에 금형이 정확히 안치되지 않았을 때
- ⓒ 금형 분할면에 이 물질이 끼어 상하형이 완전 밀착되지 않은 상태에서 왁스 모형을 사출했을 때
- ⓔ 사출 압력보다 상하형 합형 압력이 상대적으로 낮을 때

⑥ 칩(chip)

금형에서 왁스 모형이 빠져 나올 때 모형의 일부분이 떨어져 나간 상태를 말하며 그 원인은 다음과 같다.
- ⑦ 금형에 언더컷의 역경사가 있을 때
- ⓒ 모형 축출 핀의 배치가 불합리 할 때
- ⓒ 공극부 내에 이 물질이나 왁스 조각이 끼어 있는데 이를 제거하지 않고 계속 사출했을 때
- ⓔ 사출 후 금형에 빠져나올 때까지는 이상이 없었으나 그 후 취급 부주의에 의하여 왁스 모형끼리 서로 충돌하여 발생하는 경우도 많다.

(3) 왁스 모형의 검사

사출된 모든 왁스 모형은 조립에 앞서 다음과 같은 기준에 의거하여 검사되고 보수되어야 한다.

① 합격, 불합격 판정 기준
- ⑦ 균열은 허용되지 않는다.
- ⓒ 피트(pit)나 기포와 같은 결함은 직경이 0.2mm 이하, 깊이가 0.1mm 이하인 경우에는 불량으로 간주하지 않는다.
- ⓒ 결함의 크기가 두께가 25% 이하이며 깊이가 직경의 50% 이하인 결함은 불량으로 간주하지 않는다.
- ⓔ 여러 개의 결함이 집합되어 있을 때 각 결함간의 간격은 그 결함 중 가장 큰 결함의 직경보다 작을 때 그 결함의 집합체는 한 개의 큰 결함으로 간주한다.
- ⓜ 면수축의 허용 범위는 도면 치수에 의거 합격, 불합격 판정을 한다.
- ⓑ 일반적으로 기계 가공 부위의 왁스 모형 결함의 허용되므로 보수하지 않는다. (단, 그 결함 깊이가 기계 가공 여유보다 깊을 경우에는 예외이다.)

② 보수 부위의 확인

전술한 기준에 의거 결함 부위가 보수되었는지 확인하여야 하며 일단 보수가 된 부위라 할지라도 정확히 보수되었는지 재확인하여야 한다.

(4) 왁스 모형의 조립

① 왁스 틀(wax frame) 제작

왁스 모형의 크기 및 형상에 따라 한 개에서 수 백 개까지 모형이 부착될 수 있도록 만들어진 것을 왁스 틀이라 한다.

② 왁스 모형의 조립

㉠ 모형 조립 순서

ⓐ 왁스 모형의 주입구 부분에 전기인두를 접촉시켜 가열시킨다.

ⓑ 왁스 모형을 접착시키고자 하는 위치의 스틱에 전기인두를 접촉시켜 가열시킨다.

ⓒ ⓐ과 ⓑ의 동작을 동시에 실시하여 전기인두를 슬라이딩시키면서 빼내어 왁스 모형을 위치에 접착시킨다.

ⓓ 접착 부위에 생긴 틈이나 기포를 전기인두로 왁스를 녹여 메워 주거나 용융 왁스를 붓으로 찍어 발라서 메운다.

ⓔ ⓐ에서 ⓓ까지의 동작을 반복 실시하여 요구하는 숫자대로 왁스 모형을 왁스 틀에 부착시킨다.

ⓕ 탈 왁스가 잘 되지 않는 형상은 그림과 같이 탈 왁스 보조 통로를 붙인다.

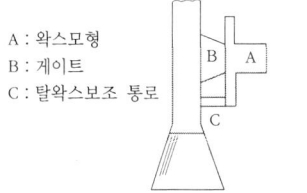
[탈 왁스 보조 통로 부착 예]

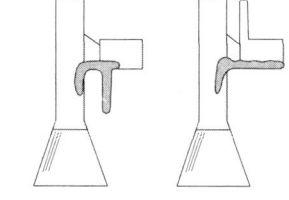
[탈 왁스가 잘 되는 방향으로 조립]

㉡ 왁스 모형 조립 시 주의 사항

ⓐ 왁스 모형 중 전기 인두가 접촉되는 주입구 하단 부위 이외는 전기인두가 닿아서는 안된다.

ⓑ 왁스 모형은 일정한 간격을 유지하여 일직선으로 조립되어야 한다.

ⓒ 이미 조립되어 있는 왁스 모형의 제품 부위에 왁스 방울이 떨어져서는 안된다.

ⓓ 제품의 구조상 어느 방향으로든 탈 왁스가 잘 되지 않는 부위에 주입구가 부착되어 있을 경우에는 탈 왁스 보조 통로를 붙여 주거나 가능한 한 그림과 같이 탈 왁스가 잘 되는 방향으로 조립하는 것이 좋다.

ⓔ 주입 후 제품 절단이 용이하도록 왁스 모형을 조립하여야 한다. 이상과 같이 왁스 틀에 모형이 조립되어 완성된 것을 왁스 트리(wax tree) 혹은 클러스터(cluster)라고 한다.

③ 왁스 트리의 검사

이 왁스 트리는 내화물 피복에 앞서 다음 사항을 검사하여야 한다.

㉠ 스틱과 스틱의 접착 부위가 견고하게 잘 붙었는지 확인한다.
㉡ 왁스 모형과 스틱이 잘 접착되었는지 확인한다. 특히 주입구와 스틱 사이에 좁은 틈이 없는지 확인한다.
㉢ 손질시에 긁어낸 왁스 가루가 모형 표면에 붙어 있는지 확인한다.
㉣ 손상된 모형이 붙어 있지 않은지 확인한다. 손상된 모형은 제거시키거나 완전히 보수하여야 한다.
㉤ 모형이 일정하게 잘 배열되었는지 확인한다. 정규 배열에서 이탈된 모형은 용탕주입 후 절단 시 제품이 손상될 우려가 있다.

6 주형 제작

(1) 주형 제작에 사용되는 재료

① 점결제(binder)

인베스트먼트 주조에 사용되는 점결제는 다음과 같은 조건을 구비하여야 한다.

㉠ 점결제는 왁스를 용해시키거나, 서로 반응하지 않고 서로 잘 접착되어야 한다.
㉡ 점결제는 상온에서 또는 주형의 소성 온도, 용탕 주입 온도에서도 내화물 입자를 서로 단단히 결합시켜 줄 수 있는 능력을 지니고 있어야 한다.
㉢ 점결제는 내화물과 반응하여 저융점의 공정 물질을 생성시켜서는 안 된다.
㉣ 점결제는 주입 금속과 반응을 일으켜서는 안된다.
  ⓐ 콜로이달 실리카 점결제의 장점 및 단점

  장점
  • 가수 분해하지 않고 바로 사용할 수 있다.
  • 건조 후 내화물 결합 강도가 에틸실리케이트 점결제보다 우수하다.
  • 보존 기간이 반영구적이다.

단점
- 주성분이 물이므로 건조하는데 시간이 많이 걸린다. 특히, 마지막 피복 작업하고 건조시키는데 상당한 시간이 소요된다.
- 이로 인하여 생산성이 낮다.

ⓑ 에틸실리케이트 점결제의 장점 및 단점

장점
- 암모니아 가스로 경화시키면 빠른 시간 내에 경화된다. 그러므로 마지막 피복을 하고 경화시키는데 불과 몇 시간 걸리지 않는다.
- 이로 인하여 생산성이 높다.

단점
- 콜로이달 실리카 점결제보다 값이 비싸다.
- 아무리 잘 밀폐해 놓아도 6개월 이상이 지나면 변질의 우려가 있다.
- 알콜이 혼입되어 있으므로 화재의 위험성이 높다. 그러므로 항상 취급 및 관리에 유의하여야 한다.

이상과 같은 장단점을 고려하여 1~2차 피복 작업은 비록 건도 시간은 많이 걸리지만 콜로이달 점결제를 사용하고 3차부터 최종 피복 작업(7~10차)까지는 에틸실리케이트 점결제를 많이 사용한다.

② 내화물
  ㉠ 슬러리 배합 내화물
    ⓐ 지르콘 분말(zircon flour)은 팽창 수축 및 열팽창계수가 적으므로 직접 용탕이 닿은 1~2차 침지용 슬러리 배합용으로 많이 사용된다.
    ⓑ 불투명 석영 유리 분말은 표면 굴곡이 많은 제품이나 구멍이 많은 제품일 경우에 주조 후 염욕처리가 잘 되므로 1~2차용 슬러리 배합시 사용한다.
    ⓒ 고알루미나 샌드 및 분말은 에틸 실리케이트 점결제와 배합해 백업용 슬러리 제작에 이용된다.
  ㉡ 피복용 내화물은 지르콘 샌드와 고알루미나 샌드 등이 백업용 주형 피복제로 사용한다.

(2) 1차, 2차 피복 작업
① 슬러리 배합 순서 및 방법
  ㉠ 배합 용기와 측정 기구를 깨끗이 청소한다.
  ㉡ 배합된 모든 재료를 소요량만큼 미리 측정해 둔다. 이때 소포제와 계면 활성제는 메스실린더로 정량해 두는 것이 정확하다.

　　ⓒ 점결제를 2/3 정도 용기에 붓는다. 이때부터 회전시켜 주어야 한다.
　　ⓓ 지르콘 분말 전량을 붓는다. 이때 주의할 점은 한꺼번에 모두 쏟아 부으면 덩어리가 많이 생기므로 천천히 조금씩 부어야 한다.
　　ⓔ 나머지 점결제 1/3 정도 용기에 부은 후 1시간 동안 배합시킨다.
　　ⓕ 계면 활성제와 소포제를 넣는다.
　　ⓖ 점결제와 내화물이 완전히 배합되고 배합시 혼입된 기포가 완전히 제거되려면 최소 8시간이 소요되므로 배합 후 8시간 이후부터 작업을 시작하여야 한다.
　　ⓗ 8시간 후 점도를 측정했을 때 25~40초(No.4Cup Zahn)가 일반적으로 많이 사용하는 점도이다.

② 1차 슬러리 피복 작업
　㉠ 1차 슬러리 피복
　　ⓐ 왁스 트리를 약 30℃로 하여 천천히 슬러리 속으로 밀어 넣는다.
　　ⓑ 왁스 트리를 빼내어 잉여 슬러리를 흘러내리게 한다.
　　ⓒ 이 때 슬러리가 균일하게 피복되지 않아 왁스 표면이 보이거나, 공기 주머니가 생겨 슬러리가 피복되지 않을 때에는 반복 작업을 실시한다.
　㉡ 1차 샌드 피복
　　1차 슬러리 피복을 하여 왁스 트리 표면에 피복된 슬러리가 마르기 전에 내화물 샌드를 입혀야 한다.
　㉢ 1차 샌드 피복 후 건조 작업
　　콜로이달 실리카계의 점결제로 배합된 슬러리로 1차 피복이 끝난 주형을 실내온도 21~25℃, 상대습도 60~80%되는 건조실에서 최소 4시간 이상 건조 후 2차 피복 작업에 들어간다.

③ 2차 피복 작업
　1차 피복된 셸(shell)이 완전히 건조된 후 똑같은 방법으로 2차 피복을 한다. 2차 피복 후 최소 10시간 이상 건조한 후 3차 피복 작업을 하여야 한다.

(3) 백업 피복 작업

① 슬러리 배합법
　㉠ 백업용 슬러리는 에틸 실리케이트 점결제(28%), 고알루미나분말(50%), 고알루미나 샌드(21.8%), 계면 활성제(0.17%), 소포제(0.03%)의 조성으로 한다.
　㉡ 배합은 1, 2차 피복 작업시의 방법과 같다.

② 백업 샌드 피복 및 경화 작업
　㉠ 백업 피복 후 주형을 경화시키는 방법은 공기의 강제 송풍에 의한 경화법과 에틸 실리케이트를 암모니아 가스로 겔화시키는 방법이 있다.
　㉡ 능률적이고 생산성이 높은 방법은 암모니아 터널 통과법이다.

(4) 탈 왁스 방법
① 가열된 액체 속에 주형을 침지시켜 왁스를 녹여 내는 방법
② 트리클로로 에틸렌을 가열시켜 발생하는 증기로 왁스를 녹여 내는 방법
③ 오토클레이브(autoclave)에서 수증기로 녹여 내는 방법
④ 마이크로 웨이브(micro wave)로 녹여 내는 방법

(5) 주형의 균열 발생원인(탈 왁스 전후의 주형에 발생하는 균열)
① 주형 피복 작업장의 온도 및 습도의 변화가 심할 때
② 피복한 내화물층이 건조되지 않는 상태에서 다음 피복 작업을 계속할 때
③ 건조가 충분히 건조되지 않는 주형을 탈 왁스하였을 때
④ 탈왁스시 고압가마 내의 압력이 낮아 왁스 팽창을 저지시키지 못했을 때
⑤ 노후화된 점결제를 사용하여 피복했을 때 점결력이 낮아 주형의 강도가 떨어지므로 탈 왁스 후 주형에 균열이 발생

(6) 불량의 종류와 원인
① 버클링(buckling)
　㉠ 피복된 내화물층의 건조 또는 경화되지 않은 상태에서 다음 피복을 계속한 후 탈왁스하였을 때 일부 피복층이 분리될 경우가 있다.
　㉡ 이러한 상태에서 주형을 소성하고 용탕을 주입하여 분리된 주형층이 용탕쪽으로 밀려들어가거나 바깥쪽으로 밀려 나온 상태를 말한다.
　㉢ 이 현상은 표면적이 적은 넓은 평판 부위에 많이 나타난다.
② 벌징(burging)
　㉠ 구멍이나 홈의 중간 부위에 혹처럼 튀어나와 있는 것을 벌징이라 한다.
③ 제품 표면의 거칠음과 금속 침투 현상
　㉠ 1차 피복용 슬러리의 점도가 너무 낮을 때에 나타난다.
　㉡ 1차 스터코용 샌드의 입자 굵기가 너무 굵을 때에 나타난다.
　㉢ 너무 오래된 슬러리로 1차 피복을 했을 때에 나타난다.

7 주형의 소성

(1) 주형의 소성 목적

- 탈왁스 후 주형 내부에 남아 있는 잔류 왁스를 완전히 태워 없애기 위하여
- 주형을 소결시켜 강도를 높여 주기 위하여
- 주형을 예열시켜 주기 위하여 보통 800~1100℃까지 주형을 가열시켜 준다.

① 소성로에 장입 시 주의사항
  ㉠ 주형 운반 기구는 항상 깨끗이 관리하여야 한다.
  ㉡ 주형은 항상 주입 컵이 아래로 향하게 하여 취급하여야만 불순물 혼입을 방지할 수 있다.
  ㉢ 소성로에 장입시 주형간의 간격을 최소 50mm 이상 유지하여 서로 충돌로 인한 주형균열이나 파손을 방지하여야 한다.

② 단열재 피복
  ㉠ 두께가 얇아 탕회 불량의 우려가 있어 그 부위의 셸 외부에 단열재를 씌운 경우에는 주입 후 단열재를 즉각 제거해야 한다.
  ㉡ 내부 수축공을 방지하기 위하여 탕도, 주입구 혹은 압탕에 씌운 단열재는 제품이 완전히 응고할 때까지 씌워 두어야 한다.

③ 주형 균열
  ㉠ 제품 부위의 일부가 떨어져 나간 것과 같은 결함은 그 부위를 즉각 내화 모르타르로 보수 후 소성로에 신속하게 재장입해야만 온도의 급강하에 의한 주형균열을 방지할 수 있다.
  ㉡ 주형을 냉각시켜야 할 경우에도 소성로에서 서냉시켜야 온도 급강하에 의한 주형균열을 방지할 수 있다.

8 용해 및 주입

(1) 주입 온도

① 주입 온도는 제품의 두께, 형상, 주형 소성 온도에 따라 다르다.
② 주형 소성 온도 950~1050℃에서의 각 재질별 주입 온도는 다음과 같다.

[각 재질별 주입 온도]

재 질	주입 온도
탄소 및 저합금강	1590~1640℃(1680℃를 초과하지 말 것)
크롬계 스테인리스강	1580~1630℃(″)
니켈-크롬계 스테인리스강	1570~1620℃(″)
니켈 합금	가능한 1560℃를 초과하지 않은 것이 좋다.
코발트 합금(스텔라이트계)	1620~1670℃
코발트 합금(기타)	1450~1600℃

(2) 용해(고주파로)

① 탈산제 첨가 방법 및 시기
  ㉠ 노내에 첨가할 탈산제 양을 정량해 둔다.
  ㉡ 용해가 시작되면 소량을 주기적으로 첨가하다가 완전히 용해가 되어 주입 온도에 도달하면 남은 양을 전부 노내에 첨가한다.
  ㉢ 레이들에 첨가할 탈산제 전량을 주입 레이들 바닥에 놓고 출탕시킨다. 이때 발생하는 와류에 의하여 탈산제가 균일하게 확산되어 탈산 효과가 크다.

(3) 주입

① 출탕 전에 주입 레이들은 1200℃ 이상으로 예열되어 있어야 한다.
② 출탕시 주입 레이들 용량의 3/4만큼 용탕을 받는 것이 주입하기 편리하다.
③ 레이들을 주입 컵에 가까이 하여 빠르게 그러나 조용히 주입하여야 한다. 이때 주의할 점은 주입 도중에 멈추거나, 용탕이 밖으로 튀어나가지 않도록 주의한다.

9 후처리

① 주형은 녹아웃 머신(knockout machine)으로 셸을 제거한 뒤 절단기로 제품의 주입구를 절단한다.
② 절단된 제품은 표면에 잔류해 있는 내화물이나 표면 스케일을 60~90 메시에 샌드나 쇼트(shot)로 블라스팅(blasting)하여 완전히 제거한다.
③ 이 때 블라스팅이 잘 되지 않는 홈속이나 구멍 속의 내화물, 세라믹 코어 등은 600~620℃의 염욕에서 녹여 낸다.
④ 주조품은 다음 공정을 거쳐 완성된다.

(1) 주입구 연마 작업(gate grinding)

일반적으로 기계 가공이 있는 부위에 주입구가 붙어 있을 경우에는 0.2~0.5mm의 잔류 주입구를 남겨도 되나 기계 가공이 없는 부위의 주입구는 완전히 제거시켜야 한다.

(2) 교정

① 가늘고 긴 형상의 경우에는 왁스 모형의 사출, 조립 또는 용탕 주입 후 응고 과정에서 변형이 생기는 경우가 많다.
② 변형된 주조품은 재질, 제품 형상 등에 따라 열간 또는 냉간 교정을 한다.
③ 대량 생산품의 경우에는 주조품을 치구에 안치시킨 후 프레스로 교정하며 소량 생산품의 경우에는 망치로 교정할 경우도 있다.
④ 주의할 점은 균열이 발생하지 않도록 주의하여야 한다.

(3) 각종 검사법

[인베스트먼트 주조품의 각종 검사법]

구 분	내 역
화학적 성질	화학 성분 시험 등
기계적 성질	인장, 경도, 굴곡, 충격 시험 등
열처리 및 현미경 조직 시험	주방 상태, 풀림 상태, 노말라이징 상태, 담금질·뜨임 상태, 금속조직의 종류 및 입자 크기 등
치수 검사 및 표면 육안 검사	도면 치수 검사 및 허용공차, 잔류 게이트 높이, 표면 거칠기, 표면 육안 검사 등
비파괴 시험	형광 침투 탐상 시험, 자분 탐상 시험, 초음파 탐상 시험, 방사선 투과 시험 등
기타 검사	게이지에 의한 주요 치수 검사 등

04 기타 주조법

1 쇼 프로세스

① 쇼 주형법은 일종의 정밀주조법으로서 영국의 고고학자인 N.Shaw 및 C.Shaw형제가 로마시대 유물을 복사하기 위하여 수축하지 않고 통기성이 좋은 정밀내화물 주형으로 개발한 것이다.

② 이 주형법에서는 점결제인 규산졸이 겔화하는 도중에 탄력성이 남아 있을 때 모형을 빼내므로 경사가 없거나 심지어는 약간 역경사(이 경우는 탄성 모형을 써야함)인 모형이라도 사용가능하다는 이점이 있다.

(1) 쇼 프로세스의 특징

① 복잡한 모양이나 곡면도 잘 나온다.
② 크기에 제한이 없다.
③ 원형 재료에 제한이 없다.
④ 치수가 정밀하고, 주물 표면이 아름답다.
⑤ 용탕 주입시 열팽창에 의한 변형이 거의 없다.
⑥ 인베스트먼트주형법과 달리 분할형이다.
⑦ 대량 생산이 어렵고, 주형 재료비가 비싸다.
　이 주형은 기어류, 라이너 등 정밀주조품과 다이스용, 프레스용, 셸주형용, 플라스틱용 등의 각종 금형 제작에 이용되고 있다.

(2) 제조방법

① 원형
　㉠ 양질의 목재, 플라스틱 및 금속류가 사용된다.
　㉡ 탄성 모형으로 실리콘 고무 등을 이용하면 편리하다.
　㉢ 금속은 치수 정밀도 및 표면의 평활도가 좋은 것이 만들어 진다.
② 주형 재료
　㉠ 점결제는 에틸실리케이트를 가수 분해한 규산졸이다.
　㉡ 내화물에는 지르콘, 알루미나, 샤모트, 용융 실리카, 올리빈 샌드, 탄화규소 등이다.
③ 조형법
　㉠ 쇼 프로세스형의 제작법은 두 가지 방법으로 구분된다.

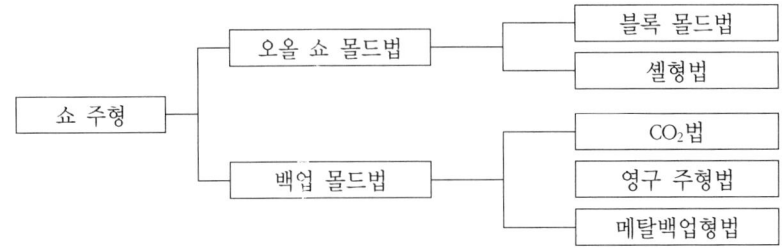

[쇼 주형법의 종류]

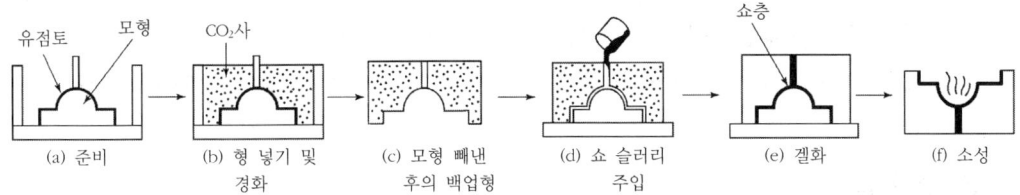

[오울 쇼 몰드 주형의 조형 공정]

ⓛ CO_2법에 의한 백업 주형을 이용한 쇼 주형의 조형법에 관한 것이다.

[백업 쇼 주형의 제조 공정]

2 발포 정밀 주형법

(1) 발포 정밀 주조법의 특징

발포 정밀 주형법은 점결제로서 규산졸(콜로이달 실리카졸)을 사용하여 염산기 겔화 촉진제를 첨가한 뒤 내화 재료를 첨가하여 잘 혼련해서 슬러리를 만들고, 이를 원형에 유입해서 조형하게 되는데

① 주형 소성시 내화 재료의 열팽창을 완화하여 고급 내화 재료가 아니라도 사용할 수 있다.
② 내화 재료의 입도, 입형, 비중 등의 차에 의한 편석을 방지할 수 있다.
③ 슬러리의 유동성을 더욱 좋게 하고 균일한 충진이 가능하다.
④ 주형 속에 틈새가 많으므로 내화 재료가 미세하여도 통기성이 좋다.
⑤ 공극률이 높으면 주형의 단열성이 증가하고, 주입 금속이 서냉되므로 변형이 적다.

(2) 주형 재료

① 점결제

규산 무수물의 초미립자(10~20μm)를 분산시킨 규산졸(수용액)을 사용한다.

② 기포제

기포제에는 알킬 벤젠 술폰산 소오다 또는 알킬 알릴 술폰 소오다 등을 주성분으로 한 활성제가 사용된다.

③ 겔화 촉진제

규산졸은 알카리, 산, 염 및 전해액의 존재에 의해 겔화되는데 겔화시간의 장단을 임의로 조정하기 쉬운 점에서 염화암모늄이 사용된다.

④ 내화 재료

주철 또는 주강을 주조할 때에는 3~8호의 규사와 지르콘사 및 270메시의 규석 분말 또는 300메시 80% 이상인 지르콘 분말을 적당히 배합한 것이 많이 사용된다.

(3) 조형법

① 슬러리의 주입
 ㉠ 형넣기는 이형 및 소포 효과를 부여하기 위한 표면 처리를 행한 모형을 합형한 틀내에 슬러리를 유입하여 겔화 후 이형한다.
 ㉡ 주형 표면에 기포가 없는 깨끗한 것을 얻을 수 있다.

② 주형의 소성
 ㉠ 성형한 주형은 4~24시간 방치한 후 노에 넣고 소성한다. 소성온도는 650~900℃로 온도가 높은 편이 주형강도도 높다.
 ㉡ 주형이 클 때는 형속의 함유 수분도 많으므로 300℃로 1~2시간 유지한 뒤 승온하는 것이 좋다.
 ㉢ 소성 후는 450℃정도까지 서냉한 뒤 꺼내서 바로 주입한다.

③ 석고 주형법

① 석고의 주성분은 $CaSO_4 \cdot 2H_2O$이며 이론상 조성은 CaO가 32.57% SO_3가 46.51%이다.
② 석고를 소성하면 다음식과 같이 소석고가 된다.

$$CaSO_4 \cdot 2H_2O \rightarrow CaSO_4 \cdot \frac{1}{2}H_2O + \frac{1}{2} 2H_2O$$

③ 소석고는 수화경화성이 있어 물과 혼합하여 방치하면 석고가 생성 경화되면 이것을 120℃ 이상에서 가열하면 다시 소석고가 되고 200℃ 이상에서 가열하면 경석고로 ($CaSO_4$: 무수물) 된다.

(1) 석고 주형의 작업 공정

① 원형 및 이형제
  ㉠ 석고 주형의 원형 재료는 금속, 목재, 플라스틱, 고무 등이 사용된다.
  ㉡ 이형제로는 와세린, 스테아린산을 등유로 희석시킨 것, 파라핀계 물질, 실리콘 윤활유 등이 사용된다.
② 혼수와 교반은 물과 조형용 석고를 정량하여 섞은 다음 교반하여 슬러리로 한다.
③ 유입과 이형은 슬러리는 물과 혼합한 후 10~20분간은 충분한 유동성을 가지므로 주형상자의 모서리까지 충전시킬 수 있으며 경화 후 10~20분만에 이형이 가능하다.
④ 건조
  석고 주형은 전 중량의 30~45%가 수분이므로 사용하는 건조로는 자동온도 조절이 되는 배풍식이 좋다.

(2) 석고 주조용 주조 합금과 용도

① 주조하는 합금은 아연 합금, Al 합금, Cu 합금 등이다.
② 각종 금형, 정밀 주조품 및 미술 공예품의 제조에 이용된다.

4 풀 몰드법(full mould process)

(1) 풀 몰드법의 개요

① 소모성 원형인 발포성 폴리스티렌 원형을 사용하며 원형을 빼내지 않고 주물사 중에 묻힌 상태에서 용탕을 주입하면 그 열에 의하여 원형은 소실되고 그 자리에 용탕이 채워져서 주물을 만드는 방법이다.
② 종래의 원형과는 달리 기화성 원형을 주형속에 그대로 남겨 놓게 되기 때문에 풀 몰드법 또는 무공동(無功洞, caviityless)주조법이라고 한다.

(2) 발포성 폴리스터로 만든 원형의 특징

① 원형을 분할할 필요가 없어 복잡한 형상의 주물도 만들 수 있다.
② 원형을 빼내지 않는다. 따라서 원형 기울기가 불필요하며, 반대 기울기의 주물도 주조할 수 있다.
③ 코어는 별도로 만들 필요가 없다.

④ 원형의 제조나 가공이 용이하며, 변형이나 보수 및 보관의 어려움이 없다.
⑤ 작업 공정이 단축되어 주조 원가가 절감된다.
⑥ 주물사는 점결제 없이 사용해도 좋으나, 2%정도의 물유리를 배합하여 사용하면 안전하다. 이때 CO_2는 통과시키지 않는다.
⑦ 보통 주조법에서도 부분적으로 활용할 수 있다. 예를 들면 맹압탕 같은 곳에 이용된다.
⑧ 용탕은 언제나 하주법에 의하여 주입 되는데, 원형이 서서히 기화되므로 탕구 계통이나 주형 내 공간에서 용탕이 조용히 흐르게 되므로 탕구계를 간단히 할 수 있다.

5 칠 주물의 주조법

① 강 및 비철의 압연과 제지공장에서 사용되는 칠드 롤(chilled roll)에 많이 쓰인다.
② 칠 바퀴, 분쇄기용 해머, 라이너 등에도 이용되고 있다.

(1) 주 원료

① 칠 주물을 주조할 때 주요한 것은 급냉되는 곳은 백선화, 서냉되는 곳은 회선화되기 쉬운 성질을 가진 재료를 선택하는 일이다.
② 보통 칠 롤의 폐품이나 회수철이 70~80%로 가장 많이 사용된다.

(2) 기계적 성질과 성분

① 칠드 롤은 칠드부의 경도가 높고 내마멸성이 우수하며, 칠드부에서 회선부로 갈수록 경도는 떨어진다.
② 칠드 롤의 표면경도는 쇼어경도로 나타내면 HS55~70 정도이다.

(3) 주조법

① 칠 주물의 용해에는 반사로, 큐폴라 및 전기로 등이 이용되는데, 큐폴라와 반사로가 많이 사용된다.
② 고급 칠드 롤의 제조에는 목탄선을 10~30% 배합하는 것이 좋다.

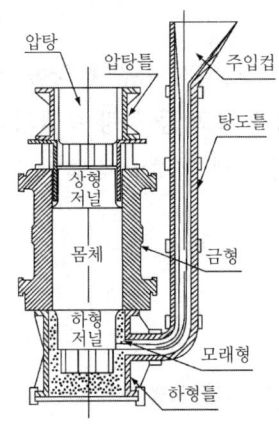

[칠드 롤의 주형]

ⓐ 금형

금형은 칠드 롤의 제조에서 가장 중요한 부분에 속하는 것으로 보통 내열성을 고려한 주철이 사용된다.

ⓑ 주형재료

모래형의 표면모래는 순도가 85%가량인 비교적 거친 모래를 사용한다.

ⓒ 조형과 조립

ⓐ 금형, 주형상자, 주형재료 등이 준비되면 그림과 같이 상형, 하형, 압탕형 및 탕구형 등을 조립하여야 한다.

ⓑ 각 부분의 조형이 끝나면 도형을 하는데 모래형은 건조 전에 하고, 필요에 따라서는 건조후 다시 도형할 때도 있다.

ⓒ 모래형은 300℃로 8~9시간 동안에 건조하며, 금형은 도형 전에 400℃에서 5~6시간 가열 건조하는 것이 보통이다.

ⓓ 건조된 각 주형은 피트 안에서 클램프로 체결, 조립한다. 이때 용탕이 새거나 편심 등이 생기지 않도록 주의하여야 한다.

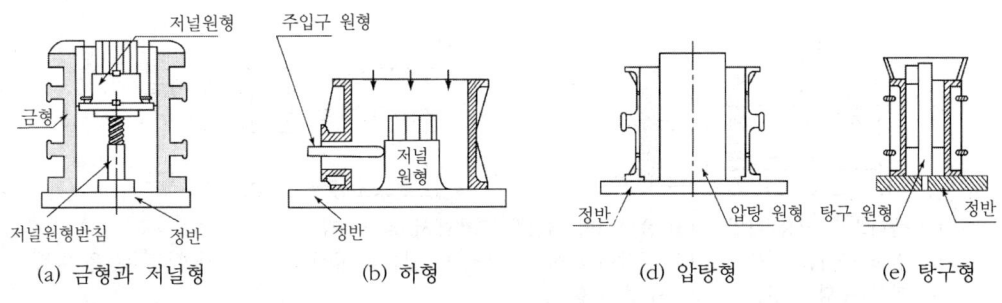

[칠드 롤의 조형]

㉣ 주입
　ⓐ 너무 높으면 금형과 소착되기 쉬우며, 양쪽 저널부의 모래떨기가 어렵게 된다.
　ⓑ 너무 낮으면 핀홀이나 기포 등 불량 주물의 원인이 될 때가 많으므로 알맞은 온도로 하여 조용하고 빠른 주입 작업이 이루어지도록 하는 것이 중요하다.

6 감압 주조법

① V법이라고도 하며, 감압(또는 진공)을 이용하여 점결제 없이 모래 주형을 만드는 방법이다.
② 표면이 매끈하며, 치수가 정확한 주물을 생산할 수 있고, 주형 재료를 절약할 수 있어 경제적인 조형법이다.
③ 주형내의 압력은 450mmHg 이하이어야 하는데, 이 감압 상태는 플라스틱 필름과 주형 상자에 의해 유지된다.
④ 이 주조법에서는 탕구계의 설계에 주의를 기울여야 하는데, 용탕이 완전히 주형 공간을 채우기 전에 플라스틱 필름이 타거나 소실되어서는 안 되기 때문이다.

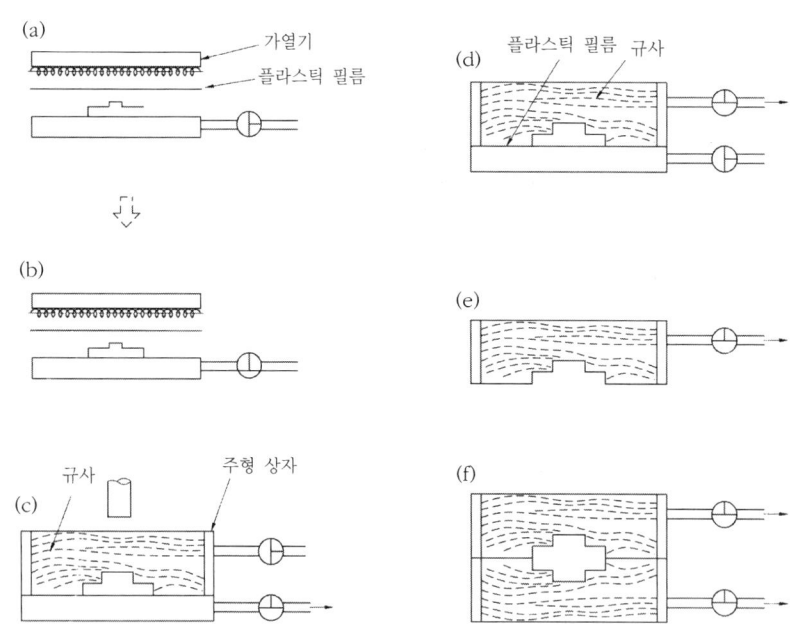

(a) 플라스틱 필름 가열　(b) 플라스틱 필름을 모형에서 밀착시킴
(c) 건조 규사를 채움　(d) 감압에 의하여 플라스틱 필름을 규사에 밀착시키면서 주형을 다짐
(e) 한쪽 주형 완성　(f) 주형 조립

[감압 주조법의 조형 순서]

주조(鑄造)기능장

용해 및 후처리

01 용해재료

1 철지금 재료

(1) 선철

① 선철(pig iron)의 특징
   ㉠ 철광석으로 제조하였으므로 불순물이 적고, 성분이 일정하여 균일한 양질의 제품을 제작하는 것이 좋다.
   ㉡ 순수성이 있고 유동성이 좋으므로 건전하고 질긴 성질의 제품을 제작할 수 있다.
   ㉢ 탄소가 4% 정도이므로 가격이 저렴한 강설을 배합하여 재질을 조절한다.
   ㉣ 주철주물용 선철은 중량이 개당 $5kg_f$ 내외로 일정하며, 겉보기 비중이 2.8~3.2 이므로 다른 원재료 비중보다 커서 적치 및 운반이나 장입이 보다 효율적이고 경제적이다.
   ㉤ 표면적이 적기 때문에 산화가 적으며, 선철 고유의 특성으로 GC25 이상의 고인장주물이나 고급주물의 원료로 적합하다.

(2) 선설

① 선철의 분류
   선설은 발생처에 따라 자가발생선설과 구입선설로 분류한다. 자가발생선설은 탕도, 압탕 및 유선(流銑) 등, 불량제품도 포함하여 일반적으로 주철 주물공장에서는 반설 및 회수철이라고 한다.

(3) 강설

① 고철의 분류는 KS D 2101의 용도에 의하여 용해용, 재생용, 잡용으로 구분한다.

② 저주파유도로에서는 큐폴라(cupola)와 비교해서 형상, 크기에 제한없이 노에 들어갈 수 있으면 되며 주철에 비해서 화학조성의 변동이 적다.
③ 강설은 일반적으로 녹이 적은 것이 좋으며, 황성분이 낮으므로 구상 흑연주철을 만들 경우에는 중요한 원료가 된다.

(4) 합금설

① 페로실리콘(Fe-Si)
  ㉠ 페로실리콘은 규소의 함유량에 의해서 KS에서는 1~5호로 분류하고 있다.
  ㉡ 저주파 유도로에서 주철의 규소함유량의 조정과 접종, 탈산의 목적으로도 첨가한다.

② 페로망간(Fe-Mn)
  ㉠ 페로망간은 망간 및 탄소함유량에 의하여 KS규격으로 분류하며, 보통 주철 중의 망간함유량을 조정하기 위하여 주로 사용되며 또 탈산, 탈황의 목적으로도 사용된다.
  ㉡ 고탄소 페로망간이 저탄소 페로망간보다 염가이며 녹기 쉽다. 비중은 7.3~7.5용융온도는 1250~1350℃이다.

③ 페로크롬(Fe-Cr)
  ㉠ 페로크롬은 주철의 인장강도 및 경도를 증가하여 내마모성, 내열성을 증가시키며 KS규격에서는 탄소 함유량에 따라 고탄소 페로크롬, 중탄소 페로크롬, 저탄소 페로크롬으로 분류되고 있으나 일반적으로는 고탄소 페로크롬이 많이 사용된다.
  ㉡ 융점은 1250~1600℃이며, 고탄소 페로크롬은 1400℃정도로 용탕에 쉽게 용입된다. 레이들에 첨가시에는 온도가 저하되지 않고 수분이 제거될 정도로 예열하고 크기는 2~4mm 정도가 좋고 미분이 많으면 소모가 많아진다.

2 비철지금 재료

(1) 순금속지금

① 구리지금
  주물에 사용하는 구리지금은 지금순도 99.9% 이상이 좋다.

② 알루미늄지금

주물에 사용하는 알루미늄지금은 3종 이상의 것이 좋다.

③ 주석지금

주물에 사용하는 주석지금은 규정된 4종 이상의 것이 좋다.

④ 아연지금

주물에 사용하는 아연지금은 규정된 3종 이상의 것이 좋다.

⑤ 납지금

주물에 사용하는 납지금은 규정된 4종 이상의 것이 좋다.

⑥ 마그네슘지금

주물에 사용하는 마그네슘지금은 규정된 2종 이상의 것이 좋다.

(2) 합금지금

① 인동지금
② 청동지금
③ 인청동지금
④ 황동지금
⑤ 활자합금지금

3 기타 재료

(1) 가탄제

가탄제는 일반적으로 고정탄소가 높고 황 함유량이 적은 전극흑연설이 사용되며 특히 구상흑연주철을 용해할 때는 황(S)성분이 적은 가탄제를 사용해야 한다.

(2) 탈황제

① 일반적으로 칼슘카바이드와 나트륨회가 주로 사용되고 있으며 그 밖에 생석회, 석회질소 및 수산화나트륨 등이 있다.
② 칼슘카바이드는 약 73% CaC_2로서 융점이 1650℃정도의 높은 온도이기 때문에 용탕과의 접촉이 잘 이루어지도록 할 때 발열반응이므로 용탕의 온도는 저하되지 않는다.

③ 나트륨회는 융점이 850℃정도로 온도가 낮기 때문에 탈황률이 양호하나 발생하는 슬래그의 유동성이 좋으므로 제거하기 곤란하고, 탈황시간이 길어지면 복황현상이 생긴다.

(3) 접종제

동일량의 접종으로 페로실리콘(Fe-Si)과 칼슘실리케이트(Ca-Si)를 사용할 때 인장강도의 개선되는 정도가 달라진다.

[접종제의 원소가 흑연화에 미치는 영향]

구 분	정 도	접종제로서 쓰이고 있는 원소
흑연화 촉진제 (흑연화를 조장하는 것)	약 중 강	지르코늄(Zr) 칼슘(Ca), 니켈(Ni) 알루미늄(Al), 규소(Si), 티타늄(Ti)
흑연화 저해제 (흑연화를 방해하는 것)	약 중 강	세륨(Ce), 테트륨(Te) 몰리브덴(Mo), 망간(Mn) 크롬(Cr)

(4) 구상화제

구상화제는 마그네슘계, 칼슘계, 리어스계로 분류되고, 실제로 사용되고 있는 구상화제는 이들 금속원소들로 되어 있고 처리가 간단하고 안전하며, 용탕에 용해 분산되어 용탕 중에 교반을 일으킨다.

(5) 조재제

산성큐폴라 조업에서는 염기성 주재제의 첨가로 생성된 슬래그의 제거를 용이하게 하기 위하여 충분한 유동성을 부여할 목적으로 조재제를 사용하고 있다.

① 슬래그의 발생원
　㉠ 연료 중의 회분
　㉡ 노벽의 내장용 내화물
　㉢ 장입된 Si, Mn, Fe 등의 산화물
　㉣ 강설에 부착된 녹 또는 모래
　㉤ 조재제 자체

② 조재제의 종류
  ㉠ 석회석 : 석회석(lime stone)은 조재제로서 사용되는 염기성의 암석이며 그의 주성분은 $CaCO_3$(탄석석회)
  ㉡ 형석 : 형석(fluorite)은 CaF_2(calcium fluoride)를 주성분으로 하며, 산성로에서는 침식이 크기 때문에 일반적으로 사용되지 않지만 염기성조업에서는 항상 사용되고 있다.
  ㉢ 백운석 : 주성분은 $CaCO_3$ 또는 $MgCO_3$로서 고회석 또는 백운석(dolomite)이라 한다.

❹ 연료

연료란 공기와 화합하여 연소되므로 열을 발생하는 것을 말하여, 다음과 같은 조건을 구비해야 한다.

① 아주 쉽고 풍부하게 공급할 수 있을 것
② 사용법이 간편하고, 가격이 저렴할 것
③ 운반 및 저장이 간단할 것

[각종연료의 발열량]

구 분	종류	발열량($kcal/kg_f$)
고체 연료	장작 목탄 석탄 코크스	1500~3200 7000~8000 6000~6300 6000~7500
액체 연료	중유 석유 휘발유	9000~10000 10000~11000 11000~13000
기체 연료	도시가스 천연가스 발생로가스	4000~5000 7000~10000 1000~1300

(1) 고체연료

1) 석탄

석탄의 분류에는 여러 가지가 있으나, 대부분은 석탄화 작용의 정도에 따라 토탄(peat), 갈탄(lignite), 역청탄(bituminous coal), 무연탄(anthracite) 등으로 분류한다.

① 석탄의 공업분석
  ㉠ 수분(moisture)
    석탄 중에 함유되어 있는 물은 부착수분(또는 습분), 수분 및 결합수분으로 분류된다.
  ㉡ 회분(ash)
    회분의 용융점은 1000~1500℃의 범위 내에 있으며, SiO_2, Al_2O_3와 같이 산성 성분이 많은 것은 높고, Fe_2O_3, CaO, Na_2O, K_2O 등의 염기성 성분이 많은 것은 낮다.

    • 산성도(r) = $\dfrac{SiO_2(\%) + Al_2O_3(\%)}{Fe_2O_3(\%) + CaO(\%) + MgO(\%)}$

    이 값은 1~5정도이며, $r=1$이면 1200℃, $r=5$이면 1400℃정도이다.
  ㉢ 휘발분과 고정탄소
    석탄으로부터 수분, 회분을 제거한 휘발분(volatile matter)과 고정탄소(fixed cabon)가 석탄의 실제를 나타내는 것이며, 이것을 순탄(pure coal)이라 한다. 휘발분과의 고정탄소의 비를 연료비(fuel ratio)라 하며 탄화의 질 즉, 탄화의 정도를 알 수 있는 좋은 자료이다.

    • 연료비 = $\dfrac{고정탄소}{휘발분}$

  ㉣ 고정탄소는 석탄으로부터 수분, 회분 및 휘발분을 제거한 것으로
    • 고정탄소=100-(수분+회분+휘발분)이다.
    고정탄소가 많을수록 건조온도에 의해 얻어지는 코크스량이 많고 발열량도 높다.

② 발열량
  ㉠ 연료의 발열량은 단위량의 연료가 연소했을 때 발생하는 열량 즉, 연소열을 말한다.
  ㉡ 고체, 액체연료일 때는 1kg, 기체연료일 때는 $1Nm^3$(Nm^3는 0℃, 760mmHg에서의 가스체적)을 완전 연소시켰을 때 발생하는 열량을 말한다. 열량의 단위는 공학적으로 kcal를 사용한다.
  ㉢ 수증기가 응축해서 물로 되었을 때의 발열량을 총발열량 Hh(gross calorific value) 또는 고위 발열량(higher calorific value)이라 하고, 물이 수증기 상태로 될 때의 발열량을 진발열량, Hl(net calorific value), 또는 저위발열량(lower calorific value)이라고 한다.
  ㉣ 고위발열량 Hh와 저위발열량 HF과의 관계는 상온(20℃)에서 물의 증발

열이 586kcal/kg이므로 다음 식과 같다.

- $Hh = HF + 586(9h + w) ≒ HF + 600(9h + w)\text{kcal}$

  $\begin{cases} h : \text{연료 1kg 중에 함유되어 있는 수소량} \\ w : \text{연료 1kg 중에 함유되어 있는 수분량} \end{cases}$

(2) 주물용 코크스

① 코크스의 품위를 규격으로 표시하는 것은 강도, 회분, 휘발분, S분, P분, 입도, 기공률, 연소성, 반응성 및 수분 등의 여러 가지 성질이 있다.

② 코크스의 입도는 큐폴라 내경의 1/8~1/12이 좋다.

③ 코크스 중의 탄소가 송풍 중의 산소와 발열반응을 일으키는 속도의 대소를 연소성이라고 말하며 다음과 같은 식으로 표시된다.

- 연소성(%) = $\dfrac{CO_2 + CO}{CO_2 + CO + O_2} \times 100$

④ 환원되는 능력은 다음 식과 같이 나타낸다.

- 반응성(%) = $\dfrac{CO}{CO + 2CO_2} \times 100$

(2) 액체연료

① 중유   ② 등유   ③ 경유

(3) 기체연료

① 가스원료에는 천연가스, 석탄의 건류에 의해 얻어지는 석탄가스, 석탄 또는 코크스의 가스화에 의한 발생로가스, 석유의 가스화에 의한 석유가스, 액화석유가스(LPG) 등이 있다.

② 가스원료는 다른 고체, 액체와 같은 연료에 비해서 다음과 같은 장·단점이 있다.

장점

㉠ 약간의 과잉공기로 완전연소가 가능하다.

㉡ 연료의 예열온도를 다른 연료보다 높게 할 수 있고 연소비가스의 열을 연료의 예열에 의해 회수할 수 있다.

㉢ 가열 대상에 따라 자유로이 조정할 수 있다.

㉣ 점화, 소화가 용이하다는 등이 있다.

단점

㉠ 저장이 곤란하다.
㉡ 연료비가 비싸다.
㉢ 누설되기 쉬운 점 등이다.

5 내화물

제게르 추(seher cone) 26번(1580℃에 상당) 이상의 내화도를 가진 것을 내화재(내화벽돌, fire brick)라고 규정하고 있다.

(1) 내화물의 종류

내화물을 조성에 의하여 화학적으로 분류하면 산성, 중성, 염기성 내화물로 분류된다.

[조성에 의한 내화물의 분류]

내화물	종류	주요화학성분	주요조성결정
산성 내화물	규석질 반규석질 납석질 샤모트질	SiO_2 $SiO_2(Al_2O_3)$ SiO_2, Al_2O_3 SiO_2, Al_2O_3	크리스토바라이트, 트리디마이트, 석영 위와 같은 것 및 뮬라이트 뮬라이트 뮬라이트
중성 내화물	고알루미나질 탄소질 탄화규소질 크롬질	Al_2O_3, (SiO_2) C SiC Cr_2O_3, Al_2O_3, MgO, FeO	뮬라이트, 코런덤 그라파이트 탄화규소 크로마이트, 스피넬
염기성 내화물	퓌르스테라이트질 크롬마그네시아질 마그네시아질 돌로마이트질	MgO, SiO_2 MgO, Cr_2O_3 MgO MgO, MgO	퓌르스테라이트(페리크레이스) 크로마이트(페리크레이스) 페리크레이스 페리크레이스, $3CaO \cdot SiO_2$

(2) 내화물의 성질

1) 내화물

① 내화도(refractoriness)라 하면 내화물의 정도를 말하며, 제게르추의 번호로서 나타낸다.
② 미국에서는 제게르추라고 하지 않고 PCE(pyro-metric cone equivalent)라고 하며, 독일, 일본, 한국에서는 독일어의 Seger Keggel에서 SK를 취해서 SK번호로서 나타낸다.

2) 비중

내화물 품질을 결정하는 중요한 요소로서 진비중(true specific gravity), 가비중(apparent specific gravity) 및 용적비중(bulk specific gravity)의 세 가지로 구분하는 것이 보통이다.

3) 기공률

내화물의 기공률(porosity)은 벽돌의 공극부분의 용적을 전체의 용적에 대한 백분율(%)로 나타내는 것으로, 기공에는 두 종류가 있는데 진기공률은 밀봉기공과 개구기공을 모두 함유하고 있어야 한다.

4) 흡수율

내화물의 흡수율은 벽돌을 물 속에 담갔을 때 기공 중 충분히 물을 충만시켜서 그 때에 요하는 물의 중량을 벽돌의 중량에 대한 %로 나타낸 것으로 벽돌 100g 중에 존재하고 있는 개구기공의 용적은 cm^3로 나타낸다.

5) 스폴링

내화벽돌의 스폴링(spalling)은 벽돌의 내부에 생긴 변형에 의해서 표면에 균열이 생겨 낙하하는 현상으로 박락(剝落)이라고도 부른다.
① 온도의 변화에 기인하는 스폴링
② 기계적 압력의 불균일에 의한 스폴링
③ 벽돌의 조직구조의 변화에 의한 스폴링

6) 슬래그, 가스에 의한 침식

주물의 내화벽돌 특히 큐폴라의 라이닝벽돌의 소모는 침식이 주원인으로 된다. 내화벽돌의 침식에는 단순히 고온도라는 요소 이외에 다음의 여러 가지 요소가 문제된다.
① 내화물의 화학적 또는 물리적 성질
② 접촉물과 용제의 화학 및 물리적 성질
③ 사용하고 있는 노 중의 가스분위기의 영향
④ 반응생성물의 성질과 그 상태
⑤ 장입계의 종류, 형상, 크기
⑥ 가스류와 접촉물이 내화물 표면을 스치는 속도

(3) 내화물질

① 내화벽돌에서 슬래그 또는 용융금속에 의한 화학적 침식은 접합부분이 가장 심하다.
② 내화몰탈의 선정기준은 다음과 같다.
  ㉠ 사용하는 내화벽돌과 가급적 동질인 것을 사용한다.
  ㉡ 내화도가 벽돌보다 SK1~3번 정도 낮은 것을 사용한다.
  ㉢ 고온에서도 접착력을 가지며, 벽돌에 가까운 성질이 되어 균열, 변형 등을 일으키지 않는 것을 사용한다.

02 용해로의 종류

1 용해로의 종류

(1) 주조용 용해로의 종류

1) 용해로의 열원

[주조용 용해로의 종류]

종류	형식		열원	용해금속	용해량
도가니로	자연통풍식		코크스, 중유, 가스	구리, 합금, 경합금 (주철, 주강)	〈300kg
	강제통풍식				
반사로	-		석탄, 미분탄, 중유, 가스	구리 합금, 주철	500~50000kg
전기로	아크로	직접 아크로	전력 [저전압 고전류] 50~60Hz	주강(주철)	1~200t
		간접 아크로		구리 합금 (특수주강)	1~10t
	유도로	고주파	전력, 주파수 500~10,000Hz	주강, 주철	200~10000kg
		저주파	전력, 주파수 50~60Hz	구리 합금, 알루미늄합금, 주철	200~20000kg
큐폴라	냉풍식		코크스	주철	1~20t
	열풍식				
	염기성				

2) 노의 일반적인 선택

① 시설투자비용
② 이에 관련된 유지 및 보수비용
③ 기본 작업비용
④ 입지조건에 따른 연료의 구입 및 상대적 가격
⑤ 작업상의 청정도와 소음
⑥ 용해효율 즉 용융속도
⑦ 요구되는 금속의 순도와 정련도
⑧ 금속의 조성과 용융온도 등에 따라 용해로를 선택한다.

(2) 도가니로(crucible furnace)

1) 도가니로의 특징

① 용해되는 금속이 연료가스와 직접 닿는 일이 적으므로 용탕이 산화되거나 불순물이 섞이는 위험이 적다.
② 여러 가지 금속을 계속하여 용해할 때에도 도가니만 바꾸어 주면 되고, 소량의 용해 등 이용범위가 넓다.
③ 설비는 간단하나 외부로부터 간접적인 가열법을 이용하기 때문에 용융점이 높은 금속의 용해에 알맞지 않다.
④ 높은 온도에서는 도가니의 강도가 한정되어 있으므로 많은 양의 용해에는 부적합하다.
⑤ 열효율이 나쁘고, 도가니 값이 비싸기 때문에 경제성이 낮다.

2) 도가니

① 비철용 합금용에는 흑연 도가니가 사용된다.
② 흑연도가니는 50% 가량의 흑연에 강도를 높이기 위하여 30~40%의 내화 점토, 10~20%의 샤모트 벽돌이나 활석 등을 배합한 것으로 $60kg/cm^2$ 이상의 압축강도를 가진다.
③ 도가니를 사용할 수 있는 회수는 용융 금속에 따라 다르나 보통 30~50회 정도이다.
④ 용해 온도가 낮은 주조용 금속의 용해시는 주강제 또는 주철제 도가니를 사용할 수 있다.
⑤ 흑연도가니의 규격은 번호로 표시하며 1회에 용해할 수 있는 Cu 중량(kg)으로 표시한다.

(3) 전기로(electric furnace)

전기를 열원으로 하여 합금을 용해하는 노를 전기로(electric furnace)라 하며 특징은 다음과 같다.

① 주조용 금속은 연료의 연소열로 가열 용해되는 것이 아니므로 용해할 때 나쁜 영향을 받는 일이 적다.
② 용탕의 온도를 저온에서 고온까지 광범위하고 정확하게 조절할 수 있다.
③ 열효율이 약 60% 정도며, 작은 용량에서부터 큰 용량의 것까지 설치할 수 있다.
④ 주조용 금속의 용해 손실이 매우 적다.
⑤ 용탕의 성분조절이 쉽고, 인건비가 절약된다.
⑥ 전력 및 내화재료 등의 유지비, 설치비가 많이 든다.
  • 전기로는 전력을 이용하는 방법과 공급방법에 따라 여러 가지 형식이 사용되고 있는데 아크로, 유도로(induction furnace), 저항로(resistance furnace) 등이 있다.

[전기로 분류]

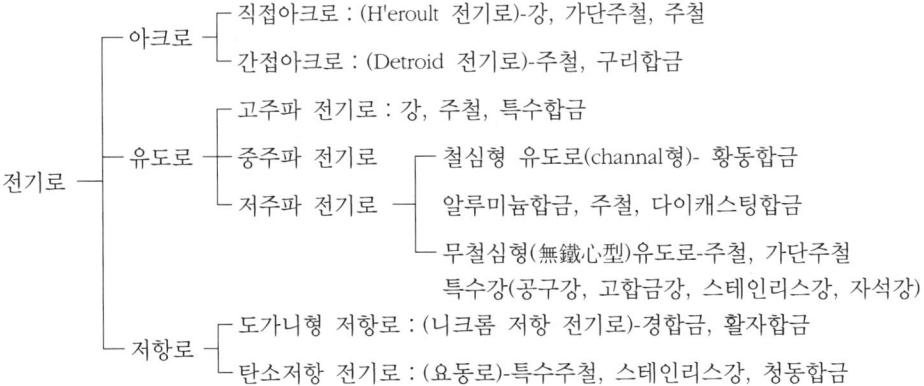

1) 아크로

① 직접 아크로는 아크를 장입재료 사이에서 발생시켜 열원으로 직접 이용한다.
  • 에루(Heroult)식로가 대표며, 주강, 회주철 및 특수 주철의 용해에 많이 사용한다.
② 간접적으로 장입 지금이 가열 용해되는 아크로를 간접 아크로라고 한다.
③ 고전압으로 단시간 내에 조업을 할 수 있다.
④ 노의 용량은 1회의 장입량으로 말하며 고전압으로 단시간 내에 조업을 할 수 있도록 발전되어 가고 있다.

2) 유도로

① 전자유도에 의한 열이 장입물을 가열하여 용해하는 노이다.
② 사용 주파수에 따라서 고주파 유도로, 저주파 유도로로 분류한다.
③ 노의 내부에 첨심의 유무에 따라서 철심형, 무철심형 유도로가 있다.

㉠ 철심형 유도로
ⓐ 철심형 유도로의 특징으로 용탕의 저장량이 크면서도 전력소모가 적고 보온용 전력도 적게 들며 용해작업에 의존하지 않고 야간용해를 하여 언제나 사용할 수 있는 이점이 있다.
ⓑ 대형주물을 생산하는 소규모 주물공장에 적당하며 소모되는 전력에 비하여 큰 저장능력을 갖고 있기 때문에 2중용해 조업에서 조성의 평균화 효과를 갖고 있다. 결점으로는 용탕의 조성변화에 빨리 대처할 수 있는 융통성이 없고, 내화물의 라이닝의 비용이 크며, 라이닝 교체시 오랜 시간이 소요되어 조업도 중단해야 한다.

㉡ 무철심형 유도로
ⓐ 무철심형 유도로(coreless induction furnace)의 원리는 금속과 같은 전기적 도체의 외주에 코일을 감고 교류전류를 통하면 전자유도작용에 의하여 도체에 유도전류가 발생한다.
ⓑ 노의 입력 전원의 주파수에 따라 50Hz, 60Hz의 상용주파수를 사용하는 저주파로, 150Hz, 180Hz를 사용하는 3배 주파수 형태의 중주파로 및 500Hz 이상 3000Hz 정도를 쓰는 고주파로 나눌 수 있다.

장점

① 용탕성분을 마음대로 조절할 수 있는 합금화에 대해 융통성이 크다.
② 큐폴라조업에서는 부적당한 고철도 사용할 수 있다.
③ 자기력에 의한 교반작용으로 균일하게 용탕을 만들 수 있다.
④ 저렴한 경비로 신속하게 라이닝을 교체할 수 있다.
⑤ 재용해작업이 가능하고, 조업시간이 짧다.
⑥ 용탕조성의 조정이 신속하다.

단점

① 효율이 비교적 낮다.
② 용탕량의 수요공급에 대한 경직성 등을 들 수 있다.

3) 저항 전기로(resistor furnace)
① 니크롬, 철크롬 및 탄화규소 등의 발열체를 열원으로 한다.
② 온도 조절이 용이하며, 균일도가 높고, 용해할 때 분위기 조절이 용이하다.
③ 경합금, 저융점 금속의 용해로, 다이 캐스팅에 있어서의 보온로로서 사용된다.

(4) 반사로(reverberatory furnace)
노의 용해능력은 1회의 용해량으로 계산되며 15~40ton정도가 가장 많다. 연료는 보통 미분탄이 많으며, 중유를 사용하는 경우도 있다.

1) 반사로의 특징
① 같은 성분을 가진 다량의 용탕을 한꺼번에 얻을 수 있다.
② 파쇠나 부피가 큰 재료를 그대로 용해할 수 있다.
③ 노의 구조와 설비는 비교적 간단하지만 열효율이 낮다.
④ 재료가 연료가 직접 접촉하게 되므로 불순물이 섞이기 쉽고 가스의 영향이 크다.
⑤ 주철계이상의 고온 용해는 곤란하다.

(5) 큐폴라

1) 큐폴라의 용해 능력(용량)
① 표준 작업을 할 때 1시간당의 용해량(ton)으로 표시하는 것이 원칙이다.
② 조업 목적에 따라 용해 속도가 변화하므로 노안 지름(mm)으로 용량을 표시하기도 한다.
③ 같은 안지름의 큐폴라에서도 바람 구멍비, 코크스비, 송풍량 등의 변화에 따라 용해 능력이 다르다.

2) 큐폴라의 높이
① 지금이 용해되는 과정과 코크스가 연소되는 상황을 기준으로 구분한다.

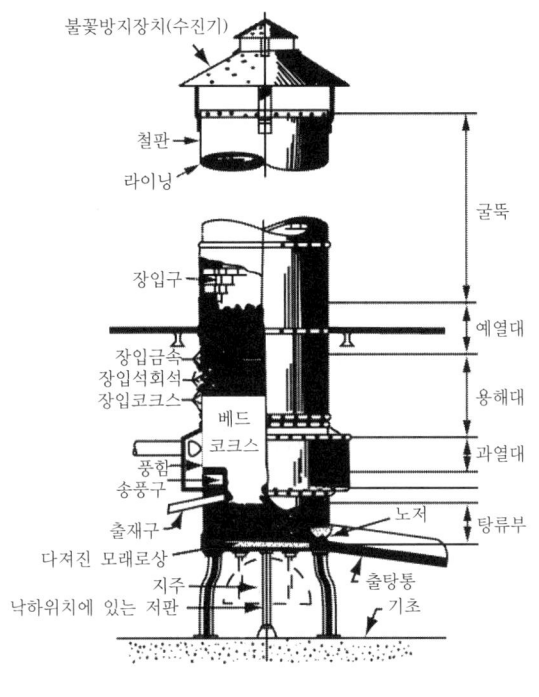

[큐폴라의 구조]

② 장입구에서 지금이 용해되기 시작 직전까지를 예열대라고 한다.
③ bed coke층의 윗부분에서 지금이 녹아떨어지는 부분을 용해대라고 한다.
④ 용해대에 용해된 지금이 용해대 밑에서 송풍구면까지를 낙하하면서 고온으로 가열된 부분을 과열대라고 한다.
⑤ 송풍구면에서 노바닥에 이를 때까지의 부분을 용탕 저유대라고 한다.

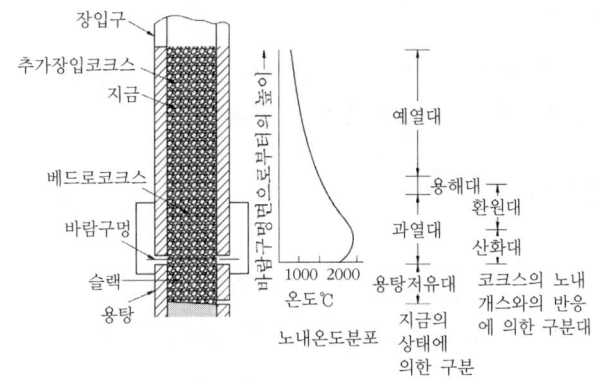

[큐폴라 각 구조에서의 명칭]

3) 송풍구

① 노 안에서 코크스가 연소하는데 필요한 공기를 불어 넣어 주는 곳이다.
② 송풍구의 각도는 아래쪽으로 10~15°의 기울기가 사용된다.
③ 보통 용해능력에 따라 1t/h 이하에서는 4개, 1.5~3.0t/h 정도는 6개, 그 이상은 8개로 하는 것이다.

[노의 크기와 송풍구 수]

노의 안지름(mm)	600 이하	600~900	600 이상
송풍구 수	4~6	6~12	10~12

④ 노의 송풍구면 단면적을 A로 하고 송풍구의 총 단면적을 a로 할 때 A/a를 송풍구비라 한다. 보통 이 값은 작은 노에서는 5정도로, 큰 노에서는 10정도로 취한다.
- 송풍구비 : $\dfrac{A}{a}$

4) 유효 높이

① 송풍구면에서 장입구까지의 높이를 말한다.
② 긴 것이 좋으나 송풍 저항이 증가하므로 보통 4.5~5.0 기준의 유효 높이비를 사용한다.

- 유효 높이비 : H/D
  - D : 송풍구면의 내경
  - H : 유효높이

(6) 용해용 부속설비

1) 송풍기(blower)
① 송풍기는 주로 큐폴라, 도가니로, 반사로 등에 사용된다.
② 원심(turbo)형과 루츠(roots)형이 많이 사용된다.

2) 풍량계 및 풍압계
① 풍량계
  ㉠ 송풍량의 측정에는 주로 피토(pitot)관과 오리피스(orifice)가 많이 사용된다.
  ㉡ 피토관에서는 나노미터를 사용하여 눈금을 읽는다.

  송풍량 계산식 : $Q = A \times 60 \sqrt{\dfrac{2g}{\rho}} \times \dfrac{H}{1000} ≒ 242A\sqrt{H}$

  - Q : 송풍량(m³/min) A : 송풍관의 단면적(m³)
  - H : 나노미터의 눈금(수주mm) g : 중력가속도(9.8m/sec²)
  - ρ : 0.0012(1기압, 20℃에서의 공기의 비중)

  ㉢ 오리피스는 평면 원판에 둥근 구멍을 뚫어 놓은 것으로 이를 통하여 송풍할 때 트로틀구멍의 앞뒤의 압력차는 송풍량과 일정한 관계가 있으므로 이 압력차를 측정한다.
② 풍압계
  유리로 만든 U자관에 물을 넣고 한쪽 끝을 송풍관에 연결하여 풍입으로 생긴 수주의 차를 눈금으로 측정할 수 있다.

3) 고온계
① 광고온계(optical pyrometer)는 광도를 측정하여 간접적으로 온도를 알 수 있으며 측정 범위는 700~2000℃ 정도이며, 주철, 주강공장에서 흔히 쓰고 있다.
② 열전쌍고온계(thermo electric pyrometer)는 열전대를 이용한 고온계이다.
③ 복사고온계(radiation pyrometer)는 복사열을 집중시켜 열전대를 놓고 그 기전력을 이용하여 측정하는 방법이다.
④ 주입용 기구
  용융금속은 주입에 편리하도록 레이들에 옮기거나 도가니핸들을 이용하여 주형에 주입한다.

03 용해 작업

1 용해 작업

(1) 큐폴라에 의한 회주철의 용해

1) 용해 이론

① 연료의 연소 반응

송풍구를 통하여 노내로 들어온 공기 중의 산소는 코크스와 반응하여 $O_2+C=CO_2+8080\,kcal/kg_f$가 되어 CO_2가스가 되며, 이 반응은 발열 반응이므로 이 열에 의하여 지금은 용해된다.

② 코크스의 비(cokes ratio, 지금 중량에 대한 코크스량의 비)

㉠ CO_2가스의 환원을 좌우하는 중요한 요소로서 이 값이 크면 코크스 베드가 약간 높게 됨으로써 환원 반응이 촉진되어 CO가스가 많은 분위기로 된다.

㉡ 이것을 나타내는 것으로 Jungblueth의 η 곡선이 있다.

- $\eta_v = \dfrac{CO_2}{CO_2+CO}$ 로 표시되는 값으로 연소율이라고 한다.
- 이는 코크스비에 의하여 변화하고 코크스비가 증가함에 따라 η는 작아진다.
- 보통 초입 코크스의 높이는 송풍구면으로부터 안지름의 1.5~2.0배로 하는 것이 좋다.

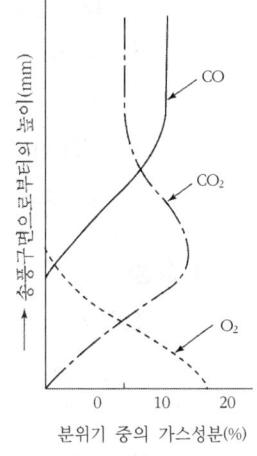

[큐폴라 내의 분위기]

2) 큐폴라 조업법

① 큐폴라의 보수(라이닝)

㉠ 산성로에는 샤모트질이나 규산을 주성분으로 하는 규석벽돌 등이 사용된다.
㉡ 염기성로에는 산화마그네슘질이나 돌로마이트질이 사용된다.
㉢ 노저의 벽에는 흑연질의 내화물을 사용하며, 장입구 부근은 주철제 벽돌을 사용한다.

ⓔ 노저는 강모래, 규사, 내화점토 또는 내화모르타르 등과 수분 8~10%를 배합하여 알맞은 두께로 갈아서 다지며, 출탕구의 방향에 5~10/100가량의 기울기를 주어 용탕이 유출되기 쉽게 한다.

② 점화와 조업 개시
  ㉠ 출탕 개시 예정 시간의 약 2~4시간 전까지 점화 준비를 끝낸다.
  ㉡ 자연 통풍으로 불꽃이 상승되어 가면 소정의 베드 코크스 높이까지 베드 코크스를 여러번 나누어 장입한다.
    • 베드 코크스의 높이 = (유효높이)-(베드 코크스위 장입구까지의 높이)
  ㉢ 출탕구를 막은 후 지금을 장입하고 송풍개시까지 30분 이상 지금을 예열한다.

③ 재료의 장입법
  ㉠ 1회의 장입량은 보통 큐폴라의 용해 능력의 1/10~1/15이 표준이다.
  ㉡ 1회 장입 시간은 5~6분 간격으로 해야 이상적이다.
  ㉢ 지금의 장입 순서는 용융점이 높은 강재를 먼저 넣고 다음에 선철, 고철 순이다.
  ㉣ 재료의 장입 순서는 베드 코크스 위에 석회석을 장입하고 다음에 장입 지금, 코크스, 석회석의 순서로 1회의 장입을 끝내고, 이 순서를 반복한다.

4) 송풍
  ① 장입구의 높이까지 장입을 끝낸 후 약 30분 동안 노의 몸체와 장입 재료를 충분히 예열시킨 다음 송풍을 시작한다.
  ② 송풍 개시 후 노의 조건이 정상이면 5~10분만에 용탕방울이 떨어지고 10~15분이면 출탕구에서 용탕이 흘러나오기 시작한다.

5) 출탕과 용해
  단속 출탕 방식은 처음에 용탕과 슬래그가 흘러나오기 시작하면 막고 15분 정도의 간격으로 슬래그를 슬래그 구멍으로 유출시킨 다음 출탕한다.

6) 조업 중의 사고 대책
  ① 행잉(hanging, 얹힘)
    ㉠ 장입이 서로 엉키거나 노벽의 파손부분이 걸리면 장입물이 내려가지 못하게 되어 그 밑에 공간이 생겨서 베드 코크스의 보급이 중단되는 상태이다.
    ㉡ 행잉이 생기는 곳은 송풍구의 바로 위나 용해대의 윗부분에 많이 생긴다.
    ㉢ 노벽의 파손이나 장입 금속의 크기가 너무 큰 경우에 일어난다.

　　ㄹ 장입 재료의 크기와 무게를 고르게 하여 행잉을 막는다.
　　ㅁ 용해대 위에 생기는 행잉은 노벽의 수리를 완전히 하고 장입한다.
　　ㅅ 행잉시 송풍량을 감소시키고 철봉으로 밀어 떨어뜨린다.
② 장시간의 조업 중지
　　㉠ 정전이나 송풍기의 고장 및 기타 사유로 장시간 조업을 중지할 경우가 있다.
　　㉡ 빨리 송풍구를 점토로 밀폐하고 출탕구를 열어 용탕을 전부 빼내고 출탕구를 막고,
　　㉢ 다시 조업을 시작할 때는 그 사이에 소모된 베드 코크스를 보충한다.
③ 출탕구가 열리지 않는 사고
　　㉠ 용탕이 응고해서 출탕구가 막혀 열리지 않는 경우를 말한다.
　　㉡ 노의 건조와 예열을 충분히 하고 조업시작시 용탕의 온도를 높일 수 있도록 한다.
④ 조업 중에 노저로부터 용탕이 새어 나오는 사고
　　송풍을 정지하고 가능한 한 빨리 출탕하고 적을 경우는 이 부분을 물로 막는다.
⑤ 용탕이 너무 많이 고여서 송풍구로 슬래그가 흘러넘칠 경우
　　빨리 출탕시키고 송풍을 중지하고 송풍 상자의 문을 열어 슬래그를 제거한다.

(2) 아크로에 의한 주강의 용해

1) 재료의 장입

① 재료의 장입은 소정량의 가탄제와 생석회 또는 석회석을 깔고 무거운 반설 등을 밑에 넣은 다음, 가벼운 재료를 위에 장입하고 강설 등으로 사이를 충전시켜 작업 조건을 안정화시킨다.
② 장입석회석은 40kg/t 정도를 1~2회에 걸쳐 넣고 CaO, $Fe-Mn$, $CaCO_3$, CaF_2 등을 작업도중 적당량을 첨가한다.

2) 통전

① 통전개시는 노천정의 손상을 막기 위하여 최고 전압보다 낮은 전압으로 시작하여 고전압, 고전류로 최근시간에 노저에 풀(pool)이 생성되도록 한다. 풀이 생성되면 최고 전압으로 전환한다.
② 용락까지는 전압변동이 격심하므로 전류조정에 특히 주의하여야 하며, 전극이 장입재료에 의해 파손될 우려가 있으므로 풀 주위의 장입물을 긁어내려야 한다.

③ 용락이 완료되면 제1산화정련 작업준비로 철광석을 넣을 준비를 한다. 그 양은 광석법에서는 5~10kg F/t, 산소법에서는 10kg F/t이나, 대략 5~20kg F/t 범위이며, 광석의 종류와 스케일에 따라 다르므로 제1산화정련 완료 후의 목표 탄소량에 따라 결정한다.

3) 산화정련
양질의 강을 제조할 때는 산화정련 작업이 필요하다.

장점
① 용강 중의 가스 함유량을 적게 한다.
② 용강의 유동성을 좋게 한다.
③ 기계적 성질이 향상된다.

단점
① 시간이 걸린다.
② 노의 내화물 수명이 짧아진다.
③ 원가가 비싸다 등이며 일반적으로 산화정련은 2단계로 나누어 처리된다.

(3) 저주파 전기로 조업법

1) 라이닝 및 용탕의 성분변화
SiO_2 또는 Al_2O_3가 주성분인 내화물이 라이닝으로 사용되며 SiO_2는 용탕속의 탄소와 다음과 같은 반응을 한다.

$2C + SiO_2 \leftrightarrow Si + 2CO$

2) 용해작업
① 냉재(冷材)로 조업할 경우에는 스타팅 블록(starting block)을 장입하고 전원을 넣는다. 이것은 주철제 블록으로 노 용량의 1/3~1/4 정도의 중량을 갖는다.
② 스타팅 블록을 사용하는 것은 주파수의 관계로 작은 것은 가열 효율이 떨어져 용해가 힘들기 때문이다.
③ 용탕으로 조업을 할 경우는 큐폴라 등 다른 용해로부터 용탕을 노 용량의 1/2~1/4 정도 받아서 시작한다.
④ 용탕의 성분조성은 75% 정도를 작업초기에 가탄제와 Fe-Si 등으로 장입재와 동시에 첨가한다.

(4) 비철합금 용해

1) 구리합금의 용해

① 탈산제

용탕 중에 있는 산화물은 다른 활성물질로 환원시키는 반응을 탈산(deoxidation)이라 하며 탈산에 사용되는 물질을 탈산제(deoxidizer)라 한다.

탈산제로 사용될 수 있는 금속을 해리도(解離度) 순으로 나열하면 다음과 같다.
Ca, Mg, Li, Al, Si, Na, Zn, P, Sn, Fe, Ni, Ag, Au.

② 탈산제의 종류

㉠ 탈산 생성물이 가스로 되는 탈산제 : 환원성 가스 또는 탄화수소는 이 탈산제에 속한다.

㉡ 증기상 또는 액상의 탈산 생성물질을 만드는 탈산제 : 이 종류로서 가장 널리 쓰이는 것은 인동이다.

㉢ 탈산 생성물인 슬래그로 완전 또는 부분적으로 제거되는 탈산제 : 이와 같은 탈산제에는 아연, 알루미늄 및 주석 등이 있다.

㉣ 기타의 탈산제 : 이외에 숯과 같이 용융 금속의 표면에 접촉하여 탈산하는 탈산제도 있다.

③ 구리 합금의 용해

구리 합금을 용해할 때는 구리를 먼저 장입하여 용해한다. 구리가 용해될 때에는 산소를 다량흡수하여 산화제1구리로 되고 응고될 때에는 합금원소를 산화시키게 되므로 합금원소를 구리 용탕에 첨가하기 전에 반드시 인동으로 탈산한다.

2) 알루미늄합금의 용해

① 용해작업

도가니로는 흑연도가니를 사용해야 하나 주철제도가니를 사용시에는 알루미늄합금의 용탕과 반응하여 Fe이 용탕에 들어가서 소모가 크므로 알루미나, 흑연, 아연화 등을 물유리(규산나트륨)와 혼합한 도형제를 사용한다.

3) 마그네슘합금의 용해

① 마그네슘합금 용해용 용제

마르네슘합금 용해에서 용제 사용량은 장입재료에 따라 다르나 용해시에는 1~5%, 정련시에는 2~5%를 사용한다.

② 마그네슘-알루미늄-망간계 합금의 용해
  ㉠ 마그네슘합금의 정련은 합금원소를 전부 첨가한 후 용탕온도를 750℃까지 높인 다음 정련용용제 1~5%를 첨가하고 철제 주걱으로 3~6분간 교반하는 방법으로 실시한다.
  ㉡ 정련이 끝나면 용탕 표면이 거울같이 맑게 된다. 그 후 용제를 제거하고 새로운 용제를 뿌린 다음 진정시키고 온도를 650~700℃까지 저하시킨 후 주입한다.
③ 마그네슘합금의 탈가스
  ㉠ 불활성가스에 의한 탈가스는 용탕온도 740~750℃에서 아르곤, 헬륨과 같은 불활성 가스를 취입한다.
  ㉡ 취입속도는 노 벽에 용탕이 튀어나오지 않을 정도로 신속하게 교반되는 속도가 적당하다.
  ㉢ 취입시간은 30분 정도이다.

04 용탕처리 및 노전시험법

1 탕 처리

(1) 탈가스(脫gas)

1) 용탕 속의 가스의 영향

수소, 산소 및 질소가 대부분이며, 이로 인해 발생하는 주물의 결함은 핀홀, 기포, 산화물계통의 개재물 등이 있어 주물의 품질이 크게 영향을 받는다.

2) 가스의 근원

[용탕 중 가스의 근원]

가스의 종류	가스의 근원
수 소	① 용해원재료 중의 수분, 수산화물, 유기물 ② 노내분위기 중의 수소, 수분 ③ 노내첨가물에 부착 또는 함유하는 수소, 수분, 유기물 ④ 노로부터 출탕시, 주형에의 주탕시의 분위기 중의 수분, 수소 ⑤ 노, 레이들, 주형 중의 수분

가스의 종류	가스의 근원
산 소	① 용해원재료 중의 산화물 ② 정련시에 사용하는 산화제 ③ 노내 분위기 중의 산소 ④ 노로부터 출탕시, 주형에의 주탕시의 분위기 중의 산소, 수분 ⑤ 노, 레이들, 주형의 내화제
질 소	① 용해원재료 중의 질소 ② 노내 분위기 중의 질소 ③ 노로부터 출탕시, 주형에의 주탕시의 분위기 중의 질소

3) 가스 흡수의 방지대책

① 슬래그를 형성시켜 분위기와의 접촉을 차단하는 법
② 불활성분위기 또는 진공을 이용하는 법
③ 가스의 흡수를 감소시키기 위한 저온용해 및 주입
④ 제재(skim), 교반 및 옮김 등의 용탕처리를 가급적 적게하는 것이 바람직하나, 가스의 흡수를 완전하게 방지한다는 것은 실제적으로 어렵다.

4) 탈가스법

① 불활성가스 취입법

㉠ 용탕 중에 용해되어 있는 가스의 양은 Sievert의 법칙 $V = K\sqrt{p}$ 에 따라 정해진다.

$$\begin{cases} V : H_2, O_2, N_2 \text{와 같은 2원자의 양} \\ K : 상수 \\ p : 용탕 주위에 걸리는 가스압력 \end{cases}$$

㉡ 강철인 경우는 아르곤가스, 구리 합금의 용탕은 질소, 아르곤가스가 사용된다.

② 진공 탈가스법(진공 용해의 목적)

㉠ 대기와 용융 금속의 반응 원소가 결합하는 것을 방지한다.
㉡ 거칠은 용탕, 협잡물, 표면의 결함을 초래하는 산화물, 질화물의 생성을 방지한다.
㉢ 용탕 중의 H_2, O_2, N_2 등과 같은 가스의 용해를 방지하며 용해된 가스를 제거한다.

③ 탈가스제 사용법

㉠ 구리인 경우에는 인청동, 규소동, Mn, Mg 등을 탈산제로 사용한다.
㉡ 강의 경우에는 Fe-Mn, Fe-Si, Al 등이 탈산제로 쓰인다.

(2) 탈황(desulfurization)

탈황제로서는 탄산나트륨(Soda ash, Na_2CO_3), 칼슘카바이드(calcium carbide, CaC_2), 석회질소($CaCN_2$), 마그네슘, 무수산화나트륨 등이 있다.

1) 용해 작업에서 저황 용탕을 얻는 방법
① 에루식 전기로의 염기성 용해법
② 큐폴라에서의 염기성 용해법 및 저주파유도로 용해법

2) 노 밖에서의 탈황 방법
① 용탕표면첨가법
  ㉠ 소량의 용탕을 탈황하는 경우 사용되는 방법이며 칼슘카바이드를 용탕의 표면에 첨가하거나 레이들 바닥에 깔고 용탕을 주입한 후에 충분히 교반한다.
  ㉡ 비교적 다량의 탈황제를 요하며 탈황률도 좋지 않아서 S가 0.03%정도가 대부분이다.
② 분사 주입법(injection process)
  ㉠ 칼슘카바이드분말을 질소와 혼합하여 분사한다.
  ㉡ 질소가스의 압력은 1~2kg/cm^2로 조절하며 카바이드의 소요량은 탈황량 1kg당 10kg이 필요하다.
  ㉢ 카바이드 외에 Na_2CO_3, CaO 등도 사용된다.

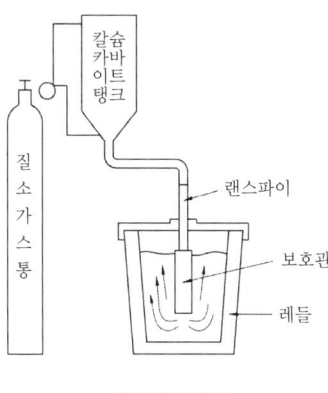

[분사주입법]

③ 폴리아닉법
  레이들의 용탕 표면에 비교적 덩어리가 큰 칼슘카바이드를 넣고 불활성 가스를 불어 넣어 용탕을 교반하여 탈황제와 접촉시켜서 탈황을 하는 것이다.

④ 포러스 플러그법(porous plug process)
  ㉠ 레이들 바닥에 다공성의 내화물을 놓고 압축된 불활성가스를 불어 넣어 용탕을 교반한다.
  ㉡ 탈황제로서 칼슘 카바이드의 분말 또는 탄산나트륨을 사용하여 용탕표면에서 첨가한다.
  ㉢ 온도강하가 심하며 칼슘 카바이드에서는 60~100℃, 나트륨회에서는 120℃ 가량 온도가 강하한다. 그러나 0.02% 이하의 저황용탕을 만들 수 있다.

⑤ 요동레이들법
  편심반의 대위에 레이들을 놓고 한 방향 또는 왕복 회전 요동을 하여 용탕을 교반하면서 칼슘 카바이드를 첨가해서 탈황한다.

⑥ 연속탈황법
  ㉠ 큐폴라 홈통에 탄산나트륨을 연속적으로 첨가한다.
  ㉡ 전로속에서 기계적으로 교반하는 방법이 있다.

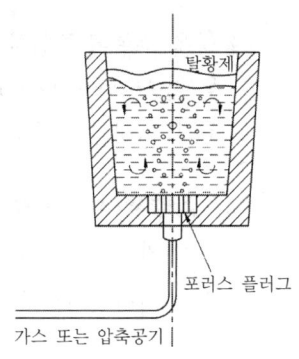
[포러스 플러그법]

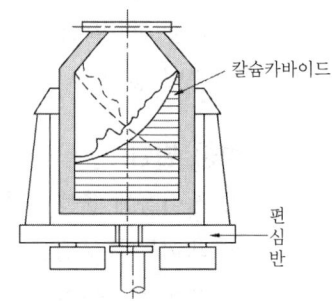
[요동레이들에 의한 방법]

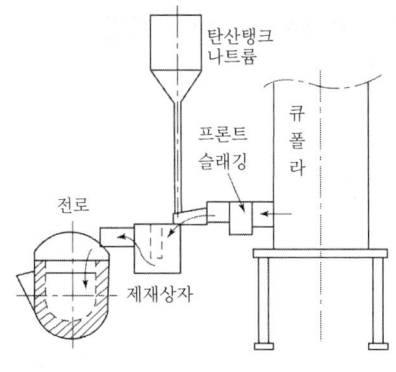
[큐폴라의 홈통에 탄산나트륨을 연속적으로 첨가하는 방법]

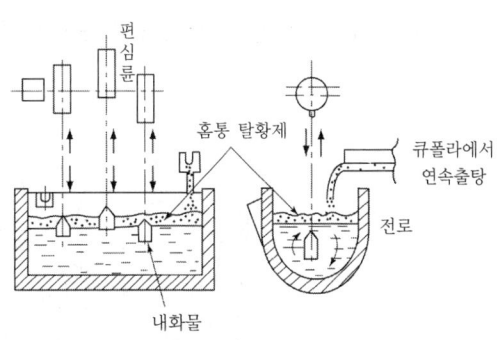
[전기로속에서 기계적으로 교반하는 방법]

(3) 접종(inoculation)

용탕을 주형에 주입하기 전에 Si, Fe-Si, Ca-Si 등을 첨가하여 주철의 재질을 개선하는 방법을 접종(inoculantion)이라 한다. 접종을 함으로써 기계적 강도를 증가시킬 뿐만 아니라 조직의 개선, 냉금의 방지, 질량효과의 개선 등을 얻을 수 있다.

1) 접종제(inoculant)
① 가장 많이 사용되는 접종제는 규소 75%인 Fe-Si이다.
② 미하나이트주철용 접종제는 Si60%에 Ca30%인 Ca-Si가 주로 사용된다.

2) 접종온도
접종제가 첨가된 때에 용탕 온도와 접종효과는 긴밀한 관계를 갖고 있으며 접종의 효과를 충분히 발휘하기 위해서는 용해와 접종을 가급적 높은 온도(1400℃ 이상)에서 하는 것이 좋다.

3) 접종 방법
① 레이들에 출탕하면서 노의 출탕구에 접종하는 방법
② 레이들에 용탕을 받으면서 일괄 투입하는 방법
③ 레이들 바닥에 놓은 다음 출탕하는 방법
④ 주탕 직전에 레이들 표면에 첨가하는 방법
⑤ 주입용 레이들 바닥에 접종제를 놓고 운반용 레이들로부터 다시 옮기는 방법
⑥ 주입용 레이들의 입구에 봉 또는 선으로 만든 접종제를 공급하는 방법
⑦ 탕도 또는 탕구 안에서 접종하는 방법

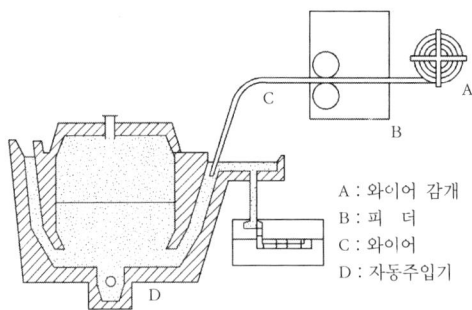

A : 와이어 감개
B : 피 더
C : 와이어
D : 자동주입기

[와이어의 첨가방법]

(4) 흑연의 구상화처리

흑연의 구상화처리에 사용되는 첨가금속으로는 Mg, Mg계 합금, Ca계 합금, 회토류 원소(rare earth elements)합금 등이 실용화되고 있다.

1) 구상화처리방법

① **표면첨가법**
   ㉠ 그림과 같이 레이들 표면에 구상화제를 첨가하므로 용탕의 비산에 의한 위험방지를 위하여 덮개를 사용한다.
   ㉡ 대기와 반응하여 연소되는 양이 많아 수율은 좋지 않다. 이 방법은 일반적으로 소규모 또는 실험적인 방법이다.

② **개방 레이들 첨가법(치주법) 및 샌드위치법**
   ㉠ 그림과 같이 Mg합금을 예열된 레이들의 밑바닥에 넣고 그 위에 용탕을 붓는다. 이 때 용탕을 레이들에 채우는 방법이 매우 중요하며 즉 용탕줄기(steam)가 구상화제에 직접 접촉하지 않도록 주탕한다.
   ㉡ 구상화제가 용탕의 표면에 부상하여 Mg의 효율을 낮추는 위험을 배제한다.
   ㉢ 이 방법을 조금 변형한 것이 샌드위치법이다. 즉 Mg의 합금을 용탕의 2% 강철칩으로 덮는다. 이 강철칩은 구상화제의 반응시기를 지연시키고 또한 구상화제 주위의 용탕온도를 국부적으로 낮춘다. 따라서 Mg의 수율을 높이는 결과가 된다.

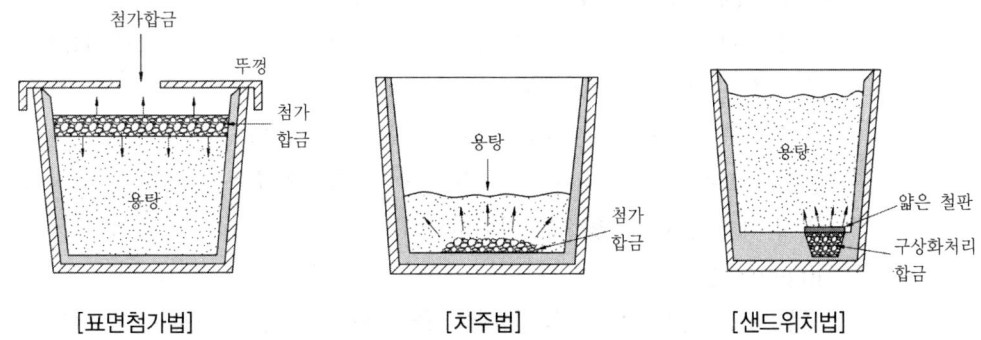

[표면첨가법]   [치주법]   [샌드위치법]

③ **포러스 플러그법(porous plug process)**
   ㉠ 탈황에서 설명한 교반방법은 모두 구상화제를 첨가하는데 적용될 수 있다.
   ㉡ 현재 가장 많이 쓰는 방법으로 Mg의 회수율은 개방레이들 첨가법보다 다소 우수하다.

④ 플런징법(plunging process)
  ㉠ 고Mg(40%) 구상화제를 흑연으로 만든 플런저(plunger)에 그림과 같이 넣고 레이들 안에 밀어넣는 방법으로 소량에서 대량에 이르기까지 이용할 수 있다.
  ㉡ 이 경우는 샌드위치법보다 수율이 좋다.
  ㉢ 보통흑연으로 만든 플런저는 충분히 예열하여 사용한다.

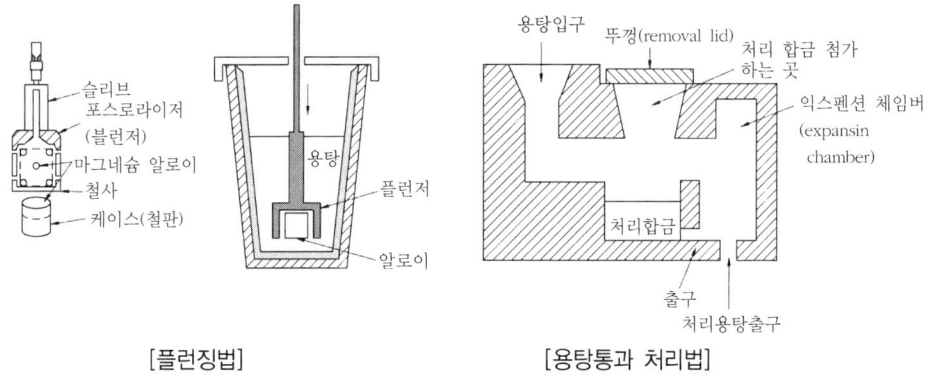

[플런징법]   [용탕통과 처리법]

⑤ 용탕통과 처리법(flowtret methods)
  ㉠ 그림과 같이 중앙에 반응실을 갖고 있는 내화물로 라이닝한 밀폐, 수평, 구형방식이다.
  ㉡ 한 쪽끝에는 용탕을 받는 입구가 있고 다른쪽 밑부분에는 처리된 용탕의 출구가 된다.

⑥ 인몰드법(in mould process, 주형 내 처리법)
  ㉠ 주형 중에서 처리하는 방법으로 그림과 같이 구상화제를 탕구계통의 일부인 반응실(reaction chamber)에 넣어 둔다.
  ㉡ 이 방법의 최대장점은 Mg회수율과 환경오염의 위험이 없다.
  ㉢ 단점으로는 용탕에 대한 제품회수율이 낮고 각 주물에 대하여 현미경조직을 검사할 필요가 있다는 점이다.

⑦ 캔디(candy)법
  ㉠ 봉상 또는 블록상의 마그네슘합금을 그림과 같이 강봉에 부착시키거나 주물에 부착한 것이 시판되어 있고, 이것을 레이들에 밀어넣음으로써 용이하게 구상화처리가 되는 것이며, 소량에서 대량처리에 사용되고 있다.
  ㉡ 수율은 플런징법과 치주법(개방레이들 첨가법)의 중간이며 8~25%의 고 Mg 합금을 사용할 수 있고 포스포라이저가 불필요하므로 간편하다.

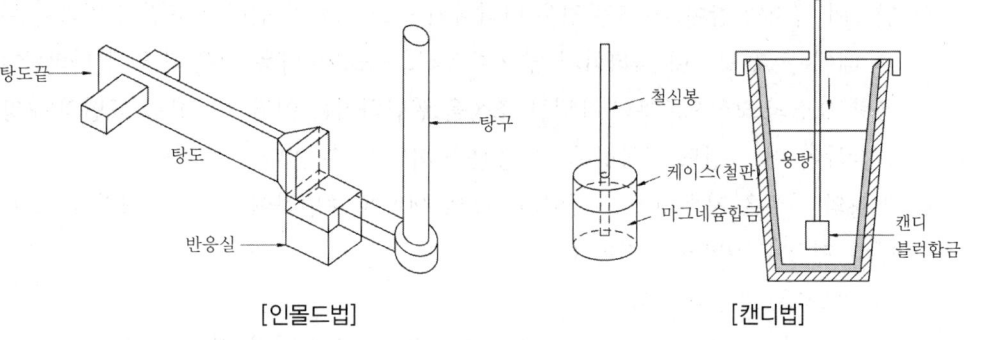

[인몰드법]　　　　　　　　　　[캔디법]

2) 구상화제(spheroidizing additives)

① 구상화제로 많이 사용하는 것은 Mg으로 Mg첨가량에 대한 일반적인 방법은 다음과 같다.

$$Mg첨가량(\%) = \frac{희망잔류Mg량(\%)}{Mg회수율(\%) \times 0.01} + 용탕S(\%)$$

② Mg의 회수율은 매우 광범위(10~90%)하므로 필요한 첨가량은 각 주물공장 사정에 맞게 계산한다.

(5) 개량처리(modification)

공정합금의 용탕에 특수한 원소를 첨가하거나, 급냉시키면 공정온도가 낮아지고 공정점의 조성이 이동하여 미세한 조직을 얻을 수 있고 기계적 성질이 개선되는 효과를 개량처리라 한다. 이러한 공정으로는 Al-Si합금을 대표적으로 들 수 있다.

2 노전 시험법

노전검사(爐前檢査)는 출탕 후 용탕의 상태를 신속히 시험하고 또 노의 조업과 주입에 대해 적당한 조치를 취하기 위하여 용탕의 성질, 모양, 응고상황 및 냉금의 깊이 등을 검사하는 방법

(1) 용탕 표면의 모양

① 용탕의 온도가 1400℃ 이하로 내려가면 화학조성, 산화정도 및 온도 등에 따라 용탕의 표면에 얇은 산화막이 생기고 이 산화막이 끊기거나 내부의 산화되지 않은 용탕이 나타나 보인다. 이것을 용탕 표면의 모양이라 한다.

② 탄소와 규소의 합이 4~4.5인 경우 나타나기 쉽고 산화가 심하여 표면의 피막이 두꺼울 때에는 그 모양이 나타나지 않으며 탄소, 규소가 더욱 적은 경우에 나타난다.
③ 용탕 표면의 모양으로부터 세밀한 조성을 판단하기는 어렵지만 용탕 표면의 모양을 관찰하여 어느 정도 화학성분 및 성질을 파악할 수 있다.
④ 판정의 기준은 지름 50mm, 깊이 50mm의 생형에 주입하여 그 표면 모양을 보고 용탕의 재질을 판별하는 것이다.
⑤ 탕면모양은 그림과 같다.
　㉠ 귀갑형(龜甲型) : 규소, 탄소가 많고 비교적 산화되지 않은 좋은 용탕
　㉡ 세엽형(笹葉型) : 망간이 많을 때
　㉢ 송엽형(松葉型) : 규소 및 탄소가 적을 때
　㉣ 부정형(不定型) : 규소 및 탄소가 더욱 적을 때 나타난다.

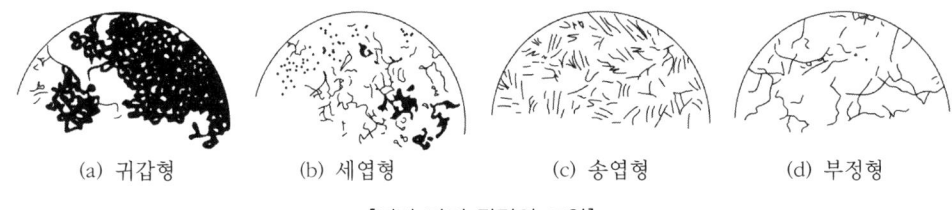

(a) 귀갑형　　(b) 세엽형　　(c) 송엽형　　(d) 부정형

[여러 가지 탕면의 모양]

(2) 냉금시험

① 냉금시험(chill test)은 주철의 흑연화경향을 평가하기 위한 것이다.
② 냉금시험은 다음과 같은 것을 결정하기 위하여 사용된다.
　㉠ 어떤 주물단면에 냉금이라든가 경도가 높은 점이 나타나 있는가
　㉡ 강제 냉각주물의 냉금양
　㉢ 탄소당량측정과 함께 접종제 첨가의 유효성
　㉣ 주철의 성분변화가 일어난 경우나 다른 주철로 변화한 경우
③ 냉금측정에는 쐐기형 시험법과 강재판 냉금시험법이 있으며 쐐기형 시험법은 탄소당량 4.2% 이상의 비교적 강도가 낮은 재질은 판정하기 어렵고, 강재판 냉금시험에는 탄소당량 3.5% 이하의 비교적 강도가 높은 것을 재질을 판정하기가 어렵다.

(3) 주철의 유동성 시험

주철의 주입 온도는 응고 온도보다 200~300℃ 정도 높으므로 용탕의 유동성은 좋다.

(4) 화학성분 분석

용탕이 소정의 화학조성으로 되어 있는가를 주탕 전에 신속하게 각 원소의 분석에 의하여 확인할 수가 있다면 바람직하므로 시료의 채취, 성분의 분석이 빨리 이루어져야 된다.

① CE미터(신속열분석계)
  ㉠ 열전대를 장입한 주형에서 주철용탕을 열분석하여 초정정출온도를 알아낸 후에 이로부터 CE(탄소당량)를 구하는 용탕관리용 계기이다.
  ㉡ CE미터는 화학성분의 CE값을 구하는 데는 다음 식이 사용되고 있다.
  - CE = C%+1/3(Si+P)%

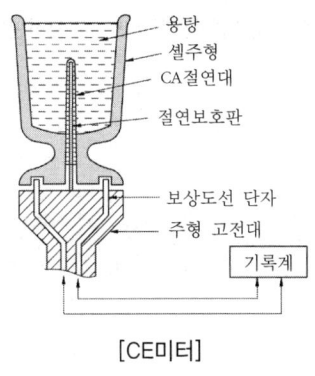

[CE미터]

② 실리콘미터
  ㉠ 냉각된 냉금속은 규소함유량에 따라서 열 기전력(Thermal electromotive force)이 민감하게 변한다.
  ㉡ 열 기전력을 측정함으로써 규소의 함유량을 결정하는 계기이다.
  ㉢ 주철에서는 (20~30)mm×(30~40)m×(150~200)mm의 시험봉이 사용된다.
  ㉣ 가단주철에서는 10mm×10mm×(150~200)mm의 시료봉이 사용되고 있다.

③ 퀸터미터
  ㉠ 분광기, 측정장치, 발광장치의 세부분으로 구성되어 있으며 시료전극부를 Ar가스 분위기로 하여 방전 발광시켜 광분석을 하므로 여러 개의 원소를 동시에 정량분석하는 측정기이다.
  ㉡ 시료는 고압, 저압불꽃에 의하여 원소의 스펙트럼선으로 분산되며 이 선을 광전식으로 검출하여 그 강도비로서 시료의 원소함유량을 결정한다.
  ㉢ 측정방법은 시료표면의 $\phi 6\times 0.05$mm 정도의 극히 작은 점의 분석값이므로 편석이 심한 재료는 부적당하지만 노전분석법으로써는 신속하게 측정되므로 많이 사용되고 있다.

(5) 흑연구상화의 파면검사

용탕을 주입하기 전에 구상화의 정도를 파악하는 신속한 방법은 시험편을 제작 주입하여 냉각 후 두들겨 꺾어서 그 파면의 육안검사를 하여 구상화 정도를 판정하는 방법이다.

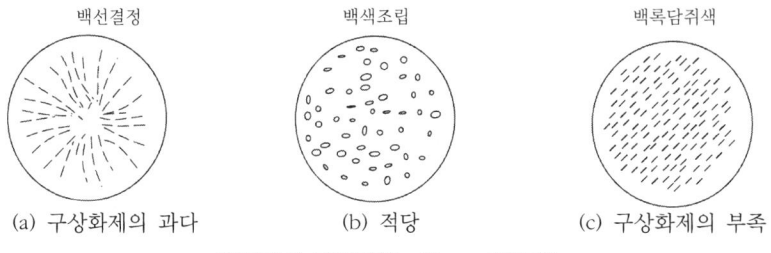

[시험편의 다면변화(∅15mm 시험편)]

05 후처리와 보수

1 후처리

주물을 주형에서 분리시킨 후 주물에 붙어 있는 주물사나 내화물을 진동시키거나 블라스트(blast)로 제거하여 주물표면을 청정한 후 압탕 및 탕도의 제거를 실시하고 주물을 다듬질 및 보수 후 열처리하는 작업을 주물의 후처리라 한다.

(1) 탈사(脫砂)

① 펀치아웃 머신(punchout machine)
  정반을 분리하고, 주형, 정반의 순서로 분리장치 위에 이송시켜 상부에서 모래, 제품 압출용 헤드(head)가 하강하여 모래와 주물은 셰이크아웃 머신위에 하강시킨 후 주형상자를 진동체 위에 올려놓고 진동시키는 형식이다.
② 셰이크아웃 머신(shakeout machine)
  주형상자가 크거나 제품중량이 무거운 경우에는 주형상자를 대형 바이브레이터 (Vibrator)에 부착된 훅(hook)에 매달아 모래를 터는 현수식 셰이크아웃 방법이 있다.
③ 녹아웃 머신(knock out machine)
  ㉠ 주물에 진동을 가하여 코어의 모래떨기를 하는 기계이며 기름 코어와 같이 비교적 모래떨기가 용이한 경우에 사용된다.

　　ⓒ 모래떨이에 소요되는 시간은 3~4분이다.

(2) 주물표면의 청정

① **쇼트 블라스트(shot blast)**
쇼트 또는 그릿(grit)을 고속회전의 임펠러(impeller)를 이용하여 주물표면에 투사하여 깨끗이 하는 방법 또는 장치이다.

② **샌드 블라스트(sand blast)**
　ⓐ 모래를 공기압축기를 사용하여 노즐에서 주물 표면에 분사하여 주물표면을 깨끗이 하는 것이다.
　ⓑ 샌드 블라스트는 표면이 유연한 경합금, 구리합금 주물의 청정에 많이 사용된다.

③ **하이드로 블라스트(hydro blast 또는 수압 블라스트)**
압력이 높은 물줄기(water shot)를 분사시켜 코어를 제어하는 기계이다.
　• 하이드로 블라스트 청정법의 장점
　　ⓐ 청정시간이 단축된다(평균 1/3~1/8정도로 단축).
　　ⓑ 청정비가 절약된다.
　　ⓒ 밴드(band)나 보강재를 보수하지 않고도 반복사용이 가능하다.
　　ⓓ 청정시 먼지 발생이 없어 위생조건이 좋다.
　　ⓔ 주형사 및 코어모래의 반복사용이 가능하다.

④ **텀블러에 의한 청정(tumbler)**
철재용기에 처리하려는 주물을 장입하고 다각형의 철판을 넣어 매분 40~60회 정도의 속도로 용기를 회전시켜서 주물표면의 청소나 소형주물의 코어제거 작업 등을 하는 장치이다.

⑤ **진동연마에 의한 청정**
　• 텀블러에 의한 주물청정에 비해서 다음과 같은 장점
　　ⓐ 컨테이너 내의 모든 부분이 청정되므로 미처리 부분이 남지 않는다.
　　ⓑ 주물의 내부 공동이 있는 부위나 얇은 주물도 깨끗이 할 수 있다.
　　ⓒ 소착물 및 스케일의 제거, 주물의 청정 및 연삭작업을 함께 할 수 있다.
　　ⓓ 주물의 청정시간이 1/1.5~1/2정도 단축된다.
　　ⓔ 기본조작 및 부대(附帶)조작이 기계화되어 환경위생조건이 개선된다.

(3) 탕구계 및 압탕 제거

① 파단

일반적으로 형 해체와 동시에 탕구계 및 압탕을 절단하여 주물로부터 분리시키는 것이 가장 바람직하다.

② 절단

금형주조 및 저압주조에 의한 경합금 주물과 구리합금 주물의 대부분과 주강 및 구상흑연주철, 가단주철의 일부 등의 파단이 불가능 하거나 부적합한 탕구, 압탕에 대해서는 주로 절단에 의해서 분리 제거한다.

③ 가스 절단 및 용단

주강에는 비교적 큰 압탕을 필요로 하고, 인성의 재질이기 때문에 파단과 절단도 곤란하고 능률적이지 못하므로 산소-아세틸렌 또는 프로판 가스에 의한 가스절단이 가장 널리 사용되고 있다.

2 주물의 보수

(1) 용접에 의한 보수

주물의 보수용접은 결함의 보수 외에 열응력에 위한 변형, 균열, 재질의 변화, 왜곡 등을 초래하지 않도록 해야 하며, 응력의 집중, 습동부의 접촉, 유무 등을 고려해서 가장 적합한 용접법을 선택한다.

① 주철주물의 보수
  ㉠ 주철은 용접성이 나쁘고 용접하기가 어려운 금속이다.
  ㉡ 용접봉으로서는 주철용접봉, 연강용접봉 및 고니켈합금용접봉 등이 쓰인다.
  • 용접에서 특히 주의해야 할 점
    ⓐ 모재금속과 이음금속의 균일한 강도
    ⓑ 용접부에서의 가스, 슬래그 혼입의 배제
    ⓑ 용접부와 모래에서의 균열배제

② 강주물의 보수
  ㉠ 강주물의 결함보수에는 금속 아크용접법이 이용된다.
  ㉡ 합금강이나 고탄소강의 결함보수시에 균열 방지법
    ⓐ 보수해야 하는 결함장소를 용접 전에 손질할 것
    ⓑ 주물의 내부응력을 제거할 것

ⓒ 정해진 가열, 냉각조건을 잘 지킬 것
ⓓ 용접용 전극의 선택을 바르게 할 것
ⓔ 용접시에 살붙임금속의 가스흡수를 방지할 것
③ 비철합금주물의 보수
비철금속은 대부분 가스용접으로 보수한다.

(2) 충전재(充塡材)에 의한 보수

기계가공을 하지 않는 주물표면에 나타나는 많은 주물결함은 각종 충전재나 페이스트로 보수할 수 있고 결함장소에 경화되어 주물 내에 남을 수 있는 특수소재를 메꾸어 넣는 일이다.

충전재의 구비조건

① 조제가 간단해야 한다.
② 경화 후의 기계적 강도나 화학적 내성(耐性)이 충분해야 한다.
③ 주물금속과의 결합성이 양호해야 한다.
④ 충전재의 색은 가능한 한 주물의 소지(素地)색과 같거나 또는 같게 할 수 있는 것이어야 한다.
⑤ 경화된 충전재는 충격을 가해도 주물금속에서 떨어지지 않아야 한다.
⑥ 충전재는 에멀젼(emulsion), 등유 및 기름에 녹지 않아야 한다.

(3) 침투법에 의한 보수(함침 : 숨浸)

침투(imprenation)에 의한 보수는 가압투과시험으로 나타나는 주물의 미세한 구멍결함에 이용된다.

(4) 메탈라이징에 의한 보수

메탈라이징(metallizing)은 다공질, 기포 등 주물의 표면결함 보수에 사용되며 그 원리는 전기아크로 용해된 미세한 금속의 용적(容積)이 압축공기에 의해서 주물의 결함장소에 분사되어 이것이 결함의 공간을 메우고 주물 모재금속과 강하게 결합하는데 있다.

(5) 납땜에 의한 보수

① 땜 용접이란 피접착금속(모재)보다 용융온도가 낮은 금속을 용융해서 접착시키는 방법이다.

② 용융온도가 400~500℃ 범위 이므로 450℃를 경계로 하여, 융점이 450℃ 이하의 땜 용접재료를 연납땜, 450℃ 이상의 땜 재료를 경납땜이라고 구분하여 부른다.

(6) 기계적 보수 방법

주물의 기공으로부터 물이나 기름 등이 새어 나올 때, 용접이나 납땜 보수가 불가능한 경우에는 구멍을 뚫고 나사 구멍을 내어 나사를 끼워맞추는 보수 방법이다.

3 주물의 열처리

주물은 주방상태로 사용하는 경우와 열처리를 행하여 사용하는 경우가 있다. 주물은 그 사용 목적에 따라 알맞게 열처리하여 사용 목적에 적합한 성질을 충족시켜야 한다.

(1) 주철의 열처리

① 주철주물의 열처리는 주물의 잔류 응력의 제거, 주조조직의 개선 및 기계적 성질의 향상을 목적으로 실시되고 있다.
② 응력제거 풀림은 520~570℃ 정도로 가열한 후 서냉(노냉 및 공냉)시킨다.
③ 연화풀림은 저온 풀림의 경우에는 650~700℃ 정도로 가열 유지하고, 고온 풀림의 경우에는 800~900℃ 정도로 가열 유지한 후 노냉시킨다.

(2) 주강의 열처리

보통 주강은 주철과 마찬가지로 주조 응력의 제거, 조직의 균일화 및 결정립의 미세화를 위하여 풀림 또는 노말라이징을 주로 한다.

① 풀림(Anealing)
주강의 풀림은 주강품의 연화, 결정조직의 조정, 내부응력의 제거, 냉간가공성과 기계적 성질의 개선을 위하여 실시한다.
② 노말라이징(Normalizing)
주강을 A_3변태점보다 20~50℃ 정도 높은 온도로 가열, 유지시킨 다음 공기 중에서 냉각하는 열처리법이다.

③ 담금질(quenching) 및 뜨임(tempering)

특수강 주물에서 경도가 요구되는 경우, 또는 우수한 강인성이 필요한 경우에는 A_3 변태점 이상의 온도로 가열한 다음, 기름 또는 물 속에서 담금질한다.

(3) 비철합금 주물의 열처리

① 알루미늄합금 주물은 냉각 수축에 따른 구조 변형을 제거하기 위하여, 조직의 균질화 및 가공에 의한 응력의 제거 등을 위하여 열처리를 한다.
② 구리합금 주물도 다른 주물과 마찬가지로 열처리에 의해서 기계적 성질과 기타 성질을 개선시킬 수 있다.

주물의 결함과 방지 대책

01 주물의 결함과 방지 대책

1 수축공(shrinkage cavity)

주형에 주입된 용탕은 주형 외벽에서부터 냉각, 응고되기 시작하여 점차 내부 또는 상부로 응고가 진행된다. 응고될 때 수축에 의해서 용탕이 부족해지고 최고응고부위에는 공동(空洞)이 생긴다.

(1) 발생원인

① 주조 방안의 불량
  압탕의 위치와 크기 및 모양이 부적당하여 용탕의 보급이 적절하지 않을 때 생긴다.
② 주물의 모양과 주형재료의 불량
  ㉠ 용탕의 보급이 곤란한 위치에 살이 두꺼운 부분, 과열부가 생기는 모양은 수축공이 발생한다.
  ㉡ 십자교차부 또는 돌출된 코어가 용탕으로 둘러싸이는 곳의 과열부가 생기며 여기에 접하는 주물 부위에 최종응고부가 생기고 용탕의 보급이 되지 않아 수축공이 생긴다.
③ 용탕의 재질 불량
  ㉠ 흑연화에 큰 영향을 미치는 탄소, 규소함유량이 적으면 수축공이 많이 발생한다.
  ㉡ 용탕이 산화되면 정상적인 것에 비하여 수축공 발생이 많다.

(2) 방지대책

① 수축공을 압탕 내로 유도하기 위해서 주물의 하부에서 상부로 방향성 응고가 진행되도록 주조 방안을 결정해야 한다.

② 주물의 두께를 될 수 있는 한 얇게 하고 주입온도를 필요 이상 높이지 말며 주입한 용탕이 장시간 용융상태에 있지 않게 해야 한다.
③ 살 두께가 다른 주물에서는 분리면에 따라 압상게이트로 주탕하면 압탕이 필요치 않다. 살 두께가 다른 주물에서는 두꺼운 부분에서 가장 멀리 떨어진 얇은 부위에서부터 주탕하고 급탕이 곤란한 과열부의 냉각에는 충분한 냉금금속을 붙여야 한다.
④ 충분한 용탕정압을 얻을 수 있도록 높은 탕구를 사용해야 한다.
⑤ 응고수축이 적은 합금(C, Si 등은 수축을 감소시킴)을 선택한다.

2 가스구멍(기공, blow hole), 미세공(pin hole)

용탕 중에 함유된 가스가 응고시에 석출되어 주물 속에 남아 있거나 탕구방안의 잘못으로 공기가 흡입되어 잔류하는 경우, 주물 내에 공동이 생긴다. 큰 공동을 기공(blow hole), 적은 공동을 미세공(pinhole)이라 한다.

(1) 발생원인

① 용탕의 주입 불량
용탕에 가스가 다량 함유되었거나 또는 주입시에 공기가 말려들어 가면 가스구멍이 생긴다.
② 주형의 코어 불량
㉠ 주형사 또는 코어 모래의 수분이 많거나 주형이나 코어에서 가스발생이 많은 경우
㉡ 주형이나 코어의 통기성이 나빠서 가스의 배출이 잘 안될 때 생긴다.
③ 콜드 쇼트(cold shot)를 수반한 가스 구멍
주입 방법이 나쁘거나 탕도 방안이 부적당하면 주입 초기에 용탕이 튀어서 주형 벽에 둥근 모양으로 응고된 콜드 쇼트가 생긴다.

(2) 방지대책

① 주형에 충분한 배기공을 설치하고, 탕구 방안을 개선한다.
② 주물사(주형 및 코어)의 수분함유량을 조절하고 적절한 건조처리를 한다.
③ 탕도의 높이를 조절하고 압탕에 의한 용융금속에 압력을 가한다.

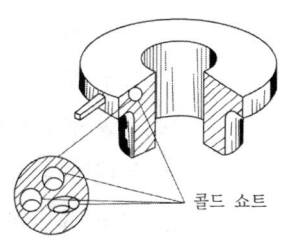

[콜드쇼트를 수반한 가스구멍]

④ 용해 온도를 너무 높게 하지 않는다.
⑤ 장입재료의 관리를 철저히 하여 N₂, H₂ 등의 양을 감소시킨다.

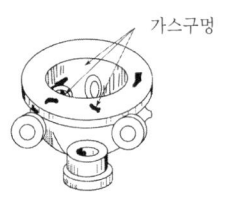 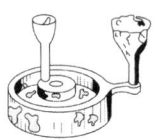

(a) 주형의 통기성 불량으로 생긴 가스구멍   (b) 주물사의 수분이 많아 생긴 가스구멍

 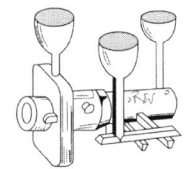

(a) 상형의 모래다짐이 과도하여 생긴 가스구멍   (b) 주물사의 높은 가스발생능력에 기인된 가스구멍

[주물의 여러 가지 가스구멍]

❸ 주물 표면의 결함

(1) 개재물(inclusion)

① 레이들에서 용제가 주입 방법이나 탕구 방안의 불량으로 주물 내에 혼입되거나 탕도 및 주형 일부가 강도 부족 또는 탕구 방안 잘못으로 주물 내에 들어가거나, 금속의산화물이 주물 내에 혼입되어 주물 내에 형성하는 것을 말한다.

② 방지 대책
  ㉠ 용탕운반시 슬래그 처리를 완벽히 한다.
  ㉡ 용탕주입시 비금속 이물질의 주입을 막기 위해 필터를 사용한다.
  ㉢ 레이들의 선정을 유의하여 개재물의 침입을 방지한다.
  ㉣ 탕구 방안의 개선을 통해 주물사의 혼입을 막는다.
  ㉤ 주물사에 점결제의 첨가량을 증가시킨다.
  ㉥ 모래를 균일하게 다지고 주형을 조심스럽게 취급한다.
  ㉦ 모형 표면에 결함이 없어야 하며 적당한 원형빼기 기울기를 붙어야 한다.

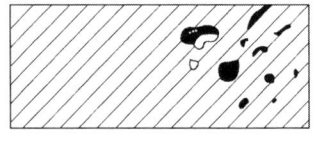

[개재물 혼입의 예]

(2) 파임(scab), 꾸김(buckle)

① 주형의 팽창에 의한 파임은 주형이 팽창하여 주물사 뒤로 용금이 넘어 들어가 응고하는 경우에 발생한다.
② 침식에 의한 파임은 용금의 교란, 주형 중의 수분의 비등에 의하여 모래의 일부가 제거되고 이곳에 응고되는 경우가 발생한다.
③ 꾸김은 용금의 열적 현상으로 주형 표면이 일부 들고 일어나면서 갈라지고 그곳에 홈이 생기는 경우가 발생한다.
④ 방지 대책
　㉠ 주물사의 강도를 높이고, 수분 함유량을 조절한다.
　㉡ 첨가제(seacoal, pitch, asphalt) 등을 적당히 첨가하여 주물사의 팽창을 줄인다.
　㉢ 주입 온도를 낮추고, 주입 속도를 높인다.

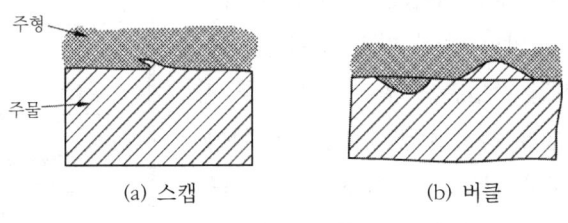

[주물의 표면 결함]

(3) 소착(Sand burning)

① 주형과 용탕간의 반응에 의해 주물사가 주물표면에 융착되어 표면이 거칠어지는 현상으로 주물사의 내화도가 낮거나, 국부적인 과열현상이 있거나 주형의 밀도가 낮을 경우에 발생한다.
② 방지 대책
　㉠ 충분한 내화성을 갖는 주형 재료를 사용한다.
　㉡ 조형시에 모래다짐을 규정대로 하고 핀 또는 못 등의 형지를 사용한다.
　㉢ 국부적으로 과열되는 주형 부분에는 핀 또는 못 등의 형지를 사용한다.
　㉣ 건조형, 가스주형 등에는 내화도가 높은 양질의 도형제를 도포한다(지르콘 및 크롬마그네사이트 도형제).

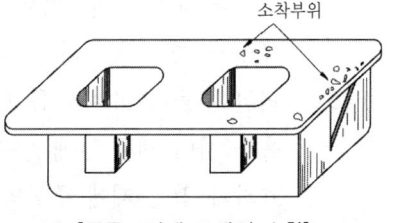

[주물표면에 모래의 소착]

ⓜ 생형의 경우에는 주물사에 소착방지 첨가제를 배합한다. 25% 이상의 휘발성분을 갖는 석탄분이 첨가제로 적당하다.

ⓢ 대형주물의 경우에는 주물사에는 크롬마그네사이트, 샤모트모래를 사용한다.

(4) 용탕 경계(cold shut)

① 용탕 경계의 발생원인
  ㉠ 주형내에 용탕이 합류될 때 그 경계면이 완전히 용융되지 않아 형태가 생기는 것
  ㉡ 용탕의 온도가 낮아서 용탕이 완전히 용착되지 못했을 경우
  ㉢ 기계적으로 접촉되어 있는 결함 및 주입온도가 낮을 때, 주입속도가 느릴 때
  ㉣ 넓은 면적의 부분을 수평하게 해서 주입할 때 생기며, 가는 홈으로 나타난다.

② 방지대책
  ㉠ 용탕의 유동성은 주입온도, 용탕의 화학조성, 탕구방안 등에 따라 영향을 받는데, 규정된 주입온도 및 주입속도를 지키고 주입온도가 떨어지지 않도록 한다.
  ㉡ 탕구계에서 탕구와 주입구의 단면적을 적절하게 하여 용탕의 유입이 잘되도록 해야 한다.

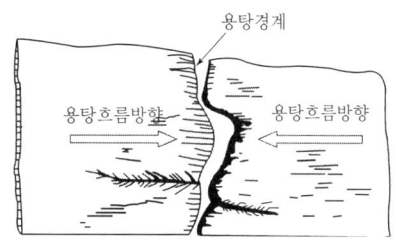

[용탕경계의 형성기구]

  ㉢ 용탕의 산화피막은 합류된 두 용탕의 완전한 용융을 방해하므로 용탕의 산화를 막아야 한다.

④ 균열(crack)

(1) 열간 균열(hot tear crack)

① 주물이 응고할 때 고온에서 응고 수축이 저지되어 균열이 발생하는 것이다.
② 주물의 핫 스폿이라는 것은 용탕의 흐름에 의한 주물 표피부의 응고가 특히 늦은 지점을 말하며 재질 자체 수축이 심하거나 압탕 효과가 적을 때에 주물의 핫 스폿(hot spot) 부위에 많이 발생한다.

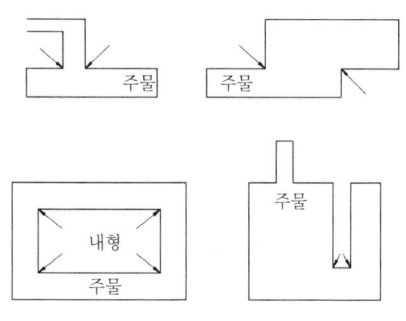

[핫 스폿이 생기기 쉬운 곳]

③ 탄소강은 1250~1450℃, 주철은 1050~1100℃ 정도에서 많이 발생한다.
④ 방지대책
   ㉠ 주물 두께의 급격한 변화가 없도록 주형을 설계한다.
   ㉡ 연결부위나 코너(corner)부위를 가급적 줄인다. 주물과 주형이 걸리는 것이 적도록 한다.
   ㉢ 최종 응고부에 냉금을 부착시켜 응력발생을 방지한다.
   ㉣ 합금의 함유량을 조절하다.
   ㉤ 주형의 열팽창계수가 낮도록 한다.

(2) 냉간 균열(cold crack)

① 냉간 균열의 발생원인
   ㉠ 냉간 균열은 결정의 벽개면을 따라 발생한다.
   ㉡ 주물의 두께가 불균일하여 냉각이 불균일해지므로서 응력 집중부위에 생긴다.
   ㉢ 주형이나 코어의 수축이 주물의 냉각 수축과 차이가 심할 때 생긴다.
   ㉣ 후처리시 충격을 주었거나 주물의 인성 부족 때문에 생긴다.
② 방지대책
   ㉠ 주물의 두께를 균일하도록 설계하거나 압탕, 탕구, 냉금의 배치를 적절히 하여 균일한 냉각이 되도록 한다.
   ㉡ 주형에 첨가제(피치, 목분) 등을 배합하여 수축성을 준다.
   ㉢ 주물의 후처리시 충격을 주지 않는다.
   ㉣ 냉간 균열의 우려가 심한 주물은 상온까지 냉각시키지 말고 재가열하여 응력완화 및 인성부여 조치를 취한다.

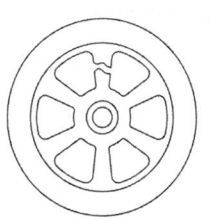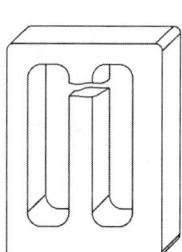

[냉각 중 수축균열]

5 주탕 불량(misrun)

(1) 주탕 불량의 원인

① 용금의 유동성이 나쁘거나 주입 온도가 낮을 때 주탕 불량이 발생한다.

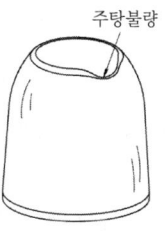

주탕불량

[주탕불량]

② 탕구방안이 잘못되어 주입 속도가 늦거나 주형의 예열이 부적당할 때 발생한다.
③ 넓은 주물의 수평 주입시에 발생한다.

(2) 방지대책

① 탕구 방안을 개선한다.
② 주입 온도, 주입 속도, 금형의 경우 예열온도를 높인다.
③ 가스배출이 잘 되도록 배기공의 수를 늘린다.
④ 충분한 압탕을 준다.

6 지느러미(귀, fins)

(1) 지느러미의 원인 및 방지대책

① 주형의 접합이 불안정한 경우 또는 코어와 주형에서 코어프린트와 사이가 들떠 있을 때 여기에 용탕이 들어가서 엷은 지느러미 모양의 살로 되는 경우
② 용탕의 압력에 의해서 주형의 바깥쪽 등이 팽창하여 여분의 살로 된 경우
③ 지느러미는 냉각이 빠르므로 냉금을 대어 놓은 것과 같은 역할을 하게 되어 냉금 효과가 나타나서 균열이 발생한다.
④ 방지책은 원형, 주형상자를 점검하고, 코어의 부착, 주형의 접합작업을 정확히 한다.

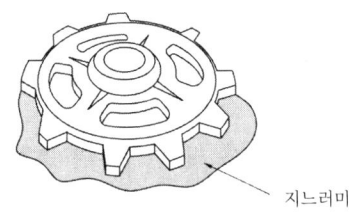
(a) 주형의 분리면에 생긴 지느러미

(b) 코어 프린트에 생긴 지느러미

[주물의 지느러미]

7 치수 불량

(1) 치수 불량의 원인

① 주물 상자의 조립이 잘못되었을 때 발생한다.
② 코어 및 원형이 변형되거나 이동되었을 때 발생한다.
③ 주물사의 선정이 잘못되었을 때 치수 불량이 생긴다.

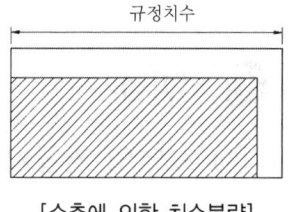

[수축에 의한 치수불량]

(2) 방지대책

① 원형의 보관에 주의하며 재사용시 치수변화를 점검한다.
② 금속의 수축률을 고려하여 주물자의 선정을 유의한다.
③ 주형상자의 연결핀의 고정 및 분할선의 이물질 제거 등에 유의한다.

8 어긋남(shift) 및 냉금 냉경화

주형의 분리면에 서로 이가 맞지 않아서 생긴 결함이며, 주형 맞추기 작업의 불량에서 나오는 결함이다. 그 대책으로는

(1) 어긋남

① 원형의 돌기부의 위치를 틀리지 않게 하여야 한다.
② 상형과 하형의 접합을 완전하게 한다.

(2) 냉금 냉경화

① 주물의 냉각이 지나치게 빠른 경우에 발생하는 결함이다.
② 주물의 일부가 백선으로 냉금화된 것이며, 대부분 살이 얇은 곳에서 발생한다.
③ 방지책으로는 냉금이 발생한 부분에 용탕을 돌게 흐르게 하여 응고를 지연시킨다.

02 주물의 검사

1 외형검사

(1) 표면의 거칠기 검사

표면의 거칠기는 주물의 조형방법과 주물의 크기, 주물사의 입도 등에 따라 좌우되며 제작사 사양서에 맞추어야 한다.

(2) 부분적 변형 검사

용탕 주입 후 응고 냉각할 때 제품의 두께와 형상에 따라 비틀림이 생기거나 휘어질 수도 있다. 또 주물의 표면이 부분적으로 들어가거나 나오거나 하는 형상이 있다.

(3) 합형의 틀림 검사

주철제품은 보통 조형을 상, 하형 또는 코어를 사용해 조형하여 주입하게 되며, 그 합형자리에 핀이 생기고 또 합형시 어긋나는 경우가 있게 되는데 핀은 치수에 영향을 주지 않도록 얇게하여 외관상 핀을 제거한 자리가 깨끗해야 한다.

2 치수검사

(1) 길이검사

모형제작시 주물의 재질, 모양을 고려하여 수축률을 잘 결정해야 한다.

(2) 두께검사

주물의 두께는 실제 원형의 크기보다는 항상 더 두꺼워지게 되며 특히 합형시 주형의 맞춤에 간격을 띄운다던지 또는 코어합형시 코어의 몰림으로써 한 쪽은 얇고 다른 쪽은 두꺼워지는 현상으로 주물에서 기울기가 클 때 모양과 치수에 영향을 줌으로 주의한다.

3 중량검사

주물중량은 원형의 품질향상, 기계가공 여유와 감소 등으로 저하될 수 있으므로 주물중량이 예정보다 높거나 낮으면 그 원인을 규명해서 방지대책을 세워야 한다.

4 재질검사

(1) 화학성분 검사

① 주물의 규격과 재질표시는 인장강도(kg/mm)로 표시하지만 용도에 따라 화학성분의 표시를 더 중요시하는 경우도 있다.
② 공작기계의 습동면을 가진 주물, 강괴주물, 특수주물 등은 성분표시를 반드시 요구한다.

(2) 기계적 성질 검사

① 주물의 재질표시는 일반적으로 인장강도로서 나타낸다.
② 같은 성분의 주물이라도 두께와 냉각속도에 따라 인장강도에 차이가 심하므로 시편 채취장소 및 방법, 크기 등을 유의하여야 한다.

5 내부결함 검사

(1) 방사선 투과검사

X선이나 γ 선 등의 방사선을 주물에 투과시키면 검사부위의 두께나 밀도, 재질 등에 따라서 투과상태가 달라지는 원리를 이용하여 주물 내에 결함부위를 검사하는 방법이다.

(2) 초음파 탐상 검사

초음파는 주파수가 높아서 광선과 같이 직진적(直進的)으로 전파된다. 또 물체의 경계면, 물체 중에 이물질 또는 가스구멍의 경계면에서는 반사되는 성질이 있다. 이 성질을 이용하여 검사하고자 하는 주물 물체에 초음파를 보내어 내부결함의 검사를 하는 것이다.

(3) 자기 탐상

① 여러 가지 방법이 있으나 자분검사법이 보통 사용된다.
② 그림과 같이 강자성체인 주물을 자화(磁化)시키면 자력선이 흐르게 된다.
③ 표면이나 표면에 가까운 자극이 생겨 여기에 철가루를 살포하면 자분모양이 생기기 때문에 결함이 검출된다.

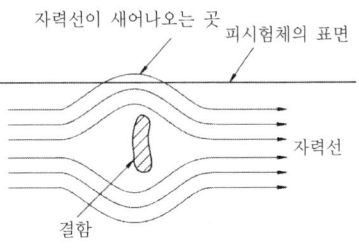

[자분탐상시험법의 원리]

(4) 형광침투 탐상 검사

① 검사하려는 주물 표면을 깨끗이 한 후 형광염료를 용해시킨 침투액을 도포하면 모세관 현상에 의해서 결함내부로 스며들어간다.
② 표면에 남은 침투액을 완전히 씻어낸 후에 건조시키고 현상제를 다시 칠해서 결함에 스며들어갔던 형광물질이 밖에 나타나게 하여 자외선을 비추면 형광에 의해서 균열, 다공성기포 등이 검출된다.

[각종 비파괴 시험법의 특징]

검사의 종류	결함의 검출			장 점	단 점
	표면 결함	내부 결함	재질 결함		
방사선 투과		○		1. 결함의 종류를 안다. 2. 결함의 분포를 안다.	1. 결함의 위치결정 복잡 2. 300mm 이상 살두께에는 적용 곤란 3. 설비, 검사비용 고가
초음파 탐상		○	○	1. 조작 간단 2. 두꺼운 주물에도 적용가능	1. 결함의 정량적 판정 곤란 2. 탐상면에 대한 준비 필요
자분 탐상	○			1. 균열성 결함 검사에 적당 2. 표면 가까운 곳의 결함 검출 가능	1. 핀홀, 가스구멍의 검출 감도가 낮다. 2. 자분모양의 판정 곤란
침투 탐상	○			1. 기포성결함 검출에 적당 2. 조작 간단, 비용 저렴	1. 모세균열 검출감도가 낮다. 2. 검출감도가 표면 거칠기에 크게 영향받는다.

주조(鑄造)기능장

안전관리

01 재해방지의 기본사항

1 공통적 안전수칙

① 기계의 안전장치에 함부로 손을 대지 않는다.
② 각 작업장, 각 기계시설에 붙여놓은 안전 주의사항을 반드시 지킨다.
③ 보호구를 반드시 착용하고 작업한다.
④ 관계가 없는 기계는 일체 손을 대지 않는다.
⑤ 파손된 것은 즉시 수리에 놓는다.
⑥ 무거운 것을 무리하게 들지 않는다.
⑦ 공동작업에서는 반드시 서로 신호를 하고 작업을 한다.
⑧ 재료 운반시에는 통로가 꺾이는 곳에서 특히 주의한다.

2 작업장의 정리정돈

① 재료, 공구, 예비품 등은 놓는 장소를 정하고 사용 후에는 즉시 지정된 장소에 되돌려 놓아야 한다.
② 통로에는 일체 불필요한 물건이 없어야 한다.
③ 물건을 놓는 방법, 쌓는 방법, 벌려놓는 방법 등을 일정하게 한다. 특히 금속재료에 있어서 화학조성을 알고 있는 재료는 유사한 것 끼리 모아 정리하고 서로 섞이지 않게 한다.
④ 작업공정을 합리화시켜서 재료 및 제품이 공장 내에서 질서 있게 일정한 방향으로 흐르면서 작업이 이루어지도록 한다.
⑤ 안전에 대한 토의 등이다.

3 운반작업시 안전사항

중량물의 취급, 특히 운반에 있어서 주의할 사항은 다음과 같다.

(1) 수동 운반차
① 적재방법을 안전성 있게 해야 한다. 또 앞이 가리도록 높게 적재하면 안된다.
② 적재 제한량을 넘지 말아야 한다.
③ 운반차를 통로에 방치하면 안된다.

(2) 천정주형 기중기
① 기중기 운전은 신호를 확인하고 신호에 따라 운전하다.
② 기중기의 걸고리를 정확하게 걸고 이를 확인 후에 움직인다.
③ 갑작스런 발진, 정지를 해서는 안된다.
④ 무리하게 짐을 매달면 안된다.
⑤ 짐을 매다는 줄은 적절한 안전율을 생각하고 선택한다.

02 작업별 안전관리

1 조형작업시 안전사항

(1) 주물사 처리
① 주물사는 사용 전에 소정의 체로 쳐서 체에 남는 금속 부스러기는 제거하여 정해진 장소에 치운다. 또 조형장에는 금속조각이 산재되는 일이 없게 한다.
② 체질한 주물사가 통로에 나오지 않게 통로와의 경계를 명확히 해 둔다.
③ 제품을 꺼낸 후의 주물사는 평편하게 만들고, 물을 가하기 전에 탕도계는 주물사에서 제거한다.

(2) 주형제작

① 작업장과 주형 사이의 통로는 항상 청결하게 하고 평탄하게 해놓으며 정돈해 둔다.
② 작업시작 전에 주형상자, 공구 및 기중기 등 들어올리는 장치의 점검과 조정을 해 둔다.
③ 무거운 주형상자는 반드시 기중기 기타의 들것을 이용해서 다룬다.
④ 주형의 상하형을 맞출 때 주형 위에 올라서서는 안된다.
⑤ 눈에 먼지가 들어가지 않게 모형이나 주형의 먼지털이에 있어서는 반드시 붓, 솔, 또는 특수한 집진기를 사용해야 하며, 입 또는 압축공기 등으로 불어서는 안된다.
⑥ 주형의 건조작업에서 수동식, 건조장치, 가스버너 등을 사용하는 경우는 실내의 환기장치를 가동시키고 작업해야 한다.

2 용해작업시 안전사항

(1) 재료의 파쇄

① 선철이나 고철을 적당한 크기로 파쇄하기 위해서는 해머를 점검한다. 해머자루가 빠지기 쉬운 것 등을 사용해서는 안된다.
② 편한 자세로 일할 수 있게 하고 불필요한 물건은 모두 치운다.
③ 파쇄할 때 부근에서의 작업자, 통행자에 주의하며, 파편의 비산을 방지하는 방법을 강구 한다.

(2) 용해작업(큐폴라 용해시)

① 노의 라이닝 상태를 충분히 점검하고 필요한 보수를 한다. 용해작업 전에 노를 충분히 건조시켜 둔다.
② 위에서 작업하는 작업자가 아래로 물건을 떨어뜨릴 때는 아래에서 작업하는 사람에게 신호를 하고 위험이 없음을 확인한 다음 떨어뜨려야 한다.
③ 용해작업장 부근에는 연소성물질을 놓지 않아야 한다.
④ 용해작업 중의 노 내부를 볼 때에는 반드시 보호안경을 쓰고 본다.
⑤ 출탕할 때에는 반드시 신호를 하고 주위의 안전을 확인한다.
⑥ 출탕구의 전지는 확실히 하고 또한 예비 전지를 준비해 둔다.
⑦ 큐폴라 하부에 물이 고여 있을 때에는 용탕과 접촉하여 수증기 폭발을 일으키므로 배수에 충분히 주의하고 동시에 물이 고이지 않도록 필요한 조치를 강구한다.

⑧ 노저를 열 때에는 용탕과 용재가 남아 있지 않도록 하여야 하며, 바닥 아래에 있는 흙이 젖어 있으면 이 흙을 완전히 제거한 후에 노저를 열어야 한다.
⑨ 용해작업이 끝나면 완전 소화해야 하며 물을 뿌릴 때에는 멀리서 해야 한다. 너무 접근해서 소화시에 과열증기로 화상을 입을 염려가 있다.

③ 주입작업시 안전사항

① 중추는 주입컵이나 압탕에 접근하여 놓지 않는다.
② 주형의 가스빼기를 완전히 하는 동시에 주형의 분리면의 밀착이 잘 되고 또 조여있는지 점검한다.
③ 레이들은 사용 전에 다음 사항을 점검한다.
　㉠ 손잡이의 파손 유무 및 부착상태
　㉡ 레이들의 라이닝 상태(충분한 라이닝이 필요)
　㉢ 레이들의 건조 상태(완전 건조가 필요)
④ 레이들에 받는 용탕량을 너무 많게 하지 않는다.
⑤ 용탕 운반시에는 반드시 지정된 통로로 다녀야 한다.
⑥ 용탕은 주물사 이외의 것에 닿으면 불꽃이 튀어 위험하니 콘크리트바닥에는 주물사를 깔아 놓아야 한다.
⑦ 탕구가 높으면 주입이 불편하므로 될 수 있도록 탕구는 낮게하는 것이 좋다.
⑧ 기중기로 운반하는 대형 레이들은 장애물에 걸리지 않을 정도로 낮게 매달아 운반하며, 작업자는 반드시 보호안경을 착용해야 한다. 또 이 레이들은 절대로 사람 위를 지나서는 안된다.
⑨ 주입중에는 절대로 탕구 위에 얼굴을 내밀어서는 안된다. 용탕이 튀어나오는 경우가 있어 화상을 입을 염려가 있다.
⑩ 주형을 누르는 추의 무게가 적당해야 하며 응고가 완료되기 전에는 추를 내려놓지 말아야 한다. 또 주탕 후에 탕구를 발로 밟는 일이 없도록 한다.
⑪ 특수주형에 주입하는 경우에는 각종 유독가스가 발생되니 환기장치를 하고 충분한 환기조건 아래에서 작업한다.

4 주방품 후처리시 안전사항

① 주방품의 주물 본체 이외의 것은 해머링(hammering) 할 때에 떨어져 나가는 방향을 고려하여 처리한다.
② 해머링할 때의 제품이 놓인 위치는 불안정한 상태로 되어서는 안된다.
③ 해머링이나 연마(grinding)작업을 할 때에는 방진안경 및 방진마스크를 사용한다.
④ 정(chisel)을 사용할 때에는 정끝이 잘 갈아져 있는지 또는 정의 두부가 올바른가를 잘 점검한다.
⑤ 해머를 크게 때릴 때에는 주위에 주위하며, 탕구나 코어 메탈을 해머로 절단시에는 사람이 없는 방향으로 때려야 한다.
⑥ 모래를 털 때에는 방진마스크와 보안경을 착용한다.
⑦ 모래털기를 공압공구로서 실시할 때는 샌드블라스트의 작업을 할 때와 같이 소음이 큰 작업에서는 귀막이를 사용한다.
⑧ 주조된 주물제품은 완전 냉각된 것을 확인한 후 만진다.

03 일반적인 안전 사항

1 작업 복장

(1) 작업복

① 작업복은 신체에 맞고 가벼운 것으로써 때에 따라서는 상의의 끝이나 바지자락이 말려 들어가지 않도록 잡아매는 것이 좋다
② 실밥이 풀리거나 터진 것은 즉시 꿰맨다.
③ 항상 깨끗이하고 특히 기름이 묻은 작업복은 불이 붙기 쉬우므로 위험
④ 여름철이나 고온 작업시에도 작업을 벗지 않으며, 벗으면 직장 규율 및 기장에도 좋지 않으며, 재해의 위험성이 있음
⑤ 착용자의 연령, 직종 등을 고려하여 적절한 스타일을 선정

(2) 작업모

① 기계의 주위에서 작업을 하는 경우에는 반드시 모자를 착용
② 여자 및 장발자의 경에는 모자나 수건으로 머리카락을 완전히 감싸도록 한다.
③ 앞머리를 내놓고 모자 착용을 금지

(3) 신발

① 신발은 작업 내용에 잘맞는 것을 선정
② 샌들 등은 걸음걸이가 불안정해 넘어질 위험이 있음
③ 맨발은 부상당하기 쉽고, 고열의 물체에 닿을 때도 위험하므로 절대 금지
④ 신발은 안전화로 착용

(4) 보호구

① 작업에 필요한 적절한 보호구를 선정하고 올바른 사용을 익힘
② 필요한 수량의 비치, 정비, 점검 등 보호구의 관리 철저
③ 필요한 보호구는 반드시 착용
④ **보안경** : 철분, 모래 등이 눈에 들어가지 않도록 착용
⑤ **차광 보호 안경** : 불티나 유행광선이 나오는 작업 사용
⑥ **방진 마스크** : 먼지가 많은 장소나 해로운 가스가 발생되는 작업에 사용
⑦ **산소 마스크** : 산소가 16%이하로 결핍되었을 때 사용
⑧ **장갑** : 기계작업 시에는 착용을 금하고, 고온 작업시에는 내열장갑을 착용
⑨ **귀마개** : 소음이 발생하는 작업 등에서 착용
⑩ **안전모** : 물건이 떨어지거나, 충돌로부터 머리를 보호
⑪ **안전모 상부와 머리 상부 사이의 간격** : 25mm 이상 유지

❷ 안전수칙과 점검사항

(1) 통행시 안전수칙

① 통행로 위의 높이 2m 이하에는 장애물이 없을 것
② 기계와 다른 시설물과의 사이의 통행로 폭은 80cm 이상으로 할 것
③ 뛰지 말 것

④ 한눈을 팔거나 주머니에 손을 넣고 걷지 말 것
⑤ 통로가 아닌 곳을 걷지 말 것
⑥ 좌측 통행규칙을 지킬 것
⑦ 높은 작업장 밑을 통과할 때 조심할 것
⑧ 작업자나 운반자에게 통행을 양호할 것

(2) 운반시 안전수칙

① 운반차량은 규정 속도를 지킬 것
② 운반시 시야를 가리지 않게 쌓을 것
③ 승용석이 없는 운반차에는 승차하지 말 것
④ 빙판 또는 물기 있는 곳에서의 운행시 미끄럼에 주의할 것
⑤ 긴 물건에는 끝에 표시를 달고 운반할 것
⑥ 통행로, 운반차, 기타 시설물에는 안전표지 색을 이용한 안전표지를 할 것

(3) 계단 설치시 고려할 사항

① 견고한 구조로 할 것
② 경사는 심하지 않게 할 것
③ 각 계단의 간격과 너비는 동일하게 할 것
④ 높이 5m를 초과할 때에는 높이 5m 이내마다 계단실을 설치할 것
⑤ 적어도 한쪽에는 손잡이를 설치할 것

(4) 공구류 취급시 안전수칙

① 손이나 공구에 묻은 기름, 물 등을 닦아낼 것
② 주위를 정리정돈 할 것
③ 수공구는 그 목적 이외는 사용하지 말 것
④ 좋은 공구를 사용할 것
⑤ 사용법에 알맞게 사용할 것

04 산업 재해

1 산업 재해의 원인

(1) 인적 원인

① 심리적 원인 : 무리, 과실, 숙련도 부족, 난폭, 흥분, 소홀, 고의 등
② 생리적 원인 : 체력의 부작용, 신체결함, 질병, 음주, 수면부족, 피로 등
③ 기타 : 복장, 공동작업 등

(2) 물적 원인

① 건물(환경) : 환기불량, 조명불량, 좁은 작업장, 통로불량 등
② 설비 : 안전장치결함, 고장난 기계, 불량한 공구, 부적당한 설비 등

(3) 사고의 간접 원인

① 기술적 원인
　㉠ 건물, 기계 장치 설계 불량
　㉡ 구조, 재료의 부적합
　㉢ 생산 공정의 부적당
　㉣ 점검, 정비 보존 불량
② 교육적 원인
　㉠ 안전 의식의 부족
　㉡ 안전 수칙의 오해
　㉢ 경험, 훈련의 미숙
　㉣ 작업방법의 교육 불충분
　㉤ 유해 위험 작업의 교육 불충분
③ 작업 관리적 원인
　㉠ 안전 관리 조직 결함
　㉡ 안전 수칙 미제정
　㉢ 작업 준비 불충분
　㉣ 인원 배치 부적당
　㉤ 작업 지시 부적당

(4) 재해 원인과 상호관계

① 불안전 행동
  ㉠ 인간의 작업행동의 결함(전체 재해의 54%)
  ㉡ 무리한 행동(16%)
  ㉢ 필요이상 급한 행동(15%)
  ㉣ 위험한 자세, 위치, 동작(8%)
  ㉤ 작업상태 미확인(6%)

② 불안전 상태
  ㉠ 기계 설비의 결함(전체 재해의 46%)
  ㉡ 보전불비(17%)
  ㉢ 안전을 고려하지 않은 구조(15%)
  ㉣ 안전커버가 없는 상태(6%)
  ㉤ 통로, 작업장 협소(7%)

(5) 재해의 경향

① 재해가 가장 많은 계절 : 여름(7~8월)
② 재해가 가장 많은 요일 : 토요일
③ 재해가 가장 많은 작업 : 운반 작업
④ 재해가 가장 많은 전동장치 : 벨트

(6) 재해와 연령

① 50세 이상 : 6.1%
② 30~40세 : 49.5%(년 2.5%)
③ 20~29세 : 33.3%(년 3.3%)
④ 18~19세 : 7.7%

2 산업 재해율

(1) 재해율

① 재해 발생의 빈도 및 손실의 정도를 나타내는 비율

② 재해 발생의 빈도 : 연천인율, 도수율

③ 재해 발생에 의한 손실 정도 : 강도율

(2) 재해 지표

① 연천인율 = $\dfrac{재해건수}{평균 근로자수(재적인원)} \times 1{,}000$

② 도수율 = $\dfrac{재해건수}{연 근로 시간수} \times 10^6$

③ 연천인율과 도수율과의 관계 = 연천인율 = 도수율 × 2.4

도수율 = $\dfrac{연천인율}{2.4}$

④ 강도율 = $\dfrac{근로 손실일수}{연 근로시간수} \times 1{,}000$

3 재해 이론

(1) 하인리히 도미노 이론

단계	명 칭	특 징
1	유전적 요소 및 사회적 환경	사고를 일으킬 수 있는 바람직하지 않은 유전적 특성 및 인간 성격을 바람직하지 못하게 할 수도 있는 사회적 환경
2	개인적 결함	개인적 기질에 의한 결함(과격한 기질, 신경질적인 기질, 무모함 등)
3	불안전한 행동 또는 불안전한 상태	• 불안전한 행동(인적 요인) : 장치의 기능을 제거, 잘못 사용, 조작 미숙, 자세 및 동작의 불안전, 취급 부주의 등 • 불안전한 상태(물적 요인) : 기계, 방호장치, 보호구, 작업환경, 생산 공정이나 배치의 결함 등
4	사고	생산 활동에 지장을 초래하는 모든 사건
5	재해	사고의 최종 결과, 인명의 상해나 재산상의 손실

(2) 수정 도미노 이론(버즈)

단계	명 칭	특 징
1	통제의 부족(관리)	안전에 관한 전문적인 제도, 조직, 지도, 관리의 소홀
2	기본 원리(기원)	사고의 배후, 근원적 원인(개인의 지식 부족, 틀린 사용법 등)
3	직접 원인(징후)	불안전한 행동, 불안전 상태와 같은 징후
4	사고(접촉)	안전 한계를 넘는 에너지원과의 접촉, 신체에 유해한 물질과의 접촉 등
5	상해 및 손상(손실)	근로자의 상해와 재산의 손실

4 기계 설비의 안전

(1) 기계 설비의 안전 조건

안전 조건	안전화 방안
외관의 안전화	밖으로 돌출되어 있는 위험한 부위를 안으로 넣거나 제거하는 것
작업의 안전화	돌발적인 사고 발생을 방지하는 안전장치를 설치하는 것
기능의 안전화	장치들을 안전하게 배치
구조의 안전화	장치의 구조를 안전하게 설계, 제작, 시공

(2) 기계 설비의 안전 수칙

① 방호 장치의 사용 : 위치 제한형, 접근 거부형, 접근 반응형, 포집형, 감지형
② 보호구의 사용 : 안전모, 안전대, 보안경, 안전 장갑, 안전화, 방진 마스크 등
③ 공구의 안전 사용 : 드라이버, 망치, 전기 드릴 등의 안전하게 사용

(3) 기계 설비의 안전 작업

① 시동 전에 점검 및 안전한 상태 확인
② 작업복을 단정히 하고 안전모를 착용할 것
③ 작업물이나 공구가 회전하는 경우는 장갑 착용을 금지할 것
④ 공구나 가공물의 탈부착시에는 기계를 정지시켜야 함
⑤ 운전 중에 주유를 하거나 가공물 측정 금지

(4) 전기 사고의 특징과 원인

① 특징
  ㉠ 전기는 보이지 않고 냄새와 소리도 없음
  ㉡ 전류가 흐르는 전선을 접촉하면 감전
  ㉢ 전선이나 전기 기기에 이상이 생기면 화재가 발생
  ㉣ 사고가 나면 대피할 시간을 판단하여 대응할 시간적 여유가 거의 없음
② 원인
  ㉠ 과열 : 과전류에 의한 전선 및 전기 기구에 많은 열이 발생
  ㉡ 단락 : 절연 불량으로 두 전선이 접촉하면 큰 전류가 흘러 아크가 발생
  ㉢ 누전 : 절연 불량으로 건물, 구조물에 큰 전류가 흐르면 큰 저항열이 생겨 화재 발생

(5) 위험 물질

종 류	특 성
폭발성 물질	산소(산화제)가 없어도 열, 충격, 마찰, 접촉으로 폭발, 격렬 반응하는 액체나 고체 물질
발화성 물질	낮은 온도에서도 발화하는 물질 물과 접촉하여 가연성 가스를 발생시키는 물질
산화성 물질	가열, 마찰, 충격, 다른 물질과의 접촉 등으로 빠르게 분해하거나 반응하는 물질
인화성 물질	대기압에서 인화점이 65℃ 이하인 가연성 물질
가연성 가스	폭발 한계 농도의 하한값이 10%이하이거나 상한값과 하한값의 차이가 20%인 가스
부식성 물질	금속 등을 부식시키고 인체와 접촉하면 심한 상해를 입히는 물질

5 재해 예방

(1) 사고 예방

① 대책의 기본 원리

안전 조직 관리 → 사실의 발견(위험의 발견) → 분석 평가(원인 규명) → 시정 방법의 선정 → 시정책의 적용(목표 달성)

② 예방 효과 : 근로자의 사기 진작, 생산성 향상, 비용 절감, 기업의 이윤 증대

(2) 재해 예방의 원칙

원 칙	내 용
손실 우연의 원칙	재해에 의한 손실은 사고가 발생하는 대상의 조건에 따라 달라지며 즉 우연이다.
원인 계기의 원칙	사고와 손실의 관계는 우연이지만 원인은 반드시 있다.
예방 가능의 원칙	사고의 원인을 제거하면 예방이 가능하다.
대책 선정의 원칙	재해를 예방하려면 대책이 있어야 한다. • 기술적 대책(안전 기준 선정, 안전 설계, 정비 점검 등) • 교육적 대책(안전 교육 및 훈련 실시) • 규제적 대책(신상 필벌의 사용 : 상벌 규정 엄격히 적용)

05 산업 안전과 대책

1 안전 표지와 색체

(1) 녹십자 표지

① 1964년 고용노동부 예규 제6호로 제정
② 각종 산업 재해로부터 근로자의 생명권 보장
③ 국가 산업 발전에 기여

(2) 안전표지와 색체 사용도

① 적색 : 방화 금지, 방향 표시, 규제, 고도의 위험 등에 사용
② 오렌지색(주황색) : 위험, 일반위험 등에 사용
③ 황색 : 주의표시(충돌, 장애물 등)
④ 녹색 : 안전지도, 위생표시, 대피소, 구호소 위치, 진행 등에 사용
⑤ 청색 : 주의 수리 중, 송전중 표시
⑥ 진한 보라색 : 방사능 위험표시(자주색)
⑦ 백색 : 글씨 및 보조색, 통로, 정리정돈
⑧ 흑색 : 방향 표시, 글씨
⑨ 파랑색 : 출입금지

(3) 가스관련 색체

① 산소 : 녹색
② 액화 이산화탄소 : 파랑색
③ 액화 암모니아 : 흰색
④ 액화 염소 : 갈색
⑤ 아세틸렌 : 노란색
⑥ LPG, 기타 : 쥐색

(4) 작업 환경

① 채광 및 조명 : 자연 광선인 태양광선(4,500룩스)을 충분히 받아 조명

공장		사무실	
장소	조명도	장소	조명도
초정밀작업	700~1,500	정밀사무	700~1,500
정밀작업	300~700	일반사무	300~700
거친작업	70~150	응접실, 서재	150~300

② 환기 통풍

㉠ 온도 : 여름 25~27℃, 겨울 15~23℃

㉡ 상대습도 : 50~60%

㉢ 기류 : 1m/sec

③ 재해와 온도, 습도의 관계

㉠ 감각온도(ET) : 지적작업 60~65ET, 경작업 55~65ET, 근육작업 50~62ET

㉡ 불쾌지수 : 기온과 습도의 상승작용에 의하여 인체가 느끼는 감각 종도를 측정하는 척도

$$EMR = \frac{작업 \ 소비 \ 에너지 \ - \ 안정한 \ 때의 \ 소비에너지}{기초 \ 대사}$$

❷ 화재 및 폭발 재해

(1) 화재의 분류

구분	명칭	내용
A급	일반 화재	• 연소 후 재가 남는 화재(일반 가연물) • 목재, 섬유류, 플라스틱 등
B급	유류 화재	• 연소 후 재가 없는 화재(유류 및 가스) • 가연성 액체(가솔린, 석유 등) 및 기체(프로판 등)
C급	전기 화재	• 전기 기구 및 기계에 의한 화재 • 변압기, 개폐기, 전기 다리미 등
D급	금속 화재	• 금속(마그네슘, 알루미늄 등)에 의한 화재 • 금속이 물과 접촉하면 열을 내며 분해되어 폭발하며, 소화 시에는 모래나 질석 또는 팽창 질석을 사용

(2) 화재의 원인

① 유류에 의한 착화 : 유류의 증기, 유류 기구의 과열, 유류 누출 등

② 유류에 의한 발화 : 연소 기구의 전도 또는 가연물의 낙하

③ 전기에 의한 발화 : 단락, 누전, 과전류 등

(3) 화재 예방

① 화재의 3요소 : 연료, 산소, 점화원(점화 에너지)
② 화제 예방 : 3요소 중 하나를 제거
  ㉠ 연료를 제거하거나 연소 범위 밖의 농도 유지
  ㉡ 공기(산소 또는 산화제)를 최소 농도 이하로 유지
  ㉢ 점화원을 제거
    • 기계적 에너지 제거 : 충격이나 마찰 방지
    • 전기 에너지 제거 : 전기 스파크나 정전기 제거
    • 전기 불꽃 : 전기 및 가스 용접
③ 소화
  ㉠ 제거 소화(가연물) : 가연물 제거 및 연료 산소 농도 이하로 유지
  ㉡ 질식 소화(산소) : 최저 산소 농도(15%) 이하로 유지(공기 중 산소 농도 21%)
  ㉢ 냉각 소화(열원) : 연료의 발화점 이하로 냉각

(4) 폭발

① 폭발의 종류

폭발의 종류	원 인
가연성 가스나 증기의 폭발	아세틸렌, 수소 등
분해성 가스의 폭발	아세틸렌, 산화에틸렌 등
가연성 미스트의 폭발	분출한 작동유, 디젤유 등
가연성 분진의 폭발	곡물 분진, 석탄 분진, 금속 분말 등
고체 및 액체의 분해 폭발	화약류 및 유기 과산화물 등
수증기의 폭발	용융 금속, 보일러의 물 등의 급격한 팽창

② 폭발의 조건 : 가연성 가스, 증기 또는 분진의 농도가 폭발 한계에 있어야 하며, 밀폐된 공간이나 점화원이 주어져야 폭발
③ 폭발의 방지 대책
  ㉠ 화학적 폭발 방지 : 가연물(누출 및 방출 방지, 폭발 농도 이하 유지), 공기(산소), 점화원(충격, 전기에너지, 열, 광선 등)을 봉쇄
  ㉡ 폭발 방호 대책 : 불연재나 난연재 사용, 가연물 확산 방지, 안전거리 확보, 압력용기 안전장치 설치 등
  ㉢ 피해 최소화 대책 : 사고확산방지설비 설치(방류둑, 방폭벽, 방화문 설치 등), 소화설비 설치, 워터커튼 설치 등
  ㉣ 폭발 재해의 비상 대책 : 긴급 차단 시스템, 피난 계획, 구명, 응급 조치, 긴급 복구 등

제1편 주조공학 기출 및 예상문제

001 용해된 금속을 만들고자 하는 모양의 주형 속에 용융금속을 주입·응고시켜 제품을 만드는 과정은?

㉮ 주조(casting) ㉯ 주물(castings)
㉰ 주괴(ingot) ㉱ 주형(mould)

해설
용해된 금속을 만들고자 하는 주형(mould)속에 용융금속을 주입, 응고시켜 제품을 만드는 과정을 주조(casting)라 하며, 주조작업 후 얻어진 제품을 주물(casting)또는 주조품 이라 함.

002 주조품 제작시 제일 먼저 고려해야 할 사항은?

㉮ 이형제 첨가 ㉯ 주형제작
㉰ 주조계획수립 ㉱ 주입작업

해설
주물의 제조공정 순서
주조계획수립 → 원형제작 → 주형제작 → 용해 → 주입 → 후처리

003 주물의 변형이나 결함부분을 제거하고 가공하기 위하여 여분을 두는 것은?

㉮ 수축여유 ㉯ 보정여유
㉰ 가공여유 ㉱ 고정여유

해설
가공여유 : 가공 할 곳에 가공량에 해당하는 여분의 살을 덧붙여 주는 것.

004 다음 주조공정 중 옳은 것은?

㉮ 주형제작 → 용해작업 → 주입작업 → 청정작업 → 열처리 → 시험검사
㉯ 주형제작 → 용해작업 → 주입작업 → 시험검사 → 청정작업 → 열처리
㉰ 용해작업 → 주형제작 → 주입작업 → 청정작업 → 시험검사 → 열처리
㉱ 주형제작 → 용해작업 → 주입작업 → 청정작업 → 시험검사 → 열처리

해설
주형제작 → 용해작업 → 주입작업 → 청정작업 → 열처리 → 시험검사

005 주물의 재질에 의한 주철 주물의 분류에 속하지 않는 것은?

㉮ 고급주철 주물
㉯ 가단주철 주물
㉰ 합금강 주물
㉱ 구상흑연주철 주물

해설
합금강 주물은 강 주물에 속함.

정답 001. ㉮ 002. ㉰ 003. ㉰ 004. ㉮ 005. ㉰

006 동일한 조건에서 수축률이 가장 높은 주물은?

㉮ 회주철 ㉯ 구상흑연주철
㉰ 주강   ㉱ 고망간강

해설
㉮ 회주철 : 8/1000
㉯ 구상흑연주철 : 12/1000
㉰ 주강 : 16/1000~20/1000
㉱ 고망간강 : 20/1000~25/1000

007 용탕 주입 후 수축이 일어나는 순서가 옳게 된 것은?

㉮ 액체수축 → 고체수축 → 응고수축
㉯ 응고수축 → 액체수축 → 고체수축
㉰ 액체수축 → 응고수축 → 고체수축
㉱ 응고수축 → 고체수축 → 액체수축

해설
용탕에서 고체로 응고하여 온도가 낮아 질 때는 수축이 생기는데, 그 단계는 액체수축 → 응고수축 → 고체수축의 3단계임.

008 주조응력에 대한 설명 중 틀린 것은?

㉮ 회주철의 주조에서 생기는 응력은 열응력, 상응력, 수축응력으로 구분한다.
㉯ 주조응력은 성분, 살 두께 차, 치수, 주입온도, 주형의 성질에 따라 영향을 받는다.
㉰ 흑연화가 적은 저탄소(C), 저규소(Si), 주철에서는 일반적으로 주조응력이 적다.
㉱ 주조응력은 주조 후 장시간 방치 또는 풀림처리에 의해 제거된다.

해설
흑연화가 적은 저탄소, 저규소 일때에는 주조응력이 큼.

009 주물에서 수축공과 관련이 가장 큰 것은?

㉮ 액상수축   ㉯ 응고수축
㉰ 고상수축   ㉱ 주형팽창

해설
액상수축은 용탕 주입시 보충, 고상 수축은 원형의 수축여유로 보충, 응고수축은 압탕으로 보충함.

010 주조 응력이 가장 적은 방법은?

㉮ 금형에 주입 후 급냉 한다.
㉯ 주입 후 200℃까지 사형 중에서 서냉 한다.
㉰ 주입 후 즉시 주형에 냉각수를 뿌려준다.
㉱ 주입 후 즉시 공기 중에 노출하여 급냉 한다.

해설
냉각속도가 느릴수록 주조응력은 줄어듬.

011 합금의 수축으로 체적이나 치수가 감소하는데 아무 장해가 없을 때의 수축은?

㉮ 체적수축   ㉯ 선수축
㉰ 자유수축   ㉱ 주조수축

해설
수축의 종류
㉮ 체적수축 : 주형의 빈자리에 충전된 용융합금의 체적과 완전냉각 후 주물체적과의 차.
㉯ 선수축 : 주형의 빈자리의 선치수와 냉각주물의 선치수와의 차.
㉱ 주조수축 : 실제 주물생산에서 일어나는 수축.

정답 006. ㉱ 007. ㉰ 008. ㉰ 009. ㉯ 010. ㉯ 011. ㉰

012 냉금(Chilled metal)이란 무엇인가?

㉮ 수축공의 형성이 쉬운 곳에 설치한다.
㉯ 열을 받지 않는 금속이다.
㉰ 주형의 일종이다.
㉱ 조직이 치밀하다.

압탕 만으로는 보충하기 어려운 주물부분의 응고를 촉진하는데 Chilled metal이 사용.

013 금속의 특성 중 유동성의 설명으로 옳은 것은?

㉮ 합금은 응고 범위가 클수록 유동성이 좋아진다.
㉯ 순금속 및 공정 조성의 합금이 유동성이 좋다.
㉰ 생형이 건조형 보다 유동성이 좋다.
㉱ 용융온도가 주입온도보다 높을수록 유동성이 좋아진다.

① 합금은 응고 범위가 클수록 유동성이 나빠짐.
② 건조형이 생형보다 유동성이 좋음.
③ 주입온도가 용융 온도보다 높을수록 유동성이 좋음.

014 주조 작업시 유동성에 영향을 미치는 인자로 틀린 것은?

㉮ 주형과 용융합금의 성질
㉯ 합금의 조성
㉰ 점도와 표면장력
㉱ 고체 상태에서의 수축정도

용융금속의 유동성은 주형과 용융합금의 성질, 합금의 조성, 점도(viscosity), 표면장력(surface-tension)등에 의해 영향을 받음.

015 용탕의 응고과정에서 수지상조직의 생성 원인은?

㉮ 과냉이 심할 경우이다.
㉯ 서냉 때문이다.
㉰ 냉각속도에 관계없다.
㉱ 용탕 성분에 따라 다르다.

과냉이 비교적 심할 경우 돌기 성장한 결정은 옆 방향으로 가지(agm)를 형성하여 수지상조직(dendrite)이 됨.

016 주물의 상온에서 생기는 냉간균열의 발생 경향을 증가 시키는 것은?

㉮ 합금의 탄성이 낮다.
㉯ 열전도율이 높다.
㉰ 낮은 온도에서 수축이 심하다.
㉱ 조직의 상변태에서 합금의 체적변화가 적다.

㉮ : 합금의 탄성이 높음.
㉯ : 열전도율이 낮음.
㉱ : 조직의 상변태에서 합금의 체적변화가 큼.

017 주물자(foundry scale)란?

㉮ 주물을 검사하는데 편리하도록 만든 자
㉯ 주조금속의 수축량을 미리 고려하여 만든 자
㉰ 치수를 각종 단위로 환산하기 쉽게 만든 자
㉱ 주물 기술자들이 휴대하기 쉽게 만든 자

원형을 제작 할 때 주조금속의 수축량을 미리 고려한 주물자를 선택함으로서 계산하는 번거로움이 없이 바로 도면의 치수대로 원형을 만들 수 있음.

정답 012. ㉮ 013. ㉯ 014. ㉱ 015. ㉮ 016. ㉰ 017. ㉯

18 주물사(鑄物砂)가 갖추어야 할 조건 중 틀린 것은?

㉮ 충분한 성형성을 지녀야 한다.
㉯ 사립은 적당한 입도분포를 지녀야 한다.
㉰ 내열성을 가져야 한다.
㉱ 사립의 입형은 각형일수록 좋다.

사립의 형태는 구형일수록 좋으며, 표면적이 작고 충진성이 좋기 때문임.

19 주입된 용탕이 빨리 냉각하지 않고 고르게 응고되려면 주물사의 어떠한 성질이 요구되는가?

㉮ 내압성이 클 것   ㉯ 내식성이 클 것
㉰ 수축성이 클 것   ㉱ 보온성이 클 것

열전도가 작고 보온성이 커서 빨리 냉각되지 않아야 함.

20 주물사의 주체가 되는 화학성분은?

㉮ CaO   ㉯ MgO
㉰ SiO_2 ㉱ Al_2O_3

SiO_2를 주성분으로 함.

21 주물사에서 석영(SiO_2)의 역할은?

㉮ 점결성의 향상   ㉯ 통기성의 향상
㉰ 내화성의 향상   ㉱ 가열성의 향상

주물사를 구성하는 화학성분은 SiO_2, CaO, Al_2O_3, Fe_2O_3, MgO 등이며, 그 중 SiO_2가 주체로 가장 내화도가 높음.

22 산사의 등급을 결정하는 주요 성분은?

㉮ 수분   ㉯ 점토분
㉰ 회분   ㉱ 철분

산사는 점토분 함량에 따라 KSD2120에서 1종 2~10%이하, 2종 10~20%이하, 3종 20~30%이하, 4종 30~40%이하.

23 다음 주물사 중 열팽창이 가장 적은 것은?

㉮ 규사(sillca sand)
㉯ 올리빈사(olivin sand)
㉰ 지르콘사(zircon sand)
㉱ 자연사(natural clay sand)

주물사의 사립으로 가장 많이 사용되는 것은 규사지만, 특수 주물사로써 olivin Sand와 Zircon Sand 등이 사용된다. 그 중에서도 Zircon Sand가 규사의 결정을 보충 할 수 있음.

24 주물사의 통기도에 대한 설명 중 틀린 것은?

㉮ 통기도는 수분이 증가 할수록 어느 정도까지는 상승 하다가 다시 감소한다.
㉯ 통기도는 경도가 증가 할수록 감소하는 경향이 있다.
㉰ 통기도는 입도나 충진성과 관계가 있다.
㉱ 통기도가 클수록 주물사의 열팽창량은 커진다.

주형에는 수분의 증발에 따라 주형의 표면경도는 점차 증가하나 그 속도는 모래의 배합이나 다짐정도, 기타 조건에 따라 다름.

25. 주물용 모래에서 내화도가 가장 높은 것은?
   ㉮ 올리빈사   ㉯ 지르콘사
   ㉰ 샤모트사   ㉱ 카본사

   해설
   지르콘사의 내화도 : 2200℃

26. 주형용 규사(硅砂)의 점토분 함유량은 몇 % 이하로 규정하는가?
   ㉮ 1.5   ㉯ 2
   ㉰ 5   ㉱ 12

   해설
   점토분 2.0% 이하의 규석질 미립자를 규사라 함.

27. 표면모래는 어떠한 성질이 가장 필요한가?
   ㉮ 점결력이 클 것
   ㉯ 통기도가 좋을 것
   ㉰ 내화도가 높을 것
   ㉱ 성형성이 좋을 것

   해설
   표면에 용탕이 직접 접촉하므로 내화도가 높아야 함.

28. 후란수지를 점결제로 사용하는 주형사에서 모래 100에 대한 경화제의 적당한 사용량(%)은?
   ㉮ 30~40   ㉯ 0.3~0.4
   ㉰ 3~4   ㉱ 4~6

   해설
   후란수지형 주형사의 혼련비 : 모래 100, 수지 0.8~1.2, 경화제 0.33~0.4%

29. 주형재료 중 금형에 사용되는 재료로써 요구되는 성질은?
   ㉮ 내마멸성이 적을 것
   ㉯ 가공성이 어려울 것
   ㉰ 열팽창이 적을 것
   ㉱ 열확산율이 클 것

   해설
   일반적으로 금형 재료로써 요구되는 성질
   ① 마멸성이 클 것
   ② 가공성이 좋을 것
   ③ 열팽창량이 적을 것
   ④ 열확산율이 적을 것
   ⑤ 열피로에 잘 견딜 것

30. 건조사(dry sand) 및 생형사(green sand) 조형에서의 주된 차이점은 (①)의 존재 여부이다. 일반적으로 (②)의 모래입자로 구성되어 있는 생형사는 (③) 또는 (④)라고 불리는 점토로 서로 결합되어 있다. ( )에 알맞은 용어는?
   ㉮ ① 실리카 - ② 수분 - ③ 벤토나이트 - ④ 크로마이트
   ㉯ ① 수분 - ② 실리카 - ③ 벤토나이트 - ④ 내화점토
   ㉰ ① 벤토나이트 - ② 실리카 - ③ 수분 - ④ 내화점토
   ㉱ ① 지르콘 - ② 벤토나이트 - ③ 내화점토 - ④ 수분

   해설
   수분-실리카-벤토나이트-내화점토

정답 025. ㉯ 026. ㉯ 027. ㉰ 028. ㉯ 029. ㉰ 030. ㉯

031. 모래 재생 설비가 갖추어진 주철주물 공장의 후란(furan) 주형용 주물사로써 적합한 모래는?

㉮ 모래의 입형이 구형인 세척된 천연규사가 좋다.
㉯ 내열성이 좋아야 하므로 SiO_2 성분이 높은 인조규사가 좋다.
㉰ 점결력이 좋아야 하므로 점토분이 많은 자연사가 좋다.
㉱ FeO, CaO, MgO 등이 함유된 해사가 좋다.

점결제의 소모량을 줄이고 주물사 재생시 분진 발생을 극소화하기 위해서는 입형이 구형에 가까운 것이 좋으며 염분이나 염기성물질(조개껍질 등)이 있을 경우 산소 소비량을 증가 시키므로 세척을 해야 한다. 인조규사는 각형이므로 재생시 파쇄 되므로 곤란함.

032. 후란수지를 점결제로 사용하는 주형사의 혼련 작업시 경화제의 사용 시기는?

㉮ 모래 + 경화제 첨가 혼련 후
㉯ 모래 + 점결제 첨가 혼련 후
㉰ 모래 + 점결제 + 경화제 동시 첨가
㉱ 점결제 + 경화제 혼련 후 모래 첨가

경화제 + 점결제 동시 사용은 폭발의 위험이 있다. 모래 장입 후 경화제 첨가 혼련 후 점결제 첨가 후 혼련.

033. 점토계 주형의 건조온도(℃)는?

㉮ 70~100   ㉯ 105~250
㉰ 250~450   ㉱ 450~650

250~450℃에서 건조시 주형강도와 통기도가 가장 좋음.

034. 다음의 주형재료 중에서 열전도성, 즉 냉각능력이 가장 큰 것은?

㉮ 지르콘 샌드   ㉯ 천연규사
㉰ 인조규사   ㉱ 클로마이트샌드

냉각능력이 큰 순서 : 지르콘샌드 → 클로마이트샌드 → 천연규사 → 산사 → 인조규사

035. 주형재료로써 생산성 면에서 요구되는 성질 중 틀린 것은?

㉮ 성형성과 유동성이 양호한 것
㉯ 사용 후 화학적 물리적 성질의 변화가 없을 것
㉰ 원료가 싸며 조제가 용이 할 것
㉱ 조형 후의 경화가 없을 것

조형 후 경화가 용이해야 함.

036. 주물사에 첨가제로 사용되는 규산분말(sillca flour)은 몇 메시(mesh)정도인가?

㉮ 10   ㉯ 50
㉰ 80   ㉱ 200

주물사의 첨가제로 사용하는 규산분말은 200 mesh(약 64micron).

037. 주철 주물의 제조시 내열성을 향상시킬 목적으로 첨가하는 원소는?

㉮ Al, Cr   ㉯ P, N
㉰ Zn, Pb   ㉱ Ni, Sn

Si는 성장을 조장하나 4.5%이하에서만 가능. Al, Cr을 합금에 사용하면 내열성 향상 효과가 있음.

정답 031. ㉮ 032. ㉮ 033. ㉰ 034. ㉮ 035. ㉱ 036. ㉱ 037. ㉮

38 주물사의 노화현상으로 틀린 것은?

㉮ 금속 산화물의 혼입
㉯ 점토가 점결력을 잃어가는 현상
㉰ 통기성과 점결성이 우수한 현상
㉱ 사립이 열로 인하여 붕괴되어 가늘게 되어가는 현상

주성분이 규사와 점토 이므로 노화현상이 일어남.

39 벤토나이트의 설명 중 옳은 것은?

㉮ 유기질 점결제이다.
㉯ 자경성 주형제작에 아주 적합하다.
㉰ 몬모릴로나이트가 주성분이다.
㉱ 내열성은 나쁘나 셸주형에 많이 사용된다.

화산재와 풍화에 의하여 생성된 것.

40 주형제작법 중 가장 간단히 만들 수 있는 것이 생형 조형법 이다. 생형 조형법에서 점결제로 가장 많이 사용하는 것은?

㉮ 물유리   ㉯ 벤토나이트
㉰ 시멘트   ㉱ CO_2가스

물유리 : CO_2 주형, 시멘트 : 시멘트 주형

41 점결제의 분류 중에서 유기질 점결제가 아닌 것은?

㉮ 유류   ㉯ 합성수지류
㉰ 규산소다   ㉱ 당류(糖類)

규산소다 : 무기질 점결제

42 주물사에 사용되는 점결제 중 유기질 점결제에 속하는 것은?

㉮ 벤토나이트(Bentonite)
㉯ 피치(Pitch)
㉰ 내화점토(Fire clay)
㉱ 몬트모리노 나이트(Montmorilonite)

유기질 점결제 : 유류, 곡분류, 당류, 합성수지, 피치

43 일차점토인 와목점토와 목절점토를 총칭하는 것으로 고령석(kaolinite), 일라이트(illite)가 주성분이며 점결성은 나쁘나 내화성이 높은 점토로서 건조형에 쓰이는 주물용 점토질 점결제는?

㉮ 벤토나이트(Bentonite)
㉯ 내화점토(Fire clay)
㉰ 절점토(切粘土)
㉱ 자연사(natural clay sand)

주물용 점토질 점결제 중 일차 점토로서 건조형에 널리 사용하는 내화점토.

44 주형의 점결제 중 냉각능력이 가장 큰 것은?

㉮ 셸형(페놀수지)
㉯ 가스형(물유리)
㉰ 시멘트형(시멘트)
㉱ 건조형(내화점토)

냉각능력 순서 : 가스형 → 셸형 → 시멘트형 → 건조형

045 주물사의 첨가제로 규산분말을 사용하는 가장 큰 이유는?
㉮ 소착방지 ㉯ 용탕침입방지
㉰ 통기도조절 ㉱ 가축성향상

해설
용탕의 침입방지를 위하여 표면사에 200mesh 보다 미세한 규산분말을 5~10% 첨가.

046 CO_2주형을 만들고자 할 때 주형의 붕괴성을 향상 시키는 첨가제로 틀린 것은?
㉮ 벤토나이트 ㉯ 코크스분말
㉰ 톱밥 ㉱ 피치분말

해설
벤토나이트 : 무기질 점결제

047 탄소질 첨가제가 아닌 것은?
㉮ 석탄분 ㉯ 피치분
㉰ 목분 ㉱ 흑연분

해설
목분 : 섬유질

048 용탕의 물리적 침투나 화학반응이 일어나는 것을 막고 주형 표면을 곱게 하기 위하여 주형표면에 도장을 하는 것은?
㉮ 이형제 ㉯ 도형제
㉰ 첨가제 ㉱ 점결제

해설
도형제 : 흑연, 숯가루, 운모분말, 활석가루 등

049 이형제가 아닌 것은?
㉮ 분리사 ㉯ 니스
㉰ 도형제 ㉱ 실리콘유

해설
① 이형제 : 분리사, 파팅파우더, 니스, 락카, 실리콘유
② 도형제 : 표면을 미려 시키고 주조성이 양호.

050 주형의 도형목적에 어긋나는 것은?
㉮ 주물표면 미려
㉯ 용금 침투방지
㉰ 주형의 소착방지
㉱ 고온에서 산화가스 발생

해설
도형제는 대부분 탄소계로써 주물과 주형사이에 Co gas (환원성가스) 층을 형성시켜 소착방지 및 주물표면 미려 등에 기여함.

051 흑연을 점토수 또는 당밀 등에 녹이는 것을 말하는 것으로 주형을 도형하기 위해 사용하는 것은?
㉮ 흑미(Blacking)
㉯ 씨콜(Sea Coal)
㉰ 벤토나이트(Bentonite)
㉱ 겔링(Geling)

해설
흑미는 주물 표면을 매끄럽게 하고 내열성 유지 및 모래가 잘 떨어지도록 하는 도형법.

정답 045. ㉯ 046. ㉮ 047. ㉰ 048. ㉯ 049. ㉰ 050. ㉱ 051. ㉮

52 도형제 중 건조시에 균열 발생이 가장 적은 것은?

㉮ 코크스 분말 ㉯ 인상 흑연
㉰ 토상 흑연 ㉱ 숯가루

해설
코크스 분말이 가장 균열발생이 적음.

53 그림은 각종 도형제의 가열온도와 열팽창률의 관계를 나타낸 것이다. 지르콘사 ($ZrO_2 \cdot SiO_2$)를 나타내는 것은?

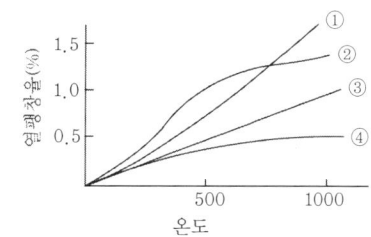

㉮ 1 ㉯ 2
㉰ 3 ㉱ 4

해설
지르콘사는 내화도가 높고(2200°C) 열팽창율도 규사의 1/3정도.
① 마그네시아 ② 규사 ③ 올리빈사

54 Al과 결합하여 유동성, 기계적 성질, 내식성, 산화피막의 외관을 나쁘게 하는 것은?

㉮ H_2 ㉯ O_2
㉰ SO_2 ㉱ CO_2

해설
산소는 Al 중에서 거의 모두가 Al_2O_3로 존재한다. Al_2O_3는 알루미늄과 혼합하며 떠오르지 않으므로 용제에 부착 흡수시키는 등의 방법을 취하지 않는한 떠오르게 할 수 없고 침전하게 된다. 때문에 유동성 기계적 성질, 내식성, 산화피막의 외관이 나쁨.

55 CO_2가스를 사용하여 주형을 경화시킬 때 사용되는 점결제는?

㉮ 벤토나이트 ㉯ 석탄산수지
㉰ 물유리 ㉱ 후란수지

해설
물유리 = 규산나트륨 = 규산소다 = Water grass

56 물유리(water glass)의 mole 비를 옳게 나타낸 것은?

㉮ $\dfrac{SiO_2}{Na_2O}$ ㉯ $\dfrac{CO_2}{Na_2O}$

㉰ $\dfrac{SiO_2}{Na_2CO_3}$ ㉱ $\dfrac{CO_2}{Na_2CO_3}$

해설
$Na_2CO_3 \cdot xH_2O + (SiO_2 \cdot nH_2O)$

57 KS규정에 의한 주물사의 수분 측정시 건조 온도°C는?

㉮ 80±5 ㉯ 105±5
㉰ 140±5 ㉱ 165±5

해설
시료 50g을 채취하여 105±5°C에서 1~2시간 건조.

58 주물사의 수분함량을 측정 할 때 건조를 실시한 후 냉각은 어느 곳에서 하는 것이 좋은가?

㉮ 실내공기 중
㉯ 실외공기 중 직사광선 속
㉰ 데시케이터 안
㉱ 건조로 안

해설
데시케이터 안에서 냉각해야 수분이 다시 흡수되지 않음.

정답 052. ㉮ 053. ㉱ 054. ㉯ 055. ㉰ 056. ㉮ 057. ㉯ 058. ㉰

059 주물사 시험법 중 수분측정 시험법에 속하지 않는 것은?

㉮ 증발법   ㉯ 카바이드법
㉰ 속성시험법   ㉱ 전기법

속성시험법은 통기도 시험법에 속함.

060 동일한 조건에서 생형사의 점토분이 증가하면 강도와 통기도는 어떻게 되는가?

㉮ 통기도는 증가하고 강도는 감소한다.
㉯ 통기도는 감소하고 강도는 증가한다.
㉰ 통기도와 강도가 함께 감소한다.
㉱ 통기도와 강도가 함께 증가한다.

통기도가 감소되면 강도는 증가됨.

061 주물사의 표준 통기도 시험시 통과시키는 공기의 양(cc)은?

㉮ 1,000   ㉯ 2,000
㉰ 3,000   ㉱ 4,000

2,000cc

062 주물사 입도시험시 KS와 AFS(또는 ASTM)의 호칭번호(mesh No.)가 옳은 것은?

㉮ 35-48-65-100-150-200-270-pan
㉯ 40-50-80-100-150-200-270-pan
㉰ 40-50-70-100-150-200-270-280-pan
㉱ 40-50-70-100-140-200-270-pan

40 – 50 – 70 – 100 – 140 – 200 – 270 – pan

063 주물사의 통기도를 구하는 식은? (단, $V=$ 시험편을 통과한 공기의 양(cc), $h=$ 시험편의 높이(cm), $P=$ 시험편 상하의 압력 차이에 의한 수주의 높이(cm/Hg), $A=$ 시험편의 단면적(cm^2), $t=$ 공기가 통과하는데 걸리는 시간(분))

㉮ $\dfrac{Vh}{PAt}$ ㉯ $\dfrac{VA}{Pht}$
㉰ $\dfrac{PV}{Aht}$ ㉱ $\dfrac{PA}{Vht}$

표준시험편으로 제작한 시험편을 일정압력으로 2,000cc의 공기를 흘려서 시험편 앞뒤의 압력차이와 완전히 통과한 소요시간으로 측정.

064 주물사의 압축강도시험 단위는?

㉮ kg_f/cm^2 ㉯ kg_f/cm^3
㉰ kg_f/cm^4 ㉱ kg_f/cm

kg_f/cm^2

065 주물사의 노화도를 측정하는 시험방법이 아닌 것은?

㉮ 강도측정에 의한 방법
㉯ 비중측정에 의한 방법
㉰ 다짐기계에 의한 방법
㉱ 색소 흡착량 측정에 의한 방법

다짐기계에 의한 방법은 주물사의 유동성 시험법.

정답 059. ㉰ 060. ㉯ 061. ㉯ 062. ㉱ 063. ㉮ 064. ㉮ 065. ㉰

66. 혼련된 주물사를 3mm 구멍 크기의 체를 통과시켜 지름 50mm, 높이 100mm인 시험관에 조용히 채워 넣고 채워진 모래의 중량과 부피를 측정하여 밀도를 구하는 생형사의 적정 수분 신속 판정법은?

㉮ 주조성 시험
㉯ 방전성 시험
㉰ 표준 수분 측정 시험
㉱ 겉보기 밀도 시험

적정수분은 가소성을 갖게 하는데 필요로 하는 최적 수분량으로 시험법은 : 조형성, 충전성, 겉보기 밀도 시험이 있으며, 표준수분 측정시험은 일반 측정법.

67. 모래의 성질을 균질하게 하고 특히 덩어리를 제거한 뒤 모래를 사용하기 쉬운 형태로 만드는 주물사처리 장치는?

㉮ 에어레이터(Aerator)
㉯ 크러셔(Crusher)
㉰ 브레이커 스크린(Breaker screen)
㉱ 마그네틱 쎄퍼레이터(Magnetic separator)

에어레이터는 모래처리의 최후에 모래의 성질을 균질하게 하고 모래를 처리하는 장치.

68. 주물사 혼련처리 작업의 혼련시간은 어떠한 값으로 정해지는가?

㉮ 주물사의 통기도
㉯ 주물사의 압축강도
㉰ 주물사의 충전도
㉱ 주물사의 내화도

주물사의 혼련시간은 압축강도 최대값을 나타내는 시간으로 정해짐.

69. 원형용 목재가 갖추어야 할 조건 중 틀린 것은?

㉮ 열전도성이 좋고 단단할 것
㉯ 가공이 용이하고 균일할 것
㉰ 값이 싸고 구입 용이할 것
㉱ 수축량의 변화가 적을 것

연한 나무는 열전도성 낮음.

70. 원형재료에 대한 설명 중 틀린 것은?

㉮ 목재의 변형원인이 수액이며 나이테 방향 수축이 제일 적다.
㉯ 장년기 수목을 겨울에 벌채 건조 후 사용함이 좋다.
㉰ 변형방지를 위하여 목재를 조합하여 목형을 제작하는 것이 좋다.
㉱ 무늬결 보다 곧은결이 가공이 쉽고 변형이 작다.

목재의 수축에서 나무길이 방향의 0.1%~0.4%, 사출수 방향의 수축이 2.5~5%, 나이테 방향수축 6~15%로 나이테 방향이 제일 큼.

71. 원형용 목재의 선택시 구비조건 중 틀린 것은?

㉮ 목재의 함수율이 다소 변동되더라도 수축량에는 큰 변화가 없을 것
㉯ 목재의 기계적 성질이 좋을 것
㉰ 목재에 흠이 없을 것
㉱ 목재의 다듬질 표면이 곱고, 주물사가 잘 붙을 것

목재의 다듬질 표면이 곱고, 주물사가 달라붙지 않아야 함.

정답 066. ㉱ 067. ㉮ 068. ㉯ 069. ㉮ 070. ㉮ 071. ㉱

072 목재의 수축변형 방지법 중 틀린 것은?

㉮ 질이 좋은 목재를 선택할 것
㉯ 벌채시기를 봄이나 여름으로 할 것
㉰ 건조를 충분히 하여 사용할 것
㉱ 제재를 알맞게 할 것

목재의 수축량은 목재의 종류와 벌채시기 제작 방법 등에 달라지므로, 벌채 시기는 가을이나 겨울에 하여야 함.

073 원형재료에서 목재가 가장 많이 사용되는 이유 중 틀린 것은?

㉮ 금속에 비하여 재료비가 싸다.
㉯ 금속보다 가볍고 취성이 크다.
㉰ 석고보다 가볍고 가공성이 좋다.
㉱ 합성수지에 비하여 값이 싸다.

금속, 석고보다 가볍고 가공성이 좋으며 취성이 적음.

074 목재가 원형용 재료로서 가장 많이 사용되고 있는 이유는?

㉮ 가공이 쉽고 복잡한 것도 비교적 간단히 만들 수 있다.
㉯ 마멸이 작아서 오래 보관될 수 있다.
㉰ 표면이 매끄럽고 사용 중 변형이 되지 않는다.
㉱ 무거워서 취급하기가 힘들다.

무거워서 취급하기가 힘든 것은 금형의 단점.
㉯, ㉰는 금형의 장점

075 다음 목재 중 견성(단단한 성질)이 가장 큰 것은?

㉮ 회양목   ㉯ 버드나무
㉰ 사시나무   ㉱ 오동나무

① 가장 단단한 것 : 회양목.
② 가장 연한 것 : 버드나무, 사시나무, 오동나무

076 목재가 원형제작에 가장 많이 사용되는 이유 중 틀린 것은?

㉮ 금속에 비해 재료비, 가공비가 싸며, 다량생산, 특별한 정도를 고려하지 않은 경우에 유리하다.
㉯ 석재, 시멘트 등에 비해 가볍고 가공성이 좋으며 취성이 적다.
㉰ 합성수지에 비해 값이 싸고, 소량의 경우에도 가공비가 싸다.
㉱ 기계적 강도가 금속 및 합성수지보다 약하며, 치수의 정밀성을 유지하지 못한다.

목재가 원형으로 사용할 때 나타나는 결점
① 불균질 이어서 건습에 의하여 신축하고 이것이 치수변화의 원인.
② 다량생산에 부적당.
③ 기계적 강도가 금속 및 합성수지보다 약하며, 치수의 정밀성을 유지하지 못함.

077 목재의 수축 팽창이 가장 심한 경우는?

㉮ 연륜방향
㉯ 연륜과 직각 방향
㉰ 연륜과 세로 방향
㉱ 목재의 표면부분

연륜방향

정답 072. ㉯ 073. ㉯ 074. ㉮ 075. ㉮ 076. ㉱ 077. ㉮

078 원형용 목재로서 필요한 성질 중 틀린 것은?

㉮ 가공이 쉽고 재질이 고를 것
㉯ 온도와 습도에 의한 변형이 크고 무거울 것
㉰ 강도가 있고 내마멸성과 내구성이 좋을 것
㉱ 값이 싸고 손쉽게 대량으로 구할 수 있을 것

해설

온도와 습도에 의한 변형이 적고 가벼울 것.

079 목재의 수축량을 감소해서 목재의 뒤틀림, 갈라짐 등의 영향을 방지하기 위한 유의점 중 틀린 것은?

㉮ 외력에 저항할 수 있는 한 가벼운 목재를 사용한다.
㉯ 고온에서 건조한 목재를 사용한다.
㉰ 수축방향의 성질에 합당하지 않은 목재를 선정한다.
㉱ 곧은 결재를 사용한다.

해설

수축방향에 합당한 성질의 목재를 선정해야 함.

080 원형용 목재의 수축이 가장 적은 방향은?

㉮ 나무의 길이 방향
㉯ 나무의 사출수 방향
㉰ 나무의 나이테 방향
㉱ 나무의 양지 방향

해설

수축율
① 길이 방향 : 0.1~0.4%
② 사출수 방향 : 2.8~5%
③ 나이테 방향 : 6~15%

081 다음 그림은 목재의 조직을 도시한 것이다. ①, ②, ③의 명칭은?

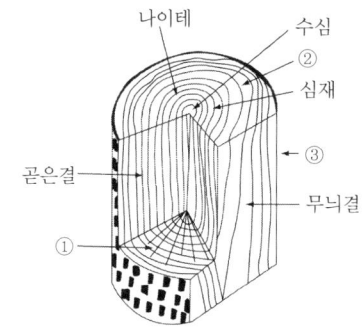

㉮ ① 적재 ② 성장테 ③ 추재
㉯ ① 춘재 ② 수선 ③ 정목
㉰ ① 변재 ② 조재 ③ 수재
㉱ ① 수선 ② 변재 ③ 수피

해설

① 수선 ② 변재 ③ 수피

082 목재의 조직에서 수분이 적고 재질이 단단하여 목재로서 가장 좋은 부분은?

㉮ 수심   ㉯ 심재
㉰ 변재   ㉱ 수선

해설

심재라 하면 목재의 중심부분으로서 적재라고도 하며, 수분이 적고, 재질이 단단하여, 목재로서 가장 좋은 부분.

083 목재의 조직 중에서 수분이 많고, 수피에 가까우며 재질이 무르고 변형이 쉬운 조직은?

㉮ 심재   ㉯ 변재
㉰ 연륜   ㉱ 수선

해설

심재 : 재질이 견고하고 수분이 적고, 변형이 적음.

정답 078. ㉯ 079. ㉰ 080. ㉮ 081. ㉱ 082. ㉯ 083. ㉯

084 목재에서 수축과 변형이 가장 적은 방향은?

㉮ 변재 방향 ㉯ 나이테 방향
㉰ 섬유 방향 ㉱ 수선 방향

해설
섬유방향 : 0.1~0.5%, 나이테방향 : 4~8%, 수선방향 : 2~4%

085 원형 제작용 목재의 변형에 관한 사항으로 틀린 사항은?

㉮ 노목은 애기목보다 변형이 적다.
㉯ 심재는 변재 보다 변형이 크다.
㉰ 연재는 경재보다 변형이 크다.
㉱ 활엽수는 침엽수보다 변형이 크다.

해설
변재에 비하여 단단하고 수축이나 변형이 적음.

086 다음 목재 중 인장강도(kg_f/cm^2)가 가장 큰 것은?

㉮ 홍송 ㉯ 낙엽송
㉰ 이깔나무 ㉱ 미송

해설
홍송 : 518, 낙엽송 : 909, 이깔나무 : 470, 미송 : 875

087 가로 40mm, 세로 35mm, 길이 80mm인 각재의 압축시험에서 파괴시 외력이 210 kg_f 이었다면, 압축강도(kg_f/cm^2)는?

㉮ 15 ㉯ 150
㉰ 18.7 ㉱ 187

해설
210/(4×3.5) = 15

088 목재의 함수율로 옳은 것은? (단, u = 함수율, Wo = 목재의 건조전 무게, Wu = 건조기에서 100~150°로 건조시킨 목재의 무게)

㉮ $u(\%) = (Wo - Wu) / Wu \times 100$
㉯ $u(\%) = (Wu + Wo) / Wo \times 100$
㉰ $u(\%) = (Wo - Wu) / Wo \times 100$
㉱ $u(\%) = (Wu - Wo) / Wu \times 100$

해설
목재의 건조 전, 후의 무게를 측정하여 백분율로 구하는 공식.

089 처음의 목재 무게가 $3kg_f$ 이었던 것을 건조기에서 건조시킨 후 무게가 $2.5kg_f$ 이었다. 이 목재의 함수율(%)은?

㉮ 5 ㉯ 10
㉰ 15 ㉱ 20

해설
$$함수율(\%) = \frac{W_1 - W_2}{W_2} \times 100$$
W_1 : 처음의 무게, W_2 : 건조시킨 후의 무게
$$함수율 = \frac{3-2.5}{2.5} \times 100 = 20\%$$

090 목재의 함수율이 높을 때 건조 속도는?

㉮ 변화없다.
㉯ 늦어진다.
㉰ 빨라진다.
㉱ 함수율과 무관하다.

해설
목재가 함유하고 있는 수분의 양이 많으므로 건조속도가 늦어짐.

정답 084. ㉰ 085. ㉯ 086. ㉯ 087. ㉮ 088. ㉮ 089. ㉱ 090. ㉯

091
목재의 비중에서 15% 수분을 포함했을 때의 무게(g)와 그 용적(cm³)의 비를 무엇이라 하는가?

㉮ 진비중 ㉯ 전건비중
㉰ 기건비중 ㉱ 생재비중

해설
① 기건비중 : 15%의 수분을 포함했을 때의 무게(g)와 그 용적(cm³)의 비.
② 진비중 : 공기나 수분이 포함되지 않는 목전부만의 비중을 생각하면 어느 나무나 1.5~1.6인 비중
③ 전건비중 : 전건상태의 목질무게(g)와 공극을 포함한 목재(cm)의 비
④ 생재비중 : 같은 생재일 때의 비

092
목재 중 침엽수재의 설명이 틀린 것은?

㉮ 연재(soft wood)라고도 한다.
㉯ 잎은 침상이고 상록수이다.
㉰ 질기고 무겁다.
㉱ 줄기가 곧고 대형 접합형에 사용된다.

해설
가벼움.

093
나무를 원재료로 하는 원형을 만들 때 이용되고 있는 나무의 자연건조법에 대한 설명으로 옳은 것은?

㉮ 설비비가 비싸다.
㉯ 단시간에 건조된다.
㉰ 임의의 건조 정도로 하기 쉽다.
㉱ 좋은 재질을 얻을 수 있다.

해설
야적법 이라고도 함

094
접착제 역할을 하는 리그린은 목질의 어느 정도(%)를 차지하고 있는가?

㉮ 5~10 ㉯ 10~20
㉰ 20~30 ㉱ 40~50

해설
침엽수 = 30%, 활엽수 = 20%

095
일반적인 아교와 물의 혼합 비율은?

㉮ 1 : 2 ㉯ 1 : 4
㉰ 1 : 6 ㉱ 1 : 8

해설
아교는 미리 4~5시간 동안 물에 담근 후 간접 가열법으로 물과 1 : 2의 비율로 넣어 용해함.

096
목재의 인공건조법에 속하지 않는 것은?

㉮ 침재건조법 ㉯ 자재건조법
㉰ 진공건조법 ㉱ 평적건조법

해설
평적건조법은 자연건조법.

097
일정기간 물속에 담가 놓은 후 건조하는 방법은?

㉮ 환기법 ㉯ 증재법
㉰ 침재법 ㉱ 훈재법

해설
원목을 2주 정도 수침시켜 수액을 수분으로 치환시킨 후 환기가 잘 되는 곳에서 건조하는 방법.

정답 091. ㉰ 092. ㉰ 093. ㉱ 094. ㉰ 095. ㉮ 096. ㉱ 097. ㉰

098 방부제를 끓여서 부분적으로 침투시키는 목재의 방부법은?

㉮ 자비법 ㉯ 충전법
㉰ 침투법 ㉱ 도포법

자비법(자재건조법) : 부분적으로 침입시키는 방부법.

099 목재의 유기성분 중 셀룰로오스가 차지하는 정도(%)는?

㉮ 50~55 ㉯ 30~35
㉰ 20~25 ㉱ 5~10

목재를 구성하는 유기 성분 중 가장 많이 존재함. 50~55% 함유.

100 요소와 포름알데히드(formaldehyde)를 가열 반응시켜 얻은 점성의 용액은?

㉮ 페놀 카세인 접착제
㉯ 요소 수지 접착제
㉰ 요소 페놀 합성 접착제
㉱ 페놀 합성 접착제

원형용 재료로 요소수지 접착제가 사용 됨.

101 목재 부피 단위 중 1사이(才)를 정확하게 나타낸 것은?

㉮ $1m \times 1m \times 1m$ ㉯ $1자 \times 1자 \times 10자$
㉰ $1'' \times 1'' \times 12'$ ㉱ $1치 \times 1치 \times 12치$

㉮ : $1m^3$ ㉯ : 섬
㉰ : 보드피트(B.F)의 단위의 크기

102 1자 2치각 길이 9자인 목재는 몇 사이(才)인가?

㉮ 108 ㉯ 98
㉰ 88 ㉱ 78

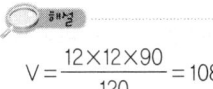
$V = \dfrac{12 \times 12 \times 90}{120} = 108$

103 판재 또는 각재의 체적(V)은 다음 어느 식으로 계산하는가? (단, T= 두께(cm), W= 나비(cm), L= 길이(m))

㉮ $V = T \times W \times L \times \dfrac{1}{100}$ (m³)

㉯ $V = T \times W \times L \times \dfrac{1}{1000}$ (m³)

㉰ $V = T \times W \times L \times \dfrac{1}{10000}$ (m³)

㉱ $V = T \times W \times L \times \dfrac{1}{100000}$ (m³)

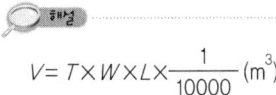
$V = T \times W \times L \times \dfrac{1}{10000}$ (m³)

104 목재를 제재한 것을 재종으로 구분해 볼 때 본재의 크기는?

㉮ 두께 80mm 미만, 폭은 두께의 3배 이상
㉯ 두께 80mm 이상, 폭은 두께의 3배 이하
㉰ 두께 80mm 이상, 폭은 두께의 3배 이상
㉱ 두께 80mm 미만, 폭은 두께의 3배 이하

두께 80mm 미만, 폭은 두께의 3배 이상

정답 098. ㉮ 099. ㉮ 100. ㉯ 101. ㉱ 102. ㉮ 103. ㉰ 104. ㉮

주조(鑄造)기능장

105 목재의 제재치수 구분에서 두꺼운 널판은?
㉮ 단변이 3cm 미만으로서 장변이 12cm 미만인 것
㉯ 단변이 3cm 미만으로서 장변이 12cm 이상인 것
㉰ 단변이 3cm 이상으로서 장변이 6cm 미만인 것
㉱ 단변이 12cm 미만으로서 장변이 3cm 이상인 것

㉮ 좁은 널판 ㉯ 널판

106 원형의 주체가 되는 부분이나 치수의 정밀을 요하는 부분에 사용되는 목재는?
㉮ 정목(柾木) ㉯ 판목(板木))
㉰ 종목(縱木) ㉱ 변재(邊材)

60℃에서 48시간 건조한 후 정목(연륜에 직각방향)을 사용.

107 다음은 에폭시 수지의 특성을 열거한 것 중 틀린 것은?
㉮ 경화시에 수축이 많으나, 치수의 정도의 안정성이 생긴다.
㉯ 기계적 강도가 우수하다.
㉰ 내마모성이 좋다.
㉱ 내수, 내화학 약품성이 좋다.

에폭시 수지는 경화시에 수축이 적기 때문에 치수정도의 안정성이 생김.

108 나무가 자랄 때 나무줄기에 가지가 말려들어가서 생기는 결함은?
㉮ 옹이 ㉯ 휨
㉰ 갈라짐 ㉱ 껍질박이

함수율이 13~15%(5~11월)적고 강도가 높으며 내수, 내건습성이 큼.

109 목재 비중을 측정하는 식은? (단, W= 공시체의 무게, V= 무게 측청 할 때의 공시체 무게임)
㉮ $W/V(\text{kg}_f/\text{cm}^3)$
㉯ $V/W(\text{kg}_f/\text{cm}^2)$
㉰ $W/V(\text{g}/\text{cm}^3)$
㉱ $V/W(\text{g}/\text{cm}^2)$

W= 공시체의 무게(g), V= 무게 측정할 때의 공시체의 부피(cm³),
∴ 비중 = $\dfrac{W}{V}$

110 다량생산에 적합하고 가공이 쉽고 내구력이 좋으며, 가벼운 주형으로 사용할 수 있는 재료는?
㉮ 목형 ㉯ 합성수지형
㉰ Al 주형 ㉱ 석고형

㉮, ㉯ : 비중이 가벼움.

정답 105. ㉰ 106. ㉮ 107. ㉮ 108. ㉮ 109. ㉰ 110. ㉯

111. 합성수지형 으로서 옳은 것은?
㉮ 상온에서 취급하기가 용이하지 않다.
㉯ 상압에서 취급하기 곤란하다.
㉰ 내구성이 있다.
㉱ 원형제작 시간이 길다.

합성수지는 주로 열경화성 합성수지.

112. 합성수지 원형제작의 특징 중 틀린 것은?
㉮ 치수수축, 변화 등 뒤틀리는 일이 생기지 않는다.
㉯ 금형에 비해 제작기간이 길고 제작비가 비싸다.
㉰ 가벼우므로 취급이 용이하다.
㉱ 장기 본존에 견딜 수 있다.

금형에 비해 제작기간이 단축되고 제작비가 저렴.

113. 방직기용 주물을 생산시 원형은 목형보다 수지원형을 사용하는 이유 중 틀린 것은?
㉮ 생산수량을 감안 ㉯ 제작일정
㉰ 공수 및 가격   ㉱ 주조방안

수지형 원형은 생산성 및 가격에 크게 밀접.

114. 풀 몰드법(Full Mold Process)에 사용되는 원형 재료는?
㉮ 푸루푸랄   ㉯ 발포폴리스티렌
㉰ 왁스   ㉱ 석고

소모성 원형인 발포성 폴리스티렌 원형을 사용.

115. 합성수지원형에 대한 설명 중 옳은 것은?
㉮ 경화시 수축이 크고 치수 정도가 나쁘다.
㉯ 금속과 접착이 우수하나 내수성이 좋지 않다.
㉰ 기계적 강도가 좋지 않다.
㉱ 내마모성이 좋은 에폭시 수지를 많이 이용한다.

경화시 수축이 적고 치수 정도가 안정하고 내마모성 기계적 강도 등이 우수하므로 에폭시 수지를 원형재료로서 사용.

116. 1개의 대형 주물을 주조하는데 가장 적합한 원형은?
㉮ 박달나무 원형
㉯ 주철제 금형
㉰ 발포 폴리스티렌 원형
㉱ 에폭시 수지형

발포 폴리스티렌 원형은 원형제작이 쉽고 원형 제작비가 싸서 1개의 주물을 제작하는데 가장 널리 사용이 되며, 풀 몰드용의 소실 원형재료이므로 조형이 간단.

117. 특수원형에 속하는 발포 폴리스틸렌의 특성에 관한 설명 중 틀린 것은?
㉮ 비중이 0.02~0.04로 매우 가볍다.
㉯ 화학적으로 안정하다.
㉰ 열전도가 높다
㉱ 취급이 용이하다.

열전도는 낮은 것이 특징.

정답 111. ㉰ 112. ㉯ 113. ㉱ 114. ㉯ 115. ㉱ 116. ㉰ 117. ㉰

주조(鑄造)기능장

118 원형 재료의 종류에 따른 성질과 용도 설명 중 틀린 것은?

㉮ 알루미늄은 손작업용 매치플레이트(match plate)에 많이 사용한다.
㉯ 강은 금형 부분품으로도 사용된다.
㉰ 동은 열전도성이 좋으므로 셸 금형에 황동, 인청동으로 사용된다.
㉱ 주철은 주조성 신축성 등이 좋으므로 동합금 다음으로 많이 사용된다.

해설
동합금은 가격이 비싸기 때문에 소형의 원형용으로 동의 특성을 살릴 수 있는 대용으로 사용되며 일반적으로 황동, 인청동으로서 주철과 같이 많이 사용되지 않음.

119 원형 재료는 2분자(分子)의 결정수를 함유한 황산칼슘($CaSO_4 \cdot 2H_2O$)이며, 이것을 120℃로 소성한 후 분말로 만들어서 원형 제작시 사용 하는 재료는?

㉮ 에폭시 수지　㉯ 발포 폴리스티렌
㉰ 석고　　　　㉱ 점토

해설
분말상태의 소석고가 원형 제작시 물과 혼합되면 응고 경화.

120 소석고의 화학분자식은?

㉮ $CaSO_4$　　　㉯ $CaSO_4 \cdot \dfrac{1}{2}H_2O$
㉰ $CaSO_4 \cdot H_2O$　㉱ $CaSO_4 \cdot 2H_2O$

해설
$CaSO_4$: 무수석고
$CaSO_4 \cdot 2H_2O$: 결정석고, 생석고, 이수석고
$CaSO_4 \cdot \dfrac{1}{2}H_2O$: 소석고, 반석고

121 석고의 특성 중 틀린 사항은?

㉮ 제작이 용이하고 설비가 간단하다.
㉯ 정밀도가 좋고 수정보수가 용이하다.
㉰ 일반주형보다 재료비가 비싸다.
㉱ 주형용으로 사용할 때 통기성이 좋다.

해설
석고는 주형용으로 사용할 때 통기성이 좋지 않음.

122 목형 이외의 원형으로 금형이 많이 사용되고 있다. 금형의 특징 중 틀린 것은?

㉮ 변형, 파손이 적고 장기간 보관해도 변형하지 않는다.
㉯ 치수 정도가 높은 일반적으로 소형 주물에 이용된다.
㉰ 모래가 잘 떨어지고 주물표면이 아름답다.
㉱ 가공성이 좋아 제작기간이 단축된다.

해설
목형에 비하여 제작기간이 오래 걸림.

123 금형용 재료가 구비해야 할 성질 중 틀린 것은?

㉮ 열전도도, 열용량이 큰 것일수록 좋다.
㉯ 열팽창이 작은 것일수록 좋다.
㉰ 내마모성이 클수록 좋다.
㉱ 가공성이 좋지 않을 것.

해설
가공성이 좋아야 함.

정답 118. ㉱　119. ㉰　120. ㉯　121. ㉱　122. ㉱　123. ㉱

124 원형의 원가 구성에 대한 설명 중 틀린 것은?

㉮ 원형을 만드는 시간이나 기계설비는 직접비에 들어간다.
㉯ 소모성 공구, 도장 접착제 등은 간접비들이다.
㉰ 원형 원가의 구성 비율 중 공임의 비율이 제일 높다.
㉱ 원형재료의 주재료나 정기적 상여금은 직접비에 들어간다.

원형 제작비를 구별하면 직접비와 간접비로 나누고 작업자가 직접 원형을 만드는 시간, 주재료 정기적 상여금은 직접비에 속하고 그 외의 복수 비용은 간접비.

125 원형의 재료가 아닌 것은?

㉮ 마호가니 목재 ㉯ 알루미늄
㉰ 에폭시 수지   ㉱ 고무

원형은 온도 및 시간이 경과함에 따라 변형이 없어야 하고 조형이 탄성이 있어서는 곤란하다. 복잡한 형상의 원형 복제를 위하여 실리콘 고무를 사용하기도 하나 치수 정밀도 면에서는 문제가 있음.

126 구조에 따른 원형의 분류로 볼 수 없는 것은?

㉮ 현형   ㉯ 코어형
㉰ 현물형   ㉱ 긁기형

① 구조에 따른 분류 : 현형, 회전형, 긁기형, 특수형, 코어형
② 재료에 따른 분류 : 목형, 금형, 현물형, 석고형, 합성수지형, 풀 몰드형

127 원형을 주형 또는 주조 작업에 따라 4그룹으로 분류할 수 있다. 2그룹에 해당되는 것은?

㉮ 주형 분할을 필요로 하는 조형용 원형
㉯ 주형 분할을 필요로 하지 않는 조형용 원형
㉰ 주형자체에 소요형태의 공간을 설치 하게한 원형 불필요형
㉱ 주형 및 원형 불필요형

원형이 필요할 때와 필요치 않을 때도 4그룹으로 분류
① 제1그룹 : 주형분할을 필요로 하는 조형용 원형
② 제2그룹 : 주형분할을 필요로 하지 않는 조합용 원형
③ 제3그룹 : 주형자체에 소형 소요형태의 공간을 설치 하게한 원형 불필요형
④ 제4그룹 : 주형 및 원형 불필요형

128 원형의 형상이 주물과 비슷하여 작고 간단한 주물생산에 많이 사용되는 것은?

㉮ 현형   ㉯ 회전형
㉰ 긁기형   ㉱ 부분형

주물과 동일한 형상으로 현형 이라함.

129 제품과 동일한 형상으로 만든 원형은?

㉮ Skeleton pattern ㉯ Solid pattern
㉰ Strickle pattern ㉱ Sweep pattern

현형은 거의 제품과 동일한 형으로 가장 널리 사용.

정답 124. ㉮ 125. ㉱ 126. ㉰ 127. ㉯ 128. ㉮ 129. ㉯

130. 현형에 속하는 원형은?
㉮ 굵기 회전원형 ㉯ 회전원형
㉰ 분할원형 ㉱ 굵기원형

해설
현형 : 단체원형, 분할원형, 조립원형

131. 원형의 종류에서 현형에 속하지 않는 것은?
㉮ 단체원형 ㉯ 골격형
㉰ 분할원형 ㉱ 조립형

해설
골격형은 재료의 절약을 위해서 주물 요소요소에 단면 형상을 골격으로 만들어 모래를 붙여 현형을 대신해서 외형의 표면을 만든 것.

132. 현형에 속하는 원형은?
㉮ 부분형 ㉯ 굵기형
㉰ 골격형 ㉱ 조립형

해설
원형의 형상이 주물과 비슷하여 작고 간단한 주물생산에 적용.

133. 원형의 구조상 제품과 같은 형태로 제작된 것에 속하는 것은?
㉮ 분할형(split pattern)
㉯ 굵기형(strickle pattern)
㉰ 회전형(sweeping pattern)
㉱ 프리프린트(free print)

해설
현형 : 제품과 동일한 모양으로 만든 모형.

134. 평기어용 원형을 제작 하려고 할 때 가장 적당한 원형은?
㉮ 현형 ㉯ 부분형
㉰ 회전형 ㉱ 골조형

해설
부분형으로 제작하여 원형제작비를 절감.

135. 지름에 변화가 없는 직선관이나 곡선 모양의 관을 만들 때 사용되는 원형은?
㉮ 굵기형 ㉯ 회전형
㉰ 골격형 ㉱ 사복형

해설
굵기형 : 지름에 변화가 없는 직선관이나 곡선모양을 만들 때 사용되는 원형.

136. 굵기형 원형 제작에 가장 적합한 것은?
㉮ U 튜브형 ㉯ 핸들형
㉰ 치차형 ㉱ 구형

해설
단면이 일정한 제품에 사용(U, T, L 관 등)

137. 지름의 변화가 있고 동심원형인 직선관이나 원뿔 모양의 주물을 만들 때 사용되는 원형은?
㉮ 단체형 ㉯ 회전굵기형
㉰ 부분형 ㉱ 정반형

해설
제작비, 조형공수는 굵기형과 비슷하나 굵기판 틀의 양마구리 중심에 다월을 박아 이것을 중심으로 회전시킨다는 점이 다르므로 회전 굵기형이라 함.

정답 130. ㉰ 131. ㉯ 132. ㉱ 133. ㉮ 134. ㉯ 135. ㉮ 136. ㉮ 137. ㉯

138 두 개의 플레이트의 한쪽에만 붙여서 상, 하 주형을 각개의 조형기로 조형하는 것은?
- ㉮ 마스터 패턴
- ㉯ 매치 플레이트
- ㉰ 패턴 플레이트
- ㉱ 골격 플레이트

> 패턴플레이트라 하며 대량생산에 유리함.

139 상형과 하형의 원형이 분리선을 구성하는 평판의 양쪽에 바로 교착되는 곳에 장치하는 원형은?
- ㉮ 매치플레이트
- ㉯ 패턴플레이트
- ㉰ 마스터패턴
- ㉱ 스킨패턴

> 상하형의 부분의 원형이 분리선을 구성하는 평판의 양쪽에 바로 교착되어 있는 원형을 match plate라고 함.

140 목재, 금속, 수지로 만든 원형을 정반에 고정시키고 탕구, 탕도, 압탕 등을 부착한 것으로 주형상자의 합형이 용이하여 기계조형에 많이 사용하는 것은?
- ㉮ 부분형
- ㉯ 매치플레이트형
- ㉰ 회전형
- ㉱ 골격형

> 매치플레이트형

141 수축여유와 가공여유를 2중으로 주는 원형은?
- ㉮ 목형
- ㉯ 금형
- ㉰ 석고형
- ㉱ 플라스틱형

> 원형에 대하여 2중의 수축량을 원형에 붙임.

142 금형 원형을 만들기 위하여 모형에 2중 수축여유를 붙여 만드는 원형은?
- ㉮ sweep pattern
- ㉯ pattern plate
- ㉰ solid pattern
- ㉱ master pattern

> master pattern 은 원형으로 주조용 모형자체(금속 등인 경우)가 받는 수축이 포함되어야 함.

143 수은을 응고시켜 원형을 만드는 방법은?
- ㉮ marcast 법
- ㉯ shell mold 법
- ㉰ lost wax 법
- ㉱ C-process

> 수은을 응고시켜 원형을 만드는 방법을 marcast 법 이라 하며, 표면이 평활하고 치수 정밀도가 좋은 것이 특징.

144 원형용 공구 및 기계에 대한 설명 중 옳은 것은?
- ㉮ 목공톱은 탄소강으로, 톱자루 쪽으로 톱 몸의 너비가 좁고 두께도 얇다.
- ㉯ 켜는 톱의 공구각은 60°이고, 자르는 톱은 40~45°이다.
- ㉰ 원형톱의 원주속도는 자르기보다 켜는 쪽이 빠르다.
- ㉱ 대패의 뒷면을 평탄하게 연마하는데 기름숫돌을 사용한다.

> 목재의 성질에 따라 톱날의 원주 속도는 약간 차이는 있으나 여기에서는 1000~4000(m/min), 자르기 1000~2000(m/min).

정답 138. ㉰ 139. ㉮ 140. ㉯ 141. ㉯ 142. ㉱ 143. ㉮ 144. ㉱

주조(鑄造)기능장

145 정밀주조법에서 사용하는 원형재료는?
- ㉮ 석고
- ㉯ 시멘트
- ㉰ 왁스
- ㉱ 목재

인베스트먼트법(로스트왁스법)의 원형재료 Wax

146 대패의 규격을 나타내는 것은?
- ㉮ 대패의 길이
- ㉯ 대패날의 각도
- ㉰ 대패의 부피
- ㉱ 대패날의 폭

대패날의 폭.

147 대패에 덧날을 끼우는 이유로 가장 중요한 것은?
- ㉮ 원날이 빠지지 않게 한다.
- ㉯ 대패 작업에 힘이 적게 든다.
- ㉰ 대패밥에 거스러미가 일지 않게 한다.
- ㉱ 원날을 보호하기 위한 것이다.

거스러미는 덧날이 있으면 일지 않음.

148 대패의 덧날을 끼우는 이유와 관계가 가장 적은 것은?
- ㉮ 대패날의 진동을 막기 위함이다.
- ㉯ 거스러미가 일어나는 것을 방지하기 위함이다.
- ㉰ 절삭저항을 적게 하기 위함이다.
- ㉱ 모양을 좋게 하기 위함이다.

대패의 경우 대패집, 대패날, 덧날의 3부분으로 구성

149 막대패에서 대팻날과 덧날의 차이(mm)로서 적당한 것은?
- ㉮ 0.6
- ㉯ 1
- ㉰ 2
- ㉱ 2.5

0.3mm 는 다듬 대패이며, 0.6mm 정도 되어야 나무의 거스러미도 적게 발생되며, 대패밥도 잘 나옴.

150 끝날의 각도는 일반적으로 몇 도가 적당한가?
- ㉮ 10~20
- ㉯ 20~30
- ㉰ 30~40
- ㉱ 40~50

끝날의 각도는 20~30 가량이 끌의 크기는 끝날의 너비로 나타내며 3~24mm 것이 많이 쓰임.

151 목재 가공용(드릴, 대패, 끌 등) 공구날의 각도는 일반적으로 재료가 단단할수록 어떻게 되는가?
- ㉮ 항상 일정하다.
- ㉯ 작아진다.
- ㉰ 커진다.
- ㉱ 관계없다.

공구각의 각도는 재료가 단단할수록 커짐.

152 톱날의 윗날이 수평면과 이루는 각을 전방 여유각 이라 하는데 톱날의 전방 여유각(°)은?
- ㉮ 0~5
- ㉯ 5~15
- ㉰ 15~25
- ㉱ 40~45

톱날의 전방 여유각은 5~15° 도의 범위에 있으며, 각도가 커질수록 절삭저항도 감소되어 15°에서 최소가 됨.

정답 145. ㉰ 146. ㉱ 147. ㉰ 148. ㉱ 149. ㉮ 150. ㉯ 151. ㉰ 152. ㉯

153 목재를 톱으로 자르면 톱날이 끼여서 톱질이 어려워진다. 이와 같은 현상을 줄이기 위해 날끝을 양쪽으로 엇갈리게 구부린 것은?
㉮ 날어김 ㉯ 피치
㉰ 절삭각 ㉱ 측면 경사각

㉯ 피치 : 톱니와 톱니사이의 거리
㉰ 절삭각 : 전방여유각 + 공구각
㉱ 측면경사각 : 톱날의 치진이 기울어진 각

154 톱날을 어긋나게 만든 것을 치진이라고 한다. 치진은 톱몸 두께의 몇 배가 좋은가?
㉮ 1~2.5 ㉯ 1.3~1.8
㉰ 1.7~2.3 ㉱ 2.3~3

톱몸 두께의 1.3~1.8배

155 자르는 톱날의 적절한 절삭각(°)은?
㉮ 75~80 ㉯ 80~90
㉰ 90~120 ㉱ 120~140

자르는 톱날의 절삭 각은 90~120°

156 목형제작용 톱의 톱니 높이는 피치의 얼마 정도인가?
㉮ 약 1/2~1/3 ㉯ 약 1/6~1/7
㉰ 약 1/8~1/9 ㉱ 약 1/11~1/12

톱니의 높이는 약 1/2~1/3 정도가 알맞다. 피치가 작을수록 절삭표면이 깨끗함.

157 원판을 만드는데 가장 편리한 목공기계는?
㉮ band saw ㉯ circular saw
㉰ planner ㉱ belt sander

목재를 켜거나 자르거나 오릴 때 사용.

158 원반형상을 가공하는데 가장 적당한 원형용 설비기계는?
㉮ 띠톱기계 ㉯ 둥근톱기계
㉰ 목공선반 ㉱ 목공 정면반

목공 정면반

159 띠톱기계에서 바퀴의 회전수를 구하는 공식은? (n = 바퀴 회전수, V = 절삭속도, d = 바퀴지름)
㉮ $n = \dfrac{dV}{\pi}$ ㉯ $n = \dfrac{nV}{d}$
㉰ $n = \dfrac{\pi d}{V}$ ㉱ $n = \dfrac{V}{\pi d}$

$V = n, \pi, d \therefore n = \dfrac{V}{\pi d}$

160 띠톱기계의 절삭 속도를 구하는 공식은?
(단, V = 절삭속도, n = 바퀴의 회전수, D = 바퀴의 지름)
㉮ $V = n\dfrac{\pi}{2}D$ ㉯ $V = n\pi D$
㉰ $V = n\dfrac{\pi}{4}D$ ㉱ $V = \dfrac{1}{3}n\pi D$

띠톱의 절삭속도는 바퀴의 회전수에 비례 함.

정답 153. ㉮ 154. ㉯ 155. ㉰ 156. ㉮ 157. ㉮ 158. ㉱ 159. ㉱ 160. ㉯

161 목형용 바이트 중 오목부에 경사면 또는 모서리의 완성에 사용하는 공구는?

㉮ 검 바이트 ㉯ 원형 바이트
㉰ 평 바이트 ㉱ 절단 바이트

오목부에 경사면 또는 모서리의 완성에 사용.

162 다음 집진장치 중 집진효율이 가장 뛰어난 설비는? (미립자의 포집)

㉮ 중력 침강식 집진설비
㉯ 관성력 충돌식 집진설비
㉰ 여과식 백필터 집진설비
㉱ 원심력식 사이클론 집진설비

백필터 집진기나 전기집진기가 아니면 미립자의 포집이 어려움.

163 원형의 두께가 얇거나 파손되기 쉬울 때 만들어 주는 것은?

㉮ 가공여유 ㉯ 라운딩
㉰ 수축여유 ㉱ 덧붙임

덧붙임.

164 도면에 의하여 원형을 제작할 때 조형 또는 주조를 위하여 도면에 표시한 형상(모형)을 다소 변형시켜 만드는 사항 중 틀린 것은?

㉮ 라운딩 ㉯ 덧붙임
㉰ 기울기(인발구배) ㉱ 수축여유

수축여유는 치수의 변화를 하고 형상에는 관계 없음.

165 원형 설계시 주물제품에서 요구되는 정밀도, 제작개수, 주조법에 따라 고려하여야 할 사항 중 틀린 것은?

㉮ 치수정밀도 ㉯ 표면평활도
㉰ 강도와 내화도 ㉱ 성형하는 방법

원형 설계시 주물제품에서 요구되는 정밀도, 제작개수, 주조법에 따라 원형의 치수 정밀도, 표면평활도, 강도, 내화도 및 제작비를 고려하여 결정할 필요가 있음.

166 원형 제작시 고려해야 할 여유(allowance)의 종류가 아닌 것은?

㉮ 상, 하 분리면 ㉯ 수축여유
㉰ 원형기울기 ㉱ 보정여유

수축여유(Shrinkage allowance), 원형기울기(draft), 가공여유(Machine allowance), 코어프린트(core print) 보정여유, 덧붙임(stop off)

167 원형을 제작할 때 고려하지 않아도 되는 것은?

㉮ 주조 금속의 수축여유
㉯ 주물의 가공여유
㉰ 주조금속의 연신율
㉱ 주물의 변형여유

원형을 제작할 때는 주조금속의 응고시 수축량, 가공여유, 응고시 변형량 등이 고려된 치수로 제작 되어야 하며 주조금속의 연신율은 고려되지 않아도 됨.

정답 161. ㉮ 162. ㉰ 163. ㉱ 164. ㉱ 165. ㉱ 166. ㉮ 167. ㉰

168 원형 현도 작성시 고려 사항이 아닌 것은?

㉮ 가공여유   ㉯ 분할면
㉰ 주형의 강도   ㉱ 주물의 재질

> 해설
> 현도 작성시 원형과 주조 방안이 우선 되어야 함.

169 주물자의 치수로 옳게 설명한 것은?

㉮ 실제 치수와 같도록
㉯ 응고 수축량과 같도록
㉰ 실제치수 - 수축량
㉱ 실체치수 + 수축량

> 해설
> 원형을 만들 때 수축여유를 고려한 주물자.

170 원형 제작에 사용되는 주물자(foundry scale)의 선택은 주로 무엇에 의해 결정되는가?

㉮ 주물의 무게   ㉯ 원형의 크기
㉰ 주물의 재질   ㉱ 원형의 종류

> 해설
> 주물은 주물의 종류(재질), 모양, 살두께, 주입온도 등에 따라 수축률이 달라지며, 이를 위해 주물자로 원형을 제작함.

171 일반주철의 원형 제작시 사용하는 주물자의 사용기준은?

㉮ 8/1000   ㉯ 16/1000
㉰ 18/1000   ㉱ 20/1000

> 해설
> ㉯ 주강(두께10mm이상), ㉱ 대형주강

172 주철용 주물자로써 옳은 것은?

㉮ 8/1000 ~ 12/1000
㉯ 12/1000 ~ 18/1000
㉰ 10/1000 ~ 18/1000
㉱ 12/1000 ~ 25/1000

> 해설
> ① 주철용 : 8/1000 ~ 12/1000
> ② 구리합금용 : 12/1000 ~ 18/1000
> ③ 알루미늄합금용 : 10/1000 ~ 18/1000
> ④ 주강용 : 12/1000 ~ 25/1000

173 원형 제작시 주강에 적용할 수 있는 수축여유는?

㉮ 5/1000   ㉯ 20/1000
㉰ 40/1000   ㉱ 60/1000

> 해설
> 10/1000 : 일반회주철, 20/1000 : 주강

174 회주철의 선수축률이 10/1000이라 할 때 길이 250cm인 주물을 만들기 위한 원형의 길이(cm)는?

㉮ 252.5   ㉯ 250.0
㉰ 247.5   ㉱ 240.0

> 해설
> 250+(250×0.01) = 252.5

175 원형제작시 인발구배는?

㉮ 1/4 ~ 1°   ㉯ 1.5 ~ 3°
㉰ 4 ~ 6°   ㉱ 5 ~ 9°

> 해설
> 원형을 빼내는 방향에 구배를 주는데 보통 1/4~1° 정도의 구배를 줌.

정답 168. ㉰ 169. ㉱ 170. ㉰ 171. ㉮ 172. ㉮ 173. ㉯ 174. ㉮ 175. ㉮

176 길이가 100mm인 회주철 부품품 금형의 원형을 알루미늄 합금으로 만들기 위한 최초의 원형모형(master pattern)의 길이는? (단, 각 재질의 수축률은 10/1000)

㉮ 101 ㉯ 102
㉰ 103 ㉱ 104

해설
수축률 = 알루미늄 수축률 + 회주철 수축률
= 20/1000

수축길이 = $100 \times \dfrac{20}{1000} = 2mm$

177 주철용 원형자 $\dfrac{8}{1000}$의 크기를 표현한 것은?

㉮ 1008mm를 1000등분한 것.
㉯ 1000mm를 1008등분한 것.
㉰ 992mm를 1000등분한 것.
㉱ 1000mm를 992등분한 것.

해설
1008mm의 크기로 원형을 제작하여 주철주물을 제작하면 8mm가 수축하여 1000mm가 된다. 따라서, 실제 수축량을 고려하여 자를 크게 만듦.

178 주물용 원형을 제작시에 적용되는 수축여유(%) 중 틀린 것은?

㉮ 주철 0.1~0.3
㉯ 주강 1.8~2.0
㉰ 청동 1.4~1.8
㉱ 알루미늄 1.0~1.2

해설
주철의 수축여유는 0.8~1.0%.

179 원형 제작시 구석면을 라운딩(rounding)하는 이유로 틀린 것은?

㉮ 불순물이 석출되어 약해짐을 방지하기 위하여
㉯ 편석(segregation)을 방지하기 위하여
㉰ 표면 냉각 조건을 좋게하여 크랙을 방지하기 위하여
㉱ 원형의 외관을 좋게하기 위하여

해설
주물의 건전성과 목형의 외관은 관계가 없음.

180 분할형의 상하를 정확히 맞출 수 있으며 원형의 상형을 하형에서 직각으로 뽑을 수 있도록 만든 것은?

㉮ 주먹장부맞춤 ㉯ 쪽매맞춤
㉰ 맞대맞춤 ㉱ 다우얼맞춤

해설
분할된 원형을 상하로 맞출 수 있도록 만들어 준 것

181 그림과 같은 원형의 라운딩(R)은 어느 정도로 하는 것이 좋은가?

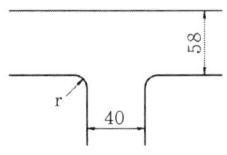

㉮ 29~40 ㉯ 19~20
㉰ 29~58 ㉱ 58 이상

해설
$t \leq T \leq \dfrac{3}{2}$인 경우 T자 교차부분의 $R = \dfrac{t}{2}$ 또는 $\dfrac{T}{3}$이므로, R = 19~20 정도가 적당함.

182. 주물용 원형제작시 십자 교차부 모서리에 라운딩을 줄 때 $t \leq T \leq \frac{3}{2}t$의 범위 안에서 r을 구하는 관계식은?

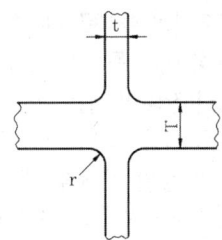

㉮ $r = \frac{T+t}{2}$ ㉯ $r = \frac{t}{2}$ 또는 $\frac{T}{3}$

㉰ $r = 4(T-t)$ ㉱ $r = \frac{1}{8}$

r = t/s 또는 T/3로 둥글게 함.

183. 그림과 같은 치수를 가지는 T자 교차부 주물에 적용하는 라운딩(rounding)계산식은?

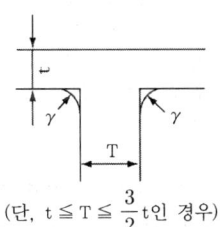
(단, $t \leq T \leq \frac{3}{2}t$인 경우)

㉮ $r = \frac{T+t}{2}$ ㉯ $r = \frac{t}{2}$ 또는 $\frac{T}{3}$

㉰ $r = \frac{T-t}{2}$ ㉱ $r = T - t$

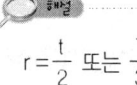
$r = \frac{t}{2}$ 또는 $\frac{T}{3}$

184. 그림과 같은 T자 교차 부분에서 L은 얼마가 좋은가?

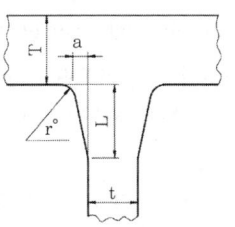

㉮ L = (T+t) ㉯ L = t/2

㉰ L = T/2 ㉱ L = 2(T-t)

두꺼운 부분과 얇은 부분이 교차될 때는 교점에서 L = 2(T-t)

185. 그림과 같이 수축불량이 발생했다. 해결 방안으로 틀린 것은?

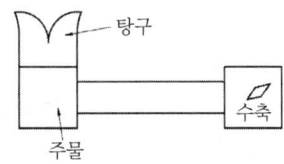

㉮ 수축이 생긴 부분에 압탕을 세워준다.
㉯ 수축이 생긴 두꺼운 부분에 냉금(Chill metal)을 사용한다.
㉰ 두께가 얇은 부분에 보온재, 단열재로 감싸준다.
㉱ 탕구의 크기를 크게 해준 다음 수축부위를 보온처리 한다.

주물제품의 중간부분이 얇기 때문에 방향성 응고가 이루어지지 않으므로 두꺼운 부분에 수축이 일어났다. 탕구의 크기를 조정하는 것은 ㉮ ㉯ ㉰ 보다 효과를 기대하기 어려움.

정답 182. ㉯ 183. ㉯ 184. ㉱ 185. ㉱

주조(鑄造)기능장

186 원형 제작시 고려할 사항이 아닌 것은?
㉮ Pattern draft(기울기)
㉯ finishing allowance(가공여유)
㉰ Cracking allowance(균열여유)
㉱ Shrinkage allowance(수축여유)

해설
인발기울기, 가공여유, 수축여유, 보정여유를 고려.

188 윤편적(segment) 마름질에서 분할 수가 6, 길이가 330일 때 나비는 얼마가 적당한가?

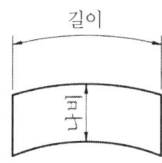

㉮ 35   ㉯ 45
㉰ 55   ㉱ 65

해설
윤편적 마름질은 원형으로 돌려 쌓는 것으로 서로 엇갈리게 쌓는 방법.
330÷6=55

187 그림은 목재의 어떠한 맞춤법인가?

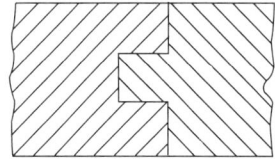

㉮ 맞대 맞춤   ㉯ T형 장부맞춤
㉰ 제혀쪽매 맞춤   ㉱ 반턱장부 맞춤

해설
위치 결정을 위한 제혀쪽매 맞춤.

189 여러 개의 목재를 결합할 때의 설명 중 옳은 것은?
㉮ 2개의 판을 접합할 때는 속판끼리 접합하여 겉판이 표면이 되게 한다.
㉯ 곧은결의 판재를 이음할 때는 수심을 제거하야 안쪽끼리 접합한다.
㉰ 여러 장의 판재를 이음할 때에는 안쪽과 바깥 쪽을 교대로 하여 꼬임을 작게한다.
㉱ 여러 장의 판재를 겹쳐서 접합할 때는 겉판과 속판으로 접합하고 겉판이 표면이 되게 한다.

해설
㉮ 겉판끼리 접합하여 속판이 표면이 되게 함.
㉯ 바깥쪽끼리 접합.

190 Core print 란 무엇인가?
㉮ 코어 복사기
㉯ 원형의 보강대
㉰ 코어를 주형이 지지할 수 있도록 원형에 만든 돌출부
㉱ 코어속의 받침대

해설
주형에 Core를 고정 시키기 위한 연장부.

191 원형 제작시에 코어프린트(Core Print)를 붙이는 목적으로써 틀린 것은?
㉮ 코어의 위치 결정
㉯ 코어의 고정
㉰ 코어의 가스빼기
㉱ 코어제작을 용이하게

해설
코어 프린트의 목적은 위치결정, 고정, 가스빼기 등.

정답 186. ㉰ 187. ㉰ 188. ㉰ 189. ㉰ 190. ㉰ 191. ㉱

192. 코어프린트의 설계에 이용되는 원리는?
㉮ 파스칼의 원리
㉯ 베르누이의 원리
㉰ 아르키메데스의 원리
㉱ 뉴우톤의 원리

해설
액체속에 잠긴 물체는 그 물체가 배제한 액체의 무게와 동일한 부력을 받는데 이 원리를 적용하여 설계해야 함.

193. 코어프린트를 부착하는 목적 중 틀린 것은?
㉮ 코어의 위치결정
㉯ 코어의 부상방지
㉰ 가스배출
㉱ 코어사 제거용이

해설
코어사의 제거 용이는 코어프린트 부착 목적이 아님.

194. 생형 원형의 수직코어에 위, 아래 양쪽에 코어 프린트를 설치할 때 코어길이(L)와 지름(D)과의 관계가 옳은 것은?
㉮ (L = 25)/D ≥ 1
㉯ (L+25)/D < 1
㉰ L / D ≥ 1
㉱ L / D < 1

해설
(L = 25)/D ≥ 1 (생형), L / D ≥ 1(건조형)

195. 다음 그림에서 코어 프린트의 길이를 X라 할 때 코어 프린트의 지지력을 위한 계산은?

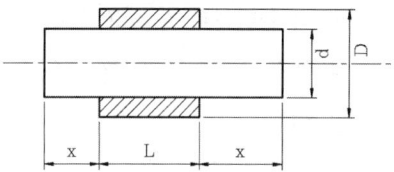

㉮ $1 \times d \cdot \dfrac{c}{Sf}$ ㉯ $2 \times d \cdot \dfrac{c}{Sf}$

㉰ $3 \times d \cdot \dfrac{c}{Sf}$ ㉱ $4 \times d \cdot \dfrac{c}{Sf}$

해설
$2 \times d \cdot \dfrac{c}{Sf}$

196. 가로 코어 프린트 설계에서 생형 일 때의 안전계수는?
㉮ 3 ~ 6   ㉯ 7 ~ 9
㉰ 10 ~ 12 ㉱ 13 ~ 16

해설
주형을 건조할 때는 더 작은 값이 쓰임.

197. 원형 부분에 빨간색으로써 표시할 수 있는 부분은 어떠한 부분인가?
㉮ 기계가공부분
㉯ 코어프린트
㉰ 코어프린트 위치면
㉱ 주물 그대로

해설
① 기계가공부분 : 빨강
② 코어프린트 : 검정
③ 코어프린트 위치면 : 검정으로 위치만 표시
④ 주물그대로 : 투명니스

198 원형제작에 사용하는 현도에서 제작도면에 없는 부분도 그려야 하는 것은?

㉮ 코어프린트 ㉯ 치수 및 치수선
㉰ 외형 ㉱ 단면도

해설
코어프린트(core print)

199 원형 착색 구분 중 코어프린트 부분의 색깔은?

㉮ 흑색 ㉯ 적색
㉰ 은색 ㉱ 녹색

해설
흑색

200 원형의 색깔 분류에서 틀린 것은?

㉮ 주방상태 : 원형색깔
㉯ 기계가공 부분 : 빨강
㉰ 코어프린트 : 검정
㉱ 루스피스 : 녹색

해설
루스피스는 은색으로 나타냄.

201 원형에 도장을 하는 목적으로 틀린 것은?

㉮ 습기의 흡수를 방지한다
㉯ 주물사와의 분리를 좋게 한다.
㉰ 원형의 변형을 방지한다.
㉱ 고온에서도 잘 견딘다.

해설
원형의 변형을 방지하여 우수한 제품을 제작.

202 원형이 3kg$_f$일 때, 주철주물 중량(kg$_f$)은?
(단. 수축여유는 무시하고 원형의 비중 0.6 주철주물의 비중은 7.2로 한다.)

㉮ 36 ㉯ 58
㉰ 72 ㉱ 96

해설

$$주물중량 = \frac{주물비중}{원형비중} \times 원형중량$$

$$= \frac{7.2}{0.6} \times 3 = 3$$

203 원형의 중량이 3kg$_f$일 때 주물의 중량(kg$_f$)은?

㉮ 70.2 ㉯ 60.2
㉰ 54.3 ㉱ 45.3

해설

$$W = \frac{8.9 \times \frac{60}{100} + 7.0 \times \frac{40}{100}}{0.45} \times 3$$

$$= \frac{5.34 + 2.8}{0.45} \times 3 ≒ 54.3(kg_f)$$

204 주철의 무게가 120kg$_f$ 주물을 만들 때 원형의 무게(kg$_f$)?

㉮ 10 ㉯ 15
㉰ 20 ㉱ 30

해설

$$원형 중량 = 주물 중량 \times \frac{원형비중}{주물비중}$$

$$= 120 \times \frac{0.6}{7.2} = 10kg_f$$

정답 198. ㉮ 199. ㉮ 200. ㉱ 201. ㉱ 202. ㉮ 203. ㉰ 204. ㉮

중량이 3kg_f, 비중이 0.4인 나왕을 원형으로 사용했을 때 7-3 황동주물의 중량(kg_f)은?

㉮ 62.5 ㉯ 52.8
㉰ 29.9 ㉱ 75

● 해설

주물중량 = $\dfrac{주물비중}{원형의\ 비중} \times 원형비중$

$x = (\dfrac{8.9}{0.4} \times 3 \times 0.7) + (\dfrac{7.0}{0.4} \times 3 \times 0.3)$

 원형공장 규모에 대한 설명 중 틀린 것은?

㉮ 원형공장의 크기는 주물공장 크기의 1/3~1/4정도가 적당하다.
㉯ 원형공장의 작업면적은 1인당 약 10~17m² 정도가 적당하다.
㉰ 정숙한 환경으로 밝기가 100룩스(Lux) 이상이어야 한다.
㉱ 작업장에는 작업의 능률상 기계, 작업대, 조립 정반 등을 함께 동시에 배치함이 좋다.

● 해설

작업장내 기계 작업대, 조립 정반 등을 적당한 위치에 배치해야 된다. 소음, 분진의 발생기계는 (목공기계) 별도 배치하는 것이 좋음.

 원형공장의 작업조건은 항상 도면을 보고 정밀도가 높은 가공을 해야 되므로 실내의 밝기(lux)?

㉮ 10 이하   ㉯ 20 ~ 30
㉰ 50 ~ 60   ㉱ 80 이상

● 해설

실내의 밝기는 조명도 80룩스 이상 필요.

 원형 공장의 면적은 대체적으로 주물공장 면적의 몇 배로 하는 것이 좋은가?

㉮ 1/10 ~ 1/5   ㉯ 1/3 ~ 1/2
㉰ 1 ~ 2   ㉱ 2 ~ 3

● 해설

원형 공장은 원형도장 및 원형저장고를 같이하고, 그 크기는 주물 공장의 1/2~1/3정도로 함.

 작업 현장에서 자체 해결하는 경우 원형 제작 인원은 조형공 몇 명에 1명 정도로 편성해야 적합한가?

㉮ 1 ~ 2   ㉯ 2 ~ 3
㉰ 3 ~ 4   ㉱ 5 ~ 6

● 해설

3~4명

 작업인원 1명에 대하여 차지하는 원형 공장넓이의 면적(평)은?

㉮ 1 ~ 2   ㉯ 3 ~ 5
㉰ 7 ~ 8   ㉱ 10

● 해설

작업인원 1명당 10~17m²(3~5평).

 주조공 3-4명에 대해 원형공은 몇 명 정도 필요한가?

㉮ 1   ㉯ 3
㉰ 5   ㉱ 6

● 해설

1명

정답 205. ㉮ 206. ㉱ 207. ㉱ 208. ㉯ 209. ㉰ 210. ㉯ 211. ㉮

212
$1m^3$의 목재에 대하여 건조장의 면적 (m^2)? (단, 자연건조)

㉮ 1 ~ 1.5 ㉯ 3 ~ 4.5
㉰ 10 ~ 12.5 ㉱ 20 ~ 30

🔍 해설
1m의 목재에 대하여 건조장의 면적은 3~4.5m가 필요하고, 다시 건조기간(3~5개월)을 곱한 면적이 필요함.

213
주물의 평균 크기가 $1m^3$ 이상인 것을 주로 생산하는 주물공장에서 원형창고를 설계하고자 한다. 원형의 크기는 주물의 몇 배로 환산하여 창고의 면적을 결정하는가?

㉮ 2배 ㉯ 3배
㉰ 4배 ㉱ 5배

🔍 해설
주물크기가 $0.5m^3$ 이하인 경우는 3배, $1.0m^3$ 이상인 경우는 5배.

214
불량 원형을 방지하여 우수한 주물을 생산하려면 종합적인 대책이 필요하다. 틀린 것은?

㉮ 원형제작자에게 주형 조형 기술에 대한 교육보다 원형제작교육이 필요하다.
㉯ 원형 제작 방안을 확립하여 원형을 제작한다.
㉰ 검사 부문을 강화시켜서 검사원이 반드시 검사하도록 한다.
㉱ 정기적 교육과 검사에 따른 품질관리 교육도 겸하여 실시한다.

🔍 해설
원형제작자에게 주형, 조형, 기술계 대해 정기적으로 교육을 시켜 주형, 조형 기준을 작성하여 원형을 제작하게 함.

215
원형의 외형치수 검사 방법 중 틀린 것은?

㉮ 원형을 주체로 도면의 치수와 대조
㉯ 외형이 틀린 곳이 발견되면 오차내용 기입
㉰ 분할면은 수직방향 검사 후 수평방향으로도 치수검사
㉱ 원형이 둥근 원형이면 바깥 둘레를 기준으로 중심선 방향으로 검사.

🔍 해설
원형이 원형이면 중심선을 기준으로 하여 바깥 둘레 방향으로 차례로 검사.

216
원형검사의 요점 중 틀린 것은?

㉮ 중심선과 기준선의 변형여부 검사
㉯ 코어와 코어프린트와의 관계 검사
㉰ 다듬질의 여유, 원형기울기 등의 적부
㉱ 용탕의 재질, 용탕의 여분 적부

🔍 해설
용탕의 재질은 수축여유를 고려할 때 용탕의 여분은 주입작업에서 고려할 점.

217
원형검사의 항목 중 틀린 것은?

㉮ 코어프린트 : 정확한 위치와 치수정밀도를 검사한다.
㉯ 원형강도 : 사용횟수, 조형방법, 주물사 등을 고려해서 검사한다.
㉰ 분할 : 주조방안과는 무관하게 원형 제작이 쉽게 되었는지 검사한다.
㉱ 부속품 : 각종 부속물의 유무와 치수 및 위치를 검사한다.

🔍 해설
주조 작업이 용이하게 되었는지 검사.

218 원형검사 순서로써 옳은 것은?
- ㉮ 오작수정 → 치수검사 → 형상검사 → 합인검사
- ㉯ 치수검사 → 오작수정 → 합인검사 → 형상검사
- ㉰ 형상검사 → 치수검사 → 합인검사 → 오작수정
- ㉱ 합인검사 → 형상검사 → 오작수정 → 치수검사

외관부터 검사한 후 치수를 확인한다. 치수점검을 한 후 합인상태를 검사하게 된다. 앞 단계에서 발견된 오작 등을 최종적으로 실행.

219 원형의 보수에 대한 설명 중 틀린 것은?
- ㉮ 파손된 곳만 보수 수리한다.
- ㉯ 수리시 수축의 정도, 문제점을 분석하고 검토 하여야 한다.
- ㉰ 정성을 가지고 치수와 형상을 검토한다.
- ㉱ 새로운 원형을 만든다는 생각으로 세심한 주의와 관찰을 한다.

모든 부분에 걸친 보수를 할 필요가 있음.

220 원형 보수시 가장 합리적인 방법은?
- ㉮ 원형 전체를 검사 후 보수
- ㉯ 파손 부분 검사 후 보수
- ㉰ 변형 부분 검사 후 보수
- ㉱ 주조결함 예측 후 보수

원형전체를 검사 후 보수 하여야 함.

221 원형의 관리와 관계 없는 것은?
- ㉮ 원형표면에 도장을 하여 방습한다.
- ㉯ 품명, 도면번호 등을 기록한 원형이력서를 작성한다.
- ㉰ 목형대신에 금형을 만들어 보관한다.
- ㉱ 분할원형에 합인한다.

관리의 목적은 같은 부품을 주문받거나 제작하여야 할 때임.

222 원형의 수리 및 보존 관리에 대한 설명 중 틀린 것은?
- ㉮ 부분적 수리라도 전 부분을 계측 보수한다.
- ㉯ 보관 장소를 선정하여 입체적으로 정리 보관한다.
- ㉰ 일정 온도를 유지하여 흡습에 의한 변형을 방지한다.
- ㉱ 원형의 크기별로 구분하여 습하게 영구 보관한다.

원형의 보존은 종류, 크기, 장래성 등으로 분류하여 보존구분을 명확히 해야 함.

223 원형의 원가계산의 목적으로 가장 중요한 것은?
- ㉮ 작업 능률에 참고를 위해
- ㉯ 품질 향상에 참고를 위해
- ㉰ 가격 결정의 참고를 위해
- ㉱ 세금 계산의 자료를 위해

시장가격을 결정하고 이익을 얻는데 목적.

정답 218. ㉰ 219. ㉮ 220. ㉮ 221. ㉰ 222. ㉱ 223. ㉰

224 원형값의 원가의 3요소에 해당되지 않는 것은?
㉮ 재료비   ㉯ 노무비
㉰ 경비   ㉱ 접대비

원가의 3요소는 재료비, 노무비, 경비로 구분

225 년간 50000M-H(Man-Hour)가 소요되는 공장에서 1M-H(Man-Hour)당 환산 소요금액이 1541원 이었다. 직접비가 연간 4700만원 소요되었다면 직접비는 원가의 몇 %를 차지하는가?
㉮ 61   ㉯ 58
㉰ 55   ㉱ 42

1,571−50,000 = 77,050,000
47,000,000÷77,050,000 = 61%
$\dfrac{47,000,000}{77,050,000} \times 100 = 60\%$

226 원형 보존 방법에 관한 설명 중 틀린 것은?
㉮ 보관장소 바닥은 모래를 깔고 벽은 나무로 한다.
㉯ 흡습에 의한 변형을 막기 위하여 온도를 일정하게 유지한다.
㉰ 원형의 크기에 따라 창고를 준비한다.
㉱ 보존구분과 기간을 기록한다.

원형 보관 창고는 바닥과 벽은 콘크리트로 함.

227 경험에 의한 원형값의 견적 산출시 고려할 사항 중 틀린 것은?
㉮ 작업시간   ㉯ 재료 소모량
㉰ 원형관리   ㉱ 원형의 모양

원형 관리는 견적 산출시 고려하지 않음.

228 주형의 필요조건 중 틀린 것은?
㉮ 적당한 강도를 가질 것
㉯ 적당한 통기도를 가질 것
㉰ 적당한 열간 성질을 가질 것
㉱ 잔류강도가 클 것

잔류강도가 적을 것. 잔류강도가 높으면 주물응고 후 주형해체 작업이 어려움.

229 생형 제작을 위한 설계시 고려해야 할 사항과 관련이 가장 적은 것은?
㉮ 주형의 수명에 대한 설계
㉯ 최소 주조응력에 대한 설계
㉰ 방향성 응고를 위한 설계
㉱ 금속 유동성에 대한 설계

주형의 수명은 관계없음.

230 주형을 만드는 기계(주형 및 코어를 만드는 기계)에 포함되지 않는 것은?
㉮ 몰딩 머신   ㉯ 샌드슬링거
㉰ 패턴 드로우 머신   ㉱ 큐폴라

큐폴라(용선로)는 주철을 용해하는 용해로.

정답 224. ㉱ 225. ㉮ 226. ㉮ 227. ㉰ 228. ㉱ 229. ㉮ 230. ㉱

231
규사에 규산나트륨을 4~6% 첨가 혼련 시켜 CO_2가스를 불어 넣어 경화시키는 주형법은?

㉮ 자경성 주형법 ㉯ 마그네틱 주형법
㉰ CO_2 주형법 ㉱ 시멘트계 주형법

CO_2 주형법.

232
코어의 구비조건 중 틀린 것은?

㉮ 신속하고 완전한 건조가 가능 할 것
㉯ 용융금속에 의한 강도와 경도를 가질 것
㉰ 내열성이 좋을 것
㉱ 용융금속과 접했을 때 가스발생이 많을 것

용융금속과 접했을 때 가스발생이 적고 또한 발생한 가스가 충분히 배출될 수 있도록 통기도가 높을 것.

233
중자(core)를 주형에서 적당한 위치에 고정할 수 있도록 원형에 만든 부분은 무엇인가?

㉮ Core Box ㉯ Core Flange
㉰ Core Print ㉱ Core Seat

주형에 고정시키기 위한 연장부는 코어프린트임.

234
코어 프린트를 붙이는 목적이 아닌 것은?

㉮ 중자의 강도방향 ㉯ 중자의 위치결정
㉰ 중자고정 ㉱ 중자의 가스 빼기

주형에 코어를 고정시키기 위한 연장부.

235
다음 중 Core box로 사용되는 것으로 틀린 것은?

㉮ 동합금형 ㉯ 목형
㉰ Shell형 ㉱ Al형

Shell형은 주형제작으로 사용.

236
코어의 지름이 작으므로 코어의 안정이 나쁠 때 코어의 지름보다 큰 코어 프린트를 붙이는 것은?

㉮ 수평 코어 프린트
㉯ 부분 걸치기 코어 프린트
㉰ 분리 코어 프린트
㉱ 단붙임 코어 프린트

단붙임 코어 프린트.

237
코어(Core)의 강도에 미치는 각종 요인을 설명한 것 중 틀린 것은?

㉮ 점토는 생사코어(Core)의 강도를 높여 준다.
㉯ 코어(Core)의 최고 강도는 점결제의 사용량이 많은 경우에 얻어진다.
㉰ 물은 코어(Core) 모래의 건태강도를 높여준다.
㉱ 코어(Core)의 최고 강도가 얻어질 때 최적 건조 온도로 결정한다.

물은 core 모래의 습태 강도를 높여 준다. 이는 습윤된 모래 입자가 표면 결합력에 의해 결합되기 때문임.

정답 231. ㉰ 232. ㉱ 233. ㉰ 234. ㉮ 235. ㉰ 236. ㉱ 237. ㉰

238 코어를 건조하는 주 목적은?
- ㉮ 신축성과 경도를 증가 시킨다.
- ㉯ 내구력과 내화강도를 증가 시킨다.
- ㉰ 강도와 통기도를 증가 시킨다.
- ㉱ 붕괴성을 증가시킨다.

강도와 통기도를 증가 시켜줌.

239 다음 그림의 코어 명칭은?

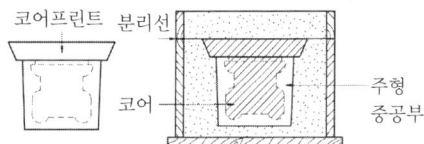

- ㉮ 현수식 코어(suspended)
- ㉯ 드롭코어(drop)
- ㉰ 수평코어(horizontal)
- ㉱ 셋업코어(set up)

현수식 코어

240 주형의 모래 다짐시 원형의 루스피스를 빼낸 후에 생기는 공간을 막아주기 위해 사용되는 평판상의 코어(Core)는?
- ㉮ 슬래브 코어(slab Core)
- ㉯ 커버 코어(cover Core)
- ㉰ 모자형 코어(Cap Core)
- ㉱ 키스 코어(Kiss Core)

슬래브코어는 관, 이음쇠 등의 주물제조에 많이 사용.

241 코어용 모래로 유기 점결제를 사용하는 이유는?
- ㉮ 불연성이다.   ㉯ 강도가 크다.
- ㉰ 점결력이 좋다.   ㉱ 가연성이다.

가연성 이므로 후처리시 붕괴성이 좋음.

242 용탕주입시 산화물이나 슬랙이 탕구계에 들어가지 않도록 하기 위하여 pouring basin에 설치하는 코어는?
- ㉮ strainer core   ㉯ pencil core
- ㉰ oil core   ㉱ knock-off core

① pencil core : Riser에 설치(대기압 작용)
② knock off core : Riser 제거용이 목적
③ strainer core : 슬랙이 탕구에 들어가지 않도록 하는 목적.

243 맹압탕(Blinder Riser)에서 압탕 중심에 대기 압력을 이용하여 가스홀 및 수축공 발생 방지를 위해 사용하는 코어는?
- ㉮ 평형 코어(Balanced core)
- ㉯ 키스 코어(Kiss core)
- ㉰ 슬래브 코어(Slab core)
- ㉱ 펜슬 코어(pencil core)

펜슬코어를 윌리암코어, 통기성 코어라고도 함.

정답 238. ㉰ 239. ㉮ 240. ㉮ 241. ㉱ 242. ㉮ 243. ㉱

244 맹압탕(Blind riser)의 효과를 촉진하기 위하여 사용하는 core의 명칭이 아닌 것은?
㉮ knock-off ㉯ Pencil
㉰ William ㉱ Permeable

> 해설
> knock-off core는 압탕의 절단을 용이하게 하기 위하여 사용

245 후란레진을 점결제로 하는 유기자경성 수지로 외형을 조형했을 때 그 코어는 반드시 유기자경성인 코어를 사용해야 주물불량이 감소 할 수 있는 이유로 틀린 것은?
㉮ 탈사 후 모래가 동일 종류로 하기 위해서
㉯ 주조시 수축, 팽창이 일정하게 하기 위해서
㉰ 균일한 주형 및 코어 강도를 위해서
㉱ 중자 조형원가를 낮추기 위해서

> 해설
> 유기자경성 주형의 원가는 높은 편임.

246 코어 브로잉 머신(core browing machine)의 장점 중 관련이 가장 적은 것은?
㉮ 압축공기를 이용하여 신속, 정확한 조형 방식이다.
㉯ 코어의 크기에 따라 소형에서 대형의 기계제작이 가능하다.
㉰ CO_2 코어일 때는 CO_2 가스취입장치와 조합하여 사용하면 능률적인 취입이 가능하다.
㉱ 기계구조 특성상 수직형 으로만 블로잉(browing)할 수 있다.

> 해설
> 코어 브로잉머신은 수직형, 수평형(대형물을 주로사용).

247 중자(core)제조에 있어서 반드시 금형을 필요로 하는 방법은?
㉮ CO_2형법 ㉯ 생사형법
㉰ 셀형법 ㉱ 유사형법

> 해설
> 셀코어는 철합금, 비철합금, 셀몰드 주조, 금형 주조에 사용함.

248 주형에서 코어 건조의 가장 중요한 목적은?
㉮ 체적과 중량의 감소
㉯ 수축과 변형의 촉진
㉰ 강도와 통기도의 증가
㉱ 내열성과 용해성의 향상

> 해설
> 수분을 제거해서 통기성과 강도를 강화함.

249 기계조형법이 손 조형법에 비하여 우수한 점 중 틀린 것은?
㉮ 제품이 균등하다.
㉯ 생산능률이 향상된다.
㉰ 불량률이 많아진다.
㉱ 제품의 중량이 감소된다.

> 해설
> 불량률이 적어짐.

250 수동식 졸트스퀴즈 조형기에 사용 할 매치 플레이트로 가정 적합한 재료는?
㉮ 알루미늄제 ㉯ 목제
㉰ 주철제 ㉱ 청동제

> 해설
> 수동식 졸트 스퀴즈 조형기에 사용하는 매치플레이트는 사람이 주형을 반전 시키므로 가벼운 재료이어야 함.

정답 244. ㉮ 245. ㉱ 246. ㉱ 247. ㉰ 248. ㉰ 249. ㉰ 250. ㉮

251 공기압을 이용 테이블의 상하 이동으로 조형하는 방법은?

㉮ 졸트법　　㉯ 스퀴즈법
㉰ 샌드 슬링거법　㉱ CO_2법

공기압을 이용 졸트테이블을 피스톤으로 상승 낙하시켜서 그 충격으로 주물사를 다져 조형함.

252 제품의 모양과 크기에 제한이 없고 모래의 운반, 충전, 다지기를 동시에 할 수 있으며, 균일하게 다질 수 있는 것은?

㉮ 수조형법　　㉯ 졸트법
㉰ 스퀴즈법　　㉱ 샌드슬링거법

sand slinger법

253 샌드슬링거의 특징 중 틀린 것은?

㉮ 조형능력이 적다.
㉯ 기계의 보수가 쉽다.
㉰ 투사 중에 통기성이 주어진다.
㉱ 주형의 경도가 모든 층에 일정하다.

조형능력이 큼.

254 정압조형(유기가압조형)의 특징이 아닌 것은?

㉮ 고정밀도의 주물을 만들 수 있다.
㉯ 진동, 소음이 적다.
㉰ 블로우잉식 방법이다.
㉱ 압축공기를 이용한다.

블로우잉식은 충압조형기임

255 Sand Mixer는 Batch식과 flow Mixer 식이 있는데 다음의 flow Mixer(연속믹서)의 장점 중 틀린 것은?

㉮ 배합효율이 좋아서 균일하게 점결제를 혼합시킬 수 있다.
㉯ 대형조형제품을 조형할 때 적합하다.
㉰ 점결제 및 모래의 첨가량을 일정하게 조절할 수 있다.
㉱ 주물사의 손실, 즉 유실되는 양이 많다.

주물사의 손실, 즉 유실되는 양이 적음.

256 주물사의 운반 및 공급장치, 다짐공정, 원형빼기, 합형과 완성된 주형을 주입장소로 이동하는 주조공정은?

㉮ 샌드슬링거
㉯ 샌드블로어
㉰ 졸트-스퀴즈조형기
㉱ 자동연속 조형장치

자동연속 조형장치로 최근 많이 보급된 조형공정.

257 주조방안 작성시 유의 할 사항 중 틀린 것은?

㉮ 다듬질면이나 중요한 부분은 하형에 둔다.
㉯ 수평면은 되도록 상형에 둔다.
㉰ 코어는 되도록 코어프린트로 하형에 장착한다.
㉱ 공기빼기는 되도록 상형으로 한다.

수평면은 주물 홈 또는 흠이 생기기 쉬우므로 하형에 둠.

정답 251. ㉮　252. ㉱　253. ㉮　254. ㉰　255. ㉱　256. ㉱　257. ㉯

258 주조방안 설계시 분할면의 결정에 속하지 않는 것은?

㉮ 제품의 사양, 중요도에 가장 적절한 곳에 분할면을 택한다.
㉯ 주형 분할면은 적게, 단순한 면으로 한다.
㉰ 원형이 빠지기 쉬운면으로 한다.
㉱ 최종 응고부에 압탕을 붙이도록 한다.

해설
주형설계의 기본원칙을 세울 때 고려.

259 주형내의 주물의 위치 결정에서 고려해야 할 사항을 설명한 것 중 틀린 것은?

㉮ 기계가공을 받는 중요한 주물의 표면은 주형 하부에 오도록 한다.
㉯ 주형의 상부, 수평부에는 주물의 큰 평탄면이 오지 않도록 한다.
㉰ 조형은 살 두께가 얇을 곳에서 두꺼운 곳을 방향성 응고가 되도록 한다.
㉱ 탕도계는 용탕이 주물 본체로 유입될 때 통과 경로를 길게 하도록 설계한다.

해설
용탕이 유입될 때 최단 통과 경로를 거치도록 설계해야 함.

260 주조방안 설계기준에서 탕구계 결정이 아닌 것은?

㉮ 탕구 단면적 계산
㉯ 주입시간 계산
㉰ 냉금 결정
㉱ 주입구를 붙이는 방법 결정

해설
냉금 결정은 냉각보조재 결정에 속함.

261 탕구의 기능 중 틀린 것은?

㉮ 온도구배를 주어 지향성 응고를 이루게 한다.
㉯ 용탕의 흐르는 속도를 조절하여 조용히 들어가게 한다.
㉰ 용탕이 주형에 들어가게 한다.
㉱ 주형에 용탕이 흘러 들어갈 때 정압을 부여하지 않는다.

해설
탕구는 건전한 주물을 얻기 위해서는 조용하게 흘러들어야 하며, 온도구배를 주어 지향성 응고를 일으킬 수 있도록 설계되어야 함.

262 탕구계의 방안을 세울 때 주의 사항이 아닌 것은?

㉮ 용탕이 가능한 조용하고, 천천히 주입구에 따라서 불연속적으로 주형 내에 유입 가능 할 것.
㉯ 주형 내의 공기와 가스가 정체하지 않고 배출 될 수 있도록 할 것
㉰ 장시간 용탕 주입시 주입구 부분에 국부적인 과열점이 생기지 않도록 대책을 강구 할 것.
㉱ 모래, 슬래그 등의 혼입이 없도록 할 것.

해설
조용하고, 빠르고, 연속적으로 유입 되어야 함.

263 기능상 탕구계가 아닌 것은?

㉮ 압탕   ㉯ 탕구
㉰ 탕도   ㉱ 게이트

해설
압탕(riser) : 수축방지.

정답 258. ㉱ 259. ㉱ 260. ㉰ 261. ㉱ 262. ㉮ 263. ㉮

264 탕구에 대한 일반적인 설명 중 틀린 것은?

㉮ 탕구는 보통 각형의 단면이다.
㉯ 탕구는 용탕이 와류가 되지 않게 설계해야 한다.
㉰ 탕구는 보통 수직으로 탕도에 이어진다.
㉱ 탕구는 보통 원형의 단면이다.

탕구는 보통 원형의 단면.

265 주철주물의 주조방안 설계시 탕구(게이트)의 고려사항 중 틀린 것은?

㉮ 게이트를 붙이는 위치는 원칙적으로 후육부, 제품의 형상부(리브)부터 주입토록 한다.
㉯ 탕도끝에서 조금 떨어진 위치에 게이트를 낸다.
㉰ 용탕의 흐름과 반대방향으로 각도를 주어서 찌꺼기의 혼입을 방지한다.
㉱ 탕도 높이의 1/4이상으로 하여 조용히 들어가는 것이 좋다.

일반적인 게이트의 높이(h) ≦1/4H(탕도의 높이)

266 다음 사항 중 틀린 것은?

㉮ 용탕이 탕구계를 흐를 때 될 수 있는 대로 교란이 적은 것이 이상적이다.
㉯ 열이란 물질의 온도를 높이는 에너지다.
㉰ 낙하하는 용탕의 흐름은 중력의 영향을 받지 않는다.
㉱ 탕구계는 수직부문과 수평부문으로 나뉜다.

$V = k\sqrt{2gh}$로 용탕의 낙하속도는 중력가속도($2g\sqrt{}$)에 비례

267 탕구계의 형상 중 옳은 것은?

㉮ 주탕받이는 용탕이 탕구에 들어가기 전에 가능한 주입 속도가 빠르게 되도록 설계한다.
㉯ 난류를 최대한으로 해주기 위하여 유선형 탕구를 수직탕구로 해준다.
㉰ 공기의 혼입을 방지하기 위하여 탕구에 기울기를 준다.
㉱ 주형의 침식이나 가스의 혼입을 예방 할 수 있도록 가급적 난류상태로 주입시킨다.

공기의 흡입을 방지하기 위해 탕구에 기울기를 줌.

268 탕구계 선택시 고려해야 할 사항이 아닌 것은?

㉮ 주물형상 ㉯ 용탕의 유속
㉰ 주입될 용탕 ㉱ 경제성

용탕의 유속은 탕구계 설계시 고려.

269 주형 중의 빈자리에 용탕을 충만 시키는데 필요한 수직 통로는?

㉮ 주입컵 ㉯ 탕도
㉰ 탕구 ㉱ 주입구

주입컵에서 밑으로 수직하게 되어 있으며 탕구라 함.

270 탕구에 가장 적합한 단면형은?

㉮ 원통형 ㉯ 정방형
㉰ 삼각형 ㉱ 장방형

탕구는 일반적으로 단면이 원형인 것을 사용 함.

정답 264. ㉮ 265. ㉱ 266. ㉰ 267. ㉰ 268. ㉯ 269. ㉰ 270. ㉮

271. 그림의 탕구는 어느 것인가?

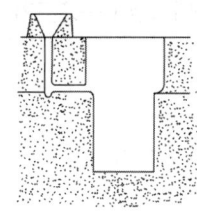

㉮ parting line gate   ㉯ bottom gate
㉰ top gate   ㉱ top pencil gate

분할선 탕구(parting line gate)

272. 주형에 용탕을 주입 할 때 탕구의 높이는 주로 주형의 무엇으로 결정하는가?

㉮ 상형높이   ㉯ 상형넓이
㉰ 상하형의 높이   ㉱ 넓이와 길이

탕구의 높이는 주형의 높이로 결정.

273. 일반적으로 주입구를 거쳐 탕구바닥에 흐르는 용탕의 속도는?

㉮ 증가 되어야 한다.
㉯ 일정 하여야 한다.
㉰ 감소 되어야 한다.
㉱ 관련이 없다.

주입구에서 탕구바닥에 도달한 용탕은 속도와 교란이 감소되어 불순물, 공기, 가스의 혼입을 방지.

274. 지느러미(fin)와 같이 얇고 폭이 넓은 탕도에 붙인 주입구는?

㉮ 휠 주입구   ㉯ 샤워 주입구
㉰ 나이프 주입구 ㉱ 직접 주입구

제품이 얇을 때 많이 사용.

275. 펜슬 게이트(pencil gates)가 사용되는 탕구계는?

㉮ 상면탕구(top gates)
㉯ 저면탕구(gottom gates)
㉰ 다단탕구(step gates)
㉱ 분할탕구(parting line gates)

상면탕구에 발생하는 주형침식, 금속개재물, 공기혼입 등을 제거하기 위해 펜슬게이트를 사용함으로써 주입속도를 조절하고, 슬랙이나 개재물을 제거.

276. 샤워 게이트(shower gate)로 옳은 것은?

㉮ 용탕이 탕구에서 직접 주입되는 구조
㉯ 용탕이 주물의 여러 높이에서 설치된 게이트를 통해서 주입되는 구조
㉰ 용탕이 상부에 있는 탕구로부터 여러개의 구멍을 통해서 주입되는 구조
㉱ 용탕이 주형 하부에 설치된 게이트로부터 주입되는 구조

살 두께가 얇은 주물은 불순물 혼입을 피하기 위하여 주형 상부에 여러개의 구멍을 통해서 주입되도록 하는 구조이다. ㉮ 직접주입식 구조 ㉯ 다단 구조 ㉱ 하부주입구조

정답 271. ㉮ 272. ㉮ 273. ㉰ 274. ㉯ 275. ㉮ 276. ㉰

주조(鑄造)기능장

277 대형주물의 용탕주입시 사용하는 걸치기게이트(주입컵)의 제작시 고려되어야 할 사항 중에서 틀린 것은?

㉮ 용탕저류부의 형상은 원형보다는 장방형 또는 타원형이 좋다.
㉯ 탕구구멍의 위치는 중심에서 한쪽으로 벗어난 위치로 한다.
㉰ 걸치기게이트의 깊이는 가능한 한 얕게 해야 한다.
㉱ 용탕주입초기에 찌꺼기가 들어가지 않도록 탕구 구멍에 스토퍼를 사용 할 수도 있다.

> 해설
> 걸치기게이트의 깊이가 너무 얕아서는 안 된다. 즉, 일정량의 용탕을 일시 저장하여 용탕속의 슬래그나 찌꺼기 등을 분리 할 수 있도록 설계 되어야 함.

278 주입된 용탕을 포착하여 불순물 등을 제거하는 탕구계의 위치는?

㉮ 탕구 ㉯ 주입구
㉰ 탕도 ㉱ 탕도끝

> 해설
> 최초로 주입된 용탕을 포착하여 불순물을 제거하는 부분은 탕도끝.

279 탕구저는 어느 곳에 만드는가?

㉮ 탕도 끝부분에 만든다.
㉯ 탕도와 주입구 사이에 만든다.
㉰ 탕도 중간에 만든다.
㉱ 탕구 밑에 만든다.

> 해설
> 탕구의 밑부분.

280 주입된 용융금속의 응고 속도는 주물의 각 부분마다 다르다. 응고가 최후에 되는 부분은?

㉮ 탕구 ㉯ 탕도
㉰ 플로우오프 ㉱ 압탕

> 해설
> 압탕은 최후에 응고하는 곳에서의 수축결함을 방지하기 위해 외부로부터 추가로 용탕을 공급하기 위하여 설치.

281 압탕의 구비조건으로 틀린 것은?

㉮ 압탕은 주물보다 나중에 응고 할 수 있도록 충분히 커야 한다.
㉯ 압탕은 액체 상태로 오랫동안 유지되어야 한다.
㉰ 진행성 응고가 일어나도록 설치해야 한다.
㉱ 압탕의 크기는 경제적인 면을 고려해야 한다.

> 해설
> 지향성 응고 또는 방향성 응고.

282 주물을 만들 때 설치하는 압탕의 설계와 배치가 틀린 것은?

㉮ 압탕의 응고는 주물의 응고시간보다 길어야 한다.
㉯ 압탕은 주물의 방향성 응고를 하도록 설치한다.
㉰ 압탕의 모양은 응고시간에 관계없다.
㉱ 일반적으로 응고수축이 크면 압탕도 크게 한다.

> 해설
> 압탕은 주물보다 나중에 응고 할 수 있도록 충분히 커야 함.

정답 277. ㉰ 278. ㉱ 279. ㉱ 280. ㉱ 281. ㉰ 282. ㉰

283 주물의 압탕에 대한 사항이 틀린 것은?
㉮ 주물이 최후에 응고되는 곳에 설치한다.
㉯ 응고수축에 대한 압탕의 계속 공급으로 수축공이 생기지 않는다.
㉰ 주물이 최초에 응고되는 곳에 설치한다.
㉱ 수직으로 설치하고 가능한 한 경사와 수평으로는 설치하지 않는다.

압탕은 주물보다 나중에 응고 할 수 있도록 함.

284 압탕(riser)에 관한 설명 중 틀린 것은?
㉮ 주물품의 응고에 대한 추가 용탕의 역할을 한다.
㉯ 압탕의 유효공급 거리는 응고대가 넓은 합금이 좁은 합금보다 더 크다.
㉰ 압탕의 응고시간은 주물의 응고 시간보다 길어야 하며 액상이 고상으로 변할 때는 수축을 메울수 있을 만큼 용금을 충분히 공급 할 수 있어야 한다.
㉱ 회주철의 압탕은 주강과 공통적 양상을 가지고 있으나 응고양상이 액상공정 및 공정 반 응순으로 일어나기 때문에 압탕 설치시 이러한 점을 고려하여야 한다.

압탕의 유효공급 거리는 응고대가 넓은 합금이 좁은 합금보다 적음.

285 폐쇄압탕으로 완전히 주물사에 둘러 쌓여 상형 위로 뚫고 나오지 않는 압탕은?
㉮ master riser   ㉯ blind riser
㉰ pattern riser ㉱ sweep riser

폐쇄 압탕 = (맹압탕, blind riser)

286 주물은 응고되면서 수축을 하기 때문에 이를 보상해 줄 수 있는 압탕(Riser)이 필요하다. 그러나 어떠한 경우에는 압탕이 없이도 건전한 주물을 얻을 수 있다. 다음 주물재질 중 어떠한 것이 압탕이 없이 건전한 주물을 얻을 수 있는가?
㉮ 회주철주물   ㉯ 강주물
㉰ Cu 합금주물   ㉱ Al 합금주물

회주철은 응고 하면서 일어나는 흑연의 팽창으로 무압탕으로 주조가 가능.

287 압탕 설계 중 발열 압탕을 사용 할 경우 주의점이 아닌 것은?
㉮ 발화점 이상으로 오르면 자연 연소해야 한다.
㉯ 성형시 가스빼기를 충분히 하지 않으면 안된다.
㉰ 주물에 직접 발열 압탕이 접촉하여도 무방하다.
㉱ 생형에 빨리 주입하면 수분을 흡수하여 효과가 적다.

접촉하면 표면불량의 원인.

288 판(版)상 주물에서 압탕의 유효 급탕거리는 두께의 몇 배인가?
㉮ 5   ㉯ 4.5
㉰ 6   ㉱ 5.5

판상주물의 유효 급탕거리 : 4.5T

283. ㉰ 284. ㉯ 285. ㉯ 286. ㉮ 287. ㉰ 288. ㉯

289. 주조설계에서 방향성 응고를 위한 설계의 설명 중 틀린 것은?

㉮ 큰 단면은 작은 단면을 통하여 압탕 효과를 줄 수 없다.
㉯ 가능한 한 단면은 압탕 쪽을 향해 기울기를 준다.
㉰ 수평이 되도록 하는 것이 바람직하다.
㉱ 고립된 열점은 피하여야 한다.

해설 평평한 표면을 갖고 있는 주물의 제작은 곤란.

290. 방향성 응고를 촉진시키는 방법의 설명이 틀린 것은?

㉮ 압탕의 열방출을 적게 하고 냉각 속도를 느리게 한다.
㉯ 압탕부에 발열 슬리브 또는 발열재를 사용한다.
㉰ 압탕에서 먼 곳은 두껍게 하여 응고 시간을 연장한다.
㉱ 압탕 효과가 미치지 못한 부분에는 칠을 사용하여 응고를 촉진시킨다.

해설 압탕에서 먼 곳은 얇게 하여 응고 시간을 단축시키고, 압탕에 가까워질수록 점점 두껍게 하여 응고 시간을 길게 해주어야 함.

291. 알루미늄 합금용에 가장 적합한 주물자(foundry scale)는?

㉮ 1/1000~4/1000
㉯ 5/1000~9/1000
㉰ 10/1000~18/1000
㉱ 20/1000~25/1000

해설 ㉮ 주철용 ㉯ 구리합금용 ㉱ 주강용

292. 25/1000의 주물자는 어떠한 주물에 적용되는 주물자인가?

㉮ 일반 주철 주물
㉯ 알루미늄 주물
㉰ 동 주물
㉱ 두꺼운 주강 주물, 고망간 주강 주물

해설
주물자 사용 기준
① 8/1000 : 일반 주철 주물
② 16/1000 : 주강 주물(두께10mm 이상)
③ 20/1000 : 대형 주강 주물
④ 25/1000 : 두꺼운 주강 주물, 고망간 주강 주물

293. 주물의 수축방지로써 이용되지 않는 것은?

㉮ 압탕의 이용   ㉯ 칠드메탈 이용
㉰ 보정여유 이용   ㉱ 채플릿 이용

해설 채플릿은 코어를 고정시킬 때 보조하는 것.

294. 탕구비라 함은 탕구계통의 비율로 표시한 것 중 옳은 것은?

㉮ 탕구 단면적 : 게이트 총 단면적 : 탕도의 단면적
㉯ 게이트 총 단면적 : 탕구단면적 : 탕도의 단면적
㉰ 탕구단면적 : 탕도의 단면적 : 게이트이 총 단면적
㉱ 게이트 총 단면적 : 탕도의 단면적 : 탕구의 단면적

해설 탕구 단면적 : 탕도 단면적 : 주입구의 총 단면적

정답 289. ㉰ 290. ㉰ 291. ㉰ 292. ㉱ 293. ㉱ 294. ㉰

295 주조합금의 응고수축(V/O)의 값이 가장 높은 것은?

㉮ 백주철 ㉯ 탄소강
㉰ 강 ㉱ 알루미늄

해설: 백주철(4~5.5), 강(4.9), 탄소강(2.5~3.0), Al(6.6).

296 탕도 단면적이 10cm², 탕구 단면적이 3.0cm², 주입구의 총 단면적이 10cm²일 때 탕구비는?

㉮ 1 : 3 : 1 ㉯ 3 : 1 : 1
㉰ 1 : 1 : 3 ㉱ 3 : 3 : 1

해설: 탕구비란 탕구 단면적 : 탕도 단면적 : 게이트 총 단면적.

297 보기와 같이 주입계통의 크기가 주어져 있을 때 탕구비는 얼마이며 어떤 금속에 적용할 수 있는가?

[보기]
탕구 단면적 = 1256mm²
탕도 단면적 = 1200mm²
주입구 단면적 = 1000mm²

㉮ 1.26 : 1.2 : 1 - 주철
㉯ 0.8 : 0.96 : 1 - 알루미늄 합금
㉰ 1 : 1.2 : 1.26 - 알루미늄 합금
㉱ 1 : 0.96 : 0.8 - 주철

해설: 탕구 단면적=1256mm², 탕도 단면적=1200mm², 주입구 단면적=1000mm² 탕구비는 탕구 : 탕도 : 주입구로 나타냄. 단면적으로 볼 때 가압식 탕구비로써 주철에 적용.

298 탕구비가 1 : 4 : 4일 때 주입구 A의 단면적은 몇 cm²인가?

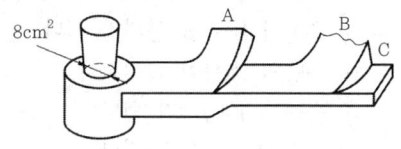

㉮ 8 ㉯ 16
㉰ 32 ㉱ 40

해설: 탕구비 1 : 4 : 4 = 탕구 단면적 : 탕도 단면적 : 주입구 총 단면적 이므로 8 : 32 : 32가 된다. 주입구가 2개 이므로 32÷2 = 16cm².

299 탕구높이 50cm, 주물높이 20cm, 주입구로부터 주물높이가 10cm 일 때, 유효탕구 높이(cm)는?

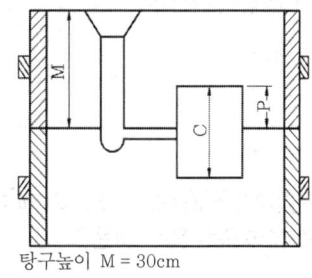

탕구높이 M = 30cm
주물높이 C = 20cm
주입구에서 주물높이 P = 10cm

㉮ 22.5 ㉯ 45.0
㉰ 47.5 ㉱ 50.0

해설: 유효탕구 높이 He = (2MC−P₂)/2C에서
$$He = \frac{2 \times 50 \times 20 - 10^2}{2 \times 20} = 47.5cm$$

정답: 295. ㉱ 296. ㉯ 297. ㉱ 298. ㉯ 299. ㉰

300 탕구보다 게이트가 큰 감압계의 탕구 방안에 대한 설명이 틀린 것은?
㉮ 주형이 파손될 염려가 적다.
㉯ 용탕의 흐름이 균일하다.
㉰ 슬래그가 생기기 쉽다.
㉱ 용탕의 유속이 느리다.

해설) 가압계 탕구비의 경우 용탕의 흐름이 균일하지 않음.

301 다음은 압력 주입방식에 대한 설명 중 틀린 것은?
㉮ 유입속도가 크다.
㉯ 층류가 생긴다.
㉰ 공기의 혼입이 많다.
㉱ 주형의 침식이 크다.

해설) 난류가 생김.

302 가압식탕구계(pressureized gating system)의 설명으로 틀린 것은?
㉮ 주입구의 단면이 동일하다면 각 주입구에서의 유입 용탕량은 동일하다.
㉯ 용탕의 난류로 공기, 드로스 등의 혼입 염려가 있고 주형 침식가능성이 높다.
㉰ 용탕의 운동에너지에 의하여 탕구에서 가장 먼 주입구에서 가장 많이 유입된다.
㉱ 탕구, 탕도, 주입구 순으로 단면적비가 순차 적으로 적아진다.

해설) 비가압식의 특징.

303 가압식 탕구계의 이점 중 틀린 것은?
㉮ 탕구계가 용탕으로 충만 된다.
㉯ 탕구계 전체에 압력이 유지된다.
㉰ 용탕 손실이 적어 회수율이 높아진다.
㉱ 난류가 적어 이물질 혼입이 적다.

해설) 유선형이 아니면 연결부에 난류가 일어남.

304 구상흑연주철의 압력방식에서 적용되는 탕구비는?
㉮ 4 : 8 : 3 ㉯ 2 : 4 : 3
㉰ 1.2 : 3 : 2 ㉱ 2 : 1.5 : 1

해설) 주물의 주조방안 중 구상흑연주철의 탕구비는 2 : 4 : 3 또는 1.2 : 3 : 2인 비압력 방식과 4 : 8 : 3인 압력방식이 이용되며, 2 : 1.5 : 1인 탕구비는 보통주철의 압력방식 탕구비.

305 주철주물을 주조하기 위하여 1 : 0.75 : 0.5의 가압식 탕구계를 채택 하고자 한다. 주입구(ingate)의 총단면적이 6.28cm² 일 때 탕구(spure) 하부의 지름은 몇 ϕ mm인가?
㉮ 30 ㉯ 40
㉰ 50 ㉱ 60

해설) 탕구, 탕도, 주입구의 단면적 비가 1 : 0.75 : 0.5 이므로, 탕구의 단면적은 12.56cm²이 되고 π로 나누게 되면 반지름의 제곱이 4cm²이므로 지름은 4cm.

정답 300. ㉰ 301. ㉯ 302. ㉰ 303. ㉱ 304. ㉮ 305. ㉯

306 비가압 탕구방안에서 탕구 : 탕도 : 주입구의 총 단면적비가 옳은 것은?

㉮ 탕구 > 탕도 > 주입구
㉯ 탕구 > 탕도 ≧ 주입구
㉰ 탕구 < 탕도 ≦ 주입구
㉱ 탕구 < 탕도 > 주입구

유선화된 탕구비 1 : 3 : 3의 비압력 주입방식.

307 탕구계에서 비가압식과 가압식을 옳게 설명한 것은?

㉮ 가압식은 탕구비가 1 : 2 : 3이고 비가압식의 탕구비는 3 : 2 : 1 이다.
㉯ 가압식은 주입구에서 유체의 흐름을 제한하므로 탕구계통 전체에 압력이 유지되지 않는다.
㉰ 비가압식은 탕구계통 내의 난류 및 주형의 공간부에서 용탕의 분출이 증가한다.
㉱ 비가압식은 일정한 유량의 가압 탕구계에 비하여 주조 수율은 낮다.

㉮ 가압식 탕구비는 3 : 2 : 1이고, 비가압식은 1 : 2 : 3 ㉯ 비가압식의 특징 ㉰ 가압식의 특징

308 탕구비가 1 : 4 : 4 일 때 탕도 단면적이 24cm²이다. 다음 중 틀린 것은? (단, 탕도 2개, 주입구 4개)

㉮ 비가압식 탕구계이다.
㉯ 탕구의 단면적은 6cm²이다.
㉰ 주입구의 1개 단면적은 6cm²이다.
㉱ 주입구에서 용탕의 유속이 빠르다.

가압식 탕구

309 탕구계에서 게이트의 총 단면적이 탕구의 단면적 보다 작은 경우는?

㉮ 단 게이트   ㉯ 상부 게이트
㉰ 가압 탕구계   ㉱ 비가압 탕구계

가압탕구계(압력탕구계)

310 비가압식 탕구방안의 탕구비에 가장 적당한 것은?

㉮ 1 : 4 : 4   ㉯ 1 : 2 : 1
㉰ 0.25 : 1 : 0.5   ㉱ 2 : 1 : 1

비가압식 탕구는 용탕이 조용히 일정하게 들어갈 수 있도록 탕도 및 주입구의 단면이 탕구의 단면보다 크게 만들어 주므로 탕구내의 난류 및 주형 공간분에서의 용탕의 분출이 감소.

311 탕구계에서 확대형 탕구를 사용 할 경우 탕도의 나비가 4cm이면, 확대 탕구바닥의 지름은 몇 cm가 되는가?

㉮ 4   ㉯ 6
㉰ 10   ㉱ 2.5

확대 탕구를 사용 할 경우 바닥의 지름은 나비의 2.5배이다. 4×2.5 = 10cm

312 용탕의 주입 시간은 무엇에 비례하는가?

㉮ 용탕의 색깔   ㉯ 제품의 무게
㉰ 제품의 재질   ㉱ 용탕의 온도

$f = k\sqrt{w}$, f : 시간, w = 무게

정답 306. ㉰ 307. ㉱ 308. ㉱ 309. ㉰ 310. ㉮ 311. ㉰ 312. ㉯

주조(鑄造)기능장

313 탕구의 크기를 결정하는 주입시간(T)는?

㉮ $T = S\sqrt{W}$　　㉯ $T = S \times W$
㉰ $T = \dfrac{W}{S}$　　㉱ $T = W\sqrt{S}$

해설
$T = S\sqrt{W}$
T = 주입시간(sec), S = 주물의 살 두께에 따른 상수, W = 주물의 중량(kgf)

314 주조에서 응고 시간을 옳게 나타낸 것은?
(단 t = 응고 시간(sec), v = 주물체적(cm^3), s = 주물의 표면적(cm^3), T = 주물의 두께(cm))

㉮ $t = v/s$　　㉯ $t = v^2/s$
㉰ $t = (v/s)^2$　　㉱ $t = (s/vt)^2$

해설
응고시간 = k(주물체적/주물표면적)^2, K : 상수

315 파이프 형상의 주철관을 원심주조 하고자 할 때 제품의 지름(D)은 100cm이고, 중력 배수(G)를 60으로 할 때 회전속도(N)는?

(단, $N = \sqrt{\dfrac{1789 \times 10^2}{D} G}$)

㉮ 546　　㉯ 19
㉰ 244　　㉱ 328

해설
$N = \sqrt{\dfrac{1789 \times 10^2}{D}} G = \sqrt{\dfrac{178900}{100} \times 60}$
　 = 327.6, ∴ 328

316 일정한 수두 20cm 높이로 주탕 되는 용탕의 유입속도(cm/sec)는?

㉮ 14　　㉯ 19.8
㉰ 28　　㉱ 39.8

해설
$V = C\sqrt{(2gh)} = 0.2 \times (2 \times 980 \times 20)^{\frac{1}{2}}$
　 = 39.796cm/sec

317 파이프형상의 주철관을 원심주조 하고자 할 때 제품의 지름(D)은 10cm이고, 회전속도를 1,000으로 할 때 중력 배수(G)값은? (단, $G = \dfrac{2\pi 2 N2 D}{602 g}$, $g = 980cm/sec^2$)

㉮ $G = 56$　　㉯ $G = 560$
㉰ $G = 0.11$　　㉱ $G = 11$

해설
$G = \dfrac{F}{W} = \dfrac{2\pi^2 N^2 D}{60^2 g} = \dfrac{DN^2}{1789 \times 10^2}$
　 $= \dfrac{10 \times 1,000,000}{1789 \times 10^2} ≒ 55.9$

318 용융금속을 주형에 주입하면 응고하게 된다. 용융점이 내부로 전달되는 속도를 V, 결정입자의 성장속도를 G라 할 때 입상결정은 어느 때 일어나는가?

㉮ $G > V$　　㉯ $G = V$
㉰ $G < V$　　㉱ $G \geqq V$

해설
$G \geqq V$: 주상결정 입자, $G < V$: 입상결정 입자

정답 313. ㉮　314. ㉰　315. ㉱　316. ㉱　317. ㉮　318. ㉰

319
그림과 같은 주형에 용탕을 주입 하였을 때 상형을 위로 밀어 올리는 압력은? (단, H = 100mm, S = 7200kg$_f$/m³)

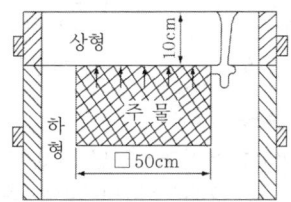

㉮ 90g/cm³ ㉯ 180g
㉰ 90kg$_f$/cm³ ㉱ 180kg$_f$

$(0.5)^2 \times 0.1 \times 7200 = 180kg_f$

320
그림과 같이 A = 300mm인 주철 주물을 만들 때 필요한 주입추의 무게(kg$_f$)는 약 얼마로 하면 안전한가? (단, H = 100mm, S = 7000kg$_f$/m³이다.)

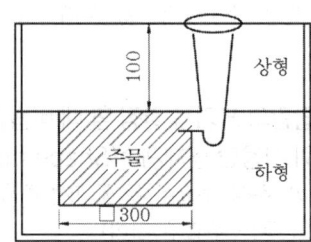

㉮ 190 ㉯ 210
㉰ 240 ㉱ 300

용탕의 압력
$P = A \times H \times S$, $p = (0.3)^2 \times 0.1 \times 7000 = 63kg_f$에서 실제로 용탕이 흐를 때 큰 압력을 받으므로, 계산 값의 3배가 안전.
$P = 63 \times 3 = 189 ≒ 190$
* A : 주물 위에서 본 면적(m²),
  H : 주물 윗면에서 주입구의 면까지의 높이(m),
  S : 주입금속의 비중

321
그림과 같은 치수를 가진 주물에서 위의 상자가 받은 압력은 H가 150과 350mm의 높이일 때, 받는 압력의 합(P_1+P_2)을 받게 된다. 이 때 필요한 주입추의 무게는 몇 kg$_f$으로 하는 것이 안전한가? (위에서 본 형상은 정사각형이고 S = 7200kg$_f$/m³)

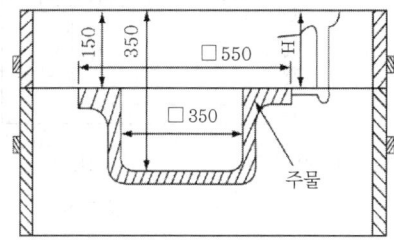

㉮ 190 ㉯ 300
㉰ 500 ㉱ 1500

$P_1 = [(0.55)^2 - (0.35)^2] \times 0.15 \times 7200 ≒ 194kg_f$
$P_2 = (0.35)^2 \times 0.35 \times 7200 ≒ 309kg_f$
∴ $P_1 + P_2$ = 194 + 309 ≒ 500kg$_f$
따라서 안전한 주입추의 무게는 1500kg$_f$ (500×3)으로 함.

322
주물의 중량 500kg$_f$, 주입구에 주입속도 0.8kg$_f$/cm²sec 주입시간이 50초인 경우 게이트 단면적(cm²)은? (단, 마찰손실이 없다고 가정.)

㉮ 8.5 ㉯ 10
㉰ 12.5 ㉱ 20

게이트 단면적 = $\dfrac{주물중량}{단위주입속도 \times 주입시간}$
= $\dfrac{500\text{kg}_f}{0.8 \times 50}$ = 12.5cm²

정답 ▶ 319. ㉱ 320. ㉮ 321. ㉱ 322. ㉰

323 그림과 같이 A = 500×500mm인 주철주물을 만들 때 필요한 중추의 무게를 몇 kg$_f$으로 하면 안전한가? (주철의 비중량 계산은 7200kg$_f$/m³, 안전계수는 3으로 계산할 것)

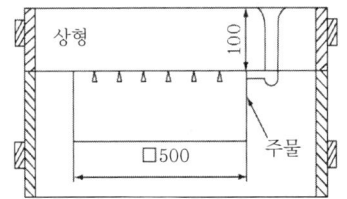

㉮ 90 ㉯ 180
㉰ 360 ㉱ 540

$P = A \times H \times S$
$P = (0.5)^2 \times 0.1 \times 7200 = 180 kg_f$
180kg$_f$이 상형에 주는 총 압력이므로 3배 되는 540kg$_f$ 정도로 하면 안전.

324 압탕의 계산에 있어 일반적인 체적/표면적(주물계수 : M)을 사용하지 않고 주물의 형상에 관련된 형상인자(shape factor)의 개념을 도입한 압탕 계산법은?

㉮ Wlodawer 방법
㉯ Jeancolas 방법
㉰ Berger 방법
㉱ Bishop, Pellini 방법

Bishop, Pellini 방법

325 회주철의 평면이 500cm², 탕구높이 10cm, 안전계수 1.5일 때 용탕의 압력(kg$_f$)은? (단, 비중7.3)

㉮ 55 ㉯ 50
㉰ 45 ㉱ 37

$W = 1.5 \times A \times H \times G$ (단, G 0.0073kg$_f$/cm³)
$= 1.5 \times 500 \times 10 \times 0.0073 = 54.8 ≒ 55 kg_f$
용탕의 압력 $P = A \times H \times S$

326 제품의 형상계수(Shape factor)란 압탕의 크기를 결정 할 때 사용하는 계수이다. 두께 10cm, 길이 100cm, 폭 40cm 일 때의 형상계수는?

㉮ 2 ㉯ 2.75
㉰ 14 ㉱ 15

형상계수 = (길이+폭)/ 두께 = (100+40)/10 = 14

327 압탕의 크기를 결정 할 때 비숍(Bishop)등이 사용한 형체계수(Shape factor)는?
(T: 주물 주요부 두께, W: 주물 주요부 폭, L: 주물 주요부 길이)

㉮ $R/L+W$ ㉯ $L+W/T$
㉰ $L \times W/T$ ㉱ $T/L \times W$

Bishop은 형상이 다른 강주물을 주조 할 때 압탕에 약간의 발열 보온재를 살포하면서 형체계수와 주물에 대한 압탕의 최소 체적비를 구함.

328 주물의 길이 50cm, 폭 25cm, 두께 10cm 일 때 안전계수(형상계수 : Shape factor)는 얼마인가?

㉮ 5.5 ㉯ 7.5
㉰ 10   ㉱ 20

해설

안전계수(형상계수) = $\dfrac{\text{길이}+\text{폭}}{\text{두께}} = \dfrac{50+25}{10} = 7.5$

329 주물의 중심선에서 결정이 생기고 있는 시간이 40분이고 주물전체가 응고완료 하는데 걸리는 시간이 1시간 20분이 걸렸다면 이 때의 중심선 주탕저항(%)은?

㉮ 40   ㉯ 200
㉰ 50   ㉱ 25

해설

중심선 주탕저항
= $\dfrac{\text{중심선에서 결정이 생기고 있는 시간(40분)}}{\text{주물전체가 완료하는데 걸리는 시간(80분)}} \times 100$
= 50%

330 그림과 같은 주철품의 중량을 계산하면 몇 kg_f인가? (단, 주철의 비중은 7.2)

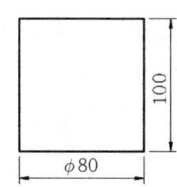

㉮ 3.6   ㉯ 3.9
㉰ 4.0   ㉱ 4.4

해설

$W = \dfrac{3.14 \times 8^2}{4} \times 10 \times 7.2 = 3.6\,kg_f$

331 주물의 냉각곡선이 다음과 같을 때 중심선 주탕저항(C.F.R) (%)은?

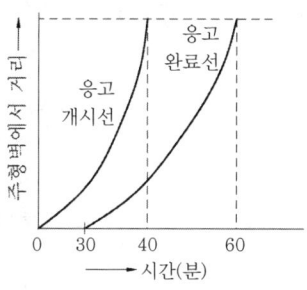

㉮ 20   ㉯ 33
㉰ 50   ㉱ 60

해설

중심선 주탕저항
= $\dfrac{\text{중심선에서 결정이 생기고 있는 시간}}{\text{주물전체가 완료하는데 걸리는 시간}} \times 100$
= $\dfrac{60-40}{60} \times 100 = 33\%$

332 C.F.R 값 중 압탕 효과가 가장 큰(%) 것은?

㉮ 50   ㉯ 30
㉰ 40   ㉱ 20

해설

중심선 주탕저항 값이 작을수록 주입이 용이.

333 주형에서 냉금메탈(chill metal)을 사용하는 이유는?

㉮ 슬랙의 분리제거 ㉯ 주물의 수축방지
㉰ 가스의 신속배출 ㉱ 용탕의 보충주입

해설

응고 촉진을 위하여 냉금메탈을 설치.

정답 328. ㉯ 329. ㉰ 330. ㉮ 331. ㉯ 332. ㉱ 333. ㉯

334 원형중량 5kg$_f$, 원형비중 0.45일 때 7-3 황동 주물의 중량(kg$_f$)은? (단, Cu의 비중 8.9, Zn의 비중 7.0)

㉮ 약 72.6　　㉯ 약 78.3
㉰ 약 88.3　　㉱ 약 92.6

주물중량 = $\dfrac{주물비중}{원형비중} \times 원형중량(kg_f)$

$= \dfrac{8.9 \times \dfrac{70}{100} + 7.0 \times \dfrac{30}{100}}{0.45} \times 5$

$= \dfrac{6.23+2.1}{0.45} \times 5 = 92.6 \, kg_f$

335 제품중량 50kg$_f$인 주물을 주입할 때 압탕 중량 50kg$_f$ 탕도, 탕구, 주입구 중량이 10kg$_f$일때 제품의 회수율(%)은?

㉮ 62.5　　㉯ 60.625
㉰ 83.33　　㉱ 80.83

불량을 감안 안한 회수율
= (제품중량/전용탕주입량)×100
= 50/(50+20+10)×100 = 62.5
불량 감안한 회수율
= 62.5×97/100 = 60.625%

336 압탕의 효과가 충분하지 못한 곳의 응고 속도를 빨리하기 위하여 설치하는 것은?

㉮ Flow-off　　㉯ Strainer
㉰ Pencil gate　　㉱ Chill metal

냉금(Chill metal) : 수축이 일어나는 부분의 응고를 촉진시키기 위하여 설치

337 칠메탈(chill metal)을 사용하는데 필요하지 않은 경우는?

㉮ 용탕의 보급이 미치지 못하는 부분
㉯ 압탕효과가 불충분한 부분
㉰ 응고속도를 지연시켜야 할 부분
㉱ 응고수축이 일어나는 부분

칠메탈은 응고를 촉진 시키므로, 얇은 곳이나 응고속도를 지연시킬 부분에는 사용하지 않음.

338 주물의 압탕 효과를 증가시킬 수 있는 방법으로 틀린 것은?

㉮ 덧붙임(padding)을 한다.
㉯ 칠(chill)을 제거한다.
㉰ 압탕부에 단열재나 발열재로 만든 슬리브를 사용한다.
㉱ 압탕의 형상계수(체적/표면적)을 크게 한다.

칠은 주물의 냉각속도를 증가시키기 위하여 주형에 사용되며 압탕 효과가 미치지 못하는 부분에 응고를 촉진, 방향성응고를 촉진하므로 압탕 효과를 증대 함.

339 회주철 주물에서 용탕은 어느 쪽으로 주입하는 것이 좋은가?

㉮ 주물의 단면두께가 얇은 곳
㉯ 주물의 단면두께가 두꺼운 곳
㉰ 주물의 단면두께가 중간인 곳
㉱ 주물의 단면두께는 관계 없음

회주철 주물은 응고수축이 적기 때문에 동시 응고를 시키기 위해서 얇은 쪽으로 주입해야 함.

정답　334. ㉯　335. ㉮　336. ㉱　337. ㉰　338. ㉯　339. ㉮

340 규사의 주성분이 되는 SiO_2는 어떤 온도에 도달하면 α에서 β로의 변태가 일어난다. 이런 변태는 주물사의 노화에 큰 원인이 된다. 어느 온도(℃)에서 그 변화가 일어나는가?

㉮ 573   ㉯ 710
㉰ 110   ㉱ 335

● 주물사의 물리적 성질에서 SiO_2는 573℃에서 $\alpha \rightarrow \beta$의 변태가 일어나는 동안에 급격히 팽창하여 결함을 유발시킴.

341 CO_2 주형법에서 규산소다의 배합량(%)은?

㉮ 4~6   ㉯ 12~13
㉰ 15~17 ㉱ 20~25

● 규사에 규산소다 4~6% 첨가.

342 특수 주형법이 아닌 것은?

㉮ 인베스트먼트법   ㉯ 셸주형법
㉰ 순산소 전로법   ㉱ 다이캐스팅법

● 셸주형법, 인베스트먼트 주형법, 쇼우주형법, 석고주형법, 다이캐스팅법, 금형주조법, 저압주조법, 원심주조법, 연속주조법, 고압응고주조법, 풀몰드법

343 CO_2 주형의 장점 중 틀린 것은?

㉮ 건조가 거의 불필요하다.
㉯ 주형강도가 우수하다.
㉰ 조형 에너지가 적게 든다.
㉱ 주입 후 붕괴성이 우수하다.

● CO_2 주형법은 용탕 주입 후 주형 붕괴성이 아주 나쁨.

344 특수 주형 제작법 중 CO_2 주형 제작시 안전 및 유의 사항으로 옳은 것은?

㉮ CO_2 주형 제작시 규산나트륨을 주성분으로 하는 점결제와 배합된 주물사는 공기가 차단된 곳에서 보관하며, 될 수 있는 대로 빨리 사용해야 한다.
㉯ CO_2를 사용할 때에는 많은 양의 가스를 한꺼번에 배출시켜 주형을 조기에 경화시킨다.
㉰ CO_2 법에 의하여 제작된 코어나 주형은 오래 보관하여 사용하여도 무방하다.
㉱ 혼련기로 CO_2 형 모래를 혼련 할 때에는 시간적 여유를 갖고 천천히 혼련 한다.

● CO_2를 사용 할 때, 갑자기 많은 양의 가스를 배출시키면 게이지가 얼어붙어 사용할 수가 없으므로 주의하여야 한다. CO_2 법에 의하여 제작된 코어나 주형은 흡습성이 크므로 오래 보관하여서는 않된다. 혼련기로 CO_2 형 모래를 혼련 할 때에는 짧은 시간 내에 신속히 혼련 하여야 하며 혼련 후에는 혼련기를 청결하게 하여야 함.

345 CO_2 주형을 만드는 과정에서 경화불량이 발생되었을 경우 예상되는 원인 중 관련이 가장 적은 것은?

㉮ 물유리의 첨가 %가 너무 낮았다.
㉯ CO_2 가스 취입시간이 신속하였다.
㉰ 후란수지를 사용했던 주물사를 혼합해서 사용했다.
㉱ CO_2 가스통의 잔류가스 유무를 조사하지 않았다.

● CO_2 가스 취입시간이 길면 어느 정도 강도는 떨어지지만 경화불량의 원인과 관계가 있음.

정답 340. ㉮ 341. ㉮ 342. ㉰ 343. ㉱ 344. ㉮ 345. ㉯

346 벤토나이트를 사용한 생형사에서 주물사의 강도 증가와 거리가 가장 먼 것은?

㉮ 혼련시간이 길수록 크다.
㉯ 벤토나이트 첨가량이 많을수록 크다.
㉰ 수분량이 많을수록 크다.
㉱ 단일 입도보다 복합 입형일때 크다.

수분량이 많을수록 강도가 약함.

347 조형방법 중 N-Process에 대한 설명 중 틀린 것은?

㉮ 첨가제로써 Fe-Si을 사용한다.
㉯ 점결제로 water glass를 사용한다.
㉰ 흡열반응이기 때문에 반드시 가열한다.
㉱ 대형 주형제작에 편리하다.

발열반응이므로 주형을 경화시키기 위하여 가열건조할 필요가 없음.

348 유기자경성 주형의 일종인 후란(Furan) 주형법의 특징이 아닌 것은?

㉮ 소성할 필요가 없으므로 연료비가 절감된다.
㉯ 주형의 치수 정도가 높다.
㉰ 주입 후 붕괴성이 양호하다.
㉱ 모래의 유동성이 나쁘므로 다짐공수가 증가한다.

모래의 유동성이 비교적 양호 함.

349 CO_2 주형의 단점 중 틀린 것은?

㉮ 붕괴성이 나쁘다.
㉯ 고사의 회수가 어렵다.
㉰ CO_2 가스 소비량이 많다.
㉱ 성형성이 나쁘다.

CO_2 주형의 성형성은 나쁘지 않음.

350 자경성 후란(furan)주형법의 이점 중 틀린 것은?

㉮ 온도, 습도의 영향이 없다.
㉯ 생산성이 향상된다.
㉰ 작업 환경이 개선된다.
㉱ 규사의 자원절약 및 공해방지가 된다.

자경성 후란법의 최대결점은 온도, 습도에 따라 경화속도가 좌우됨.

351 유기자경성 주형 중 특히 후란레진(furan resin)조형법에 대한 설명 중 옳은 것은?

㉮ 후란수지는 산 촉매에 의해서 경화하므로 모래의 조성과 밀접한 관계가 있다.
㉯ 붕괴성이 대단히 나쁘다.
㉰ 열간강도가 낮아서 주입 직후 주형이 파손되는 수가 많다.
㉱ 후란수지는 열경화성이다.

후란수지는 산과 반응해서 경화됨.

정답 346. ㉰ 347. ㉰ 348. ㉱ 349. ㉱ 350. ㉮ 351. ㉮

352
주형법 중 상온 유기자경성(自硬性) 주형은?

㉮ Furan 주형 ㉯ Shell 주형
㉰ CO_2 주형 ㉱ 생형 주형

해설
- ㉯ Shell 은 가열해야 경화
- ㉰ CO_2 주형은 무기자경성
- ㉱ 생형은 경화하지 않음

353
후란(furan)계 수지의 종류 중 틀린 것은?

㉮ 훌후랄알콜/포름알데히드계 수지(FA/F)
㉯ 요소 포름알데히드/훌후랄알콜계 수지 (UF/FA)
㉰ 페놀-포름알데히드/훌후랄알콜계 수지 (PF/FA)
㉱ 요소-페놀/훌후랄알콜계 수지(UP/FA)

해설
㉱의 수지는 요소-페놀-포름알데히드/훌후랄알콜계 수지로 사용한다.(PF/FA를 개량한 것)

354
원심주조법에 대한 설명 중 틀린 것은?

㉮ 회전속도가 낮으면 원심력이 떨어져 금속조직이 치밀하게 된다.
㉯ 회전속도가 과대하면 합금 성분의 분리가 일어난다.
㉰ 회전속도가 과대하면 균열의 발생 장소에서 응력이 증가한다.
㉱ 회전속도가 낮으면 비금속 개재물의 분리가 어렵다.

해설
회전속도가 낮으면 금속조직이 치밀하게 되지 못함.

355
$Na_2SiO_3 \cdot H_2O$가 점결제로 사용되는 주형법은?

㉮ 쇼우(shaw)주형법
㉯ C-주형법
㉰ N-주형법
㉱ 인베스트먼트 주형법

해설
N-process는 수초자($Na_2SiO_3 \cdot H_2O$)를 점결제로 하는 자경성 주형임.

356
원심 주조법의 특징을 설명한 것 중 틀린 것은?

㉮ 편석이 발생하기 쉽다.
㉯ 주로 원통형의 제작에 용이하다.
㉰ 내부조직이 외부조직보다 치밀하다.
㉱ Core가 필요 없다.

해설
원심주조법은 용융 금속을 고속 회전하는 원통형 주형에 주입하고 축을 중심으로 한 원심력을 이용하여 주물을 제작하므로 외부조직이 내부조직 보다 치밀하고 강함.

357
금형 주조법에서 금형은 사용하기 전에 깨끗이 청소를 한 다음 도형제를 바른다. 다음 목적 중 틀린 것은?

㉮ 주물의 표면결함을 감소시켜준다.
㉯ 금형에 발생하는 급격한 열응력을 증가시켜 준다.
㉰ 금형에 의한 급격한 냉각을 완화시켜 준다.
㉱ 금형으로부터 주물이 쉽게 빠질 수 있게 한다.

해설
열응력을 감소시켜 줌.

정답 352. ㉮ 353. ㉱ 354. ㉮ 355. ㉰ 356. ㉰ 357. ㉯

358
수도용 주철관, 실린더 라이너 등 주물제작에 이용되며 회전시키는 원통상의 용기에 용융금속을 주입시켜 만드는 주조법은?

㉮ 다이캐스팅법 ㉯ 원심주조법
㉰ 저압주조법 ㉱ 금형주조법

해설
원심주조법은 주형 용기의 회전에 의한 용탕의 원심력에 의해 주조되는 공법.

359
원심 주조된 용탕이 응고시 주형 또는 용탕이 서로 관련되어 결정조직에 영향을 미치는 요인이 아닌 것은?

㉮ 용탕성분
㉯ 주형의 열확산 속도
㉰ 용탕의 열적성질
㉱ 용탕 중 비핵 존재

해설
용탕 중 핵의 존재

360
원심주조에 있어서 편석을 적게 하기 위한 방법을 설명한 것 중 틀린 것은?

㉮ 금형주조 살 두께가 작을 것
㉯ 초정과 액체의 비중차가 클 것
㉰ 합금의 점성이 클 것
㉱ 공정점에 가까운 성분일 것

해설
용융금속이 응고할 때에 정출되는 초정과 액체의 비중이 클 때에는 원심력이 개개에 작용하므로 비중차에 의해 편석 현상을 일으킴.

361
원심주조법으로 만들 수 있는 주조품이 아닌 것은?

㉮ 실린더 라이너 ㉯ 주철관
㉰ 잉곳케이스 ㉱ 피스톤링

해설
잉곳 케이스.

362
진공주조법의 장점 중 틀린 것은?

㉮ 용해주조과정에서 분위기의 오염을 방지할 수 있다.
㉯ 해로운 불순 원소를 제거할 수 있다.
㉰ 진공처리로써 정련반응을 촉진시킬 수 있다.
㉱ 활성금속은 용해 주조할 수 없다.

해설
활성금속은 용해 주조할 수 있음.

363
용해로 상에 주형을 설치하고 주입시 전체를 반전하므로 용금을 주형 공극부(cavity)에 주입하고 용금에 압력을 걸어주는 주조법은?

㉮ 다이캐스팅법 ㉯ 가압주조법
㉰ 저압주조법 ㉱ 감압주조법

해설
복잡하고 정밀한 형상의 cavity를 가진 금형에 용탕을 고압으로 주입하여 주물을 만드는 방법.

364 일반주조법과 다이캐스팅을 병용한 조형 방법은?
㉮ 셸형법   ㉯ 인베스트먼트법
㉰ 탄산가스법 ㉱ 원심주조법

주입시에 주형을 회전시켜 주입된 용탕에 원심력을 이용하여 주조하는 방법.

365 저압주조법의 장점 중 틀린 것은?
㉮ 주조수율이 특별히 높다.
㉯ 건전한 주물이 생산된다.
㉰ 치수 정밀도가 높고 표면이 양호하다.
㉱ 간단한 형상, 두꺼운 주물의 주조에 사용한다.

대형주물, 빌릿(billet), 슬리브(slab)등 비교적 복잡한 형상의 물건 또는 얇은 주물의 주조가 가능함.

366 고압응고주조법의 설명으로 틀린 것은?
㉮ 수축공, 미세기공 등 주조결함을 제거한다.
㉯ 비철주조에 주로 사용되고 주강은 곤란하다.
㉰ 조직의 미세화, 균질화, 고밀도화가 된다.
㉱ 주물의 표면이 곱고 윤곽이 뚜렷하다.

해설
고압응고 주조법은 거의 모든 금속이 가능.

367 수은을 응고시켜 모형을 만드는 주조 방법은?
㉮ shell mold법   ㉯ lost wax법
㉰ marcast법   ㉱ D-process

해설
수은을 응고시켜 만드는 방법을 marcast법이라 하며 살결이 평활하고 치수정도가 좋은 것이 특징.

368 그림과 같은 주조장치의 설명 중 옳은 것은?

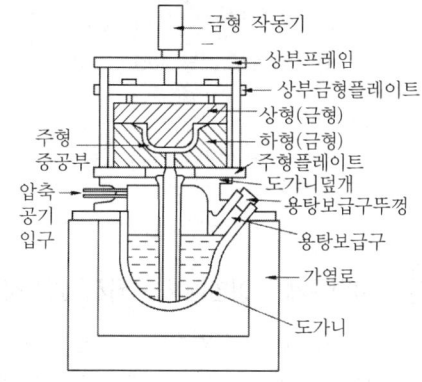

㉮ 고압주조의 장치를 도시한 것이다.
㉯ 탕구나 압탕이 적어 용탕 소모가 많다.
㉰ 방향성 응고가 쉽게 이루어진다.
㉱ 복잡한 모양이나 살 두께가 얇은 주물의 주조는 곤란하다.

해설
저압주조장치.

369 셸 몰드법의 특징으로 틀린 것은?
㉮ 치수 정밀도가 높다.
㉯ 조형기술에 숙련이 필요하다.
㉰ 수분에 의한 여러 가지 결함이 없다.
㉱ 제작시간이 짧다.

주형작업의 기계화로 조형기술에 숙련을 필요로 하지 않음.

정답 364. ㉱ 365. ㉱ 366. ㉯ 367. ㉰ 368. ㉰ 369. ㉯

370 넓고 긴 판상 주물을 만들 때 다량생산에 적합한 주형법은?
㉮ 감압주형법   ㉯ 셸조형법
㉰ 후란조형법   ㉱ 생형조형법

해설) 코어가 사용되지 않는 판상 주물 생산에 감압주형이 유리함.

371 시멘트계 주형법에 사용되지 않는 것은?
㉮ 포틀랜드 시멘트   ㉯ 초경시멘트
㉰ 알루미나 시멘트   ㉱ 산화 시멘트

해설) 점결제로써 포틀랜드, 초경, 알루미나, 고로시멘트가 사용됨.

372 셸 몰드법의 특징 중 틀린 것은?
㉮ 완전기계화가 가능함.
㉯ Pin hole의 발생이 많음.
㉰ 장기보존이 가능함.
㉱ 통기도가 양호함.

해설) 수분이 함유되어 있지 않으므로 Pin hole이 발생하지 않음.

373 셸 몰드(shell mold)법의 특징 중 틀린 것은?
㉮ 작업공수가 적다.
㉯ 숙련공이 필요하다.
㉰ 완전한 기계화가 가능하다.
㉱ 주형에 수분의 함유가 없으므로 핀홀 발생이 없다.

해설) 숙련공을 필요로 하지 않음.

374 셸 몰드법의 설명으로 틀린 것은?
㉮ 주형 및 코어형 사용이 가능하다.
㉯ 조형할 때 금형을 사용한다.
㉰ 점결제는 규산나트륨을 사용한다.
㉱ 치수정밀도가 높고 표면이 곱다.

해설) 셸 몰드법의 점결제는 페놀수지를 사용함.

375 건조 규사와 100~200mesh 정도의 수지 점결제를 배합한 합성사를 200~300℃로 가열 경화시켜 주형을 만드는 주조법은?
㉮ CO_2 주형법
㉯ 셸 몰드법
㉰ 다이캐스팅 주조법
㉱ 인베스트먼트 주조법

해설) 셸몰드법 또는 C-process 라 함.

376 주형 또는 코어 제작시 원형으로써 반드시 금형을 사용해야 하는 조형법은?
㉮ 생형법   ㉯ 셸형법
㉰ 유사형법   ㉱ CO_2법

해설) 셸형법

377 노블락계의 페놀수지 점결제를 사용하는 것으로 크로닝 프로세스라고 하는 것은?
㉮ CO_2법   ㉯ Full mould법
㉰ Investment법   ㉱ Shell mould법

해설) 주형을 만들기 위해서 원형이 가열되어야 하는 것

정답 370. ㉮ 371. ㉮ 372. ㉯ 373. ㉯ 374. ㉰ 375. ㉯ 376. ㉯ 377. ㉱

378 주형 또는 중자(core)제조에 있어서 금형을 가열하여 만드는 조형법은?
㉮ 건조형법 ㉯ 유사형법
㉰ 셸 형법 ㉱ CO_2 주형법

■해설
200~300℃로 가열 경화시키는 방법.

379 레진샌드(resin sand)가 가열 경화되기 위한 온도(℃)는?
㉮ 50~100 ㉯ 100~150
㉰ 200~300 ㉱ 400~500

■해설
페놀수지를 2~3% 함유한 resin sand는 200~300℃정도에서 가열경화된 Shell을 만들어 주형을 형성함.

380 다이캐스팅 주조법의 특징 중 틀린 것은?
㉮ 충전시간이 매우 길다.
㉯ 고속으로 충전 한다.
㉰ 냉각속도가 빠르다.
㉱ 생산속도가 빠르다.

■해설
충전시간이 매우 짧다(0.02~0.7초 정도).

381 다음 중 두께가 가장 얇은 주형을 제작하는 조형법은?
㉮ N-Process(N-법)
㉯ CO_2 Process(가스형법)
㉰ Shell mold Process(셸형법)
㉱ Investment Process(인베스트먼트법)

■해설
열 경화수지를 점결제로 사용하기 때문에 모형에서 열을 받은 부분만 경화.

382 다이캐스트법의 특징 중 틀린 것은?
㉮ 얇고 복잡한 모양의 주물을 제조할 수 있다.
㉯ 용탕이 가압되므로 기공이 적고 조직이 치밀하며 강인하다.
㉰ 치수의 정밀도가 높고 주물의 표면이 깨끗하다.
㉱ 동일 규격의 제품을 생산할 때에는 대량생산이 어렵고 생산비가 비싸다.

■해설
동일 규격의 제품을 대량생산이 쉽고 생산비가 저렴.

383 다이캐스트(Die cast) 주조에 가장 많이 사용되는 금속은?
㉮ 주철 ㉯ Al+Zn alloy
㉰ Cu+Sn alloy ㉱ Steel

■해설
1000℃ 이상의 합금은 사용 불가능하며 주로 Al계 합금에 적합

384 다이캐스트법으로 주조하기 어려운 것은?
㉮ Al 합금 ㉯ Mg 합금
㉰ Fe 합금 ㉱ Zn 합금

■해설
Fe 합금은 융점이 너무 높아서 다이캐스팅이 곤란함.

385 Die cast 기의 능력은 무엇으로 나타내는가?
㉮ 금형의 체결압력 ㉯ 제품의 크기
㉰ 주입 속도 ㉱ 금형 무게

■해설
die cast기의 능력은 금형의 결합압력(ton)로 표시.

정답 378. ㉰ 379. ㉰ 380. ㉮ 381. ㉰ 382. ㉱ 383. ㉯ 384. ㉰ 385. ㉮

386. 다이캐스팅용 Al 합금이 갖추어야 할 조건으로 틀린 것은?

㉮ 열간 취성이 적을 것
㉯ 응고 수축에 대한 용탕보급성이 좋을 것
㉰ 금형에 소착되지 않을 것
㉱ 점성이 대체로 클 것

해설
점성은 낮을수록 좋음.

387. 2단 사출 다이캐스팅(acurad)법 설명 중 틀린 것은?

㉮ 탕구가 없어 주조 수율이 높다.
㉯ 조직이 균일하고 미세하다.
㉰ 용접과 열처리가 가능하다.
㉱ 강도와 내압성이 좋다.

해설
종래의 다이캐스트법에 비하여 넓은 탕구를 사용하고 2단사출로 혼입 가스류에 의한 결함을 없애고 수축공 발생을 방지할 수 있음.

388. 다이캐스팅용 금형재료의 조건으로 틀린 것은?

㉮ 가공 및 열처리가 용이 하여야 한다.
㉯ 용탕의 침식에 대한 저항이 커야 한다.
㉰ 내마모성이 낮아야 한다.
㉱ 내열 및 내식성이 우수 하여야 한다.

해설
내마모성이 높아야 함.

389. 특수 주조법인 다이캐스팅 작업방법 중 틀린 것은?

㉮ 용탕을 주입할 때에는 금형 접합면이 잘 맞지 않으면 용탕이 비산하여 화상을 입을 우려 가 있으므로 안전보호구, 방열복, 방호면, 보호안경 등을 철저히 착용한다.
㉯ 배관이나 밸브, 유압펌프에서 윤활유나 유압유가 조금 새면 괜찮으므로 주조작업 후 확인 한다.
㉰ 용탕의 온도가 일정하게 유지되도록 한다.
㉱ 항상 금형을 깨끗이 청소하고, 분할면에 흠집이 나지 않도록 한다.

해설
다이캐스팅기의 구조와 기능을 철저히 이해하고 주조 작업 전 사전점검 작동하여 윤활유나 유압유가 새어 나오는지를 확인한다. 이상시에는 완전히 정비작업 조치 후 주조 작업.

390. 다이캐스팅(Die casting)에서 Zn합금을 주조할 때 금형은 몇 도(℃)정도로 예열하는가?

㉮ 50~100 ㉯ 80~150
㉰ 300~350 ㉱ 400~450

해설
Zn 합금 : 80~150℃, Al, Mg 합금 : 150~250℃, 황동 : 250~350℃

391. Die casting machine의 형체결에 이용하는 힘이 아닌 것은?

㉮ 유압 ㉯ 수압
㉰ 공압 ㉱ 풍압

해설
형체결 : 유압, 수압, 공압.

정답 386. ㉱ 387. ㉮ 388. ㉰ 389. ㉯ 390. ㉯ 391. ㉱

392 다이캐스트기의 형체력(locking force)을 결정하는 기본원리는?

㉮ 베르누이의 법칙　㉯ 파스칼의 원리
㉰ 뉴톤의 제1법칙　㉱ 토리첼리의 정리

밀폐된 용기에 액체가 정지하고 있을 때 액체의 일부에 가해진 압력은 액체의 모든 부분에 그대로 전달됨.

393 다이캐스팅 주조기로 1kg$_f$의 Zn 합금주물을 주조하고자 한다. 주입속도는 몇 cm/sec 인가? (단, 주입압력 : 1000kg$_f$/cm², 합금의 밀도 : 7.0g/cm³, 유량계수 : 0.6)

㉮ 10040　㉯ 9987
㉰ 529　㉱ 375

$V = C\dfrac{\sqrt{2\delta P}}{\rho} = 0.6\sqrt{\dfrac{2 \times 980 \times 1000000}{7.0}}$
$= 10039.9 \text{cm/sec}$

394 다음 조형법 중 정밀주조법이 아닌 것은?

㉮ Shaw process　㉯ 석고주형법
㉰ Lost Wax법　㉱ V-Process

V-Process 는 주형 점결제 없이 진공 흡인에 의하여 주형을 만드는 방법.

395 인베스트먼트 주조법 설명으로 틀린 것은?

㉮ 로스트왁스법 이라고도 한다.
㉯ 내화물 주형을 사용한다.
㉰ 고온의 용탕을 주형에 주입하기 어렵다.
㉱ 진공용해 주조에도 적합하다.

인베스트먼트 주조법의 주형은 내화도가 높아 고온의 용탕도 사용가능.

396 인베스트먼트(Investment)주조법에 대한 특징 중 틀린 것은?

㉮ 주형이 일체형이며 형상적인 제한이 없다.
㉯ 주형은 내화성이 풍부하며 거의 모든 재질을 주조할 수 있다.
㉰ 기계가공비를 절감한 양산품의 대량생산도 가능하다.
㉱ 주형은 가스 발생물질을 다량 함유하므로 진공 용해주조에 적합하지 않다.

Investment 주조법은 주형이 가스발생 물질을 함유하지 않고 진공용해 주조에 적합.

397 인베스트먼트 주조법에서 주로 사용되는 원형재료는?

㉮ 수지　㉯ 왁스
㉰ 목재　㉱ 석고

왁스(Wax)

398 인베스트먼트 주조법(Investment casting)의 점결제는?

㉮ 왁스(Wax)
㉯ 페놀레진(Phenol resin)
㉰ 칼슘실리케이트(Calcium silicate)
㉱ 에칠 실리케이트(Ethyle sillcate)

규사에 Ethyle sillcate를 혼합하여 사용.

정답 392. ㉯ 393. ㉮ 394. ㉱ 395. ㉰ 396. ㉱ 397. ㉯ 398. ㉱

399. 인베스트먼트 주조법에서 원형재료의 구비조건 중 틀린 것은?

㉮ 유동성이 좋을 것
㉯ 응고 시간이 길 것
㉰ 표면이 매끈하고 평활 할 것
㉱ 보관시 변형이 적을 것

해설
응고 시간이 짧을 것.

400. 왁스원형(wax pattern)의 구비조건 중 틀린 것은?

㉮ 연화점이 낮을 것.
㉯ 수축이나 변형이 적을 것.
㉰ 형분리가 좋을 것.
㉱ 회분이 적을 것.

해설
왁스형은 밀랍, 파라핀, 로진 또는 합성수지 등을 배합하여 만든 원형을 말한다. 조건은 연화점이 높을 것, 수축이나 변형이 적고 형분리가 좋을 것, 회분이 적어야 함.

401. 로스트 왁스(lost wax)공정을 옳게 나열한 것은? (단, 1 왁스 사출, 2 슬러리 침지, 3 왁스트리제작, 4 샌딩, 5 탈왁스, 6 소성, 7 용탕주입)

㉮ 1 → 2 → 3 → 4 → 5 → 6 → 7
㉯ 1 → 3 → 2 → 4 → 5 → 6 → 7
㉰ 1 → 5 → 6 → 2 → 3 → 4 → 7
㉱ 1 → 4 → 5 → 6 → 2 → 3 → 7

해설
Investment Casting Process(일명 Lost wax process)는 왁스 사출 → Wax Tree제작 → 샌딩 → 탈왁스 → 소성 → 용탕 주입을 하게 된다. 슬러리침지와 샌딩은 필요에 따라 수차 반복하게 됨.

402. 인베스트먼트(Investment)주형의 탈랍법 중에서 생산성이 가장 좋아서 미국 등지에서 많이 쓰이고 있으나 납의 회수는 그다지 좋지 않은 방법은?

㉮ 열충격법   ㉯ 오토 클레이브법
㉰ 열탕법   ㉱ 저온가열법

해설
열충격법은 가스로, 중유로 등에 의한 가열로써 납의 회수율은 50-80%로 그다지 좋지 않음.

403. 쇼 프로세스(Show Process)의 특징은?

㉮ 원형재료는 왁스(wax)를 사용한다.
㉯ 다른 정밀주조법으로써는 만들 수 없는 대형의 정밀주물 제작이 가능하다.
㉰ 조형기계로 다진다.
㉱ 건조로가 필요 없다.

해설
1953년 영국의 고고학자 N.show와 C.shaw 형제가 발명한 정밀 주조법의 일종으로써 대형 정밀주물도 제작이 가능.

404. 소실원형으로 원형 자체가 연소 되어진 공간에 용탕이 흘러 들어가 주물이 되는 방법의 주조법은?

㉮ 인베스트먼트법   ㉯ 풀 몰드법
㉰ 셀 몰드법   ㉱ 쇼프로세스법

해설
소모성 원형인 발포성 폴리스틸렌 원형을 사용.

405 인베스트먼트(Investment) 주조시 왁스 사출기를 사용하는 방법 중 옳은 것은?

㉮ 왁스 사출기의 사출 레버는 왁스 주입 작업 중에 수시로 하강 시키며 주입한다.
㉯ 왁스 보충 시에는 탱크 마개를 열어 놓고 베드를 하강 시킨 다음에 보충한다.
㉰ 장시간 왁스 사출기의 사용이 중단될 때에는 탱크의 왁스는 그대로 두고 중간 파이프 안의 왁스를 전부 빼내어야 한다.
㉱ 유압펌프의 작동은 상온에서 행하여도 무방하다.

① 왁스 사출기의 사출 레버는 왁스 주입 중에는 절대로 하강시키지 않아야 함.
② 장시간 왁스 사출기의 사용이 중단될 때에는 탱크와 중간 파이프 안의 왁스를 전부 빼내야 함.
③ 유압 펌프의 작동은 탱크나 각 히터가 지정된 온도에 도달한 다음에 작동 시켜야 함.

406 풀몰드용 원형재료는?

㉮ 소석고
㉯ 발포성 폴리스틸렌
㉰ 규산소다
㉱ 목절점토

발포성 폴리스틸렌 수지는 소실 원형재임.

407 주물용 선철의 검사방법이 아닌 것은?

㉮ 외관검사   ㉯ 파면검사
㉰ 타음검사   ㉱ 치수검사

선철의 검사 : 외관, 파단면, 성분분석, 흑연구상화 등의 검사.

408 주형분말을 필요로 하지 않는 조형방식용 원형을 사용 하는 조형법 또는 주조법은?

㉮ 생형법
㉯ 셀 형법(Shell mold)
㉰ 풀 몰드법(Full mold)
㉱ CO_2법

소실원형 이라고도 함.

409 풀몰드 주조법은 어느 원형의 기본 형태인가?

㉮ 상온용 원형   ㉯ 유출원형
㉰ 소실원형   ㉱ 신축원형

㉮ 상온용 원형 : CO_2법, 쇼프로세스, 자경성 주형법
㉯ 유출원형 : 인베스트먼트법
㉰ 소실원형 : 풀몰드법
㉱ 신축원형 : 풍선형 조형법

410 다음 화학식은 어떠한 주형인가?

$$(CaSO_4 \cdot 1/2H_2O + H_2O \rightarrow CaSO_4 \cdot 2H_2O)$$

㉮ 생형   ㉯ 석고주형
㉰ 셀주형   ㉱ 자경성주형

석고의 주성분은 $CaSO_4 \cdot 2H_2O$로 소석고가 물과 혼합하여 수화(水和)경화하는 과정.

정답 405. ㉯ 406. ㉯ 407. ㉱ 408. ㉰ 409. ㉰ 410. ㉯

411 석고주형의 원형(pattern)이 치수는 석고의 팽창수축, 금속의 응고 수축을 고려해서 어느 정도의 신장척(伸長尺)을 사용하는 것이 좋은가?

㉮ 12/1000 ㉯ 25/1000
㉰ 40/1000 ㉱ 50/1000

해설
12/1000

412 주철품에 사용되고 있는 선철은 KS에서 1호 및 2호로 분류하고 있다. 이중 1호의 분류 기준이 되는 함유원소는?

㉮ C   ㉯ Si
㉰ Mn ㉱ P, S

해설
KSD 2103에 의하면 Si 함유량에 따라 분류.

413 구상흑연주철 제조용 선철로 틀린 것은?

㉮ 저규소, 저망간, 저인, 저황일 것
㉯ 키쉬형의 흑연이 잘 발달되어 있어야 한다.
㉰ 파면조직에 칠(chill)이 보여야 한다.
㉱ 탄소함량이 높은 것이 좋다.

해설
탄소함량이 많고 키쉬형 흑연이 잘 발달되고 저망간, 저황, 저인 선철이 좋음.

414 주강의 탈산제로써 탈산 능력이 강력한 것은?

㉮ Fe-S   ㉯ Ca-Si
㉰ Si-Mn ㉱ Al

해설
건전한 용융금속을 만드는 작용을 하는 용제를 탈산제라 하며 주강에서는 Al이 탈산능력이 큼.

415 주물재질과 탈산제 또는 탈가스제 중 틀린 것은?

㉮ 구리합금 : 인동(燐銅)
㉯ Al합금 : Cl_2가스
㉰ 주강 : Al
㉱ 주철 : Ca

해설
주철은 탄소함량이 있으므로 보통 탈산을 따로 하지 않음.

416 알루미늄 용제로써 필요한 조건들을 열거한 것 중 틀린 것은?

㉮ 용융 알루미늄에 용해되지 않을 것
㉯ 습기를 품고 있지 않을 것
㉰ 점성이 적고 용융점이 낮을 것
㉱ 용융 알루미늄과 비중의 차가 적을 것

해설
용융 알루미늄과의 비중의 차가 커야 슬래그의 분리가 잘 됨.

417 코크스(Cokes)등의 연료인 경우 기공율의 차이에 따라 작업 방법 등이 달라진다. 여기에 기공률(氣孔率)을 산출하는 식은?

㉮ $\dfrac{건조후\ 중량}{코크스중량 + 배수중량} \times 100$
㉯ $(1 - \dfrac{겉보기비중}{참비중}) \times 100$
㉰ (코크스 중량-불연소성 코크스)×100
㉱ (코크스 중량-회분)×100

해설
기공률(%) = $(1 - \dfrac{겉보기비중}{참비중}) \times 100$

정답 411. ㉮ 412. ㉯ 413. ㉰ 414. ㉱ 415. ㉱ 416. ㉱ 417. ㉯

418 코크스의 물리적 시험으로써 낙하시험(shafter test)를 행하여 측정하는 것은?

㉮ 경도 ㉯ 기공율
㉰ 강도 ㉱ 점도

> 해설: 강도는 보통 낙하시험을 함.

419 코크스로 가스의 조성으로 옳은 것은?

㉮ $H_2 > CH_4 > CO > CO_2$
㉯ $CH_4 > CO > CO_2 > H_2$
㉰ $CO > CO_2 > H_2 > CH_4$
㉱ $CO_2 > H_2 > CO > CH_4$

> 해설: $H_2 > CH_4 > CO > CO_2$

420 다음 그림은 Cupola 내의 가스 분포 곡선이다. 여기서 CO_2 가스 곡선은?

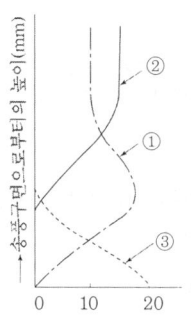

㉮ ① ㉯ ②
㉰ ①, ③ ㉱ ③

> 해설: Cupola 조업 시 풍구 면으로부터 높은 곳일수록 CO_2 가스 성분이 많이 존재하게 됨.

421 큐폴라에 사용되는 연료의 소모 진단하여 에너지를 조금더 효과적으로 사용하고자 할 때 어떠한 처리를 하는 것이 가장 좋은가?

㉮ 용탕의 성분분석 ㉯ 열정산
㉰ 장입계산 ㉱ 큐폴라의 용량

> 해설: 장입물을 계량하고 연소가스를 분석하여 연소효율과 물질 정산을 계산하는 것은 로의 상태를 진단하고 개선하는데 필수적임.

422 주철 주물의 용해유도로 조업시 라이닝재(노벽재료)로써 SiO_2가 주성분인 내화물을 사용하려고 한다. 용탕의 제성분 변화로써 고려되어야 할 사항은?

㉮ 탄소(C)량의 감소
㉯ 실리콘(Si)량의 감소
㉰ 망간(Mn)량의 감소
㉱ 인(P)량의 증가

> 해설: SiO_2의 로벽 재료시 라이닝 속의 SiO_2는 용탕속의 C와의 사이에 $2C+SiO_2 \Leftrightarrow Si+2CO$ 의 반응으로 C량은 감소하고 Si 량은 증가.

423 강의 용해 작업시 강재(slag)의 염기도로써 CaO/SiO_2를 사용한다. 염기성 강재를 나타내는 수치는?

㉮ 염기도 0.5이상 ㉯ 염기도 0.5이하
㉰ 염기도 1.2이상 ㉱ 염기도 1.1이하

> 해설: 염기도 1.2 이상을 염기성 강재.

정답: 418. ㉰ 419. ㉮ 420. ㉮ 421. ㉯ 422. ㉮ 423. ㉰

424 주물용 연료의 일종인 중유의 규격 중에서 최대치로써 규제하지 않는 것은?
㉮ 잔류탄소분 ㉯ 수분
㉰ 황분 ㉱ 휘발분

해설
중유의 규격에는 잔류탄소, 수분, 회분, 황분 등은 최대 몇 % 이하로 규제됨.

425 점결탄을 주원료로 하여 가열 및 건류시켜 탄소를 주성분으로 하는 다공질의 연료는?
㉮ 액화석유가스 ㉯ 코크스
㉰ 소결광 ㉱ 엘디지연료

해설
코크스를 만드는 방법.

426 코크스의 공업분석에서 나타나지 않는 것은?
㉮ 고정탄소 ㉯ 회분
㉰ 휘발분 ㉱ 규석분

해설
코크스의 공업 분석은 수분, 회분, 휘발분, 고정탄소.

427 KS 규격에서 제게르 추(SK) 몇 번 이상의 내화도를 가진 것을 내화재로 규정하는가?
㉮ 15 ㉯ 26
㉰ 36 ㉱ 40

해설
내화재는 KS 규격에서 SK 26번 이상의 내화도를 가진 것을 규정하고 있음.

428 고체 연료인 Coke의 연료비(fuel ratio)란?
㉮ 연료비 = $\dfrac{고정탄소}{휘발분}$
㉯ 연료비 = $\dfrac{고정탄소}{잠열감량}$
㉰ 연료비 = $\dfrac{휘발분}{고정탄소}$
㉱ 연료비 = $\dfrac{고정탄소}{수분}$

해설
연료비 = $\dfrac{고정탄소}{휘발분}$

429 내화물에서 SK 26의 연화점은 몇도(℃) 정도인가?
㉮ 1480 ㉯ 1580
㉰ 1650 ㉱ 1750

해설
SK 26은 1580℃이상의 내화도로 규정, KS, JIS는 SK26이상은 내화물로 규정함.

430 SK 30으로 표시하는 내화벽돌의 연화 온도(℃)는?
㉮ 1580 ㉯ 1600
㉰ 1670 ㉱ 1770

해설
㉮ SK26, ㉯ SK27, ㉱ SK35

431 산성내화 벽돌이 아닌 것은?
㉮ Forsterite 벽돌 ㉯ Chamotte 벽돌
㉰ 납석 벽돌   ㉱ 규석 벽돌

화학 조성이 2MgO, SiO2의 분자식을 가지므로 중성에 가까운 염기성 내화벽돌.

432 다음 중 염기성 내화물은?
㉮ 규사   ㉯ 돌로마이트
㉰ 내화점토   ㉱ 납석

염기성내화물 : 마그네시아, 돌로마이트

433 주강 및 특수강 용해시 사용되는 축로용 염기성 내화재는?
㉮ Silica sand   ㉯ Alumina
㉰ Chamotte   ㉱ Magnesia

㉮ 산성 stamp재(주철)
㉯ 중성 stamp재(Cu 합금, 주철, Al 합금)
㉰ 산성 stamp재(Zn, Al)

434 철심형의 로에 사용되어 습식축로 방식에 의한 중성저주파로용 내화재로 적합한 것은?
㉮ 규사
㉯ 마그네시아 클링커
㉰ 알루미나
㉱ 산화칼슘

알루미나 (Al₂O₃)

435 입상분말상 또는 진상의 내화물로써 수경성 또는 기경성 및 열경성으로 사용되는 부정형 내화물의 종류가 아닌 것은?
㉮ 듀나이트(Dunite)
㉯ 플라스틱 내화물(Plastic refractrory)
㉰ 래밍 믹스(Ramming Mix)
㉱ 캐스터블 내화물(Castable refractory)

듀나이트는 염기성 내화벽돌인 forsterite로써 주물사에 사용되기도 함.

436 내화 몰타르를 선정 사용할 때 다음과 같은 점에 주의 하여야 한다. 이 중 틀린 것은?
㉮ 사용하는 내화벽돌과 가급적 동질일 것.
㉯ 벽돌보다 내화도가 SK 1~3번 높을 것.
㉰ 고온에서 균열, 변형 등을 일으키지 않을 것.
㉱ 될 수 있는 한 적게 사용할 것.

내화도는 벽돌보다 SK1~3번 낮은 것을 사용해야 함.

437 내화물이 갖추어야 할 조건을 설명한 것 중 틀린 것은?
㉮ 연화점과 용융점이 높을 것
㉯ 하중에 의하여 변형되지 않을 것
㉰ 슬랙이나 용융물에 침식되지 않을 것
㉱ 열팽창 및 수축량이 클 것

열팽창 및 수축량이 적어야 함.

정답 431. ㉮ 432. ㉯ 433. ㉱ 434. ㉰ 435. ㉮ 436. ㉯ 437. ㉱

438 포스터라이트(forsterite) 내화벽돌의 주성분은?

㉮ MgO   ㉯ CaO·MgO
㉰ SiO₂   ㉱ 2MgO·SiO₂

해설
Forsterite(2MgO·SiO₂ 고토감람석)

439 흑연 도가니 200번 로의 크기를 정확하게 나타낸 것은?

㉮ 1회에 구리 200kgf을 녹일 수 있는 크기
㉯ 1회에 알루미늄 200kgf을 녹일 수 있는 크기
㉰ 1회에 주철 200kgf을 녹일 수 있는 크기
㉱ 1회에 아연 200kgf을 녹일 수 있는 크기

해설
흑연도가니의 용량은 1회에 녹일 수 있는 구리의 무게로 나타냄.

440 도가니로의 형식에 해당되지 않는 것은?

㉮ PIT식로   ㉯ 정치식로
㉰ 반사식로   ㉱ 경동식로

해설
도가니로의 형식은 pit식, 정치식, 경동식, 경주식이 있음.

441 주철을 용해하는데 적합한 로는?

㉮ 용광로   ㉯ 고로
㉰ 용선로   ㉱ 균열로

해설
용선로 = 큐폴라 = Cupola

442 150번 도가니에서 Al을 몇 kgf 정도 녹일 수 있는가?

㉮ 약 27.5   ㉯ 약 45.5
㉰ 약 105.5   ㉱ 약 130.5

해설
도가니의 용량은 1회에 용해할 수 있는 구리의 중량(kgf)으로 표시 $\dfrac{2.7}{8.9} \times 150 = 45.5 kg_f$

443 도가니로의 용량은 무엇으로 표시하는가?

㉮ 1회의 알루미늄 용해량
㉯ 1회의 구리 용해량
㉰ 1회의 아연 용해량
㉱ 1회의 흑연 용해량

해설
흑연 도가니 용량은 1번이 청동 1kgf 용해할 수 있는 양.

444 도가니로가 금속 용해에 많이 쓰이는 이유는?

㉮ 설비비가 저가이고 용탕과 연료가 직접 접촉함이 없이 용해한다.
㉯ 1회의 용해량이 크고 조업이 용이하다.
㉰ 연료비가 저가이고 열량이 많으므로 고용융점의 금속에 유리하다.
㉱ 내화물이 불필요하고 용해소요시간도 빠르다.

해설
설비비가 저가이고 용탕에 연료가 접촉하지 않고 용해하는 장점이 있음.

445 구리용해용 흑연도가니 1종(KSL 3402)의 규격 기공률(%)은?

㉮ 35이하 ㉯ 31이하
㉰ 31이상 ㉱ 35이상

KSL 3402 기공률 31%이하, 내화도 SK28이상, 압축강도 : 60kg$_f$/cm^{2}이상, 흑연함유량 : 30%이상

446 용선로(cupola)용량은 어떻게 표시하는가?

㉮ 1회의 용탕 용해량(ton)
㉯ 1시간의 용탕 용해량(ton/hr)
㉰ 1회 장입되는 주철량(ton)
㉱ 1일간의 용탕 용해량(ton/day)

용선로 용량은 1시간의 용탕 용해량으로 표시.

447 1ton 큐폴라에서 장입금속의 1회 장입량(kg$_f$)은?

㉮ 10 ㉯ 50
㉰ 100 ㉱ 1000

1회 장입량은 용량의 1/10

448 Cupola에서 가장 온도가 높은 부분은?

㉮ 탕류대(hearth)
㉯ 송풍구직상(tuyere)
㉰ 장입구
㉱ 출탕구

Cupola에 송풍된 air 중 O$_2$는 coke와 다음과 같은 반응을 한다. C+O → CO$_2$+O(발열)이 반응이 송풍구 직상에서 가장 활발히 진행.

449 큐폴라(Cupola)의 안에서 코크스가 연소하는데 필요한 공기를 불어 넣어 주는데 필요한 바람구멍의 수는? (단, Copola 용량은 1.5~3.0t/h이다.)

㉮ 4개 ㉯ 6개
㉰ 8개 ㉱ 10개

바람 구멍의 수는 1t/h : 4개, 1.5-3.0t/h : 6개, 3.0t/h이상 : 8개

450 용선로 내의 온도분포와 조성의 변화이다. 변화의 조성으로 옳은 것은?

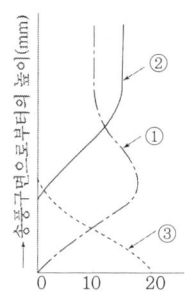

㉮ ① CO ② CO$_2$ ③ C$_2$O$_2$
㉯ ① CO$_2$ ② CO ③ O$_2$
㉰ ① CO ② O$_2$ ③ CO$_2$
㉱ ① O$_2$ ② CO$_2$ ③ CO

CO$_2$, CO, O2

451 용선로 용해에 있어서 컴퓨터 제어 항목이 아닌 것은?

㉮ 용해속도 ㉯ 용선제고량
㉰ 주입속도 ㉱ 주물냉각속도

주물의 냉각속도.

정답 445. ㉯ 446. ㉯ 447. ㉰ 448. ㉯ 449. ㉯ 450. ㉯ 451. ㉱

452 열풍식 큐폴라의 설명 중 틀린 것은?

㉮ 송풍은 120~600℃ 정도로 예열하여 로 내에 송입하는 로이다.
㉯ 코크스의 사용량을 줄일 수 있다.
㉰ 2톤 이상의 대형에는 사용할 수 없다.
㉱ 용탕온도의 상승, 용해속도의 증대가 용이하여 경제적이다.

해설
수냉식 큐폴라

453 열풍식 큐폴라의 장점 중 틀린 것은?

㉮ 코크스 소비량 감소
㉯ 용해속도 증가
㉰ Si 나 Mn 의 소모 감소
㉱ 좋은 코크스만 사용 가능

해설
열풍식은 나쁜 코크스의 이용이 가능. (회분 15% 이상)

454 전기로에 비하여 큐폴라 조업의 가장 큰 장점은?

㉮ 연속조업의 가능
㉯ 불순물의 제거용이
㉰ 온도조절의 이용
㉱ 환경오염이 적음

해설
장시간 연속적으로 조업할 수 있어 대량생산에 알맞음.

455 용해법 중 주철주물의 용해법으로 이용되지 않는 것은?

㉮ 큐폴라 용해법
㉯ 저주파 유도로 용해법
㉰ 반사로 용해법
㉱ 도가니로 용해법

해설
도가니로는 비철주물의 용해에 이용.

456 용선로 조업에서 송풍작업 중 틀린 것은?

㉮ 장입재료를 충분히 예열시킨 후 송풍한다.
㉯ 빠르고 신속히 송풍하여야 용탕 온도가 상승한다.
㉰ 너무 느리게 송풍하면 용탕의 저온화 방지가 어렵다.
㉱ 송풍 시작 후 얼마동안은 출탕구와 슬랙구를 열어 먼지를 제거하여야 한다.

해설
너무 빠르게 송풍하면 예열되지 않아 용탕이 흘러내리는데 시간이 걸리고 용탕의 온도가 떨어짐.

457 Cupola에서 tuyere ratio(송풍구비)란?

㉮ 유효고를 노의 내경으로 나눈 값이다.
㉯ Tuyere의 수량을 말한다.
㉰ Tuyere level에서 장입구까지의 높이이다.
㉱ Tuyere level의 노의 단면적을 Tuyere의 총 단면적으로 나눈 값이다.

해설
A/a, A : 노의 송풍구면 단면적, a : 송풍구의 총 단면적

458
용선로에서 풍구(바람구멍)비와 유효고(유효높이)비를 나타내는 공식은? (단, a : 풍구 총 단면적, A : 풍구면 노내 단면적, D : 풍구면의 노내경, H : 풍구중심에서 장입구 밑면까지의 높이)

㉮ 풍구비 a/A, 유효고비 H/D
㉯ 풍구비 A/a, 유효고비 D/H
㉰ 풍구비 A/a, 유효고비 H/D
㉱ 풍구비 a/A, 유효고비 D/H

바람 구멍비 = A/a, 유효 높이비 = H/D

459
큐폴라 노 안지름이 300mm 이고, 바람구멍(50mm)이 4개 일 때 바람구멍비(송풍구비)는 얼마인가?

㉮ 7 ㉯ 8
㉰ 9 ㉱ 10

송풍구비 = $\dfrac{\text{노의 송풍구 단면적}(A)}{\text{송풍구의 총단면적}(a)}$

$\dfrac{A}{a} = \dfrac{\frac{\pi}{4} \times 300^2}{4 \times \frac{\pi}{4} \times 50^2} = \dfrac{70650}{7850} = 9$

460
우구 중심선(羽口中心線-Tuyere level)에서부터 장입구 하단까지의 높이(H)를 유효고 라고 하며 우구내경을 D라고 하면 유효고 H/D는?

㉮ 2.0 ~ 3.0 ㉯ 3.0 ~ 4.5
㉰ 4.5 ~ 5.0 ㉱ 5.0 ~ 6.5

해설
4.5~5.0

461
cupola 용해에서 슬랙(slag)의 염기도를 구하는 식은?

㉮ $\dfrac{CaO+MgO}{SiO_2}$ ㉯ $\dfrac{CaO+SiO_2}{MgO}$

㉰ $\dfrac{SiO_2+MgO}{CaO}$ ㉱ $\dfrac{SiO_2}{CaO+MgO}$

해설
염기도 = $\dfrac{CaO+MgO}{SiO_2}$

462
용선로 슬래그의 화학성분이 아래와 같을 때 슬래그의 염기도는? (CaO 40%, SiO_2 20%, MgO 5%, Fe_2O_3 30%)

㉮ 0.44 ㉯ 2.0
㉰ 2.25 ㉱ 2.80

해설
염기도 = $\dfrac{CaO+MgO}{SiO_2} = \dfrac{40+5}{20} = 2.25$

463
큐폴라 조업에서 연소율(η_v)이란?

㉮ $\eta_v = \dfrac{CO}{CO_2+CO}$

㉯ $\eta_v = \dfrac{CO_2+CO}{CO}$

㉰ $\eta_v = \dfrac{CO_2}{CO_2+CO}$

㉱ $\eta_v = \dfrac{CO_2+CO}{CO_2+CO+O_2}$

해설
$\eta_v = \dfrac{CO_2}{CO_2+CO}$

정답 458. ㉰ 459. ㉰ 460. ㉰ 461. ㉮ 462. ㉰ 463. ㉰

464 용선로 노정가스 중 CO_2 21%, CO 19%, N_2 60%일 때 연소율(%)은?

㉮ 40.5　　㉯ 21.4
㉰ 52.5　　㉱ 60.7

◎해설

$$\eta_v = \frac{CO_2}{CO_2+CO} \times 100 = \frac{21}{21+19} \times 100(\%) = 52.5\%$$

465 큐폴라(cupola)내에서 일어나는 환원반응은?

㉮ CaO + FeS → CaS = FeO
㉯ C + O_2 → CO_2 + 8080 Kcal/Kg$_f$
㉰ CaO + MnS → CaS + MnO
㉱ CO_2 + C → 2CO - 3265 Kcal/Kg$_f$

◎해설

베드 코크스의 온도가 1700~1800℃ 까지 상승하여 높은 온도에 이르면 CO_2 가스는 코크스와 접촉하여 환원반응을 함.

466 다음 반응식은 큐폴라 노내의 어느 곳에서 일어나는가?

$$CO_2 + C \rightarrow 2CO$$

㉮ 탕저유대　　㉯ 산화대
㉰ 환원대　　　㉱ 과열대

◎해설

산화대에서는 C+O_2 → CO_2 가스가 생성되며, 이것이 상부의 코크스와 접촉하여 CO_2+C → 2CO의 환원반응이 일어난다. 이곳을 환원대 라고 구분.

467 큐폴라에서 사용되는 팬(PAN)의 소요마력은 배풍량, 집진기 닥트계의 압력손실이 결정되면 다음 식으로 부여된다. 여기서 h는 무엇인가? (PS = $\frac{Qh}{2.7\eta} \times 10^{-5}$)

㉮ 팬의 마력　　㉯ 압력손실(mmaq)
㉰ 배풍량　　　㉱ 팬효율

◎해설

압력손실

468 주철용탕에 Mn, Si, Cr, Ni을 합금시키고자 한다. 첨가 순서가 옳은 것은?

㉮ Mn → Si → Cr → Ni
㉯ Ni → Cr → Mn → Si
㉰ Cr → Ni → Si → Mn
㉱ Si → Mn → Cr → Ni

◎해설

Ni → Cr → Mn → Si

469 Cupola 조업시 바닥에 물이 고이면 어떠한 현상이 일어나는가?

㉮ 코크스 비가 저하한다.
㉯ 수증기 폭발의 위험이 있다.
㉰ 출선량이 증가한다.
㉱ 소화작업이 쉬워진다.

◎해설

수증기 폭발의 우려가 있음.

470 용해용 고주파 유도로의 특징이 아닌 것은?
  ㉮ 특수합금 용해에 양호
  ㉯ Slag반응에 의한 정련이 가능
  ㉰ 용해시간이 단축
  ㉱ 성분원소의 손실이 감소

유도 전기로의 특징 중 Slag 반응에 의한 정련이 곤란함.

471 특수강 및 합금강 제조에 가장 우수한 용해로는?
  ㉮ 도가니로   ㉯ 큐폴라
  ㉰ 고주파 유도로 ㉱ 반사로

특수강 및 합금 제조에 가장 많이 이용

472 어떠한 재료를 유도용해로에서 용해하고자 한다. 이 유도용해로의 용량을 좌우하는 인자는?
  ㉮ 재료의 크기
  ㉯ 고유저항
  ㉰ 비투자율
  ㉱ 전류의 주파수

장입재료가 일정할 때 전류침투깊이
$\delta = 5030\sqrt{\dfrac{e}{\mu f}}$
즉 e(고유저항), μ(비투자율)은 const, 즉 f에 따라 δ가 변한다.

473 노의 입력 전원의 주파수(Hz)에서 중주파로에 옳은 것은?
  ㉮ 50 ~ 60   ㉯ 150 ~ 180
  ㉰ 500 ~ 3000   ㉱ 4000 ~ 5500

50~60Hz : 저주파로, 150~180Hz : 중주파로, 500~3000Hz : 고주파로

474 스테인리스 및 주강 용해에 가장 적합한 용해로는?
  ㉮ 용선로   ㉯ 반사로
  ㉰ 저주파로 ㉱ 고주파로

용해속도가 빠르고 고온용해가 가능한 것은 고주파로임.

475 저주파 유도로에서 용해율 향상을 위해 잘못 설명한 것은?
  ㉮ 재료를 장입직전에 예열한다.
  ㉯ 저융점의 재료는 나중에 장입한다.
  ㉰ 동일재료일 때는 작은 것부터 장입한다.
  ㉱ 복사 또는 단열효과가 양호한 뚜껑을 설치하여 열의 발산을 방지한다.

저융점의 재료를 먼저 장입.

476 주강을 용해할 수 없는 용해로는?
  ㉮ 유도로   ㉯ 아크로
  ㉰ 반사로   ㉱ 플라즈마로

반사로는 온도가 낮아 주강의 용해는 곤란.

정답 470. ㉯ 471. ㉰ 472. ㉱ 473. ㉯ 474. ㉱ 475. ㉯ 476. ㉰

477 무철심형 유도로의 장점 중 틀린 것은?

㉮ 효율이 비교적 낮다.
㉯ 용탕조성의 조정이 신속하다.
㉰ 냉재 용해작업이 가능하고 조업시간이 짧다.
㉱ 저렴한 경비로 신속하게 라이닝을 교체할 수 있다.

해설
단점으로써 효율이 비교적 낮으며 용탕량의 수용공급에 대한 경직성 등.

478 동일한 금속을 용해 한다고 가정할 때 유도 가열 용해로의 노용량을 좌우하는 가장 큰 인자는?

㉮ 전류의 주파수
㉯ 장입된 금속의 고유저항
㉰ 장입된 금속의 비투자율
㉱ 장입된 금속의 크기

해설
50Hz~60Hz : 저주파로, 150~180Hz : 중주파로, 500이상 3000Hz : 고주파로

479 아크(arc)로에서 전극의 구비 조건으로 틀린 것은?

㉮ 충분한 전기 전도도와 내화도를 가질 것
㉯ 온도의 급변에 견딜 것
㉰ 회분과 유황이 많을 것
㉱ 가열상태에서 산화가 적을 것

해설
회분 및 유황이 적어야 함.

480 염기성 전기로 조업의 특징은?

㉮ 슬래그의 염기도는 1.0~0.8
㉯ 용탕의 S, P 제거가 용이함
㉰ Linning은 Chamotte 벽돌로 함
㉱ 조업시간은 산성법 보다 짧음

해설
염기성 전기로 조업에서는 CaO의 농도가 높으므로 S,P의 제거가 용이.

481 전기로의 염기성 조업으로 옳은 것은?

㉮ 가탄이 용이하며 실리콘 성분의 증가도 용이하다.
㉯ 주로 재용해를 하며 정련에 적합하지 않다.
㉰ 황(S), 인(P) 제거가 곤란하다.
㉱ 조재제(flux)는 석회석, 규사, 형석 등을 사용한다.

해설
㉮ ㉯ ㉰ : 산성조업

482 제강반응에서 용제의 염기성 성분이 아닌 것은?

㉮ CaO   ㉯ MgO
㉰ FeO   ㉱ SiO_2

해설
SiO_2 → 강산성

483 주입온도의 설정시 고려 사항과 관련이 적은 것은?

㉮ 주물의 살두께   ㉯ 형상 및 크기
㉰ 주형의 종류   ㉱ 압탕형상

해설
압탕 설계시 고려 사항.

484 염기성 전로의 특징 중 틀린 것은?
㉮ S,P 제거가 용이하다.
㉯ 샤모트 벽돌이 사용된다.
㉰ 염기도가 높은 슬랙의 사용이 가능하다.
㉱ 저품의 원료로도 조업이 가능하다.

해설
샤모트 벽돌 : 산성내화물.

485 주입속도의 설명과 관련이 가장 먼 것은?
㉮ 일반적으로 1톤당 주입시간으로 표현한다.
㉯ 일반적으로 6 ~ 15초/t(4-10t/min) 정도가 적당하다.
㉰ 원통형 주물에서는 세로방향으로 균열이 생기기 쉬우므로 지름 300mm 정도의 것에는 1.3 ~ 1.5t/min 정도가 안전하다.
㉱ C 0.4 ~ 0.6%의 고탄소 주강은 저탄소 주강(C 0.25%이하) 보다 균열 발생이 쉽다.

486 대형 주물을 주조할 때 많이 사용되고 슬래그의 혼입이 적은 레이들은?
㉮ 주전자식 현수 레이들
㉯ 원통식 현수 레이들
㉰ 스토퍼식 현수 레이들
㉱ 기어가 달린 현수식 경주 레이들

해설
스토퍼식 현수레이들은 대형 주물을 주조할 때 많이 사용되고, 슬랙의 혼입이 적고 주탕온도의 조절이 경주식에 비해 우수.

487 Al-Mg 합금 주입 시 주형의 수분과 반응한다. 주형반응을 억제할 목적으로 사용하는 것과 관계 없는 것은?
㉮ 붕산   ㉯ Be
㉰ 2불화 암모니아   ㉱ Ca

해설
붕산, Be, 2불화 암모니아 소량을 주형에 첨가 또는 주물 냉각속도를 빠르게 하거나 주형의 수분제거로 주형반응을 억제 할 수 있음.

488 다음 금속 중 주입온도(℃)가 틀린 것은?
㉮ 알루미늄 합금계 : 350 ~ 550
㉯ 구리 합금계 : 1150 ~ 1200
㉰ 일반주철 : 1350 ~ 1400
㉱ 주강 : 1530 ~ 1560

해설
알루미늄 합금계 : 670℃~760℃

489 알루미늄 합금 용해시 탈가스 방법으로 틀린 것은?
㉮ Cl_2가스를 용탕에 취입함
㉯ 한번 응고시킨 합금은 즉시 재용해 시킴
㉰ 용금에 초음파를 주면 용탕이 산화됨
㉱ N_2 또는 불활성 가스 취입

해설
탈 Gas 방법으로 초음파를 줌.

490 다음 황동주물 중 용해온도가 가장 높은 것은?
㉮ 황동(Cu 58%)   ㉯ 황동(Cu 60%)
㉰ 황동(Cu 63%)   ㉱ 황동(Cu 70%)

해설
㉱ > ㉰ > ㉯ > ㉮

정답 484. ㉯ 485. ㉱ 486. ㉰ 487. ㉱ 488. ㉮ 489. ㉰ 490. ㉱

주조(鑄造)기능장

491 동합금 용해시 산화용해의 이점은?
㉮ 산소농도를 낮게 한다.
㉯ 목탄분을 덮는다.
㉰ 아연소모량을 감소시킨다.
㉱ 수소의 흡수를 방지한다.

해설 동합금 용해시 산화용해를 실시하면, H_2흡수를 방지하고 고지금 으로부터 오는 유해 불순물을 제거시킴.

492 마그네슘 합금 용해시 수소가스를 제거하기 위하여 사용되는 가스는?
㉮ 탄산가스 ㉯ 불활성가스
㉰ 인산염가스 ㉱ 후레온가스

해설 마그네슘 합금 용해시 수소가스를 제거하기 위하여 사용되는 가스는, 아르곤, 헬륨과 같은 불활성가스, 질소 염소, 사염화탄소를 용탕에 통과하여 탈가스 함.

493 큐폴라 용해에 대한 설명 중 틀린 것은?
㉮ 바람구멍의 노안지름이 커지면 유효높이비도 따라서 커진다.
㉯ 코크스의 크기는 노안지름의 1/8 ~ 1/10 정도 이다.
㉰ 큐폴라의 유효 높이는 (4.5 ~ 5.0)D이다.
㉱ 큐폴라 용해는 성분변동이 심하고 저탄소 조성을 얻기 어렵다.

해설 송풍구 수가 많으면 송풍구의 면적이 적어져 슬래그가 부착되기 쉬움.

494 큐폴라 용해작업시 베드 코크스가 완료된 후에 용해재료 장입순서가 옳은 것은?
㉮ 선철, 강고철, 회수철, 합금철, 석회석
㉯ 석회석, 선철, 강고철, 회수철, 합금철
㉰ 강고철, 선철, 회수철, 합금철, 석회석
㉱ 회수철, 선철, 강고철, 합금철, 석회석

해설 석회석, 선철, 강고철, 회수철, 합금철

495 큐폴라 조업에서 송풍량이 적정치보다 과다할 때 일어날 수 있는 현상은?
㉮ 출탕온도가 올라간다.
㉯ 베드 코크스 높이가 올라간다.
㉰ 용탕의 산호가 덜 일어난다.
㉱ 용해속도가 빨라진다.

해설 송풍량이 적정치보다 과다할 때 출탕온도 및 베드 코크스 높이는 내려가 로용해속도는 빨라진다. 용통의 산화도 심해진다. 코크스비가 일정할 때는 적정 송풍량이 되었을 때 가장 높은 출탕온도를 얻음.

496 주철 용해시 탄소당량(CE)을 나타내는 것은?
㉮ $CE = Tc + \dfrac{Si+P}{3}$ (%)
㉯ $CE = Tc + \dfrac{Si+P}{3.5}$ (%)
㉰ $CE ≒ Tc + 0.4(Si+P)$ (%)
㉱ $CE ≒ Tc + 0.35(Si+P)$ (%)

해설 $CE = Tc + \dfrac{Si+P}{3}$ (%)

정답 491. ㉱ 492. ㉯ 493. ㉮ 494. ㉯ 495. ㉱ 496. ㉮

497 주철의 함유 성분 중 가장 강력한 흑연화 조장 원소는?

㉮ 실리콘(Si)   ㉯ 망간(Mn)
㉰ 인(P)   ㉱ 황(S)

C와 Si은 가장 강력한 흑연화 조장 원소.

498 회주철 주물에서 핀홀 및 블로우 홀 발생시 접종제로 첨가하는 것은?

㉮ Cu-Mn   ㉯ C-Al
㉰ Ca-Si   ㉱ Mn-P

Ca–Si

499 회주철 용해시 유도로 조업에서 S성분이 너무 낮으면 어떠한 문제점이 발생하는가?

㉮ 기계 절삭가공이 어렵다.
㉯ 기계 절삭가공이 쉽다.
㉰ 주물표면이 거칠어 진다.
㉱ 주물표면이 미려해 진다.

회주철 용해시 S분이 너무 낮거나 용해온도의 과열과 용해 후 홀딩시간이 길면 O, S가 손실되어 흑연정출이 안되어 기계가공이 어려움.

500 구상흑연주철 제조시 구상화를 위하여 첨가되는 원소는?

㉮ Mg   ㉯ Au
㉰ S   ㉱ C

Mg, Mg계 합금, Ca계 합금, 등에 사용.

501 저주파 유도로에 의한 용해 작업을 설명 중 틀린 것은?

㉮ 냉재법에서 스타팅블록이 녹아 내렸을 때부터 추가 장입을 개시한다.
㉯ 효율상 용해 초기에는 박판과 같은 작은 재료를 사용하고 용탕이 용해량의 1/2이상되고 나서는 큰 재료를 넣어 용해한다.
㉰ 행잉을 일으키고 있는 재료 사이에 틈새가 있는 경우 그 틈새에 새로운 재료를 장입해서 용탕면을 행잉 위치까지 상승시킨다.
㉱ 행잉을 일으키고 있을 때 새로운 재료를 장입 할 수 없을 경우에는 노를 기울여서 재료에 용탕이 닿을수 있는 상태로 용해한다.

효율상 용해초기에는 큰 재료를 사용하고 박판과 같은 작은 재료를 용탕이 용해량의 1/2이상이 된 후 사용.

502 구상화 흑연 주철의 제조 시 구상화 원소가 아닌 것은?

㉮ 마그네슘(Mg)   ㉯ 세륨(Ce)
㉰ 칼슘(Ca)   ㉱ 니켈(Ni)

Mg, Ce, Ca 등은 구상화 조장 원소이며, Ni은 영향이 없는 원소.

503 구상흑연 주철을 제조하기 위한 흑연 구상화처리 방법으로써 사용되지 않는 것은?

㉮ 용사법   ㉯ 샌드위치법
㉰ 캔디법   ㉱ 인몰드법

용사법은 표면처리법의 일종

504 구상흑연주철의 조직에 있어서 박육주물의 경우 구상화 처리 전 원탕의 C, Si는 어떠한 조성인가?

㉮ 과공정 조성(過共晶)
㉯ 아공정 조성(亞共晶)
㉰ 어떠한 조성이든 관계없음
㉱ 과포화 조성

> 해설
> 원탕의 C, Si를 비교적 높게(3.6~4.0%)하는 편이 좋으며 이 때의 조성은 과공정에 근접.

505 구상화주철의 용해시 생기는 소멸(fading) 현상과 관련한 내용 중 틀린 것은?

㉮ 최초의 마그네슘(Mg)함량이 많을수록 fading은 빠르다.
㉯ 용탕의 온도가 낮을수록 fading은 늦다.
㉰ 슬래그를 빨리 제거 시킬수록 fading은 빠르다.
㉱ fading 현상은 구상흑연 개수를 감소시킨다.

> 해설
> 용탕온도는 높을수록 fading은 빠름.

506 Al-Si의 용탕의 개량처리를 위하여 사용되는 원소는?

㉮ Na   ㉯ Mg
㉰ Cr   ㉱ Mn

> 해설
> Na의 첨가는 금속 0.05~0.1%의 금속 Na, 또는 Na0.05%+K0.05%를 Al 캡슐에 넣어서 용탕속에 넣음.

507 용탕의 접종 목적으로 틀린 것은?

㉮ 강도를 개선한다.
㉯ 얇은 주물의 냉금화를 방지한다.
㉰ 페라이트 석출을 생성한다.
㉱ 재질을 균질화 한다.

> 해설
> 주철에서 Fe-Si, 또는 Ca-Si을 접종하면 페라이트의 석출을 저지하여 조직을 개선시킴.

508 마그네슘합금 주물조직의 미세화와 기계적 성질의 향상을 목적으로 사용되는 접종제는?

㉮ 인산염   ㉯ 규소
㉰ 탄산염   ㉱ 망간

> 해설
> 접종개량 방법은 용탕의 과열에 의한 방법과 탄산염에 의한 방법, 내식성 및 기계적 성질 향상 목적에 탄산칼슘 또는 탄산마그네슘을 0.3~0.4%사용.

509 미하나이트(meehanite)법 주철제조시 사용되는 접종제는?

㉮ Fe-Mn   ㉯ Mg-Zn
㉰ Ca-Si   ㉱ Fe-S

> 해설
> meehanite 주철은 Ca-Si를 첨가하여 미세한 흑연은 균등히 석출시켜 제조한 주철(Si60%, Ca30%)

정답 504. ㉮ 505. ㉯ 506. ㉮ 507. ㉰ 508. ㉰ 509. ㉰

510 얇은 주물에서 칠(chill)화 방지를 위해 사용되는 것으로 가장 좋은 접종제는?
㉮ Fe-Si-Mg　㉯ Fe-Mn
㉰ Fe-Cr　㉱ Fe-Si

해설
Fe-Si 또는 Ca-Si

511 진공정련의 목적 중 옳은 것은?
㉮ 용융온도 조정　㉯ 탈가스
㉰ 성분조정　㉱ 주입온도

해설
진공정련에서는 탈황 작업은 불가능하다. 그러나 Ar 성분에 의하여 전체가 균질화할 수 있고 H_2, N_2, O_2를 제거할 수 있음.

512 주강 용해 작업시 탈인 시키려고 한다. 다음 조건 중 틀린 것은?
㉮ 강한 산화 조건일 것
㉯ 고석회 강재일 것
㉰ 다량의 강재로 P_2O_5를 희석할 것
㉱ 되도록 고온 조업할 것

해설
용탕온도가 높으면 탈인 능력은 저하됨.

513 용탕표면에 탈황제를 첨가하고 레이들 바닥에 다공성 내화물을 놓고 압축된 불활성 가스를 불어 넣어 용탕을 교반하면서 용탕을 탈황처리 하는 방법은?
㉮ 용탕표면 첨가법　㉯ 분사주입법
㉰ 폴리아닉법　㉱ 포러스 플러그법

해설
포러스 플러그(porous plug)법은 다공성 내화물 플러그를 사용.

514 주조시 용탕의 탈가스 방법이 아닌 것은?
㉮ 진공탈가스법
㉯ 불활성가스 취입법
㉰ 슬래그제거법
㉱ 재용해 응고방법

해설
탈가스방법 : ㉮ ㉯ ㉱ = 탈가스제 사용법.

515 주철의 조직 중에서 파단면이 흰색이므로 흔히 백주철(white cast iron)이라고 부르는 주철의 조직은?
㉮ 마텐자이트(martensite)
㉯ 시멘타이트(cementite)
㉰ 오스테나이트(austenite)
㉱ 펄라이트(pealite)

해설
시멘타이트(cementite)

516 알루미늄 합금 주물은 수소가스에 기인한 결함이 발생하기 쉽다. 용탕 중의 수소가스를 제거하기 위하여 탈가스 처리를 하게 되는데 탈가스 처리와 관계가 없는 것은?
㉮ Ar처리　㉯ Na처리
㉰ Cl_2처리　㉱ N_2처리

해설
불활성 가스나 염소가스로 탈가스 처리를 하며 Na처리는 알루미늄 용탕의 Si 개량처리 방법.

정답 510. ㉱　511. ㉯　512. ㉱　513. ㉱　514. ㉰　515. ㉯　516. ㉯

주조(鑄造)기능장

517 대부분의 주조 금속은 용해시 발생하는 가스(gas) 때문에 응고층에 단면을 절단해보면 기공(pin hole)이 나타나는 경우가 있다. 다음 가스 중 Al합금 용해시 가장 문제가 되는 것은?

㉮ H_2가스 ㉯ CO_2가스
㉰ CO가스 ㉱ N_2가스

해설
알미늄 용탕은 공기, 연료, 지금 또는 도가니 등의 수분에서 수소를 흡수하기 쉬움.

518 용해로 조업시 벽돌의 내부에서 생긴 변형에 의해서 표면에 균열이 생기는 현상은?

㉮ 기공률 ㉯ 흡수율
㉰ 스폴링 ㉱ 내마모성

해설
스폴링 또는 박락

519 용탕 온도 측정기로써 전구의 필라멘트의 밝기를 저항기에 바꿔 밝기를 표준으로 해서 고온체 광도와 전구의 색을 일치시켜 온도를 측정하는 휴대가 가능한 용탕 온도계는?

㉮ 열전 고온도계(Thermo eletric Pyrometer)
㉯ 광고 온도계(Optical Pyrometer)
㉰ 색 고온계(Pyroversum Pyrometer)
㉱ 복사 고온계(Radiation Pyrometer)

해설
측정온도 범위가 700~2000℃로 취급이 간단하고 휴대가 가능하여 주철 주물 공장에서 많이 사용함.

520 주철, 주강공장에서 사용하고 있는 광고온계의 온도 측정범위(℃)는?

㉮ 100 ~ 200 ㉯ 200 ~ 400
㉰ 400 ~ 600 ㉱ 700 ~ 2000

해설
휴대할 수 있으며 700~2000℃정도 측정.

521 주물에서 용탕의 온도계측이 중요한데 열전대의 종류에 따라 온도 측정범위가 다르므로 각 용도에 맞는 것을 선택해서 사용해야 한다. 다음 열전대 중 주강 및 주철용탕의 온도측정에 가장 알맞은 것은?

㉮ PR열전대 ㉯ CA열전대
㉰ IC열전대 ㉱ CC열전대

해설
주강 및 주철용탕은 1,300℃이상이므로 1,700℃까지 측정 가능한 PR열전대를 써야 한다. CA, CC, IC는 1,200℃ 보다 낮은 온도의 측정에 사용함.

522 두 종류의 금속선을 용착하여 전기회로를 만들어 그 두 정점에 온도차를 주면 그 회로에 열기전력이 생기므로 그 전위차를 측정하여 두 정점의 온도차를 알 수 있는 원리를 이용한 온도계는?

㉮ 열전대 온도계 ㉯ 저항 온도계
㉰ 광학 온도계 ㉱ 복사 온도계

해설
열전대 온도계

정답 517. ㉮ 518. ㉰ 519. ㉯ 520. ㉱ 521. ㉮ 522. ㉮

523 열전도계 중 R타입(백금-백금로듐)은 몇 ℃까지 측정이 가능한가?
㉮ 600　　㉯ 800
㉰ 1000　　㉱ 1600

R타입(백금-백금로듐)은 1600℃까지 사용온도.

524 주철주물에서 규소 및 탄소의 양이 많을 때 용탕의 탕면 모양은?
㉮ 세엽형　　㉯ 귀갑형
㉰ 부정형　　㉱ 송엽형

귀갑형 : Si, C가 많을 때 나타남.

525 용탕의 표면 모양에서 규소 및 탄소가 더욱 더 적을 때 나타나는 형상은?
㉮ 귀갑형　　㉯ 세엽형
㉰ 송엽형　　㉱ 부정형

㉮ 귀갑형 : 규소, 탄소가 많을 때,
㉯ 세엽형 : 망간이 많을 때
㉰ 송엽형 : 규소 및 탄소가 적을 때

526 주철주물의 칠(Chill)발생과 무관한 것은?
㉮ 용탕의 과산화
㉯ 용탕 중의 과대 S량
㉰ 용탕 중에 과대 흑연량
㉱ 용탕의 과대 냉각

주철이 급냉 응고한 후 또는 고의로 급냉 시킨 경우 발생.

527 주철 용탕의 냉금시험 방법은?
㉮ 쐐기형 시험법　　㉯ 실리콘미터
㉰ CE미터　　㉱ 퀀터미터

㉯ ㉰ ㉱ 는 화학성분 분석.

528 용탕관리의 노전시험 방법이 아닌 것은?
㉮ 쐐기형 칠 시험　　㉯ 강제 칠 시험
㉰ 화학성분 시험　　㉱ 탕면모양 시험

노전시험법 : 용탕의 성질, 모양, 응고 상황 및 냉금의 깊이 등을 검사하는 방법.

529 주철 용탕의 성질을 알아보기 위해 하는 시험은?
㉮ 칠 시험(Chill Test)
㉯ 인장시험(Tensile Test)
㉰ 충격시험(Impact Test)
㉱ 경도시험(Hardness Test)

칠 시험은 주철의 흑연화 경향을 평가하기 위한 것

530 주물의 부분적 칠(chill)의 개선책이 아닌 것은?
㉮ 주물의 두께에 따른 접종처리 개선
㉯ 냉각속도를 감소시킨다.
㉰ 용탕 중의 유황(S) 함유량을 낮춘다.
㉱ 온도 구배를 준다.

온도 구배를 주는 것은 수축공 결함을 없애기 위한 대책.

정답 523. ㉱　524. ㉯　525. ㉱　526. ㉰　527. ㉮　528. ㉰　529. ㉮　530. ㉱

531. 주철 중의 주요성분을 신속 분석하는 방법으로 CE미터가 있다. 어떠한 것을 이용하는 것인가?
㉮ 열분석 ㉯ 기전력
㉰ 부식상태 ㉱ 칠 두께

해설
신속 열분석계, (탄소당량 값을 구하는 용탕 관리용 기계)

532. 전기로에서 100kg$_f$의 주철을 용해한 후 화학성분을 분석하였을 때 Si 함량이 목표치에 0.4% 부족하였다. Fe-Si를 첨가하여 목표치를 맞추려고 한다. 몇 kg$_f$ 첨가하여야 하는가?
㉮ 0.56 ㉯ 0.66
㉰ 0.76 ㉱ 0.86

해설
부족분 0.4×(100/75)×(100/70) = 0.7619 이므로, 약 0.76kg$_f$.

533. 주물 표면의 소착물을 제거, 청정하기 위하여 철제 용기에 주물을 장입하고 다각형의 철편을 넣어 매분 40~60회 정도의 속도로 용기를 회전시켜 주물표면의 청소나 주물의 코어 제거작업에 사용하는 장비는?
㉮ 텀블러(tumbler)
㉯ 쇼트블라스트(shot blast)
㉰ 샌드 블라스트(sand blast)
㉱ 쇼트 챔버 블라스트(shot chamber blast)

해설
tumbler는 다각형이나 원통형의 주철로 만들어진 환형의 용기에 연마편을 넣어 소형 주물의 모래 털기를 자동으로 행하는 기계.

534. 주물이 응고한 뒤에 주형을 해체하여 주물을 빼낸다. 다음 조형법 중 주형해체가 가장 어려운 주형은?
㉮ CO_2주형 ㉯ Shell주형
㉰ Furan주형 ㉱ 생형주형

해설
Shell, Furan은 용탕이 주입되어 고온이 되면 점결력을 상실하여 탈사가 용이하다. 생형은 본래 강도가 적어 주입 후에도 탈사가 용이.

535. 소규모 Al 주물 공장에서의 후처리 방법의 순서가 옳은 것은?
㉮ 그라인딩-샌드블라스팅-주입구, 압탕제거
㉯ 주입구, 압탕제거-샌드블라스팅-그라인딩
㉰ 샌드블라스팅-주입구, 압탕제거, 그라인딩
㉱ 주입구, 압탕제거-그라인딩-샌드블라스팅

해설
소규모 Al 주물 공장에서의 후처리 순서
주입구와 압탕제거 - 그라인딩 - 샌드 블라스팅.

536. 주방품의 표면 청정에 이용되는 기계는?
㉮ 셰이크아웃 머신(shake out machine)
㉯ 녹아웃 머신(knock out machine)
㉰ 쇼트블라스트(shot blast)
㉱ 밴드소잉 머신(band sawing machine)

해설
쇼트 또는 grit을 고속회전의 임펠러를 이용하여 주물표면에 투사하여 깨끗이 하는 방법.

정답 531. ㉮ 532. ㉰ 533. ㉮ 534. ㉮ 535. ㉱ 536. ㉰

537. 쇼트 블라스트(Shot Blast) 작업시 제품의 표면조도에 영향을 주는 인자가 아닌 것은?
㉮ 투사재의 종류, 경도
㉯ 제품의 재질, 표면상태
㉰ 투사속도
㉱ 쇼트블라스트의 종류

해설
표면조도에 영향을 주는 인자로는 투사재의 종류 경도 제품의 재질, 표면상태 투사속도, 밀도 등.

538. 주물품은 후처리용 쇼트블라스트 중에서 소형물을 대량 처리하는데 적합하나 제품끼리 서로 부딪쳐서 파손되기 쉬운 장비는?
㉮ 텀블러식 쇼트블라스트
㉯ 테이블식 쇼트블라스트
㉰ 행거식 쇼트블라스트
㉱ 크레인식 쇼트블라스트

해설
텀블러식은 다수의 제품을 투사실에 넣어 반전하므로 부딪쳐서 파손되기 쉬움.

539. 하이드로 블라스트(hydro-blast)의 특징으로 옳은 것은?
㉮ 청정시간이 아주 길다.
㉯ 주형사 및 코어사의 반복 사용이 곤란하다.
㉰ 큰 노즐로부터 압력이 낮은 물줄기로 분사시킨다.
㉱ 청정시 먼지 발생이 거의 없다.

해설
청정시 먼지 발생이 없어 위생 조건이 좋음.

540. 제품을 주형에서 빼내어 모래 떨기를 한 다음 주물표면을 청소한다. 수압으로 청소하는 기계는?
㉮ 쇼트블라스트
㉯ 에어블라스트
㉰ 하이드로블라스트
㉱ 진동 연마기

해설
㉮ 쇼트블라스트 = 원심투사식
㉯ 에어블라스트 + 압축공기식
㉰ 하이드로블라스트 = 수압식
㉱ 진동블라스트 = 진동식

541. 주강제품의 후처리 공정에서 내화물 및 주물사의 제거에 사용되는 청정방법이 아닌 것은?
㉮ 핵 소우(hack saw)
㉯ 에어 블라스트(air blast)
㉰ 텀블링 (tumbling)통
㉱ 와이어 브러쉬 (wire brush)

해설
알루미늄합금, 동합금의 탕구와 압탕 그리고 용접 및 보수의 준비에 사용.

542. 자동 탈사장비가 아닌 것은?
㉮ Shot blast
㉯ Shake out machine
㉰ Sand blast
㉱ Hydro blast

해설
Shake out machine : 주형해체용 기계.

정답 537. ㉱ 538. ㉮ 539. ㉱ 540. ㉰ 541. ㉮ 542. ㉯

543 후처리용 자동화 기계는?
㉮ 혼사기
㉯ 로타리 게이지 쇼트기
㉰ 샌드 블라스트
㉱ 졸트-스퀴즈머신

해설
로타리 게이지 쇼트기.

544 주물의 탕구, 압탕 부위의 제거시 가스 또는 아크절단이 가장 필요한 재질은?
㉮ 주철 ㉯ 주강
㉰ 구리합금 ㉱ 경합금

해설
주강의 탕구, 압탕 제거에는 가스절단이 가장 많이 사용.

545 표면조도에 영향을 주는 인자를 설명한 것 중 틀린 것은?
㉮ 큰 사이즈이고 또한 높은 경도를 지닌 투사재를 사용하는 것이 표면조도는 커진다.
㉯ 주강보다 주철편이 쇼트블라스트 처리에 의해 표면조도는 커진다.
㉰ 제품의 경도가 높을수록 표면조도는 커진다.
㉱ 투사속도가 빠를수록 또 투사밀도가 클수록 표면조도는 낮아진다.

해설
제품의 경도가 낮을수록 표면조도는 커짐.
제품의 경도가 높을수록 표면조도는 낮아짐.

546 가장 정밀한 치수를 가공 할 수 있는 가공법은?
㉮ 치핑 ㉯ 주조
㉰ 줄다듬질 ㉱ 연삭

해설
연삭의 가공범위는 1S(μ)이하까지 가능하므로 가장 정밀한 가공법.

547 주물의 후처리 방법 중 화학적 청정법은?
㉮ 텀블러(Tumbler)
㉯ 피클링(Pickling)
㉰ 샌드블라스트(Sand-blast)
㉱ 쇼트블라스트(Shot-blast)

해설
주물의 후처리 방법 중 화학적 청정법은 금속 표면에 생긴 산화피막을 산에 의해 제거하는 세척법으로 장시간 세척하는 것을 피클링(Pickling), 단시간의 세척을 산침적 이라 함.

548 주철조직 중에서 조직의 연화를 위한 열처리 후 얻는 기지(matrix) 조직은?
㉮ 페라이트(Ferrite)
㉯ 펄라이트(Pearlite)
㉰ 시멘타이트(Cementite)
㉱ 마텐자이트(Martensite)

해설
연화열처리의 목적은 Ferrite 기지 조직을 얻는 것.

정답 543. ㉯ 544. ㉯ 545. ㉰ 546. ㉱ 547. ㉯ 548. ㉮

549 주철주물의 Chill 부를 연화시키기 위한 개량 열처리 온도(℃)는?

㉮ 550 ~ 600   ㉯ 600 ~ 750
㉰ 850 ~ 900   ㉱ 1050 ~ 1100

　주철의 연화개량은 850–900℃로 1–6시간 가열.

550 백주철에서 주입된 용탕이 응고할 때 하나의 큰 균열이 발생하는 열간균열의 조장 원인이 아닌 것은?

㉮ 주입온도가 높다.
㉯ 주형 및 중자의 강도가 높다.
㉰ 휘발분이 낮은 주물사를 사용한다.
㉱ 탄소 당량이 낮은 용탕을 사용한다.

　열간 균열은 주형이나 중자에 의해서 응고 수축이 저지 당하기 때문에 휘발분이 높은 주물사를 사용.

551 직선형의 균열로써 내부 수축응력에 의하여 발생하는 냉간균열(cold crack)의 가장 큰 원인은?

㉮ 경한 재질로써 수축량이 큰 경우
㉯ 큰 주물의 지느러미가 발생한 경우
㉰ 주물사의 배합이 부적당할 경우
㉱ 두께가 불균일한 대형주물을 급속히 냉각한 경우

　㉮ ㉯ ㉰ 는 열간균열의 원인.

552 가단주철의 탄화철(Fe_3C)분해 열처리 온도구역(℃)은?

㉮ 500 ~ 550   ㉯ 600 ~ 700
㉰ 900 ~ 950   ㉱ 1,000 ~ 1,050

　백주철은 900~950℃에서 20~30Hr 가열하면 탄화철(Fe_3C)이 분해 $Fe_3C \rightarrow Fe+C$가 됨.

553 냉간 균열에서 방지책으로 옳은 것은?

㉮ 주입 후 서냉 시킨다.
㉯ 단면의 두께를 불균일하게 한다.
㉰ 인(P)의 함량을 높인다.
㉱ 주입 후 형을 빨리 해체시킨다.

　㉯ 단면 두께를 균일하게
　㉰ P의 함량을 줄임.
　㉱ 주입 후 형을 늦게 해체시킴.

554 용융금속의 온도가 낮거나 주입속도가 늦기 때문에 생기는 결함은?

㉮ 용탕경계(Cold shut)
㉯ 버클(Buckle)
㉰ 개재물(Inclusion)
㉱ 스캡(Scab)

① buckle : 평면의 주형이 장시간 용금의 복사를 받으면 이 부분만 급히 팽창해서 갈라져 들고 일어나는 현상
② cold shot : 용금의 온도가 주입속도가 늦기 때문에 생기는 결함
③ inclusion : dross나 slag의 혼입
④ scab : 침식 혹은 주형의 팽창에 의한 패임

정답 549. ㉰　550. ㉰　551. ㉱　552. ㉰　553. ㉮　554. ㉮

주조(鑄造)기능장

555 용탕 경계(cold shut)란?
㉮ 주물에 기포가 발생한 것
㉯ 슬래그가 주물에 말려들어간 것
㉰ 용금이 완전히 주형을 충만시키지 못한 것
㉱ 주입온도가 낮아 합친 곳이 완전 융착이 되지 못한 것

해설
주형 내에 용탕이 합류될 때 그 경계면이 완전히 용융되지 않아 형태가 생기는 결함.

556 그림과 같은 결함(A)의 명칭은 무엇인가?

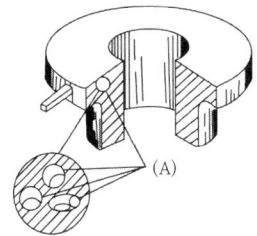

㉮ 콜드쇼트를 수반한 가스구멍
㉯ 개재물
㉰ 용탕경계
㉱ 열간균열

해설
주입방법이 나쁘거나 탕구방안이 부적당하면 주입초기에 용탕이 튀어서 주형벽에 둥근 모양으로 응고된 것.

557 용탕침투의 원인이 아닌 것은?
㉮ 용탕의 표면장력
㉯ 작업장의 실내온도
㉰ 용탕의 압력
㉱ 주형사의 배합

558 주조에서 제품내부에 수축공이 발생하는 것은 어떠한 과정에서 발생하는가?
㉮ 용탕의 냉각과정
㉯ 용탕이 응고하는 과정
㉰ 응고한 금속이 냉각하는 과정
㉱ 응고 후 탈사 과정

해설
용탕의 응고 과정.

559 주물에 수축공이 생기는 가장 큰 원인은?
㉮ 가스빼기가 작고 위치가 나쁘다.
㉯ 주입구가 너무 작고 압탕이 적다.
㉰ 원형치수가 맞지 않고 변형이 되어 있다.
㉱ 통기도가 낮고 모래 다지기가 나쁘다.

해설
주입구나 압탕이 작으면 용탕이 빨리 굳어 용탕보급이 안되어 부족한 용탕 때문에 수축.

560 주형에 주입된 주물에 수축공(chrinkage cavity)이 발생하였을 때의 방지대책 중 틀린 것은?
㉮ 압탕의 크기, 개수, 위치를 적절히 선정하고 압탕쪽으로 방향성 응고가 되도록 한다.
㉯ 주입온도를 높인다.
㉰ 응고 수축율이 적은 합금을 선택한다.
㉱ 급탕거리, 주입구와 게이트(gate)를 개선하고 과열부에 냉금을 사용한다.

해설
주입온도를 가급적 낮추어 액상수축을 줄여야 함.

정답 555. ㉱ 556. ㉮ 557. ㉯ 558. ㉯ 559. ㉯ 560. ㉯

561 주물의 수축공 방지책 중 틀린 것은?

㉮ 압탕을 설치한다.
㉯ 보온재를 설치한다.
㉰ 냉금을 사용한다.
㉱ 주물 두께를 두껍게 한다.

주물 내 수축공은 일방향 응고를 시킴으로써 방지할 수 있음.

562 용탕에 가스의 흡입을 방지하기 위한 방법 중 틀린 것은?

㉮ 슬래그를 형성시켜 분위기와의 접촉을 차단한다.
㉯ 불활성 분위기 또는 진공을 이용한다.
㉰ 가스의 흡수를 감소시키기 위한 저온용해 및 주입을 한다.
㉱ 교반 및 옮김(reladle)등의 용탕처리를 반복한다.

교반 및 옮김 등의 용탕처리를 적게 함.

563 주물불량내용 중에서 흔히 발생하는 기공결함(Blow hole, Pin hole)의 원인 중 틀린 것은?

㉮ 용탕의 가스함유량이 과다할 때
㉯ 주형 또는 코어의 수분이 많을 때
㉰ 코어사의 가스통기성이 충분할 때
㉱ 탄수화물을 함유한 첨가물의 배합량이 과다할 때

기공결함은 주형, 중자사의 통기성이 불충분할 때 발생함.

564 핀 홀(pin hole)결함의 대책으로 틀린 것은?

㉮ 주물사의 수분을 낮춘다.
㉯ 주형에 가스 빼기를 설치한다.
㉰ 용탕이 조용히 주입되도록 방안을 설계한다.
㉱ 용탕의 주입온도를 낮춘다.

작은 공동을 pin hole 라 하며, 주입 온도를 높여야 함.

565 주형 또는 용탕의 가스에 의하여 발생되는 주물의 결함은?

㉮ 기공   ㉯ 개재물
㉰ 소착   ㉱ 균열

기공(blow hole)은 용탕에 가스가 함유 되었거나 주물사에 수분이나 발생 가스가 많을 경우 발생하는 결함.

566 주물표면에 기포나 흠집등의 불량이 생기는 가장 큰 원인은?

㉮ 건조된 주물사
㉯ 가스빼기의 불충분
㉰ 너무 빠른 주입속도
㉱ 주형다지기의 불충분

주형에서 가스가 신속히 배출되지 않으면 주물 표면에 남아 기포나 흠집의 구멍을 만듬.

정답 561. ㉱ 562. ㉱ 563. ㉰ 564. ㉱ 565. ㉮ 566. ㉯

567 주물의 표면결함 중 모래소착의 방지책 중 틀린 것은?

㉮ 충분한 내화성을 갖는 주형재료를 사용한다.
㉯ 국부적으로 과열되는 중형부분에는 핀 또는 못을 꼽는다.
㉰ 크로마이트, 샤모트 등의 모래를 사용한다.
㉱ 주물사의 다짐정도를 낮게 한다.

해설
주물사를 강하게 다짐.

568 주물사가 용탕에 침식되어 흠이 나타나고 용탕의 격돌에 의해서 발생되는 주물 표면에 생기는 불량은?

㉮ 소착(Sand buring)
㉯ 용탕침투(Penetration)
㉰ 스캡(scab)
㉱ 개재물(inclusion)

해설
주형 다짐정도가 높고 수분이 많으며, 수분이 너무 높을 경우 주물 표면에 불량이 발생하는 것.

569 주물의 표면에 나타나는 스캡(Scab) 의 가장 큰 원인은?

㉮ 용탕 주입온도 급강하
㉯ 주물사의 고온팽창
㉰ 통기도의 과다
㉱ 슬래그의 혼입

해설
주물사가 떨어져 생긴 결함.

570 용탕을 주입할 때 생기는 결함이 아닌 것은?

㉮ 용탕의 침입(metal penetration)
㉯ 주탕불량(misrun)
㉰ 개재물(inclusion)
㉱ 침식에 의한 패임(erosion scab)

해설
정지한 용탕과 주형과의 상호작용으로 생기는 결함.

571 주물의 결함과 방지대책이 잘못 연결된 것은?

㉮ 유동성 불량 : 고온 주입을 한다.
㉯ 용탕침투 : 침투성이 적은 고운모래를 사용한다.
㉰ 기공 : 주물사의 통기도를 증가시키고 함수율을 감소시킨다.
㉱ 수축공 : 압탕의 크기를 적게 한다.

해설
압탕의 크기를 크게 함.

572 주물의 결함과 원인이 잘못 연결된 것은?

㉮ 기공 : 주형이나 중자의 통기성 불량
㉯ 콜드 쇼트(cold shuts) : 용탕의 유동성 부족
㉰ 수축공 : 압탕이 지나치게 적거나 높이가 부족
㉱ 조대조직 : 저온주입, 탕구부근의 과냉

해설
조대조직 : 고온주입, 탕구 부근의 과열.

정답 567. ㉱ 568. ㉰ 569. ㉯ 570. ㉮ 571. ㉱ 572. ㉱

573 주물의 불량별 원인 중 틀린 것은?
㉮ 흠집 : 용탕 주입속도가 빠를 때
㉯ 크랙 : 주입온도가 높을 때
㉰ 기포 : 주형의 수분이 과다 할 때
㉱ 수축공 : 주입온도가 낮을 때

수축공은 응고할 때 생기는 수축에 의하여 나타나는 결함으로써 응고시 급격한 부피 감소와 온도저하에 의한 원인이므로 주입온도가 높을 때 일어남.

574 물유리를 점결제로 사용하는 무기자경성 주형의 조형에서 경화제로써 powder를 사용한다. 이 때 사용한 원형을 가지고 후란레진을 점결제로 하고 인산계통의 경화제를 사용하는 유기자경성 주형을 만들 때 경화불량이 거의 발생하는데 그 주원인은?
㉮ 원형이 불량해서(표면이 거칠어서)
㉯ 대기온도가 높아서
㉰ 원형에 묻은 잔존 물유리 때문에
㉱ 작업자의 기술이 미약해서

잔존 물유리는 알칼리성이며 인산과 반응하면 중화작용 때문에 경화불량이 됨.

575 외형에서 상형과 하형의 맞춤정도가 좋지 않을 때, 정반의 중심과 몸체 중심이 맞지 않거나, 부정확할 때의 결함은?
㉮ 주물변형   ㉯ 어긋남
㉰ 압입   ㉱ 용탕경계

어긋남(상, 하의 합형 불량)

576 주형을 진동시키거나 들어 올릴 때 모래가 떨어지는 현상의 결함은?
㉮ Cold shut
㉯ Crushing
㉰ Drop or drop out
㉱ Drawing

㉮ 용탕의 두 흐름이 완전히 용융되지 않음으로 생긴 불완전한 접합부
㉯ 주형 두 부분이 완전히 맞지 않아서 core 또는 주형을 압출하게 됨.
㉱ 주물사 속에서 모형을 빼내는 조작.

577 주조의 결함 중 형상 및 치수불량의 원인 중 틀린 것은?
㉮ 원형의 변형
㉯ 원형을 빼낼 때의 지나친 진동
㉰ 주입에 의한 코어의 부상
㉱ 주형의 다짐이 약하다.

주물표면의 불량.

578 알루미늄 용해시 용탕 중에 가장 용해되기 쉬워서 고체속에 나중에 잔류하여 주물불량의 요인이 되는 기체는?
㉮ 산소(O_2)   ㉯ 수소(H_2)
㉰ 질소(N_2)   ㉱ 탄산가스(CO_2)

수소는 수분 등에 의해 알루미늄 용탕 속에 가장 용해되기 쉬운 기체.

정답 573. ㉱ 574. ㉰ 575. ㉯ 576. ㉰ 577. ㉱ 578. ㉯

579 주물불량 중 역 Chill 이라고 하는 두꺼운 주물의 중심부에 백선조직이 생기는 불량의 원인과 거리가 먼 것은?

㉮ 황 함유량이 많을 때
㉯ 접종이 불충분 할 때
㉰ 수소 함유량이 과다할 때
㉱ 주물의 형상에 의해 중심부 냉각 속도가 느릴 때

중심부의 냉각속도가 빠를 때 역 Chill 현상이 생김.

580 주물의 재질검사에 속하지 않는 것은?

㉮ 형상검사 ㉯ 주조 조직검사
㉰ 기계적 성질검사 ㉱ 화학적 성분검사

형상검사 : 외형검사.

581 부식검사는 대기속 혹은 용액에 침지하여 녹의 발생상황에 따라서 표면결함의 검출이나 재질의 적부를 판정하는 것이다. 이 검사방법 중 틀린 것은?

㉮ 산세척법 ㉯ 아말감법
㉰ 해수침지법 ㉱ 테르미트법

테르미트법 : 용접법.

582 비파괴 검사에 속하는 것은?

㉮ 고온충격시험 ㉯ 인장시험
㉰ 초음파시험 ㉱ 충격시험

㉮ ㉯ ㉱ : 파괴시험.

583 주물의 검사방법 중 파괴검사 방법에 해당되는 것은?

㉮ 육안검사 ㉯ 조직검사
㉰ 치수검사 ㉱ 중량검사

조직검사.

584 주물의 비파괴검사법으로 이용되지 않는 검사법은?

㉮ Micro검사법 ㉯ X-ray검사법
㉰ 자기탐상법 ㉱ 초음파탐상법

micro검사법은 sample 채취와 연마 후에 보는 파괴검사법.

585 비파괴 시험(NDT) 중 접촉매질과 탐촉자가 필요한 것은?

㉮ 초음파탐상(UT) ㉯ 침투탐상(PT)
㉰ 와전류탐상(ET) ㉱ X-선 투과(RT)

주물 물체에 초음파를 보내어 내부결함을 검사하는 것.

586 초음파 탐상검사 방법 중에서 표면에 가까운 결함은 검출하기가 곤란하고 최소한 깊이 10mm이상에 있는 것이 가능한 방법은?

㉮ 반사법 ㉯ 투과법
㉰ 공진식 ㉱ 극간법

반사법은 초음파펄스가 결함에 반사되어 돌아오므로 표면에 가까운 결함은 검출이 곤란.

정답 579. ㉱ 580. ㉮ 581. ㉱ 582. ㉰ 583. ㉯ 584. ㉮ 585. ㉮ 586. ㉮

587 주조 제품의 내부결함 탐상 비파괴시험은?
- ㉮ 형광침투탐상법
- ㉯ X-선 투과검사법
- ㉰ 현미경판단시험
- ㉱ 유화제 침투검사법

내부결함검사 : 침투법, 자기탐상법, 초음파 탐상법, X선 검사법, 음향검사법

588 금속제품의 내부 결함을 발견하는데 가장 적합한 것은?
- ㉮ 형광침투 탐상시험
- ㉯ 와전류 탐상시험
- ㉰ 방사선 투과 시험
- ㉱ 염색형광 탐상시험

주물내에 결함 부위를 검사하는 방법.

589 자분탐상 후 반드시 처리해야 할 과제는?
- ㉮ 탈자처리
- ㉯ 염욕처리
- ㉰ 세척처리
- ㉱ 풀림처리

자기탐상 후에는 자력이 남아 있으므로 탈자처리를 해야 함.

590 주조품의 내부결함을 찾아낼 수 있는 비파괴 시험법은?
- ㉮ 육안검사법
- ㉯ 염색침투탐상법
- ㉰ 초음파탐상법
- ㉱ 침투탐상법

육안, 자분, 침투 검사법은 주물표면 또는 표면 직하의 결함을 검출하는데 이용.

591 주물의 내부결함검사 방법 중 재료에 기공, 균열, 불순물개재 등으로 자력선에 불연속 부분이 있을 때 그 부분에 누설자속의 변화에 의한 검출방법은?
- ㉮ 방사선 투과검사
- ㉯ 초음파검사
- ㉰ 자기탐상검사
- ㉱ 형광검사

자기탐상검사

592 회주철품의 주조품 시험검사에서 주조품을 파괴하여야 할 수 있는 검사법은?
- ㉮ 외형검사
- ㉯ 치수검사
- ㉰ 중량검사
- ㉱ 조직검사

조직 검사는 주물품을 절단 파괴하여 검사.

593 완성제품의 표면경도 측정으로 적당한 경도시험은?
- ㉮ 브리넬경도
- ㉯ 로크웰경도
- ㉰ 비커즈경도
- ㉱ 쇼어경도

완성제품의 표면경로 측정 시 흔적이 적고 정확하기 때문에 표면경화층 두께가 얇은 물품 등에 사용됨.

594 재료의 연성을 알아보기 위한 것으로 구리판, 알루미늄판 및 기타 연성판재를 가압 성형하여 변형능력을 시험하는 것은?
- ㉮ 마모시험
- ㉯ 에릭션시험
- ㉰ 크리프시험
- ㉱ 스프링시험

에릭션시험 또는 커핑시험

정답 587. ㉯ 588. ㉰ 589. ㉮ 590. ㉰ 591. ㉰ 592. ㉱ 593. ㉱ 594. ㉯

주조(鑄造)기능장

595 경도시험에서 강구를 금속표면에 압입한 후 압입부 자국의 평균지름을 측정하여 경도를 산출하는 경도기는?
㉮ 비커즈 경도기 ㉯ 로크웰 경도기
㉰ 브리넬 경도기 ㉱ 쇼어 경도기

해설
㉮ 강구를 사용하지 않고 피라밋 모양의 diamond (136°) 압입자국 대각선 길이 측정.
㉯ 자국 깊이를 측정, ㉱ 반발된 높이 측정

596 안전관리의 목적이 아닌 것은?
㉮ 인명 존중   ㉯ 사회 복지의 증진
㉰ 생산성 향상 ㉱ 사회정의 실천

해설
사회정의 실천은 법의 목적.

597 안전의 3요소가 아닌 것은?
㉮ 교육적 요소 ㉯ 기술적 요소
㉰ 인간적 요소 ㉱ 관리적 요소

해설
안전의 3요소 : 교육적, 기술적, 관리적 요소.

598 사고방지를 위한 시정책 적용시 근로자에게 가장 높게 강조해야 할 것은?
㉮ 기계장비 및 시설의 개선
㉯ 개인 기술의 미비점 개선
㉰ 교육과 훈련의 미비점 보완
㉱ 안전규칙과 수칙 준수

해설
㉮ ㉯ ㉰ : 산업종사 안전 관리자가 취해야 할 사항.

599 정기점검이 아닌 것은?
㉮ 주간 점검 ㉯ 월간 점검
㉰ 분기 점검 ㉱ 연간 점검

해설
정기점검은 주간, 월간, 연간 점검.

600 작업환경과 관련이 가장 먼 것은?
㉮ 온도   ㉯ 냉수관리
㉰ 소음   ㉱ 분진

해설
작업환경 관리
① 온도, 습도, 복사열 ② 조도 ③ 소음 ④ 분진

601 기계를 운전하기 전에 해야 할 일과 관련이 가장 적은 것은?
㉮ 공구 준비 ㉯ 급유
㉰ 기계점검   ㉱ 제품 분석

해설
각 작업장, 각 기계시설에 붙여놓은 안전 주의사항을 반드시 지켜야 함.

602 사고를 방지하고 안전을 도모하기 위하여 Harvey가 제창한 3E 시정책이 아닌 것은?
㉮ 안전시설, 장비의 개선
㉯ 안전교육 및 훈련
㉰ 인간 관계
㉱ 안전관리 감독

해설
안전시설, 장비의 개선, 안전교육 및 훈련, 안전관리감독

정답 595. ㉰ 596. ㉱ 597. ㉰ 598. ㉱ 599. ㉰ 600. ㉯ 601. ㉱ 602. ㉰

603 재해발생의 원인은 인적원인과 물적원인으로 분류하는 것으로 인적원인에 속하는 것은?

㉮ 건물   ㉯ 설비
㉰ 취급품 ㉱ 복장

복장

604 재해방지 책임이 작업자 자신에게 있다고 볼 수 있는 사항은?

㉮ 기계설비의 결함에서 생긴 재해
㉯ 작업규율이나 안전수칙을 지키지 않는 데에서 생긴 재해
㉰ 작업지시나 작업계획이 부적절하여 위험이 있어 생긴 재해
㉱ 작업자에 대한 교육을 소홀히 하여 생긴 재해

㉮ ㉰ ㉱ : 재해방지 책임이 관리자 측에 있음.

605 주물 작업자의 복장에 관한 안전사항으로 틀린 것은?

㉮ 몸에 맞는 작업복을 반드시 착용한다.
㉯ 안전모는 반드시 착용한다.
㉰ 안전화는 반드시 길고 잘 벗어지지 않도록 단단히 맨다.
㉱ 용해 및 주입 시 방열복과 안면보호구를 반드시 착용한다.

안전화는 잘 벗어지도록 신어야하며 혹시 용탕이 신발 속으로 들어가면 빨리 벗어질 수 있도록 해야 함.

606 특급방진 마스크를 반드시 사용해야 할 경우는?

㉮ 소결성품공장 ㉯ 목재견적
㉰ 납분진   ㉱ 보일러실

납분진

607 안전작업을 하기 위해 안전보호구를 선정할 때 유의사항으로 옳은 것은?

㉮ 화기사용 직장에서는 방열성, 가연성 작업복을 사용한다.
㉯ 기계의 주위에서 작업을 할 때에는 반드시 안전모를 쓰도록 한다.
㉰ 작업복은 연령, 성별에 관계없이 통일되어야 한다.
㉱ 방전용 보호 장갑은 금속 또는 특수섬유 재료의 것을 사용한다.

㉮ 불연성 작업복을 사용한다.
㉰ 연령, 성별의 감안 적절한 모양 선택
㉱ 방전용 보호 장갑재료는 고무플라스틱으로 절연재료 일 것

608 다음의 안전장갑에 대한 것 중 틀린 것은?

㉮ 용접용 : 석면, 소가죽
㉯ 내열용 : 석면, 고무, 합성고무
㉰ 방전용 : 고무, 금속, 합성섬유
㉱ 일반 작업용 : 천연합성섬유, 소가죽

방전용은 고무, 플라스틱이 많이 사용.

정답 603. ㉱ 604. ㉯ 605. ㉰ 606. ㉰ 607. ㉯ 608. ㉰

609. 주물 공장의 분진(제1종분진) 허용농도 (mg/m³)는?

㉮ 10 이하   ㉯ 8 이하
㉰ 5 이하   ㉱ 2 이하

해설
주물공장의 분진은 제종 분진에 대부분이 포함됨.

610. 공기 속에 보유하고 있는 분진의 상태를 나타내기 위한 측정시의 필요한 사항과 관련이 가장 적은 것은?

㉮ 용탕의 응고 속도   ㉯ 분진의 농도
㉰ 입도분포   ㉱ 화학조성

해설
분진 측정법 : 분진의 농도, 입도분포, 화학적 조성이 필요함.

611. 금속, 광산, 석공, 주조 등에서 석영, 규석 등의 결정성 규산을 흡입함으로써 발생하는 대표적 진폐는?

㉮ 양성 진폐   ㉯ 탄광부 진폐
㉰ 석면폐   ㉱ 규폐

해설
결정성 규산과 산화철 등의 혼합분진에 의하여 발생하는 진폐는 광산, 주조, 용접 등에서 발생하는 비전형적 규폐를 말함.

612. 무기질 분진에 의한 진폐증 중 비활성 분진에 의한 것이 아닌 것은?

㉮ 규폐증   ㉯ 철폐증
㉰ 흑연폐증 ㉱ 주석폐증

해설
규폐증은 석유화 분진에 의한 것.

613. 주물공장 작업장은 분진 발생량이 많고 분진은 호흡기를 통하여 인체에 들어와서 진폐 등의 만성질환을 일으킬 수 있다. 분진은 입자크기와 종류에 따라 인체에 미치는 영향이 달라지는데 다음 중 틀린 것은?

㉮ 5μm 이상의 거친 분진은 입, 코, 기관에서 포집 되므로 폐에는 이르지 못한다.
㉯ 0.5～1.0μm 크기의 분진은 가장 장시간 폐에 남아 있으며 폐포 집착률이 높다.
㉰ 0.5μm보다 작은 분진은 전혀 걸러지지가 않으므로 인체에 가장 치명적이다.
㉱ 주물공장의 분진은 보통 30% 정도가 유리규산(SiO_2)이다.

해설
0.5μm보다 작은 분진은 걸러지지가 않고 인체에 쉽게 유입되지만 또한 쉽게 빠져나감.

614. 국제 노동기구(I.L.O)에서 정한 산업재해에 대한 도수율은?

㉮ (재해건수/총연근로 시간수)×1,000,000
㉯ (재해건수/재적 근로자수)×1,000
㉰ (근로손실일수/총연근로 시간수)×1,000,000
㉱ (재해건수/총연근로 시간수)×1,000

해설
도수율이란 연근로시간 100만 시간 중에 산업재해가 몇건 발생 하였는가를 알아보는 것.

615. 재해로 인하여 손실된 근로일수가 1000 근로시간 중 얼마만큼 있었나를 표시하는 것으로써 상해의 정도를 나타내는 것은?

㉮ 안전율   ㉯ 강도율
㉰ 빈도율   ㉱ 장해율

해설
강도율

정답 609. ㉱ 610. ㉮ 611. ㉱ 612. ㉮ 613. ㉰ 614. ㉮ 615. ㉯

616 연천인율을 옳게 설명한 것은?

㉮ $\dfrac{평균근로자수}{재해자수} \times 1000$

㉯ $\dfrac{연근로시간}{재해자수} \times 1000$

㉰ $\dfrac{재해자수}{평균근로자수} \times 1000$

㉱ $\dfrac{근로손실일수}{연근로시간수} \times 1000$

$\dfrac{재해자수}{평균근로자수} \times 1000$

617 주물공장의 소음문제를 해결하는 방법으로 틀린 것은?

㉮ 공구의 개선
㉯ 소음이 높은 공정의 집중, 격리
㉰ 개인의 보호구 개발과 보급
㉱ 방음을 위한 작업의 밀폐

주물공장은 반드시 환기가 잘 이루어져야 함.

618 시력의 범위는 보고자 하는 사람이나 물체가 빨리 움직일수록 좁아진다. 틀린 것은?

㉮ 정지상태 → 200°
㉯ 40km/h → 150°
㉰ 70km/h → 65°
㉱ 100km/h → 40°

40km/h일 때 100°.

619 소음의 허용 기준치(dB)에서 틀린 것은?

㉮ 8시간 : 90　㉯ 4시간 : 95
㉰ 2시간 : 100　㉱ 1시간 : 120

1시간은 105dB 이며 115dB이상의 소음에 노출되어서는 안된다. 순간적 노출에도 영구적 피해를 봄.

620 주물 작업장에서 소음강도가 가장 낮은 곳은?

㉮ 사처리 작업장　㉯ 수조형 작업장
㉰ 기계조형 작업장　㉱ 연마 작업장

소음강도가 심한 순서는 연마작업장, 사처리 및 기계조형작업장, 수조형 작업장 순.

621 정밀작업을 하는 장소의 작업장의 조명기준(Lux)은?

㉮ 70 이상　㉯ 100 이상
㉰ 150 이상　㉱ 300 이상

600룩스 이상 : 초정밀 작업, 70룩스 이상 : 기타작업

622 안전과 관련된 색채의 규정이 틀린 것은?

㉮ 적색 → 위험물 표시
㉯ 황색 → 경고 표시
㉰ 녹색 → 안전과 보건표시
㉱ 청색 → 안내, 교통표지(지시)

지시표지는 흑색이나 백색.

정답 616. ㉰　617. ㉱　618. ㉯　619. ㉱　620. ㉯　621. ㉱　622. ㉱

623. 산업안전에 대한 관심과 이해가 인식되고 유지됨으로써 일어나는 현상 중 옳은 것은?

㉮ 생산효율 저하로 직장의 신뢰도가 낮아진다.
㉯ 이직률이 증가한다.
㉰ 고유기술이 축적되고 품질이 향상된다.
㉱ 상하 동료간 개인주의가 우선한다.

해설
① 생산효율증대로 고유기술이 축적되고 품질이 향상된다.
② 안전제일은 직장인에 안정감을 줌으로써 이직률이 감소하게 하며 인간관계가 개선됨으로써 직장을 신 뢰 하게 됨.

624. 주물공장에서 발생되는 유해가스에 설명으로 틀린 것은?

㉮ 큐폴라에서 발생되는 유해가스는 CO가스와 SO_2 가스 등이다.
㉯ 아크로에서 배출되는 가스 중에서 CO가스의 성분이 50-65% 정도이다.
㉰ 셸주형의 주탕시 페놀류, 포름알데히드, 암모니아 등의 가스가 발생한다.
㉱ 생형주형은 주형제거 시보다 주탕 시에 CO가스의 발생량이 가장 많다.

해설
생형주형에서는 주탕시보다 주형 제거시 일산화탄소의 발생량이 가장 많다.(30~40ppm → 100~400ppm)

625. 산업안전 표시판의 일례이다. 무엇을 뜻하는가? (단, 삼각형의 바탕색은 황색임)

황색

㉮ 유해 물질 경고
㉯ 레이져 광선 경고
㉰ 위험장소 경고
㉱ 산화성 물질 경고

해설
고용노동부령 2호로써 황색바탕은 경고를 의미하며 위험장소에 대한 경고 표시판 임.

626. 산(酸), 유독가스(gas), 100℃이상의 증기(steam)와 같은 위험한 것이 흐르는 파이프라인(Pipe line)의 색깔은?

㉮ 적색, 백색, 흑색
㉯ 녹색, 회색, 백색, 흑색
㉰ 청색, 회색, 흑색
㉱ 황색, 오렌지색

해설
산, gas 100℃~427℃에 흐르는 steam과 같은 위험한 것이 흐르는 pipe 에는 황색, 오렌지 색깔로 표시.

627. 폐액, 오수에서 화학적 산소 요구량의 표시로 옳은 것은?

㉮ SS   ㉯ DO
㉰ COD   ㉱ KOD

해설
COD(Chemical oxygen demand) 화학적 산소 요구량.

정답 623. ㉰ 624. ㉱ 625. ㉰ 626. ㉱ 627. ㉰

628. 주물공장에서 나오는 각종 폐수의 성분을 산성, 알칼리성으로 구분할 때 PH농도(수소이온농도)를 척도로 사용한다. PH의 산성, 알칼리성, 구분 기준치는?

㉮ 5 ㉯ 7
㉰ 9 ㉱ 11

PH7이하는 산성, 7이상은 알칼리성.

629. 페인트에 많은 유해성분이 함유되어 있다. 페인트 작업 시에 유념할 사항 중 틀린 것은?

㉮ 유성페인트 보다는 수성페인트를 사용할 것
㉯ 페인트 작업은 통풍이 잘 되는 곳에서 할 것
㉰ 장갑, 보안경, 호흡 마스크 등 개인 안전보호구를 사용 할 것
㉱ 작업완료 후 솔벤트류로 피부를 닦아 낼 것

솔벤트류로 피부를 닦는 것은 매우 좋지 않음.

630. 일산화탄소를 흡입하였을 때 인체에 미치는 영향은?

㉮ 탄화혈장을 만든다.
㉯ 산화 헤모글로빈을 만든다.
㉰ 적혈구에 포함되어 있는 헤모글로빈과 결합한다.
㉱ 백혈구와 결합한다.

적혈구에 있는 헤모글로빈과 결합.

631. CO_2법 조형작업에 화재의 위험성이 가장 큰 작업은?

㉮ 주물사 혼련작업
㉯ CO_2 gas 취입작업
㉰ 도형작업
㉱ 형빼기 작업

CO_2주형의 도형재는 주로 메탄올을 주재로 하고 있으므로 위험성이 높음.

632. 전기에 감전되어 인체에 50~100mA의 전류가 흘렀을 때 어떠한 현상이 일어나는가?

㉮ 순간적으로 사망할 위험성이 크고 치명적이다.
㉯ 화상 및 근육수축 현상이 일어날 뿐이다.
㉰ 통증과 아픔만을 느낀다.
㉱ 전기를 느낄 정도이다.

사망의 위험성이 크며 치명적.

633. 주물공장의 안전관리 사항 중 틀린 것은?

㉮ 로의 주위에서 실수하는 일이 없도록 하며 화재를 대비 방화수를 설치한다.
㉯ 만일의 사고를 대비하여 대피장소를 만든다.
㉰ 작업자는 방화복, 헬멧, 얼굴가리개, 발덮개, 안전화 등의 방화 장비를 착용한다.
㉱ 용해작업은 위험을 수반하기 때문에 관계가 없는 자는 작업장의 출입을 금지시킨다.

방화사를 준비 하여둠.

정답 628. ㉯ 629. ㉱ 630. ㉰ 631. ㉰ 632. ㉮ 633. ㉮

주조(鑄造)기능장

634 전등 스위치가 옥내에 있으면 안되는 곳은?
㉮ 산소 저장소 ㉯ 코크스 저장소
㉰ 기계유 저장소 ㉱ 곡분 저장소

해설 카바이드 저장소나 가연성 가스 저장 장소에는 조그마한 스파크만 있어도 점화 폭발할 위험이 크므로 손전등만 사용해야 함.

635 고압가스의 충전 용기의 보관시 유의할 사항 중 틀린 것은?
㉮ 전락하지 않을 것
㉯ 전도하지 않을 것
㉰ 충격을 방지하도록 할 것
㉱ 통풍이 안되는 곳에 보관할 것

해설 통풍이 잘 되어야 하며 습기가 없을 것.

636 주물 작업자가 지켜야 할 안전수칙으로 틀린 것은?
㉮ 비에 젖은 금속은 건조하지 않고 용해로에 장입하지 않는다.
㉯ 레이들에 용탕량은 가능한 한 많이 받아 생산효율을 높인다.
㉰ 출탕 시 반드시 신호하고 주위의 안전을 확인한다.
㉱ 주입 중에는 절대로 탕구 위로 얼굴을 내밀지 않는다.

해설 레이들에 용탕량은 적당하게 받아(약2/3~3/4) 용탕이 넘치거나 흘러내리지 않도록 함.

637 주조 작업시 적당하지 않은 복장은?
㉮ 보안경을 사용한다.
㉯ 넥타이, 반지, 손목시계는 작업 시에는 착용하지 않는다.
㉰ 팔과 다리 부분을 걷어 올린다.
㉱ 용탕주입 시 보호용 안전화를 착용한다.

해설 몸에 맞는 작업복을 착용.

638 주물공장의 시설관리 방법 중 틀린 것은?
㉮ 노가 설치되어 있는 부분의 지면은 벽돌 또는 모래를 깔고 만일을 대비하여 충분한 습도를 유지시킬 것.
㉯ 노의 주위에 비상용 방화사를 준비할 것.
㉰ 용해 재료는 수분을 함유하지 않을 것.
㉱ 항시 용탕을 받을 예비 레들을 준비하여 놓을 것.

해설 노의 바닥에는 건조 주물사를 깔아둠.

639 큐폴라 조업 중 폭발을 예방할 수 있는 가장 좋은 사전 조치는?
㉮ 장입량을 계획보다 증량하여 장입한다.
㉯ 수분이 있는 주물사를 바닥에 깔아 놓는다.
㉰ peep hole을 열어 둔다.
㉱ Skimmer와 Stopper의 크기를 작게 한다.

해설 peep hole을 열어둠.

정답 634. ㉮ 635. ㉱ 636. ㉯ 637. ㉰ 638. ㉮ 639. ㉰

640 주물 작업장에서 취하여야 할 안전사항 중 옳은 것은?

㉮ 안전모가 작업능률에 지장을 줄 정도로 거치장 스럽다면 착용하지 않아도 된다.
㉯ 주물공장내에서는 용해작업으로 온도가 높으므로 좀 헐거운 작업복을 착용한다.
㉰ 용해, 용탕 운반 작업시에는 방열복을 반드시 착용한다.
㉱ 작업통로에는 조금 간섭이 되는 것이 있더라도 정리정돈만 되면 된다.

재해방지 기본사항
① 안전모는 반드시 착용.
② 작업복은 몸에 맞는 것을 착용.
③ 용해, 용탕 운반 작업 시에는 반드시 방열복을 착용.
④ 작업통로에는 일체 간섭되는 것이 없어 야 함.

641 주물공장 용해작업장 내의 안전사항 중 틀린 것은?

㉮ 출탕할 때에는 안전을 고려하여 반드시 주위에 아무도 없을 때 단독작업으로 출탕한다.
㉯ 용해작업장 부근에는 연소성물질을 놓지 않아야 한다.
㉰ 출탕할 때에는 반드시 신호를 하고 주위에 안전을 확인한다.
㉱ 용해작업 중 노내를 관찰할 때는 반드시 보호안경을 착용한다.

주물공장 용해작업장 내에서 출탕할 때에는 반드시 신호(사이렌, 경적)를 하고 주위의 작업인원 이외에는 통제하여야 한다. 또한 출탕작업은 출탕 관련기기를 다루며 행하는 공동작업 이므로 단독작업에 의한 출탕을 지양하여야 함.

642 겨울철 알루미늄 주조 작업장에서 용탕 폭발사고의 가장 큰 발생 원인은?

㉮ 알루미늄 잉곳의 산화 때문이다.
㉯ 용탕 레들을 충분히 예열하지 않은 상태에서 사용할 때 응축수분의 팽창 때문이다.
㉰ 염소가스와 대기 중에 노출된 지금의 화학반응으로 발생한다.
㉱ 알루미늄은 비중이 높으므로 저기압일 때 흔히 발생한다.

알루미늄은 비중이 낮으므로 용탕 레들이나 포스포라이저, 잉곳케이스 등 용탕과 접촉하는 기구들이 충분히 예열되지 않은 상태에서 용탕과 접할 때 응축수분의 팽창 압력을 견디지 못하여 폭발하게 됨.

643 큐폴라 용해 작업시 안전사항 중 틀린 것은?

㉮ 용해 작업 전에 노를 충분히 건조시켜 둔다.
㉯ 용해작업장 부근에는 반드시 연소성물질을 놓아야 한다.
㉰ 큐폴라 하부에 물이 고이지 않도록 조치를 강구한다.
㉱ 출탕할 때에는 반드시 신호를 하고 주위의 안전을 확인한다.

용해 작업장 부근에는 연소성 물질을 놓지 않아야 함.

644 황동계 주물의 용해 작업에서 일어나는 현상의 설명 중 틀린 것은?

㉮ 주입온도가 낮으면 기포의 원인이 된다.
㉯ 용해시 붕사를 용탕표면에 뿌릴 때에는 도가니가 손상될 수 있다.
㉰ 구리 중에 아연이 5%가량 첨가 되면 용탕의 수소 흡수량이 감소한다.
㉱ 주입온도가 높으면 아연 증발이 감소된다.

아연 증발이 증가.

645 조업 중 노저로부터 용탕이 새어나오는 사고가 발생 했을 때의 가장 적절한 조치는?

㉮ 송풍을 정지한다.
㉯ 전로가 없을 때는 서서히 출탕한다.
㉰ 석회석을 다량 투입한다.
㉱ 코크스를 즉시 투입하고 산소량을 증가시킨다.

송풍을 정지하고 응급조치를 취함.

646 큐폴라 용해 작업 중 용탕이 너무 많이 고여서 바람구멍으로 슬랙이 흘러넘칠 경우의 대책으로 옳은 것은?

㉮ 서서히 출탕시킨다.
㉯ 송풍량을 증가시킨다.
㉰ 고철의 양을 증가시킨다.
㉱ 바람상자의 문을 연다.

바람상자의 문을 열어 둠.

647 유도로에 재료를 장입할 때의 주의사항 중 틀린 것은?

㉮ 재료를 장입할 때에는 전원을 끈다.
㉯ 가탄재는 대량의 종류에는 종이로 된 봉지에 넣은 채로 투입한다.
㉰ 아연은 예열하여 소량씩 용탕면에 장입한다.
㉱ 기계절삭분이나 박판은 재료장입 시 먼저 아래쪽에 장입한다.

박판은 재료 장입시 나중에 장입.

648 전기로 화재의 원인과 거리가 먼 것은?

㉮ 단락에 의한 발화
㉯ 과전류에 의한 발화
㉰ 접속불량에 의한 발화
㉱ 절연에 의한 발화

전선, 전기로의 절연 파괴(노화, 기계적 손상)등으로 전류가 누설되어 누설경로를 장시간 흐르게 되면 이로 인한 발열이 주위 인화물에 대한 착화원이 됨.

649 주물공장에서 수동운반차에 의하여 중량물의 취급, 운반에 있어서 주의해야 할 사항 중 틀린 것은?

㉮ 적재방법을 안정성 있게 해야 한다.
㉯ 적재 제한량을 넘지 말아야 한다.
㉰ 운반차를 통로에 방치 한다.
㉱ 앞이 잘 보이도록 하여 사용 한다.

안전통로에는 반드시 비워두어야 함.

정답 644. ㉱ 645. ㉮ 646. ㉱ 647. ㉱ 648. ㉱ 649. ㉰

650 주물공장의 기계조형 작업시 안전사항으로 틀린 것은?

㉮ 주형상자의 조인트 핀과 매치플레이트형의 조인트가 일치하도록 한다.
㉯ 주형의 냉각과 건조에 유의하여야 한다.
㉰ 완성된 주형을 옮길 때에는 발생하는 충격과 변형에 주의하여야 한다.
㉱ 기계조형 시의 주물사는 기계적으로 다져지므로 주물사관리에 별로 신경 쓸 필요가 없다.

기계조형 시의 주물사는 조형기의 마모나 무리를 초래하여 설비 안전사고나 이와 관련된 인적 안전사고를 수반할 우려가 있으므로 수분, 입도, 이물질 혼입 여부 등 철저히 관리되어야 함.

651 주물공장의 자동화의 이점이 아닌 것은?

㉮ 경쟁력 확보   ㉯ 환경개선
㉰ 인력난 해결   ㉱ 시설 유지비 절감

시설유지비는 고가.

652 공장 작업공정에서 레이아웃의 기본조건이 아닌 것은?

㉮ 미래의 변경에 대한 융통성을 부여한다.
㉯ 공간 이용시 입체화는 복잡성으로 고려하지 않는다.
㉰ 운반의 합리성을 고려한다.
㉱ 재료 및 제품의 연속적 이동을 고려한다.

공장의 공간 이용시 입체화하여 가능한 한 그 활용도를 높임.

653 연삭숫돌의 수직 휠(Wheel)사용방법 중 틀린 것은?

㉮ 제조회사로부터 공급되는 보호덮개를 사용해야 한다.
㉯ 휠을 장착하기 전에 울림시험(ring test)을 실시해 보아야만 한다.
㉰ 작업시의 하중회전속도는 숫돌에 표시된 제한 속도를 초과하여도 무방하다.
㉱ 연삭숫돌을 건조하고 온도변화가 심하지 않은 곳에 보관한다.

연삭숫돌을 어떠한 상황에서도 무하중 회전속도가 연삭숫돌에 표시된 제한속도를 초과해서는 안됨.

654 둥근톱기계 안전수칙으로 옳은 것은?

㉮ 목재를 절단할 때 밀대는 불편하므로 양손으로 견고히 잡고 한다.
㉯ 작은 재료를 절단할 때는 누름막대기를 사용한다.
㉰ 목재절단 중 톱날의 흔들림 유무를 확인한다.
㉱ 작업위치는 날과 일직선상에 절단부위에 정확히 보면서 절단한다.

㉮ 밀대를 이용해야 함
㉰ 목재절단 작업 전 점검
㉱ 일직선상에서 피해 작업함

정답 650. ㉱ 651. ㉱ 652. ㉯ 653. ㉰ 654. ㉯

655 생형사의 회수사 공급라인 과정을 나열한 것 중 가장 올바른 순서는?

① 미분제거 - 철편제거 - 분쇄 - 수분, 온도조정 - 저장 - 공급
② 분쇄 - 철편제거 - 미분제거 - 수분, 온도조정 - 저장 - 공급
③ 수분, 온도조정 - 미분제거 - 철편제거 - 분쇄 - 저장 - 공급
④ 철편제거 - 수분, 온도조정 - 미분제거 - 분쇄 - 저장 - 공급

해설
분쇄 - 철편제거 - 미분제거 - 수분조정 - 저장 - 공급

656 성숙도(RG : Degree of normality)란?

㉮ 경도와 인장강도의 상관관계로부터 주철의 재질을 판정하는 기준
㉯ 탄소 포화도와 인장강도의 상관관계로부터 주철의 재질을 판정하는 기준
㉰ 탄소당량과 인장강도의 상관관계로부터 주철의 재질을 판정하는 기준
㉱ 경도와 탄소당량의 상관관계로부터 주철의 재질을 판정하는 기준

해설
주철의 재질을 판정하는 기준.

657 자동화 라인에서 레이아웃의 기본 조건이 아닌 것은?

㉮ 재료의 연속적 이동
㉯ 운반의 합리화
㉰ 공장 내의 공간이용
㉱ 현재 설비의 완벽한 구성

해설
미래의 변경에 대한 융통성이 있어야 함.

658 선반작업 중 사람을 보호하고 기계의 안전을 위한 주의사항 중 틀린 것은?

㉮ 작업 전에 기계의 정상 여부를 확인 한다.
㉯ 기계에 기름을 알맞게 주고 옷을 단정히 한다.
㉰ 공작물의 회전시에 측정 할 때는 회전속도를 약간 낮게 한다.
㉱ 바이트 끝이 센터라인 밑으로 내려가지 않게 한다.

해설
회전시의 측정은 반드시 기계를 정지시키고 측정할 것.

659 주물 작업장을 기계화함으로써 얻어지는 이점이 아닌 것은?

㉮ 능률의 향상
㉯ 불량률의 감소
㉰ 제품의 중량증가
㉱ 기계가공 시간의 단축

해설
주물 작업장을 기계화함으로써 얻어지는 이점을 능률의 향상, 불량률의 감소, 취급조작의 간편, 품질의 안정, 기계가공시간단축, 제품의 중량감소가 있음.

660 주조공정의 자동화에 속하지 않는 것은?

㉮ 도면설계 - CAD
㉯ 원형제작 - CNC
㉰ 주물사 제조 - 혼사기
㉱ 용해 - 컴퓨터제어

해설
주물사 제조 : 혼사기

661 주조공장의 자동화에서 고려해야 할 사항과 관련이 가장 먼 것은?
- ㉮ 제조 로트량
- ㉯ 기계 가동률
- ㉰ 수용 예측
- ㉱ 공장 위치

공장 위치.

662 주입장치의 자동화가 아닌 것은?
- ㉮ 경동식 주입장치
- ㉯ 압력식 주입장치
- ㉰ 전자 펌프식 주입장치
- ㉱ 가스 충격식 주입장치

가스 충격식 주입장치

663 분진에 습기를 부여해서 포집하는 분진 측정의 방법은?
- ㉮ 흡착식
- ㉯ 침강식
- ㉰ 충돌식
- ㉱ 원심식

흡착식

664 오염된 공기를 수포 속으로 통과시켜 0.5μ 정도까지 포집이 가능하고, 취급이 간단한 주물공장의 대표적 습식 집진장치는?
- ㉮ 로우트 클론
- ㉯ 사이클론
- ㉰ 백 필터
- ㉱ 멀티 클론

㉯, ㉰ 건식집진장치
㉱ 세척수가 침전 Tank 속으로 분진을 운전하는 것

665 [그림]의 안전·보건표지는 무엇을 나타내는가?

- ㉮ 출입금지
- ㉯ 진입금지
- ㉰ 고온경고
- ㉱ 위험장소경고

666 전기설비 화재시 가장 적합하지 않은 소화기는?
- ㉮ 포소화기
- ㉯ CO_2 소화기
- ㉰ 인산염류 분말소화기
- ㉱ 할로겐화합물 소화기

667 각 사업장의 안전관리 지수인 도수율(빈도율)을 나타내는 계산식으로 옳은 것은?
- ㉮ $\dfrac{\text{연 사상자 수}}{\text{연 평균 근로자수}} \times 1000\text{시간}$
- ㉯ $\dfrac{\text{연 평균 근로자수}}{\text{연 사상자 수}} \times 1000\text{시간}$
- ㉰ $\dfrac{\text{연간재해수}}{\text{연 근로 총시간수}} \times 100\text{만 시간}$
- ㉱ $\dfrac{\text{연 근로자수}}{\text{재해발생건수}} \times 100\text{만 시간}$

668 일반용 가스용기의 외부 도색을 표시한 것 중 틀린 것은?
- ㉮ 산소 - 녹색
- ㉯ 수소 - 청색
- ㉰ 액화암모니아 - 백색
- ㉱ 액화염소 - 갈색

정답 661. ㉱ 662. ㉱ 663. ㉮ 664. ㉮ 665. ㉰ 666. ㉮ 667. ㉰ 668. ㉯

주조(鑄造)기능장

669 전기화재(C급) 발생 시 가장 좋은 소화 방법은?
- ㉮ 분말 소화기 사용
- ㉯ 해사 사용
- ㉰ CO_2 소화기 사용
- ㉱ 살수 실시

670 정전이 발생되어 수리작업시 지켜야 할 안전수칙에 어긋나는 것은?
- ㉮ 정전을 확인하고 접지한 후 작업에 임한다.
- ㉯ 필요한 보호구를 착용한 후 작업에 임한다.
- ㉰ 복구작업일 때는 지휘명령 계통에 따라 작업을 한다.
- ㉱ 작업원이 판단하여 단독작업을 하여도 된다.

671 다음 중 B급 화재가 아닌 것은?
- ㉮ 구리스
- ㉯ 타르
- ㉰ 가연성 액채
- ㉱ 목재

672 다음 강도율의 설명 중 옳은 것은?
- ㉮ 연근로시간 100만 시간당 연노동손실일 수
- ㉯ 연근로시간 1000 시간당 연노동손실일 수
- ㉰ 연근로시간 100만 시간당 발생한 사상자 수
- ㉱ 연근로시간 1000 시간당 발생한 사상자 수

673 재해사고 조사의 주된 목적은?
- ㉮ 비슷한 재해의 재발 방지를 위하여
- ㉯ 산재 통계 작성을 위하여
- ㉰ 안전사고를 알리기 위하여
- ㉱ 품질관리 계획을 수립하기 위하여

674 다음 중 금속 화재의 종류는?
- ㉮ A
- ㉯ B
- ㉰ C
- ㉱ D

675 금속화재를 설명한 것 중 옳은 것은?
- ㉮ A급 화재로 소화할 때 수용액(물)을 사용한다.
- ㉯ B급 화재로 소화시 포말소화기 등을 사용한다.
- ㉰ C급 화재로 소화시 유기성 소화액이나 분말소화기를 사용한다.
- ㉱ D급 화재로 소화시 건조사(모래)를 사용한다.

676 공장의 전기 배선함에서 작은 화재가 발생하였을 때 가장 올바른 최우선 소화방법은?
- ㉮ 소화전의 물로 소화
- ㉯ 스프링쿨러를 작동시켜 소화
- ㉰ CO_2 소화기로 소화
- ㉱ 119로 신고하여 소화

677 소량으로도 인체에 가장 치명적인 것은?
- ㉮ CO
- ㉯ Na_2O_3
- ㉰ H_2O
- ㉱ CO_2

678 산업재해 원인 중 교육적 원인에 해당하는 것은?
- ㉮ 구조 재료가 적합하지 못하다.
- ㉯ 생산 방법이 적합하지 못하다.
- ㉰ 청결, 정비, 보존 등이 불량하다.
- ㉱ 안전 지식이 부족하다.

정답 669. ㉰ 670. ㉱ 671. ㉱ 672. ㉯ 673. ㉮ 674. ㉱ 675. ㉱ 676. ㉰ 677. ㉮ 678. ㉱

679 다음 중 스치거나 문질러서 벗겨진 상해는?
㉮ 찰과상 ㉯ 절상
㉰ 부조 ㉱ 자상

680 보호구의 보관방법에 대한 설명으로 틀린 것은?
㉮ 발열체가 주변에 없을 것
㉯ 햇빛이 들지 않고 통풍이 잘되는 곳에 보관할 것
㉰ 땀 등으로 오염된 경우는 세탁하고 건조시킨 후 보관할 것
㉱ 부식성 액체, 유기용제, 기름, 산 등과 혼합하여 보관할 것

681 산업안전보건법에서는 공기 중의 산소농도가 몇% 미만인 상태를 "산소결핍"으로 규정하고 있는가?
㉮ 16 ㉯ 18
㉰ 20 ㉱ 23

682 산업안전 보건법에서 안전보건 표지의 색채와 그 용도가 옳은 것은?
㉮ 파랑 - 금지 ㉯ 빨강 - 경고
㉰ 노랑 - 지시 ㉱ 녹색 - 안내

683 작업장에서 가장 높은 비율을 차지하는 인적 사고의 원인은?
㉮ 인간의 불안전한 행동
㉯ 시설장비의 결함
㉰ 작업환경
㉱ 체제상의 결함

684 유류화재 발생시 사용할 수 없는 소화기는?
㉮ 주수(注水) 소화기
㉯ ABC 소화기
㉰ CO_2 소화기
㉱ 포말소화기

685 산업안전 보건법에서는 소음이 장시간 노출되면 영구 난청이 되는 경우가 있다. 소음의 단위는?
㉮ Hz ㉯ UHP
㉰ dB ㉱ ppm

686 특급 방진마스크를 사용해야 할 경우는?
㉮ 용수처리장 ㉯ 급수관
㉰ 납분진 ㉱ 냉각장

687 500명이 근무하는 모회사에서 안전사고 6건에 8명의 재해자가 발생하였다. 이 회사의 재해 도수율은? (단, 연근로일수는 300일, 1일 근로시간은 8시간 임)
㉮ 0.012 ㉯ 0.016
㉰ 5.0 ㉱ 6.67

688 산업재해의 원인을 교육적, 기술적, 작업관리상의 원인으로 분류할 때 교육적 원인에 해당되는 것은?
㉮ 작업준비가 충분하지 못할 때
㉯ 생산방법이 적당하지 못할 때
㉰ 작업지시가 적당하지 못할 때
㉱ 안전수칙을 잘못 알고 있을 때

정답 679. ㉮ 680. ㉱ 681. ㉮ 682. ㉱ 683. ㉮ 684. ㉮ 685. ㉰ 686. ㉰ 687. ㉰ 688. ㉱

689 재해예방의 4원칙이 아닌 것은?
㉮ 예방가능의 원칙   ㉯ 사고지연의 원칙
㉰ 원인연계의 원칙   ㉱ 대책선정의 원칙

690 안전교육의 방법 중 토의법에 적용되는 경우가 아닌 것은?
㉮ 수업의 마지막이나 중간단계
㉯ 시간은 부족한데, 가르칠 내용은 많은 경우
㉰ 팀워크를 필요로 하는 경우
㉱ 알고 있는 지식의 심화 및 어떠한 자료에 대해 보다 명료한 생각을 갖게 하는 경우

691 무재해 운동의 3원칙 중 모든 잠재위험요인을 사전에 발견·해결·파악함으로서 근본적으로 산업재해를 없애는 원칙을 무엇이라 하는가?
㉮ 대책선정의 원칙   ㉯ 무의 원칙
㉰ 참가의 원칙   ㉱ 선취 해결의 원칙

692 통로의 채광과 조명에 대한 설명으로 옳은 것은?
㉮ 정상적인 보행에 지장이 없으면 된다.
㉯ 100 lux 이상이어야 한다.
㉰ 150 lux 이상이어야 한다.
㉱ 근로자에게 조명구를 소지시키면 된다.

693 다음 중 작업장에서 착용해서는 안되는 것은?
㉮ 작업모   ㉯ 안전모
㉰ 넥타이나 반지 ㉱ 작업화

694 작업장과 외부의 온도차(℃)는 얼마가 적당한가?
㉮ 3   ㉯ 7
㉰ 12   ㉱ 15

695 작업장의 온도(℃)로 가장 적당한 것은?
㉮ 기계작업 : 10~12
㉯ 사무실 : 25~30
㉰ 조립작업 : 25~30
㉱ 도장작업 : 5~10

696 작업장의 부유하는 먼지량(mg/m³)은 얼마 이하가 적당한가?
㉮ 0.01   ㉯ 0.1
㉰ 0.15   ㉱ 0.4

697 산업공장에서 재해의 발생을 적게 하기 위한 방법 중 틀린 것은?
㉮ 칩은 정해진 용기에 넣는다.
㉯ 공구는 소정의 장소에 보관한다.
㉰ 소화기 근처에 물건을 쌓아 놓는다.
㉱ 통로나 창문 등에 물건을 세워 놓지 않는다.

698 우리나라에서 가장 바람직한 상대 습도(%)는?
㉮ 40~50   ㉯ 50~60
㉰ 60~70   ㉱ 70~80

정답 689. ㉯ 690. ㉯ 691. ㉱ 692. ㉮ 693. ㉰ 694. ㉯ 695. ㉮ 696. ㉰ 697. ㉰ 698. ㉯

699 공장의 정리정돈에 관하여 틀린 것은?
- ㉮ 폐품은 정해진 용기 속에 넣는다.
- ㉯ 공구, 재료 등은 일정한 장소에 놓는다.
- ㉰ 사용이 끝난 공구는 즉시 뒷정리를 한다.
- ㉱ 통로를 넓히기 위해 통로 한쪽에 물건을 세워 놓는다.

700 둘 이상의 비상용 통로의 설치는 어떠한 때 하는가?
- ㉮ 30인 이상의 근로자가 취업하는 옥내 작업장
- ㉯ 50인 이상의 근로자가 취업하는 옥내 작업장
- ㉰ 70인 이상의 근로자가 취업하는 옥내 작업장
- ㉱ 100인 이상의 근로자가 취업하는 옥내 작업장

701 둘 이상의 비상용 통로가 없어도 무방한 곳은?
- ㉮ 폭발성 물품을 제조하는 옥내 작업장
- ㉯ 발화성 물품을 취급하는 옥내 작업장
- ㉰ 인화성 물품을 취급하는 옥내 작업장
- ㉱ 증기 또는 절단기를 사용하는 옥내 작업장

702 공장의 출입문은 안전을 위하여 어느 것이 안전한가?
- ㉮ 안 여닫이문   ㉯ 밖 여닫이문
- ㉰ 셔터   ㉱ 미닫이문

703 추락의 위험이 있는 장소에는 높이는(cm) 얼마 이상의 손잡이를 설치해야 하는가?
- ㉮ 50   ㉯ 75
- ㉰ 100   ㉱ 85

704 작업장에서 재료는 어느 곳에 보관하는가?
- ㉮ 통로   ㉯ 작업장 입구
- ㉰ 재료 창고 ㉱ 기계 부근

705 다음 중 작업 환경에 속하지 않는 것은?
- ㉮ 공구   ㉯ 소음
- ㉰ 조명   ㉱ 채광

706 사다리 작업시 사다리의 경사 각도(°)는?
- ㉮ 0   ㉯ 15
- ㉰ 30   ㉱ 45

707 정차 또는 운반 중인 차량에서 앞차와의 간격(m)은?
- ㉮ 1~1.5 이상   ㉯ 2 이상
- ㉰ 5 이상   ㉱ 7 이상

708 안전 작업이 필요한 이유 중 틀린 것은?
- ㉮ 설비 손실의 감소
- ㉯ 인명 피해 예상
- ㉰ 생산성 감소
- ㉱ 생산재 손실 감소

정답 699. ㉱ 700. ㉯ 701. ㉱ 702. ㉯ 703. ㉯ 704. ㉰ 705. ㉮ 706. ㉯ 707. ㉰ 708. ㉰

709 공장내 운반 차량의 구내 속도(km/h)는?
㉮ 5
㉯ 8
㉰ 10
㉱ 20

710 고압가스의 충전 용기 보관시 유의할 점 중 틀린 것은?
㉮ 전도하지 않도록 한다.
㉯ 전락하지 않도록 한다.
㉰ 충격을 방지하도록 한다.
㉱ 통풍이 안되는 곳에 보관한다.

711 고압가스 용기 운반시 주의할 점이 아닌 것은?
㉮ 운반 전에 밸브를 닫는다.
㉯ 용기의 온도는 35℃ 이하로 한다.
㉰ 종류가 다른 가스 용기도 함께 운반한다.
㉱ 적당한 운반차나 운반도구를 사용한다.

712 이동식 전기 기계의 사고를 막기 위해 필요한 설비는?
㉮ 접지설비
㉯ 고압계
㉰ 박폭등
㉱ 대지전위 상승장치

713 공기중에서 누설시 가장 낮은 곳에 체류하는 것은?
㉮ 아세틸렌
㉯ 수소
㉰ COG
㉱ 염소

714 안전표식이 아닌 것은?
㉮ 금지표식
㉯ 방사능표식
㉰ 주의표식
㉱ 배관식별표식

715 정전 작업시 안전조치와 관련이 없는 것은?
㉮ 절연 보호구 착용
㉯ 개폐기의 시건장치
㉰ 잔류전하의 방전조치
㉱ 검진기에 의한 충전여부 확인

716 예방보전의 기능에 해당하지 않는 것은?
㉮ 취급되어야 할 대상설비의 결정
㉯ 정비작업에서 점검시기의 결정
㉰ 대상설비 점검개소의 결정
㉱ 대상설비의 외주이용도 결정

717 작업장의 분진에 속하지 않는 것은?
㉮ Fume
㉯ Smog
㉰ Slag
㉱ Mist

718 중상자가 발생할 우려가 있는 작업장에 필수적으로 비치해야 할 응급용구는?
㉮ 붕대, 핀셋, 옥시풀
㉯ 지혈대, 부목
㉰ 주정, 옥도정기, 옥시풀
㉱ 에칠알콜, 면

정답 709. ㉯ 710. ㉱ 711. ㉰ 712. ㉮ 713. ㉱ 714. ㉱ 715. ㉱ 716. ㉱ 717. ㉰ 718. ㉯

719 안전재해의 발생빈도와 강도의 크기를 나타내는 비교수치로서 도수율과 강도율이 대표적으로 사용된다. 재해 강도율을 표시하고 있는 것은?

㉮ 1년간 재해지수 ÷ 연평균 근로자수 × 1,000
㉯ 재해지수 ÷ 연근로시간수 × 1,000,000
㉰ 근로손실일수 ÷ 연근로시간수 × 1,000
㉱ 근로손실일수 ÷ 재해건수

720 안전교육의 효과적인 방법이 아닌 것은?

㉮ 게시판 활용 ㉯ 간행물 발행
㉰ 강제교육   ㉱ 경진대회 개최

721 공기 중에 CO 가스가 혼입되어 인체에 대하여 생명의 위험을 주는 CO 가스의 혼입량(%)은?

㉮ 0.005이상   ㉯ 0.01이상
㉰ 0.05이상   ㉱ 1이상

722 공구사용 후의 정리정돈법 중 가장 좋은 방법은?

㉮ 지정된 공구상자에 보관한다.
㉯ 창고 입구에 보관한다.
㉰ 통풍이 좋은 임의의 개방된 장소에 보관한다.
㉱ 방풍이 잘된 임의의 습한 장소에 보관한다.

정답 719. ㉰ 720. ㉰ 721. ㉱ 722. ㉮

제2편

금속제도

제1장 제도의 기본
제2장 투상법
제3장 제도의 응용
제4장 기계요소의 제도

✱ 기출 및 예상문제

주조(鑄造)기능장

제도의 기본

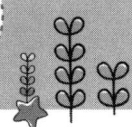

01 설계와 제도

① 제품을 만들려면 이러한 사항들을 충분히 생각하여 면밀한 계획을 세우게 되는데 이러한 내용들을 종합하는 기술을 설계라 한다.
② 제도는 설계자의 요구 사항을 제작자에게 전달하기 위하여 선·문자·기호 등을 사용하여 생산품의 형상·구조·크기·재료·가공법 등을 제도 규격에 맞추어 정확하고 간단·명료하게 도면을 작성하는 과정을 말한다.
③ 컴퓨터의 신속한 계산 능력이나 많은 기억 능력, 해석 능력을 이용해서 산업 전반에 걸쳐 설계 및 제도 분야에 컴퓨터를 이용한 설계, 즉 CAD(computer aided design)가 도입, 이용되고 있다.

02 제도규격

① 도면을 작성하는데 적용되는 규약을 '제도 규격'이라 한다.
② 우리나라에서는 1961년 공업 표준화 법이 제정 공포된 후 한국 산업 규격(KS)이 제정되기 시작하였다.
③ 법률 제4528호에 의거 (1993.6.6) 한국 공업규격을 "한국산업규격"으로 명칭 개칭
④ 도면을 작성할 때 총괄적으로 적용되는 제도 통칙이 1966년에 KS A0005로 제정되었고 기계제도는 KS B0001로 1967년에 제정되었다.

국가 및 기구	규격기호	제정년도
영국	BS(British Standards)	1901
독일	DIN(Deutsche Industrie Normen)	1917
미국	ANSI(American National Standards Institute)	1918
스위스	SNV(Schweitizerish Normen des Vereinigung)	1918
프랑스	NF(Norme Francaise)	1918
일본	JIS(Japanese Industrial Standards)	1952
한국	KS(Korean Industrial Standards)	1961
국제표준화기구	ISO(International Organization for Standardization)	1947

[KS의 분류]

분류기호	KS A	KS B	KS C	KS D	KS E	KS F	KS G	KS H	KS K	KS L	KS M	KS P	KS R	KS V	KS W
부문	기본	기계	전기	금속	광산	토건	일용품	식료품	섬유	요업	화학	의료	수송기계	조선	항공

03 척도

1 척도의 종류

① 현척(full scale, full size) : 도형을 실물과 같은 크기로 그리는 경우에 사용하며, 도형을 그리기 쉬우므로 가장 보편적으로 사용된다.

② 축척(contraction scale, reduation scale) : 도형을 실물을 작게 그리는 경우에 사용하며, 치수 기입은 실물의 실제 치수를 기입한다.

③ 배척(enlarged scale, enlargement scale) : 도형을 실물보다 크게 그리는 경우에 사용하여, 치수 기입은 축척과 마찬가지로 실물의 실제 치수를 기입한다.

2 척도의 표시 방법

① 척도는 다음과 같이 A : B로 표시하여 현척의 경우에는 A와 B를 다같이 1, 축척의 경우에는 A를 1, 배척의 경우에는 B를 1로 하여 나타낸다.

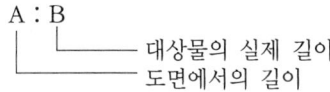

② 특별한 경우로서 도면의 길이가 실물의 길이와 비례하지 않을 때에는 '비례척이 아님' 또는 'NS(non scale)'라고 적절한 곳에 기입하고 또는 치수 숫자 밑에 선을 15 긋는다.

04 문자

① 제도에 사용되는 문자는 한자·한글·숫자·로마자이다.
② 글자체는 고딕체로 하여 수직 또는 15° 경사로 쓰는 것을 원칙으로 한다.
③ 문자의 크기는 문자의 높이로 나타낸다.
④ 문자의 선 굵기는 한자의 경우에는 문자 크기의 1/12.5로 한글·숫자·로마자의 경우에는 1/9로 한다.
⑤ 문장은 왼편에서 가로쓰기를 원칙으로 한다.

05 도면의 분류

1 용도에 따른 분류

① 계획도 ② 제작도 ③ 주문도
④ 견적도 ⑤ 승인도 ⑥ 설명도

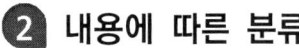

2 내용에 따른 분류

① 부품도　② 조립도　③ 기초도
④ 배치도　⑤ 배근도　⑥ 스케치도

3 표현 형식에 따른 분류

① 외관도　② 전개도　③ 곡면선도
④ 선도　　⑤ 입체도

06 도면의 크기 및 양식

1 도면의 크기

① 원고 및 복사의 도면의 마무리 치수는 KS A 5201(종이의 재단 치수)에서 규정하는 A0~A4에 따른다.

번호 \ 열	A열 a×b	B열 a×b
0	841×1189	1030×1456
1	594×841	728×1030
2	420×594	515×728
3	297×420	364×515
4	210×297	257×364
5	148×210	182×257
6	105×148	128×182
7	74×105	91×128
8	52×74	64×91
9	37×52	45×64
10	26×37	32×45

② 제도 용지와 세로와 가로의 비는 $1 \times \sqrt{2}$ 이다.

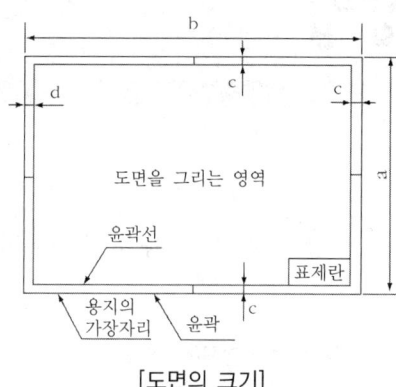

[도면의 크기]

07 선(KS A0109, KS B0001)

1 모양에 따른 선의 종류

① 실선(continuous line)
　연속적으로 이어진 선(─────)
② 파선(dashed line)
　짧은 선을 일정한 간격으로 나열한 선(--------------)
③ 1점 쇄선(chain line)
　길고 짧은 2종류의 선을 번갈아 나열한 선(─·─·─·─·─)
④ 2점 쇄선(chain double line)
　긴선과 2개의 짧은 선을 번갈아 나열한 선(─··─··─··─)

투상법

주조(鑄造)기능장

투상법이란 물체의 형태 즉, 형상·크기·위치 등을 일정한 법칙에 따라 평면 위에 그리는 방법을 말한다.

[투상법의 분류(KS A 3007)]

01 정투상법

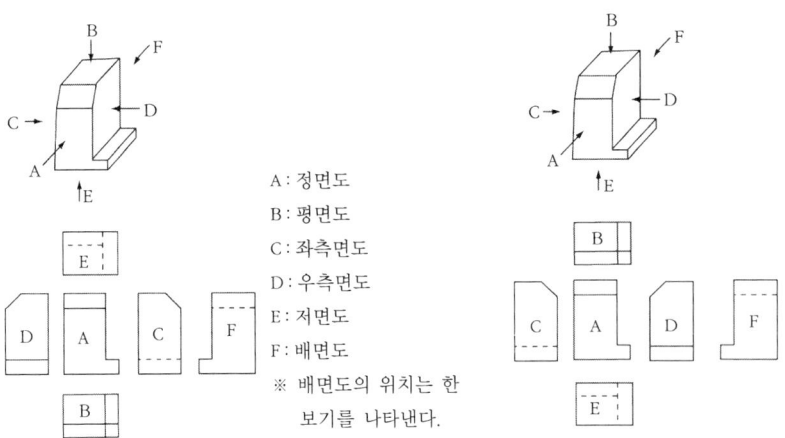

A : 정면도
B : 평면도
C : 좌측면도
D : 우측면도
E : 저면도
F : 배면도

※ 배면도의 위치는 한 보기를 나타낸다.

[제1각법과 제3각법의 투상도 배치(KS B 0001)]

① **정투상법**(orthographic projection)
　　대상물의 좌표면이 투상면에 평행인 직각투상을 정투상이라고 한다.
② 제3각법은 대상물을 투상면의 뒤쪽에 놓고 투상하게 된다(눈→투상면→물체).
③ 제1각법은 대상물을 투상면의 앞쪽에 놓고 투상하게 된다(눈→물체→투상면).

02 제도에 사용하는 투상법

① 제도에 사용하는 투상법은 앞에서 설명한 여러 가지 투상법 중에서 특별한 이유가 없는 한 3종류로 한다.

투상법의 종류	사용하는 그림의 종류	특징	주된 용도
정투상	정투상도	모양을 엄밀, 정확하게 표시할 수 있다.	일반도면
등각투상	등각도	하나의 그림으로 정육면체의 세 면을 같은 정도로 표시할 수 있다.	설명용 도면
사투상	캐비닛도	하나의 그림으로 정육면체의 세 면중의 한 면만을 중점으로 엄밀, 정확하게 표시할 수 있다.	

② 기계 제도에서의 투상법은 제3각법에 따르는 것으로 한다.

03 단면도의 표시방법

① 가상의 절단면을 정투상법에 의하여 나타낸 투상도를 단면도(sectional view)라고 한다.
② 단면 부분의 표시
　㉠ 단면을 그리는 데 있어서 단면 부분 및 그 앞쪽에서 보이는 부분은 모두 외형선으로 그린다.
　㉡ 단면 부분은 이곳이 단면이란 것을 표시하기 위하여 해칭(hatching) 또는 스머징(smudging)을 한다.

04 치수의 기입 방법(KS A 0113, KS B 0001)

도면에 그린 도형은 대상물의 모양을 나타내고 대상물의 크기, 자세 및 위치 등을 지시하기 위하여 치수를 기입한다.

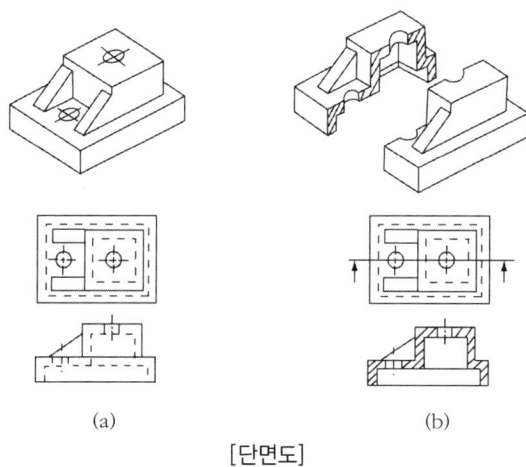

(a)　　　　　　(b)

[단면도]

1 치수의 표시 방법

[치수보조기호]

구분	기호	사용법
지름	∅	지름 치수의 수치 앞에 붙인다.
반지름	R	반지름 치수의 수치 앞에 붙인다.
구의 지름	S∅	구의 지름 치수의 수치 앞에 붙인다.
구의 반지름	SR	구의 반지름 치수의 수치 앞에 붙인다.
정사각형의 변	□	정사각형 한 변의 치수의 수치 앞에 붙인다.
판의 두께	t	판 두께의 수치 앞에 붙인다.
원호의 길이	⌒	원호의 길이 수치 앞에 붙인다.
45°의 모떼기	C	45° 모떼기 치수의 수치 앞에 붙인다.
이론적으로 정확한 치수	15	이론적으로 정확한 치수의 수치 둘레를 사각형으로 둘러싼다.
참고치수	(15)	참고 치수의 수치(치수 보조기호를 포함한다) 괄호로 한다.
비례척이 아닌 치수	15	치수와 도형이 비례하지 않을 경우 치수 밑에 선을 긋는다.

2 치수 기입 방법의 일반형식

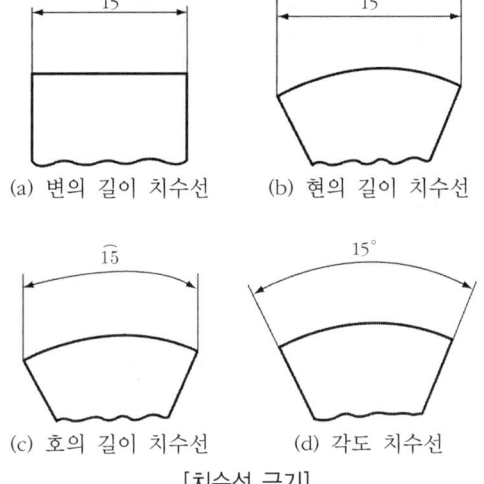

[치수선 긋기]

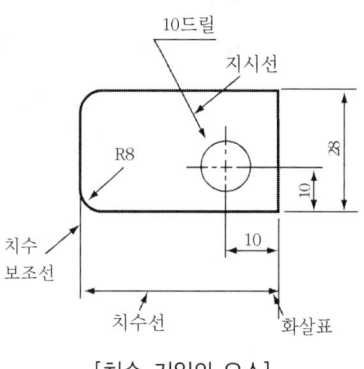

[치수 기입의 요소]

05 기계 재료의 표시방법

1 재료 기호의 구성

① 재료기호는 재료의 명칭·종별 등을 간명하게 표시하기 위한 기호로, 주로 부품란의 재질란에 기입한다.
② 재료 기호는 보통 다음 3부분으로 구성되어 있으나 특별한 경우에는 5부분으로도 구성된다.
  ㉠ 제1부분의 기호
    재질을 표시하는 기호이며, 영어의 머리문자나 원소 기호로 표시한다.

[재질을 표시하는 기호(제1부분의 기호)]

기호	재질	비고	기호	재질	비고
Al	알루미늄	aluminium	F	철	ferrum
AlBr	알루미늄 청동	aluminium bronze	MS	연강	mild steel
Br	청동	bronze	NiCu	니켈 구리 합금	nickel-copper alloy
Bs	황동	brass	PB	인 청동	phosphor bronze

기호	재질	비고	기호	재질	비고
Cu	구리 또는 구리합금	copper	S	강	steel
HBs	고강도 황동	high strength brass	SM	기계 구조용강	machine structure steel
HMn	고망간	high menganese	WM	화이트 메탈	white metal

      ⓒ 제2부분의 기호

        규격명 또는 제품명을 표시하는 기호이며, 주로 용어의 머리 문자로 표기하고, 판, 봉·관·선재나 주조품, 단조품 등과 같은 제품의 모양에 따른 종류나 용도를 표시한다.

[규격명 또는 제품명을 표시하는 기호(제2부분의 기호)]

기호	제품명 또는 규격명	기호	제품명 또는 규격명
B	봉(bar)	MC	가단 주철품(malleable iron casting)
BC	청동 주물	NC	니켈 크롬강(nickel chromium)
BsC	황동 주물	NCM	니켈 크롬 몰리브덴강(nickel chromium molybdenum)
C	주조품(casting)	P	판(plate)
CD	구상 흑연 주철	FS	일반 구조용관
CP	냉간 압연 강판	PW	피아노선(piano wire)
Cr	크롬강(chromium)	S	일반 구조용 압연재
CS	냉간 압연 강재	SW	강선(steel wire)
DC	다이 캐스팅(die casting)	T	관(tube)
F	단조품(forging)	TB	고탄소 크롬 베어링강
G	고압 가스 용기	TC	탄소 공구강
HP	열간 압연 강판	TKM	기계구조용 탄소 강관
HR	열간 압연	THG	고압 가스 용기용 이음매 없는 강관
HS	열간 압연 강재	W	선(wire)
K	공구강	WR	선재(wire rod)
KH	고속도 공구강	WS	용접 구조용 압연강

      ⓒ 제3부분의 기호

        주로 재료의 종류를 표시하는 기호이며, 종별 변호나 재료의 최저인강 또는 탄소 함유량을 나타내는 숫자로 표시한다.

[재료의 종류를 표시하는 기호(제3부분의 기호)]

기호	기호의 의미	보기	기호	기호의 의미	보기
1	1종	SHP 1	5A	5존 A	SPS 5A
2	2종	SHP 2	3A	최저 인장 강도 또는 항복점	WMC 34
A	A종	SWS 41 A			SG 26
B	B종	SWS 41 B	C	탄소함량(0.10~0.15%)	SM 12C

㉣ 제4,5부분의 기호

제3부분의 기호 뒤에 덧붙여 표시하는 기호이며, 주로 열처리 상황, 모양, 제조 방법 등을 나타낸다.

[끝 부분에 덧붙이는 기호(제4,5부분의 기호)]

구분	기호	기호의 의미	구분	기호	기호의 의미
조질도 기호	A H 1/2H S	풀림 상태(연질) 경질 1/2 경질 표준조질	형상기호	P ⊘ ◎ □ △ ⑧ I ㄷ	강판 둥근강 파이프 각재 6각강 8각강 I형강 채널
표면 마무리 기호	D B	무광택 마무리(dull finishing) 광택 마무리(bright finishing)			
열처리 기호	N Q SR TN	불림 담금질, 뜨임 시험편에만 불림 시험편에 용접 후 열처리	기타	CF K CR R	원심력 주강판 킬드강 제어 압연한 강판 압연한 그대로의 강판

▶ 보기

ⓐ SF34(탄소강 단강품)

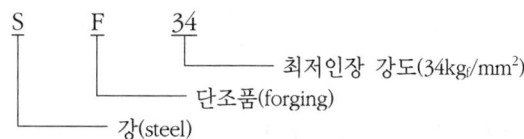

ⓑ PW1(피아노선 1종)

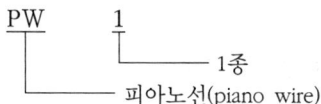

ⓒ SM20C(기계 구조용 탄소 강재)

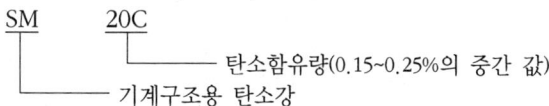

ⓓ BSBMAD□ (기계용 황동 각봉)

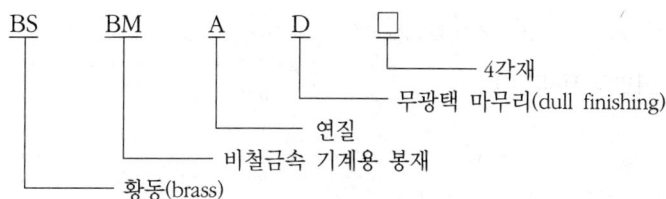

제 3 장 제도의 응용

주조(鑄造)기능장

01 표면 거칠기

물체 표면의 요철(凹凸)의 정도를 표면 거칠기(surface roughness)라고 한다. 표면 거칠기는 중심선 평균 거칠기(R_a), 최대 높이(R_{max}), 10점 평균 거칠기(R_z)의 3종류가 있으며 그 중에서 Ra가 일반적으로 많이 쓰이고 있다.

02 면의 지시기호

① 표면의 결, 즉 기계부품이나 구조물 등의 표면에 있어서의 표면 거칠기, 제거가공의 필요 여부, 줄무늬 방향, 제거가공의 필요 여무, 줄무늬 방향, 가공방법 등을 나타낼 때 사용한다.
② 가공 방법을 나타낼 경우에는 약호 Ⅰ, Ⅱ로 표시한다.
③ 줄무늬 방향의 표시는 그림과 같이 나타낸다.
④ 실제 면의 지시기호의 사용보기는 그림으로 표시하였다.

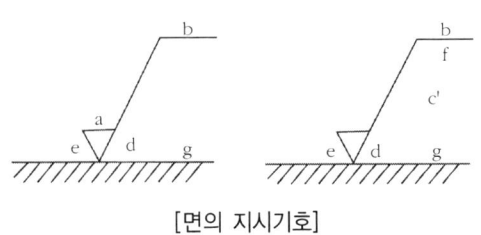

[면의 지시기호]

a : 중심선 평균 거칠기의 값
b : 가공 방법
c : 커트 오프 값
c' : 기준 길이
d : 줄무늬 방향의 기호
e : 다듬질 여유
f : 중심선 평균 거칠기 이외의 표면 거칠기의 값
g : 표면 파상도(KS B 0610(표면 파상도)에 따른다.)
참고 : a 또는 f 이외는 필요에 따라 기입한다.

[가공 방법의 기호]

가공방법	약호 I	약호 II	가공방법	약호 I	약호 II
선반가공	L	선삭	호닝가공	GH	호닝
드릴가공	D	드릴상	버프다듬질	SPBF	버핑
밀링가공	M	밀링	줄다듬질	FF	줄다듬질
리머가공	FR	리밍	스크레이퍼다듬질	FS	스크레이핑
연삭가공	G	연삭	주조	C	주조

[줄무늬 방향의 기호]

기호	=	⊥	X	M	C	R
뜻	가공으로 생긴 앞 줄의 방향이 기호를 기입한 그림의 투상면에 평행	가공으로 생긴 앞 줄의 방향이 기호를 기입한 그림의 투상면에 직각	가공으로 생긴 선이 2방향으로 교차	가공으로 생긴 선이 다방면으로 교차 또는 방형이 없음	가공으로 생긴 선이 거의 동심원	가공으로 생긴 선이 거의 방사상
설명도						

[면의 지시기호의 사용보기]

기호	뜻
	제거가공을 필요로 하는 면
	제거가공을 허용하지 않는 면
25	제거가공의 필요 여부를 문제 삼지 않으며 R_a가 최대 25[μm]인 면
6.3 / 1.6	R_a가 상한 값 6.3[μm]에서 하한 값 1.6[μm]까지인 제거가공을 하는 면
25 M / λc 0.8	λc 0.8[mm]에서 Ra가 최대 25[μm]인 밀링가공을 하는 면
R_{max} =25S	R_{max}가 최대 25[μm]인 제거가공을 하는 면
RZ=100 L=2.5	기준길이에서 L = 2.5[mm]에서 R_a가 최대 100[μm]안 제거가공을 하는 면

[제3장] 제도의 응용

03 다듬질 기호

① 표면의 결을 지시하는 경우 면의 지시기호 대신에 사용할 수 있는 기호로 다듬질 기호가 있지만 최근에는 거의 사용하지 않는다.
② 다듬질 기호는 삼각기호(▽) 및 파형기호(~)로 하여 삼각기호는 제거가공을 하는 면에 사용하고 파형기호는 제거가공을 하지 않는 면에 사용한다.

[다듬질 기호에 대한 표면 거칠기 값]

면의 지시기호	다듬질기호	표면 거칠기의 표준 수열		
		R_a	R_{max}	R_z
Z/	▽▽▽▽	0.2a	0.8s	0.8z
Y/	▽▽▽	1.6a	6.3s	6.3z
X/	▽▽	6.3a	25s	25z
W/	▽	25a	100s	100z
~/	~	특별히 규정하지 않는다.		

[다듬질 기호의 사용 보기]

기호	뜻
~	제거 가공을 하지 않는다.
100s ~	L8[mm]에서 R_{max}가 100[μm]보다 작은 주조 등의 면
50z ▽	L8[mm]에서 R_a가 50[μm]보다 제거가공을 하는 면
▽▽▽	표면 거칠기의 범위에 들어가는 제거가공을 하는 면(대략 1.6a)
0.8a ▽▽▽	λc 0.8[mm]에서 R_a가 최대 0.8[μm]인 제거가공을 하는 면
▽▽▽ G	앞의 표에 표시하는 표면 거칠기의 범위에 들어가는 제거가공을 하는 면
1.6a ▽▽▽ $\lambda c2.5$ G	λc 2.5[mm]에서 R_a가 최대 1.6[μm]인 연삭가공을 하는 면

04 치수공차

1 치수공차의 표시

① 대소 2개의 한계를 나타내는 치수를 허용한계 치수라 한다.
② 큰 쪽을 최대 허용 치수라 한다.
③ 작은 쪽을 최소 허용 치수라 한다.
④ 다듬질의 기준이 되는 치수를 기준 치수라 한다.
⑤ 최대 허용 치수와 최소 허용 치수의 차를 치수 공차라 한다.

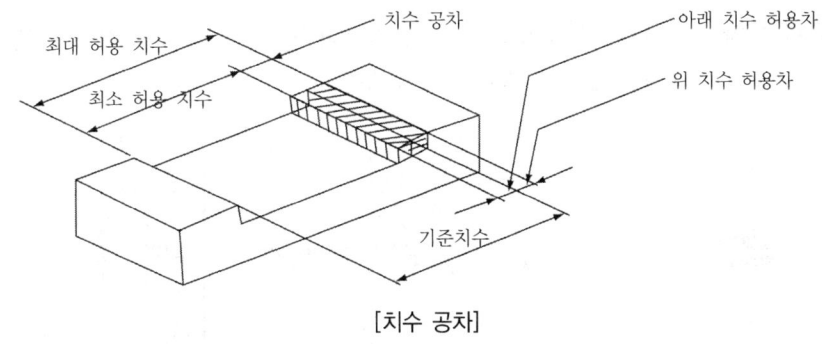

[치수 공차]

⑥ 최대 허용 치수에서 기준 치수를 뺀 것을 위 치수 허용차라 한다.
⑦ 최소 허용 치수에서 기준 치수를 뺀 것을 아래 치수라 한다.
⑧ 위 치수 허용차에서 아래 치수 허용차를 뺀 것이 치수 공차이다.

보기

$\varnothing 40^{+0.025}_{0}$ $\varnothing 40^{-0.025}_{-0.050}$

최대 허용 치수	A = 40.025[mm]	a = 39.975[mm]
최소 허용 치수	B = 40.000[mm]	b = 39.950[mm]
치수공차	T = A-B = 0.025[mm]	t = a-b = 0.025[mm]
기준 치수	C = 40.000[mm]	c = 40.000[mm]
위 치수 허용차	E = A-C = 0.025[mm]	e = a-c = -0.025[mm]
아래 치수 허용차	D = B-C = 0	d = b-c = -0.050[mm]

05 끼워맞춤

(1) 구멍과 축을 끼워 맞출 때 2개의 부품이 맞추어지는 관계를 끼워맞춤(fit)이라 하며, 여기에는 헐거운 끼워맞춤, 중간 끼워맞춤, 억지 끼워맞춤의 3종류가 있다.

① 헐거운 끼워맞춤(clearanca fit) : 구멍의 최소 허용 치수가 축의 최대 허용 치수보다 클 때의 맞춤이며, 항상 틈새가 생긴다.

② 중간 끼워맞춤(transtion fit) : 구멍의 허용 치수가 축의 허용 치수보다 큰 동시에 축의 허용 치수가 구멍의 허용 치수보다 큰 경우의 끼워맞춤으로서 실 치수에 따라 틈새 또는 죔새가 생긴다.

③ 억지 끼워맞춤(interference fit) : 축의 최소허용치수가 구멍의 최대 허용치수보다 큰 경우의 끼워맞춤으로서 항상 죔새가 생긴다.

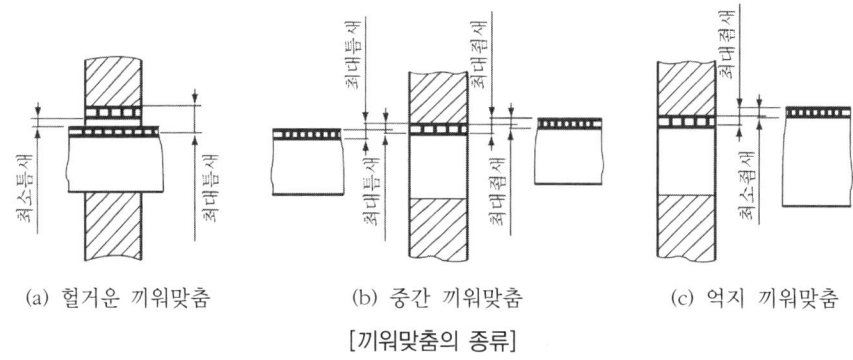

(a) 헐거운 끼워맞춤   (b) 중간 끼워맞춤   (c) 억지 끼워맞춤

[끼워맞춤의 종류]

06 IT기본 공차

① 기준치수가 크면 공사를 크게 해야 하며, 정밀도는 기준 치수와 비율로 표시한다. 이러한 공차를 기본공차(ISO tolerance)라 하며, IT 01에서 IT 18까지 20등급으로 나눈다.

② IT 01~IT 4는 주로 게이지류, IT 5~IT 10은 끼워맞춤 부품, IT 11~IT 18은 끼워맞춤 이외의 공차에 적용된다.

07 기하 공차

• **기하 공차의 종류 및 기호** : 기호 공차는 단독으로 형체 공차가 정하여지는 단독 형체와 데이텀에 관련하여 정하여지는 관련 형체로 나누어진다.

[기하 공차의 종류와 그 기호]

적용하는 형체	공차의 종류		기호
단독형체	모양공차	진직도 공차	—
		평면도 공차	▱
단독형체 또는 관련 형체		진원도 공차	○
		원통도 공차	⌭
		선의 윤곽선 공차	⌒
		면의 윤곽선 공차	⌓
관련 형체	자세공차	평면도 공차	∥
		직각도 공차	⊥
		경사도 공차	∠
관련 형체	위치공차	위치도 공차	⊕
		동축도 공차 또는 동심도 공차	◎
		대칭도 공차	═
	흔들림 공차	원주 흔들림 공차	↗
		온 흔들림 공차	↕

 주조(鑄造)기능장

기계요소의 제도

기계 부품에 공통으로 사용되는 것을 기계요소라 하고, 기계요소에는 결합용 기계요소, 축용 기계요소, 전동용 기계요소, 관용 기계요소 및 그 밖의 기계요소 등이 있는데 이에 관련된 제도를 기계요소 제도라 한다.

01 체결용 기계요소 제도

1 나사의 제도

(1) 나사의 표시방법

① 나사의 종류 기호 및 호칭법

구분		나사의 종류		나사의 종류를 표시하는 기호	나사의 호칭에 대한 표시방법의 보기
일반용	ISO 규격에 있는 것	미터 보통 나사		M	M 8
		미터 가는 나사			M 8×1
		미니추어 나사		S	S 0.5
		유니파이 보통 나사		UNC	3/8-16 UNC
		유니파이 가는 나사		UNF	No. 8-36 UNF
		미터 사다리꼴 나사		Tr	Tr 10×2
		관용 테이퍼 나사	테이퍼 수나사	R	R 3/4
			테이퍼 암나사	Rc	Rc 3/4
			평행 암나사	Rp	Rp 3/4
		관용 평행 나사		G	G 1/2

구분	나사의 종류		나사의 종류를 표시하는 기호	나사의 호칭에 대한 표시방법의 보기
특수용	후강 전선관 나사		CTG	CTG 19
	박강 전선관 나사		CTC	CTC 19
	자전거 나사	일반용	BC	BC 3/4
		스포크용		BC 2.6
	미싱 나사		SM	SM 1/4, 산 40
	전구 나사		E	E 10
	자동차용 타이어 밸브 나사		TV	TV 8
	자전거용 타이어 밸브 나사		CTV	CTV 8 산 30

보기

ⓐ 나사의 표시방법

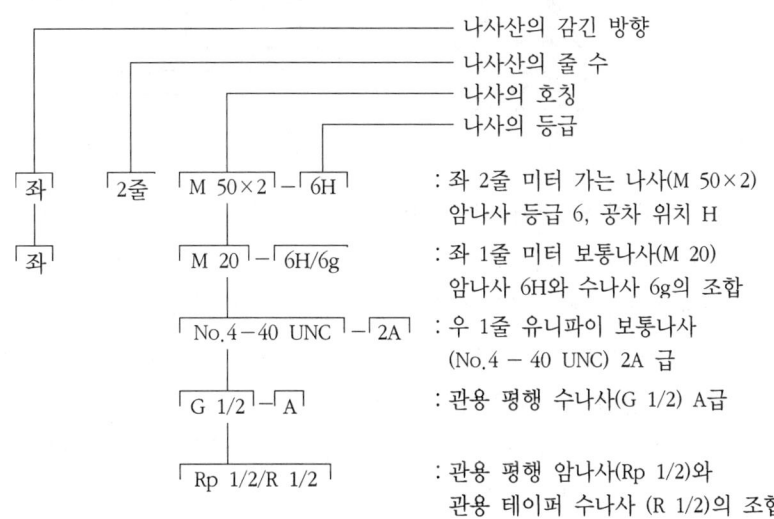

ⓑ 호칭 지름 40mm, 리드 14mm, 피치가 7mm인 경우, 수나사의 등급이 7e인 경우

나사산의 종류를 표시하는 기호	나사산의 호칭	×	리드	(피치)	–	나사의 등급
Tr	40	×	14	(P 7)	–	7e

단, 미터 사다리꼴 왼나사의 경우 : Tr 40×14 (P7)LH–7e

(2) 나사 도시방법

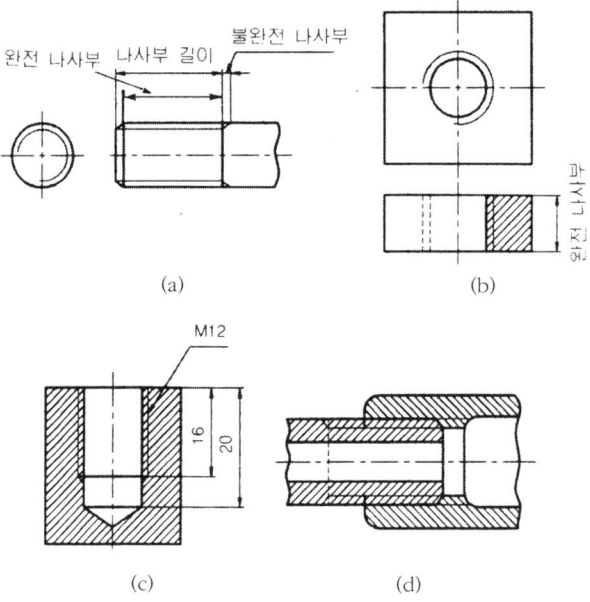

① 수나사의 바깥지름과 암나사의 안지름을 표시하는 선은 굵은 실선으로 그린다.
② 수나사와 암나사의 골을 표시하는 선은 가는 실선으로 그린다.
③ 완전 나사부와 불완전 나사부의 경계선은 굵은 실선으로 그린다.
④ 불완전 나사부의 골을 나타내는 선은 축선에 대하여 30°의 가는 실선으로 그리고, 필요에 따라 불완전 나사부의 길이를 기입한다.
⑤ 암나사의 단면 도시에서 드릴 구멍이 나타날 때에는 굵은 실선으로 120°가 되게 그린다.
⑥ 보이지 않는 나사부의 산마루는 보통의 파선으로, 골을 가는 파선으로 그린다.
⑦ 수나사와 암나사의 결합부의 단면은 수나사로 나타낸다.
⑧ 수나사와 암나사의 측면 도시에서 각각의 골지름은 가는 실선으로 약 3/4원으로 그린다.

(3) 6각 볼트의 호칭법

규격번호	종류	부품 등급	나사의 호칭 × 호칭 길이	강도 구분	재료	지정 사항
KS B 1002	6각 볼트	A	M 12×90	8.8	MFZn2	c

2 키, 핀

(1) 키(key)

① 키의 호칭방법

규격번호 또는 명칭	종류 및 호칭 치수	×	길이	끝 모양의 특별 지정	재료
KS B 1311	평행키 반달키 B종 미끄럼키		25×14×19 5×22 36×20×140	양끝 둥금 양끝 둥금	SM 20 C SM 45 C SM 45 C

(2) 핀(pin)

① 핀의 호칭방법

명 칭	호칭방법	사용예
평행 핀	규격 번호 또는 명칭, 종류, 형식, 호칭 지름×길이, 재료	KS B 1320m 6A−6 × 45 SB 41 평행 핀 h 7 B−5 × 32 SM 45 C
테이퍼 핀	명칭, 등급 $d \times l$, 재료	테이퍼 핀 1급 2 × 10 SM 50 C
슬롯 테이퍼 핀	명칭, $d \times l$, 재료, 지정 사항	슬롯 테이퍼 핀 6 × 70 SM 35 C 핀 갈라짐의 깊이 10
분할 핀	규격 번호 또는 명칭, 호칭 지름 × 길이, 재료	분할 핀 3 × 40 SWRM 12

※ 1) 종류는 끼워맞춤 기호에 따른 m6, h7의 두 종류이다.
　　 형식은 끝면의 모양이 납작한 것이 A, 둥근 것이 B이다.
　 2) 등급은 테이퍼의 정밀도 및 다듬질 정도에 따라 1급, 2급의 두 종류가 있다.

02 축용 기계요소의 제도

1 축(shaft)

(1) 축의 도시 방법

① 축은 길이방향으로 단면도시를 하지 않는다. 단, 부분단면은 허용한다.
② 긴축은 중간을 파단하여 짧게 그릴 수 있으며, 실제치수를 기입한다.
③ 축 끝에는 모따기 및 라운딩을 할 수 있다.

④ 축에 있는 널링(knurling)의 도시는 빗줄인 경우는 축선에 대하여 30°로 엇갈리게 그린다.

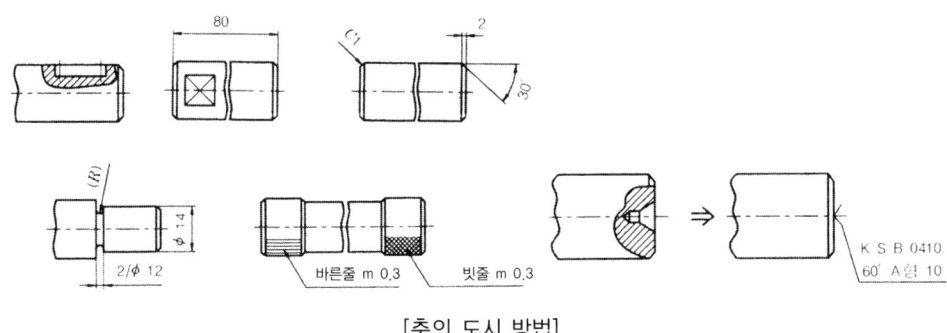

[축의 도시 방법]

2 베어링

(1) 구름 베어링의 호칭법

┌ 기본 기호 : 베어링 계열번호, 안지름 번호, 접촉각 기호
└ 보조 기호 : 리테이너 기호, 실드 기호, 틈새 기호, 등급 기호

① 베어링 계열 기호

베어링 계열 기호는 베어링의 형식과 치수 계열을 나타낸다.

㉠ 형식(첫번째 숫자)

 1   ·············· 복식 자동 조심형
 2, 3 ············ 복식 자동 조심형(큰 나비)
 6   ·············· 단식 홈형
 7   ·············· 단식 앵귤러 볼형
 N   ·············· 원통 롤러형

㉡ 치수 계열(둘째 번 숫자) : 폭(높이) 계열과 지름 계열을 조합한 것으로 같은 베어링의 안지름에 대한 폭과 바깥지름과의 계열을 나타낸다.

② 안지름 번호(세째번, 넷째번 숫자)

안지름 번호 1에서 9까지는 안지름 번호와 안지름이 같고 안지름 번호의

00 ······ 안지름 10mm   01 ······ 안지름 12mm
02 ······ 안지름 15mm   03 ······ 안지름 17mm

안지름 20mm 이상 480mm 미만은 안지름을 5로 나눈 수가 안지름 번호(2자리)이다.

③ 호칭 번호의 표시

㉠ 6008C2P6

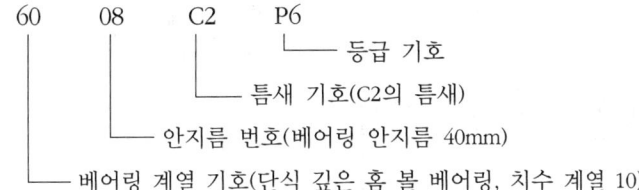

```
60    08    C2    P6
                  └── 등급 기호
            └── 틈새 기호(C2의 틈새)
      └── 안지름 번호(베어링 안지름 40mm)
└── 베어링 계열 기호(단식 깊은 홈 볼 베어링, 치수 계열 10)
```

㉡ 6312ZNR

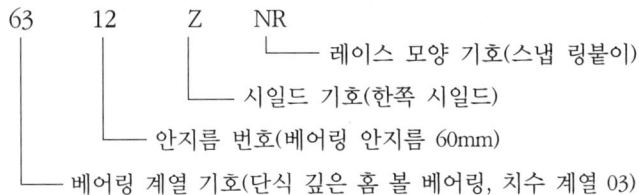

```
63    12    Z    NR
                 └── 레이스 모양 기호(스냅 링붙이)
           └── 시일드 기호(한쪽 시일드)
      └── 안지름 번호(베어링 안지름 60mm)
└── 베어링 계열 기호(단식 깊은 홈 볼 베어링, 치수 계열 03)
```

㉢ NA4916V

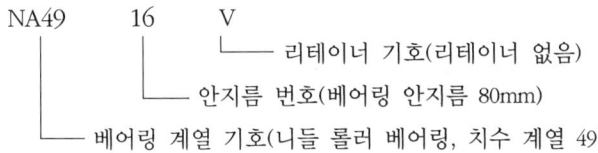

```
NA49    16    V
              └── 리테이너 기호(리테이너 없음)
       └── 안지름 번호(베어링 안지름 80mm)
└── 베어링 계열 기호(니들 롤러 베어링, 치수 계열 49)
```

(2) 구름 베어링의 약도 도시 기호

구름 베어링	깊은 홈 볼 베어링	앵귤러 볼 베어링	자동 조심 볼 베어링	원통 롤러 베어링				
				NJ	NU	NF	N	NN
호칭 번호예	6204	7003	1306K	NJ 204	NU 1005	NF 204	N 204	NN 3005

니들 롤러 베어링		테이퍼 롤러 베어링	자동 조심 롤러 베어링	평면자리형 스러스트 베어링		스러스트 자동 조심 롤러 베어링	깊은 홈 볼 베어링
NA	RNA			단식	복식		
NA 4900	RNA 4900	32012	23022	51100	52204	29240	

※ 베어링의 간략 도시법에서 축은 굵은 실선으로 표시한다.

03 전동용 기계요소의 제도

1 기어(치차 : gear)

(1) 기어 제도

① 항목표에는 원칙적으로 이 절삭, 조립, 검사 등에 필요한 사항을 기입한다.
② 재료, 열처리, 경도 등에 관한 사항은 필요에 따라 표의 비고란 또는 그림 속에 적당히 기입한다.
③ 이끝원은 굵은 실선으로 그리고 피치원은 가는 1점 쇄선으로 그린다.
④ 이뿌리원은 가는 실선으로 그린다.(단, 축에 직각인 방향으로 본 그림(이하 주 투상도라 한다.)의 단면으로 도시할 때에는 이뿌리원은 굵은 실선으로 그린다. 또, 베벨 기어와 웜 휠에서는 이뿌리원은 생략해도 좋다.)
⑤ 잇줄 방향은 보통 3개의 가는 실선으로 그린다.(단, 외접 헬리컬 기어의 주투상도를 단면으로 도시할 때에는 잇줄방향 도시는 3개의 가는 2점 쇄선으로 그린다.)
⑥ 맞물리는 한쌍 기어의 도시에서 맞물림부의 이끝원은 모두 굵은 실선으로 그리고, 주투상도를 단면으로 도시할 때에는 맞물림부의 한쪽 이끝원을 표시하는 선은 가는 파선 또는 굵은 파선으로 그린다.

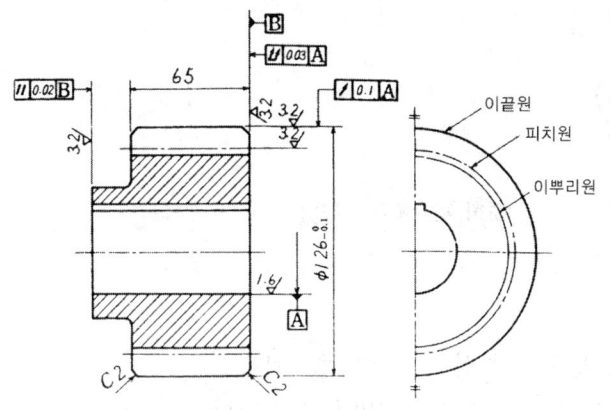

스퍼 기어 요목표		
기어 치형		표준
공구	치형	보통이
	모듈	3
	압력각	20°
잇수		40
피치원 지름		120
다듬질 방법		호브 절삭

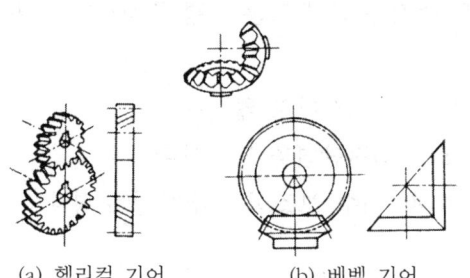
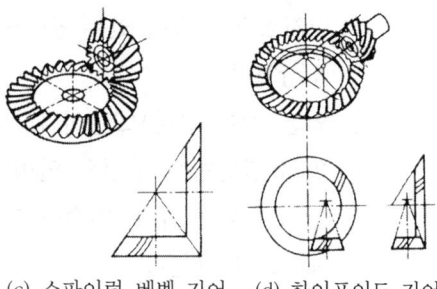

(a) 헬리컬 기어   (b) 베벨 기어   (c) 스파이럴 베벨 기어   (d) 하이포이드 기어

(2) 기어의 이의 크기

① 원주 피치(circular pitch) : p

$$p = \frac{\pi D}{Z} \text{mm or } P = \pi m$$

- p : 원주 피치
- D : 피치원의 지름(mm)
- Z : 잇수

② 모듈(module) : m

$$m = \frac{D}{Z}$$

③ 지름 피치(diametral pitch)

인치식 기어의 크기를 나타낸 것으로, 피치원의 지름 1인치에 해당하는 잇수이다.

$$D \cdot p = \frac{Z}{D(\text{inch})} = \frac{25.4Z}{D(\text{mm})} = 25.4\text{mm}$$

2 벨트 풀리와 스프로킷 휠

(1) 벨트 풀리(belt pulley)

① 평 벨트 풀리의 호칭법

호 칭	종 류	호칭 지름×호칭 나비	재 질
[예] 평 벨 트 풀 리	일체형	125×25	주 철

② 평 벨트 풀리의 도시법
  ㉠ 벨트 풀리는 축 직각 방향의 투상을 정면도로 한다.
  ㉡ 모양이 대칭형인 벨트 풀리는 그 일부분만을 도시한다.
  ㉢ 방사형으로 되어 있는 암(arm)은 수직 중심선 또는 수평 중심선까지 회전하여 투상한다.
  ㉣ 암은 길이 방향으로 절단하여 단면을 도시하지 않는다.
  ㉤ 암의 단면형은 도형의 안이나 밖에 회전단면을 도시한다.
  ㉥ 암의 테이퍼 부분 치수를 기입할 때 치수 보조선은 경사선(수평과 60° 또는 30°)으로 긋는다.

③ V벨트 풀리의 호칭법

규격 번호 또는 명칭	호칭 지름	종 류	보스 위치의 구별
[예] KS B 1403	250	A 1	Ⅱ
주철제 V벨트 풀리	250	B 3	Ⅲ40H8

  ㉠ V벨트의 종류에는 M형 및 A, B, C, D, E형 등의 6종류가 있으며, M형이 가장 작고 E형이 가장 크다.(벨트의 각(θ)은 40°이다.)

(2) 스프로킷 휠(sproket wheel)

① 스프로킷 휠의 도시방법
  ㉠ 스퍼 기어와 같은 방법으로, 바깥지름은 굵은 실선, 피치원은 가는 1점 쇄선, 이뿌리원은 가는 실선 또는 굵은 파선으로 표시한다.
  ㉡ 축에 직각 방향으로 본 그림을 단면으로 도시할 때에는 톱니를 단면으로 하지 않고, 이뿌리의 위치에서 절단하여 이뿌리선은 굵은 실선으로 한다.

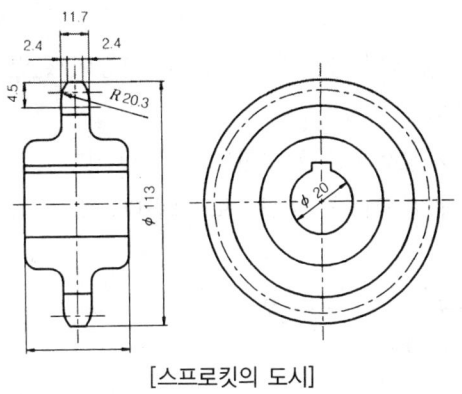

요목표		
롤러체인	호칭번호	60
	피치	19.05
	바깥지름	11.91
	잇수	17
스프로킷	치형	S
	피치원지름	103.67
	바깥지름	113
	이뿌리원지름	91.76
	이뿌리원길이	91.32

[스프로킷의 도시]

3 스프링(spring)

(1) 스프링의 도시법

① 코일 스프링의 제도

㉠ 스프링은 원칙적으로 무하중인 상태로 그린다. 만약, 하중이 걸린 상태에서 그릴 때에는 선도 또는 그 때의 치수와 하중을 기입한다.

㉡ 하중과 높이(또는 길이) 또는 처짐과의 관계를 표시할 필요가 있을 때에는 선도 또는 항목표에 나타낸다.

㉢ 특별한 단서가 없는 한 모두 오른쪽 감기로 도시하고, 왼쪽 감기로 도시할 때에는 '감긴 방향 왼쪽'이라고 표시한다.

㉣ 코일 부분의 중간 부분을 생략할 때에는 생략한 부분을 가는 1점 쇄선으로 표시하거나, 또는 가는 2점 쇄선으로 표시해도 좋다.

㉤ 스프링의 종류와 모양만을 도시할 때에는 재료의 중심선만을 굵은 실선으로 그린다.

㉥ 조립도나 설명도 등에서 코일 스프링은 그 단면만으로 표시하여도 좋다.

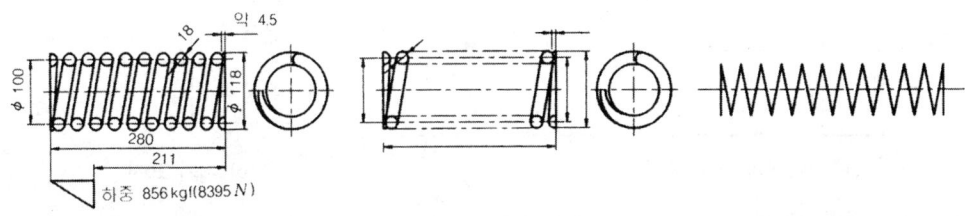

(a) 코일 스프링의 제도   (b) 코일 스프링의 생략도   (c) 코일 스프링의 모양 도시

② 겹판 스프링의 제도
㉠ 겹판 스프링은 원칙적으로 판이 수평인 상태에서 그린다. 하중이 걸린 상태에서 그릴 때에는 하중을 명기한다.
㉡ 무하중의 상태로 그릴 때에는 가상선으로 표시한다.
㉢ 모양만을 도시할 때에는 스프링의 외형을 실선으로 그린다.

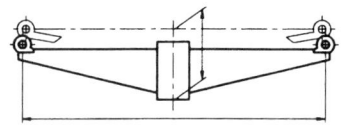

[겹판 스프링의 간략도]

4 관계 기계요소

(1) 파이프

① 파이프의 도시기호 및 방법

일반 광·공업에서 사용하는 계획도, 설계도 등의 도면에 배관 및 부속품을 기호로써 나타낸다.

㉠ 파이프는 1줄의 실선으로 표시하고, 같은 도면에서 같은 굵기로 표시한다.
㉡ 유체의 종류와 기호표시는
  공기 : A, 가스 : G, 유류 : O, 수증기 : S, 물 : W, 증기 : V이다.
㉢ 유체의 흐름방향은 관을 표시하는 실선에 화살표의 방향으로 표시한다.
㉣ 파이프의 접속 및 계기표시는 다음과 같다.

관의 접속 상태	표시 기호	
접속하지 않을 때	─┼─ 또는	─│─
접속 또는 분기할 때	─●─ 분기 또는	─●─ 분기

(a) 파이프의 접속 표시

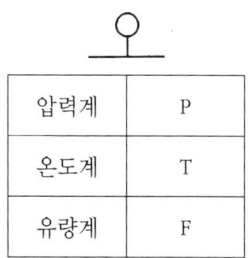

압력계	P
온도계	T
유량계	F

(b) 계기 표시

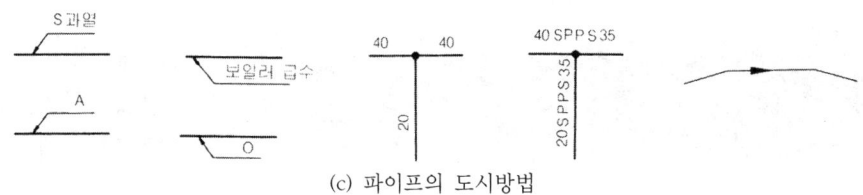

(c) 파이프의 도시방법

② 파이프 이음의 도시기호

부품 명칭	도시 기호		부품 명칭	도시 기호	
	플랜지 이음	나사 이음		플랜지 이음	나사 이음
엘보			조인트		
45° 엘보			유니언		
오는 엘보			부시		
가는 엘보			플러그		

※ ─┤├─ : 턱걸이 이음, ─✕─ : 용접 이음, ─○─ : 납땜 이음

③ 신축 이음의 종류 및 도시기호

 ㉠ 루프형   ㉡ 벨로즈형   ㉢ 스위블형   ㉣ 슬리브형

   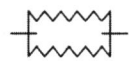   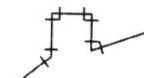 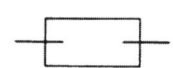

(2) 밸브

① 밸브의 도시법

명 칭	도시 기호		명 칭	도시 기호	
	플랜지 이음	나사 이음		플랜지 이음	나사 이음
글로브 호스 밸브			글로브 밸브		
앵글 밸브			콕		
체크 밸브			전동 슬루스 밸브		
게이트 밸브			슬루스 밸브		
안전 밸브			다이어프램 밸브		

제2편 금속제도 기출 및 예상문제

01 한국산업 규격에서 금속 규격기호는?
㉮ KSA ㉯ KSB
㉰ KSC ㉱ KSD

해설
KS 규격의 분류
A : 기본, B : 기계, C : 전기, D : 금속.

02 도면의 척도에서 비례척이 아님을 나타내는 기호는?
㉮ KS ㉯ BS
㉰ NS ㉱ US

해설
비례척이 아님 NS(Non Scale)

03 주물의 제도에서 표제란과 부품란에 기재하여야할 사항으로 옳은 것은?
㉮ 제도자 및 설계자의 이름, 재료 개수
㉯ 도면번호, 제작소명
㉰ 척도, 투상법
㉱ 품명, 무게, 비교

해설
① 표제란 : 도면번호, 도명, 척도, 투상법, 제작소명, 도면 작성 날짜, 제도자 및 설계자의 이름, 책임자의 서명 등
② 부품란 : 부품번호(품번), 품명, 재료개수, 무게, 비교 등

04 도면에 표시되는 치수는 어떠한 치수를 기입하는가?
㉮ 소재 준비 치수
㉯ 가공 여유 치수
㉰ 가공 후 다듬질 전 치수
㉱ 가공 후 다듬질 완료치수

해설
가공 후 다듬질 완료치수.

05 제도용지의 폭과 길이의 비율은?
㉮ 1 : 2 ㉯ 2 : 1
㉰ 1 : $\sqrt{2}$ ㉱ $\sqrt{2}$: 1

해설
1 : $\sqrt{2}$

06 제도 용지의 크기(KS)에서 A4에 속하는 것은?
㉮ 594×841 ㉯ 297×420
㉰ 210×297 ㉱ 105×148

해설
A0 : 841×1189, A1 : 594×841, A2 : 420×594,
A3 : 297×420, A4 : 210×297

정답 001. ㉱ 002. ㉰ 003. ㉮ 004. ㉱ 005. ㉰ 006. ㉰

007 A3 제도용지 테두리선의 간격(mm)은?
㉮ 5   ㉯ 10
㉰ 15   ㉱ 20

테두리선은 A2 까지는 10mm, 그 이하는 5mm로 함.

008 도면을 접을 경우 접음의 기준이 되는 것은?
㉮ A2   ㉯ A3
㉰ A4   ㉱ A5

A4(210×297)

009 제도된 도면이 활용되지 않을 때는?
㉮ 기계를 운반하거나 보관할 때
㉯ 기계를 제작하거나 설치할 때
㉰ 기계의 구조나 작용을 설명할 때
㉱ 기계 값을 견적하거나 주문할 때

기계의 운반이나 보관은 도면에 나타나지 않음.

010 현도작성시 고려할 사항 중 틀린 것은?
㉮ 보통 주물에서는 mm 이하까지 고려하여야 함
㉯ 라운딩과 필릿의 범위
㉰ 어느 형식의 원형을 만들 것인가의 구상
㉱ 휨이나 비틀림이 발생 여부

치수단위는 mm 까지로 함.

011 도면의 종류를 용도에 따라 분류한 것 중 거리가 먼 것은?
㉮ 견적도   ㉯ 승인도
㉰ 제작도   ㉱ 설치도

설치도는 내용에 따른 분류.

012 현도는 어떠한 작업에 사용되는 도면인가?
㉮ 기계가공   ㉯ 단조가공
㉰ 원형제작   ㉱ 주형제작

원형을 제작하기 전에 작성하는 도면.

013 도면에서 치수선으로 틀린 것은?
㉮ 외형선, 중심선 등도 치수선을 사용한다.
㉯ 치수선은 가능한 한 다른 치수선은 만나지 않도록 한다.
㉰ 인접한 치수선은 일직선으로 가지런히 긋는다.
㉱ 치수선은 중앙을 끊지 않고 이어서 긋는다.

외형선은 굵은 실선으로 사용되며 치수선을 사용하지 않음.

014 물체의 보이지 않는 부분의 형상을 나타내는 선은?
㉮ 피치선   ㉯ 은선
㉰ 파단선   ㉱ 절단선

파선으로 표시.

정답 007. ㉮ 008. ㉰ 009. ㉮ 010. ㉮ 011. ㉱ 012. ㉰ 013. ㉮ 014. ㉯

주조(鑄造)기능장

15 금속제도에서 일반 치수선에 대한 설명으로 옳은 것은?

㉮ 치수선의 중앙을 절단하고 절단선 중앙에 치수를 기입한다.
㉯ 치수선을 절단하지 않고 치수선 중앙 위에 치수를 기입한다.
㉰ 치수선 양단에는 화살표를 붙이지 않는다.
㉱ 외형선과 은선, 중심선도 치수선으로 사용한다.

해설
치수선을 절단하지 않고 중앙위에 치수를 기입하고 양단에는 화살표를 붙인다. 외형선과 은선, 중심선은 치수선으로 사용하지 않음.

16 선긋기 요령 중 틀린 것은?

㉮ 원호와 직선의 접속점에서는 층이 나지 않게 긋는다.
㉯ 실선과 파선, 파선과 파선이 접속하는 부분에서는 서로 떨어지도록 긋는다.
㉰ 외형선과 파선이 접속하는 부분에서는 서로 이어지도록 긋는다.
㉱ 두 파선이 인접될 때에는 파선이 위로 서로 다르게 되도록 긋는다.

해설
실선과 파선, 파선과 파선이 접속하는 부분에서는 서로 이어지도록 긋는다.

17 도면에 치수를 기입할 때 지름의 기호는?

㉮ φ ㉯ R
㉰ t ㉱ P

해설
φ : 지름, R : 반지름, t : 두께의 기호, P : 피치

18 도면에서 2종류 이상의 선이 같은 장소에 겹치게 될 경우 우선순위가 옳은 것은?

㉮ 외형선→숨은선→중심선→절단선→무게중심선
㉯ 외형선→숨은선→중심선→무게중심선→절단선
㉰ 외형선→중심선→숨은선→무게중심선→절단선
㉱ 외형선→숨은선→절단선→중심선→무게중심선

해설
선의 우선순위
외형선→숨은선→절단선→중심선→무게중심선→치수보조선

19 한국산업 규격과 그 적용에 대한 설명 중 틀린 것은?

㉮ 가상선은 가는 1점 쇄선으로 표시한다.
㉯ 치수는 될 수 있는대로 정면도에 집중하여 기입 한다.
㉰ 가공방법의 기호 중 G는 연삭가공의 약호이다.
㉱ 나사의 표시법의 순위는 나사의 종류, 피치의 크기, 호칭치수 순이다.

해설
나사의 표시방법은 나사산의 줄의 수, 나사의 호칭, 나사의 등급.

20 도면에 표시되는 기호 중 틀린 표기는?

㉮ R 10 ㉯ φ 10
㉰ □ 10 ㉱ ⊠ 10

해설
⊠ 기호는 평면 모양을 나타냄.

021 치수기입의 원칙 중 틀린 것은?

㉮ 치수는 다듬질면을 기준으로 하여 기입한다.
㉯ 서로 끼워 맞추어지는 부분의 치수는 관계치수를 기입한다.
㉰ 치수는 원칙적으로 완성치수를 나타낸다.
㉱ 같은 도면이나 관계 도면의 치수는 가능한 중복되도록 기입한다.

가능한 한 중복은 피함.

022 기어의 치형곡선 중 기초원에 감아준 실을 당겨주면서 풀어줄 때 한 점이 그리는 궤적은?

㉮ 쌍곡선
㉯ 인벌류트곡선
㉰ 사이클로드 곡선
㉱ 나사곡선

인벌류트곡선.

023 주물제도에 사용되는 재료의 기호와 명칭이 틀린 것은?

㉮ GC : 회주철품
㉯ SC : 탄소주강품
㉰ BMC : 일반구조용 압연강재
㉱ SF : 탄소강 단강품

BMC : 흑심가단 주철품.

024 일반구조용 압연강재의 기호는?

㉮ SS400
㉯ SPN200
㉰ SNC420
㉱ SEH150

SS400

025 한국산업 규격(KS)에서 규정하고 있는 흑심가단주철품의 기호는?

㉮ GC
㉯ DC
㉰ BMC
㉱ WMC

GC : 회주철, WMC : 백심가단주철

026 구상흑연 주철 1종에 대한 재료기호 표시로써 옳은 것은?

㉮ GCD 40
㉯ GC 10
㉰ SC 37
㉱ BMC 28

㉮ GCD 40 : 구상흑연 주철 1종으로써 40은 인장강도
㉯ GC10 : 회주철 1종.
㉰ SC 37 : 탄소 주강품 1종
㉱ BMC 28 : 흑심가단주철

027 탄소공구강을 나타내는 기호는?

㉮ STC
㉯ SKH
㉰ SC
㉱ SSC

SKH : 고속도강, SC : 탄소강주강품

028 기계구조용 탄소강의 기호는?

㉮ SKH51
㉯ STC3
㉰ SCr415
㉱ SM45C

SM45C

정답 021. ㉱ 022. ㉯ 023. ㉰ 024. ㉮ 025. ㉰ 026. ㉮ 027. ㉮ 028. ㉱

주조(鑄造)기능장

29 SC37과 같은 재료기호는?
㉮ 탄소강 주강품 최저인장강도 37kgf/mm²
㉯ 탄소강 단강품 최저인장강도 37kgf/mm²
㉰ 탄소강 주강품 최고인장강도 37kgf/mm²
㉱ 탄소강 단강품 최고인장강도 37kgf/mm²

해설
S(강), C(주조품), 37(최저 인장강도)

30 한국 산업규격에서 사용하고 있는 재료기호에 표시하지 않는 것은?
㉮ 제품명   ㉯ 인장강도
㉰ 경도   ㉱ 조직

해설
1부분 : 재질, 2부분 : 규격, 제품이름,
3부분 : 재질의 종류별, 등급별 기호
4, 5부분 : 열처리, 제품의 단면모양, 제조방법

31 정투상법에 해당되는 것은?
㉮ 등각투상법   ㉯ 제3각법
㉰ 사투상법   ㉱ 부등각투상법

해설
정투상법은 1각법 과 3각법.

32 제 1각법에 관한 설명 중 옳은 것은?
㉮ 평면도는 정면도 위에 있다.
㉯ 평면도는 정면도 아래에 있다.
㉰ 우측면도는 정면도의 오른쪽에 있다.
㉱ 좌측면도는 정면도의 왼쪽에 있다.

해설
1각법 : 1상한, 3각법 : 3상한에 두고 그림.

33 투영도법의 설명 중 틀린 것은?
㉮ 평면도와 측면도의 정면도만으로 나타낼 수 없는 부분을 보충하는데 사용된다.
㉯ 투상도는 될 수 있는대로 외형선을 나타낼 수 있도록 선택한다.
㉰ 상관체 투상의 경우 상관선은 다면체끼리 만날 때 곡선이 된다.
㉱ 도형방향 선정에서 도형은 그 물체의 가공량이 가장 많은 공정을 기준으로 한다.

해설
투상법이란 모든 물체의 모양, 크기, 위치 등을 평면위에 정확하게 표현하는 방법.

34 그림과 같은 투상도에서 3각법으로 우측면도를 나타 낸 것은?

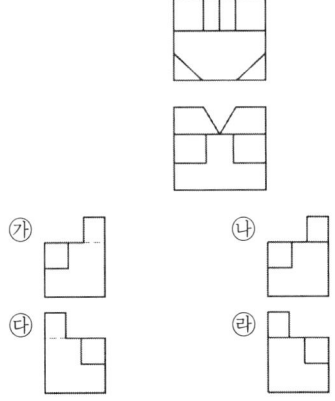

35 보조투상도는 어느 투상법에 준하여 그리는 것이 원칙인가?
㉮ 제1각법   ㉯ 제2각법
㉰ 제3각법   ㉱ 제4각법

해설
제1각법에 따른 도면에도 보조투상도는 제3각법에 따름.

정답 029. ㉮ 030. ㉱ 031. ㉯ 032. ㉯ 033. ㉰ 034. ㉮ 035. ㉰

036 다음 투상도의 측면도로 옳은 것은?

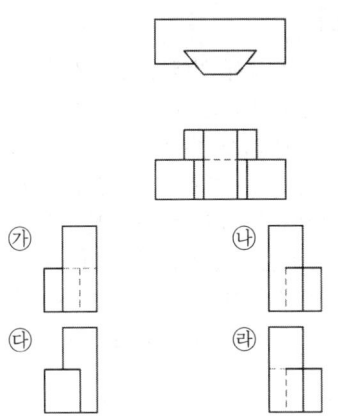

037 단면도법에 대하여 틀린 것은?
㉮ 도형상에 많은 은선 및 파선을 줄인다.
㉯ 단면의 한 부분을 확실히 명시하고자 할 때 그린다.
㉰ 가상의 절단부를 나타내어 이해가 쉽다.
㉱ 3각법에만 적용되고 1각법에서는 그리지 않는다.

1각법에서도 단면도법을 사용.

038 대칭으로 절단하여 투상도 전체를 그린 것을 무엇이라 하는가?
㉮ 전단면(full section)
㉯ 반단면(half section)
㉰ 계단단면(offset section)
㉱ 부분단면(partial section)

대칭인 물체를 절단하여 그린 투상도.

039 그림의 일부를 도시하는 것으로 충분한 경우에는 그 필요부분만을 도시하는 투상도는?
㉮ 회전 투상도   ㉯ 부분 투상도
㉰ 국부 투상도   ㉱ 부분 확대도

부분 투상도

040 상·하가 대칭인 벨트 풀리의 단면은 어떻게 표시하는가?
㉮ 상하 전체를 표시한다.
㉯ 중심선의 아래쪽만 표시한다.
㉰ 중심선의 위쪽만 표시한다.
㉱ 단면도를 표시하지 않는다.

상·하가 대칭일 때는 중심선의 위쪽만 표시.

041 일반적인 도면에서 중간부를 생략하여 그리지 않는 것은?
㉮ 형강   ㉯ 파이프
㉰ 테이퍼 축   ㉱ 리벳

리벳은 중간부를 생략 하지 않음.

042 도면에 $40 \pm ^{0.005}_{0.003}$ 으로 표시된 공차의 범위에 해당되는 것은?
㉮ 0.002   ㉯ -0.002
㉰ 0.008   ㉱ 0.0002

공차 = 위치수 - 아래치수.

정답 036. ㉰ 037. ㉱ 038. ㉮ 039. ㉯ 040. ㉰ 041. ㉱ 042. ㉰

043 최대허용치수에서 기준치수를 뺀 값은?

㉮ 최소틈새 ㉯ 최대틈새
㉰ 위치수 허용차 ㉱ 아래치수 허용차

해설
최대허용치수 – 기준치수 = 위치수허용차

044 기준치수 : 50mm, 최대허용치수 : 49.975mm, 최소허용치수 : 49.950mm일 때 위치수허용차(a)와 아래치수허용차(b)는?

㉮ a = -0.025, b = -0.050
㉯ a = -0.050, b = -0.025
㉰ a = 0.025, b = 0.05
㉱ a = 0.5, b = 0.025

해설
위치수 허용차 = 최대 허용치수−기준치수,
아래치수 허용차 = 최소 허용치수−기준치수

045 억지끼워 맞춤에서 축의 최소 허용치수에서 구멍의 최대허용치수를 뺀 값은?

㉮ 최대틈새 ㉯ 최소틈새
㉰ 최대죔새 ㉱ 최소죔새

해설
최소죔새(minium interference) : 억지끼워맞춤에서 축의 최소 허용치수에서 구멍의 최대허용치수를 뺀 값.

046 억지끼워 맞춤을 나타낸 것으로 옳은 것은?

㉮ H7f6 ㉯ H7g6
㉰ H7h6 ㉱ H7t6

해설
㉮ ㉯ : 헐거운 끼워맞춤, ㉰ : 중간끼워맞춤

047 끼워 맞춤 및 치수공차에 대한 설명 중 옳은 것은?

㉮ 구멍과 축에 있어서 축의 지름이 구멍의 지름 보다 작은 경우 이 차를 죔새라 한다.
㉯ 구멍의 최소 치수보다 축의 최대치수가 작은 것은 중간 끼워 맞춤이다.
㉰ 끼워 맞춤 표시방법 중 H는 축 기준식이고, h는 구멍기준식 방법이다.
㉱ 기준선과 치수공차에서 위 아래 치수 허용차의 구역을 허용범위라 한다.

해설
치수공차와 기준선의 관계를 도시할 때 위의 치수 허용차와 아래 치수 허용차를 나타내는 선 사이에 들어있는 구역을 허용범위라 함.

048 구멍과 축이 억지끼워 맞춤일 때는 어느 경우인가?

㉮ 구멍의 최소 허용치수 > 축의 최대 허용치수
㉯ 구멍의 최대 허용치수 > 축의 대소 허용치수
㉰ 구멍의 최대 허용치수 < 축의 최소 허용치수
㉱ 구멍의 최소 허용치수 ≤ 축의 최대 허용치수

해설
구멍의 최대 허용치수 < 축의 최소 허용치수

049 IT 기본공차(KSB0401)의 기본공차는 몇 등급으로 나누어져 있는가?

㉮ 16 ㉯ 18
㉰ 20 ㉱ 22

해설
IT01~IT18등급까지 20등급으로 분류

정답 043. ㉰ 044. ㉮ 045. ㉱ 046. ㉱ 047. ㉱ 048. ㉰ 049. ㉰

050 구멍의 치수는 $\phi 50^{+0.025}$, 축의 치수가 $\phi 50^{-0.025}_{-0.050}$ 이면 어떠한 끼워맞춤 인가?

㉮ 헐거운 끼워맞춤 ㉯ 중간 끼워맞춤
㉰ 억지 끼워맞춤 ㉱ 적당 끼워맞춤

구멍과 축 사이에 항상 헐거운 공차가 있으므로 헐거운 끼워맞춤.

051 다음 중간끼워맞춤의 보기에서 최대틈새는(mm)?

	구멍	축
최대허용치수	A = 50.025mm	B = 50.000mm
최소허용치수	a = 50.011mm	b = 49.995mm

㉮ 0.011 ㉯ 0.025
㉰ 0.030 ㉱ 0.014

최대틈새
= 구멍의 최대허용치수−축의 최소허용치수
= A−b = 0.030mm

052 다음 헐거운 끼워맞춤의 보기에서 최소틈새는(mm)?

	구멍	축
최대허용치수	A = 50.025mm	B = 49.975mm
최소허용치수	a = 50.000mm	b = 49.950mm

㉮ 0.025 ㉯ 0.050
㉰ 0.075 ㉱ 0.100

최소틈새
= 구멍의 최소허용치수−축의최대허용치수
= B−a = 0.025mm

053 헐거운 끼워맞춤에 있어서 구멍과 축의 허용치수가 다음과 같을 때 최대틈새(x)와 최소틈새(y)는?

	구멍	축
최대허용치수	A = 50.025mm	B = 49.975mm
최소허용치수	a = 50.000mm	b = 49.950mm

㉮ x = A-a, y = B-b ㉯ x = B-b, y = A-a
㉰ x = A-b, y = B-a ㉱ x = B-a, y = a-b

최대틈새 = 구멍의 최대−축의최소,
최소틈새 = 구멍의 최소−축의 최대

054 다음 억지끼워맞춤의 보기에서 최대죔새는(mm)?

	구멍	축
최대허용치수	A = 50.025mm	B = 50.050mm
최소허용치수	a = 50.000mm	b = 50.034mm

㉮ 0.009 ㉯ 0.025
㉰ 0.034 ㉱ 0.050

최대죔새
= 축의 최대허용치수 − 구멍의 최소허용치수
= a−B = 0.050

055 IT 기본 공차의 등급 중 주로 끼워맞춤에 사용되는 등급은?

㉮ IT01급 ~ IT4급 ㉯ IT5급 ~ IT10급
㉰ IT11급 ~ IT16급 ㉱ IT17급 ~ IT21급

㉮ 01~4급 : 게이지류에 적용
㉯ 5~10급 : 끼워맞춤하는 부분
㉰ 11~16급 : 끼워맞춤이 필요 없는 부분에 적용.

정답 050. ㉮ 051. ㉰ 052. ㉮ 053. ㉰ 054. ㉱ 055. ㉯

056 공작기계의 활동면 등에 표시하며 그라인딩, 래핑 등의 가공으로써 가공의 흔적이 전혀남지 않는 정밀한 가공면을 나타내는 다듬질 기호는?

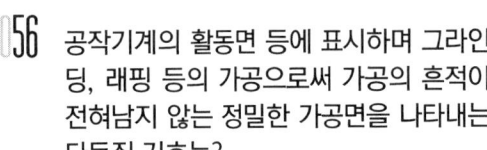

해설
㉮ 가공을 하지 않은 거친 재료면
㉯ 재료의 매끄러운 자연면 또는 샌드브라스트한 주물표면
㉰ 가공흔적이 남지 않을 정도의 보통 가공면
㉱ 래핑, 버핑등의 가공으로 광택이 나는 고급가공면

057 도면에 표시되는 표면조도 표시인 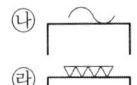 의 기호에 옳은 조도는?

㉮ 0.1~0.5S ㉯ 1.5~6S
㉰ 12~25S   ㉱ 35~100S

해설
3각 기호는 1.5~6S(μ)를 나타내는 조도표시 기호.

058 도면에 표시된 파형기호(~)는 어느 경우에 사용될 수 있는가?

㉮ 선반가공   ㉯ 래핑가공
㉰ 주물표면   ㉱ 스크래핑 표면

해설
주방상태, 단조상태, 압연상태의 표면을 나타냄.

059 불완전 나사부는 축선에 대하여 몇 도로 하는가?

㉮ 30   ㉯ 45
㉰ 60   ㉱ 90

해설
불완전 나사부의 골밑을 30° 경사된 실선으로 그림

060 모양 및 위치 정밀도의 종류와 기호를 나열한 위치에서 동축도를 나타낸 것은?

해설
동축도

061 모양 및 위치의 정밀도 기호 중 면의 윤곽도를 표시한 것은?

해설
㉮ 진직도   ㉯ 면의 윤곽도
㉰ 평면도   ㉱ 선의 윤곽도

062 다음 도면에서 삼각형의 경우 진직도의 허용영역을 옳게 설명한 것은?

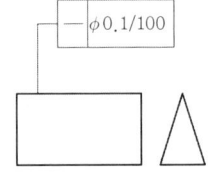

㉮ 반지름 0.1mm 원통의 내부 공간
㉯ 0.1mm 간격을 가진 평형면 사이
㉰ 0.1mm의 간격을 두고 서로 평행된 2개 평면 사이의 공간
㉱ 지름이 0.1mm 원통 내부 공간

해설
지름이 0.1mm 원통 내부 공간으로 100mm 길이에 대하여 적용.

정답 056. ㉱ 057. ㉯ 058. ㉰ 059. ㉮ 060. ㉰ 061. ㉯ 062. ㉱

제3편 금속재료

- 제1장 금속재료의 총론
- 제2장 철강재료
- 제3장 비철금속재료
- 제4장 신소재 및 그 밖의 합금
  - ❋ 기출 및 예상문제

제1장 주조(鑄造)기능장

금속재료 총론

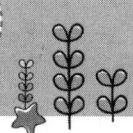

01 금속 및 합금의 개요

1 금속의 일반적인 특성

① 상온에서 고체이며 결정체이다(단, Hg은 제외).
② 열과 전기의 양도체이다.
③ 비중이 크고 금속적 광택을 갖고 있다.
④ 소성 변형이 있어 가공하기가 쉽다.
⑤ 이온화하면 양(+)이온이 된다.

2 합금의 제조

① 금속과 금속 또는 비금속을 용융상태에서 융합시키는 방법
② 금속과 금속 또는 비금속을 압축 소결하여 만드는 방법
③ 침탄 처리와 같이 고체 상태에서 확산을 이용하여 합금을 부분적으로 만드는 방법

3 순금속과 합금의 성질 비교

성질	비중	융점	전도율	가주성	가단성	연·전성	강·경도	열처리	내식성	내마모성
순금속	크다	높다	좋다	떨어짐	좋다	좋다	작다	떨어짐	떨어짐	작다
합금	작다	낮다	떨어짐	좋다	떨어짐	떨어짐	크다	쉽다	좋다	크다

02 금속 재료의 성질

1. 금속 재료의 공업에 필요한 성질

① 기계적 성질 : 인장 강도, 경도, 피로, 연신율, 충격
② 물리적 성질 : 비열, 비중, 융점, 선팽창 계수, 열(전기)전도율, 자성, 융해 잠열
③ 화학적 성질 : 내식성, 내열성
④ 제작상 성질 : 주조성, 단조성, 용접성, 절삭성

2. 물리적 성질

(1) 비중(Specific gravity)

① 물(4℃)과 똑같은 부피를 갖는 물체 혹은 제품과의 무게의 비를 말한다.

② 비중 = $\dfrac{\text{제품의 무게}}{\text{제품과 같은 체적의 물(4℃)의 무게}}$

③ 실용 금속 중 가장 가벼운 금속 : Mg(1.74)
④ 비중이 가장 큰 금속은 Ir(22.4)이고 가장 작은 금속은 Li(0.53)이다.
⑤ 순금속은 합금보다 비중이 크며, 금속의 순도, 온도, 가열 방법에 따라 다르다.

(2) 용융점(melting point)

① 금속을 가열하면 어떤 온도에 이르러 고체에서 액체로 되는데 이 온도점을 말한다.
② 융점이 가장 높은 금속은 W(3,410±20℃)이며, 가장 낮은 금속은 Hg(-38℃)이다.

(3) 융해 잠열(melting latent heat, 융해 숨은열)

① 어떤 물질 1g을 용해시키는데 필요한 열량을 말한다.

(4) 비열(Specific heat)

① 어떤 물질 1g을 온도 1℃ 만큼 올리는데 필요한 열량(cal/g℃)을 말한다.
② 주요 금속의 비열순서 : Mg 〉 Al 〉 Mn 〉 Cr 〉 Fe 〉 Ni 〉 Cu 〉 Zn 〉 Ag 〉 Sn 〉 Sb 〉 W

(5) 전기전도율
① 전기장이 가해졌을 때 전류를 흐르게 할 수 있는 물질의 능력
② 주요 금속의 전기 전도율 순서 : Ag 〉 Cu 〉 Au 〉 Al 〉 Mg 〉 Zn 〉 Ni 〉 Fe 〉 Pb 〉 Sb

(6) 자성
① 자기 변태점(Curie point) : 강자성체가 강자성 상태에서 상자성(常磁性, paramagnetism) 상태로 변하거나 그 반대로 변할 때의 전이온도

금 속 명	Fe	Ni	Co	Fe_3C
자기 변태점	768℃	360℃	1,160℃	210℃

(7) 주요 금속의 탈색 순서
Sn 〉 Ni 〉 Al 〉 Mg 〉 Fe 〉 Cu 〉 Zn 〉 Pt 〉 Ag 〉 Au

① 주요 금속의 색깔

색	은백색	청백색	적황색	회백색	자 색	붉은색
금속	Al, Cr, Ni, Sn	Zn	Cu	Fe, W, Mg, Mn	Cu_2Sb, Au_2Al	AgZn

(8) 이온화 경향이 큰 순서
① K 〉 Ba 〉 Ca 〉 Na 〉 Mg 〉 Al 〉 Zn 〉 Cr 〉 Fe 〉 Co 〉 Ni 〉 Mo 〉 Sn 〉 Pb 〉 H 〉 Cu 〉 Hg 〉 Ag 〉 Pt 〉 Au
② 금속의 산화는 이온화 계열 상위에 있을수록 쉽게 일어난다.
③ Al보다 상위에 있는 금속은 공기 중에서도 산화물을 만들며 탄다.

❸ 기계적 성질

(1) 강도(strength)
① 재료에 외력을 작용하였을 때 이 외력에 대해 재료 단면에 작용하는 최대 저항력을 말한다.
② 종류 : 인장 강도, 압축 강도, 굴곡 강도, 전단 강도, 비틀림 강도 등이 있다.

(2) 경도(hardness)

① 한 물체에 다른 물체를 눌렀을 때 그 물체의 변형에 대한 저항력의 크기로 측정한다.
② 경도시험은 시험방법에 따라 HB, HR, HV, HS, 긁힘경도, 미소경도 등으로 나타낸다.

(3) 인성(toughness)

충격에 대한 저항력, 질긴 성질을 말한다.

(4) 취성(여림성, 메짐성, shortness)

인성에 반대되는 성질로 잘 깨어지는 성질을 말한다.

(5) 피로(fatigue)

정적인 하중으로 파괴를 일으키는 응력보다 훨씬 작은 응력이라도 장시간에 걸쳐 연속적으로 반복하여 작용하면 재료가 결국 깨어지는 성질을 말한다.

(6) 크리프(creep)

금속 재료를 고온에서 장시간 외력을 주면 시간의 경과에 따라 그 변형이 서서히 증가하는 현상

(7) 연성(ductility)

① 재료의 장력을 소성 변형을 일으켜 선상으로 늘릴 수 있는 성질을 말한다.
② 연성이 큰 금속의 순서 : Au 〉Ag 〉Cu 〉Pt 〉Zn 〉Fe 〉Ni

(8) 전성(malleability)

① 압연 등에 의해서 재료에 금이 가지 않고 얇은 판으로 넓게 퍼지는 성질을 말한다.
② 전성이 큰 금속의 순서 : Au 〉Ag 〉Pt 〉Fe 〉Ni 〉Cu

(9) 연신율(elongation percentage)

재료에 하중을 가하여 늘어난 길이와 원래의 길이와의 비를 말한다.

03 금속의 변태

1 동소 변태

① 고체 내에서의 원자 배열의 변화로 생긴다(결정 격자 모양이 바뀐다).
② 성질이 일정한 온도에서 급속히 비연속적으로 변화가 생긴다.
  ㉠ α-Fe : 910℃ 이하에서 체심 입방 격자이다.
  ㉡ γ-Fe : 910~1400℃에서 면심 입방 격자이다.
  ㉢ δ-Fe : 1400℃ 이상에서 체심 입방 격자이다.
③ 동소 변태를 나타내는 금속 : Fe, Co, Ti, Sn

2 자기 변태(Curie Point)

① 원자 배열에 변화가 생기지 않고 원자 내부에 어떤 변화를 일으키는 것이다.
② 점진적이고 연속적으로 변화가 생긴다.
③ 주요 금속의 자기변태점

원소 또는 물질	Fe	Fe_3C	Fe_3P	Fe_3O_4	Fe_3Si_2	Fe_4N
자기 변태점(℃)	768	210	420	580	90	480
원소 또는 물질	Ni	Co	Cr_5O_9	Mn_5P_2	Mn_5N_2	$CuO-Fe_2O_3$
자기 변태점(℃)	360	1160	150	24	500	270

3 동소 변태와 자기 변태의 비교

항목	동 소 변 태	자 기 변 태
정의	어느 온도에 있어서 상의 변화를 일으키는 변태	어느 온도에서 자기 성질의 변화를 일으키는 변태
원자의 변화	원자배열(결정격자)의 변화	원자 내부의 변화
성질의 변화	같은 물질이 다른 상으로 변화	강자성이 상자성 또는 비자성으로 변화
변화상태	일정온도에서 급격히 비연속적으로 발생	일정온도 범위 내에서 점진적, 연속적으로 변화가 생긴다.
순철의 변태점	910℃에서는 체심입방격자에서 면심입방격자로 1400℃에서는 면심입방격자에서 체심입방격자로 변한다.	768℃에서 자성 변화, 강자성에서 상자성으로 변한다.

4 변태점 측정

① 동소 변태는 열변화, 열팽창, 전기 저항, 자기 반응을 이용하여 측정한다.
② 물리적 성질 변화를 측정하는 측정법의 종류
    ㉠ 열분석법(熱分析法)
    ㉡ 시차 열분석법(示差 熱分析法)
    ㉢ 비열법(比熱法)
    ㉣ 전기 저항법(電氣 抵抗法)
    ㉤ 열 팽창법(熱膨脹法)
    ㉥ 자기 분석법(磁氣 分析法)
    ㉦ X-선 분석법(X-線 分析法)
③ 대표적인 열전대의 종류와 사용 온도

종류	성 분(%)		기호	사용온도(℃)	
				연 속	과 열
백금-백금로듐	• Pt(100)	• Pt(87)+Ph(13)	R(PR)	1,400	1,600
크로멜-알루멜	• Ni(90)+Cr(10)	• Ni(94)+Al(2)+Mn(3)+Si(1)	K(CA)	1,000	1,200
철-콘스탄탄	• Fe(100)	• Cu(55)+Ni(45)	J(IC)	600	900
구리-콘스탄탄	• Cu(100)	• Cu(55)+Ni(45)	T(CC)	300	600

04 금속의 응고와 결정 구조

1 금속의 응고

(1) 순금속의 냉각곡선

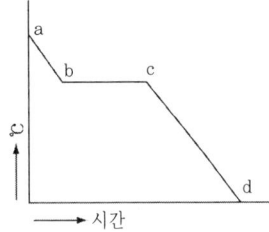

ab : 액체 상태에서의 냉각 곡선
bc : 응고 시작부터 끝날 때까지의 일정 온도 구간(용융점)
cd : 고체 상태에서의 냉각 곡선

(2) 응고 과정

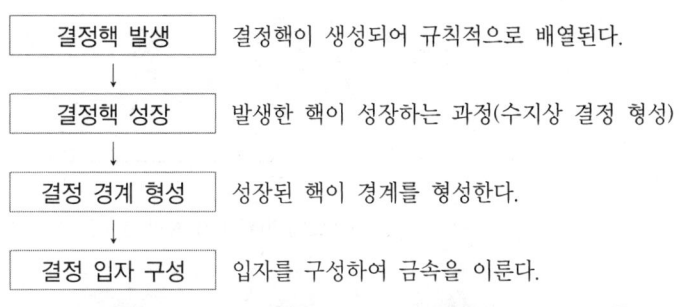

결정핵 발생 → 결정핵이 생성되어 규칙적으로 배열된다.
결정핵 성장 → 발생한 핵이 성장하는 과정(수지상 결정 형성)
결정 경계 형성 → 성장된 핵이 경계를 형성한다.
결정 입자 구성 → 입자를 구성하여 금속을 이룬다.

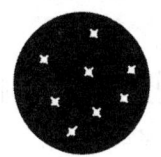   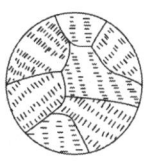 

(a) 결정핵 발생   (b) 결정의 성장   (c) 결정 경계 형성

[결정립이 성장하여 발달하는 과정]

(3) 응고 속도

① 용융 금속을 주형에 주입하면 주형에 접한 부분이 먼저 빠른 속도로 냉각되어 응고하고 차차 내부로 들어가면서 서서히 응고하게 된다.
② 용융점이 내부로 전달되는 속도를 V, 결정 입자의 성장 속도를 G라고 하면
   ㉠ 주상 결정 입자 : G≧V
   ㉡ 입상 결정 입자 : G<V

(4) 결정립의 대소

① 용융 금속의 단위 체적 중에 생성된 결정핵의 수, 즉 핵발생 속도를 N, 결정성장 속도를 G로 나타내어 결정립의 크기 S와의 관계를 보면 $S = f\dfrac{G}{N}$ 으로 나타낸다. 핵발생 속도(N)와 성장 속도(G)와의 관계
   ㉠ G가 N보다 빨리 증대할 때는 소수의 핵이 성장하여 응고가 끝나기 때문에 결정립이 크다.
   ㉡ N의 증대가 G보다 현저히 많을 때에는 핵수가 많기 때문에 미세한 결정이 된다.
   ㉢ G와 N이 교차하는 경우 조대한 결정립과 미세한 결정립의 2가지 구역으로 나타난다.

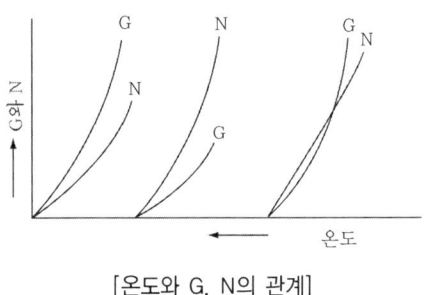

[온도와 G, N의 관계]

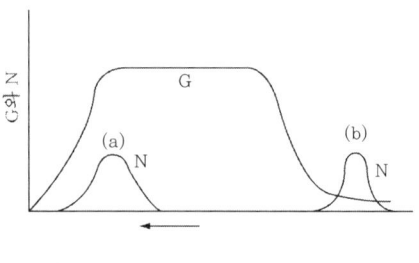

[과냉도에 따른 G와 N의 관계]

(5) 과냉

① 융체 또는 고용체가 응고 온도선 또는 용해 온도선 이하로 냉각하여도 액체 또는 고용체로 계속되는 현상을 말하며 일반적으로 과냉은 응고점보다 0.1℃ 또는 0.3℃ 이하에서 생긴다.
② 과냉도가 큰 금속은 Sb, Sn이고, 작은 금속은 Al, Cu 등이다.

(6) 수지상 결정

서냉시 결정 격자가 나무가지 모양을 이룬 것을 말하며 표면 장력이 작은 Sb 등에서 잘 나타난다.

(7) 라운딩

편석 등을 막기 위하여 모서리 부분을 둥글게 하는 것을 말한다.

(8) 주상 결정

금속 결정이 금속 주형의 중심 방향으로 각 결정이 성장하여 중심부로 방사된 것이다.

(9) 결정 형성에 영향을 주는 요인

① 결정핵 수와 결정 속도
② 금속의 표면 장력
③ 결정 경계 위에 작용하는 각종 힘
④ 점성과 유동성

(10) 금속의 결정

① 결정 격자 : 단위포(공간 격자를 구성하고 있는 단위 부분)로 구성되어 있다.

② 격자 상수 : 단위포를 나타내는 상수를 말한다(a, b, c, α, β, γ, 보통 a, b, c=3~5Å, 10^{-8}cm=1Å).

③ 결정 입자의 크기
㉠ 냉각 속도가 빠르면 결정핵 수가 많아지고 결정 입자는 미세해진다.
㉡ 냉각 속도가 느리면 결정핵 수는 적어지고 결정 입자는 조대해진다.

④ 금속의 결정 구조
㉠ 체심 입방 격자 : 입방체의 8개 구석에 각 1/8개씩의 원자와 입방체 중심에 1개의 원자가 있는 것을 단위포로 한 결정격자(총 2개의 원자/단위포)이며 Ba, Cr, Mo, W, V, Li, Fe 등이 이에 속한다.
㉡ 면심 입방 격자 : 입장체의 8개 꼭지점(1/8×8)과 6개면의 중심(1/2×6)에 원자가 있어 총 4개의 원자로 구성되어 있으며 Al, Ag, Au, Cu, Pt, Ni, Ca, Sr 등이 이에 속한다.
㉢ 조밀 육방 격자 : 정6각기둥을 6개의 삼각기둥으로 나누고, 그 삼각기둥 6개의 꼭지점에 원자가 있고 또 하나 건너 삼각기둥 중심에 1개의 원자가 있으며, 2개의 정삼각주를 합한 것이 단위포(총 2개의 원자/단위포)가 된다. Mo, Zr, Be, Cd, Ti, La, Ce, Co 등이 있다.

05 금속의 탄성과 소성

1 응력-변형율 선도

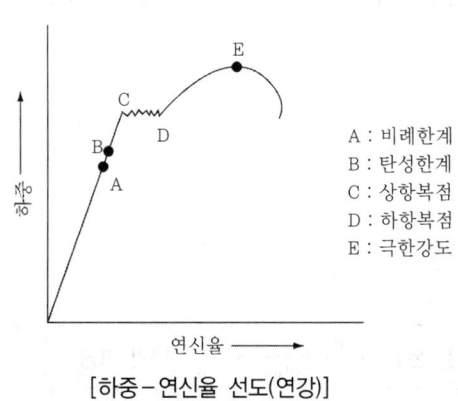

[하중-연신율 선도(연강)]

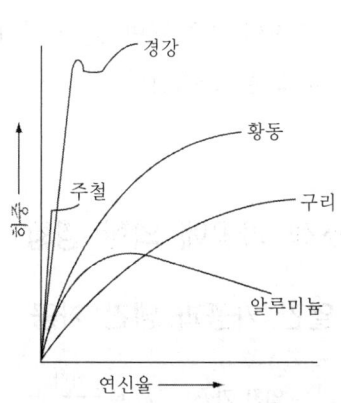

[각종 금속의 하중-연신율 선도]

2 소성 변형(plastic deformation)

(1) 소성 가공의 목적
① 재료를 변형시켜 필요한 모양으로 제조하며 가공 조직 파괴 후 풀림하여 성질을 향상시킨다.
② 가공으로 인한 내부 응력을 적당히 남게 하여 기계적 성질을 향상시킨다.

(2) 미끄럼(slip)
① 재료에 외력을 작용하면 결정층이 연속적으로 미끄러지는 현상을 말한다.
② 원자 밀도가 제일 큰 격자면은 미끄럼이 일어나기 쉬운 격자면이다.
③ 방향은 원자 밀도가 가장 높은 격자 방향에서 미끄럼이 일어나기 쉽다.

(3) 쌍정(twin)
하나의 결정입자 중에서 결정격자의 구조는 같으나 어느 일정한 면(쌍정면)을 경계로 하여 서로 경면 대칭으로 되어 있는 결정. 일반 금속에서 볼 수 있는 쌍정의 종류로서는 변형 쌍정(deformation twin), 변태 쌍정(transformation twin) 및 어닐링 쌍정(annealing twin)이 있다.

(4) 전위(dislocation)
① 금속의 결정 격자가 불완전하거나 결함이 있을 때 외력을 작용하면 이곳부터 이동이 생기는 현상
② 전위의 원인
결정의 자유 표면, 결정 입계, 불안전한 결함의 쌍정 경계, 석출물, 전위망, 프랭크-리드원, 슬립위의 조그

3 소성 가공에 의한 영향

(1) 열간 가공과 냉간 가공

열간 가공 ←(이상)— 재결정 온도 —(이하)→ 냉간 가공

(2) 냉간 가공(cold working)의 특징
① 정밀한 치수 가공이나 성질의 균일성을 필요로 할 때 사용한다.
② 결정 입자 미세, 표면 미려(美麗), 제품 치수 정확, 기계적 성질이 양호하다.
③ 인장 강도, 경도, 항복점, 피로 강도, 전기 저항 등이 증가하고 재료 표면에 산화가 안 된다.
④ 연신율, 단면 수축율 등이 감소한다.

(3) 열간 가공(hot working)의 특징
① 방향성 있는 주조 조직을 제거하고 가공도가 크며, 강괴의 미세 균열, 기공 압착이 가능하며, 표면 산화가 된다.
② 가공이 쉽고 다량 생산 및 대형 가공이 용이하다.
③ 탄소강의 열간 가공 온도는 1050~1230℃이다.
④ 경도, 강도는 낮으나 연신율은 증가된다.

(4) 재결정
① 회복 : 가공 경화에 의해 발생된 잔류 응력이 있는 재료를 가열하면 이 응력이 소멸되어 원래의 상태로 되돌아오는 것을 회복 단계라 한다.
② 가공 경화된 재료를 고온 가열하면 : 내부 응력 제거 → 연화 → 재결정 → 결정립성장
③ 재결정된 재료의 결정립 크기
  ㉠ 가공도가 작을수록 크다.
  ㉡ 가열 시간이 길수록 크다.
  ㉢ 가열 온도가 높을수록 크다.
  ㉣ 가공 전 결정립이 크면 재결정 후 결정립이 크다.
④ 주요 금속의 재결정 온도

금 속	재결정 온도(℃)	금 속	재결정 온도(℃)	금 속	재결정 온도(℃)
W	~1,200	Cu	200~250	Zn	15~50
Mo	~900	Al	150~240	Cd	~50
Ni	530~660	Au	~200	Pb	~0
Fe	350~450	Ag	~200	Sn	~0
Pt	~450	Mg	~150		

(5) 소성 가공의 응용

① **압연 가공** : 재료를 열간, 냉간 가공하기 위해 회전하는 롤러 사이에 재료를 통과시켜 성형하는 방법으로 판재, 봉, 관, 형재, 레일 등을 만든다.

② **압출 가공** : 상온 또는 가열된 금속을 실린더 모양을 한 콘테이너에 넣고 한 쪽에 있는 ram에 압력을 가해 밀어내는 작업이다. 이것은 다이를 통해 소재가 소성 가공되어 봉, 관, 형 등을 제작한다.

③ **인발 가공** : 다이의 구멍을 통해서 재료를 축방향으로 잡아 당겨 외경을 감소시키면서 일정한 단면을 가진 소재로 가공하는 방법이다.

④ **단조 가공** : 소재를 고온에서 단조 기계로 소성 가공하여 조직을 미세화하고 균일하게 성형하는 방법.

⑤ **전조 가공** : 전조 공구를 이용하여 나사, 기어 등을 성형하는 가공방법이다.

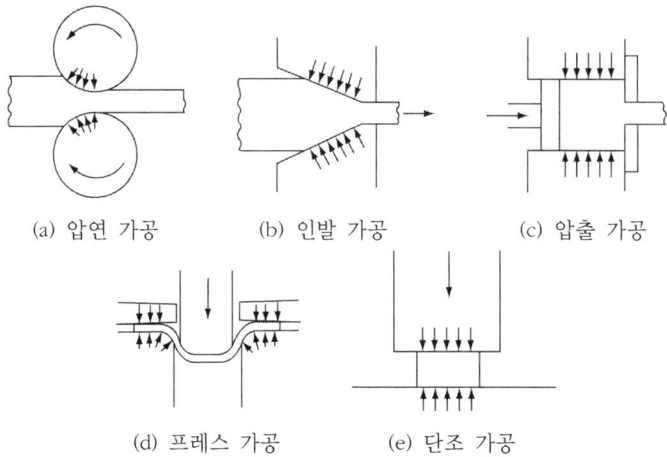

(a) 압연 가공   (b) 인발 가공   (c) 압출 가공

(d) 프레스 가공   (e) 단조 가공

제2장 철강재료

주조(鑄造)기능장

01 철강의 제조법

1 제선(製銑)의 원료

(1) 철광석의 종류

Fe이 40% 이상, P이나 S이 0.1%를 초과하지 않는 것을 사용한다.

종류	자철광(magnetite)	적철광(hematite)	갈철광(limonite)	능철광(siderite)
조성분	Fe_3O_4	Fe_2O_3	$2Fe_2O_3 \cdot H_2O$	$FeCO_3$
Fe (%)	72.36	69.94	52~60	48.20

(2) 연료

제련용 연료로는 coke가 많이 사용한다.
① 코크스는 회분, S분이 적고 강도가 큰 것을 사용한다.
② 크기 : 2.5~7mm, 회분은 0.9~9.0%.

(3) 용제(flux)

용광로 내에서 열원 및 환원제 역할을 하는 것이며 종류에는 석회석, 백운석, 형석 등이 있다.

2 선철의 제조

용광로 내에서 85~90%가 간접 환원 반응에 의해 제조된다.

(1) 간접 환원 반응식

① $3Fe_2O_3 + CO \rightarrow 2Fe_3O_4 + CO_2 \uparrow$

$Fe_3O_4 + CO \rightarrow 3FeO + CO_2 \uparrow$

$FeO + CO \rightarrow Fe + CO_2 \uparrow$

3 제강법

(1) 평로 제강법

축열실 반사로를 사용하여 장입물을 용해 정련하는 방법으로 선철과 고철의 혼합물을 용해하여 탄소 및 기타의 불순물을 연소시켜 강을 제조한다.

(2) 전로 제강법

원료 중에 공기(또는 산소)를 넣어 그 곳에 함유된 불순물을 짧은 시간에 신속하게 산화시켜 강재나 가스로서 제거하는 동시에 이때 발생하는 산화열을 이용하여 외부로부터 열을 공급하지 않고 정련하는 방법이다.

(3) 전기로 제강법

전기 에너지를 열원으로 사용하여 양질의 강을 제조하는데 사용한다.

4 강괴의 종류

(1) 림드강(Rimmed steel ingot)

Mn으로 가볍게 탈산시킨 강괴로 용강이 비등 작용이 일어나고 강괴 내부에 기포, 편석이 생긴다.

※ 비등 작용(Rimming action)

① 림드강 제조시 O_2와 C가 반응하여 CO가 생성하는데 이 gas가 대기중으로 빠져 나온 현상으로 끓는 것처럼 보이며, 탈산, gas처리가 불충분한 강(림드강)을 주입 후에서도 gas, 침탄층이 계속해 다량의 gas가 발생하므로 용강이 비등한다.

(2) 킬드강(Killed steel ingot, 진정강)
Si, Al 등의 강한 탈산제로 완전 탈산시킨 강괴이며 기포, 편석이 없고 양질의 강괴이다.

(3) 세미킬드강(Semi killed steel ingot)
탈산정도가 킬드강과 림드강의 중간에 있는 강괴를 말한다.

(4) 캡트강(Capped steel ingot)
용강을 주입후 뚜껑을 씌워 비등을 억제시킨 강괴이다.

(5) 탈산제
① 강탈산제 : Si, Al
② 약탈산제 : Mn

5 철강의 분류

(1) 순철
탄소가 0.025% 이하인 것을 순철이라 한다.

(2) 강
① 아공석강 : 0.025~0.85%C의 강
② 공석강 : 0.85%C의 강
③ 과공석강 : 0.85~2.0%C의 강

(3) 주철
① 아공정주철 : 2.0~4.3%C의 주철
② 공정주철 : 4.3%C의 주철
③ 과공정주철 : 4.3~6.68%C의 주철

02 순철

1 순철의 변태

① A2변태 : 자기 변태(768℃), 강자성체 → 상자성체
② A3변태 : 동소 변태(910℃), α-Fe(체심 입방 격자) ↔ γ-Fe(면심 입방 격자)
③ A4변태 : 동소 변태(1400℃), γ-Fe(면심 입방 격자) ↔ δ-Fe(체심 입방 격자)

2 순철의 동소체

① α-Fe : 910℃ 이하에서 체심 입방 격자
② γ-Fe : 910~1400℃에서 면심 입방 격자
③ δ-Fe : 1400℃ 이상에서 체심 입방 격자

3 순철의 성질

(1) 순철의 기계적 성질

① 순철은 상온에서 전성 및 연성이 풍부하고 단접성(weldability, 용접성)이 좋다.

경도 (HB)	인장 강도 (kg_f/mm^2)	연신율(%) (l = 10d)	단면 수축율 (%)	탄성 한도 (kg_f/mm^2)	탄성 계수 (kg_f/mm^2)
60~70	18~30	40~50	70~80	10~14	21600

(2) 순철의 물리적 성질

① FCC는 BCC보다 원자 밀도가 크고 비체적이 적기 때문에 수축이 일어난다.
② 순철의 순도를 높이면 항자력(보자력, foercive force)이 적어지고 도자율(투자율, permeability)이 현저히 높아지고 이력 손실이 적다.

비중	융점 (℃)	용해 숨은열 (cal/g)	선팽창율 (20℃)	비열(20℃) (cal/g)	열전도율(20℃) (cal/cm·sec·℃)	비저항 (Ω/cm)
7.876	1538	65.0	11.7×10^{-6}	0.11	0.8	10×10^{-6}

(3) 순철의 종류

종류	전해철	해면철	암코철	카아보닐철
탄소량(%)	0.013	0.03	0.01	<0.0007

(4) 순철의 용도

① 투자율이 높기 때문에 박판으로 변압기, 전동기 등에 사용하고, 소결 자석용 철분으로 사용한다.
② 강과 주철의 원료로 사용하고, 단접성 용이, 용접성이 양호하므로 이 분야에 많이 사용한다.
③ 카아보닐철은 소결재로 만들어 고주파용 압분(壓紛) 철심에 많이 사용한다.
④ 순철의 제조 : 전기 분해법으로 한다.

03 Fe-C 평형 상태도

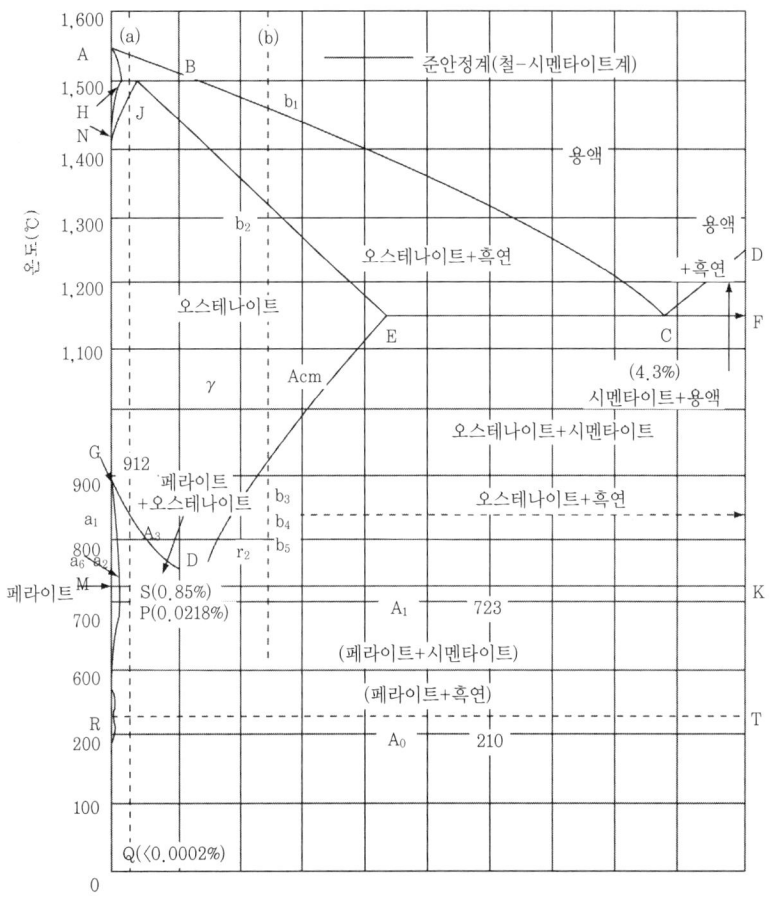

탄소함유량(%)

- A   : 순철의 용융점(1538±3℃)
- N   : 순철의 A_4변태점(1400℃) δ-Fe ↔ γ-Fe
- AB   : δ고용체(δ-Fe이 탄소를 고용한 고용체)에 대한 액상선
- AH   : δ고용체에 대한 고상선 (H점 : 0.01%C)
- HN   : δ고용체가 γ고용체로 변하기 시작한 온도선 (강의 A_4변태가 시작되는 온도선)
- JN   : δ고용체가 γ고용체로의 변화가 끝나는 온도선 (강의 A_4변태가 끝나는 온도선)
- HJB : 포정선 (1495℃, J점 : 0.18%C, B점 : 0.53%C)
  ※ 이 온도에서 δ고용체(H)+용액(B) ↔ γ고용체(J)의 반응이 일어난다.
- BC   : γ고용체(γ-Fe이 탄소를 고용한 고용체)에 대한 액상선
- JE   : γ고용체에 대한 고상선
- CD   : 시멘타이트(Fe_3C)에 대한 액상선 (Fe_3C가 정출하기 시작하는 선)
- C   : 공정점 (1145℃, 4.3%C, E점에서 γ고용체와 F점의 Fe_3C가 동시에 정출하는 점)
  ※ 이 조성의 합금에서 공정조직(레데뷰라이트)이 된다. (반응식 : 용액 ↔ γ고용체+Fe_3C)

- E : γ고용체에 탄소가 최대로 용해되는 점 (1145℃, 2.11%C)
- ECF : 공정선
    ※ 이 온도에서 용액(C) ↔ γ고용체(E)+Fe₃C(F)의 반응에 의해 용액에서 γ고용체와 Fe₃C가 동시에 정출한다.
- ES : Acm선, γ고용체에 대한 Fe₃C의 용해도 곡선, γ고용체에서 Fe₃C가 석출하기 시작한 온도선.
- G : 순철의 A₃변태점. (910℃, γ ↔ α)
- GS : A₃선, γ고용체에서 α 고용체를 석출하기 시작하는 온도선.
- S : 공석점(723℃, 0.84%C). γ고용체에서 α 고용체와 Fe₃C가 동시에 석출하는 점이다.
- PSK : 공석선(A₁변태선), 퍼얼라이트 조직이 나타난다.
    ※ 이 온도에서 γ고용체(S) ↔ α고용체(P)+Fe₃C(K)의 반응이며, K점은 6.68%C이다.
- GP : P점은 0.025%C, 이 온도 이하의 γ고용체에서 α고용체의 석출이 끝나는 온도, 즉 A₃변태가 끝나는 온도다.
- P : α-Fe중에 탄소의 최대 고용 한도를 나타내는 점(0.025%C)
- PQ : α고용체에 대한 Fe₃C의 용해 한도곡선. 상온에 있어서 탄소의 용해도는 0.0002% 이하이다.
- M : 순철의 A₂변태점(768℃, 철의 자기 변태점)

04 탄소강의 조직

1 Austenite

① γ-Fe에 최대 2.0%까지 탄소를 고용한 고용체이다.
② A₁점(723℃) 이상에서 안정된 조직을 갖는다.
③ 비자성체이며 전기 저항이 크고 경도는 낮으나 인장 강도에 비해 연신율이 크며, HB는 약 155이다.

2 Ferrite

① α-철에 탄소를 0.025% 이하를 고용한 고용체이다.
② 강자성체이며, 연하고 전성이 크고 순철에 가깝다.
③ 탈산이 심하게 일어난 곳의 조직, HB는 약 90 정도이다.

3 Pearlite

① 0.85%C의 γ-고용체가 723℃에서 분열되어 생긴다.
② 페라이트와 시멘타이트의 공석정이며 경도가 크고 어느 정도의 연성이 있다.
③ 0.85%C강을 800℃로 가열한 후 서냉하면 생성되는 조직이며, 항장력(인장강도), 내마모성이 강한 조직이고, HB는 225이다.

4 Cementite

① Fe_3C이며 6.68%C와 Fe과의 화합물로서 대단히 단단하다.
② 비중 : 7.82, HB : 820, A_0변태(210℃)에서 자기 변태를 갖는다.
③ 1154℃로 가열하면 빠른 속도로 흑연을 분리시키며, 백색 침상 조직, 불안정한 금속간 화합물이다.

05 탄소강의 성질

1 성분 및 표준 조직

① 성분 : Fe과 0.025~2.0%C의 합금으로 Si, Mn, P, S가 함유되어 있다.
② 표준 조직 : 표준 상태에서 Ferrite와 Cementite의 혼합 조직이다.

2 물리적 성질

비중	융점 (℃)	비열 (50~100℃)	전기저항(20℃) ($\mu \Omega$ cm)	열전도율 (cal/cm·sec·℃)	보자력 (Oe)
7.8	1538~1425	0.115~0.117	13.0~19.6	0.146~0.108	0.7~7.0

3 기계적 성질

① 아공석강 : 탄소량에 따라 직선적으로 변한다.(강도 증가, 경도 증가, 연신율 감소, 충격치 감소)
② 공석강 : 공석점 부근에서 강도는 최대가 된다.
③ 과공석강 : 탄소량에 따라 경도는 증가하나 강도는 급감하고 연율, 충격치는 계속 저하한다.

06 강에 함유된 원소의 영향

1 인(P)

① 결정 입자를 거칠게 하고 강도, 경도를 증가시키며 연신율, 충격치는 감소시킨다.
② 적당량은 용선의 유동성을 향상시키고 기포나 편석이 없는 주물을 얻을 수 있다.
③ 가공시 균열을 일으키며 상온 취성의 원인이 된다.

2 황(S)

① 강의 유동성을 해치고 기포가 발생하며 Mn과 화합하여 절삭성을 개선한다.
② 강도, 연신율, 충격치 등을 감소시키고 단조, 압연 등의 작업에서 고온 취성을 일으킨다.

3 망간(Mn)

① 경화능을 증가시키며 강의 경도, 강도, 점성 등이 증가한다.
② 탈산 작용을 하여 강의 유동성을 좋게 하고 유황의 해를 막는다.
③ 고온에서 결정의 성장을 억제시켜 조직을 치밀하게 한다.
④ 1% 이상이면 주물에 수축이 생긴다.

4 규소(Si)

① 강의 유동성을 개선하고 연신율, 충격치를 감소시킨다.
② 탄성 한도, 강도, 경도 등을 증가시키고 결정립의 크기를 증가시키고, 소성을 감소시킨다.

07 특수강

1 특수강의 분류

구조용강	강인강	Ni강, Cr강, Ni-Cr강, Ni-Cr-Mo강, Cr-Mo강, Mn강, Cr-Mn-Si강, Cr-Mo강
	침탄강	Ni-Cr강, Ni-Cr-Mo강, Ni-Mo강
	질화강	Al-Cr강, Cr-Mo강
공구강	절삭용 강	고속도강, W강, Cr-W강
	다이스 강	Cr강, Cr-W강, Cr-W-V강
	게이지 강	Mn강, Cr강, Mn-Cr-Ni강, Mn-Cr-W강
내식강	스테인레스강	Cr강, Cr-Ni강, Cr-Ni-Mo강
내열강	내열강	Cr강, Cr-Ni강, Cr-Mo강, Ni-Cr-Mo강
전기용강	비자성 강	Ni강, Cr-Ni강, Cr-Mn강
	규소강	규소강판
자석강		Cr강, W강, Cr-W-Co강, Ni-Al-Co강

2 합금원소의 영향

(1) Ni의 영향

① 조직 : Ni은 Ferrite 중에 고용되어 변태점을 내리므로 어느 정도 양의 탄소와 니켈을 고용한 것은 공냉해도 담금질과 같은 조직이 된다.
② 성질 : 인장 강도와 항복점을 증가시키고 연율, 질량 효과가 감소된다.
③ Cementite를 불안정하게 하므로 흑연화를 촉진하며, Austenite 구역을 확대한다.

(2) Cr의 영향

① 조직 : 일부는 Ferrite 중에 고용되고 대부분 Cementite에 고용되어 안정화된다.
② 성질 : 강도, 경도 증가, 탄소와 결합하여 탄화물을 만들어 내마모성, 내식성, 내열성을 향상시킨다.
③ 효과 : 담금질성 향상, 결정립 성장 방지, 뜨임 취성(550~650℃)이 일어난다.

(3) Mn의 영향

① 조직 : 일부는 Ferrite 중에 고용하고 대부분 Cementite 중에 치환하여 고용되고 Cementite를 안정화한다.
② 성질 : 담금질성 향상, 내마모성 증가, 적열 취성을 막아 준다.

(4) W의 영향

① 경도, 내열성 향상, 인성이 있으며 담금질 조직을 안정화한다.
② 잔류 자기, 보자력을 높인다.

(5) V의 영향

① γ 구역을 축소하며 내마모성, 고온 경도가 증가되며, 인장 강도, 탄성 한도는 높이나 인성은 감소시킨다.

(6) Mo의 영향

① 고온에서 크리프 강도를 높이고 열처리 효과를 깊게 하며 뜨임 취성을 감소시킨다.
② 인성이 크고 단조, 압연이 용이하며, 용접, 절삭이 용이하다.

(7) Si의 영향

① 탈산제(0.4% 이내)이며 Ferrite를 강화한다.
② 탄성 한도 상승으로 스프링재에 사용되며, 히스테리시스 현상, 맴돌이 전류에 대한 손실을 작게 한다.

(8) Ti의 영향

① 제강시 산소, 질소 등의 제거와 편석 방지 및 결정립을 미세화시키며 담금질성을 증가시킨다.

3 구조용 특수강

(1) Ni-Cr강(SNC)

구조용강 중에서 가장 중요한 강이다.

① 조성 : C(0.27~0.4%), Ni(1.0~2.5%), Cr(0.5~1.0%)가 많이 사용된다.
② 인성 증가, 담금질성 개량, 경화능이 좋으나 뜨임 취성이 있다.
③ 담금질 후 뜨임한 것은 Sorbite 조직으로 내마모성, 내식성, 내열성이 좋다.
④ 550~650℃에서 뜨임한다.(탄화물 결정입계 석출 방지를 위해)

(2) Ni-Cr-Mo강

① Ni-Cr강에 0.3%의 Mo을 첨가함으로서 강인성 증가, 뜨임 저항을 방지한다.
② 고급 내연기관의 크랭크축 등에 사용한다.

(3) Mn강

① 저망간강(듀콜강)
  ㉠ Mn을 0.9~1.2% 함유하며 820~850℃에서 유냉하고 조직은 Pearlite이다.
  ㉡ 성질 : 인장 강도는 45~88kg$_f$/mm^{2}이고, 연율은 13~34%이다.
  ㉢ 용도 : 제지용 로울러, 건축, 교량용.
② 고망간강(하드필드강, 오스테나이트 망간강)
  ㉠ Mn을 10~14% 함유하며 조직은 Austenite이고, 인성이 높고 내마모성이 우수하다.
  ㉡ 고온 취성이 생기므로 1000~1100℃에서 수인법으로 담금질한다.
  ㉢ 용도 : 분쇄기 롤러 등에 사용한다.

4 공구강

(1) 합금 공구강

① 절삭용 : 탄소 함유량이 많고 Cr, W, V 등의 첨가강이 많이 사용된다.
② 내충격용 : 절삭용에 비해 C%가 적고 Cr, W, V 등이 첨가된다.
③ 내마모 불변형 : 게이지, 정밀 측정용으로 경도, 강도가 크며, 열처리 변형과 경년 변형이 적은 것이 사용된다.
④ 열간 가공용 : 탄소량을 적게 한 Cr, W, Mo, V계가 사용된다.

(2) 고속도강(SKH)

① 고속도강의 대표 : W(18%)-Cr(4%)-V(1%)

② 특징 : 강인성, 자경성이 있고, 600℃ 정도에서도 연화되지 않으며, 열전도율이 좋지 않다.

③ 담금질은 1250~1300℃에서 하고 뜨임은 550~630℃에서 행한다.

(3) 주조 경질 합금

① 대표 : 스텔라이트(Co-Cr-W-C계 합금)

② 단련이 불가능하므로 금형 주조에 의해 소요 형상을 만들어 연마하여 사용한다.

③ 고속도강보다 1.5~2배의 절삭 능력을 가지나 취약하다.

(4) 소결 합금

① 초경 합금 : WC, TiC, TaC 등의 금속 탄화물을 Co를 결합제로 사용하여 1400~1500℃의 수소기류 중에서 소결한 합금이다.

② 세라믹 : Al_2O_3를 주성분으로 하여 거의 결합제를 사용하지 않고 1600℃ 이상에서 소결하여 만든다.

　㉠ 고온 강도가 크고 내마모성, 내열성이 우수하며 도자기적 성질을 가지며 금속과 친화력이 없어 구성인선이 생기지 않는다.

　㉡ 인성이 적고 충격에 약하나, 고온, 고속 절삭용으로 사용되며 산화하지 않는다.

5 특수용도용 특수강

(1) 쾌삭강

① 황쾌삭강 : C(0.79~0.8%)-Mn(0.28%)-S(0.016~0.162%)-Si(0.61~0.79%)의 조성이 사용된다.

② 납쾌삭강 : Pb을 0.1~0.3% 정도 첨가한 강이 사용된다.

③ 흑연쾌삭강 : 1.5%C 정도의 함유된 고탄소강이 사용된다.

(2) 스프링강

① 열간 가공용 : 0.5~1.0%C의 탄소강, Mn강, Si-Mn강, Si-Cr강, Cr-V강이 사용된다.
② Si-Mn강이 많이 사용되며 Cr-V강은 소형 스프링재에 많이 사용된다.
③ 냉간 가공용의 스프링재는 보통강으로 강철선, 피아노선, 띠강이 사용된다.

(3) 베어링강

① 고탄소(0.95~1.10%C), 저크롬(0.1~1.3%Cr)강이 사용된다.
② 고급용은 V(<0.4%), 및 Mo(<0.5%)의 첨가해서 사용된다.

(4) 스테인레스강

① 종류 : Martensite계(Cr12~14%, high C%), Ferrite계(Cr : 12~18%, C : 0.10%이하), Austenite계(Cr : 12~26%, Ni : 6~22%)
② Austenite계 스테인레스강
  ㉠ Ferrite계를 비자성화 및 산에 대한 약한 성질을 개선한 강이다.
  ㉡ 조직 : 상온에서 Austenite이며, 비자성체, 내식성이 좋고, 가공성이 우수하다.
  ㉢ 용도 : 화학 공업용 기계 및 식품 공업용, 약품 공업용 등에 사용한다.
  ㉣ Austenite계 스테인리스강의 열처리
    ⓐ 용체화 처리 : 1050℃가 적당하며 유지 시간은 25mm/h이다.
    ⓑ 안정화 처리 : 입계 부식 방지 목적으로 850~950℃로 2~4시간 유지한다.
    ⓒ 응력 제거 처리 : 800~900℃에서 2~4시간 유지후 공(爐)한다.

(5) 전자기용 특수강

① 규소강 : C(0.08% 이하)-Si(0.4~4.3%)-Mn(0.35%)의 0.2~0.5mm 두께의 판형 또는 띠강이 사용된다.
② 규소 함유량에 따른 용도
  ㉠ 0.5~1.5% : 발전기 또는 전동기의 철심.
  ㉡ 1.5~2.5% : 발전기의 발전자, 유도 전동기의 회전자.
  ㉢ 2.5~3.5% : 유도 전동기의 고정자용 철심, 변압기 및 발전기의 철심.
  ㉣ 3.4~4.5% : 변압기 철심, 전화기
③ 센더스트 : Si-Al강으로 고투자율 합금이며 경하고 취약하고 박판 형태로 가공이 안된다.
④ 퍼멀로이 : Fe-Ni계 합금으로 약한 자장으로 큰 투자율을 얻는다.

(6) 불변강

① Inver : Ni을 36% 함유한 Fe-Ni계 합금으로 상온 부근에서 온도에 의한 열팽창계수의 변화가 매우 적고 내식성이 우수하다.

② Elinver : Fe-Ni-Cr계 합금으로 상온 부근에서 온도에 따라 탄성율이 변하지 않으며, 열팽창 계수의 변화도 작다.

③ Platinite : Ni42~46%의 Fe-Ni계 합금으로 열팽창 계수가 유리나 백금과 거의 동일하며, 전구도입선으로 사용한다.

08 주철

1 주철의 장점

① 주조성이 우수하며, 크고 복잡한 주물도 제작이 용이하다.
② 주물의 표면이 굳고 녹이 슬지 않으며 칠(chill)이 잘되며, 마찰 저항이 우수하다.
③ 인장강도, 휨 강도, 충격값은 적으나 압축 강도가 크며, 금속 재료 중 값이 가장 싸다.

2 주철의 성질

(1) 물리적 성질

① 비중 : 회주철(7.1~7.3), 백주철(7.5~7.7)이다.
② 융점 : 일반적으로 낮으나 1150~1350℃이다.
③ 열팽창 계수(25~100℃) : 0.000084, 비열 : 0.13cal/g·℃이다.

(2) 기계적 성질

① 경도 : Cementite량에 비례하며, Si량이 많으면 낮아지고, P, S, Mn은 경도를 증가시킨다.
② 인장 강도 : 흑연이 적고 미세하며 균일하게 분포되면 증가한다.
③ 압축 강도 : 인장 강도의 3~4배 정도가 된다.
④ 충격값 : 저탄소, 저규소로 흑연량이 적고 유리 Cementite가 없을수록 크다.
⑤ 내마멸성 : 흑연이 윤활제 역할을 하므로 마찰 저항이 크다.

(3) 유동성

① 주입 온도가 높을수록 좋다.
② 응고 온도가 낮을수록 좋다.
③ C, Si, P, Mn이 많을수록 좋다.
④ S은 해친다.

3 주철에 함유된 원소의 영향

① Si : 주조성 증가, 경도, 강도 향상, 흑연의 성장, 연성, 전성 향상.
② Mn : 탄소의 흑연화 방해, 경도, 강도 증가, 수축율을 크게하고, 유황의 해를 중화시킨다.
③ P : 융점이 낮고, 유동성을 좋게 하며, 수축율 감소, 1% 이상이면 거칠은 Fe_3C 발생.
④ S : 유동성을 해치고, 주조 곤란, 수축율을 크게 하며, 흑연 생성 방해, 균열의 원인이 된다.

4 주철의 성장

(1) 주철의 성장 원인

① 불균일한 가열에 의한 팽창과 Cementite의 흑연화에 의한 팽창.
② Ar_1변태에 의해 체적 변화가 일어날 때 미세한 균열이 형성되어 생기는 팽창.
③ 흡수된 가스에 의한 팽창과 고용 원소인 Si의 산화에 의한 팽창.
④ 흑연과 Ferrite 기지의 열팽창 계수의 차이에 의거 그 경계에 생기는 틈새.

(2) 주철의 성장 방지책

① 조직을 치밀하게 하고 산화하기 쉬운 Si 대신에 내산화성인 Ni로 치환한다.
② Cr 등을 첨가하여 Cementite의 흑연화를 방지한다.
③ 편상을 구상으로 하고 탄소량을 저하한다.

5 주철의 조직도

① 마우러 조직도 : C와 Si의 함유량에 따른 조직 변화를 표시하는 선도.
② 기계 구조용으로 가장 좋은 성질은 Pearlite 주철(C : 2.7~3.2%, Si : 1.0~1.8%)이다.

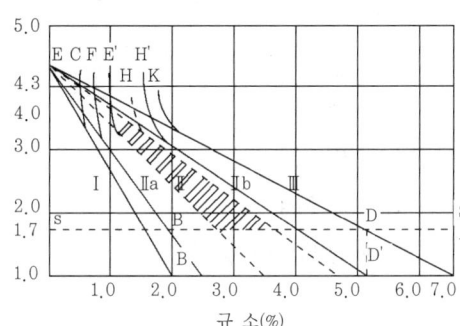

[마우러의 주철 조직]

- E점 : 공정점
- B점 : 1%C에서의 백, 흑주철의 경계로 Si 2%의 점
- E, B점 : 백주철과 흑연을 함유한 주철의 경계선
- A점 : 1%C, 7%Si (Pearlite 유무가 나타남)
- E, A점 : Pearlite 주철과 Ferrite와 흑연주철의 경계
※ 3%C 이상에서는 E점에 모이지 않고 위쪽으로 휘어진다.

구역	종류	조직
Ⅰ	백주철	Pearlite+Cementite
Ⅱa	반주철	Pearlite+Cementite+흑연
Ⅱ	Pearlite주철	Pearlite+흑연
Ⅱb	회주철	Pearlite+Ferrite+흑연
Ⅲ	Ferrite주철	Ferrite+흑연

㉠ 점A : 공정점(4.3%C)
㉡ 점B : 1.0%C와 2.0%Si에서 백주철과 회주철의 경계
㉢ 선AB : 백주철과 흑연을 함유하는 주철의 경계선(Pearlite의 유무를 나타내는 경계)
㉣ 점C : 1.0%C와 7.0%Si에 해당하는 점
㉤ 선AC : Pearlite를 함유하는 주철과 Ferrite와 흑연을 함유하는 주철의 경계선
㉥ 기계구조용 주물로서 가장 우수한 성질을 갖는 주철 : Pearlite주철
  ※ Pearlite주철에서 2.7~3.2%C와 1.0~1.8%Si를 함유할 때 가장 우수한 성질을 나타낸다.

6 주철의 종류

(1) 보통 주철

① 조성 : C(2.8~3.8%), Si(1.2~1.5%), Mn(0.4~1.0%), P(0.15~0.5%), S(0.06~0.13%)
② 성질 : 인장 강도(15~25kg$_f$/mm^2), HB(200)
③ 조직 : 편상 흑연과 Ferrite로 되어 있으며 다소 Pearlite를 함유한 주철이다.

(2) 고급 주철

① 조성 : C(2.5~3.2%), Si(1.0~2.0%)
② 성질 : 인장 강도는 25kgf/mm² 이상이며 강력하고 내마모성이 좋은 주철이다.
③ 조직 : 흑연이 가늘고 균일하게 분포된 국화 무늬 조직이며 바탕은 Pearlite이다.

(3) 미하나이트 주철

① 접종(접종제 : Fe-Si, Ca-Si)에 의해 만들어진 주철이다.
② 성질 : 인장 강도 26~35kgf/mm² 이며 HB는 126~321이다.
③ 조직 : 바탕은 Pearlite조직이며 흑연은 미세하게 분포되어 있다.

(4) 가단 주철

① 백심 가단 주철 : 백주철을 산화철과 함께 밀폐하여 900~1000℃ 정도에서 장시간 풀림해 탈탄한 주철이다.
② 흑심 가단 주철 : 저탄소, 저규소의 백주철을 풀림하여 Fe_3C를 분해시켜 흑연을 입상으로 석출시킨 주철을 말한다.
③ Pearlite 가단 주철 : 흑연화를 흑심 가단 주철까지 완전히 하지 않고 제1단계 흑연화만 한 주철이다.

(5) 구상 흑연 주철

① 조성 : C(3.3~3.9%), Si(2.0~3.0%), Mn(0.2~0.7%)
② 흑연을 구상화시켜 균열 발생을 어렵게 하고 강도 및 연성을 크게한 주철이다.
③ 종류 : Cementite형, Pearlite형, Ferrite형

(6) 칠드 주철

① 표면은 급냉시켜 Cementite 조직, 내부는 서냉시켜 Pearlite 조직으로 만든 주철이다.

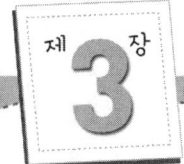

비철금속재료

01 구리와 그합금

1 구리의 개요

(1) 구리의 성질

① 전기 및 열의 양도체이며, 전성과 연성이 풍부하다.
② 상온 가공에서 인장 강도를 증가시키고 연신율을 감소시킨다.
③ 구리의 물리적 성질

융점 (℃)	비중 (20℃)	비등점 (℃)	비열(20℃) (cal/g·℃)	선팽창계수 ($\times 10^{-6}$/℃)	열전도율(℃) (cal/cm·sec·℃)
1083	8.96	2595	0.092	16.5	0.94

2 구리합금

(1) 황동 : Cu-Zn의 합금이다.

① 황동의 성질
　㉠ 주조성, 가공성, 내식성, 기계적 성질이 좋고 압연, 단조 등이 가능하다.
　㉡ 인장 강도는 40%Zn일 때 최대를 나타낸다.
② 황동의 종류
　㉠ 7 : 3황동 : 68~72%Cu-Zn의 황동으로 연성이 풍부하고 압연, 압출 작업이 용이하며 판, 봉, 선에 사용한다.
　㉡ 6 : 4황동 : 58~62%Cu-Zn합금으로 7 : 3황동보다 굳고, 내식성이 작다. 강도를 요하는 부분에 사용한다.

[6 : 4황동과 7 : 3황동의 비교]

성질 종류	고용체	인장강도 (kg_f/mm^2)	연신율 (%)	HB	가공	성 질
6 : 4황동	$\alpha + \beta$	40~44	45~55	70	열간	탈아연 부식
7 : 3황동	α	30~34	60~70	40~50	냉간	가공용 황동의 대표

  ⓒ 톰백(Tombac) : 5~20%Zn을 함유한 황동으로 연성이 크며 금 대용으로 사용한다.

  ⓔ 철황동(delta metal) : 6 : 4황동에 Fe을 1~2% 첨가한 황동으로 강도, 내식성이 좋다.

  ⓜ 주석황동 : 황동에 내식성을 개량하기 위하여 1%Sn을 첨가한 황동이다.

   ⓐ 네이벌(naval brass) : 6 : 4황동에 1%Sn을 첨가한 황동으로 판, 봉, 용접봉, 파이프, 선박용 기계 등에 사용한다.

   ⓑ 애드미럴티황동(admiralty metal) : 7 : 3황동에 1%Sn을 첨가한 황동으로 전 연성이 좋으며 관, 판으로 증발기, 열교환기 등에 사용한다.

  ⓗ 연황동(쾌삭황동) : 황동에 Pb을 1.5~2.0% 첨가하여 절삭성을 좋게한 황동이다.

  ⓢ 양은(German silver, nickel silver, 양백) : Cu-Ni-Zn합금으로 탄성, 내식성, 내열성이 좋고, 전기 저항이 높고, 장식용에 많이 사용한다.

(2) 청동 : Cu-Sn의 합금이다.

 ① 청동의 성질

  ㉠ 내식성이 크고 인장 강도, 연신율이 크며, 내마모성이 있다.

  ㉡ 해수 부식에 대한 저항력이 크며 황동보다 주조성이 좋다.

 ② 청동의 종류

  ㉠ 포금(gun metal, 砲金) : Cu-Sn(8~12%)-Zn(1~2%)의 합금으로 포신용, 기계 부품의 재료에 사용된다.

  ㉡ 인청동(phosphor bronze, 燐靑銅) : 청동에 탈산제인 P(0.5%)을 첨가한 합금으로 유동성, 강도, 경도, 내마모성, 탄성이 좋다.

  ㉢ Al청동 : 청동에 Al(8~12%)을 첨가한 합금으로 경도, 강도, 인성, 내마모성, 내열성, 내식성이 좋다.

02 알루미늄과 그합금

1 알루미늄의 성질

(1) 알루미늄의 성질

① 비중이 작고(2.7) 백색의 금속으로 전기(열)전도율이 좋다.
② 용융점이 낮고 전연성이 좋으며 용접성이 우수하다.
③ 탄산염, Cr산연염, 초산염, 황산염 등의 중성 수용액에서 내식성이 좋다.
④ 상온에서 압연시 강도, 경도 증가, 연신율이 감소된다.
⑤ 온도 증가에 따라 강도 감소, 연율(400~500℃에서 최대)이 증대된다.
⑥ 알루미늄의 기계적 성질

종류	상태	인 장 시 험			HB
		인장강도 (kg_f/mm^2)	항복점 (kg_f/mm^2)	연신율 (%)	
99.9%	풀 림 재	4.8	1.25	48.8	17
	75%상온가공	11.5	11.0	5.5	27

(2) 알루미늄의 방식법

종류	전해액	전류	특징
alumite(수산법)	수산	직류	황금색의 경질 피막 형성
alumilite(황산법)	황산	교류	무색의 연질 피막 형성

2 Al합금

(1) Al-Cu계 합금

담금질과 시효 경화에 의해 강도가 증가하고 내열성, 연율, 절삭성이 좋으나 고온 취성이 크며 수축에 의한 균열이 있고 실용으로는 4%Cu는 강도를 요하는 부품에, 8%Cu는 주물의 대표로 자동차 공업, 12%Cu는 고온에 견디므로 자동차, 기화기, 방열기 등에 사용한다.

(2) Al-Si계 합금

실루민(silumin)이 대표(개질 처리한 Al합금의 대표), 경도가 낮고 인성이 크고 절삭성이 나쁘다.

※ 개질 처리에 효과를 얻는 방법
① 불화물을 쓰는 방법
② 나트륨을 쓰는 방법(금속 Na을 쓰는 방법(많이 사용), 수산화 Na을 쓰는 방법)
③ 가성소오다를 쓰는 방법
④ 개질 처리의 최대 효과 : Si 14%
⑤ 개질 처리한 조직 : 미세화, 강력화.

(3) Al-Cu-Si계 합금

라우탈(lautal)이 대표이며 실루민 결점인 가공면의 거칢을 보완했다.

(4) Al-Si-Mg계 합금

γ-실루민(Si9%, Mg0.5%)이 대표다.

(5) Y-합금

Al-Cu(4%)-Mg(1.5%)-Ni(2%)의 조성으로 내열용 Al합금의 대표이다.

(6) 내식용 Al 합금

① Al-Mn계 : 알민(almin)
② Al-Mg-Si계 : 알드레이(aldrey)
③ Al-Mg계 : 하이드로날륨(hydronalium, 내식용 Al합금의 대표)

(7) 고강도 Al 합금(강력 합금)

① 두랄루민 : Al-Cu-Mg-Mn의 조성이며 시효경화 처리한 대표 합금이다.

(8) 알루미늄 합금의 열처리

① 고용체화 처리 : 완전한 고용체가 되는 온도까지 가열하였다가 급냉해 과포화 고용

체로 만든 방법.
② 인공 시효 처리 : 과포화 고용체를 120~200℃로 가열 과포화 성분을 석출시키는 방법.
③ 풀림 : 과포화처리 온도와 인공 시효 온도의 중간까지 가열하여 석출된 미립자를 석출시키고 잔유 응력을 제거하여 재질을 연화시키는 방법.

03 기타 비철 합금

1 니켈과 그 합금

(1) Ni-Cu계 합금

① 특징 : 전기 저항이 크며, 내열성, 내식성, 고온에서 강도 및 경도의 저하가 적다.
② 백동(10~30%Ni) : 가공성, 내식성이 좋고, 열간 가공이 용이하며, 전연성이 크고 화폐, 열교환기에 사용된다.
③ 콘스탄탄(constantan, 40~50%Ni) : 전기 저항이 크고 온도 계수가 낮으며 통신기, 전열선 열전쌍에 사용.
④ 모넬메탈(monel metal, 60~70%Ni) : 고온에서 강도가 저하되지 않고 산화성이 적고 화학 공업에 사용함.
⑤ 망가닌(manganin) : Cu(50~80%)-Ni(2~16%)-Mn(12~30%)의 합금으로 전기 저항용에 사용한다.

(2) Ni-Fe계 합금

① 인바(invar) : Fe-36%Ni, 열팽창계수가 작은 합금. 정밀기계·광학기계의 부품, 기계의 부품과 같이 온도 변화에 의해서 치수가 변하면 오차의 원인이 되는 기계에 사용
② 엘린바아(elinvar) : Fe-Ni-Cr계 합금으로 상온에서 탄성계수가 거의 변하지 않음, 정밀계기에 사용
③ 플라티나이트(Platinite) : Ni(42~48%)의 Fe-Ni계 합금으로 열팽창 계수가 유리나 백금과 비슷하며 전구 도입선에 사용한다.
④ 퍼멀로이(Permally) : Ni(70~90%)-Fe(10~30%)의 Fe-Ni계 합금으로 투자율이 높고 약한 자장으로 큰 투자율을 갖는다.

(3) Ni-Cr계 합금

① 합금의 특성 : 전기 저항이 크고 내식성 크며 산화도가 적고, 내열성이 크다.
② 니크롬선(nichome) : Ni(50~90%), Cr(15~20%), Fe(0~25%)의 합금으로 전열선에 사용한다.
③ 인코넬(inconel) : Ni에 Cr(2~13%), Fe(6.8%)의 내식성 합금이다.
④ 하이스텔로이(hastelloy) : Ni-Cr-Fe-Mo계 합금으로 내식성 합금이다.
⑤ 콘스탄탄(constantan) : Ni을 40~45% 함유한 열전쌍용이다.
⑥ 어드밴스(advance) : Ni(44%)-Fe(54%)-Mn(1%)로 전기 저항체용이다.
⑦ 모넬메탈(monel metal) : Ni(65~70%)-Fe(1~3%)-Cu(나머지)계 합금으로 화학 공업용이다.
⑧ 크로멜(chromel)-알루멜(alumel) : Al(3%)의 Ni-Al계 합금이 알루멜, Cr(10%)의 Ni-Cr계 합금이 크로멜이다.

2 Mg와 그합금

(1) 주조용 Mg 합금

① Mg-Al계 합금(다우메탈, dow metal) : 전연성이 좋고, 열전도도가 좋으며, 기계적 성질은 우수하나 내식성이 적다.
② Mg-Al-Zn(엘렉트론, Elektron) : Mg(90%) 이상이고 Al+Zn이 10% 이하로, 내연기관의 피스톤에 사용한다.

(2) 가공용 Mg합금

구분	종류	Al (%)	Zn (%)	Mg (%)	인장강도 (kg_f/mm^2)	연신율 (%)
판재	1종	2.4~3.6	0.5~1.5	나머지	22~28	12 이상
봉재	2종	5.8~7.2	0.4~1.5	나머지	25 이상	7 이상

3 Zn과 그 합금

① 다이 캐스팅용 합금 : Zn-Al-Cu-Mg계, Zn-Al계, Zn-Al-Cu계, Zn-Cu계 등이 있다.
② 가공용 합금 : Zn-Cu계, Zn-Cu-Mg계, Zn-Cu-Ti계, Zn-Al계, Zn-Al-Cu계 등이 있다.
③ 금형용 합금 : KM합금(영), kirbsite(미), ZAS(일, Zinc Alloy for Stamping) 등이다.

4 Sn과 그 합금

(1) 주석의 특성

① 은백색의 저용융 합금이다.
② 18℃에서 α-Sn $\leftrightarrow$ β-Sn의 동소 변태를 가진다.
③ α-Sn은 회주석이고, β-Sn은 백주석이다.
④ 전연성, 내식성이 좋고, 땜납용으로 많이 사용된다.
　㉠ 고온용 땜납 : 고온용 주석 합금, Cd계, Zn계가 사용된다.
　㉡ 저온용 땜납 : Sn-Sb계가 사용된다.
⑤ Sb(4~7%)-Cu(1~3%)의 백납은 장식용이다.
⑥ Cu(0.4%)-Sn의 경석으로 의약품, 물감 튜브에 사용한다.

5 납과 그 합금

① Pb-As계 합금은 케이블 피복제에 사용한다.
② 경연(Pb-Sb(4~8%))은 판, 관에 사용한다.
③ 활자 금속은 Pb-Sb-Sn계이다.
④ 경납은 황동, Ag, Au, Cu, Pb 등 융점이 높은 것이 사용한다.
⑤ 연납은 일반적인 땜납, Sn25~90%로 사용한다.

6 저용융 합금

명칭	융점(℃)	Bi(%)	Cd(%)	Pb(%)	Sn(%)
우드메탈(wood's metal)	68	50	12.5	25	12.5
리포위쯔합금(Lipouitz alloy)	68	50.1	10	26.6	13.3
뉴톤합금(Newton alloy)	94	50	-	31	18.2
로즈합금(rose's metal)	100	50	-	28	32
비스므트땜납(bismuth solder)	113	50	-	40	20

7 베어링 합금

(1) 주석계 화이트 메탈

① Sn-Pb-Sb-Zn-Cu의 백색 합금으로 융점이 낮고 약하며, 베빗 메탈이 대표이다.
② 고급 베어링 합금이나 하중의 변동이 커서 베어링의 자동 조절을 요하는 곳에 사용한다.
③ 고속도의 발전기, 내연 기관의 발전기 등 축용 베어링에 사용한다.
④ 베빗(bebbitt) 메탈 : 납계통보다 마찰 계수가 작고 고온 고압 정도가 강하며 내식성이 좋다.

(2) 납계 화이트 메탈

① Pb-Sb-Sn계 : 하중이 작고 속도가 큰 베어링에 적합하며 강도는 주석계보다 낮다.
② Pb-Ca-Ba-Na계

(3) Cu계 베어링 합금

① 켈멧(Kelmet)이 대표적이며 주석 황동, 인 청동, 연 청동 등이 사용된다.
② Cu-Pb(30~40%)으로 자체는 약하나 지금을 소결 또는 용착시킨다.

(4) 함유 베어링

① Cu-Sn-흑연 합금이 사용된다.
② 소결 합금으로 급유가 곤란한 곳 및 큰 하중을 요하지 않는 부분에 사용하며 저속, 저하중의 베어링과 작은 전동기, 선풍기, 전기 세탁기 등에 사용한다.

신소재 및 그 밖의 합금

주조(鑄造)기능장

01 비정질금속

1 비정질합금의 제조법

(1) 기체 급냉법
① 진공증착법
   ㉠ 진공 용기 속에서 금속을 가열하여 기체 상태의 원자로 만들어 용기 속의 세라믹기판의 표면에 그 증기를 부착시켜 박막을 만든다.
   ㉡ Ge 및 Si의 비정질막을 비교적 간단하게 얻을 수 있으며 Fe, Ni도 쉽게 비정질화가 가능하다.
② sputter법
   ㉠ 불활성가스 이온을 모합금에 충돌시켜 튀어 나온 원자를 기판위에서 석출시키는 방법으로 희토류 금속을 포함하는 비정질 시료의 제조에 많이 응용된다.

(2) 금속액체의 급냉법
① 단롤법
   ㉠ 모합금을 도가니에 넣어 용해하며 도가니의 압력을 높여 용탕을 고속회전하는 롤 표면에 분출시켜 냉각하는 방법이다.
   ㉡ 이 방법으로 얻어진 비정질합금은 보통 2~3mm 폭의 띠모양의 리본 형태이다.
② 쌍롤법
   ㉠ 회전하는 롤 사이에 용탕을 공급하여 리본을 만드는 방법이다.
   ㉡ 자기 헤드 철심 재료와 같은 정밀부품의 제조에 적합하다.
③ 원심 급냉법
   ㉠ 회전 냉각체의 회전수가 높을수록 용탕과의 밀착이 증대하여 비정질화하기 쉽다.
   ㉡ 회전하는 상태에서 비정질재료를 끄집어 내는 것이 매우 곤란하다.

④ 분무법
  ㉠ 고속으로 분출하는 물의 흐름 중에 적당한 용융금속을 떨어뜨려 미분화하여 급냉, 응고시키는 방법으로 분말상의 비정질을 얻으며 대량생산에 적합하다.

2 특성

(1) 특성
① 전기저항이 크고 그 값의 온도 의존성은 적고 용접은 결정화 때문에 불가능하다.
② 열에 약하고 고온에서 결정화하여 완전히 다른 재료가 되며 얇은 재료에만 가능하다.
③ 경도가 높고 연성이 양호하며 가공경화 현상이 나타나지 않고, 고주파 특성이 좋다.

02 반도체

1 반도체의 특성 및 반도체용 금속재료

(1) 반도체의 특성
① 자유 전자의 수가 적은 재료로서 전기저항은 온도가 상승함에 따라 감소한다.
② 전압-전류 특성 곡선이 비직선적이다.

(2) 반도체용 금속재료
① **집적회로의 배선재료** : 전극 및 배선 재료인 Al, Si, Ti, Mo, Ta, W, Au 등이 있다.
② **전극재료** : W, Mo, Ta, Ti 등이 있다.
③ **리드 프레임(lead frame)** : 집적회로의 조립공정에서 필요한 대표적인 금속재료로 IC용, DIP용, LSI용 등이 있다.
④ **땜용재료** : Sb, Ag, Cu 등을 함유한 합금, In-Pb-Sn계, In-Sn계 등의 합금이 이용된다.

2 반도체 재료의 정제법

(1) Ge, Si의 정제법

① 광석의 가루를 염소화하여 $GeCl_4$를 만들어 이를 증류하여 순도를 높게 하고 다시 가스 분해한 후 GeO_2를 만들며 고순도 산화Ge은 고순도의 H 중에서 550℃로 1시간 정도 유지 후 700℃로 2시간 정도 환원시킨 Ge의 정제법이 있다.

② 실리콘 정제는 프로팅 존법을 주로 이용한다.

(2) 물리적 정제법

① 대역 정제법 : 편석법을 보완한 방법으로 Ge 등 많은 반도체와 금속의 정제에 이용된다.

② 프로팅 존법 : 도가니나 보트와 같은 용기를 사용하지 않는 정제법으로 다결정 Si 막대의 상하를 척으로 지지하여 수직으로 고정시키고 고주파가열 코일에 의해 부분적으로 응용한다.

03 초소성재료

1 초소성 변태의 구조

(1) 미세 결정입자 초소성의 조건

① 재료의 결정입자가 10㎛ 이하의 것을 일정한 온도하에서 적당한 변형속도를 가하면 나타난다.

② 변형 온도는 그 재료 용융점의 1/2 이상이어야 한다.

③ 최적의 변형속도가 존재하여야 한다.

(2) 미세 결정입자의 초소성 변형 기구

① 초소성변형에서는 각 결정입자가 경계를 미끄러지거나 회전하여 변형한다.

② 합금의 보통 소성변형에서는 알려진 슬립선의 운동으로 결정입자 자체가 변형되고 재료전체가 소성변형된다.

2 초소성재료의 응용

(1) 초소성재료의 특징

① 초소성은 일정한 온도 영역과 변형 속도의 영역에서만 나타난다.
② 초소성 영역에서 강도가 낮고 연성은 매우 크다.
③ 재질은 결정입자가 극히 미세하며 외력을 받을 때 입계슬립변형이 쉽게 일어난다.
④ 결정입자는 10μm 이하의 크기로서 등방성이다.

(2) 초소성재료의 성형법

① blow 성형법 : 판상의 Al계 및 Ti계 초소성재료를 15~300psi의 가스 압력으로 어느 형상에 양각 또는 음각하거나 금형이 필요 없이 자유 성형하는 방법이다.
② gatorizing 단조법 : Ni계 초소성 합금으로 터빈 디스크를 제조하기 위하여 개발된 방법이다.
③ SPF/DB법 : 초소성 성형법과 고체상태에서 용접하는 확산접합법의 합쳐진 기술로서 고체상태의 확산에 의해서 초소성온도에서 용접이 가능하기 때문에 초소성재료를 사용할 때만 가능하다.

04 복합재료

1 금속계 복합재료의 분류 및 특성

(1) 섬유강화금속 복합재료(FRM)
① 금속모재 중에 대단히 강한 섬유상의 물질을 분산시켜 요구되는 특성을 가지도록 만든 것을 섬유강화금속 복합재료(FRM)라 한다.
② 최고 사용 온도가 377~527℃이며 모재와 섬유에 따라 제조법이 한정된다.
③ 복합과정이 일반적으로 고온이므로 복합화가 어렵다.
④ 섬유강화 금속의 분류
　㉠ 저용융계 섬유강화 금속 : 최고 사용 온도가 377~527℃로 비강성, 비강도가 큰 것을 목적으로 한다.
　㉡ 고용융계 섬유강화 금속 : 927℃ 이상의 고온에서 강도나 크리프 특성을 개선시키는 목적이다.

(2) 분산강화 복합재료(PSM)
① 서멧의 일종으로 기지 금속 중에 0.01~0.1㎛ 정도의 산화물 등의 미세입자를 균일하게 분포시킨 재료가 분산강화 복합재료이다.
② 초미립자의 제조 및 소성가공이 어렵고 값이 비싸다.
③ 분산된 미립자는 기지 중에서 화학적으로 안정하고 용융점이 높다.

(3) 입자강화 복합재료
① 1㎛ 이상의 비금속 성분의 입자가 20~80%의 넓은 범위에 걸쳐 금속, 합금 기지 중에 분산된 복합재료이다.
② 내열성, 내마모성, 내식성이 우수하고 경도가 높고 압축강도가 크다.

(4) 클래프 재료
① 2종 이상의 금속 또는 합금을 서로 합하여 각각 소재가 가진 특성을 복합적으로 얻는 복합재료로서 표면 피복효과, 상호 보완효과, 경제효과가 있다.
② 공업적으로 대형치수의 것을 연속적으로 생산이 가능하다.

(5) 다공질 재료

① 소결체의 다공성을 이용한 함유베어링이나 다공질 금속 필터가 있다.
② 단열성, 내화성, 가공성, 차음성이 우수하다.
③ 가정용 기기, 자동차부품, 토목기계 부품 등에 사용한다.

05 형상기억합금

1 형상기억합금의 기구

(1) 형상기업합금의 특징

① 모상(고온상, 오스테나이트)은 규칙구조를 갖는다.
② 냉각 중 마르텐사이트 변태 시 부피의 변화가 작다.

(2) 형상기억 효과

① 일방향형상 기억(one-way shape memory effect) : 고온상의 형상 하나만 기억하는 경우로 Austenite상의 형상만 기억하는 경우이다.
② 가역형상 기억(two-way shape memory effect) : 일방향형상 기억합금을 다시 냉각시 변형시켰던 형상으로 되돌아 가는 경우이다.
③ 전방향 형상 기억(all-round shape memory effect) : 변형을 준 상태에서 시효시킨 Ni, 과잉 Ti-Ni계 합금에서 나타나는 현상이다.
④ 변형 의탄성(pseudoelasticity) : maretensite변태 온도 이하에서 변형했을 때 생기는 응력유기 maretensite가 외부 응력 제거시 austenite 변태되며 다시 원래 형태로 돌아가는 현상으로 탄성변형과 비슷하다.

2 형상기억합금의 종류

(1) Ti-Ni계 합금

① 연성이 우수하고 내식성, 나마모성, 반복 피로성이 가장 우수하다.
② 센서와 액추에이터를 겸비한 기능성 재료로서 기계, 전기관련 분야에 사용한다.

(2) Cu계 합금

① 소성가공이 좋아서 반복사용하지 않는 이음쇠 등의 용도로 사용한다.
② 결정입자의 미세화를 위해 Ti 등의 첨가에 의한 성능 개선을 한다.

06 제진재료

1 제진의 원리

(1) 진동 및 소음의 방지 대책

① 진동원의 진동을 감소시키는 방법
② 발생한 진동이나 소리를 흡수하는 방법
③ 진동이나 소리를 차단하는 방법

(2) 진동이나 소음 대책에 이용 가능한 재료

기 능	대 상	
	음	진동
에너지의 흡수(열에너지로 변환)	흡음(吸音)재료	제진재료(흡진)
에너지 전파의 차단(에너지의 반사)	차음(遮音)재료	방진(防振)재료

2 제진합금의 특징

① 고무, 플라스틱은 감쇠능이 높아 60% 정도의 SDC값을 나타낸다.
② 고감쇠능 구조용 재료는 SDC가 10% 이상이 요구된다.
③ 강도가 높고 제진계수가 큰 것이 사용된다.
④ 제진계수가 클수록 감쇠속도가 증가된다.

제3편 금속재료 기출 및 예상문제

001 다음 중 물리적 성질이 아닌 것은?

㉮ 융점　　㉯ 비중
㉰ 연신율　㉱ 전도도

해설
① 물리적 성질 : 비중, 비열, 융점, 융해잠열, 전도도, 열팽창계수.
② 기계적 성질 : 경도, 강도, 충격저항, 피로저항, 연신율.

002 다음 중 열전도가 큰 것부터 순서로 된 것은?

㉮ Cu > Ag > Au > Al > Fe
㉯ Cu > Ag > Au > Fe > Al
㉰ Ag > Cu > Au > Al > Fe
㉱ Ag > Au > Cu > Al > Fe

해설
Ag > Cu > Au > Al > Fe

003 상온에서 비중(比重)이 가장 큰 금속은?

㉮ Fe　　㉯ Cu
㉰ Al　　㉱ Sn

해설
Fe : 7.8, Cu : 8.96, Al : 2.7, Sn : 7.3

004 알루미늄의 비중은 어느 정도인가?

㉮ 7.8　　㉯ 6.3
㉰ 4.5　　㉱ 2.7

해설
알루미늄은 마그네슘과 함께 실용합금 중 가장 비중이 적은 것 중 하나임.

005 다음 중 융점이 높은 것부터 나열한 것은?

㉮ Ni > Fe > Cu > Al > Zn
㉯ Fe > Ni > Cu > Al > Zn
㉰ Fe > Cu > Ni > Al > Zn
㉱ Ni > Fe > Cu > Zn > Al

해설
Fe : 1539, Cu : 1083, Ni : 1453, Al : 660, Zn : 420

006 다음 금속 중 융점이 가장 높은 금속은?

㉮ Ag　　㉯ Au
㉰ Mo　　㉱ W

해설
Ag : 960℃, Au : 1063℃, Mo : 2610℃, W : 3410℃

007 응고시 팽창하는 금속은?

㉮ Fe　　㉯ Cu
㉰ Bi　　㉱ Al

해설
비스무트(Bi), 안티몬(Sb)

정답 001. ㉰ 002. ㉰ 003. ㉯ 004. ㉱ 005. ㉯ 006. ㉱ 007. ㉱

008 다음 금속 중 용융점(melting point)이 가장 낮은 금속은?
- ㉮ Au
- ㉯ Ag
- ㉰ Cu
- ㉱ Mg

Mg : 650℃

009 부식이 가장 일어나기 쉬운 금속은?
- ㉮ Fe
- ㉯ Au
- ㉰ Pt
- ㉱ Cu

일반적인 조건이라면 금속의 부식은 이온화 경향이 큰 금속일수록 부식되기 쉬우며 이온화 경향이 작은 금속일수록 부식되기 어려움.
K 〉 Ba 〉 Ca 〉 Na 〉 Mg 〉 Al 〉 Mn 〉 Zn 〉 Cr 〉 Fe 〉 Co 〉 Ni 〉 Mo 〉 Sn 〉 Pb 〉 H 〉 Cu 〉 Hg 〉 Ag 〉 Pt 〉 Au

010 철강 중에 함유된 철 이외의 5대 원소는?
- ㉮ C, Mn, P, S, Si
- ㉯ P, S, C, Si, Cu
- ㉰ C, P, S, V, Cr
- ㉱ C, P, S, Si, Ni

철강 중에 함유된 기본적인 5대 원소는 C, Mn, Si, P, S

011 순철이 1기압하의 녹는점에서 나타내는 자유도(degree of freedom)는?
- ㉮ 0
- ㉯ 1
- ㉰ 2
- ㉱ 3

$I = C - P + 1$(응축계) C : Fe→1, P : 액상, 고상→2
$= 1 - 2 + 1$
$= 0$

012 금속 결정격자 상수의 단위로써 사용되는 것은?
- ㉮ A
- ㉯ Å
- ㉰ μ
- ㉱ mm

단위는 Å로 사용. (Al = 4.04 Å, Mo = 3.14 Å)

013 철강 재료에 대한 설명 중 틀린 것은?
- ㉮ 강괴의 종류는 탈산도에 따라 분류한다.
- ㉯ 킬드강은 주조용강으로도 사용할 수 있다.
- ㉰ 상부 베이나이트는 하부 베이나이트 보다 경도가 높다.
- ㉱ 보통 주철의 조직상은 흑연, 펄라이트와 시멘타이트이다.

상부 Bainite는 하부보다 냉각속도가 낮기 때문에 하부 Bainite 쪽의 경도가 높음.

014 철강에 대한 설명으로 틀린 것은?
- ㉮ 금속조직학 상으로는 탄소 약 2.0%이하를 강이라 하고 그 이상을 주철로 규정하고 있다.
- ㉯ 탄소 약 1.5~2.5% 범위는 실용성이 적어 공업적인 생산을 하지 않는다.
- ㉰ 철강은 금속 생산량의 대부분을 차지하고 있다.
- ㉱ 일반적으로 탄소강은 정련된 순철에 코크스 등으로 가탄을 시켜 제조한다.

강을 주철재료로 사용할 때 전기로에서 steel scrap에 가탄을 하여 사용하나 순철에 가탄을 하여 강을 만드는 법은 없음.

주조(鑄造)기능장

015 강에서 탈산력이 가장 강력한 원소는?
- ㉮ Si
- ㉯ Fe-Mn
- ㉰ Fe-Si
- ㉱ Al

강에서는 Al이 탈산력이 가장 강력한 원소이므로 0.5kg을 투입.

016 순금속과 합금을 비교 설명한 것이다. 옳은 것은?
- ㉮ 순금속은 합금에 비하여 가주성이 좋다.
- ㉯ 순금속은 합금에 비하여 연성이 좋다.
- ㉰ 합금은 순금속에 비하여 열전도율이 높다.
- ㉱ 합금은 순금속에 비하여 전기전도도가 높다.

가주성이 합금을 만들었을 때 좋아진다. 순금속이 합금보다 열전도율, 전도도가 높음.

017 순금속과 합금의 비교설명 중 틀린 것은?
- ㉮ 강도는 합금이 순금속보다 크다.
- ㉯ 경도는 순금속이 합금보다 크다.
- ㉰ 융점은 합금이 순금속보다 낮다.
- ㉱ 전도율은 순금속이 합금보다 떨어진다.

합금이 순금속보다 우수한 성질 : 강도, 경도, 내마모성, 주조성

018 합금이 순금속에 비하여 향상되는 성질은?
- ㉮ 비중
- ㉯ 용융점
- ㉰ 주조성
- ㉱ 열전도

순금속에 비하여 합금은 주조성이 우수.

019 순금속의 응고시 냉각속도가 느릴 때 생기는 현상은?
- ㉮ 결정입자가 커진다.
- ㉯ 결정핵의 수가 많아진다.
- ㉰ 결정입자가 미세하게 된다.
- ㉱ 냉각속도와 결정핵 및 입자와는 관계가 없다.

냉각속도가 빠르면 결정핵의 수가 많아지므로 결정입자는 미세화 되며 냉각속도가 느리면 형성되는 핵의 수가 적으므로 입자는 커짐.

020 강자성체의 금속은?
- ㉮ Co
- ㉯ Ag
- ㉰ Cu
- ㉱ Bi

① 강자성체 : Fe, Ni, Co
② 상자성체 : Fe, Ni, Co, Sn, Pt, Mn, Al
③ 반자성체 : Bi, Sb, Au, Hg, Ag, Cu

021 자기변태를 일으키는 것은?
- ㉮ Sn
- ㉯ Ti
- ㉰ Ni
- ㉱ Zr

Ni은 358℃에서 자기 변태를 일으킴.

022 Ni의 자기변태점(℃)은?
- ㉮ 150
- ㉯ 215
- ㉰ 358
- ㉱ 1120

358℃

정답 015. ㉱ 016. ㉯ 017. ㉯ 018. ㉰ 019. ㉮ 020. ㉮ 021. ㉰ 022. ㉰

023 Fe – Fe₃C 상태도에서 순철의 A₂변태점 (℃)은?
㉮ 723 ㉯ 768
㉰ 738 ㉱ 1135

768℃(강의 A₂ 변태선)

024 순철의 변태가 아닌 것은?
㉮ A₁ ㉯ A₂
㉰ A   ㉱ A₄

025 합금의 상태도를 나타내는 것이 아닌 것은?
㉮ 고용체합금 ㉯ 금속간화합물
㉰ 편석합금   ㉱ 공정형합금

026 Fe-Fe₃C 평형상태도에서 포정반응이 일어날 수 있는 탄소함량(%) 범위는?
㉮ 4.2-6.6   ㉯ 2.0-4.3
㉰ 0.1-0.51 ㉱ 0.025-0.1

Fe–Fe₃C 상태도

027 철(Fe)에 침입형 고용체를 만드는 원소는?
㉮ C   ㉯ Cr
㉰ Mn ㉱ Ni

침입형 고용체를 만드는 것은 C, N, H, B, O 등.

028 1400℃이상의 순철(δ철)의 결정구조는?
㉮ 면심입방 격자   ㉯ 체심입방 격자
㉰ 조밀육방 격자   ㉱ 조밀입방형 격자

δ철 = 체심입방 격자

029 Fe-C 평형상태도에서 공석 반응은 몇 도(℃)에서 일어나며 이 때 탄소의 함량(%)은?
㉮ 1130, C = 4.3   ㉯ 1401, C = 3.2
㉰ 723, C = 0.85   ㉱ 768, C = 0.5

㉮ : 공정반응, ㉰ : 공석반응

030 철강의 소입(quenching)조직명은?
㉮ 레데뷰라이트(ledeburite)
㉯ 페라이트(ferrite)
㉰ 마르텐자이트(martensite)
㉱ 시멘타이트(cementite)

㉰ : 열처리 조직 ㉮ ㉯ ㉱ : 상의 조직임.

031 [L]+[S₁] ⇔ [S₂]의 반응은?
㉮ 공정반응 ㉯ 포정반응
㉰ 편정반응 ㉱ 공석반응

포정반응

정답 023. ㉯ 024. ㉮ 025. ㉰ 026. ㉰ 027. ㉮ 028. ㉯ 029. ㉰ 030. ㉰ 031. ㉯

032. 다음 Fe-C 평형 상태도에서 δ철의 a"부분의 온도(℃)는?

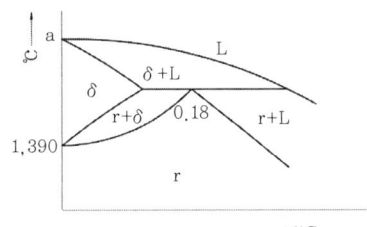

㉮ 1539 ㉯ 1493
㉰ 1620 ㉱ 1700

> 해설
> 순철의 용융점 : 약 1539℃

033. 철-탄소계 합금 중 금속간 화합물로 경도가 가장 큰 것은?

㉮ 시멘타이트(cementite)
㉯ 펄라이트(pearlite)
㉰ 페라이트(ferrite)
㉱ 흑연(graphite)

> 해설
> cementite 는 금속간화합물.
> pearlite는 cementite와 ferrite의 층상혼합 흑연은 탄소의 한 형태.

034. 18-8 스테인레스강의 기지조직을 오스테나이트화 시키는데 가장 강력한 영향을 미치는 원소는?

㉮ Co ㉯ Si
㉰ C   ㉱ Ni

> 해설
> Ni

035. 다음 3원계 상태도에서 x점이 나타내는 A : B : C의 조성 비율 표시가 옳은 것은?

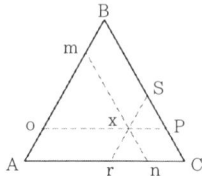

㉮ A : B : C = Mb : Oa : rA
㉯ A : B : C = Mb : Ob : rC
㉰ A : B : C = Oa : Sb : nC
㉱ A : B : C = Om : Sp : rn

> 해설
> A : B : C = Mb : Oa : rA

036. Pearlite 의 결정조직은?

㉮ α+Fe$_3$C   ㉯ ACC
㉰ Fe$_3$C   ㉱ β+Fe$_3$C

> 해설
> α+Fe$_3$C

037. 특수강에서 내식성과 내산성을 증가시키는 가장 대표적인 원소는?

㉮ C   ㉯ Ni
㉰ S   ㉱ Pb

> 해설
> Ni

038. 강의 냉간가공시 감소되는 기계적 성질은?

㉮ 경도   ㉯ 항복점
㉰ 인장강도 ㉱ 연신율

> 해설
> 냉간가공시는 가공경화로 연신율은 감소함.

정답 032. ㉮ 033. ㉮ 034. ㉱ 035. ㉮ 036. ㉮ 037. ㉯ 038. ㉱

039 순수 시멘타이트(Cementite)의 A₀ 변태 온도(℃)는?

㉮ 50 ㉯ 150
㉰ 210 ㉱ 270

해설) A₀ : 210℃ Cementite의 자기변태점 이므로 이 상에서 자성을 상자성으로 변함.

040 탄소강을 기름에 소입 하였을 때 660℃ Ar" 변태 부근에서 나타나는 조직은?

㉮ 펄라이트(pearlite)
㉯ 마르텐자이트(martensite)
㉰ 트루스타이트(troostite)
㉱ 소르바이트(sorbite)

해설) 1변화는 600℃ Austenite → Troostite
2변화는 250℃ Austenite → martensite

041 Fe-C 상태도에서 아공석강의 탄소는 어느 정도(%)인가?

㉮ 0.03~0.8 ㉯ 1.0~1.5
㉰ 1.7~2.0 ㉱ 2.2~3.0

해설) 0.03~0.8%

042 인장시험에서 항복강도를 측정할 때 영구 변형은 몇 %를 적용하는가?

㉮ 0.02 ㉯ 0.2
㉰ 2.0 ㉱ 20.0

해설) 0.2

043 비조질 강의 상태에서 높은 강도와 인성, 가공성을 구비한 고장력강을 만들기 위한 야금학적 요인 중 틀린 것은?

㉮ 합금원소 첨가에 의한 연강의 고용강화
㉯ 미량 합금원소 첨가에 의한 결정립의 조대화
㉰ 미량 합금원소 첨가에 의한 석출강화
㉱ 제어 압연에 의한 강인화

해설) 결정립의 미세화.

044 인장시험 때의 표점거리 50mm, 두께 2mm, 평행부의 나비가 20mm인 강판이 1600kgf에서 파단되고, 이 때 표점거리는 60mm이었다. 이 재료의 인장강도(kgf/mm²)는?

㉮ 20 ㉯ 30
㉰ 40 ㉱ 50

해설) $\frac{1600 kg_f}{2mm \times 20mm} = 40 kg_f/mm^2$

045 재료에 일정한 하중을 가할 때 생기는 변형량의 시간적 변화를 무엇이라고 하는가?

㉮ 피로 ㉯ 크리프
㉰ 인장 ㉱ 압축

해설) 크리프

046 S - N 곡선에 해당되는 것은?

㉮ 인장시험 ㉯ 피로시험
㉰ 경도시험 ㉱ 충격시험

해설) S : 응력, N : 반복회수 = 피로한도 곡선

047 다음 그림에서 Y_L를 무엇이라 하는가?

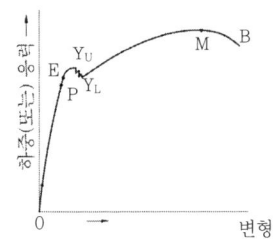

㉮ 비례한도 ㉯ 항복점
㉰ 내력   ㉱ 탄성한도

 해설

P : 비례한도, E : 탄성한도
Y_U : 상부항복점, M : 최대하중, B : 파단점

048 비중 11.7, 융점 1750℃, 비등점 3500℃ 이며, 1400℃ 이하에서는 면심입방격자를 가진 원자로 연료 금속은?

㉮ Pu   ㉯ Ge
㉰ Th   ㉱ Zr

해설

원자로 연료금속 중에서 취급하기 쉬운 금속.

049 다음 각종 합금 중에서 수축률이 가장 큰 것은?

㉮ 알미늄(Al)
㉯ 주철
㉰ 주강
㉱ 18-8 스테인리스강

해설

Al : 15.7
주철 : 8.4
주강 : 20.8
18-8 스테인리스 : 26.1

050 주물의 수축률은 외부 주형에 따라 다르다. 예를 들면 0.2%C 주강의 수축률은 어떠한 주형일 경우 가장 작은 것인가?

㉮ 건조형(乾燥形)   ㉯ 생형(生型)
㉰ 유사형(油砂形)   ㉱ CO_2가스형

 해설

0.2%(주강의 수축률 mm/m)
건조형 : 12~16, 상형 : 16~18
유사형 : 16~18
CO_2가스형 : 18~22

051 모합금(master alloy)의 필요조건 중 틀린 것은?

㉮ 화학성분이 균일할 것
㉯ 모 합금의 융점은 용탕의 모재금속의 융점에 가까울 것
㉰ 가능한 한 다량의 합금원소를 포함할 것
㉱ 인성이 있고 단단할 것

해설

모 합금은 메져서 파쇄하기 쉬운 것이어야 함.

052 다음 중 옳게 설명된 것은?

㉮ 결정립의 모양이나 결정의 방향에 변화를 주지 않고 물리적, 기계적 성질만이 변하는 것을 재결정이라 한다.
㉯ 냉간 가공된 재료를 가열하여 변형이 없는 결정립상태로 되는 과정을 회복이라 한다.
㉰ 재결정은 처음의 금속내부의 입계의 수, 결정립의 크기 등에 영향을 받는다.
㉱ 경도는 재결정의 과정에서는 별로 변화하지 않고 회복의 단계에서 급격히 감소한다.

 해설

재결정은 처음의 금속내부의 입계의 수, 결정립의 크기 등에 영향을 받음.

정답 047. ㉯ 048. ㉰ 049. ㉱ 050. ㉮ 051. ㉱ 052. ㉰

053 강괴에서 열간에 인발할 때 표면에 백점이 생기는 주 원인은?

㉮ 질소에 의해서 생긴다.
㉯ 수소에 의해서 생긴다.
㉰ 외부온도에 의해서 생긴다.
㉱ 표면의 결함에 의해서 생긴다.

강괴에서 열간에 인발하면 표면에 흰점이 생김. 이것은 H_2에 의해서 생김.

054 주로 봉각 강이나, 선재, 대강 등의 원재료 용으로 사용되는 것으로 그 형상은 직사각형 또는 원형인 강괴는?

㉮ 강편(Bloom)   ㉯ 빌릿(Billet)
㉰ 슬랩(Slab)   ㉱ 스캘프(Skelp)

① 빌릿(Billet) → 단면 : 직사각형, 원형
② 크기 : 40~150mm
③ 길이 : 1~2.5m
④ 용도 : 봉각강, 선재, 대강 등의 원재료용

055 철강 표면에 Al을 침투시키는 금속 침투법은?

㉮ 세라다이징   ㉯ 크로마이징
㉰ 칼로라이징   ㉱ 고주파 담금질

칼로라이징

056 공구용 강이 아닌 것은?

㉮ 고속도강   ㉯ 다이스강
㉰ 스테인리스강 ㉱ 주조경질합금

스테인리스강은 특수용 강으로 분류.

057 고 Ni-steel (Ni 함유량 10~18%, C 함유량 0.2~0.5%)의 조직은?

㉮ Ferrite   ㉯ Pearlite
㉰ Austenite   ㉱ Pearlite + Ferrite

비자성체로써 Austenite 조직.

058 정련된 용강을 레들 중에서 Fe-Mn, Fe-Si, Al 등으로 완전 탈산시킨 강은?

㉮ 림드강   ㉯ 킬드강
㉰ 캡드강   ㉱ 세미킬드강

킬드강

059 스테다이트(Steadite)란?

㉮ Fe_3C와 γ-Fe의 공정
㉯ MnS와 γ-Fe의 공정
㉰ Fe_3P와 γ-Fe의 공정
㉱ FeS와 γ-Fe의 공정

Fe_3P와 γ-Fe의 공정

060 주철에서 철(Fe)과 인(P)의 화합물로 나타나는 조직은?

㉮ 시멘타이트   ㉯ 펄라이트
㉰ 스테다이트   ㉱ 레데뷰라이트

Fe_3P : 스테다이트, 공정조직

정답 053. ㉯   054. ㉯   055. ㉰   056. ㉰   057. ㉰   058. ㉯   059. ㉰   060. ㉰

61 주철주물에서 탄소당량은 그 합금이 공정조성 인가를 알아보는 척도이다. 탄소당량(CE)을 나타내는 식은?

㉮ CE = TC% + 1/2Si%
㉯ CE = TC% + Si%
㉰ CE = TC% + 1/4(Si% + P%)
㉱ CE = TC% + 1/3(Si% + P%)

탄소당량을 관계하는 원소는 C, Si, P.

62 Fe-C-Si 3원상태도에서 규소(Si)함량이 1.2%일 때, CE값이 4.2이었다면 탄소(C)의 함량은?

㉮ 3.6 ㉯ 3.8
㉰ 3.9 ㉱ 3.0

$$CE = 4.2 = 탄소 + \frac{Si(\%)}{3} = Tc + \frac{1.2}{3}$$
$$\therefore Tc = 4$$

63 어떤 주물을 주철로 만들기 위하여 목표 조성을 탄소 3%로 잡았다. 이 탄소량을 맞추기 위하여 탄소 함량이 4.3%인 선철과 강고철만을 사용하려고 한다. 강 고철 중의 탄소 함량이 얼마(%)인 것을 사용할 때 목표 탄소 함유량을 맞출 수 있는가?

㉮ 3 ㉯ 3.2
㉰ 3.5 ㉱ 1.0

장입재 중의 탄소 함량이 두가지 모두 목표 탄소 함량이 넘으면 탄소량은 맞출 수가 없으므로 강 고철은 탄소함량이 3%미만이어야 함.

64 Stainless steel 의 설명 중 틀린 것은?

㉮ 철강의 최대 결점인 방청을 위해 표층부에 부 동태를 형성해서 녹슬지 않는 성질을 갖는 강으로 Cr을 주성분으로 하는 특수강이다.
㉯ Stainless steel의 대표적 강종은 13Cr강, 18Cr강 18-8 steel 등이다.
㉰ Cr계와 Cr-Ni계로 대별되는 Cr계는 Austenite 조직, Cr-Ni계는 Martensite조직으로 대별 할 수 있다.
㉱ 저탄소의 Stainless steel은 열처리에 의하여 우수한 기계적 성질을 얻을 수 있고, 내식성 을 필요로 하는 기계구조용으로 사용되고 0.1%C전 후의 것은 500℃ 전후까지의 내열강으로 이용된다.

Cr계는 ferrite계, Cr-Ni계는 Austenite계

65 18-8 스테인레스강의 조직은?

㉮ 페라이트 ㉯ 오스테나이트
㉰ 베이나이트 ㉱ 마르텐사이트

18-8 스테인레스강의 대표적인 것.

66 18-8 스테인레스강의 기지조직을 오스테나이트(Austenite)화 시키는 데 있어 결정적인 영향을 미치는 원소는?

㉮ Fe ㉯ Ni
㉰ Co ㉱ Mo

Fe-10% Cr 합금계에 C, N, Ni, Mn 등이 첨가되면 γ 구역이 확장됨.

067 스테인리스강에서 조직상으로 분류할 때 나타나지 않는 조직은?

㉮ 펄라이트 ㉯ 페라이트
㉰ 마르텐자이트 ㉱ 오스테나이트

Pearlite는 조직상 나타나지 않음.

068 니켈-크롬강(SNC415)의 성분 중 틀린 것은?

㉮ C ㉯ Si
㉰ W ㉱ Mn

Ni, Cr, C, Mn, Si

069 다음 중 ledeburite 란?

㉮ α와 Fe_3C의 화합물
㉯ δ와 Fe_3C의 화합물
㉰ β와 Fe_3C의 화합물
㉱ γ와 Fe_3C의 화합물

γ와 Fe_3C의 기계적 혼합

070 고속도강의 성분조성 범위로 옳은 것은?

㉮ 18% - 4% - 1%(W - Cr - V)
㉯ 18% - 1% - 4%(W - V - Co)
㉰ 20% - 5% - 2%(W - Cr - Mg)
㉱ 19% - 5% - 1%(W - Co - C)

18-4-1

071 Austenite계 Stainless steel 에 해당하는 것은?

㉮ 18% Co강 ㉯ 18% Mo강
㉰ 18%Cr - 8%Ni강 ㉱ 17-4 PH 강

대표적인 18-8 stainless강

072 18-8 스테인리스강이라 불리는 녹슬지 않는 불수강의 18 - 8성분(%)은?

㉮ C 18, Si 0.8 ㉯ C 18, Cr 8
㉰ Cr 18, Ni 8 ㉱ Ni 18, Cr 8

Cr 18%, Ni 8%

073 Austenite계 Stainless steel 의 특징 중 틀린 것은?

㉮ 자성과 인성이 풍부
㉯ Ferrite계에 비해 내산 및 내식성 우수
㉰ 가공이 쉽고 용접이 용이
㉱ 입계 부식의 발생이 나타남

비자성

074 연속 냉각변태가 순서별로 이루어진 것은?
(단, P = Pearlite, S = Sorbite, T = Troostite, M = Martensite)

㉮ P→S→T→M ㉯ M→T→S→T
㉰ S→M→P→T ㉱ T→S→P→M

P→S→T→M

정답 067. ㉮ 068. ㉰ 069. ㉱ 070. ㉮ 071. ㉰ 072. ㉰ 073. ㉮ 074. ㉮

075 저탄소강의 상온 가공시 풀림(annealing) 온도(℃) 범위는?

㉮ 600 이하 ㉯ 650 이상
㉰ 750 이상 ㉱ 850 이상

해설
steel 은 500℃ 부근에서 결정이 시작되고, 600℃ 이상에서는 결정성장이 가능함으로 600℃ 이하에서 소둔하여야 함.

076 상온취성의 원인이 되는 원소는?

㉮ S ㉯ Cu
㉰ P ㉱ Mg

해설
인을 많이 함유하는 재료에 나타나는 특수한 성질

077 적열취성의 원인이 되는 원소는?

㉮ S ㉯ Ca
㉰ Si ㉱ P

해설
S

078 탄소강의 고온가공성을 해치는 원소는?

㉮ S ㉯ P
㉰ Cu ㉱ Si

해설
(FeS의 융점은 1193℃) S는 FeS로 편석 되어 고온가공 온도구역인 곳에서 액상이 되므로 고온(열간, 적열) 취성을 나타냄.

079 적열취성을 방지하는 원소로 가장 적합한 것은?

㉮ S ㉯ W
㉰ V ㉱ Mn

해설
Mn은 S을 가까이 할 수 있는 친화력이 강함.

080 특수강에서 뜨임취성의 방지원소는?

㉮ Ni ㉯ Cr
㉰ Mo ㉱ Fe

해설
Ni - Cr 뜨임취성의 방지 원소는 대표적인 Mo, V 성분이 있음.

081 경화능은 강의 특성이며 다음 인자에 의하여 결정된다. 틀린 것은?

㉮ 강의 화학 조성
㉯ Austenite 입자크기
㉰ Quenching 하기 전의 조직
㉱ 재결정 풀림의 온도

해설
풀림은 강의 연화가 목적.

082 공석강(eutectoid steel)의 탄소함유량(%)으로 옳은 것은?

㉮ 약 0.025 ㉯ 약 0.4
㉰ 약 0.8 ㉱ 약 2.0

해설
0.8%

정답 075. ㉮ 076. ㉰ 077. ㉮ 078. ㉮ 079. ㉱ 080. ㉰ 081. ㉱ 082. ㉰

083. 탄소강에서 고온가공의 설명 중 틀린 것은?
㉮ 오스테나이트 상태에서 행하는 것이다.
㉯ 잉곳 중의 기공이 압착되고 편석에 의한 불균일 부분이 균일한 재질로 된다.
㉰ 가공도가 증가할수록 재결정 온도는 저하되고 연화 및 성장속도가 느리다.
㉱ 상온가공에 비하여 적은 힘으로 많은 가공을 할 수 있다.

084. 탄소강에서 탄소량이 증가 할수록 성질이 변하는 것으로 틀린 것은?
㉮ 연신율 증가   ㉯ 전기저항 증가
㉰ 경도 증가   ㉱ 인장강도 증가

탄소강은 탄소량이 많이 함유될수록 연신율은 감소.

085. 탄소강의 펄라이트(Pearlite) 조직의 설명 중 옳은 것은?
㉮ α고용체와 ε탄화물의 혼합물
㉯ α고용체와 γ고용체 혼합물
㉰ γ고용체와 Fe_3C의 혼합물
㉱ α고용체와 Fe_3C의 혼합물

Pearlite = $\alpha + Fe_3C$

086. 특수강에 첨가되어 오스테나이트 결정입자 성장을 방지 하는 원소는?
㉮ Ni, Mo, Si, Al   ㉯ Al, V, Ti, Zr
㉰ W, Cr, Mo, Si   ㉱ Ni, W, Mn, Ti

Al, V, Ti, Zr. (결정입자의 조절 원소)

087. 내열강 주강품(KSD4105)은?
㉮ HRSC   ㉯ SCW
㉰ SFT   ㉱ FCD

SCH(HRSC)는 Ni-Cr계 내열주강, SCW(용접용 탄소주강), FCD(구상흑연주철)

088. 주강의 특성을 설명한 것 중 틀린 것은?
㉮ 주강의 용탕은 주입온도와 응고온도 범위가 넓으므로 유동성이 좋지만 탕경 및 회전불량 이 생기기 쉽다.
㉯ 주강은 응고 수축량이 크며, 용적비 4~5%의 응고 수축률이 있다.
㉰ 주강은 고체 수축도 크다. 선수축률은 2% 정도로써 응고 직후의 고온균열, 잔류응력을 위 한 균열 및 변형의 원인이 된다.
㉱ 강주물은 일반적으로 기계적 성질을 향상시키기 위해 풀림 기타 열처리를 실시하므로 잔류 응력은 제거된다.

주강은 응고온도 범위가 좁고, 유동성이 나쁨

089. 코발트(Co)를 주성분으로 한 주조경질 합금은?
㉮ 스테인레스강(Stainless steel)
㉯ 다이스강(Dies steel)
㉰ 고속도강(High speed steel)
㉱ 스텔라이트(Stellite)

스텔라이트

정답 083. ㉰   084. ㉮   085. ㉱   086. ㉯   087. ㉮   088. ㉮   089. ㉱

090 20℃에서 열팽창 계수가 1.2×10^{-6} 로써 줄자, 표준자, 시계추 등에 사용하는 불변강은?

㉮ 엘린바아(Elinvar)
㉯ 고속도강(High speed steel)
㉰ 인바아(Invar)
㉱ 스텔라이트(Stellite)

Fe-Ni계 합금으로 보통강의 1/10정도 열팽창을 함.

091 티타늄(Ti)의 물리적 성질 중 옳은 것은?

㉮ 철(Fe)보다 무겁다.
㉯ 철(Fe)보다 융점이 높다.
㉰ 철(Fe)보다 원자량이 크다.
㉱ 철(Fe)보다 열전도율이 높다.

㉮ 밀도(g/cc) T : -4.5, Fe : 7.9
㉯ 융점(℃) T : -1730℃, Fe : 1,538℃
㉰ 열팽창계수(cm/cm/℃)
　T : 9.0×10^{-6}, Fe : 12×10^{-6}
㉱ 열전도도(cal/cm²/sec/℃/m)
　T : 0.036, Fe : 0.15

092 롤러 등의 재료로 사용되며 해드필드강으로 불리며, 인성 및 내마모성이 우수한 강은?

㉮ Ni 강　　㉯ Mn 강
㉰ Cr 강　　㉱ Si 강

Mn 10~14%함유된 우수한 내마모강.

093 스프링강의 기계적 성질 중 틀린 것은?

㉮ 탄성한도가 커야 한다.
㉯ 항복강도가 커야 한다.
㉰ 피로한도가 낮아야 한다.
㉱ 충격력에 견디는 성질이 커야 한다.

피로한도가 높은 성질을 사용하여 영구변형을 방지해야 함.

094 주철의 성질에 미치는 성분원소의 영향을 설명한 것 중 틀린 것은?

㉮ 탄소(C)는 흑연화 원소이다.
㉯ maurer 조직도는 C와 Si의 관계이다.
㉰ 규서(Si)가 일정할 때 탄소(C)가 많을수록 회주철이 될 가능성이 크다.
㉱ 규소(Si)가 증가하면 공정점, 공석점의 온도가 떨어진다.

Si가 증가하면 공정점, 공석점의 온도가 상승.

095 주철의 내마모성이 우수한점 중 틀린 것은?

㉮ 흑연이 윤활작용을 하기 때문이다.
㉯ 열전도성이 좋고 열충격이 강해서 마찰열을 없애고 열균열의 발생을 방지하기 때문이다.
㉰ 탄성계수가 낮아서 마찰면을 곧 자리 잡아 주기 때문이다.
㉱ Si의 함량이 높아서 경도가 높기 때문이다.

Si 이 높으면 pearlite 중의 Cementite가 분해되어 Ferrite으로 변하기 때문에 경도는 떨어진다. 따라서 내마모성은 pearlite 조직이 가장 좋은 효과가 있음.

096 주철의 기계적 성질 중 다른 강(鋼)에 비하여 월등히 큰 것은?

㉮ 압축강도 ㉯ 충격값
㉰ 연신율 ㉱ 인장강도

해설
주철은 강에 비하여 많은 탄소를 함유함.

097 주철의 기계적 성질 중 상온에서 충격치가 가장 높은 것은?

㉮ 페라이트형 구상흑연주철
㉯ 펄라이트형 구상흑연주철
㉰ 흑심가단주철
㉱ 펄라이트형 가단주철

해설
페라이트 기지가 펄라이트 기지보다 충격치가 높음.

098 주철주물에 있어서 인장강도가 급격히 저하되는 온도(℃)는?

㉮ 300 ㉯ 400
㉰ 550 ㉱ 650

해설
인장강도는 약 400℃까지는 상온과 유사하나 그 이상의 온도가 되면 급격히 저하.

099 주철에서 흑연화 촉진 원소는?

㉮ Mn ㉯ Si
㉰ S ㉱ Cr

해설
Si은 주철 중에서 Fe_3C를 분해시키는 흑연화 촉진 원소임.

100 회주철의 흑연화 촉진원소에 해당되는 것은?

㉮ 망간(Mn) ㉯ 알루미늄(Al)
㉰ 크롬(Cr) ㉱ 주석(Sn)

해설
Mn, Cr, Sn, Mo, V 흑연화 저해원소.

101 주철에 함유되어 있는 원소 중 흑연화를 촉진시키는 원소와 방해하는 원소가 옳은 것은?

㉮ 촉진 : S, 억제 : Ca
㉯ 촉진 : Si, 억제 : S
㉰ 촉진 : Ca, 억제 : Si
㉱ 촉진 : S, 억제 : Mn

해설
흑연화 촉진 : Si, 흑연화 방해 : S

102 일반적으로 공업적인 주철 중에 함유되는 탄소량은 보통 2.5~4.5% 정도이며 이 탄소량은 보통 2가지의 탄소량을 합한 량으로 나타낸다. 이 값을 무엇이라 하는가?

㉮ 화합탄소량(Combined carbon)
㉯ 유리탄소(Free carbon)
㉰ 흑연(Graphite)
㉱ 전탄소량(Total carbon)

해설
주철 중에 함유하는 탄소량은 보통 유리탄소(Free carbon)라고 불리는 흑연(Graphite)과 지금(地金)중에 화합상태로 존재하는 화합탄소(Combined carbon)로 되어 있다. 이 두 가지를 합하여 주철 중에 함유하는 탄소량을 나타나게 되는데 이것을 전탄소량(Total carbon)이라 함.
흑연량 + 화합탄소량 = 전탄소량

정답 096. ㉮ 097. ㉮ 098. ㉯ 099. ㉯ 100. ㉯ 101. ㉯ 102. ㉱

103 회주철의 장점 중 틀린 것은?
㉮ 항압력이 크다
㉯ 주조성이 우수하다.
㉰ 강에 비하여 인장강도가 크다.
㉱ 내마모성이 우수하다.

해설
주철의 인장강도는 강에 비하여 대단히 낮음.

104 흑연이 존재하지 않는 것은?
㉮ 흑심가단주철　㉯ 구상흑연주철
㉰ 백주철　　　　㉱ 회주철

해설
백주철은 Fe_3C 화합탄소로 구성되어 경도가 가장 높음.

105 주철의 조직 중에서 기계적인 힘이 가해질 때 가장 약한 것은 어느 조직 부분인가?
㉮ 편상 흑연 부위　㉯ 펄라이트 부위
㉰ 스테다이트 부위　㉱ 시멘타이트 부위

해설
과공정 조성의 흑연으로 거친 kish 흑연과 소형 편상흑연 공존.

106 주철에서 pearlite와 흑연을 미세화 시키는 원소는?
㉮ Ni　　㉯ Cu
㉰ Si　　㉱ Al

해설
Ni은 pearlite와 흑연을 미세화 시키고 Austenite를 안정화시킴.

107 합금 주철에 첨가되는 원소들의 영향이 옳은 것은?
㉮ Cu : 회주철의 경도증가
㉯ Mo : 흑연화촉진
㉰ Ti : 약 탈산제
㉱ V : 흑연조직의 조대화

해설
Cu : 회주철의 경도증가.

108 주철의 성장을 방지하는 방법으로 틀린 것은?
㉮ C 및 Si 양을 많게 한다.
㉯ 흑연을 미세화 한다.
㉰ 탄화물 안정원소를 첨가한다.
㉱ 흑연을 구상화한다.

해설
C 및 Si 양을 적게 함.

109 고급주철을 만들기 위한 설명 중 틀린 것은?
㉮ 인장강도를 강화 시킨다.
㉯ 흑연의 분포를 균일화 시킨다.
㉰ 흑연의 모양을 미세화 한다.
㉱ 바탕을 미세한 페라이트 조직으로 한다.

해설
바탕을 펄라이트 조직으로 하여야 함.

110 Acicular 주철의 조직은?
㉮ Pearlite　㉯ Bainite
㉰ Sorbite　㉱ Martensite

해설
bainite

정답 103. ㉰　104. ㉰　105. ㉮　106. ㉮　107. ㉮　108. ㉮　109. ㉱　110. ㉯

111. 다음 주철 중 흑연이 정출되지 않는 재료는?
   ㉮ 회주철   ㉯ 구상흑연주철
   ㉰ 백주철   ㉱ 흑심가단주철

   해설) 회주철은 편상흑연, 구상흑연주철은 구상흑연, 흑심 가단주철은 열처리에 의해 괴상흑연이 정출하나 백주철은 Carbon이 흑연으로 정출되지 않고 탄화물로 존재함.

112. 주철에서 탄소(C)가 4.3%일 때의 용융점은 1148℃이고 오스테나이트와 시멘타이트와의 공정 조직은?
   ㉮ 마텐자이트   ㉯ 펄라이트
   ㉰ 페라이트   ㉱ 레데뷰라이트

   해설) 오스테나이트(Austenite)와 시멘타이트(Cementite)의 공정점(Eutecticpoint)에서의 공정(Eutectic) 조직은 레데뷰라이트(Sedeburite).

113. 마르텐사이트 기지를 가지며 내열, 내식, 내마모성을 갖는 주철은?
   ㉮ 미하나이트 주철   ㉯ 고크롬 주철
   ㉰ 아시큘라 주철   ㉱ 니하드 주철

   해설) 4.5% Ni과 1.5% Cr을 함유하며 내식, 내열 및 내마모성이 좋음.

114. Ni-hard 주철의 기지 조직은?
   ㉮ Pearlite   ㉯ Sorbite
   ㉰ Bainite   ㉱ Martensite

   해설) Martensite계 Ni-Cr 주철도 내마모 주철.

115. 다음 특수 주철 중 오스테나이트 기지 조직인 것은?
   ㉮ 크롬주철(Cr)
   ㉯ 아시큘라주철(acicular)
   ㉰ 노막주철(nomag)
   ㉱ 니하드(nihard)

   해설) ㉮ Pearlite ㉯ Bainite ㉰ Austenite ㉱ Martensite

116. 주철의 파면에 따른 분류가 아닌 것은?
   ㉮ 회주철   ㉯ 구상흑연주철
   ㉰ 백주철   ㉱ 반주철

   해설) 흑연 형태에 따른 분류법.

117. 피스톤링용 재료로써 사용되고 있는 주철의 종류로써 적합하지 않는 것은?
   ㉮ 회주철   ㉯ 가단주철
   ㉰ 구상흑연주철   ㉱ 칠드주철

   해설) 일반적으로 Chilled 주철은 피스톤링에 사용하지 않음.

118. 주물의 어느 필요부분을 특히 경화시키기 위하여 사용하여 급냉 시켜 경도, 내마모성, 내압성을 향상시킨 주철은?
   ㉮ 구상흑연주철   ㉯ 가단주철
   ㉰ 합금주철   ㉱ 칠드주철

   해설) 금형에 주입, 급냉 시키면 유리 Cemenitite가 생겨 경도, 내마모성이 커짐.

정답 111. ㉰ 112. ㉱ 113. ㉱ 114. ㉱ 115. ㉰ 116. ㉯ 117. ㉱ 118. ㉱

119 가단주철에 대한 설명 중 틀린 것은?
㉮ S가 적은 주철을 용해하여 Mg, Ce 등을 첨가하여 흑연핵을 형성시켜서 만든 주철이다.
㉯ 회주철과 주철의 특성을 살린 중간 성질의 주철이다.
㉰ 흑심 가단주철과 Pearlite 가단주철 및 백심가단주철로 대별된다.
㉱ 구상흑연주철과 같이 주조 상태에서도 연성을 갖는 것이 아니고 주철을 열처리하여 강인하게 만든다.

Mg, Ce 등을 접종하는 주철은 구상흑연 주철.

120 내열, 내산성이 강한 주철이 아닌 것은?
㉮ Austenite 주철   ㉯ 고규소주철
㉰ 가단주철   ㉱ Cr주철

가단주철은 자동차 부품, 기어 등에 사용하는 주철

121 백심가단주철의 풀림온도(℃)로 가장 적합한 것은?
㉮ 950~1000   ㉯ 1380~1400
㉰ 1420~1460 ㉱ 1470~1500

950~1000℃

122 가단주철에서 나타나는 흑연의 형상은?
㉮ 편상흑연   ㉯ 원형흑연
㉰ 괴상흑연   ㉱ 주상흑연

괴상흑연

123 가단주철의 종류에 속하지 않는 것은?
㉮ 백심 가단주철
㉯ 펄라이트 가단주철
㉰ 흑심 가단주철
㉱ 청심 가단주철

청심가단 주철.

124 주물의 제조 공정 중에서 주철을 열처리 하므로써 흑연의 형상을 괴상으로 변화시켜 사용하는 주철은?
㉮ 회주철   ㉯ 가단주철
㉰ C.V 흑연주철 ㉱ 구상흑연주철

가단주철은 열처리를 하므로 흑연의 형상을 괴상 흑연으로 만들어서 사용함.

125 황이나 인을 적당히 조절하여 만든 백선주물을 소둔 상자 안에 넣고 900~950℃로 20-30시간 유지한 뒤에 곧이어 700~720℃로 20~50시간 유지하여 만든 주철은?
㉮ 백심가단주철   ㉯ 구상흑연주철
㉰ 흑심가단주철   ㉱ 칠드주철

흑심가단주철

126 구상흑연 주철품에 해당하는 기호는?
㉮ GC   ㉯ GCD
㉰ BSC   ㉱ SC

GC : 회주철품, BsC : 황동주물, SC : 주강품

정답 119. ㉮ 120. ㉰ 121. ㉮ 122. ㉰ 123. ㉱ 124. ㉯ 125. ㉰ 126. ㉯

127. 흑심가단 주철의 제2단 열처리에서는 어떠한 조직이 어떻게 변화하는가?
㉮ 펄라이트 → 페라이트+템퍼카본
㉯ 오스테나이트 → 페라이트+펄라이트
㉰ 페라이트 → 펄라이트+템퍼카본
㉱ 펄라이 → 오스테나이트+템퍼카본

해설 변태점 이하에서 오스테나이트가 펄라이트화 하고 이 펄라이트를 페라이트와 템퍼 카본으로 변화시키는 2단 흑연화처리가 필요.

128. Bull's eye structure는 어떠한 주물에 나타나는 조직인가?
㉮ 보통 주철주물
㉯ 구상흑연 주철주물
㉰ 칠드 주철주물
㉱ 가단 주철주물

해설 구상흑연 주철주물

129. 탄소(C) 및 규소(Si)의 최대함량치가 가장 높은 것은?
㉮ 백심가단주철   ㉯ 흑심가단주철
㉰ 강인주철   ㉱ 구상흑연주철

해설
	C %	Si %
㉮	2.8~3.2	0.6~1.1
㉯	2.0~2.9	0.8~1.5
㉰	2.9~3.3	1.5~2.0
㉱	3.0~4.0	2.0~3.5

130. 구상 흑연주철에서 기지를 페라이트화 하는데 가장 많은 영향을 미치는 것은?
㉮ 주입온도   ㉯ 주형두께
㉰ 접종제의 양 ㉱ 냉각시간

해설 구상흑연 주철은 일반주철의 취성을 개선한 강에 가까운 성질을 가진 주철로써 열처리 효과가 매우 높음.

131. 주물이 응고될 때 팽창이 일어날 수 있는 것은?
㉮ 구상흑연 주철 ㉯ 주강
㉰ 스테인리스강   ㉱ 알루미늄 청동

해설 구상흑연 주철

132. 흑연의 구상화가 몇% 이상일 때 구상흑연 주철이라 할 수 있는가?
㉮ 5   ㉯ 30
㉰ 40   ㉱ 70

해설 70% 이상 : 구상흑연주철, 30-70 : Cv 흑연주철, 30이하 편상흑연주철

133. 탄소와 실리콘의 함량이 가장 높은 범위에 속하는 주철 재료는?
㉮ 강인주철   ㉯ 흑심가단 주철
㉰ 백심가단 주철 ㉱ 구상흑연 주철

해설 구상흑연 주철

정답 127. ㉮ 128. ㉯ 129. ㉱ 130. ㉱ 131. ㉮ 132. ㉱ 133. ㉱

134 고탄소강의 조직을 구상화시키는 이유는?

㉮ 강도, 인성부여, 기계적 성질의 개선을 위해서
㉯ 내열, 내산성의 화학적 성질의 개선을 위해서
㉰ 내식성을 개선하기 위해
㉱ 경도와 물리, 화학적 성질의 개선을 위해서

해설
구상일 때 강도, 인성이 우수.

135 주철성분을 분석하는 기기 중에 실리콘 미터가 있다. 어떠한 원리를 이용하는 것인가?

㉮ 열기전력　　㉯ 열분석
㉰ 칠두께　　　㉱ 부식상태

해설
열기전력을 측정 함으로써 규소의 함유량을 결정하는 계기.

136 회주철의 기계적 성질이 우수한 흑연의 형상은?

㉮ A형　　㉯ B형
㉰ C형　　㉱ D형

해설
A형이 기계적 성질이 가장 우수.

137 열전대에서 가장 높은 온도를 측정할 수 있는 것은?

㉮ Fe-constantan　　㉯ Cu-constantan
㉰ Chromel-alumel　　㉱ Pt-Pt-Rh(Rh13%)

해설
Pt-Pt-Rh(Rh13%)

138 합금주철에서 백선화 경향이 가장 큰 원소는?

㉮ Al　　㉯ W
㉰ Co　　㉱ Ti

해설
일반적으로 합금원소의 흑연화 또는 백선화에 작용하는 정도
① Al, Si, Ti, Cu, Co, P = 흑연화 경향이 큰 순서
② W, Mo, Mn, Sn, S, Cr, V = 백선화 경향이 큰 순서

139 미국의 ASTM 규격의 편상 흑연 중에서 흑연이 균일하게 분포되었으며 방향성이 없어서 기계적 성질이 매우 양호한 것은?

㉮ A형　　㉯ B형
㉰ C형　　㉱ D형

해설
A형을 가장 선호하며 B,C,D,E형에 비하여 기계적 성질이 최상임.

140 가공방향으로 집단을 이루어 불연속적으로 입상의 개재물(Al_2O_3등)이 정렬되어 있는 개재물의 종류는?

㉮ A　　㉯ B
㉰ C　　㉱ D

해설
개재물의 종류 A개재물 : 유화물. 규산염,
B개재물 : Al_2O_3, C개재물 : 입상산화물

141 Y-합금의 대표적인 원소는?

㉮ Al-Cu-Mg-Ni　　㉯ Al-Cu-Mn-Mg
㉰ Al-Cu-Sn-Mn　　㉱ Al-Ni-Cr-Mo

해설
Al - Cu - Mg - Ni

142 내연기관의 피스톤용 주조 알루미늄 합금이 갖추어야 할 조건으로 틀린 것은?

㉮ 열전도가 커야 한다.
㉯ 비중이 작아야 한다.
㉰ 고온강도가 커야 한다.
㉱ 팽창계수와 마찰계수가 커야 한다.

팽창계수와 마찰계수가 작아야 함.

143 주조용 내열(耐熱) 알루미늄 합금으로 가장 우수하게 사용되는 것은?

㉮ 로우엑스(Low-EX)
㉯ 두랄루민(Duralumin)
㉰ 하이드로 날륨(Hidronalium)
㉱ 슈퍼두랄루민(Super Duralumin)

피스톤용으로 많이 사용됨.

144 공업규격 Ac2A 의 재료성분에 가장 적게 포함되는 금속 원소는?

㉮ Al   ㉯ Cu
㉰ Si   ㉱ Zn

Ac2A는 Al-Cu-Si계 합금임.

145 Al-Si 계 합금으로 대표적인 합금은?

㉮ 라우탈   ㉯ Y합금
㉰ 두랄루민   ㉱ 실루민

실루민은 Al – Si계 합금.

146 Al-Si계 합금(Silumin)에서 결정을 미세화(개량처리)하기 위해 첨가하는 원소는?

㉮ Cu   ㉯ Ni
㉰ P   ㉱ Na

Na

147 자동차용 피스톤 재료로 많이 사용되는 알루미늄계 Lo-Ex 합금(Low Expansion Alloy)에 대한 설명으로 틀린 것은?

㉮ Al : 12%, Si : 1%, Cu : 1%, Mg : 1.8%, Ni합금이 주로 사용된다.
㉯ 열팽창 계수는 적으나 내마모성이나 고온강도는 다른 알루미늄 주조금속에 비하여 떨어진다.
㉰ 주로 금형주조를 하고 중력주조를 하여도 무방하다.
㉱ 결정립을 미세화하기 위하여 Ti을 첨가하기도 한다.

피스톤용 Al 합금은 열팽창계수가 적고 비중이 가볍고 고온강도 및 내마모성이 좋은 것이 요구되는데 Lo-Ex 합금은 이러한 요구조건을 만족시키고 있음.

148 구리합금의 주성분인 순도 99.95%동(Cu)의 물리적 성질로써 옳은 것은?

㉮ 비중 8.89, 용융점 1083℃의 상자성체
㉯ 비중 7.36, 용융점 1083℃의 상자성체
㉰ 비중 8.89, 용융점 1083℃의 비자성체
㉱ 비중 7.36, 용융점 1083℃의 비자성체

비중 8.89, 용융점 1083℃의 비자성체.

정답 142. ㉱ 143. ㉮ 144. ㉱ 145. ㉱ 146. ㉱ 147. ㉯ 148. ㉰

149 황동으로 빛깔이 금색에 가까우며 금박 및 금분의 대용품으로 사용되는 것은?

㉮ hard brass ㉯ delta metal
㉰ tombac ㉱ muntz metal

〈해설〉
톰백

150 실용황동 중 문쯔 메탈(muntz metal)의 주성분은?

㉮ Cu60-Zn40 ㉯ Cu50-Sn50
㉰ Cu40-Pb60 ㉱ Cu70-Sn30

〈해설〉
Cu60-Zn40

151 동합금 주물에서 Mold reaction을 촉진시키고 유동성을 가장 좋게 하는 원소는?

㉮ Ca ㉯ Al
㉰ S ㉱ P

〈해설〉
P(인)

152 Al : 30%, Cu 합금 1kg$_f$과 Al : 5%, Cu 합금 3kg$_f$을 동시에 용해하면 몇 %의 합금이 제조되는가?

㉮ Al : 35% Cu 합금
㉯ Al : 25.2% Cu 합금
㉰ Al : 11.3% Cu 합금
㉱ Al : 10.7% Cu 합금

〈해설〉
합금의 조성계산은 = $\dfrac{합금성분}{각종성분의\ 합} \times 100$

= $\dfrac{450}{4000} \times 100 = 11.3\%$

153 알루미늄 청동주물의 구성 원소는?

㉮ Al+Cu+Fe ㉯ Sb+Cs+P
㉰ Co+Zn+Mg ㉱ Au+Sn+Pb

〈해설〉
Al 청동의 주성분은 Al과 Cu이고 미세화제로 Fe가 첨가.

154 알루미늄 청동은 다른 동합금에 비하여 기계적 성질 및 내식성이 우수하므로 최근 각 방면에 널리 이용되고 있다. 알루미늄 청동에 대하여 옳게 설명한 것은?

㉮ Cu, Sn, Al이 주성분이고 Fe, Ni 등은 불순물로써 존재한다.
㉯ Al 청동은 주물용으로만 주로 이용되며 가공성이 나빠 소성가공을 할 수 없는 것이 단점 이다.
㉰ 주석청동에 비하여 응고 범위가 넓고 유동성이 좋으므로 주조방안에 특별히 신경을 쓰지 않아도 된다.
㉱ 황동에 비하여 비중이 작고 허용응력이 크므로 선박용 대형 프로펠러에 많이 이용되고 있다.

〈해설〉
알루미늄 청동은 Sn이 들어가지 않고 Fe와 Ni이 주성분이며 가공용 소재로도 많이 이용된다. 또한 응고범위가 좁으므로 주조방안에 세심한 주의를 해야 함.

155 고력황동 제조시 가장 적절한 모합금은?

㉮ Mn-Fe-C ㉯ Mn-Si-Fe
㉰ Mn-Pb-Sn ㉱ Mn-Fe-Cu

〈해설〉
Mn-Fe-Cu

정답 149. ㉰ 150. ㉮ 151. ㉱ 152. ㉰ 153. ㉮ 154. ㉱ 155. ㉱

156 Al-Cu합금을 실온보다 높은 온도인 100~160°C에서 방치하여 시효(Aging : 시간이 경과함에 따라 합금의 성질이 변화하는 것) 작용을 빠르게 하는 것은?

㉮ 자연시효   ㉯ 과시효
㉰ 인공시효   ㉱ 풀림시효

담금질한 Al-Cu합금을 100~160°C로 장시간(15~60시간) 가열하면 강도가 급격히 증가하게 되는데 이와 같이 과포화 고용체를 고온에 유지함으로써 시간이 경과함에 따라 강도가 증가하는 현상을 인공시효(뜨임시효, Artifical aging)라 함.

157 황동에서 자연균열을 방지하기 위한 대책으로 옳은 것은?

㉮ 암모니아 탄산가스 분위기에서 보관한다.
㉯ 수은 및 그 화합물과 함께 보관한다.
㉰ 가공재를 180~260°C로 저온 풀림 처리한다.
㉱ 가공재를 350~425°C로 고온 풀림 처리한다.

① 가공된 황동제품의 자연균열을 방지하기 위해서는 도료나 아연도금을 실시하며, 180~260°C로 저온 풀림(응력제거풀림)처리를 해서 내부변형을 완전히 제거하는 것이 좋음.
② 자연균열을 일으키기 쉬운 분위기는 암모니아, 산소, 탄산가스, 습기, 수은 및 그 화합물도 이것을 촉진.

158 탈아연 현상이 많이 나타나는 황동은?

㉮ 고력황동   ㉯ 6 : 4황동
㉰ 7 : 3황동   ㉱ 네이벌 황동

탈아연 현상은 6 : 4황동에서 나타남.

159 황동에서 일어나는 사항과 거리가 먼 것은?

㉮ 탈아연 현상   ㉯ 개량처리
㉰ 경년변화   ㉱ 자연균열

개량처리는 Al합금에서 공정점부근의 용체에 특수한 원소를 첨가하여 조직을 미세화 시키고 기계적 성질을 개선하는 것.

160 액상에서 고상으로 응고될 때 체적 수축량(%)이 가장 큰 것은?

㉮ 연입청동   ㉯ 특수청동
㉰ 황동   ㉱ 고력황동

㉮ 6.3% ㉯ 11.2% ㉰ 12.4% ㉱ 11.5%

161 Cu_2O상을 함유한 동(Cu)을 수소를 함유한 환원성 가스 중에서 가열하면 어떠한 현상이 일어나는가?

㉮ 미세균열   ㉯ 고온취성
㉰ 불림취성   ㉱ 표면부식

$Cu_2O + H_2 \rightarrow 2Cu + H_2O$로 발생한 수증기는 작은 hair crack을 많이 일으킴.

162 구리합금 용해시 탈산제로 가장 많이 사용하는 원소는?

㉮ Ca   ㉯ Mg
㉰ Si   ㉱ P

P

정답 156. ㉰ 157. ㉰ 158. ㉯ 159. ㉯ 160. ㉰ 161. ㉮ 162. ㉱

주조(鑄造)기능장

163 황동의 용해 주조에 대한 설명 중 틀린 것은?
㉮ 저주파유도로 또는 반사로식이 사용 된다.
㉯ 대형 주괴에는 동판제 수냉식 주형은 사용 할 수 없다.
㉰ 황은 용해 중 Zn의 증발이 많다.
㉱ 흡수 가스는 큰 문제가 되지 않는다.

해설 저주파유도로 또는 반사로식이 사용.

164 구리, 황동, 청동의 현미경 조직시험에 필요한 부식액으로 옳은 것은?
㉮ 피크린산 5%+알콜 용액
㉯ 염화제이철 5g+진한 염산 50cc+물 100cc
㉰ 피크린산 2g+가성소오다 25g을 물에 녹여 100cc로 한 것
㉱ 염산 15cc+피크린산 1g+알콜 100cc

해설 염화제이철5g + 진한염산 50cc + 물100cc

165 Al-Cu-Si계 합금의 대표적인 것은?
㉮ 라우탈   ㉯ 실루민
㉰ 알드레이   ㉱ 하이드로날륨

해설
① 실루민 : Al-Si계 합금.
② 알드레이 : Al-Mg-Si계 합금
③ 하이드로날륨 : Al-Mg계 합금

166 Monel metal은 Ni을 몇 % 함유하는가?
㉮ 20-25   ㉯ 30
㉰ 45   ㉱ 60-70

해설 60-70

167 용체화처리 및 시효경화처리를 하여 구리 합금 중에서 가장 높은 강도와 경도를 얻을 수 있는 합금이며, 타격시 스파이크가 생기지 않으므로 전기접점, 정유소 등의 공구재료로 사용되는 것은?
㉮ 규소청동   ㉯ 베릴륨청동
㉰ 망간청동   ㉱ 크롬청동

해설 Cu-Be 합금의 특징은 그 석출 경화성에 있으며 동합금 중에서 가장 높은 강도와 경도를 얻을 수 있음.

168 베어링 합금용이며 내연기관의 축수용에 이용 되는 화이트 메탈(white metal)의 주성분?
㉮ Sn-Sb-Cu   ㉯ Pb-Ag-Si
㉰ Fe-Sb-Bi   ㉱ Pb-Ca-Cu

해설 Sn-Sb-Cu

169 두랄루민의 주성분은?
㉮ Al-Cu-Mg-Si   ㉯ Al-Mg-Cu-Cd-Mn
㉰ Mg-Al-Zn   ㉱ Cu-Ni-Mg-Al

해설
① Al-Mg-Cu-Cd-Mn (다우메탈)
② Mg-Al-Zn (엘렉트론)
③ Cu-Ni-Mg-Al (Y-합금)

170 과냉도(degree of supercooling)가 가장 큰 금속은?
㉮ Sb   ㉯ Al
㉰ Zn   ㉱ Cu

해설 Sb

정답 163. ㉯ 164. ㉯ 165. ㉮ 166. ㉱ 167. ㉯ 168. ㉮ 169. ㉮ 170. ㉮

171. 다음 원소 중 활자합금으로 이용되는 가장 대표적인 원소는?
   ㉮ Pb   ㉯ Zn
   ㉰ Fe   ㉱ Bi

   활자의 합금은 팽창 하므로써 대표적인 원소는 Bi : 0.1이하, Sb : 7.5~10.1가 있다 (Pb-Sb-Sn)

172. 베어링(bearling)용 재료로 많이 쓰이는 바베트(babbit)메탈의 주성분이 아닌 것은?
   ㉮ P   ㉯ Sn
   ㉰ Sb   ㉱ Cu

   babbit metal은 Sn, Sb, Cu의 합금.

173. 충격에 대한 재료의 저항을 무엇이라고 하는가?
   ㉮ 인성(toughness)   ㉯ 연성(ductillity)
   ㉰ 연신(elongation)   ㉱ 경도(hardness)

   재료가 얼마나 질긴가를 충격시험으로 측정하여 재료의 저항을 인성(toughness)이라 함.

174. 하중 변형곡선(Stress.strain curve)에서 소성구역과 탄성구역의 분기점이 되는 것은?
   ㉮ 비례한도(porportional limit)
   ㉯ 탄성한도(elastin limit)
   ㉰ 항복점(yield point)
   ㉱ 최대하중점(point of maximum load)

   탄성한도

175. 재료의 응력(stress)을 표시하는 것으로써 옳은 것은?
   ㉮ 응력 = $\dfrac{단면적}{변형}$
   ㉯ 응력 = 단면적 × 하중
   ㉰ 응력 = $\dfrac{하중}{단면적}$
   ㉱ 응력 = $\dfrac{1}{단면적 \times 하중}$

   응력 = $\dfrac{하중}{단면적}$

176. 최근 들어 에너지 자원보호와 환경문제 때문에 자동화나 항공기 등의 경량화가 크게 요구되고 있다. 경량화를 위한 재료로써 적합하지 않는 것은?
   ㉮ 세라믹강화 알루미늄 복합재료
   ㉯ Mg합금 재료
   ㉰ 다이캐스팅용 아연합금 재료
   ㉱ Ti합금 재료

   아연합금은 비강도(강도/비중)가 낮기 때문에 경량화 재료로는 부적합.

177. 철강의 인장시험에 있어서 항복점이 분명하지 않은 재료의 탄성 판단을 하는 방법인 내력(耐力)은 어느 정도(%)의 영구변형이 생기는 응력인가?
   ㉮ 0.1   ㉯ 0.2
   ㉰ 0.3   ㉱ 0.5

   내력은 0.2% 영구 왜곡의 응력을 측정함.

정답 171. ㉮ 172. ㉮ 173. ㉮ 174. ㉯ 175. ㉰ 176. ㉰ 177. ㉯

178 시험편의 지름 D = 14mm, 평행부의 길이 60mm, 표점거리 50mm, 하중이 9930 kg_f 일 때 응력(kg_f/mm^2)은?

㉮ 0.645   ㉯ 6.45
㉰ 64.5   ㉱ 645

해설
$$\sigma = \frac{D}{A} = \frac{9,930}{153.86} = 64.5 kg_f/mm^2$$

179 다음은 경도시험 중 브리넬 경도를 산출하는 공식이다. 여기서 P"는 무엇인가?

$$HB = \frac{2P}{\pi D(D - \sqrt{D^2 - d^2})}$$

㉮ 입자의 지름(mm)
㉯ 입자의 반지름(mm)
㉰ 기계본체의 무게
㉱ 시험하중(kg_f)

해설
P는 시험시 시편을 누르는 하중(kg_f).

180 경도측정법 중에서 일정한 무게의 추를 시험편에 떨어뜨려 그 튀어 오르는 높이로 경도를 정하는 방법을 사용하는 것은?

㉮ 브리넬 경도   ㉯ 비커스 경도
㉰ 로크웰 경도   ㉱ 쇼어 경도

해설
쇼어 경도 시험기는 다이아몬드가 붙는 추를 10in 높이에서 떨어뜨려 그 튀는 높이로 경도를 정한 것

181 다음 시험기 중 압입자국으로 경도값을 측정하는 것은?

㉮ 쇼어경도   ㉯ 마르텐스경도
㉰ 모스경도   ㉱ 브리넬경도

해설
브리넬 경도는 강구의 깊이만큼 자국이 발생하므로 그 지름으로 경도를 측정.

182 경도시험기 중 현장에서 사용하는 것은?

㉮ 로크웰 경도기   ㉯ 브리넬 경도기
㉰ 비커스 경도기   ㉱ 쇼어 경도기

해설
쇼어 경도기는 크기가 작고 휴대하기 간편하며, 제품에 측정표시가 나지 않아 현장용.

183 150kg_f의 하중과 꼭지각도 120°의 diamond 원추를 사용하는 경도계는?

㉮ 브리넬 경도기   ㉯ 로크웰 경도기
㉰ 쇼어 경도기   ㉱ 비커스 경도기

해설
KSB 5526에 규정

184 KSB 0801에 규정된 금속재료의 인장시험편에서 정하지 않아도 되는 항목은?

㉮ 무게(G)
㉯ 지름(D)
㉰ 평행부의 길이(P)
㉱ 어깨부의 반지름(R)

해설
표점거리(L)는 인장시험편에서는 규정하지 않음

185 정지 상태에서 압입자를 눌러서 경도를 측정하는 경도계가 아닌 것은?

㉮ 브리넬 경도계 ㉯ 로크웰 경도계
㉰ 비커즈 경도계 ㉱ 쇼어 경도계

쇼어 경도계는 측정자를 낙하시켜 반발 높이로 경도 측정.

186 인장시험으로 측정이 곤란한 것은?

㉮ 항복점   ㉯ 인장강도
㉰ 연신율   ㉱ 충격값

인장시험에서는 인장강도 항복점 연신율만 알 수 있음.

187 연신율이 20%이고, 늘어난 길이가 60 mm 일 때 원래의 길이(mm)는?

㉮ 40   ㉯ 45
㉰ 50   ㉱ 60

ε = (연신된 거리/표점거리)×100
  = $(L-L_0/L_0)$×100

188 지름이 12mm, 표점거리 200mm의 시험편을 인장시험 후 표점거리가 250mm가 되었다. 연신율(%)은?

㉮ 15   ㉯ 25
㉰ 35   ㉱ 45

$\varepsilon = \dfrac{\sigma}{l} = \dfrac{50}{200} = 0.25 \times 100 = 25\%$

189 재료의 인장강도 측정시험을 했을 때 연신율 측정의 기준이 되는 거리는?

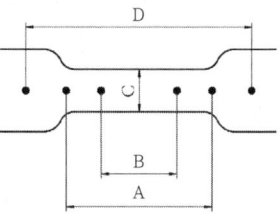

㉮ A   ㉯ B
㉰ C   ㉱ D

연신율 측정의 기준거리는 표점거리라 하며 평행부 거리(A)보다 짧음.

190 KS규격의 금속재료 인장시험편의 규격은?

㉮ KSA 0801   ㉯ KSB 0801
㉰ KSC 0801   ㉱ KSD 0801

금속재료 : KSB0801, 플라스틱 : KSM3006

191 시험편의 표점거리가 112mm, 지름이 14mm이고 최대하중 5500kgf 에서 절단되었을 때 실제 늘어난 길이가 20mm 라 하면 연신율(%) 및 인장강도는?

㉮ 178, 307   ㉯ 17.9, 35.7
㉰ 1.7, 3.07   ㉱ 0.178, 0.307

$\varepsilon = \dfrac{132-112}{112} \times 100 = 17.9\%$

$\alpha = \dfrac{5500}{\dfrac{\pi}{4}(14)} ≒ 35.7(kg_f/mm^2)$

정답 185. ㉱ 186. ㉱ 187. ㉰ 188. ㉯ 189. ㉯ 190. ㉯ 191. ㉯

제4편

자동생산시스템

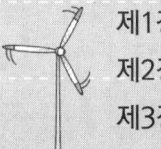

제1장 자동제어
제2장 CAD/CAM
제3장 유압장치

✿ 기출 및 예상문제

제1장 자동제어

주조(鑄造)기능장

01 자동제어의 개요

1 생산라인에서 제어용 컴퓨터를 도입한 동기

① 생산량이 많으므로 품질, 회수율의 근소한 개선에 따른 큰 이익이 얻어짐
② 공정이 복잡하고 품질 및 능률에 영향을 끼치는 요인이 많음
③ 온라인 제어에 필요한 자동 제어 설비가 개발
④ 고도로 기계화된 설비이고, 컴퓨터와 접속이 용이
⑤ 조업이 상당히 수식화되어 있어 컴퓨터에 의한 처리가 용이

2 개요

① 컴퓨터의 활용에 의해 공정의 해석이 발전하고 컴퓨터의 적용 범위와 문제점이 명확해짐
② 컴퓨터가 적용되는 범위가 넓어짐과 동시에 컴퓨터의 분업이 이루어짐
③ **사용 컴퓨터** : 대형 컴퓨터, 미니 컴퓨터 등

02 자동 제어의 기초

1 라인 자동 제어의 기초

피드백 제어, 시퀀스 제어

2 피드백 제어

① 공정의 제어량을 계측하여 목표 값과 비교해서 편차가 없도록 조작
② 피드백 루트의 각 요소에 동적특성을 고려
③ 동적특성을 나타내는 양으로 중요한 것
    ㉠ 시간 정수와 허비 시간(dead time)
    ㉡ 시간 정수 : 공정의 시간적인 민감도
    ㉢ 허비 시간 : 입력 변화가 생길 때부터 출력 변화가 나타나기까지의 시간
④ 좋은 제어 결과를 얻기 위한 조건
    ㉠ 공정 동적특성이 제어하기 쉬운 형태일 것
    ㉡ 동적특성에 맞는 제어 동작 조절계를 설치할 것
    ㉢ 안전한 계측을 할 것
⑤ 설계시 동적특성을 예측하기 쉬우므로 허비시간, 이력 등의 작은 제어가 용이한 계측기를 설계
⑥ 공정을 고속으로 하기 위해서는 동적특성을 개선할 필요가 있음
⑦ 사이리스터를 사용한 전동기 제어계, 유압압하 장치 사용
⑧ 계측기를 압연 라인의 불리한 조건에서 안정하게 작동시키기 위해 개선이 필요

3 시퀀스 제어

① 간단한 시퀀스 제어 : 캠을 조합하여 기계적으로 제어
② 반도체 논리 소자(IC, TR) 사용하면 신뢰성이 높고 복잡한 동작 가능

03 와이어드 로직

① 피드백 제어, 시퀀스 제어를 전용의 회로로 조립한 것
② 생산 라인의 와이어드 로직 장치
    ㉠ CPC(card programmed comtrol)
    ㉡ APC(automatic preset control)

ⓒ AGC(automatic gage control)

ⓔ ACC(automatic combustion control)

③ 복잡한 조업 조건의 변화와 함께 소기의 성과를 얻기 위해서는 많은 회로가 필요한 단점이 있음

④ 고속성을 필요로 하는 컴퓨터와 압연 기계의 접속 부분에 사용

⑤ 판단 기능은 보다 유연성이 있는 컴퓨터가 맡도록 하는 분업화 방향

04 제어용 컴퓨터와 응용

1 제어용 컴퓨터 구성도

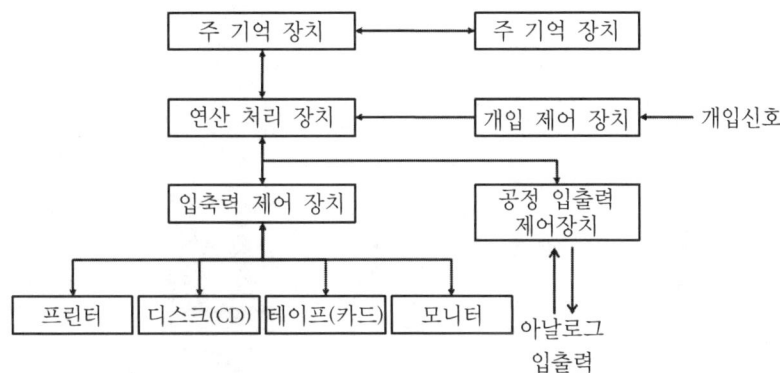

2 운전 가이드 및 자료 로깅

① 컴퓨터 제어를 할 때에 부수적으로 할 수 있는 항목 : 운전 가이드, 자료 로깅

② 운전 가이드

㉠ 컴퓨터에 입력된 정보를 사용하여 운전자가 압연 지시, 라인 상의 진척 상황, 여러 가지 설정 항목을 표시

㉡ 표시 기기 : 숫자 표시판, CRT, 프린터, 램프, 버저 등

㉢ 표시 형식, 내용 : 운전자가 정확하고 신속하게 판독할 수 있어야 함

③ 자료 로깅
　㉠ 작업 보고, 생산 관리, 기술 해석 등의 목적으로 실시
　㉡ 컴퓨터에 입력된 정보를 프린터, 하드디스크 등의 장치를 통하여 기록

제2장 CAD/CAM

01 CAD/CAM의 개요

1 CAD/CAM 이란?

① CAD/CAM은 컴퓨터를 이용한 설계제도 및 제작을 의미함
② CAM/CAM의 주기능은 제도 및 설계 작업, CNC 공작기계를 이용한 제품 가공 및 생산에 있음
③ 생산 시스템, 로봇, 자동창고, 자동반송기기 등을 컴퓨터로 관리
④ **궁극적 목표** : 공장 전체의 자동화, 무인화, FA(공장자동화)

2 CAD

컴퓨터로 제품의 제도, 설계, 해석 및 최적 설계 등의 작업

3 CAM

제품제조단계에 관련되는 기술로서 공정설계, 작업기술결정, 가공, 검사, 조립 등의 전 과정을 컴퓨터로 추진하는 기술

4 장점

설계 및 제조 시간 단축, 품질관리의 강화, 생산성 향상, 우수 품질의 제품을 대량 생산

5 CAD/CAM의 적용 범위

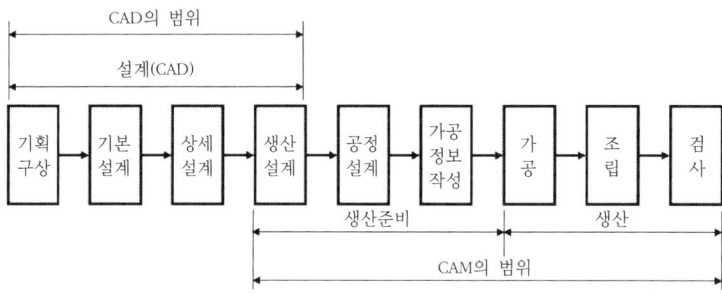

02 자동화와 CAD/CAM

1 자동화를 할 수 있는 생산 형태는 다음의 4가지로 구분

① **연속적 공정의 흐름** : 화학플랜트나 정유공과 같이 크기가 큰 생산품의 대량 생산이 이루어지는 형태
② **부품의 대량생산** : 자동차, 엔진블록 및 기계설비와 같이 한 가지 혹은 한정된 제품을 대량생산하는 형태
③ **일괄생산** : 책, 못 또는 산업용 기계와 같이 비슷한 종류의 크기가 작은 제품이나 부품을 한 번 이상 되풀이하여 생산하는 형태
④ **특수제품의 생산** : 항공기, 공작기계 및 기타 특수장비와 같이 다품종 소량생산으로 주문제작이나 고도의 기술을 요하는 제품의 생산 형태

2 위의 4가지 생산체계에 CAD/CAM을 적용함으로써 가장 효율적인 생산체계라 할 수 있음

03 CAD/CAM 주변기기

1 입력장치

① 키보드
   ㉠ 지령 및 데이터를 영문자와 숫자의 키를 눌러 입력할 수 있는 가장 기본적인 장치
   ㉡ 명령어를 입력하는 경우 치수, 텍스트는 물론 필요한 경우 각종 기능을 명령문으로 종합한 기능키를 지정하여 사용할 수 있음

② 라이트 펜
   ㉠ 그래픽 스크린 상에서 특정의 위치나 도형을 지정하거나 자유로운 스케치, 그래픽 스크린 상의 메뉴를 통한 명령어 선택이나 데이터 입력에 사용
   ㉡ 그래픽 스크린 상에 접촉한 자리의 빛을 인식하는 장치로 광다이오드나 광트랜지스터 또는 광선 감지기를 사용

③ 조이스틱
   ㉠ 영상 피트백의 원리에 의해 작동되는 커서를 이동시키기 위해 사용되는 장치
   ㉡ 3차원 작업에서 그립 스타일과 크기에 사용할 수 있음
   ㉢ 3차원 디스플레이에서 사용하면 보다 좋은 효과를 얻을 수 있으나 정확한 위치 조정이 어려움

④ 마우스
   ㉠ 테이블 위에서 이동시키면서 디스플레이 화면 중의 커서를 이동시켜 그래픽 디스플레이에 표시된 도형이나 스크린 상의 메뉴를 일치시켜 버튼을 누르면 도형 데이터가 인식되거나 명령어가 입력됨
   ㉡ 그래픽 좌표 입력도 가능
   ㉢ 볼을 이용하는 기계식과 광학 센서를 이용한 광학식이 있음

⑤ 트랙 볼
   ㉠ 임의의 방향으로 자유롭게 회전할 수 있는 베어링의 볼
   ㉡ 커서의 위치를 원하는 방향으로 이동시키기 위하여 적절한 방향으로 회전하여 사용
   ㉢ 커서 움직임의 방향은 볼의 회전 정도에 좌우되며 커서의 속도는 볼에 의해 조정됨

⑥ 태블릿
- ㉠ 좌표나 위치 정보의 입력장치로 사용
- ㉡ 도형 입력상 여러 가지 기능에 대한 약속을 판에 정의해 두고 펜이나 푸시버튼으로 입력

2 출력장치

① 디스플레이(CRT)
- ㉠ CAD/CAM 주변기기 중에서 중요한 역할
- ㉡ 랜덤 주사형, 스토리지형, 래스터형

② 프린터
- ㉠ 도면을 나타내는 기능
- ㉡ 잉크젯, 레이져, 도트 매트릭스, 라인 프린터

③ 플로터
- ㉠ 도면을 나타내는 기능
- ㉡ 펜 플로터와 정전형 플로터

④ 하드 카피 장치
- ㉠ CRT 화면에 나타난 영상을 그대로 복사하는 장치
- ㉡ 컴퓨터를 이용한 설계 작업시 신속하게 변하는 중간 중간의 결과를 관찰하기에 편리
- ㉢ 플로터에 비해 해상도가 나쁘므로 최종도면으로의 출력은 적합하지 않음

 주조(鑄造)기능장

유압장치

01 유압장치의 개요

1 유압장치의 특징

① 장점
  ㉠ 소형장치로 큰 힘(출력)을 발생
  ㉡ 일정한 힘과 토크를 낼 수 있음
  ㉢ 무단변속이 가능하고 원격제어가 가능함
  ㉣ 과부하에 대한 안전장치가 간단하고 정확
  ㉤ 전기, 전자장치와 좋아 자동제어가 가능
  ㉥ 정숙한 운전 및 열 방출성이 우수

② 단점
  ㉠ 유온의 영향(점도의 변화)으로 속도가 변동
  ㉡ 고압 사용으로 인한 위험성 및 배관이 어려움
  ㉢ 이물질로 인한 오염에 민감
  ㉣ 기름 누출의 사고 발생

2 유압장치의 구성

① **유압펌프** : 유압 에너지의 발생원으로 오일을 공급하는 기능 수행
② **유압제어밸브** : 압력, 방향, 유량 제어 밸브 등으로 공급된 오일을 조절하는 기능 수행
③ **액추에이터** : 유압 에너지를 기계적 에너지로 변환하는 작동기로 유압실린더, 모터 등으로 구성
④ **기타 기기** : 오일 탱크, 오일 냉각기, 축압기, 여과기, 오일 가열기, 배관 등

02 유압 펌프의 종류

1 기어 펌프

① 외접식 기어펌프 : 펌프축이 회전되면 두 개의 외접기어가 케이싱 상에서 맞물려 회전하면서 오일을 흡수하여 토출구 쪽으로 밀어내는 펌프
② 내접식 기어펌프 : 케이싱 안에 내치기어와 외치기어가 맞물려 회전함으로써 펌프작업을 행하는 펌프
③ 트로코이드 펌프 : 트로코이드 곡선을 사용한 내접식 펌프

2 베인 펌프

① 단단(1단)베인 펌프
  ㉠ 베인 펌프의 기본형태
  ㉡ 부시, 캠링, 로터 베인으로 카트리지가 구성
  ㉢ 축, 베어링에 편심하중이 걸리지 않으므로 수명이 길다.
② 2단 베인 펌프
  ㉠ 2개의 카트리지를 본체에 직렬로 연결
  ㉡ 1단 베인 펌프에 비해 2배의 압력을 유지
  ㉢ 부하배분 밸브가 부착되어 있음
③ 이중 베인 펌프
  ㉠ 2개의 카트리지를 본체에 병렬로 연결
  ㉡ 1개의 펌프를 가지고 2개의 유압원에 사용하고자할 때 사용
  ㉢ 설비비가 경제적
④ 복합 베인 펌프
  ㉠ 하나의 본체에 2개의 카트리지로 구성
  ㉡ 카트리지외 구성품 : 릴리프 밸브, 무부하 밸브, 체크 밸브가 같이 구성되어 있음
  ㉢ 가변용량형 베인 펌프 : 로터의 회전 중심, 원형 캠링을 기계적으로 조절하여 1회전당 토크량을 조절할 수 있음

3 피스톤 펌프

① 축방향 피스톤 펌프
  ㉠ 사축식 피스톤 펌프 : 실린더 블록축과 구동축의 각도를 바꾸는 펌프
  ㉡ 사관식 피스톤 펌프 : 실린더 블록축과 구동축을 동일축상에 배치하고 경사관의 각도를 바꾸어 피스톤의 행정을 조정하는 펌프
② 반지름 방향 피스톤 펌프 : 피스톤의 운동방향이 실린더 블록의 중심선에 직각인 평면 내에서 방사상으로 나열되어 있는 펌프

4 피프톤 펌프의 특징

① 다른 유압펌프에 비해 효율이 가장 우수
② 고속, 고압의 유압장치에 적합
③ 가변용량형 펌프에 많이 이용
④ 구조가 복잡하고 가격이 고가
⑤ 흡입능력이 가장 낮음

03 유압제어 밸브

1 압력제어 밸브

① 릴리프 밸브
  ㉠ 회로 내의 최고압력을 한정하는 밸브
  ㉡ 실린더 내의 토크를 제한하여 과부하를 방지
  ㉢ 종류 : 직동형, 파일럿형
② 감압밸브
  ㉠ 주회로의 압력보다 저압으로 감압시켜 사용하는 밸브
  ㉡ 출구측 압력을 일정하게 유지할 수 있음

③ 압력 시퀀스 밸브
   ㉠ 주회로에서 복수의 실린더를 순차적으로 작동시켜 주는 밸브
   ㉡ 응답성이 우수하여 저압용으로 많이 사용
④ 카운터 밸런스 밸브
   ㉠ 회로의 일부에 배압을 발생시킬 경우 사용하는 밸브
   ㉡ 부하가 급격히 제거되어 관성에 의한 제어가 곤란할 때 사용
   ㉢ 수직형 실린더의 자중 낙하를 방지
⑤ 무부하 밸브
   ㉠ 유압장치의 작동 중 펌프의 송출량을 필요로 하지 않을 때 사용
   ㉡ 펌프의 전유량을 직접 탱크로 돌려보내 펌프를 무부하로 하여 동력절감 및 유온상승 방지

종류	릴리프 밸브	감압 밸브	압력 시퀀스밸브	카운터 밸런스 밸브	무부하 밸브
도시기호					

2 방향제어 밸브

① **체크 밸브** : 오일을 한 방향으로 흐르게 하여 반대방향으로 흐르는 것을 방지하는 밸브
② **파일럿 조작 체크 밸브** : 외부에서 파일럿 압력을 조작하여 역류가 가능하게 한 밸브
③ **감속 밸브** : 유압자동기의 운동 위치에 따라 캠 조작으로 회로를 개폐시키는 밸브
④ **셔틀 밸브** : 항상 고압측의 유압만을 통과시키는 밸브
⑤ **방향전환 밸브** : 조작기를 통하여 밸브의 흐름 방향을 바꾸는 밸브
⑥ **전자 밸브** : 전자조작으로 유압의 방향을 전환시키는 밸브
⑦ **서보 밸브** : 입력 신호에 따라 높은 압력의 유량을 빠른 응답속도로 제어하는 밸브
⑧ **안내 밸브** : 포트를 통과하여 액추에이터로 흐르는 유압을 제어하는 밸브

종류	체크 밸브	파일럿 조작 체크 밸브	셔틀 밸브
도시기호			

종류	방향전환 밸브	전자전환 밸브	서보 밸브
도시기호			

③ 유량제어 밸브

① **교축 밸브** : 작은 지름의 파이프에서 유량을 미세하게 조정하는 밸브로 부하 변동에 따른 유량을 정확하게 제어가 곤란
② **압력보상 유량제어 밸브** : 출구측의 유량이 회로의 압력변동에 영향을 받지 않고 일정하게 흐르도록 압력보상장치가 달린 밸브
③ **유량분류 밸브** : 2개의 실린더 작동을 동조시키고, 유량을 제어하고 분배하는 기능을 하는 밸브

종류	교축 밸브	유량제어 밸브	유량분류 밸브
도시기호			

제4편 자동생산시스템 기출 및 예상문제

001 자동화를 하는 중요한 이유가 아닌 것은?
㉮ 노무비의 감소
㉯ 노동력의 과잉
㉰ 노동력이 서비스 분야를 선호하는 경향
㉱ 원자재 비용의 상승

해설: 노동력의 부족은 노동력의 대체 수단으로 자동화의 개발을 촉진시키는 역할.

002 자동화의 단점 중 틀린 것은?
㉮ 생산탄력성이 결여된다.
㉯ 제품의 품질을 균일하게 한다.
㉰ 자동화에 따른 비용이 많이 든다.
㉱ 설계, 설치, 운영 등에 높은 기술수준이 요구된다.

해설: 장점 : 제품의 품질을 균일하게 함.

003 생산현장에서 자동화로 얻어지는 효과로 틀린 것은?
㉮ 생산성의 향상
㉯ 노동인력의 증가
㉰ 노무비의 감소
㉱ 원자재 비용의 감소

해설: 노동력 부족으로 인한 자동화 실시.

004 시간에 따라 예측할 수 없는 방법으로 공정의 변화가 발생하는 이유 중 틀린 것은?
㉮ 환경의 변화   ㉯ 원자재의 변화
㉰ 부분품의 마모   ㉱ 모델 계수의 변화

해설: 모델계수의 변화는 공정모델에서의 변화.

005 공정의 변화에 의해 영향을 받는 기본적인 3가지 형태에 속하지 않는 것은?
㉮ 제한의 변화
㉯ 원자재의 변화
㉰ 모델계수의 변화
㉱ 모델의 구조적인 변화

해설: 원자재의 변화는 공정의 변화가 발생하는 이유.

006 자동제어의 필요성이 아닌 것은?
㉮ 노동조건 향상
㉯ 생산설비 수명연장
㉰ 생산속도 둔화
㉱ 품질 균일화

해설: 생산속도 둔화.

정답 001. ㉯ 002. ㉯ 003. ㉯ 004. ㉱ 005. ㉯ 006. ㉰

007 유압의 특징이 아닌 것은?

㉮ 작으면서 힘이 강하다.
㉯ 과부하 방지가 간단하고 정확하다.
㉰ 원격조작이 가능하다.
㉱ 진동이 많은 대신 작동이 원활하다.

【해설】 진동이 적고 작동이 원활.

008 동력원 기호 중 공기압 동력원 기호는?

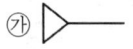 ㉮    ㉯
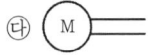 ㉰    ㉱

【해설】 ㉮ 유압원 ㉰ 전동기 ㉱ 원동기

009 압력을 나타내는 단위 기호는?

㉮ N   ㉯ Pa
㉰ J   ㉱ W

【해설】 N : 힘, Pa : 압력, J : 에너지, 일, W : 일률

010 압력제어 밸브 중 유압기기의 폭발을 방지하는 릴리프 밸브의 종류가 아닌 것은?

㉮ 포핏타입
㉯ 가이드 피스톤 타입
㉰ 차동 피스톤 타입
㉱ 단동 피스톤 타입

【해설】 단동 피스톤 타입.

011 공기의 압력에 대한 설명 중 옳은 것은?

㉮ 완전한 진공을 "0"로 측정한 압력을 게이지 압력이라 한다.
㉯ 절대압력 = 대기압+게이지 압력이라 한다.
㉰ 대기압을 "0"으로 측정한 압력을 절대압력이라 한다.
㉱ 표준기압 1atm = 7600mmHg 이다.

【해설】
① 절대압력 : 완전한 진공을 0으로 측정한 압력
② 게이지 압력 : 대기압을 0으로 측정한 압력
③ 진공압 : 대기압보다 낮은 압력을 부압(-).
④ 절대압력 = 대기압 + 게이지압력

012 설정된 신호에 의하여 2차압을 제어하는 것에 속하는 것은?

㉮ 릴리프밸브   ㉯ 감압밸브
㉰ 절환밸브   ㉱ 무부하밸브

【해설】 설정된 신호에 의하여 2차압을 제어하는 것에는 무부하밸브, 시퀀스밸브, 카운터밸런스밸브 등.

013 고압측과 자동적으로 접속되고 동시에 저압측 포트를 막아 항상 고압이 흐르도록 하는 밸브는?

㉮ 2압밸브   ㉯ 감압밸브
㉰ 셔틀밸브   ㉱ 감속밸브

【해설】 **셔틀밸브** : 공기압 회로를 구성할 때 2개소 이상의 방향으로 부터의 흐름을 1개소를 합칠 필요가 있을 때 사용.

정답 007. ㉱ 008. ㉮ 009. ㉯ 010. ㉱ 011. ㉯ 012. ㉱ 013. ㉰

주조(鑄造)기능장

14 압력제어 밸브는?
㉮ 시퀀스 밸브 ㉯ 속도제어 밸브
㉰ 방향제어 밸브 ㉱ 셔틀 밸브

해설 압력제어 밸브 : 압력조절밸브, 릴리프밸브, 시퀀스밸브, 무부하밸브.

15 배압을 발생시키고자 할 때 사용하는 밸브이며, 부하가 급속하게 제거될 경우에 사용되어지는 밸브는?
㉮ 시퀀스밸브
㉯ 카운터밸런스밸브
㉰ 언로드밸브
㉱ 릴리프밸브

해설 다른 방향의 흐름이 자유로 흐르도록 한 밸브

16 속도를 조절하는 유량 제어 밸브는?
㉮ 압력제어 밸브 ㉯ 교축 밸브
㉰ 리듀싱 밸브 ㉱ 언로딩 밸브

해설 유압실린더나 유압모터 등 작동기의 운동속도를 제어하기 위하여 유량을 제어하는 밸브.

17 압력제어 밸브가 아닌 것은?
㉮ 감압밸브 ㉯ 셔틀밸브
㉰ 릴리프밸브 ㉱ 무부하밸브

해설 압력제어 밸브 : 릴리프밸브, 감압밸브, 무부하밸브, 시퀀스밸브, 카운터 밸런스밸브 등.

18 한 방향으로 흐름 허용하고, 역류를 방지하는 밸브는?
㉮ 셔틀밸브 ㉯ 체크밸브
㉰ 2압밸브 ㉱ 조합밸브

해설 체크밸브는 한쪽방향으로는 공기의 흐름을 완전히 차단시키며 반대 방향으로는 적은 압력손실로 공기를 흐르게 하기 때문.

19 전기신호에 의해 안내밸브를 움직이게 한 일종의 증폭기이며, 전기와 유압의 혼합형인 밸브는?
㉮ 서보밸브
㉯ 교류 서보밸브
㉰ 분사관식 서보기구
㉱ 직규 서보기구

해설 서보밸브 : 신호의 전송은 전기적으로 행함.

20 방향제어 밸브의 조작방법 중 인력조작 방식은?
㉮ 롤러방식 ㉯ 전자방식
㉰ 공압방식 ㉱ 레버방식

해설 인력조작 방식 : 레버 방식, 페달 방식, 누름버튼 방식

21 유압기기 중 회전펌프가 아닌 것은?
㉮ 기어펌프 ㉯ 나사펌프
㉰ 베인펌프 ㉱ 직동왕복펌프

해설 회전펌프에는 기어펌프, 나사펌프, 베인펌프가 있음.

022 유압펌프의 종류가 아닌 것은?
  ㉮ 베인펌프   ㉯ 기어펌프
  ㉰ 터빈펌프   ㉱ 플런저펌프

  해설
  유압펌프 : 베인, 기어, 플런저 펌프

023 유압 펌프의 흡입구에서 발생하는 캐비테이션(cavitation)을 방지하기 위한 방법이 아닌 것은?
  ㉮ 오일탱크의 오일점도는 800cSt(40,000 SSu)를 넘지 않도록 한다.
  ㉯ 흡입구의 양정을 1.5m 이상으로 한다.
  ㉰ 흡입관의 굵기는 유압펌프 본체의 연결구 크기와 같은 것을 사용한다.
  ㉱ 펌프의 운전속도는 규정 속도 이상으로 해서는 안된다.

  해설
  유압펌프의 흡입저항이 크면 캐비테이션(cavitation)이 일어나기 쉽기 때문에 용적특성이 영향을 받아 유압기기가 불규칙적으로 운동하기 쉽고, 캐비테이션에 의하여 오일이 증발하여 유압펌프의 가압행정에서 오일을 급격히 압축하므로 오일의 손상을 빠르게 하거나 고온으로 되어 펌프를 파손시킬 위험이 있으므로 흡입구 양정은 1m 이하로 함.

024 유압장치에 사용하는 작동유로써 필요한 성질로 틀린 것은?
  ㉮ 압축률이 충분히 커야 한다.
  ㉯ 충분한 유동성이 있어야 한다.
  ㉰ 거품이 적어야 한다.
  ㉱ 시일재와의 적합성이 좋아야 한다.

  해설
  작동유는 압축율이 충분히 적을 것, 충분한 유동성 거품이 적고 시일재와의 적합성이 좋아야 함.

025 유압실린더의 지지형식에 따른 분류 중 고정형 실린더가 아닌 기호는?
  ㉮ 푸트형(LA)   ㉯ 헤드 프랜지형
  ㉰ 로드 플랜지형   ㉱ 클레비스형

  해설
  고정형 실린더에는 푸트형(LA) 플랜지형(FA : FC)등.

026 완전진공을 0으로 한 압력의 크기를 무엇이라고 하는가?
  ㉮ 절대압력   ㉯ 게이지 압력
  ㉰ 대기압   ㉱ 공기압

  해설
  절대압력은 완전진공을 0으로 한 압력의 크기.

027 실린더의 장치방법에서 트러니언 형식이 아닌 것은?
  ㉮ 로드축   ㉯ 중간
  ㉰ 헤드측   ㉱ 축방향

  해설
  축방향은 푸트형.

028 다음 동력 전달 방식 중 에너지 변환 효율이 좋은 순서로 옳은 것은?
  ㉮ 전기식 → 유압식 → 공압식
  ㉯ 전기식 → 공압식 → 유압식
  ㉰ 공압식 → 유압식 → 전기식
  ㉱ 유압식 → 전기식 → 공압식

  해설
  전기식 → 유압식 → 공압식

정답 022. ㉰   023. ㉯   024. ㉮   025. ㉱   026. ㉮   027. ㉱   028. ㉮

29 용적형 펌프 중 회전펌프는?
㉮ 피스톤펌프 ㉯ 웨어펌프
㉰ 기어펌프   ㉱ 축류펌프

해설
기어펌프는 구조가 간단하고 값이 저렴하므로 차량, 건설기계, 운반기계 등에 사용.

30 솔리드 모델 중 CSG 방식의 설명 중 틀린 것은?
㉮ 데이터 수정이 용이 하다.
㉯ 투시도 작성이 용이 하다.
㉰ 변화의 작성이 용이하다.
㉱ 모테카를로법으로 중량계산이 용이하다.

해설
CSG 방식은 데이터 수정이 용이하고 투시도 작성이 곤란하며, 변화의 작성이 용이 함.

31 요동형 액추에이터의 기호는?
㉮   ㉯
㉰   ㉱

해설
요동형 액추에이터

32 다음 변환요소 중 전압을 변위로 전환시키는 장치는?
㉮ 광전 다이오드   ㉯ 전자석
㉰ 다이어프램   ㉱ 스프링

해설
전자석

33 오일에는 수분이 함유될 경우 금속에 녹이 슬고 유압기기를 상하게 하므로 수분의 관리가 중요하다. 수분의 허용한계는 몇 % 이하인가?
㉮ 0.05   ㉯ 0.2
㉰ 0.7   ㉱ 1.0

해설
0.2%

34 가변저항기를 의미하는 회로는?
㉮   ㉯
㉰    ㉱

해설
가변저항기

35 전동기의 정, 역전회로 등에서 다른 계전기의 동시 동작을 금지 시키는 회로는?
㉮ 인터로그회로   ㉯ 입력우선회로
㉰ 기동우선회로   ㉱ 정지우선회로

해설
인터로그회로

36 다음 그림의 유압기호가 나타내는 것은?

㉮ 배관의 접속   ㉯ 작동 배관
㉰ 압력계   ㉱ 전동기

해설
유압도면에 사용되는 배관의 접속.

정답 029. ㉰ 030. ㉯ 031. ㉯ 032. ㉯ 033. ㉯ 034. ㉰ 035. ㉮ 036. ㉮

037. 출력암의 홈(슬라이더용 slit)안에서 회전 운동을 하는 크랭크 핀이 미끄러져감으로써 출력 레버를 움직이는 기구는?
㉮ 토글
㉯ 레버슬라이더
㉰ 이송나사
㉱ 제네바

레커슬라이더(recer slider)란 출력 암으로 홈 안에서 회전운동을 하는 크랭크 핀(슬라이더화함)이 미끄러져 감으로써 출력레버를 움직이는 기구.

038. 자동화 시스템에서 사용되는 센서 중 옵터체커에 관한 설명 중 틀린 것은?
㉮ 다품종의 검출이 불가능하다.
㉯ 소형 대상물의 검출이 용이하다.
㉰ 기술자가 아니라도 구사할 수 있다.
㉱ 가격이 비교적 싸다.

옵터체커는 다품종의 검출이 용이하고, 조형 대상물의 검출이 용이하며, 기술자가 아니라도 구사할 수 있고 가격이 저렴.

039. 자동제어에서 오차를 자동으로 정정하게 하는 장치를 피드백제어라고 한다. 이 때 반드시 요구되는 장치는?
㉮ 응답속도를 빠르게 하는 장치
㉯ 구동장치
㉰ 안정도를 좋게 하는 장치
㉱ 입력과 출력을 비교하는 장치

피드백 제어는 입력과 출력을 비교하는 장치가 필수적.

040. 회전하는 암(arm)에 커넥팅 로드를 연결하여 로드의 출력 블록을 구동하는 기구는?
㉮ 래크
㉯ 크랭크
㉰ 래칫
㉱ 커넥팅 로드

회전하는 암(arm)에 커넥팅 로드를 연결하여 로드의 출력 블록을 구동하는 기구를 크랭크라 함.

041. 전자릴레이를 사용한 시퀀스제어의 특징 중 장점으로 틀린 것은?
㉮ 입력과 출력이 분리된다.
㉯ 동작상태의 확인이 용이하다.
㉰ 외형(control panel)을 소형화하는데 적합하다.
㉱ 온도변화에 대한 사용이 무접점 릴레이보다 양호하다.

전자릴레이 시퀀스제어 : 외형 소형화에 한계성이 있음.

042. 서모파일에 대한 설명 중 틀린 것은?
㉮ 광파장 대역 복사온도계
㉯ 응답속도가 1~5초
㉰ 측정 정밀도는 최대치의 ±1.0%
㉱ 측정온도 범위가 200~1500℃에서만 가능하다.

① 서모파일 : 광파장 대역 복사온도계, 응답속도 1~5초
② 측정정밀도 : 최대치의 ±1.0%
③ 측정온도 범위는 : 0~200℃, 50~50℃, 200~1500℃

정답 037. ㉯ 038. ㉮ 039. ㉱ 040. ㉯ 041. ㉰ 042. ㉱

43 제어회로의 분류 중 전진 끝점에서 정지하여 중간 스타트 신호를 받아 복로 동작을 재개하는 분류번호는?

㉮ 1류　　㉯ 2류
㉰ 3류　　㉱ 4류

해설
제어회로의 분류번호 3류는 전진 끝점에서 정지하여 중간 스타트 신호를 받아 복로동작을 재개하는 것

44 질량, 속도, 힘을 전기계로 유출하는 경우 옳은 것은?

㉮ 질량 = 용량, 속도 = 전류, 힘 = 전압
㉯ 질량 = 저항, 속도 = 전류, 힘 = 전압
㉰ 질량 = 인덕턴스, 속도 = 전류, 힘 = 전압
㉱ 질량 = 임피던스, 속도 = 전류, 힘 = 전압

해설
질량 = 저항, 속도 = 전류, 힘 = 전압

45 프로세스제어(process control)에 속하지 않는 것은?

㉮ 온도　　㉯ 유량
㉰ 자세　　㉱ 압력

해설
온도, 유량, 압력 : 프로세스제어

46 전자회로에서 온도 보상용으로 주로 사용되는 소자는?

㉮ 제너다이오드　　㉯ 더어미스터
㉰ 근접스위치　　㉱ 광전지

해설
더어미스터 : 온도에 따라 저항값이 변하는 반도체이며 온도에 민감한 두 개의 단자를 갖고 있음.

47 산업용 로봇의 도입 동기로 볼 수 없는 것은?

① 인간이 견디기에 어려운 작업환 극복
② 인간능력 이상의 기술과 정밀도가 요구되는 경우
③ 대량 생산의 필요성
④ 전문인력 대치로 인한 인건비에 의한 원가절감

해설
전문인력 부족은 설비(기계)의 개선 및 자동화로 보완.

48 공정설계(Process Enginnering)를 가장 잘 표현한 것은?

① 자재관리를 통한 효율적 재고의 활용을 하는 것
② 원자재를 사용 가능한 제품으로 형상화하는 최적의 방안을 모색하는 것
③ 유사한 작업을 결합시켜 작업의 능률향상을 기대하는 것
④ 작업 시 효율적인 인원배치로 원가를 절감하는 것

해설
공장설계 : 공장에서 원자재 관리부터 최종제품에 이르기까지 모든 일련의 과정을 효율적으로 순서 정연하게 결정하는 절차.

49 경보표시 등의 표시 중 옳은 것은?

① 전원표시 : 백색
② 운전표시 : 백색
③ 전원표시 : 전색
④ 경보표시 : 백색

해설
전원표시 색 : 백색(약호 wL, Pl)

정답 043. ㉰　044. ㉯　045. ㉰　046. ㉯　047. ㉱　048. ②　049. ①

050 공장 자동화에 기하여 규모와 수준이 확장됨에 따라 F.A 공정제어장치에 논리를 프로그램 형태로 작성하여 컴퓨터로 작성하여 컴퓨터로 구현한 방법으로 대표적인 것은?

① Simulation
② 전자제어용 고감도 센서
③ PLC회로
④ 릴레이 자동제어 시스템

PLC(Program Logic Control) : 공정제어기기 및 장치에 논리를 프로그램 형태로 기억하여 제어할 수 있도록한 방식.

051 다음 중 자동화방식 및 기구와 관련이 적은 것은?

① 가공자동화 : NC제어 및 Process 곡선 가공
② 조립자동화 : 3차원 좌표 측정기 및 센서
③ 제품이송 : 벨트 콘베어장치
④ 설계의 자동화 : PLC

PLC : 설계능력이 없음(기계 기구의 동작제어용)

052 전기서보의 특성이 아닌 것은?

① 계산증폭이 용이하고 빠르다.
② 기기간의 신호결함이 곤란하다.
③ 고정도의 검출이 용이하다.
④ 고온, 고습의 환경에 약하다.

전기서보의 특성은 계산증폭이 용이하고 빠르다. 기기간의 신호결함이 용이하다. 고정도의 검출이 용이하고 고온고습의 환경에 약함.

053 설계의 일반적인 과정은 여섯 단계를 포함하는 반복적인 과정이 옳은 것은?

① 요구인식-통합-문제정리-분석과 최적화-평가-표현
② 문제정리-요구인식-통합-분석과 최적화-평가-표현
③ 요구인식-문제정리-통합-분석과 최적화-표현-평가
④ 요구인식-문제정리-통합-분석과 최적화-평가-표현

요구인식 – 문제정리 – 통합 – 분석과 최적화 – 평가 – 표현

054 점도는 그 측정에 사용하는 점도계에 따라 표시방식이 다르다. 공업적 점도표시 방법이 아닌 것은?

① 레드우드(초)   ② 세이볼드(초)
③ SAE표시(번호) ④ 동점도(cSt)

점도계의 종류에 따라 과학적 점도 표시와 공업적점도 표시가 있다. 공업적 점도표시는 레드우드(초), 세이블드(초), 잉글러(초), SEA표시(번호)가 있음.

055 압축된 공기는 수분이 함유되어 제습장치가 필요하다. 제습장치가 아닌 것은?

① 냉동식 에어 드라이어
② 흡착식 에어 드라이어
③ 흡수식 에어 드라이어
④ 필터식 에어 드라이어

압축공기 중에 포함된 수분을 제거하여 건조한 공기를 만드는 기기.

정답 050. ③ 051. ④ 052. ② 053. ④ 054. ④ 055. ④

056 NC 시스템을 작은 로트에 적용할 때의 장점과 무관한 것은?

① 리드 타임의 감소
② 생산 융통성의 증가
③ 인적오류의 발생증가
④ 재료의 기술적인 디자인 변화에의 대응

NC는 사람의 실수 확률이 높은 복잡한 부품에 가장 이상적.

057 생형사의 회수사 공급라인 과정을 나열한 것 중 가장 올바른 순서는?

① 미분제거-철편제거-분쇄-수분, 온도조정-저장-공급
② 분쇄-철편제거-미분제거-수분, 온도조정-저장-공급
③ 수분, 온도조정-미분제거-철편제거-분쇄-저장-공급
④ 철편제거-수분, 온도조정-미분제거-분쇄-저장-공급

분쇄 – 철편제거 – 미분제거 – 수분, 온도조정 – 저장 – 공급

058 압력제어 밸브 고장의 원인 중 압력이 너무 높거나 지나치게 낮을 때의 원인이 아닌 것은?

㉮ 스프링의 강도가 적절한 경우이다.
㉯ 조정핸들에 대한 압력설정이 적당하지 않다.
㉰ 니들밸브가 정확하게 맞지 않고 있다.
㉱ 밸런스 피스톤의 작동 불량이다.

스프링의 강도가 약할 경우.

059 유압펌프의 고장 중 소음이 클 경우 원인과 대책이 틀린 것은?

㉮ 흡입관이 가늘거나 막힘 : 흡입진공도를 200mmHg 이하로 한다.
㉯ 탱크 안에 기포가 있음 : 탱크 안의 오일을 새로운 것으로 교환한다.
㉰ 색션 필터의 막힘 또는 용량부족 : 필터의 청소 또는 용량이 큰 것을 사용한다.
㉱ 베어링이 마모되어 있음 : 펌프를 수리하거나 축심이 맞는지 조사한다.

리턴 드레인의 탱크안 배관을 조사.

060 오일탱크 구조의 필요한 조건 중 틀린 것은?

㉮ 이물질이 들어가지 않도록 밀폐되어 있을 것
㉯ 모터 펌프, 밸브 등을 설치 시 변형 및 진동에 대비하여 충격을 흡수할 수 있도록 연성과 늘어나는 성질을 지니고 있을 것
㉰ 탱크 안의 유면을 알아 볼 수 있도록 유면계가 설치되어 있을 것
㉱ 적당한 크기의 주유기가 있고 여과할 수 있도록 주유구에 철망이 붙어 있을 것

모터 펌프, 밸브 등의 유압기기를 설치하여도 변형 한다든가 진동하지 않는 강성을 지니고 있을 것.

061 유압밸브 중 압력제어 밸브가 아닌 것은?

㉮ 릴리프 밸브(Relief Valve)
㉯ 시퀀스 밸브(Sequence Valve)
㉰ 교축 밸브
㉱ 언로드 밸브

정답 056. ㉰ 057. ㉯ 058. ㉮ 059. ㉯ 060. ㉯ 061. ㉰

062 유압회로 중에 어떠한 원인에 의해서 기름이 누출 된다고 하여도 압력이 저하되지 않도록 누출된 만큼의 기름을 보급하는 작용을 하는 것은?

㉮ 레귤레이터 ㉯ 어큐뮬레이터
㉰ 제너레이터 ㉱ 보조 유압탱크

어큐뮬레이터

063 공장 자동화의 프로세스를 제어하는 방법에서 프로세스 컴퓨터와 PLC 간의 데이터 링크(Data Link)를 통하여 생산 정보의 종합적인 관리, 운반까지 행하는 토탈케어 시스템은?

㉮ 단독제어 시스템 ㉯ 집중제어 시스템
㉰ 분산제어 시스템 ㉱ 계층제어 시스템

064 유압회로의 구성 기구가 아닌 것은?

㉮ 압력제어 밸브 ㉯ 알티네이터
㉰ 유량제어 밸브 ㉱ 엑츄에이터

065 공장에서 사용되는 제어기기중 마이컴의 응용 제품으로서 Relay, Timer, Counter, 무접점 Relay 등의 기능을 내장한 전자장치는?

㉮ 서멀 릴레이
㉯ 프로그래머블 오프 릴레이(도는 시퀀스)
㉰ 전자접촉기(커넥더)
㉱ 마이크로 스위치

066 시퀀스(Sequence) 회로 중 직열 조건회로라고 하며 다수의 접점이 모두 직렬로 접속되는 회로는?

㉮ ON circuit ㉯ OFF circuit
㉰ AND circuit ㉱ OR circuit

067 정지된 유체내의 모든 위치에서 압력은 방향에 관계없이 모든 방향으로 일정하게 전달하는 유압기기의 원리는?

㉮ 파스칼의 원리 ㉯ 베르누이 원리
㉰ 연속의 원리 ㉱ 뉴튼의 원리

068 다음의 기계 장치 중 옳지 않은 것은?

㉮ 동력으로 운전됨→ 동력차단
㉯ 회전 중 파괴될 위험이 있는 연마반의 숫돌→ 복개장치
㉰ 목공용 둥근 톱날판→ 급정지 장치
㉱ 동력으로 운전하는 절단기→ 칼날 또는 금형으로 인한 위험방지용 안전장치

069 Process의 유황을 검출할 수 있는 기기는?

㉮ Orifice ㉯ Control Valve
㉰ Shut Off Valve ㉱ 압력발신기

070 CAD 시스템의 효과로 볼 수 없는 것은?

㉮ 공정설계의 리드타임 증가
㉯ 설계해석의 최적화
㉰ 설계수정시간 단축
㉱ 설계의 정확성

071. PLC 프로그램 명령어 중 블록간의 직렬접속을 표시하는 기호는?
㉮ PLS(펄스)
㉯ ORB(오어블록)
㉰ ANB(앤드블록)
㉱ MCR(마스터 컨트롤 리셋)

072. 자동제어에 관한 장점 중 옳지 않은 것은?
㉮ 위험한 곳에 인간을 배치시켜야 할 일을 대신할 수 있다.
㉯ 다량생산 품질향상의 균일화를 꾀할 수 있다.
㉰ 인간보다 정확도와 정밀도가 증가함으로 기업의 이윤을 추구할 수 있다.
㉱ 소량 다품종 생산에만 적합하다.

073. 예방보전의 기능에 해당하지 않는 것은?
㉮ 취급되어야 할 대상설비의 결정
㉯ 정비작업에서 점검시기의 결정
㉰ 대상설비 점검개소의 결정
㉱ 대상설비의 외주이용도 결정

074. 유압도면에서 액체를 사용한 유압모터의 심볼은?
㉮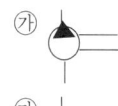
㉯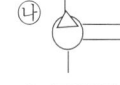
㉰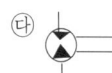
㉱

075. 다음 중 검사항목에 의한 분류가 아닌 것은?
㉮ 자주검사   ㉯ 수량검사
㉰ 중량검사   ㉱ 성능검사

076. 구조가 간단하고 성능이 좋아 많은 양의 기름을 수송하는데 가장 적합한 유압펌프는?
㉮ 기어펌프   ㉯ 베인펌프
㉰ 로브펌프   ㉱ 피스톤펌프

077. 산보전(PM : Productive Maintenance)의 내용에 속하지 않는 것은?
㉮ 사후보관   ㉯ 안전보관
㉰ 예방보관   ㉱ 개량보관

제 5 편

공업경영

제1장 품질관리
제2장 생산관리
제3장 작업관리

❊ 기출 및 예상문제

제1장 품질관리

주조(鑄造)기능장

01 기초 통계 분석

1 중심 위치의 측도

① 산술평균 : $\bar{x} = \dfrac{x_1 + x_2 + \cdots + x_n}{n}$

② 중앙값 : 데이터를 크기순으로 나열할 때 가운데 위치한 값 ($\tilde{x}$)

③ 범위의 중앙값 : 데이터 중에서 최대값($x_{\max}$)과 최소값($x_{\min}$)의 평균

④ 최빈도수 : 반복되어 가장 많이 나타나는 측정치(M_0)

2 정규분포

① 정규분포의 정의
   ㉠ 평균을 중심으로 좌우대칭이며 분포의 형태가 평균(μ)과 분산(δ^2)에 의해서 결정
   ㉡ 가우스 분포라고 함

② 정규분포의 성질
   ㉠ 제품의 품질특성(계량치)의 분포는 일반적으로 정규분포에 근사
   ㉡ 정규화 : 정규분포의 변수(x)의 (μ)로부터의 편차를 (σ) 단위로 바꾼 것
   ㉢ 평균(μ) 또는 표준편차(σ)가 다를 때 분포의 모습도 달라짐
   ㉣ 정규분포에서는 평균, 중위수, 최빈수가 항상 일치
   ㉤ 평균(μ)을 중심으로 좌우 대칭
   ㉥ 평균은 중심의 위치를 나타내고 분산은 분포의 흩어진 정도를 나타냄
   ㉦ 곡선은 평균치 근처에서 높고, 양쪽으로 갈수록 낮아짐

3 확률분포

① 이상확률분포의 종류 : 이항분포, 포아송분포, 초기화분포
② 연속확률분포의 종류 : 균등분포, 정규분포, t-분포, 지수분포

02 관리도

1 관리도의 종류

종류	데이터	의미 및 특징	분포
$\bar{x} - R$ 관리도 (평균치와 범위 관리도)	계량치	• 품질 특성의 평균을 관리할 목적으로 계량치에 가장 많이 사용	정규분포
x 관리도	계량치	• 데이터를 군으로 나누지 않고 한 개 한 개의 측정치를 그대로 사용하여 공정을 관리	정규분포
$\tilde{x} - R$ 관리도 (중앙치와 범위 관리도)	계량치	• $\bar{x} - R$ 관리도의 $\bar{x}$ 대신에 $\tilde{x}$(Median)을 사용함으로서 $\bar{x}$ 보다 계산하는 시간과 노력을 줄일 수 있음 • 이상치(Outier)의 영향을 배제할 수 있음	정규분포
P_n 관리도	계수치	• 공정을 불량계수에 의해서 관리할 때 사용	이항분포
P 관리도	계수치	• 불량을 탐지하거나 평균불량률을 추정하고 싶을 때 사용	포아송분포
c 관리도	계수치	• 일정 단위 중에 나타나는 결점의 수를 관리할 목적으로 사용	포아송분포
u 관리도	계수치	• 검사하는 Subgroup의 면적이나 길이 등이 일정하지 않은 경우에 나타나는 결점수를 관리할 목적으로 사용	포아송분포

2 u 관리도의 관리한계선

$$\mathrm{ULC/CLC} = \bar{u} \pm 3\sqrt{\frac{u}{u}}$$

03 품질관리

1 통계적 품질관리(SQC)

① 제품의 생산 과정에 한정하여 공정의 이상 유무를 판단하기 위해 통계적인 관리와 기법을 적용하는 방법
② 소비자가 원하는 제품을 가장 경제적으로 생산할 수 있는 통계학적 관리법

2 종합적 품질 관리(TQC)

① 제품 설계, 생산 기술, 제조, 검사, 유통 기구, 마케팅 활동 등 품질에 영향을 줄 수 있는 모든 활동을 전사적으로 종합 관리하는 방법
② 전사적 품질 관리

3 ABC 분석기법

① 판매 volume별 구분으로서 사용량이 많고 소비품목이 큰 중요 상품을 선택하여 ABC 등급으로 부여한 후 등급에 따라 이를 관리하는 기법
② 자금의 회전을 원활히 하기 위한 ICS(Inventroy control system) 기법

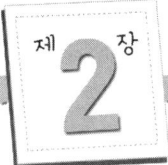

주조(鑄造)기능장

생산관리

01 생산관리의 개요

1 생산 관리

① 협의의 생산 관리 : 제조활동 또는 작업수행 활동을 대상으로 한 활동
② 광의의 생산 관리 : 기업경영에 있어서 모든 생산적 활동

2 생산 요소

① 3요소 : Men, Machine, Material
② 5요소 : Men, Machine, Material, Method, Management
③ 7요소 : Men, Machine, Material, Method, Management, Market, Money

3 생산 시스템

① 구성 : 투입(Input) → 변화(Processor) → 산출(Output)
② 공통 성질 : 집합성, 관련성, 목족 추구성, 환경 적응성

4 생산 합리화

① 목표 : 좋은 물건을(품질), 값싸게(원가), 빠른 생산으로(납기)
② 원칙
  ㉠ 표준화 : 제품과 관련하여 정해진 각종 지준의 규격으로 대량 생산하여 불량률 감소, 비용 절감, 생산성 향상

　　ⓒ 단순화 : 작업 절차에서 불필요한 부분을 제거하여 간소화, 제품의 품질향상, 생산 기간 단축
　　ⓒ 전문화 : 작업 특성과 제조 과정에 따라 생산 활동을 분업화, 근로자의 전문성 및 숙련도 제고, 능률 향상

5 수요 예측

① 시장에서 요구하는 제품이나 서비스의 양적, 시간적, 질적, 장소에 대한 미래의 수요를 평가, 추정하는 과정
② 분류
　　㉠ 정성적 방법 : 시장조사법, 델파이법, 위원회에 의한 예측법, 자료 유출법
　　㉡ 인과형 예측법 : 희귀모델, 계량경제모델
　　㉢ 시계열 분석법 : 최소 자승법, 이동 평균법, 지수 평활법

02 생산 계획

1 생산계획의 단계

① 기본계획(준비계획)
② 실행계획(제조계획)
③ 실시계획(작업계획)

2 공수 계획

① **공수계획** : 공정(직장)별 또는 기계별로 작업부하가 균등히 걸리도록 작업량을 할당하기 위한 것
② **공수의 단위** : 인일(Man day-계략적), 인시(Man hour), 인분(Man minute)

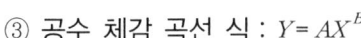

③ 공수 체감 곡선 식 : $Y = AX^B$

- X : 단위당 평균 생산 시간
- A : 최초제품의 생산 소요시간
- B : 경사율

④ 누계 공수 계산 식 : $\int_0^{X_n} Y dx = \dfrac{AX_n^{B+1}}{B+1}$

03 생산 방식

1 제품 시장의 특성에 따른 종류

① 주문 생산
  - ㉠ 고객의 주문에 따라 특정한 제품을 생산하는 방식
  - ㉡ 대형 선박, 고층 빌딩 등
② 계획 생산
  - ㉠ 일반 대중을 대상으로 일반적 상품을 연속적으로 생산하는 방식
  - ㉡ TV, 자동차, 오디오 등

2 공정 관리의 특성에 따른 분류

① 연속 생산
  - ㉠ 단일 제품 또는 소품종 제품을 연속적으로 생산하는 방식
  - ㉡ 전자제품, 시멘트
② 로트(Lot) 생산
  - ㉠ 동일 제품 또는 부품을 일정한 수량만 생산하는 방식
  - ㉡ 로트 수 : 일정한 제조횟수를 표시하는 개념(예정 생산목표량을 몇 회로 분할 생산하는 것인가)
  - ㉢ 로트의 크기 : 예정 생산목표량을 로트수로 나눈 것
  - ㉣ 로트의 종류 : 제조명령 로트, 가공 로트, 이동 로트

04 공정 관리

1 공정 관리 순서

공정 계획 ⇨ 일정 계획 ⇨ 작업 분해 ⇨ 진행 관리

① 공정 계획 : 작업의 진행 순서와 방법, 장소, 작업 시간 등을 결정하고 할당
② 일정 계획 : 작업 공정의 구체적인 시기를 확정
③ 작업 분배 : 작업자나 기계에 구체적인 작업을 할당하여 생산할 것을 지시
④ 진행 관리 : 작업 상황을 통제하며 진도를 관리

2 워크 펙터

① 측정법
  ㉠ PTS법 : 인간이 행하는 모든 작업의 구성을 기본동작으로 분해하여 그 동작의 설정과 조건에 따라 미리 정해진 시간치를 적용하는 방법
  ㉡ MTM법 : 인간이 행하는 작업을 몇 개의 기본동작으로 분석하여 그 기본동작간의 관계나 그것에 필요한 시간치를 밝히는 방법
② 워크 펙터의 시간단위 : 1WFU = 0.006초 = 0.0001분 = 0.0000007시

3 공정분석 기호

① 작업(Operation) : ○
② 운반(Transportation) : ⇨
③ 검사(Inspection) : □
④ 지연(Delay) : D
⑤ 저장(Storage) : ▽

4 ECRS의 원칙

① 배제(Elominate)
② 결합(Combine)
③ 재배치(Rearrage)
④ 간소화(Simplify)

5 공정도 개선 원칙

① 재료취급의 원칙
② 레이아웃의 원칙
③ 동작경제의 원칙

6 작업 분배 방법

① 분산적 작업 분배 방법
② 집중식 작업 분배 방법

7 진도 관리

① 업무 단계 : 진도조사 → 진도편성 → 진도수정 → 지연조사 → 지연예방대책 → 회복 확인
② 조사 방법 : 전표 이용법, 구두 연락법, 직시법, 기계적 방법

8 공정 관리 기법

① 칸트 차트(Gantt Chart)
  ㉠ 막대 길이로서 시간의 장단을 표시하는 도표
  ㉡ 공정 진행 관리에 널리 사용

② PERT 기법
　㉠ 경영관리자가 사업 목적을 달성하기 위해 수행하는 기본계획, 세부계획, 통계기능에 도움을 줄 수 있는 수직 기법
　㉡ 계획 공정도를 중심으로 한 종합적인 관리 기법
　㉢ 합리적인 계획으로 실패를 줄이며 성공하는 방법
③ CPM 기법
　㉠ 각 활동의 소요일수 대 비용의 관계를 조사하여 최소비용으로 공사 계획이 수행될 수 있도록 최적의 공기를 구하는 방법
　㉡ 비용을 극소화하여 이윤을 극대화하는 방법
④ 3점 견적법
　㉠ 낙관 시간치
　㉡ 정상 시간치
　㉢ 비관 시간치
　㉣ 기대 시간치
⑤ Come-Up 시스템
　㉠ 각 제품의 제조명령에 대하여 1공정 1전표를 완료예정일 순으로 전표를 정리하여 지연작업을 조사하는 방법
　㉡ 제품수가 많고, 공정의 길이가 일정하지 않은 경우에 사용
⑥ 설비 열화형의 종류
　㉠ 물리적 열화
　㉡ 기능적 열화
　㉢ 기술적 열화
　㉣ 화폐적 열화
⑦ 설비 보전의 종류
　㉠ 보전 예방
　㉡ 예방 보전
　㉢ 개량 보전
　㉣ 사후 보전
⑧ 보전 조직의 종류
　㉠ 집중 보전
　㉡ 지역 보전
　㉢ 부분 보전
　㉣ 절충 보전

제3장 작업관리

주조(鑄造)기능장

01 작업 관리의 개요

1 작업관리의 정의

작업관리란 방법연구와 작업측정을 주 대상으로 인간이 관여하는 작업을 전반적으로 검토하고 작업의 경제성과 효율성에 미치는 모든 요인을 체계적으로 조사하여 최적 작업 시스템을 지향하는 것

2 표준시간

① 표준시간 : 작업에 적성이 있고 숙련된 작업자가 양호한 작업 환경 소정의 작업조건, 필요한 여유 및 소정의 작업에 미리 정해진 방법에 따라 수행한 시간
② 주작업시간과 준비시간의 합
③ 표준시간 = 정미시간 × (1 + 여유율) → 외경법

  표준시간 = $\dfrac{정미시간 \times 1}{1 - 여유율}$ → 내경법

3 레이팅

정상 페이스와 관측대상작업의 페이스를 비교 판단하여 관측시간치를 정상페이스의 시간치로 수정하는 것

4 여유시간

$$여유율(\%) = \frac{여유시간}{정미시간} \times 100 \quad \rightarrow 외경법$$

$$여유율(\%) = (\frac{여유시간}{정미시간 + 여유시간}) \times 100 \quad \rightarrow 내경법$$

5 시간 연구법의 측정단위 순서

공정 〉 단위작업 〉 요소작업 〉 동작작업

02 작업측정

1 작업측정의 의의

작업측정은 측정 대상 작업을 구성단위(요소작업)로 분할하여 시간을 척도로서 측정하고 평가 및 설계, 개선하는 것

2 스톱워치법의 관측방법

① 계속법
② 반복법
③ 순환법

3 워크 샘플링

① 워크 샘플링은 사람이나 기계의 가동상태 및 작업의 종류 등을 순간적으로 관측하고 반복된 관측으로 각 관측항목의 시간구성이나 그 추이상황을 통계적으로 추측하는 방법

② 통계적 추론을 이용하기 위하여 사람과 기계의 움직임을 순간적으로 관측하여 측정하는 방법
③ 통계적 기법을 이용

4 표준자료법

동일 종류에 포함되는 과업의 작업내용을 정상요소와 변수요소로 분류하여 사전 작업측정에 의한 변동요인과 시간치와의 관계를 해석하고 시간공식 또는 시간자료를 작성하여 개별 작업시간을 설정할 때마다 측정하지 않고 작성된 자료를 활용하여 표준시간을 구하는 방법

5 동작 연구

① **동작 연구의 목적** : 작업에 포함되어 있는 인간의 신체동작과 눈의 움직임을 분석함으로써 불필요한 동작을 배제 및 최적의 방법 설정
② 종류
  ㉠ 양수분석 작업
  ㉡ 서블리그 분석
  ㉢ 동시동작 분석

6 가치 공학

기능분석가 기능평가를 체계적으로 하여 고객의 요구를 실현하는 방법

7 유동 작업

① 각 공정의 작업시간이 균일하고, 작업공간들의 공정 순서대로 배치되어 있고, 시간적, 공간적 조건을 만족시키는 것
② **분류 기준** : 만족 시키는 정도, 분업적 조건, 운반적 조건
③ **종류** : 완전 유동작업, 불완전 유동작업

④ 편성 순서
   ㉠ 피치타임의 결정
   ㉡ 유동작업화를 위한 공정 분석(단순공정분석)
   ㉢ 작업분석 및 시간측정
   ㉣ 작업내용의 분할, 합성(라인 밸런스)

8 레이아웃

① **플랜트 레이아웃** : 가정 경제적인 일련의 물적 생산 시스템으로 유동을 설계, 확립하는 것
② **배치의 원칙**
   ㉠ 총합의 원칙
   ㉡ 단거리 원칙
   ㉢ 유동의 원칙
   ㉣ 일체의 원칙

제5편 공업경영 기출 및 예상문제

1. 더미 활동(Dumy activity)에 대한 설명 중 옳은 것은?
   ㉮ 가장 긴 작업시간이 예상되는 공정을 말한다.
   ㉯ 공정의 시작에서 그 단계에 이르는 공정별 소요시간들 중 가장 큰 값이다.
   ㉰ 실제활동은 아니며, 활동의 선행조건을 네트워크에 명확히 표현하기 위한 활동이다.
   ㉱ 각 활동별 소요시간이 베타분포를 따른다고 가정할 때의 활동이다.

2. 산보전(PM : Productive Maintenance)의 내용에 속하지 않는 것은?
   ㉮ 사후보관   ㉯ 안전보관
   ㉰ 예방보관   ㉱ 개량보관

3. 어떤 측정법으로 동일 시료를 무한 횟수 측정하였을 때 데이터의 분포의 평균치와 참값과의 차를 무엇이라 하는가?
   ㉮ 신뢰성   ㉯ 정확성
   ㉰ 정밀도   ㉱ 오차

4. 관리한계선을 구하는데 이항분포를 이용하여 관리선을 구하는 관리도는?
   ㉮ Pn 관리도   ㉯ U 관리도
   ㉰ X-R 관리도   ㉱ X 관리도

5. 로트수가 10이고 준비작업 시간이 20분이며 로트별 정미작업시간이 60분이라면 1로트당 작업시간(분)은?
   ㉮ 90   ㉯ 62
   ㉰ 26   ㉱ 13

6. 다음 중 로트별 검사에 대한 AQL 지표형 샘플링검사 방식은?
   ㉮ KS A ISO 2859-0
   ㉯ KS A ISO 2859-1
   ㉰ KS A ISO 2859-2
   ㉱ KS A ISO 2859-3

7. 로트(Rot)수를 가장 올바르게 정의한 것은?
   ㉮ 1회 생산수량을 의미한다.
   ㉯ 일정한 제조횟수를 표시하는 개념이다.
   ㉰ 생산목표량을 기계대수로 나눈 것이다.
   ㉱ 생산목표량을 공정수로 나눈 것이다.

정답 001. ㉰ 002. ㉯ 003. ㉯ 004. ㉮ 005. ㉯ 006. ㉯ 007. ㉯

008. 다음 중에서 작업자에 대한 심리적 영향을 가장 많이 주는 작업측정의 기법은?
㉮ PTS법
㉯ 워크 샘플링법
㉰ WF법
㉱ 스톱 워치법

009. 미리 정해진 일정 단위중에 포함된 부적합(결점)수에 의거 공정을 관리할 때 사용하는 관리도는?
㉮ p 관리도   ㉯ np 관리도
㉰ c 관리도   ㉱ u 관리도

010. 단순지수평활법을 이용하여 금월의 수요를 예측하려고 한다면 이때 필요한 자료는?
㉮ 일정기간의 평균값, 가중값, 지수평활계수
㉯ 추세선, 최소자승법, 매개변수
㉰ 전월의 예측치와 실제치, 지수평활계수
㉱ 추세변동, 순환변동, 우연변동

011. 다음의 데이터를 보고 편차 제곱합(S)를 구하면? (단, 소숫점 3자리까지 구하시오)

[Data]
18.8, 19.1, 18.8, 18.2, 18.4, 18.3, 19.0, 18.6, 19.2

㉮ 0.338   ㉯ 1.029
㉰ 0.114   ㉱ 1.014

012. 다음 중 계량치 관리도는?
㉮ R 관리도   ㉯ nP 관리도
㉰ C 관리도   ㉱ U 관리도

013. 다음 데이터로부터 통계량을 계산한 것 중 틀린 것은?

[Data]
21.5, 23.7, 24.3, 27.2, 29.1

㉮ 중앙값(Me) = 24.3
㉯ 제곱합(S) = 7.59
㉰ 시료분산(s^2) = 8.988
㉱ 범위(R) = 7.6

014. 도수분포에서 도수가 최대인 곳의 대표치를 말하는 것은?
㉮ 중위수   ㉯ 비대칭도
㉰ 모우드(Mode)   ㉱ 첨도

015. 여력을 나타내는 식으로 옳은 것은?
㉮ 여력 = 1일 실동시간×1개월 실동시간×가동대수
㉯ 여력 = (능력 - 부하)×$\frac{1}{100}$
㉰ 여력 = $\frac{(능력 - 부하)}{능력}×100$
㉱ 여력 = $\frac{(능력 - 부하)}{부하}×100$

정답 008. ㉱ 009. ㉰ 010. ㉰ 011. ㉯ 012. ㉮ 013. ㉯ 014. ㉰ 015. ㉰

16 공정 도시기호 중 공정계열의 일부를 생략할 경우에 사용되는 보조 도시기호는?

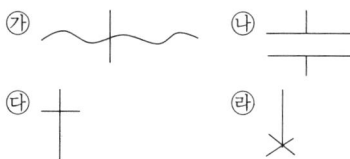

17 사내 표준화의 요건 중 틀린 것은?
㉮ 실내가능성이 있는 내용일 것
㉯ 기록내용이 구체적이며 객관적일 것
㉰ 기여도가 작은 것부터 실행할 것
㉱ 작업표준에는 수단 및 생동을 직접 지시할 것

18 국가 표준 규격에 속하지 않는 것은?
㉮ KS   ㉯ JIS
㉰ DIN   ㉱ SAE

19 국제 규격 표준에 속하지 않는 것은?
㉮ IEC   ㉯ ISO
㉰ IBWM   ㉱ NEMA

20 KS 제정의 4가지 원칙이 아닌 것은?
㉮ 공업 규격의 통일성 유지
㉯ 공업표준 조사심의 구정의 민주적 운영
㉰ 공업표준의 주관적 타당성 및 합리성 유지
㉱ 공업표준의 공중성 유지

21 품질 코스트 종류에 속하지 않는 것은?
㉮ 예방 코스트   ㉯ 평가 코스트
㉰ 실패 코스트   ㉱ 제품 코스트

22 평가 코스트의 속하지 않는 것은?
㉮ 수입검사 코스트
㉯ 시험 코스트
㉰ 공정검사 코스트
㉱ QC사무 코스트

23 계수치 데이터에 속하지 않는 것은?
㉮ 불량개수   ㉯ 결점수
㉰ 홈의 수   ㉱ 온도

24 제품의 유용성을 정하는 성질 또는 제품이 그 사용목적을 수행하기 위한 여러 가지 품질특성의 집합체는?
㉮ 품질   ㉯ 품질관리
㉰ 품질보증   ㉱ 품질설계

25 품질의 종류가 아닌 것은?
㉮ 시장품질   ㉯ 설계품질
㉰ 제조품질   ㉱ 가치품질

26 사내 표준화 효과가 아닌 것은?
㉮ 생산능률의 증진과 생산비의 저하
㉯ 품질의 향상 및 균일화
㉰ 표준원가 및 표준작업공수의 산정
㉱ 사용소비의 절약화

정답 016. ㉯ 017. ㉰ 018. ㉱ 019. ㉱ 020. ㉰ 021. ㉱ 022. ㉱ 023. ㉱ 024. ㉮ 025. ㉱ 026. ㉱

027 품질 관리의 기능을 수행하는 절차는?
  ㉮ 품질설계 → 공정관리 → 품질보증 → 품질조사
  ㉯ 품질설계 → 공정관리 → 품질조사 → 품질보증
  ㉰ 품질관리 → 공정설계 → 품질보증 → 품질조사
  ㉱ 품질설계 → 품질보증 → 공정관리 → 품질조사

028 품질관리의 업무에 속하지 않는 것은?
  ㉮ 신제품 관리   ㉯ 원가관리
  ㉰ 제품관리   ㉱ 특별공정조사

029 수입자재관리 항목에 속하지 않는 것은?
  ㉮ 공정계획   ㉯ 자재구입
  ㉰ 자재의 수입검사 ㉱ 제품발송

030 사내표준화의 추진 순서는?
  ㉮ 계획 → 운영 → 조치 → 평가
  ㉯ 계획 → 운영 → 평가 → 조치
  ㉰ 계획 → 평가 → 운영 → 조치
  ㉱ 운영 → 계획 → 평가 → 조치

031 샘플링 대상물의 낱개로 세어 볼 수 없는 경우를 무엇이라 하는가?
  ㉮ 단위체   ㉯ 집합체
  ㉰ 집단   ㉱ 시료

032 샘플단위의 크기조건에 속하지 않는 것은?
  ㉮ 샘플링 목적   ㉯ 비용
  ㉰ 시험방법   ㉱ 샘플기술

033 모집단의 참값과 측정 데이터의 차를 무엇이라 하는가?
  ㉮ 오차   ㉯ 신뢰성
  ㉰ 정밀도   ㉱ 정확성

034 동일 모집단에서 동일시료를 무한회수 측정하였을 때 평균치의 값과 참값과의 차를 무엇이라 하는가?
  ㉮ 오차   ㉯ 신뢰성
  ㉰ 정밀도   ㉱ 정확성

035 동일 모집단에서 동일시료를 무한회수 측정하였을 때 데이터분포의 폭의 크기를 무엇이라 하는가?
  ㉮ 오차   ㉯ 신뢰성
  ㉰ 정밀도   ㉱ 정확성

036 샘플링 방법에 속하지 않는 것은?
  ㉮ 랜덤 샘플링   ㉯ 지그재그 샘플링
  ㉰ 층별 샘플링   ㉱ 집락 샘플링

037 랜덤 샘플링 방법에 속하지 않는 것은?
  ㉮ 단순 랜덤 샘플링 ㉯ 2단계 샘플링
  ㉰ 계통 샘플링   ㉱ 지그재그 샘플링

정답 027. ㉰ 028. ㉯ 029. ㉱ 030. ㉯ 031. ㉯ 032. ㉱ 033. ㉮ 034. ㉮ 035. ㉰ 036. ㉯ 037. ㉱

38 제품의 불량이나 결점 등의 데이터를 그 내용이나 원인별로 분류하여 발생상황의 크기 차례로 놓아 기둥모양으로 나타낸 것은?
- ㉮ 파레토도
- ㉯ 체크 사이트
- ㉰ 특성 요인도
- ㉱ 히스토 그램

39 도수분포의 수량적 표시방법에 속하지 않는 것은?
- ㉮ 중심적 경향
- ㉯ 흩어짐 또는 산포
- ㉰ 편차의 정도
- ㉱ 분포의 모양

40 시료의 어떤 특성을 측정하여 얻는 측정치의 함수를 무엇이라 하는가?
- ㉮ 모수
- ㉯ 통계량
- ㉰ 모집단
- ㉱ 시료

41 시료가 취하여진 모집단에 대한 값을 무엇이라 하는가?
- ㉮ 모수
- ㉯ 통계량
- ㉰ 모집단
- ㉱ 시료

42 공정이나 로트의 집합체를 무엇이라 하는가?
- ㉮ 모수
- ㉯ 통계량
- ㉰ 모집단
- ㉱ 시료

43 샘플링 대상물을 낱개로 세어 볼 수 있는 경우를 무엇이라 하는가?
- ㉮ 단위체
- ㉯ 집합체
- ㉰ 집단
- ㉱ 시료

44 샘플링 합법화에서 목적의 명확화에 속하지 않는 것은?
- ㉮ 모집단의 명확화
- ㉯ 판정기준의 명확화
- ㉰ 행동기준의 명확화
- ㉱ 표준편차의 명확화

45 C 관리도에 속하지 않는 것은?
- ㉮ 에나멜 1m당 결점수
- ㉯ 한대중 불량납땜수
- ㉰ 유리 1m²당 결점수
- ㉱ 직물의 얼룩

46 U 관리도에 속하지 않는 것은?
- ㉮ 에나멜 동선의 핀홀수
- ㉯ 직물의 얼룩
- ㉰ 유리 결점수
- ㉱ 철사의 인장강도

47 관리도의 점이 한쪽으로 올라가거나 내려가는 상태를 무엇이라 하는가?
- ㉮ 런
- ㉯ 경향
- ㉰ 주기
- ㉱ 플로트

48 관리도의 점이 중심선 한쪽에 연속해서 나타나는 점을 무엇이라 하는가?
- ㉮ 런
- ㉯ 경향
- ㉰ 주기
- ㉱ 플로트

정답 038. ㉮ 039. ㉮ 040. ㉯ 041. ㉮ 042. ㉰ 043. ㉮ 044. ㉱ 045. ㉱ 046. ㉱ 047. ㉯ 048. ㉮

049 관리도의 점이 주기적으로 상하로 변동하여 파형을 나타내는 것을 무엇이라 하는가?
㉮ 런 ㉯ 경향
㉰ 주기 ㉱ 플로트

050 관리도의 점이 관리한계를 벗어나지 않는 기준에 속하지 않는 것은?
㉮ 연속 25점 모두가 관리 한계 안에 있다.
㉯ 연속 35점 중 관리한계를 벗어나는 점이 1개 이내에 있다.
㉰ 연속 45점 중 관리한계를 벗어나는 점이 2개 이내에 있다.
㉱ 연속 100점 중 관리한계를 벗어나는 점이 2개 이내에 있다.

051 런의 길이가 이상이 있다 판단하여 조치를 해야 할 점은?
㉮ 3점 ㉯ 5점
㉰ 5~6점 ㉱ 7점 이상

052 런의 길이가 어느 경우 공정을 주의해서 살펴야 하는가?
㉮ 3점 ㉯ 5점
㉰ 5~6점 ㉱ 7점 이상

053 작업개선의 원칙 중 맞는 것은?
㉮ 배제 → 결합 → 재배치 → 간소화
㉯ 제거 → 결합 → 분해 → 간소화
㉰ 배제 → 운반 → 검사 → 조치
㉱ 제거 → 경합 → 검사 → 운반

054 관리도의 점이 관리한계에 (2~3σ)나타나면 공정에 이상원인이 있다고 판단 할 수 없는 것은?
㉮ 연속된 3점 중 2점 이상
㉯ 연속된 7점 중 3점 이상
㉰ 연속된 10점 중 3점 이상
㉱ 연속된 10점 중 4점 이상

055 제조 공정의 품질특성이 시간이나 수량에 따라서 어느 정도 주기적으로 변할 때 샘플링 하는 방법은?
㉮ 랜덤 샘플링 ㉯ 2단계 샘플링
㉰ 층별 샘플링 ㉱ 집락 샘플링

056 모 집단으로부터 시간적 또는 공간적으로 일정한 간격을 두고 샘플링 하는 방법은?
㉮ 랜덤 샘플링 ㉯ 계통 샘플링
㉰ 층별 샘플링 ㉱ 집락 샘플링

057 계수치 관리도 중 이항분포를 사용하는 것은?
㉮ Pn관리도 ㉯ u관리도
㉰ C관리도 ㉱ X관리도

058 X-R 관리도에 속하지 않는 것은?
㉮ 축의 완성지름 ㉯ 아스피린 순도
㉰ 전구의 소비전력 ㉱ 알코올 농도

정답 049. ㉰ 050. ㉯ 051. ㉱ 052. ㉰ 053. ㉮ 054. ㉯ 055. ㉰ 056. ㉯ 057. ㉮ 058. ㉱

059 x관리도에 속하지 않는 것은?
㉮ 철사의 인장강도
㉯ 화학 분석치
㉰ 1일 소비 전력량
㉱ 반응공정의 수확률

060 Pn관리도에 속하지 않는 것은?
㉮ 전구 꼭지쇠의 불량개수
㉯ 나사길이 불량
㉰ 전화기의 겉보기 불량개수
㉱ 화학분석치

061 품질관리의 실시효과로 볼 수 없는 것은?
㉮ 생산량이 늘어나고 합리적인 생산계획을 수립할 수 있다.
㉯ 품질에 대한 책임을 각자가 인식하게 되어 작업의욕이 저하된다.
㉰ 사내 각 부문에서 하는 일이 원활하게 진행되고 사외에 대한 신용을 높인다.
㉱ 불량품이 감소하여 수율이 향상되고, 제품의 원가가 절감된다.

062 다음 중 품질보증의 개념 중 틀린 것은?
㉮ 소비자와 생산자와의 하나의 약속이며 계약이다.
㉯ 품질보증은 품질관리의 핵심이고 감사의 기능이다.
㉰ 품질이 소정의 수준에 있음을 보증하는 것이다.
㉱ 품질관리를 기업에 침투시키려는 하나의 방책이다.

063 다음 중 품질보증의 뜻에 가장 적합한 것은?
㉮ 품질특성을 조사하여 합부판정을 내리는 것
㉯ 보증된 수주능력을 갖고 있음을 선전하는 것
㉰ 품질이 소정의 수준에 있음을 보증하는 것
㉱ 품질이 규격에 적합한 지를 분석하는 것

064 다음 내용 중 품질보증에 대한 참뜻을 설명한 것으로 틀린 것은?
㉮ 품질이 소정의 수준에 있음을 보증하는 것이다.
㉯ 품질기준에 일치시키기 위하여 품질의 세부요소를 관리하는 기능이다.
㉰ 제품에 대한 소비자와의 하나의 약속이며 계약이다.
㉱ 소비자에게 제품이 만족스럽고 신뢰할 수 있으며 경제적임을 보증하는 것이다.

065 제품의 생산과정에서 발생되는 불량개수나 불량에 의한 손실금액을 세로축에 두고 불량개수 또는 불량손실금액이 많은 항목을 차례로 가로축에 우어 작성된 그래프를 무엇이라 하는가?
㉮ 파레토도   ㉯ 특성 요인도
㉰ 산점도   ㉱ 공정 능력도

066 표준이 유지되도록 관리하기 위하여 이용되는 것은?
㉮ 특성 요인도
㉯ 단순화, 전문화
㉰ 관리도, 샘플링 검사, 히스토그램
㉱ 특성 요인도, 파레토도

정답 059. ㉮ 060. ㉱ 061. ㉯ 062. ㉱ 063. ㉰ 064. ㉯ 065. ㉮ 066. ㉰

067 다음 중 품질관리의 기능이라 할 수 없는 것은?
- ㉮ 품질의 설계
- ㉯ 공정의 관리
- ㉰ 품질의 개발
- ㉱ 품질의 보증

068 품질관리기능은 품질을 중요시하는 관념과 제품 책임으로 피드백의 유지로 W.E. Deming은 4가지의 기능 사이클을 설명하고 있다. 여기에 속하지 않는 것은?
- ㉮ 공정의 관리
- ㉯ 표준의 설정
- ㉰ 품질보증
- ㉱ 품질조사

069 소비자의 요구품질과 공장의 제조능력을 고려하여 경제적으로 균형화시킨 품질 시방은?
- ㉮ 균형품질
- ㉯ 제조품질
- ㉰ 시장품질
- ㉱ 설계품질

070 품질관리기능의 사이클 중 틀린 것은?
- ㉮ P
- ㉯ D
- ㉰ O
- ㉱ A

071 TQC의 4가지 업무는?
- ㉮ 신제품관리, 수입자재관리, 제품관리, 특별공정조사
- ㉯ 품질보증, 검사, 품질감사, 품질계획
- ㉰ 품질보증, 품질감사, 품질계획, 교육훈련
- ㉱ 품질보증, 검사, 품질계획, 교육훈련

072 다음의 각 설명 중에서 틀린 것은?
- ㉮ 품질특성은 치수, 온도, 압력 등과 같이 그 샘플의 성질을 규정하는 요소 또는 그 품질을 평가할 때 지표가 되는 요소를 말한다.
- ㉯ 시장품질은 소비자가 요구하는 품질로서 설계나 판매정책에 반영되는 품질이다.
- ㉰ 통계적 품질관리는 가장 유용하고, 더욱 시장성이 있는 제품을 가장 경제적으로 생산하기 위하여, 생산의 모든 단계에 통계적 원리와 수법을 응용하는 일이다.
- ㉱ 품질목표는 현재의 기술로 관리하면 도달할 수 있는 공정에 주어지는 품질의 수준이다.

073 관리도에서 3σ 관리한계선을 사용할 경우 샘플의 크기 n을 증가시키면 어떠한 효과가 기대되는가?
- ㉮ 제1종 과오를 범할 위험이 줄어든다.
- ㉯ 제2종 과오를 범할 위험이 줄어든다.
- ㉰ 제1종 및 제2종 과오를 범할 위험이 모두 줄어든다.
- ㉱ 위험에는 관계가 없다.

074 관리도에 찍은 점이 관리한계선 외에 나가면 어떻게 조치하여야 하는지 가장 옳은 것은?
- ㉮ 공정을 변경한다.
- ㉯ 규격을 변경한다.
- ㉰ 원인을 조사하고 이상원인을 제거한다.
- ㉱ 불량품이 나오므로 전수선별한다.

정답 067. ㉰ 068. ㉯ 069. ㉱ 070. ㉰ 071. ㉮ 072. ㉱ 073. ㉯ 074. ㉰

075. 다음 중 이산형 확률분포는?
㉮ t분포
㉯ 기하(geometric)
㉰ 정규분포
㉱ 포아송(poisson)분포

076. 다음의 사항 중 틀린 것은?
㉮ 누적분포함수(또는 확률분포함수)는 증가함수이다.
㉯ 정규분포의 확률밀도함수는 대칭함수이다.
㉰ 포아송 확률밀도함수는 이산(discrete) 함수이다.
㉱ 우측으로부터 연속인 함수는 확률밀도함수이다.

077. 다음 중 검사를 하는 방법에 의한 분류에 해당되는 검사는?
㉮ 파괴검사 ㉯ 관능검사
㉰ 관리 샘플링 검사 ㉱ 순회검사

078. 샘플링 단위에서 인크리멘트가 길이의 개념일 때를 무엇이라 하는가?
㉮ 시장 ㉯ 시편
㉰ 단위체 ㉱ 집합체

079. 다음 중 샘플링검사가 적합하지 않은 경우는?
㉮ 파괴검사의 경우
㉯ 어느 정도 불량품이 섞여도 허용되는 경우
㉰ 검사비용이 많이 드는 경우
㉱ 치명적인 결점을 포함하고 있는 제품의 경우

080. 파레토 그림을 그리는 방법이 틀린 것은?
㉮ 분류항목이 많이 있을 경우 파레토도의 가로축이 길 경우 적은 항목은 몇 개 모아서 기타로 일괄하여 오른편 끝에 그린다.
㉯ 데이터의 누적수를 막대 그래프로 그린다.
㉰ 파레토도의 세로축은 불량개수, 결점수 등을 나타낼 뿐만 아니라 손실금액 나타내는 수도 있다.
㉱ 불량항목이 많은 것부터 왼쪽에서 오른쪽으로 항목을 정한다.

081. 다음의 관리도의 설명 중 옳은 것은?
㉮ 관리도는 작업표준을 작성할 때까지의 수단이며, 작업표준이 완성되면 관리도를 그릴 필요가 없다.
㉯ 관리도는 표준화가 되어 있지 않는 공정에는 사용할 수 없다.
㉰ 작업표준을 만들어 두면 관리도는 그릴 필요가 없다.
㉱ 관리도는 과거의 데이터 해석에도 사용된다.

082. 관리도에서 관리상태라고 할 수 있는 것은?
㉮ 연속된 10점 중 2점 이상이 $2\sigma \sim 3\sigma$ 사이에 나타날 때
㉯ 연속된 7점이 중심선 한쪽에 나타날 때
㉰ 점이 주기적으로 상하로 변동하여 파형을 나타낼 때
㉱ 연속된 14점 중 12점 이상이 중심선 한쪽에 나타날 때

정답 075. ㉱ 076. ㉱ 077. ㉮ 078. ㉮ 079. ㉱ 080. ㉯ 081. ㉱ 082. ㉮

083. T.Q.C에서 가장 핵심적인 계층은?
㉮ 최고경영층   ㉯ 중간관리층
㉰ 작업감독자   ㉱ 일선작업자

084. 관리도에서 공정이 관리상태에 있다고 판단할 수 있는 경우는?
㉮ 연속 25점 중 1점이 관리한계를 벗어날 경우
㉯ 연속 100점 중 한계를 벗어나는 점이 2점 이내일 경우
㉰ 연속 35점 중 한계를 벗어나는 점이 2점 이내일 경우
㉱ 연속 6점이 중심선 한쪽에 있을 경우

085. 모집단의 특성에 일정 간격마다 주기적으로 변동이 있고 이것이 샘플링 간격과 일치할 때 치우침이 생긴다. 이 때 행하여야 할 샘플링은?
㉮ 단순 랜덤 샘플링
㉯ 계통 샘플링
㉰ 지그재그 샘플링
㉱ 층별 샘플링

086. 어떤 측정법으로 동일시료를 무한회수 측정하였을 대 얻어진 데이터는 반드시 흩어지는데 그 데이터의 분포의 폭의 크기를 무엇이라 하는가?
㉮ 오차(error)
㉯ 신뢰성(reliability)
㉰ 정밀도(precision)
㉱ 정확성(accuracy)

087. 다음 어느 경우가 샘플링 검사보다 전수검사가 유리한가?
㉮ 생산자에게 품질향상의 자극을 주고 싶은 경우
㉯ 고가인 물품
㉰ 검사항목이 많은 경우
㉱ 검사비용을 적게 하는 것이 이익이 되는 경우

088. 다음 중 샘플링 검사를 할 수 있는 것은?
㉮ 작은 나사
㉯ 자동차의 브레이크
㉰ 고압용기
㉱ 등산용 로프

089. 다음 중 샘플링 검사의 순서로 맞는 것은?
① 검사특성에 웨이트를 정해 둔다.
② 검사단위의 품질기준과 측정방법을 정한다.
③ 샘플을 뽑는다.
④ 샘플링 검사방식을 정한다.

㉮ ④ → ② → ① → ③
㉯ ④ → ① → ② → ③
㉰ ② → ① → ④ → ③
㉱ ② → ④ → ① → ③

090. 공장에 있어서의 샘플링 검사의 목적분류에 속하지 않는 것은?
㉮ 공장관리를 위해   ㉯ 검사를 위해
㉰ 검사를 위해   ㉱ 공정단축을 위해

정답 083. ㉱ 084. ㉯ 085. ㉰ 086. ㉮ 087. ㉯ 088. ㉮ 089. ㉰ 090. ㉱

091. 샘플링 검사의 실시 조건이 아닌 것은?
㉮ 제품이 로트로서 처리될 수 있을 것
㉯ 합격 로트 중에는 불량품이 허용되지 않을 것
㉰ 시료를 랜덤으로 샘플링 할 수 있을 것
㉱ 품질기준이 명확할 것

092. ISO와 TQC의 차이점으로 틀린 것은?
㉮ ISO 9000은 시스템 구축이 주체이다.
㉯ TQC는 품질 시스템 구축 후 품질 개선이 주체이다.
㉰ ISO 9000은 정해진 요건만 충족되면 최고 TQC는 나름대로 좋은 시스템을 구축하여 성과를 높이는 방법이다.
㉱ ISO 9000과 TQC는 모두 철저한 수비의 품질관리다.

093. 다음 중 샘플링 검사가 유리하지 않는 경우는?
㉮ 다수, 다량의 것으로 어느 정도의 불량품의 혼입이 허용될 때
㉯ 검사항목이 많을 때
㉰ 검사의 정밀도를 불완전한 전수검사에 비해 좋게 하고자 할 때
㉱ 검사비용에 비해 얻어지는 효과가 크다고 생각될 때

094. 15톤 적재하는 5화차에서 각 화차로부터 3인크리멘트씩 랜덤 샘플링한다. 이러한 샘플링 방법은?
㉮ 2단계 샘플링   ㉯ 취락 샘플링
㉰ 층별 샘플링   ㉱ 유의 샘플링

095. 층별이란 다음 중 어느 것인가?
㉮ 데이터를 측정 순서대로 바로 잡아 쓰는 일
㉯ 관리도의 종별을 나누는 일
㉰ 측정치를 요인별로 나누는 일
㉱ 군(群)의 크기를 바꾸는 일

096. 제1종 과오란 다음 중 어느 것인가?
㉮ 잘못된 통계적 수법을 쓴 과오
㉯ 귀무가설이 옳은데도 이를 버리는 과오
㉰ 계산을 잘못한 과오
㉱ 귀무가설이 옳지 않은데도 옳다고 하는 과오

097. ISO 9001과 9002의 차이점은 무엇으로 대별되는가?
㉮ 경영책임   ㉯ 품질 시스템
㉰ 계약검토   ㉱ 설계관리

098. 공급자가 ISO를 잘 지키고 있다는 것을 증명할 수 있는 증거자료의 역할을 하는 것은?
㉮ 내부 품질검사   ㉯ 품질 시스템
㉰ 품질 기록관리   ㉱ 공정관리

099. ISO 9000 시스템에서 사내의 교육·훈련 대상자는 누구인가?
㉮ 모두   ㉯ 최고 경영자
㉰ 품질 책임자   ㉱ 품질 기사

정답 091. ㉯ 092. ㉱ 093. ㉱ 094. ㉰ 095. ㉰ 096. ㉯ 097. ㉱ 098. ㉰ 099. ㉮

100 표준화 효과와 상이한 것은?
㉮ 호환성 ㉯ 대량생산
㉰ 생산비저하 ㉱ 설비전문화

101 다음 중 물적 표준화와 관계가 있는 것은?
㉮ 형 ㉯ 생산
㉰ 경리 ㉱ 작업방법

102 다음 중 관리 표준화와 관계가 먼 것은?
㉮ 생산 ㉯ 재무
㉰ 품질 ㉱ 기술연구

103 다음 중 방법 표준화와 관계가 먼 것은?
㉮ 기술연구 ㉯ 사무처리
㉰ 작업환경 ㉱ 작업방법

104 다음 중 전문화와 관계가 있는 것은?
㉮ 분업 ㉯ 교육훈련용이
㉰ 책임전가 ㉱ 부품의 호환성

105 다음 중 전문화에 효과가 관계가 먼 것은?
㉮ 생산능력증대 ㉯ 업무책임감소
㉰ 기계공구 감소 ㉱ 설비의 특수화

106 시스템의 구성과 관계가 먼 것은?
㉮ 산출 ㉯ 경계선
㉰ 변환과정 ㉱ 투입

107 다음 중 시스템의 경계에서 발생하는 것은?
㉮ 환경 ㉯ 시스템
㉰ 상관관계 ㉱ 미지상자

108 다음 중 시스템의 공통적 성질과 관계가 먼 것은?
㉮ 목적추구성 ㉯ 환경적용성
㉰ 집합성 ㉱ 상관성

109 다음 중 생산계획시 실행계획에 해당하는 것은?
㉮ 준비계획 ㉯ 제조계획
㉰ 작업계획 ㉱ 선행생산계획

110 다음 중 생산계획에서 How에 해당하는 것은?
㉮ 자재계획 ㉯ 대일정계획
㉰ 인원계획 ㉱ 공수계획

111 다음 중 인간노동의 생산성향상과 관계가 먼 것은?
㉮ 원가절감 ㉯ 작업방법
㉰ 고용의 안정성 ㉱ 노동조합 참여

112 경제성 향상과 관계가 있는 것은?
㉮ 불량감소 ㉯ 원가절감
㉰ 구매가의 상승 ㉱ 납기의 확실화

정답 100. ㉱ 101. ㉮ 102. ㉰ 103. ㉮ 104. ㉮ 105. ㉰ 106. ㉯ 107. ㉰ 108. ㉱ 109. ㉯ 110. ㉱ 111. ㉮ 112. ㉯

113. 생산합리화의 기본목표와 관계가 먼 것은?
   ㉮ 생산의 신속화 ㉯ 품질의 균일화
   ㉰ 생산의 등기화 ㉱ 원가 유지

114. 다음 중 원가의 유지와 관계 있는 것은?
   ㉮ 상품가치 향상 ㉯ 납기의 확실화
   ㉰ 능률저하방지 ㉱ 생산의 신속화

115. 생산관리의 일반원칙이 아닌 것은?
   ㉮ 표준화 ㉯ 단순화
   ㉰ 전문화 ㉱ 규격화

116. 단순화의 효과와 관계가 먼 것은?
   ㉮ 납기단축 ㉯ 호환성 증가
   ㉰ 재료감소 ㉱ 재고관리 용이

117. 다음 중 표준화의 목적에 해당하는 것은?
   ㉮ 낭비배제 ㉯ 능률저하방지
   ㉰ 원가절감 ㉱ 불량감소

118. 표준화의 3가지 분류방법과 거리가 먼 것은?
   ㉮ 관리표준화 ㉯ 물적표준화
   ㉰ 방법표준화 ㉱ 규격표준화

119. 다음 중 생산에 5M과 관계가 없는 것은?
   ㉮ 기계 설비 ㉯ 관리
   ㉰ 방법 ㉱ 자금

120. 설비의 구식화에 의한 열화는?
   ㉮ 상대적 열화 ㉯ 기술적 열화
   ㉰ 경제적 열화 ㉱ 절대적 열화

121. 설비가 노후하여 갱신이 요구되는 열화는?
   ㉮ 기능적 열화 ㉯ 물리적 열화
   ㉰ 절대적 열화 ㉱ 화폐적 열화

122. Lot의 크기에 따라 증가하는 비용은?
   ㉮ 기타경비 ㉯ 준비비
   ㉰ 원가비 ㉱ 고정비

123. ABC 분석은 무엇이라 하는가?
   ㉮ 종합관리 ㉯ 효율관리
   ㉰ 중점관리 ㉱ 성과관리

124. 보전에 대한 경제성을 고려한 설비관리 방식은?
   ㉮ 예방보전 ㉯ 개량보전
   ㉰ 보전예방 ㉱ 생산보전

125. 설비의 성능 열화 현상과 관계가 먼 것은?
   ㉮ 마모 ㉯ 구식
   ㉰ 파손 ㉱ 오손

126. 설비보전 과정의 내용과 관계가 먼 것은?
   ㉮ 설치 ㉯ 보전
   ㉰ 운전 ㉱ 폐시

정답 113. ㉱ 114. ㉰ 115. ㉱ 116. ㉯ 117. ㉮ 118. ㉱ 119. ㉱ 120. ㉮ 121. ㉰ 122. ㉮ 123. ㉰ 124. ㉱ 125. ㉯ 126. ㉮

127. 생산관리의 목표에 속하지 않는 것은?
   ㉮ 적질의 품질제조
   ㉯ 적지에 제조
   ㉰ 싸게 제조
   ㉱ 많은 양의 제품을 제조

128. 설비열화에 의한 부품교체시 교체방식을 결정할 때 비용과 관계가 가장 먼 것은?
   ㉮ 부품비
   ㉯ 교체비용
   ㉰ 잔존가치
   ㉱ 휴지손실비

129. 설비 열화 현상 중 기능저하형에 해당하지 않는 것은?
   ㉮ 전기단선
   ㉯ 전해
   ㉰ 반응탑
   ㉱ 펌프류

130. 설비 보전의 직접기능 중 일상보전에 해당하지 않는 것은?
   ㉮ 윤활
   ㉯ 청소
   ㉰ 조정
   ㉱ 분해

131. 다음 중 생산계획에서 What에 해당하는 것은?
   ㉮ 대일정계획
   ㉯ 일정계획
   ㉰ 자재계획
   ㉱ 공정계획

132. 다음 중 생산계획에서 When에 해당하는 것은?
   ㉮ 대일정계획
   ㉯ 일정계획
   ㉰ 배치계획
   ㉱ 설비계획

133. 생산 계획과 통제의 기능에 대응되는 내용과 관계가 먼 것은?
   ㉮ 공수계획 - 여력관리
   ㉯ 일정계획 - 진도관리
   ㉰ 절차계획 - 작업지도
   ㉱ 공정계획 - 배치관리

134. 보편적으로 많이 사용되는 공수의 단위는?
   ㉮ Man-minute
   ㉯ Man-Day
   ㉰ Man-Sec
   ㉱ Man-Hour

135. 생산보전과 관계가 없는 것은?
   ㉮ 개량보전
   ㉯ 사후보전
   ㉰ 보전예방
   ㉱ 사전보전

136. 쉽고, 빨리, 싸게 잘 보전할 수 있는 설비의 선택은 어디에 해당하는가?
   ㉮ 보전예방
   ㉯ 예방보전
   ㉰ 개량보전
   ㉱ 사후보전

137. 설비사용 중 윤활, 청소, 조정, 교체 등을 행하는 방법은?
   ㉮ 보전예방
   ㉯ 예방보전
   ㉰ 개량보전
   ㉱ 사후보전

138. 설비사용 중 보전성 향상을 위하여 계획공사, 수리 보전의 작업방법, 기기, 재료의 선택 등을 행하는 것은?
   ㉮ 사후보전
   ㉯ 개량보전
   ㉰ 예방보전
   ㉱ 보전예방

정답 127. ㉱ 128. ㉰ 129. ㉮ 130. ㉱ 131. ㉰ 132. ㉯ 133. ㉱ 134. ㉱ 135. ㉱ 136. ㉮ 137. ㉯ 138. ㉰

139 설비의 경제성 향상을 위하여 개량비와 열화손실 및 보전비의 합이 최소가 되도록 하는 것은?
㉮ 사후보전 ㉯ 예방보전
㉰ 보전예방 ㉱ 개량보전

140 보전비와 열화손실시의 합이 최소가 되도록 하는 설비보전은?
㉮ 예방보전 ㉯ 보전예방
㉰ 사후보전 ㉱ 개량조건

141 설비제작비와 보전비 및 열화손실비의 합이 최소가 되도록 하는 보전은?
㉮ 예방보전 ㉯ 보전예방
㉰ 개량보전 ㉱ 사후보전

142 설비예방보전의 실제활동에 해당되지 않는 것은?
㉮ 예방보전 검사 ㉯ 일상보전
㉰ 개량보전 ㉱ 예방수리

143 기능저하형 열화와 관계가 있는 것은?
㉮ 기술적 열화 ㉯ 화폐적 열화
㉰ 물리적 열화 ㉱ 상대적 열화

144 일정에 관한 계획과 관련이 많은 생산 방식은?
㉮ 주문생산 ㉯ 계획생산
㉰ Lot생산 ㉱ 연속생산

145 합리적인 공수계획을 수립하기 위한 조건이 아닌 것은?
㉮ 부하와 능력의 균형화를 기할 것
㉯ 일정별의 부하 변동을 방지할 것
㉰ 적합 배치의 단순화를 기할 것
㉱ 부화와 능력에 여유를 줄 것

146 부하란?
㉮ 최대 작업량 ㉯ 최소 작업량
㉰ 할당된 작업량 ㉱ 평균 작업량

147 일정의 구성 현상이 아닌 것은?
㉮ 가공 ㉯ 검사
㉰ Lot대기, 정체 ㉱ 여유

148 일정 계획 수립에 필요한 사항이 아닌 것은?
㉮ 생산기간을 아는 것
㉯ 일정을 수립하는 것
㉰ 납기를 고려하는 것
㉱ 일정표를 작성하는 것

149 공정 대기란?
㉮ 가공 ㉯ 정체
㉰ 일정 ㉱ 검사

150 재료의 원단위를 산정하는 식은?
㉮ 원재료 투입량 / 제품 소비량 × 100
㉯ 원재료 투입량 / 제품 생산량 × 100
㉰ 제품 생산량 / 재료 투입량 × 100
㉱ 재료 투입량 / 제품 생산량 × 100

정답 139. ㉱ 140. ㉮ 141. ㉯ 142. ㉰ 143. ㉰ 144. ㉮ 145. ㉰ 146. ㉰ 147. ㉱ 148. ㉯ 149. ㉯ 150. ㉯

151 작업 분배시 고려해야 할 사항이 아닌 것은?
- ㉮ 능력 이상의 작업을 할당치 말 것
- ㉯ 기술적인 문제의 발생
- ㉰ 불량품에 대한 조치
- ㉱ 원가에 대한 관리

152 다음 중 협의의 생산관리의 뜻은?
- ㉮ 제조활동
- ㉯ 구매관리
- ㉰ 작업관리
- ㉱ 변화과정

153 ABC분석은 1951년 누구에 의해 제창된 재고관리 기법인가?
- ㉮ Morrow
- ㉯ Arrow
- ㉰ Deckie
- ㉱ Terborgh

154 설비의 성능 열화원인과 관계가 먼 것은?
- ㉮ 사용에 의한 열화
- ㉯ 경제적 열화
- ㉰ 재해에 의한 열화
- ㉱ 자연 열화

155 고객이 요구하는 3가지 조건이 아닌 것은?
- ㉮ 원가
- ㉯ 품질
- ㉰ 가격
- ㉱ 납기

156 고장이 없는 설비나 조기 수리가 가능한 설비의 설계 및 선택시 적용하는 설비 보전 방식은?
- ㉮ 사후보전
- ㉯ 예방보전
- ㉰ 개량보전
- ㉱ 보전예방

157 설비가 어느 기간을 지나면 고정 정지는 없어도 생산량, 수율, 정도 등의 성능이다 전력 중기 등의 효율이 감소하는 열화현상은?
- ㉮ 기능저하형
- ㉯ 기능정지형
- ㉰ 기능수축형
- ㉱ 기능단축형

158 설비보전조직의 기본형에 해당하지 않는 것은?
- ㉮ 집중보전
- ㉯ 지역보전
- ㉰ 절충보전
- ㉱ 분산보전

159 납기를 준수하기 위한 요건이 아닌 것은?
- ㉮ 재고를 충분히 가질 것
- ㉯ 충분한 능력을 가질 것
- ㉰ 준수 가능한 납기를 결정할 것
- ㉱ 통제 능력 및 생산의 여력을 가질 것

160 제조 Lot란?
- ㉮ 1회 제조 수량을 말한다.
- ㉯ 시간당의 제조 수량을 말한다.
- ㉰ 일정한 제조량을 말한다.
- ㉱ 제조회수를 표시하는 개념이다.

161 Lot의 크기란?
- ㉮ 예정생산 목표량 / Lot수
- ㉯ Lot수 / 예정생산회수
- ㉰ 제조 Lot수 / Lot수
- ㉱ Lot수

정답 151. ㉱ 152. ㉮ 153. ㉰ 154. ㉯ 155. ㉮ 156. ㉱ 157. ㉮ 158. ㉱ 159. ㉮ 160. ㉮ 161. ㉮

주조(鑄造)기능장

162 생산계획의 절차 중 가장 중심이 되는 것은?
㉮ 수량 ㉯ 납기
㉰ 원가 ㉱ 품질

163 흐름 작업을 편성하는 공정계열 중 최종공정에서 완성품이 나오는 시간간격을 무엇이라고 하는가?
㉮ 정미시간 ㉯ 표준시간
㉰ 통제시간 ㉱ 피치타임

164 시간측정방법에서 간접법에 속하지 않는 것은?
㉮ VTR분석 ㉯ PTS법
㉰ 표준자료법 ㉱ 경험견적법

165 그 작업에 적성이 있고 숙련된 작업자가 양호한 작업 환경 소정의 작업조건, 필요한 여유 및 수정의 작업에 미리 정해진 방법에 따라 수행한 시간을 무엇이라고 하는가?
㉮ 작업시간 ㉯ 표준시간
㉰ 정미시간 ㉱ 여유시간

166 최소의 피로로서 최대의 효과를 얻기 위한 법칙은?
㉮ 만족감의 법칙 ㉯ 총합의 법칙
㉰ 동작경제의 원칙 ㉱ 융통성의 원칙

167 ECRS의 원칙이 아닌 것은?
㉮ 배제 ㉯ 결합
㉰ 교환 ㉱ 안전

168 다음은 표준시간을 구성을 나타낸 것인데 옳은 것은?
㉮ 정미시간 + 표준시간
㉯ 정미시간 + 준비시간
㉰ 여유시간 + 정미시간
㉱ 주작업시간 + 준비작업시간

169 다음 중 정미시간의 구성이 틀린 것은?
㉮ 주요시간 + 부수시간
㉯ 가공시간 + 중간시간
㉰ 실동시간 + 수대기시간
㉱ 주요시간 + 중간시간

170 PTS법이란?
㉮ 기본동작에 소요되는 시간에 미리 작성된 시간차를 적용하여 개개의 작업시간을 합산하는 방법이다.
㉯ 작업측정에 통계적 기법을 사용한다.
㉰ 컴퓨터를 이용하여 작업측정을 하는 방법이다.
㉱ Planning-training & system의 약자이다.

171 작업구분을 큰 작업에서 작은 작업으로 크기 순서로 옳은것은?
㉮ 공정 → 작업 → 요소작업 → 단위작업 → 동작 → 동작요소
㉯ 작업 → 공정 → 단위작업 → 동작요소 → 요소작업 → 동작
㉰ 작업 → 공정 → 단위작업 → 요소작업 → 동작 → 동작요소
㉱ 작업 → 동작 → 공정 → 요소작업 → 단위작업 → 동작요소

정답 162. ㉮ 163. ㉱ 164. ㉮ 165. ㉯ 166. ㉰ 167. ㉱ 168. ㉱ 169. ㉱ 170. ㉮ 171. ㉰

172 개선의 일반적인 4가지 목표가 아닌 것은?
- ㉮ 공정의 단축
- ㉯ 피로의 경감
- ㉰ 품질의 향상
- ㉱ 경비의 절감

173 생산능률을 높이기 위한 3S와 직접 관계가 없는 것은?
- ㉮ 단순화
- ㉯ 표준화
- ㉰ 전문화
- ㉱ 계수화

174 2사람 이상의 작업자가 협동하면서 하는 작업분석은?
- ㉮ 제품공정분석
- ㉯ 조작업분석
- ㉰ 작업자 공정분석
- ㉱ 동작분석

175 재료가 출고되어서부터 제품으로 출하되기까지의 공정계열을 체계적으로 도표를 작성하여 분석하는 방법은?
- ㉮ 공정분석
- ㉯ 작업분석
- ㉰ 동작분석
- ㉱ Therblig분석

176 공정분석에서 사용되는 주된 분석기법이 아닌 것은?
- ㉮ 사무공정분석
- ㉯ 작업자공정분석
- ㉰ 제품공정분석
- ㉱ 동작공정분석

177 다음 중 동작분석의 종류가 아닌 것은?
- ㉮ 양손작업분석
- ㉯ 서블리그 분석(Therblig)분석
- ㉰ 동시동작분석
- ㉱ 제품공정분석

178 피로의 원인에 속하지 않는 것은?
- ㉮ 육체적 조건
- ㉯ 개인적 차이에 의한 조건
- ㉰ 정신적 조건
- ㉱ 작업환경

179 다음 중 작업시스템에 속하지 않는 것은?
- ㉮ 작업공정
- ㉯ 사람
- ㉰ 제품
- ㉱ 설계

180 생산 시스템에서 산출되는 제품 또는 서비스(service)의 가치, 즉 생산 활동의 성과에 포함되지 않는 것은?
- ㉮ 제품 또는 서비스의 질
- ㉯ 판매
- ㉰ 생산량(생산기간)
- ㉱ 원가

181 다음 중 표준자료법의 결정단위가 아닌 것은?
- ㉮ 요소작업
- ㉯ 동작단위
- ㉰ 공정단위
- ㉱ 제품단위

182 다음 중 방법연구에 속하지 않는 것은?
- ㉮ 연합작전분석
- ㉯ 동작분석
- ㉰ 표준자료법
- ㉱ 공정분석

183 생산공정을 위한 활동의 기본적 요소로서 볼 수 없는 것은?
- ㉮ 운반
- ㉯ 정체
- ㉰ 공정
- ㉱ 가공

정답 172. ㉮ 173. ㉱ 174. ㉯ 175. ㉮ 176. ㉱ 177. ㉱ 178. ㉯ 179. ㉱ 180. ㉯ 181. ㉯ 182. ㉰ 183. ㉰

주조(鑄造)기능장

184 다음 중 가장 큰 작업구분 단위는?
㉮ 단위작업 ㉯ 공정
㉰ 요소작업 ㉱ 서블리그

185 시간연구법의 측정단위로서 가장 작은 단위는?
㉮ 공정 ㉯ 단위작업
㉰ 요소작업 ㉱ 동작요소

186 작업측정의 기법으로 볼 수 없는 것은?
㉮ 의견법 ㉯ 시간연구법
㉰ PTS법 ㉱ 워크샘플링법

187 작업시간 측정기법이 아닌 것은?
㉮ 시간연구법 ㉯ PTS법
㉰ 동작연구법 ㉱ 워크샘플링법

188 공정목적을 형성하는 개개의 단위로 보통 1분 이상의 길이를 가진 작업은?
㉮ 요소작업 ㉯ 단위작업
㉰ 동작요소 ㉱ 운동

189 다음 피로의 발생원인아 아닌 것은?
㉮ 작업강도에 의한 피로
㉯ 환경에 의한 피로
㉰ 육체적 근무노동에 의한 피로
㉱ 장기간 휴식에 의한 피로

190 다음 중 작업자에게 부여된 본 목적의 작업을 무엇이라고 하는가?
㉮ 작업여유 ㉯ 부대작업
㉰ 주체작업 ㉱ 준비작업

191 다음 중 일반여유에 속하지 않는 것은?
㉮ 용무여유 ㉯ 피로여유
㉰ 장려여유 ㉱ 작업여유

192 피로의 원인은 일이 요구하는 육체적 정신적 조건 및 작업환경에 있다. 다음 중에서 육체적 조건에 속하지 않는 것은?
㉮ 작업의 단조도
㉯ 육체적 노력
㉰ 작업자세
㉱ 특수한 작업복이나 장구

193 한 사람의 작업자가 여러 기계를 담당할 때 어떠한 기계가 문제가 발생하여 작업자가 조치해 주기를 기다리는 시간을 무엇이라고 하는가?
㉮ 관리여유 ㉯ 기계간섭여유
㉰ 장려여유 ㉱ 기계간섭시간

194 다음 중 작업속도에 가장 영향을 미치는 요소는?
㉮ 작업의 착실성 ㉯ 작업조건
㉰ 노력도 ㉱ 숙련도

정답 184. ㉯ 185. ㉱ 186. ㉮ 187. ㉰ 188. ㉯ 189. ㉱ 190. ㉰ 191. ㉰ 192. ㉮ 193. ㉯ 194. ㉱

195 다음 중 작업측정의 목적이 아닌 것은?
㉮ 작업시스템 개선
㉯ 작업시스템의 설계
㉰ 과업관리
㉱ 재고관리

196 작업측정의 관측대상의 결정 및 층별화가 아닌 것은?
㉮ 기계 ㉯ 사람
㉰ 제품 ㉱ 공정

197 스톱워치 측정방법의 1DM은?
㉮ 1/1000분 ㉯ 1/100분
㉰ 1/100초 ㉱ 1/1000시간

198 정상속도와 관측대상속도를 비교 판단하여 시간 값을 정상속도의 값으로 수정한 것은?
㉮ 레이팅 ㉯ 표준시간
㉰ 준비시간 ㉱ 정미시간

199 보통 정도의 기능 및 보통 정도의 노력으로 작업을 할 때, 시간치로 하는 것은?
㉮ 낭비시간 ㉯ 정미시간
㉰ 공정시간 ㉱ 검사시간

200 다음 중 대상 작업의 기본적 내용으로서 규칙, 주기적으로 반복되는 작업 부분의 시간은?
㉮ 준비시간 ㉯ 단위당시간
㉰ 정미시간 ㉱ 여유시간

201 통계적 추론을 이용하기 위하여 사람과 기계의 움직임을 순간적으로 관측하여 작업량을 측정하는 방법은?
㉮ 표준시간 ㉯ 워크 샘플링
㉰ 필름분석 ㉱ PTS법

202 워크 샘플링의 장점 중 틀린 것은?
㉮ 비반복적 작업에 유용하다.
㉯ 작업분석에 유용하다.
㉰ 적용하기에 용이하다.
㉱ 적은 표본수로도 가능하다.

203 Work Factor 법의 사용신체부위가 아닌 것은?
㉮ 손가락 ㉯ 몸통
㉰ 허리 ㉱ 앞팔선회

204 Ready Work Factor법의 시간단위는?
㉮ 0.001분 ㉯ 0.0001시간
㉰ 0.0001분 ㉱ 0.00036초

205 MTM법의 시간단위는?
㉮ 0.0001시간 ㉯ 0.00001시간
㉰ 0.001시간 ㉱ 0.1시간

206 원재료 및 부품이 공정에 투입되는 점 및 모든 작업과 검사의 계열을 표현한 도표는?
㉮ 작업공정도 ㉯ 흐름공정도
㉰ 서블리그 ㉱ 공정도

정답 195. ㉱ 196. ㉱ 197. ㉯ 198. ㉮ 199. ㉯ 200. ㉰ 201. ㉯ 202. ㉯ 203. ㉰ 204. ㉮ 205. ㉯ 206. ㉮

207 동일종류에 속하는 과업의 작업내용을 정수, 변수요소로 분류하여 작업 측정 요인과 시간치와의 관계를 해석하여 표준시간을 구하는 방법은?
㉮ VTR분석   ㉯ PTS법
㉰ 표준자료법   ㉱ 경험견적법

208 대상 공정에 포함되어 있는 모든 작업, 운반, 검사, 지연 및 저장의 계열을 기호로 표시하고 분석에 필요한 소요시간, 이동거리 등을 나타낸 것은?
㉮ 서블리그   ㉯ 작업공정도
㉰ 흐름공정도   ㉱ 공정도

209 다음 중 공정분석기호 표시의 연결이 잘못된 것은?
㉮ 작업 : ○   ㉯ 운반 : ⇨
㉰ 검사 : □   ㉱ 보관 : D

210 흐름공정도로 검토하는데 틀린 것은?
㉮ 공정배치
㉯ 정체 및 수대기 상황
㉰ 재료취급
㉱ 원가문제

211 표준시간의 옳은 계산식은?
㉮ 정상시간 × 여유율
㉯ 정상시간 × (1+여유율)
㉰ 평균시간 × 평정계수
㉱ 시간 × 여유율

212 한 사람의 작업자가 동시에 여러 기계를 담당하는 시간은?
㉮ 기계간섭시간   ㉯ 기계간섭여유
㉰ 장려여유   ㉱ 관리여유

213 인간이 행하는 모든 작업을 그것을 구성하는 기본동작으로 분해하여 가 기본동작에 대해 그 동작의 성질과 조건에 따라 미리 정해진 시간치를 적용하는 수법은?
㉮ 표준자료법   ㉯ PTS법
㉰ VTR법   ㉱ 경험 견적법

214 다음 작업측정기법 중 분석치에 따른 영향이 없는 곳은?
㉮ 시간 연구법   ㉯ PTS법
㉰ 워크 샘플링법   ㉱ 실적기록법

215 과거 측정했던 시간치를 이용하는 방법 중 틀린 것은?
㉮ PTS법   ㉯ 가동분석법
㉰ 표준자료법   ㉱ 경험견적법

216 Work Factor법의 시간단위는?
㉮ 0.0001분   ㉯ 0.0001시간
㉰ 0.001초   ㉱ 3600초

217 Work Factor법의 주요변수가 아닌 것은?
㉮ 이동거리   ㉯ 사용신체부위
㉰ 인위적 조건   ㉱ 취급용량 및 저항

정답 207. ㉰ 208. ㉰ 209. ㉱ 210. ㉱ 211. ㉯ 212. ㉮ 213. ㉯ 214. ㉯ 215. ㉯ 216. ㉮ 217. ㉱

218 작업연구의 기능이라고 볼 수 없는 것은?
- ㉮ 자재의 적정 재고량 결정
- ㉯ 표준시간의 결정
- ㉰ 생산성의 결정
- ㉱ 작업표준의 결정

219 건물, 기계설비, 작업역에 대한 layout을 개괄적으로 표현하고 물체 또는 인간의 이동경로를 표시한 도표는?
- ㉮ 작업공정도
- ㉯ 흐름공정도
- ㉰ Flow diagram
- ㉱ string diagram

220 다음 중 [부하 < 능력] 일 때의 상황은?
- ㉮ 기계나 작업원을 늘려야 한다.
- ㉯ 기계나 작업원을 쉬게 한다.
- ㉰ 외주를 해야 한다.
- ㉱ 공정대기가 발생한다.

221 생산 라인의 평형분석(line balancing)에서 애로 공정(bottle neck)이란?
- ㉮ 가장 작은 부하량을 가진 공정
- ㉯ 가장 큰 여력이 있는 공정
- ㉰ 가장 작은 애로가 존재하는 공정
- ㉱ 가장 큰 작업량을 가진 공정

222 스톱 워치를 사용하는데 있어서 가장 일반적인 방법이 아닌 것은?
- ㉮ 계속법
- ㉯ 반복법
- ㉰ 순환법
- ㉱ 절충법

223 작업분석에 있어서 요소작업에 대해 효과적인 개선활동을 위한 원리 중 ECRS의 내용 중 틀린 것은?
- ㉮ E : Eliminate(제거)
- ㉯ C : Combine(결합)
- ㉰ R : Repair(보수)
- ㉱ S : Simplify(단순화)

224 공정도 개선원칙의 적용이 아닌 것은?
- ㉮ 재료취급의 원칙
- ㉯ 레이아웃의 원칙
- ㉰ 동작경제의 원칙
- ㉱ 동작분석의 원칙

225 연합작업분석의 종류에 속하지 않는 것은?
- ㉮ 인간 - 기계분석표
- ㉯ 조작업 분석표
- ㉰ 조 - 기계분석표
- ㉱ 조 - 인간분석표

226 작업방법연구에 이용하는 도표가 아닌 것은?
- ㉮ 활동분석도표(activity chart)
- ㉯ 인간 - 기계분석도표(man - machine chart)
- ㉰ 작업분석도표(operation chart)
- ㉱ 흐름공정도표(flow process chart)

227 작업과 관련된 인간의 신체동작과 눈의 움직임을 분석하여 불필요한 동작을 제거하고 가장 합리적인 작업방법을 연구하는 기법은?
- ㉮ 공작분석
- ㉯ 동작연구
- ㉰ 표준자료법
- ㉱ 연합작업분석

정답 218. ㉮ 219. ㉱ 220. ㉯ 221. ㉱ 222. ㉱ 223. ㉰ 224. ㉱ 225. ㉱ 226. ㉱ 227. ㉯

228 동작연구 수법에 속하지 않는 것은?

㉮ 양수작업분석 ㉯ 미동작 분석
㉰ 동시동작분석 ㉱ 공정분석

229 배치(layout)의 원칙에 속하지 않는 것은?

㉮ 총합의 원칙
㉯ 유동의 원칙
㉰ 융통성의 원칙
㉱ 물류와 재고의 원칙

제 **6** 편

부록

1. 원소기호표
2. 주조기능장 2차 실기 필답형 예상문제
3. 주조기능장 2차 실기 필답형 시행문제
4. 주조기능장 1차 필기 시행문제

1. 원소기호표

원자번호	원소기호	원 소	원 자 량	녹는점(m.p.)	끓는점(b.p.)	비 중(d)
1	H	수 소	1.0079	−259.14℃	−252.9℃	0.08987g/ℓ
2	He	헬 륨	4.0026	−272.2℃(26atm)	−268.9℃	0.1785g/ℓ
3	Li	리 튬	6.94	180.54℃	1347℃	0.534
4	Be	베 릴 륨	9.01218	1280℃	2970℃	1.85
5	B	붕 소	10.81	2300℃	2550℃	1.73(비결정성)
6	C	탄 소	12.011	3550℃(비결정성)	4827℃(비결정성)	1.8~2.1(비결정성)
7	N	질 소	14.0067	−209.86℃	−195.8℃	1.2507g/ℓ
8	O	산 소	15.9994	−218.4℃	−182.96℃	1.4289g/ℓ (0℃)
9	F	불 소	18.998	−219.62℃	−188℃	1.696g/ℓ (0℃)
10	Ne	네 온	20.17	−248.67℃	−246.0℃	0.90g/ℓ
11	Na	나 트 륨	22.9898	97.90℃	877.50℃	0.971(20℃)
12	Mg	마그네슘	24.305	650℃	1100℃	1.741
13	Al	알루미늄	26.98154	660.4℃	2467℃	2.70(20℃)
14	Si	규 소	28.085	1414℃	2335℃	2.33(18℃)
15	P	인	30.973	44.1℃(황린)	280.5℃(황린)	1.82(황린, α)
16	S	황	32.06	112.8℃(α)	444.7℃	2.07(α)
17	Cl	염 소	35.45	−100.98℃	−34.6℃	3.214g/ℓ (0℃)
18	Ar	아 르 곤	39.94	−189.2℃	−185.7℃	1.7834g/ℓ
19	K	칼 륨	39.0983	63.5℃	774℃	0.86(20℃)
20	Ca	칼 슘	40.08	850℃	1440℃	1.55
21	Sc	스 칸 듐	44.9559	1539℃	2727℃	2.992
22	Ti	티 탄	47.9	1675℃	3260℃	4.50(20℃)
23	V	바 나 듐	50.9415	1890℃	3380℃	5.98(18℃)
24	Cr	크 롬	51.996	1890℃	2482℃	7.188(20℃)
25	Mg	마그네슘	24.305	650℃	1100℃	1.741
26	Fe	철	55.84	1535℃	2750℃	7.86(20℃)
27	Co	코 발 트	58.9332	1494℃	3100℃	8.9(20℃)
28	Ni	니 켈	58.7	1455℃	2732℃	8.845(25℃)
29	Cu	구 리	63.549	1083℃	2595℃	8.92(20℃)
30	Zn	아 연	65.38	419.6℃	907℃	7.14(20℃)
31	Ga	갈 륨	69.72	29.78℃	2403℃	5.913(20℃)
32	Ge	게르마늄	72.59	958.5℃	2700℃	5.325(25℃)

원자번호	원소기호	원소	원자량	녹는점(m.p.)	끓는점(b.p.)	비 중(d)
33	As	비소	74.9216	817℃(28atm)	613℃(승화)	5.73(회색)
34	Se	셀렌	78.96	144℃(결정)	684.8℃	4.4(결정)
35	Br	브롬	79.904	−7.2℃	58.8℃	3.10(25℃)
36	Kr	크립톤	83.3	−156.6℃	−152.3℃	3.74g/ℓ (0℃)
37	Rb	루비듐	85.4678	38.89℃	688℃	1.53(20℃)
38	Sr	스트론튬	87.62	769℃	1384℃	2.6(20℃)
39	Y	이트륨	88.9059	1495℃	2927℃	4.45
40	Zr	지르코늄	91.22	1852℃	3578℃	6.52(25℃)
41	Nb	니오브	92.9064	2468℃	3300℃	8.56(25℃)
42	Mo	몰리브덴	95.94	2610℃	5560℃	10.23
43	Tc	테크네튬	97	2200℃	5030℃	11.5
44	Ru	루테늄	101.17	2250℃	3900℃	12.41(20℃)
45	Rh	로듐	102.9055	1963℃	3727℃	12.41(20℃)
46	Pd	팔라듐	106.4	1555℃	3167℃	12.03
47	Ag	은	107.868	961.9℃	2212℃	10.49(20℃)
48	Cd	카드뮴	112.41	321.1℃	765℃	8.642
49	In	이듐	114.82	156.63℃	2000℃	7.31(20℃)
50	Sn	주석	118.69	231.97℃	2270℃	5.80(α 20℃)
51	Sb	안티몬	121.75	630.7℃	1635℃	6.69(20℃)
52	Te	텔루르	127.6	449.8℃	1390℃	6.24(비결정성. α)
53	I	요오드	126.904	113.6℃	184.4℃	4.93(25℃)
54	Xe	크세론	131.3	−111.9℃	−107.1℃	5.85g/ℓ (0℃)
55	Cs	세슘	132.9054	28.5℃	690℃	1.873(20℃)
56	Ba	바륨	137.33	725℃	1140℃	3.5
57	La	란탄	138.9055	920℃	3469℃	6.19(α)
58	Ce	세륨	140.12	795℃	3468℃	6.7(α)
59	Pr	프라세오디뮴	140.9077	935℃	3127℃	6.78
60	Nd	네오디뮴	144.24	1024℃	3027℃	6.78
61	Pm	프로메튬	147	1080℃	2730℃	7.2
62	Sm	사마륨	150.4	1072℃	1900℃	7.586
63	Eu	유로퓸	151.96	826℃	1439℃	5.259
64	Gd	가돌리늄	157.2	1312℃	3000℃	7.948(α)
65	Tb	테르븀	158.9254	1356℃	2800℃	8.272
66	Dy	디스프로슘	162.5	1407℃	2600℃	8.56
67	Ho	홀뮴	164.93	1461℃	2600℃	8.803
68	Er	에르븀	167.26	1522℃	2510℃	9.051
69	Tm	툴륨	168.9342	1545℃	1727℃	9.332
70	Yb	이테르븀	173.04	824℃	1427℃	6.977(α)

원자번호	원소기호	원 소	원 자 량	녹는점(m.p.)	끓는점(b.p.)	비 중(d)
71	Lu	루테튬	174.97	1652℃	3327℃	9.872
72	Hf	하프늄	178.49	2150℃	5400℃	13.31(20℃)
73	Ta	탄탈	180.947	2996℃	5425℃	16.64(20℃)
74	W	텅스텐	183.8	3387℃	5927℃	19.3(0℃)
75	Re	레늄	186.207	3180℃	5627℃	21.02(20℃)
76	Os	오스뮴	190.2	2700℃	5500℃	22.57
77	Ir	이리듐	192.2	2447℃	4527℃	22.42(17℃)
78	Pt	백금	195.09	1772℃	3827℃	21.45
79	Au	금	196.9665	1064℃	2966℃	19.3(20℃)
80	Hg	수은	200.59	-38.86℃	356.66℃	13.558(15℃)
81	Tl	탈륨	204.3	302.6℃	1457℃	11.85(0℃)
82	Pb	납	207.2	327.5℃	1744℃	11.3437(16℃)
83	Bi	비스무트	208.9804	271.44℃	1560℃	9.80(20℃)
84	Po	폴로늄	209	254℃	962℃	9.32(α)
85	At	아스타틴	210			
86	Rn	라돈	222	-71℃	-61.8℃	9.73g/ℓ (0℃)
87	Fr	프랑슘	223			
88	Ra	라듐	226.03	700℃	1140℃	5
89	Ac	악티늄	227.03	1050℃	3200℃	10.07
90	Th	토륨	232.0381	약1800℃	3000℃	11.5
91	Pa	프로악티늄	231.0359	1230℃	1600℃	15.37(계산치)
92	U	우라늄	238.029	1133℃	3818℃	19.050(α)
93	Np	넵투늄	237.0482	640℃		20.45(α 20℃)
94	Pu	플루토늄	244	639.5℃	3235℃	19.816
95	Am	아메리슘	243	850℃	2600℃	13.7
96	Cm	퀴륨	247	1350℃		13.51
97	Bk	버클륨	247			
98	Cf	칼리포르늄	251			
99	Es	아인시타이늄	254			
100	Fm	페르뮴	257			
101	Md	멘델레븀	258			
102	No	노벨륨	259			
103	Lr	로렌슘	260			
104	Rf	러더포듐	104			
105	Db	더브늄	105			
106	Sg	시보귬				
107	Bh	보륨				
108	Hs	하슘	265			
109	Mt	마이트러늄	268			

부록 2

주조기능장 2차
실기 필답형 예상문제

부록 2. 주조기능장 2차 실기 필답형 예상문제

01 코어가 갖추어야 할 조건 5가지를 쓰시오.

정답

① 내열성이 좋을 것
② 강도와 경도를 가질 것
③ 통기도가 높을 것
④ 표면이 고울 것
⑤ 붕괴성이 좋아 용탕 응고 후 모래가 잘 떨어질 것

02 주입이 끝난 후 주물의 압탕부에 살포하는 발열재의 기능에 대하여 설명하시오.

정답

발열재는 압탕의 상부로부터 일정기간 동안 발열 반응에 의해 압탕에 열을 공급하여 압탕의 응고시간을 지연시켜 압탕 효과를 극대화시킨다. 발열재는 금속 산화물과 Al분말의 혼합물로써 압탕 상부에 열을 공급하고 보온 역할을 하여준다.

03 주조 방안에서 가압식(압력식) 주조방안을 설명하시오.

정답

주조방안의 핵심 요소는 탕구(Sprue), 탕도(Runner), 주입구(Gate)이고 이 3개의 단면적의 비를 탕구비라 하며, 주입구의 단면적의 합이 가장 적은 탕구 방안을 가압식 주조방안이라 한다 (2 : 1.5 : 1)

04 주조 작업에서 압탕을 설치하였을 때 얻어지는 효과 5가지를 쓰시오.

정답

① 용탕을 계속 공급한다.
② 수축공을 방지한다.
③ 주형에 정압을 준다.
④ 재질을 치밀화시킨다.
⑤ 가스를 배출시킨다.

05 인베스트먼트 주조법은 각종 정밀 주조법에서 가장 복잡한 주조품을 가장 높은 수준으로 만들 수 있는 방법이며, 인베스트먼트법에서 원형은 통상 (①)를 (②)에 사출하여 얻는다.

정답

① 왁스 또는 패턴용 왁스
② 사출금형, 금형, die, tool

06 일반적으로 금형 주조법에서 금형에 요구되는 특성 5가지를 쓰시오.

정답

① 내마모성이 클 것
② 가공성이 좋을 것
③ 온도 확산율(전도율)이 높을 것
④ 열팽창이 작을 것
⑤ 고온 열 피로에 견딜 것
⑥ 내열성이 좋을 것

007 원형의 종류에서 상·하형 양쪽 원형이 분리선(parting line)을 구성하는 평판의 양쪽에 바로 교착되는 곳에 장치한 것은?

정답

매치 플레이트(match plate)

008 주철용 용해로를 도시한 것이다. 용해로의 명칭을 쓰시오.

정답

용선로 = 큐폴라(cupola) = 재생로

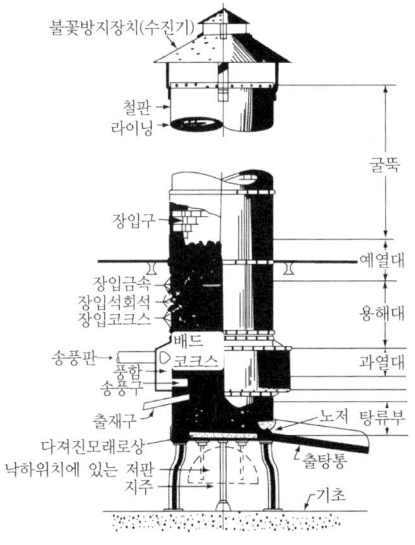

[큐폴라의 구조]

009 경화기구에 의한 자경성 주형의 분류 3가지를 쓰시오.

정답

① 산화중합 또는 축합반응에 의한 것
② 수경성에 의한 것
③ 겔(gel)화에 의한 것

010 주철의 용탕접종(inoculation) 중 접종의 효과를 충분히 발휘하기 위한 방법에 대해 답하시오.

정답

① 적당한 접종온도 : 1400℃ 이상
② 접종 후 주입시간이 늦어지면 접종효과가 없어지는 현상 : (페이딩현상=Fading 현상)

011 알루미늄 주물에 유해한 다음의 가스가 합금주물에 미치는 영향에 대해 쓰시오.

정답

① H_2 : 기공발생
② O_2 : 유동성저하, 기계적 성질이 나쁨, 내식성이 나쁨, 산화피막으로 외관이 나쁨

012 바람구멍 비(Tuyere ratio)란 무엇인가?

정답

① 바람구멍 비 : A/na
  (A : 바람구멍 면의 노내 단면적, n : 개수, a : 바람구멍의 총면적)
② 큐폴라의 단면적을 A라 하고 바람구멍의 총단면적을 a라 한다면 A/a를 바람 구멍비라 함(A/a = 5~10 기준)

013 Shell Moulding Process의 주조공정을 쓰시오.

정답

① 금형 가열(200~300℃)
② 이형제 도포
③ 덤프박스 취합
④ 덤프박스 회전
⑤ 금형 재회전
⑥ Shell이 붙어 있는 모형을 또다시 반전하여 상형으로 한다.
⑦ 이것을 노내에 넣어 250~300℃ 정도에서 가열
⑧ Shell 금형을 분리

14 비가압식 탕구방안이다. ( )의 면적은?
(단, 탕구비가 1 : 3 : 3)

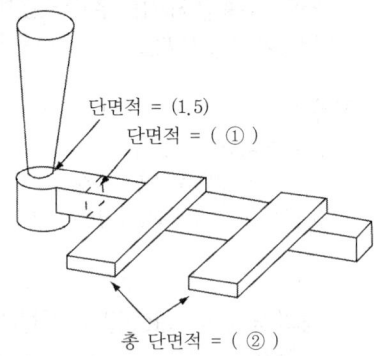

정답
비가압식 탕구방안=1 : 3 : 3이므로
① 4.5 ② 4.5

15 탕구계에서 응고과정을 통하여 모든 부분이 급탕되도록 전진성 응고를 조절할 수 있도록 설계되는 응고형태를 무엇이라 하는가?

정답
※ 방향성 응고

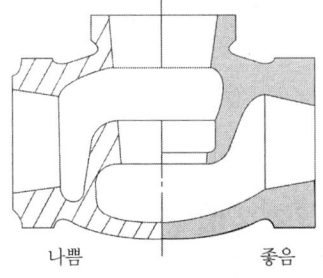

[방향성 응고를 하기 위한 주형의 설계]

16 Core를 제작하여 건조한 후 중요 마무리 과정 3가지를 쓰시오.

정답
① 청정   ② 핀제거   ③ 치수보정
④ 코어조립 ⑤ 치수검사 ⑥ 연마

17 그림과 같은 경우 연결부가 응고하기 전에 응고해서 분기의 압탕 효과가 없어져 수축을 일으킬 때의 대책으로 열점(Hot spot) 제거 방법은?

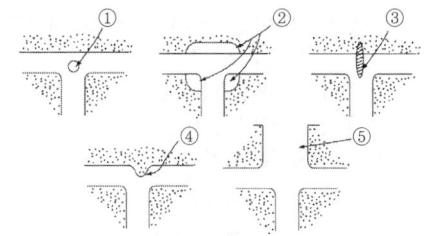

[T단면에서의 열점 제거방법]

정답
① 코어설치   ② 외부냉금 설치
③ 내부냉금 설치 ④ 두께감소
⑤ 압탕 처리

18 주물사로 사용되는 모래입자는 입자의 형상에 따라 원형, 준각형, 각형, 복합형으로 분류한다. 각 입형과 주형과의 성질 등 관계를 표에 기입하시오.

구분	통기도 (양호, 적당, 부적당)	충전밀도 (양호, 적당, 부적당)	점결제 사용 (소량, 다량)	자경성주형 (적합, 부적합)
원형	양호	부적당	소량	적합
준각형	양호	적당	소량	적합
각형	적당	양호	다량	부적합
복합형	적당	양호	다량	부적합

19 큐폴라조업에서 슬랙 발생원인 3가지를 쓰시오.

정답
① 연료 중의 회분
② 노벽의 내장용 내화물
③ 장입된 Si, Mn, Fe등의 산화물
④ 강설에 부착된 녹 또는 모래

20. 가스기공의 생성 방지대책 3가지를 쓰시오.

정답

① 주형에 충분한 배기공을 설치하고 탕구방안을 개선한다.
② 주물사(주형 및 코어)의 수분함량을 조절하고 적절한 건조처리를 한다.
③ 용해온도를 너무 높게 하지 않는다.
④ 장입재료의 관리를 철저히 하여 N_2, H_2 등의 양을 감소시킨다.

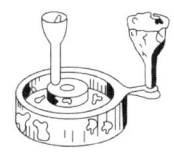
(a) 주형의 통기성 불량으로 생긴 가스구멍
(b) 주물사의 수분이 많아 생긴 가스구멍

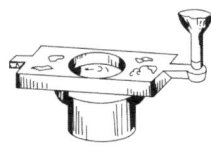 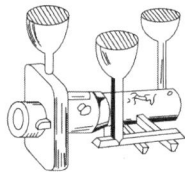
(c) 상형의 모래다짐이 과도하여 생긴 가스구멍
(d) 주물사의 높은 가스 발생능력에 기인된 가스구멍
[주물의 여러 가지 가스구멍]

21. 주물의 제작에 있어서 압탕의 용탕 보급에는 한계가 있으므로 건전한 주물을 만들기 위해서는 다수의 압탕이 필요하게 되는데 조형이 곤란한 경우가 있으며 이를 보완하기 위해 압탕 효과를 증가시킬 수 있는 방법 3가지는?

정답

① 과열부에 냉금(chill)을 사용
② 덧살 붙임
③ 용탕을 가압한다.
④ 압탕부에 보온 또는 발열재를 사용

22. 주철주물을 시제품 제작 후 검사하였는데 독립된 두꺼운 제품부위에 수축공이 발생하였다. 수축공 제거를 위한 주조방안 개선대책 3가지를 쓰시오.

정답

① 압탕(Riser)을 설치
② 냉금(chill)을 하부에 부착
③ 급탕될 수 있도록 보강대(덧살)를 설치

23. 목형의 중량이 12kgf일 때 주물의 중량은 얼마인가? (단위 : kgf) (단, 목형의 비중은 1.2이고 주물의 비중 7.2이며, 수축여유는 무시한다)

정답

주물의 중량
= 목형 중량×주물비중 / 목형비중(1+수축여유)
= 12×7.2 / 1.2 = 72kgf

24. 큐폴라(cupola)내의 가스 분포도이다.
※ 표시된 부분의 가스성분을 쓰시오.

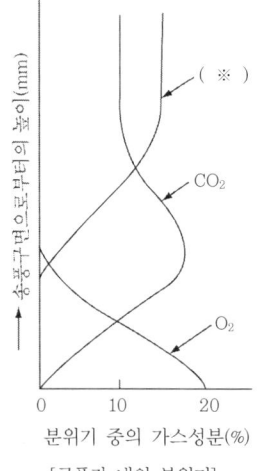
[큐폴라 내의 분위기]

정답

CO(일산화탄소)

25
조형시에 상형과 하형의 분리 또는 주형으로부터 원형을 뽑기 쉽게 하기 위하여 하형이나 원형에 뿌려주는 것은?

정답
이형제 = 분리사 = 파팅파우다

26
주형제작에 사용되는 지르콘사의 화학성분 2가지를 쓰시오.

정답
① ZrO_2 = 산화지르코늄 ② SiO_2 = 산화규소

27
주형재료로 사용되는 무기질 점결제 3가지를 쓰시오.

정답
① 내화점토 ② 벤토나이트 ③ 특수점토

28
주형재료로 사용되는 주물사의 첨가제 3가지를 쓰시오.

정답
① 목분 ② 곡분
③ 규산분말 ④ 당밀
⑤ 산화철(Fe_2O_3)
⑥ 탄소계(석탄분, 코크스 및 흑연 분말)

29
주철 성장의 방지대책 3가지를 쓰시오.

① 미세하고 치밀한 흑연 조직을 가질 것
② 탄소함량을 줄일 것
③ 탄화물 안정 원소인 Cr, Mo, Mn, V을 첨가하여 Pearlite의 분해를 저지할 것

30
수축공 결함의 방지대책 5가지를 쓰시오.

① 충분한 용탕 정압을 얻을 수 있도록 높은 탕구를 사용
② 응고수축이 적은 합금(C, Si 등은 수축을 감소시킴)을 선택
③ 압탕 쪽으로 방향성 응고가 되도록 하고 주입온도를 낮추어 액체수축을 줄인다.
④ 주물의 두께를 될 수 있는 대로 얇게 하고 주입온도를 필요이상 높이지 말 것
⑤ 살 두께가 같은 주물 : 분리면에 따라 압상게이트로 주탕
⑥ 살 두께가 다른 주물 : 두꺼운 부분에서 멀리 떨어진 얇은 부위에서부터 주탕

(a) 여러 가지 수축공

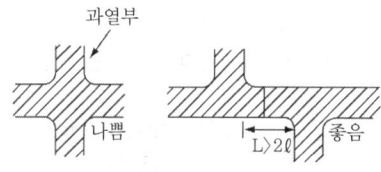
(b) 주물의 모양(십자교차부)의 개선

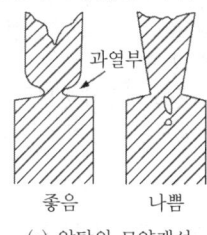
(c) 압탕의 모양개선
[주물의 수축공]

31
수축여유(Shrinkage allowance)란?

정답
실제 주물보다 수축량 만큼 크게 만들어 주어야 하고 이 수축에 대한 보정량

32 주조방안에서 다음 그림의 탕구의 명칭은 무엇인가?

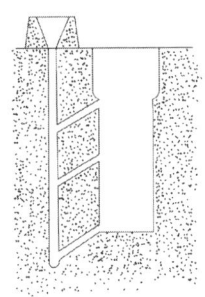

정답

다단식 탕구(Step gate)

33 주형의 역할을 쓰시오.

정답

① 용탕을 받아들임
② 용탕이 공간부 안까지 흘러 들어가는 통로의 역할
③ 용탕에 소정의 형상을 부여하여, 모양을 유지하면서 응고하도록 함
④ 응고된 주물의 표면 상태를 결정
⑤ 주물에 해가 되는 가스를 쉽게 외부로 배출할 수 있어야 함
⑥ 주물을 바람직한 분위기에 있도록 함
⑦ 주물로부터 적당한 속도로 열을 제거

34 도형제의 요구조건 3가지를 쓰시오.

정답

① 도형의 강도가 클 것
② 건조 및 주탕시에 균열이 발생하지 않을 것
③ 용탕과 화학적으로 반응을 일으키는 일이 적을 것

35 주물사의 성질에서 ( )안에 옳은 것은?

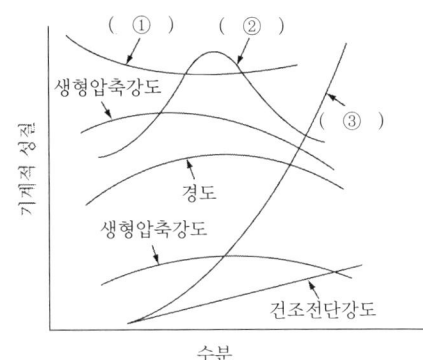

[수분의 영향]

정답

① 유동성, ② 생형통기도, ③ 건조압축강도

36 손 조형법에 비해서 기계조형법의 장점을 쓰시오.

정답

① 생산능률이 향상된다.
② 불량률이 적어진다.
③ 제품이 균등하다.
④ 기계가공 시간이 단축된다.
⑤ 제품의 중량이 감소된다.
⑥ 작업자의 자세는 서 있는 상태이므로 쉽게 피곤해지지 않는다.
⑦ 주물사가 모형에 강하게 붙게 되어서 표면사를 쓰지 않아도 주물 면이 깨끗하다.
⑧ 기계사용법이 비교적 간단하므로 숙련공이 아니라도 조형할 수 있다.

37 압탕의 중량이 30kg$_f$, 탕구, 탕도, 주입구 중량이 20kg$_f$, 제품 150kg$_f$인 경우 회수율은 몇 %인가?

정답

$$\frac{제품}{제품+(압탕+탕구계통)} \times 100$$
$$= \frac{150}{150+(30+20)} \times 100 = 150/200 \times 100 = 75\%$$

038 주물의 중량이 400kgf인 회주철 용탕의 주입 시간은?

정답

$T = S\sqrt{W} = \sqrt{400} = 20\text{sec}$
T : 주입시간(Sec), S : 두께(상수), W : 중량(kgf)

039 셸 주형용 수지는 열경화성 페놀수지로써 대부분 노브락(Novolak)이다. 이때 액상수지와 고상수지는 어떻게 다른가?

정답

① 액상수지 : 노브락을 메탄올에 용해한 것
② 고상수지 : 노브락을 추출할 때 입상 또는 판상으로 하는 것(레진을 만드는데 사용)

040 원형 재료로 사용하는 재료 중 목재가 사용되는 이유 3가지를 쓰시오.

정답

① 금속에 비하여 재료비, 가공비가 싸며 특히 다량생산과 특별한 정밀도를 고려하지 않는 경우에 유리하다.
② 금속, 석고보다 가볍고 가공성이 좋으며 취성이 적다.
③ 합성수지에 비하여 값이 싸며, 소량의 경우에는 가공비가 저렴하다.

041 CO_2주형에서 고사 처리방법 3가지를 쓰시오.

정답

① 고사를 분쇄하여 미분을 취하는 방법
② 고사를 분쇄하여 수세척후 처리하는 방법
③ 고사를 장기간 옥외에 폭로하는 방법
④ 고사를 분쇄하여 로우터리킬른으로 소성하는 방법
⑤ 샌드스크레이버 방식에 의해 미분 및 알카리분을 제거하는 방법

042 셸몰드법의 장점과 단점을 쓰시오.

정답

장점
① 균질, 균등의 주물이 양산된다.
② 조형 작업에 숙련공이 필요로 하지 않는다.
③ 주형은 강도가 높고 가볍기 때문에 취급이 편리하다.
④ 통기성이 좋기 때문에 주물의 큰 결점인 가스로 인한 주물 불량이 적다.
단점
① 대형 주물에는 사용이 어렵다.
② 원가 면으로 볼 때 소량 생산에는 부적합하다.

043 인베스트먼트 주조법의 특징을 쓰시오.

정답

① 형상적인 제한이 없고 복잡한 것이나 중공부분을 지닌 것 등을 높은 치수 정도로 만들 수 있다.
② 주형의 내화성이 풍부하며 거의 모든 재질을 주조할 수 있다.
③ 주형은 가스 발생 물질을 함유하지 않고 진공용해 주조에 적합
④ 기계 가공비를 절감한 양산품의 대량 생산도 가능하다.

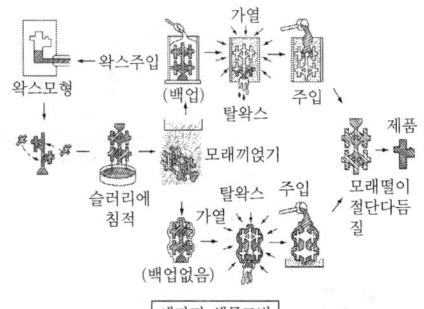

[인베스트먼트 주조법의 기본적인 제조 공정]

44 코어에 요구되는 강도가 코어모래의 점결력 만으로 부족할 경우에는 코어 건조 시에 내부에 철사 또는 주철제로 만들어 사용하는 것을 무엇이라 하는가?

정답
코어 메탈(Core metal)

45 3000Hz의 주파수를 사용하는 유도로의 명칭은?

정답
고주파유도로

46 왁스(wax)원형 재료의 구비조건은?

정답
① 유동성이 좋을 것
② 표면이 매끈하고 평활한 것
③ 응고 시간이 짧을 것
④ 상온에서 강할 것
⑤ 값이 쌀 것

47 열전쌍 고온계의 구조에서 ( ) 부분은?

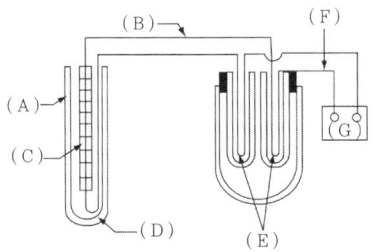

정답
A : 열전대 보호관
B : (열전대)
C : 절연물
D : 열전대 접점(열접점)
E : 냉접점(수은등)
F : (도선)

48 $A = 500 \times 500$mm인 주철주물을 만들 때 필요한 중추의 무게는 얼마로 하면 안전한가? (단, H = 100mm, S = 7,200kgf/m3로 함)

정답
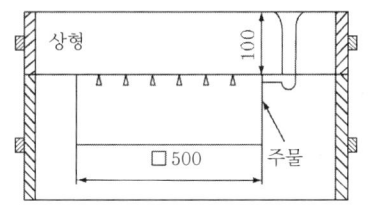

$P = A \times H \times S$
$P = (0.5)^2 \times 0.1 \times 7,200 = 180$(kgf)
180kgf이 상형에 주는 총 압력이 되므로, 상형의 무게는 생각하지 않고 3배되는 540kgf 정도로 하면 안전

49 그림과 같은 치수를 가진 주물에서 위의 상자가 받는 압력은 H가 150mm 및 350mm의 높이일 때 받는 압력의 합($P_1 + P_2$)을 받게 된다. 이때 필요한 중추의 무게는 얼마로 하는 것이 안전한가? (단, S = 7200kgf/m3)

정답
$P_1 = [(0.55)^2 - (0.35)^2] \times 0.15 \times 7200 ≒ 194$kgf
$P_2 = (0.35)^2 \times 0.35 \times 7200 ≒ 309$kgf
∴ $P_1 + P_2 = 194 + 309 ≒ 500$kgf
따라서 안전한 중추의 무게는 1500kgf(500×3)으로 한다.

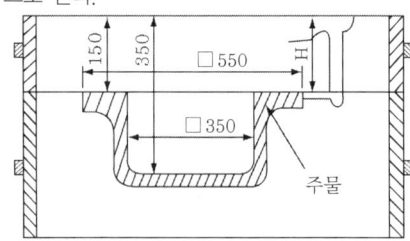

50 주조 작업시 용탕침투의 원인 5가지를 쓰시오.

정답
① 용탕의 압력이 큰 경우
② 용탕의 표면장력이 작을 경우
③ 모래의 입도가 적당하지 않을 경우
④ 도형제의 성질이 나쁠 경우
⑤ 주입온도가 너무 높을 경우
⑥ 주형경도가 낮을 경우
⑦ 주물사에 수분이 많을 경우

51 구상흑연주철을 3가지로 분류하시오.

정답
① Ferrite형 ② Pearlite형
③ 백선형

52 주물사의 구비조건 5가지를 쓰시오.

정답
① 내화도   ② 고온강도
③ 통기도   ④ 노화하지 않을 것
⑤ 충분한 성형성 ⑥ 보온성
⑦ 값이 저렴할 것

53 주물자(foundry scale)란?

정답
수축자(shrinkage rule)라고도 하며, 모형을 설계할 때 수축여유를 생각하여 미리 크게 만든 자

54 용해에 사용되는 전기로(electric furnace) 중 직접 아크로에서 용해가 가능한 재료 3가지를 쓰시오.

정답
① 주강 ② 주철 ③ 가단주철

55 구상흑연 제조시 구상화제의 첨가에는 표면 첨가법, 샌드위치법, 플런저법 등이 있다. 이들 중 샌드위치법을 설명하시오.

정답
샌드위치법은 일반적인 저면첨가법 등에 의해서 비중이 가벼운 구상화제가 용탕의 표면으로 떠올라 용탕과의 반응 시간이 짧아 효율이 떨어지는 것을 개선 하고자 고안된 방법으로서, 레들의 저면에 첨가제를 넣을 용적의 우물을 만들고 유상화제를 넣은 다음 그 위에 얇은 철판이나 주철 칩을 덮은 후 용량을 주입하여 반응속도를 조정하여 Mg 등의 회수율을 높이는 방법

56 CV(Compacted Vermicular) 흑연주철을 설명하시오.

정답
CV주철은 편상흑연과 구상흑연의 중간형태의 흑연을 가진 주철을 말하며, CV주철이 주목받는 이유는 흑연 형태로부터 추정할 수 있듯이 기계적 성질, 주조성 등이 보통 주철과 구상흑연 주철의 중간적 위치에 있으므로 보통주철보다 강도와 내열성이 요구되는 경우 또는 구상흑연 주철의 강도 까지는 요구되지 않으며 주조성이 좀 더 필요한 경우 경제적인 이유로 사용된다. 즉, 회주철이 갖고 있는 주조성의 양호함과 구상흑연 주철에 가까운 기계적 성질을 동시에 가지는 주철

57 탕구계에서 단면적을 가장 적게 만든 부분으로써 용탕의 유량을 조절하는 곳이며, 탕구의 밑 부분이나 또는 탕구저에서 탕도를 연결되는 부분에 설치한다. 이와 같이 주입속도를 조절하기 위해 탕구를 조인 부분을 무엇이라 하는가?

정답
쵸우크(choke)

58 고압응고 주조법은 주형 내에 주입된 금속에 용융 또는 반용융 상태로부터 응고가 완료될 때까지 기계적인 고압력을 가하면서 제품을 성형하는 방법을 말한다. 다음 그림에 표시한 고압응고 주조법의 명칭을 쓰시오.

1)
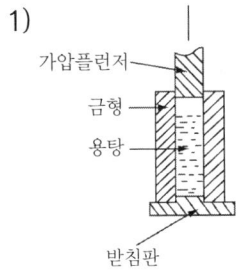

2)
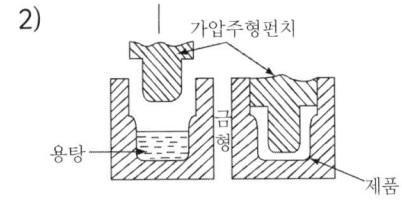

3)
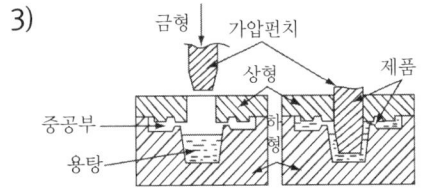

정답
고압응고 주조법
1) 플런저가압 응고법
2) 압입용탕 단조법(직접)
3) 압입용탕 단조법(간접)

59 규사는 α 석영에서 β 석영으로 변할 때 급격히 변한다. α 석영에서 β 석영으로 변하는 온도는 몇 ℃인가?

정답
575℃(550~570)

60 밀폐된 도가니에 압축 공기 또는 불활성 가스를 불어 넣고 용탕 면에 비교적 작은 압력을 가하여 용탕과 주형을 연결하는 급탕관을 통하여 용탕을 중력과 반대 방향으로 용탕을 밀어 올려서 주입시키는 주조법이 있다. 다음 그림의 주조법의 명칭은 무엇인가?

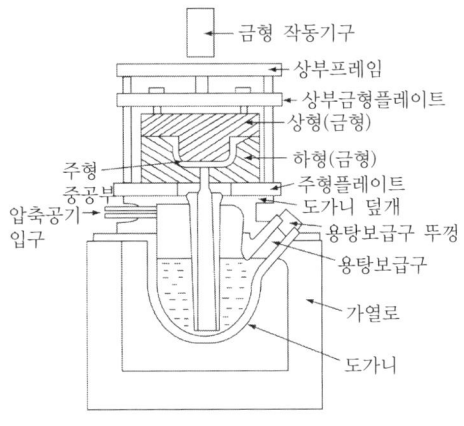

정답
저압주조법

61 다음 그림의 탕구방안에서 ( )의 면적은?
(탕구비가 1 : 3 : 3일 때)

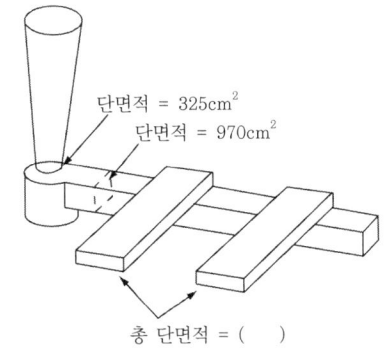

정답
970cm²

062 외부칠 사용방법을 표시하시오.

정답

주물 연결부에서 열점의 형성을 방지하기 위해서 사용된 외부냉금의 사용

063 다음 그림에서 유효탕구의 높이를 구하는 공식을 쓰시오.

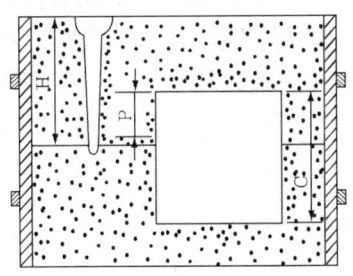

[유효탕구의 높이]

정답

유효탕구의 높이 $= \dfrac{2HC - P^2}{2C}$ (사이드 게이트일 때)

$= \dfrac{2HC - O}{2C}$ (톱 게이트일 때)

H : 탕구의 높이(cm)
C : 주물의 높이(cm)
P : 주입구 위부분에서의 주물높이(cm)

064 주물에 발생하는 냉간균열 및 열간균열의 원인과 대책을 쓰시오.

정답

1) 냉간균열(내부의 수축응력으로 발생)
   ① 원인 : 주물의 응고가 끝나 상온까지 냉각되는 도중, 비교적 저온에서 발생
   ② 대책 : 두께가 균일한 주물로 설계, 주형에 첨가제(피치, 목분)를 배합하여 수축성을 준다.

2) 열간균열(잔류인장응력 또는 전단응력으로 발생)
   ① 원인 : 주물이 응고될 때 고온에서 응고수축이 저지되어 균열이 발생하는 것
   ② 대책 : 주물 두께의 급격한 변화가 없도록 주형을 설계, 합금의 량을 조절

065 탕구 비는 무엇인가?

정답

탕구, 탕도, 주입구의 총 단면적의 비

066 용탕 중 가스 혼입의 원인과 대책을 쓰시오.

정답

1) 원인
   ① 용해재료에 녹이 많은 경우
   ② 수분이 부착되어 있는 경우
   ③ 유기물계의 피복물이나 도료가 혼합된 경우

2) 대책
   ① 슬래그를 형성시켜 분위기와의 접촉차단
   ② 불활성 분위기 또는 진공을 이용
   ③ 저온 용해 및 주입
   ④ 제재, 교반 및 움김 등을 적게

67. CO_2법이란?

정답

규사에 규산나트륨을 4~6% 정도 첨가, 혼련시켜 일반적인 주형조형법과 동일한 방법으로 주형 또는 코어를 조형하고 여기에 CO_2 가스를 불어 넣어 경화시키는 방법

68. 연료의 구비조건은?

정답

① 자주 쉽게 풍부하게 공급할 수 있는 것
② 사용법이 간편하고 가격이 저렴할 것
③ 운반 및 저장이 간단할 것

69. 다음 화학식은 CO_2법에 대한 설명이다. 규사에 규산소다(Na_2SiO_3)를 4~6% 섞어 조형하고 이산화탄소(CO_2)를 약 20초 불어넣었다면 어떠한 화학변화가 일어나겠는가?

$$Na_2SiO_3 + CO_2 = (\ ①\ ) + (\ ②\ )$$

정답

① Na_2CO_3 ② SiO_2

70. 다음의 첨가제와 그 배합 목적이 맞는 것끼리 연결하시오.

㉮ 흑연분말	① 주형 파손방지
㉯ 곡식가루	② 용금 침입방지
㉰ 당밀	③ 주물표면 미려
㉱ 규산분말	④ 주물품 붕괴성 향상

정답

㉮-③, ㉯-④, ㉰-①, ㉱-②

71. 다음 그림은 구상흑연주철의 조직 사진이다. 각 부분의 명칭을 쓰시오.

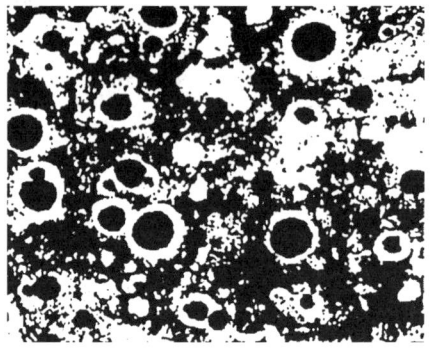

정답

① 검은 구상부분 : 흑연
② 구상 주위의 하얀 부분 : 페라이트(Ferrite)
③ 기지조직 : 펄라이트(Pearlite)

72. 주물표면의 균열을 검사하기 위하여 아래의 비파괴검사를 실시하였다. 어떠한 비파괴 시험 방법인가?

| 전처리 | 침투처리 | 세정처리 | 현상처리 (속건식) | 관찰 |

정답

침투탐상, 형광탐상, 칼라체크

73. 다음의 주형제작 작업순서를 올바르게 나열하시오.

① 하형 상자에 주물사를 채운다.
② 스탬핑 작업을 한다.
③ 주형정반위에 모형을 올려놓는다.
④ 램머 작업을 한다.

정답

③ → ① → ④ → ②

074 다음 그림의 유동성 측정 주형의 명칭은 무엇인가?

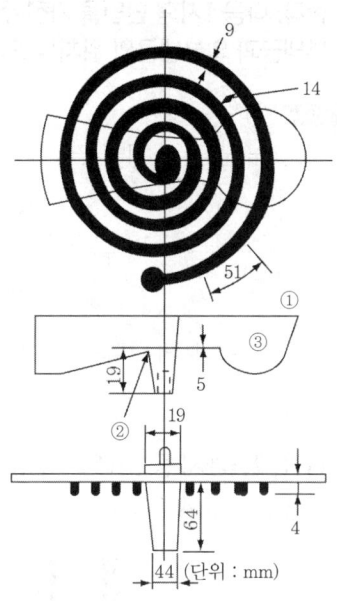

① 마이크 간격 ② 오버플로어 ③ 댐

정답

달팽이 모양의 주형(나선형 모양의 주형)

075 큐폴라에 장입하는 재료 중 CaO의 사용표준량(%)은 얼마 이상이며 크기는?

정답

① 사용 표준량(%) : 50(±10)
② 크기 : 계란 크기의 정도

076 주물의 재질변화와 두께측정을 검출할 수 있는 검사법은?

정답

초음파탐상 검사

077 다음 그림의 주물표면 청정기는 무엇인가?

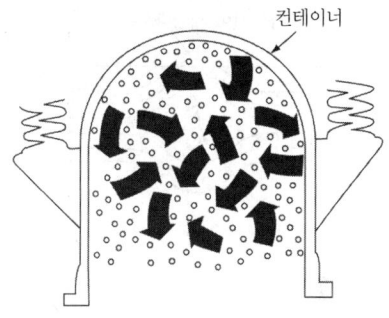

정답

진동 연마기

078 다음 그림에서 X 부분은 무슨 결함인가?

1)

2)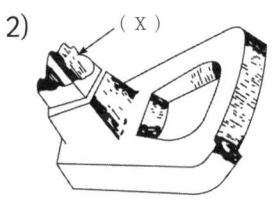

정답

지느러미(귀 : Fin)
1) 주형의 분리면에 생긴 지느러미
2) 코어프린터에 생긴 지느러미

079 큐폴라 조업에서 장입 순서를 쓰시오.

〈보기〉
강고철, 선철, 회주철, 석회석, 합금철

정답

석회석, 선철, 강고철, 회수철, 합금철

80 다음 그림의 내부결함검사 시험방법은?

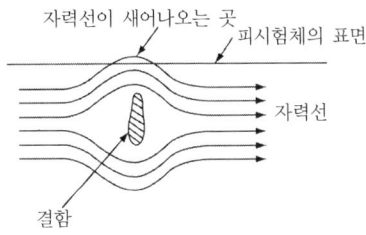

정답
자분탐상 시험

81 주물의 결함에서 용탕이 주형을 완전히 채우지 못하고 응고된 현상을 말하는데, 다음 그림의 주조결함은 무엇인가?

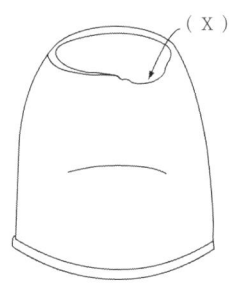

정답
주탕불량(Misrun) = 탕회불량

82 주철의 흑연을 구상화시키는 방법으로써, 그림과 같이 Mg합금을 예열된 레이들의 밑바닥에 합금을 놓은 후에 탈황한 용탕을 즉시 주탕하는 방법은?

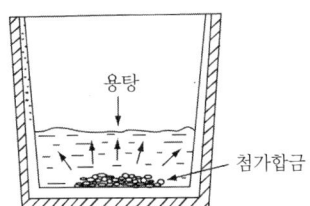

정답
치주법(=개방레이들 첨가법)

83 냉금(chill metal)은 압탕의 효과가 미치지 않는 부분에 응고를 촉진하기 위해 사용한다. 다음 T자형 단면을 가진 주물에서 내부냉금과 외부냉금의 위치를 표시하시오.

정답
① 내부 냉금 ② 외부냉금

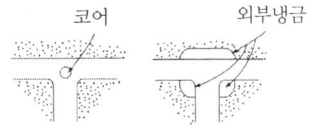

[T단면에서의 열점 제거방법]

84 다음 그림에서 탕구계의 명칭을 쓰시오.

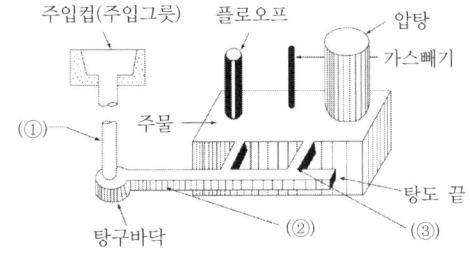

정답
① 탕구(Sprue) ② 탕도(Runner)
③ 주입구(Gate)

85 주물을 제작하기 위해서는 원형을 제작할 때 목적하는 주물보다 (①)을 만들어야 한다. 그리고 여유(allowance)의 형식에는 (②)여유, (③)여유, (④)가 있다.

정답
① 크게 ② 수축
③ 가공 ④ 구배 또는 뽑기

086 다음은 주조불량에 대한 설명이다. 알맞은 것을 고르시오.

〈보기〉
① 치수불량 ② 샌드홀
③ 핀홀 ④ 코어 떠오름
⑤ 수축공 ⑥ 균열
⑦ 지느러미, 바 ⑧ 칠

1) 수지상결정(dendrite)에 생기는 거친 구멍불량 (⑤)
2) 응고시 내부응력에 의한 불량 (⑥)
3) 냉각이 지나치게 빠를 때 발생하는 불량 (⑧)
4) 주형을 지나치게 단단히 다져서 발생되는 불량 (①)
5) 주형의 접합이 불환전할 때 발생되는 불량 (⑦)
6) 안쪽의 매끈한 구멍불량 (③)

정답
1) ⑤ 2) ⑥ 3) ⑧
4) ① 5) ⑦ 6) ③

087 동일한 원형으로부터 많은 주물을 생산할 경우 정반 상·하에 모형을 결합하여 사용하는 조형방법은?

정답
매치 플레이트(Match plate)

088 $2MgO \cdot SiO_2$와 $2FeO \cdot SiO_2$의 고용체로서 있는 감람석을 원석으로 하며, 이것을 파쇄하여 만든 것은?

정답
올리빈사

089 주물의 제조공정 순서를 맞게 나열하시오.

〈보기〉
① 주형제작 ② 원형제작
③ 용해 ④ 주조계획수립
⑤ 주입 ⑥ 후처리

정답
④ → ② → ① → ③ → ⑤ → ⑥

090 용해로의 용량 표시에서 1회에 용해할 수 있는 구리의 용해량(kg_f)으로 표시하는 (①)로, 1회 용해되는 철의 무게(ton)로 표시하는 (②)로, 1시간당의 용해능력 (ton)으로 표시하는 (③)로가 있다.

정답
① 도가니로 ② 반사로 또는 전기로
③ 큐폴라, 용선로

091 용탕이 주형공간으로 주입되면서 냉각할 때의 주조의 열전달 과정에 대하여 ( )를 채우시오.

〈보기〉
주형, 공기층, 응고층

용탕 → (㉮), → (㉯), 주형외면 → (㉰)

정답
㉮ 응고층, ㉯ 주형, ㉰ 공기층

092 목재 중에 함유되어 있는 수분에서 건조전의 목제의 무게가 $40kg_f$이고 건조기에서 100°C로 가열하여 건조시킨 무게가 $36 kg_f$이었을 때 목재의 함수율을 얼마인가?

정답
$$함수율(\%) = \frac{W_0 - W_f}{W_f} \times 100$$
$$= \frac{40-30}{36} \times 100 = 11.1\%$$

주조(鑄造)기능장

93 용탕의 탕면모양의 명칭을 쓰시오.

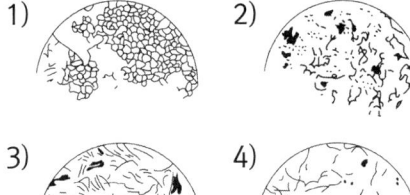

정답
1) 귀갑형 2) 세엽형 3) 송엽형 4) 부정형

94 주물사의 화학성분과 광물조성에서 ( ) 안을 채우시오.

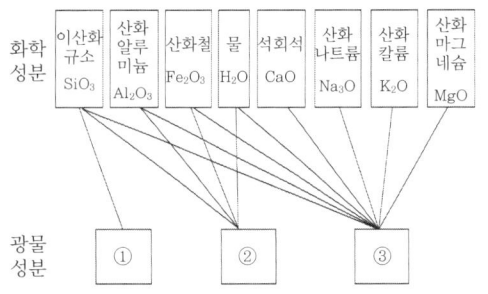

정답
광물성분 : ① 석영 ② 점토 ③ 장석

95 탕구, 압탕 등이 적은 것은 해머를 이용하여 제거하는데 다음 그림의 제품을 후처리시 절단방향 위치가 맞는 것은?

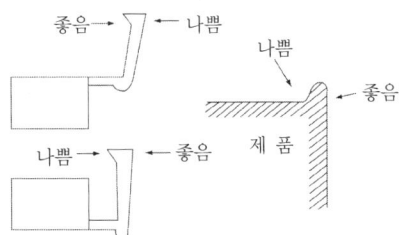

96 그림과 같은 주물사 처리기계는?

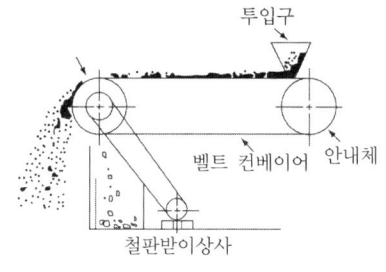

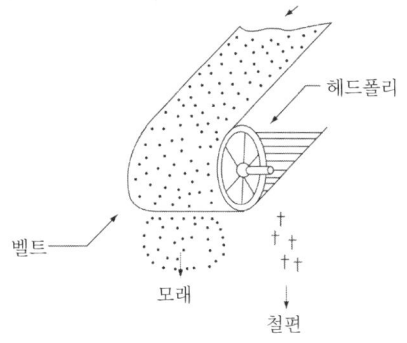

정답
자기 분리기

97 그림과 같이 원형 제작시 설치하는 것은?

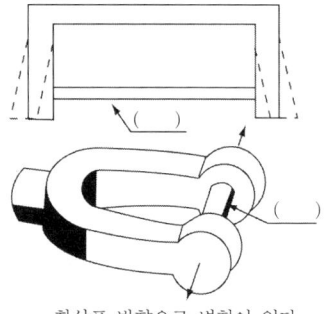

화살표 방향으로 변형이 있다.

정답
덧붙임

098 그림과 같은 주형제작 방법은?

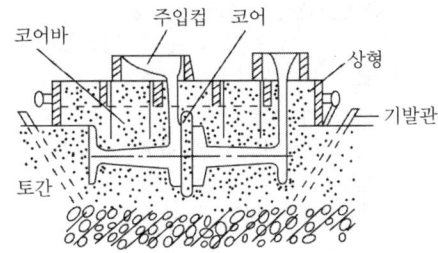

정답
혼성(토간)주형법

099 그림 X와 같이 코어를 설치할 때 코어를 고정시키기 위하여 설치하여 주는 것은?

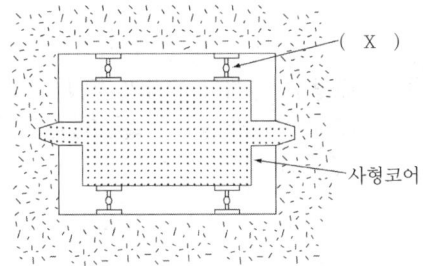

정답
채플릿(chaplet)

100 그림과 같이 철재용기에 처리하려는 주물을 장입하고 주물표면을 청정하는 기계는?

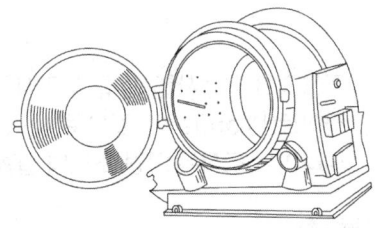

정답
텀블러 블라스트(tumbler blast)

101 그림과 같이 주물의 반지름 단면과 같은 형상으로 하여 주형을 만드는 원형은 무엇인가?

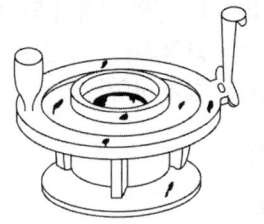

① 원심펌프 커버의 주조 방안 예

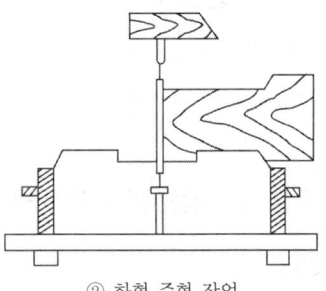

② 하형 주형 작업

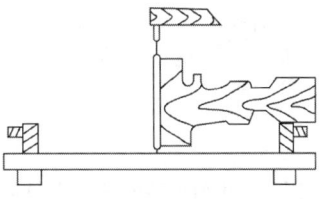

③ 중형에 회전판을 세운 상태

정답
회전형(Sweep Pattern)

102 주물사의 처리공정 순서에서 ( ) 안에 알맞은 것은?

모래건조 → ( ) → 체질 → ( ) → 주형

정답
모래건조 → (냉각) → 체질 → (혼련) → 주형

103 주물사의 통기도 시험에서 시험편을 통과한 공기의 양이 2000cc, 시험편의 높이 5cm, 시험편 앞뒤에서의 압력차이가 8cm/Hg, 시험편의 지름이 5cm, 공기가 통과하는데 걸린 시간이 1분 30초가 되었을 때 통기도 값을 구하시오.

정답

$$통기도 = \frac{V \times h}{P \times A \times t}$$

$$\frac{2000 \times 5}{8 \times (5 \times 5 \times \frac{3.14}{4}) \times 1.5} = \frac{1000}{8 \times 19.625 \times 1.5}$$

$$= 42.26 = 42.3 \text{(cm/min)}$$

104 주물사를 사용 용도에 따라 구분하시오.

정답

① 표면사
② 이면사
③ 코어사 또는 중자사
④ 겸용사

105 주물사의 4대 구성요소를 쓰시오.

정답

① 사립(또는 원료사 또는 규사)
② 점결제
③ 첨가제
④ 수분(물)

106 현도 작성 시 현도는 (①)를 사용하여, 치수를 결정하여 (②) : (③)로 나타낸 도면을 현도라 한다.

정답

① 주물자   ② 1   ③ 1

107 원형의 색깔 분류법(미국 AFS규정)에 대하여 쓰시오.

정답

① 본체 : 모형원색
② 코어프린트 : 검정(흑색)
③ 루스피스 : 은색
③ 기계가공부분 : 빨강(적색)

108 주조방안에서 탕구저를 우물형 또는 확대형으로 설계하여 설치해주는 이유를 설명하시오.

정답

용탕의 난류흐름의 개선(방지) 또는 공기 혼입방지

109 주조방안 설계시 공기의 혼입을 막아주기 위하여 탕구와 탕구 연결부 등을 둥글게 하는 형식의 탕구계는?

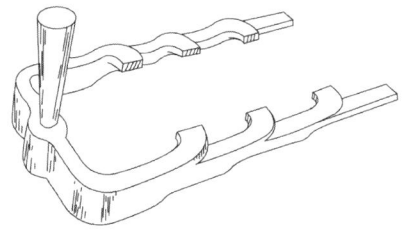

정답

유선형 탕구계

110 주물의 조직검사를 한 결과 기지조직이 펄라이트(Pearlite)인 것으로 나타났다. 이 펄라이트 조직은 어떤 조직의 결함인가?

정답

① 페라이트(Ferrite)조직
② 시멘타이트(cementite)조직

11 주물 모형용 원형에 대한 설명이다. 사용 재료나 방법은?

〈보기〉
① 인베스트먼트법 ② 풀몰드법
③ 쇼프로세스   ④ 자경성 주형법
⑤ 셀몰드법   ⑥ 다이캐스트법

1) 주형을 약 1000℃로 급가열하여 얻는 소성 주형법 (　)
2) 열경화성수지 배합사를 200~300℃로 경화시키는 성형법 (　)
3) 가용성왁스를 이용한 성형법 (　)
4) 금형의 주형에 용탕을 가압시켜 주조하는 성형법 (　)
5) 발포폴리에틸렌을 이용한 소성 원형법 (　)

정답

1) ③   2) ⑤   3) ①   4) ⑥   5) ②

12 다음 그림은 주물의 표면 결함에서 주형 내에 용탕이 합류될 때 그 경계면이 완전히 용착되지 않아 형태가 생기는 현상을 무엇이라 하는가?

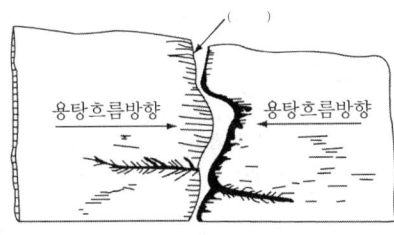

정답

용탕경계 = (cold shut) = 탕경 = 탕계

13 다음 그림의 화살표 부위는 주물이 응고할 때 무슨 결함이 생기기 쉬운 곳인가?

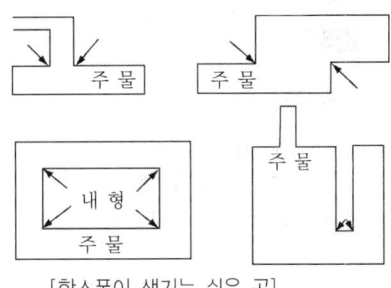

[핫스폿이 생기는 쉬운 곳]

정답

열점(hot spot)

14 다음 그림은 주입시 용탕의 흐름 완성도를 나타낸 것이다. 알맞은 순서대로 그림의 기호를 쓰시오.

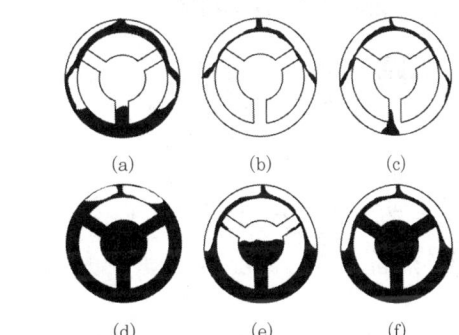

정답

ⓑ → ⓒ → ⓐ → ⓔ → ⓕ → ⓓ
용탕은 두 개의 대각선 방향의 살로 흘러 들어가지 않고 용탕이 2/3 정도 채워질 때까지는 림(rim)부의 주위로만 흘러 들어간다.

15 용탕을 주형에 주입하기 전에 Si, Fe-Si, Ca-Si 등을 첨가하여 주물의 성질을 개선하는 용탕처리 방법은?

정답

접종 = 이노큐레이션(inoculation)

116 다음 주어진 각 요소에 의해 주물사의 통기도 산출 공식을 쓰시오. (기호로 나타낼 것)

정답

통기도 = $\dfrac{V \times h}{P \times A \times T}$

V : 시험편을 통과한 공기의 양(cc)
h : 시험편의 높이(mm)
P : 시험편 상하의 압력 차이에 의한 수주 높이 (cm/Hg)
A : 시험편의 단면적
T : 공기가 통과하는데 걸리는 시간(min)

117 주물사를 반복하여 사용할 경우 노화현상이 발생하므로 새로운 주물사로 교체하거나 새로운 모래를 배합 또는 재생처리하여 사용한다. 주물사가 노화되었을 때 나타나는 현상 3가지를 쓰시오.

정답

① 미분증가(규사의 노화현상)
② 점결력 상실(점토의 노화현상)
③ 금속산화물의 혼입
④ 내화도 감소
⑤ 수분 감소

118 주형재료의 첨가제로서 산화철(Fe_2O_3)을 소량 첨가하는 이유 3가지를 쓰시오.

정답

① 주형의 고온강도 증가
② 주형의 패임(scab)방지
③ 표면경도 증가

119 주조방안설계 및 제작시 용탕의 난류를 최대한 방지하기 위해 탕도, 주입구(Gate) 등의 연결부를 둥글게 하는 형식의 탕구계는?

정답

유선형 탕구계

120 분할형 원형은 상·하형 또는 좌·우형 등으로 분리되어 있으며 분할면을 꼭 맞도록 하는 것으로 목재, 못, 금속제 등으로 사용되는 원형 부품의 명칭은 무엇인가?

정답

다월 = 다우얼(dowel)

121 압탕 설계는 냉각 중에 급탕이 될 수 없는 고립된 지역이 없도록 하여야 하며, 탕구계는 응고과정을 통하여 모든 부분이 급탕이 되도록 전진성 응고를 조절할 수 있도록 설계한 것은?

정답

방향성 응고

122 용탕에서 접종의 목적 3가지를 쓰시오.

정답

① 얇은 주물의 칠화 방지
② 강도의 개선
③ 재질을 균일하게 한다.
④ 페라이트의 석출을 저지

123 자동차용 엔진부품을 Al 합금으로 주조하였을 경우에 대하여 쓰시오.

정답

① 개량처리 효과 : 미세한 조직을 얻을 수 있다. 기계적 성질이 향상된다.
② 대표적인 합금 : Al-Si합금(실루민 합금)

124 원형 설계 제작시 고려할 사항 3가지는?

정답

① 수축여유   ② 가공여유
③ 다듬질여유 ④ 구배여유

125. 구상흑연주철 제조시 구상화처리 방법 중 샌드위치법을 설명하시오.

정답
Mg합금을 용탕의 약 2% 강철 칩으로 덮고 이 강철 칩은 구상화제의 반응시기를 지연시키고 또한 구상화제 주위의 용탕온도를 국부적으로 낮춘다. 따라서 Mg의 수율을 높이는 결과가 된다.

126. 탕구비(탕구 : 탕도 : 게이트)가 1 : 0.75 : 0.5의 탕구계 방식은?

정답
압력식(가압식)탕구계
탕구의 크기 (1)이 게이트의 크기(0.5)보다 클 경우의 탕구비

127. 다음 두 그림에 고온균열이 가장 발생하기 쉬운 곳을 표시(X)하시오.

냉금을 붙인 것

고온균열

128. 원형으로서 목형이나 금형을 사용하지 않고 그 대신 발포성 폴리에틸렌으로 만든 모형을 사용하는 방법은 무엇인가?

정답
풀몰드법(Full mould process)

129. 큐폴라의 지금상태에 의한 각 구역의 명칭을 다음 보기에서 고르시오.

〈보기〉
㉮ 과열대   ㉯ 예열대
㉰ 용탕저유대   ㉱ 용해대

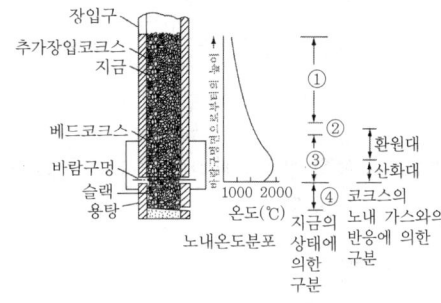

정답
큐폴라 상부
① 예열대   ② 용해대
③ 과열대   ④ 용탕저유대

130. 주형의 사립 사이의 크기를 나타내는 통기도의 공식은?

정답
$$통기도 = \frac{v \times h}{P \times A \times T}$$

v : 시험편을 통과한 공기의 양(cc)
h : 시험편의 높이(mm)
P : 시험편 상하의 압력 차이에 의한 수주 높이 (cm/Hg)
A : 시험편의 단면적
T : 공기가 통과하는데 걸리는 시간(min)

131. CO_2 주조법에서 붕괴성을 개선하기 위한 첨가제 3가지를 쓰시오.

정답
① 씨콜   ② 톱밥(목분)
③ 피치가루   ④ 탄소질 첨가제

132 표준시험편 50×50mm에 2000cc의 공기를 보내어 통과시간 2분, 공기 압력차 10cm일 때 통기도는? (V = 2000cc, P = 10cm, t =2분, $A = \frac{\pi d^2}{4} = 19.6325 cm^2$)

정답

통기도 $= \frac{2000 \times 50}{10 \times 19.635 \times 2} = 254.64$

133 조형작업에서 예비합형(속 가압형)에 대하여 쓰시오.

정답

주형작업 공정에서 중자(코어)의 안정도, 두께 등을 사전에 확인하기 위하여 합형 작업에 들어가기 전에 상형을 조립하였다가 분리하여 살두께 및 중자(코어)의 안정도를 확인하는 조형작업 공정

134 도면과 같은 핸들 휠 주형제작에서 최적의 주조방안을 위한 분할면(parting line)을 표시하시오.

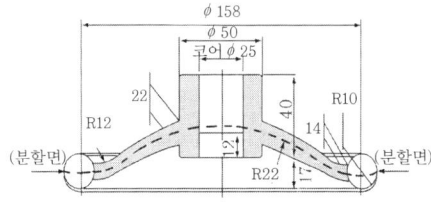

135 조형작업이 완료된 후 실온에 놓아두어도 단시간에 자연 경화되는 주형을 무엇이라 하는가?

정답

자경성 주형

136 다음 그림에 핫 스폿(Hot Spot) 또는 잔류응력 등의 결함이 발생할 수 있는 위치를 (X) 표시하시오.

137 그림과 같이 고속으로 회전하는 임펠러(impeller)에 의해서 벨트 위에 주물사를 강하게 주물상자속의 원형위에 난타 투사하여 주물사의 충전과 다지기가 동시에 이루어지는 기계는?

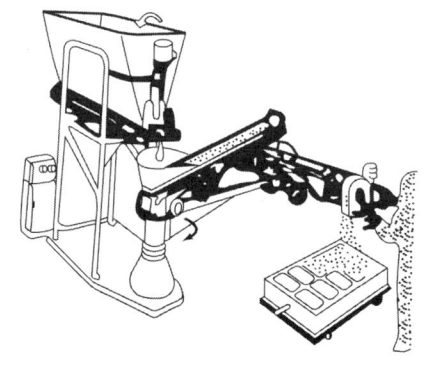

정답

샌드 슬링거(Sand slingler)

138 주철의 용해과정 중에 다음과 같이 원소 함유량이 나타났을 때 탄소당량은? (단, C : 3.05%, Si : 2.32%, P : 0.06%임)

정답

$CE = C\% + \frac{(Si+p)}{3}$

$= 3.05 + \frac{2.32+0.06}{3} = 3.843$

139 샌드슬링거의 특징을 쓰시오.

> *정답*
> ① 조형능력이 크다.
> ② 기계의 보수가 쉽다.
> ③ 투사 중에 통기성이 주어진다.
> ④ 주형의 경도가 모든 층에 일정
> ⑤ 매우 융통성이 풍부
> ⑥ 기초공사가 필요 없다.

140 원형의 종류에서 별도로 두 개의 플레이트의 한쪽에만 맞붙여서 상, 하 주형을 각개의 조형기로 조형하는 원형을 무엇이라 하는가?

> *정답*
> 패턴 플레이트(Pattern plate)

141 건조규사와 100~200mesh 정도의 수지 점결제를 배합한 합성사를 200~300℃로 가열 경화시켜 얇은 조개 껍질상의 주형을 만드는 방법을 무엇이라 하는가?

> *정답*
> 셀몰드법(크로닝 process, C-process)

142 주물의 필릿 두께가 고르지 않거나 압탕만으로는 용탕의 보급이 미치지 못하는 곳 또는 압탕의 효과가 불충분할 때 응고를 촉진시키기 위하여 사용하는 것을 쓰시오.

> *정답*
> 냉금메탈(Chill metal)

143 정밀한 금형에 용융금속을 압입하여 표면이 아주 우수한 주물을 얻는 방법을 무엇이라 하는가?

> *정답*
> 다이캐스팅 주조법

144 다음은 원심주조법으로 원통형 주물의 주조법에 대한 특징이다. 각 항목별로 원심주조법이 기타 다른 중력을 이용한 주조법에 비해 나타나는 영향은?

> *정답*
> ① 유동성에 의한 결함 발생 : (적어짐)
> ② 원통부의 코어 형사의 성형 : (불필요)
> ③ 압탕의 크기 : (작아짐)
> ④ 주물의 기계적 성질 : (좋아짐)
> ⑤ 금속의 개재물 및 기포결함 : (낮아짐)

145 규사에 규산나트륨(Na_2SiO_3)을 4~6% 정도 첨가 혼련시켜 일반적인 주형조형법과 동일한 방법으로 주형 또는 코어를 조형하고 여기에 CO_2가스를 불어넣어 경화시키는 조형법을 무엇이라 하는가?

> *정답*
> CO_2 주형법

146 그림과 같이 용탕이 탕도를 흐를 때 주형의 가스가 용탕으로 흡입되기 쉬운 위치를 표시하시오.

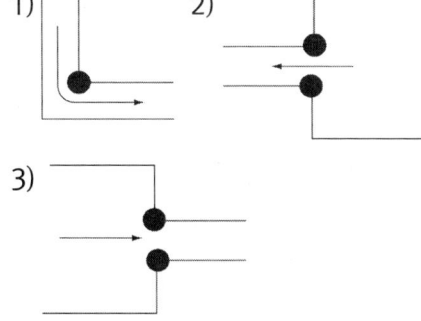

147 주철용해법의 진보기술 3가지를 쓰시오.

> *정답*
> ① 평형송풍   ② 산소부하
> ③ 열풍송풍   ④ 탈습송풍

주조(鑄造)기능장

148 비철을 용해하는 흑연도가니의 규격을 쓰시오.

★정답★
1회에 용해할 수 있는 구리의 중량(kg)으로 표시

149 큐폴라의 용량은 어떻게 나타내는가?

★정답★
1시간당의 용해량(ton) 또는 노안지름(mm)

150 주형 내에 코어의 위치를 고정시켜 주입시 용유 금속의 흐름이나 부력에 의해 코어가 움직이거나 떠오르는 것을 방지하며, 코어 내에서 발생한 가스의 배출구 역할을 하여 주는 것은 무엇인가?

★정답★
코어프린트(Core Print)

151 다음 그림은 강주물의 응고과정을 나타낸 것이다. 그림을 보고 중심선 주탕저항(C.F.R)을 구하시오.

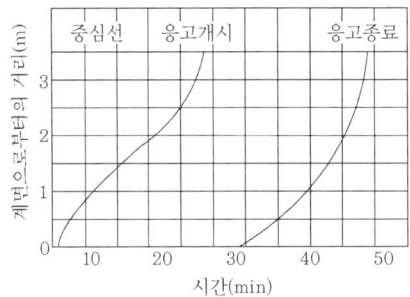

★정답★
$$C.F.R = \frac{중심선에서의\ 응고\ 완료시간 - 중심선에서의\ 응고개시\ 시간}{중심선에서의\ 응고\ 완료시간 - 표면에서의\ 응고\ 개시\ 시간} \times 100$$
$$= \frac{50-25}{50-0} = 50\%$$

152 다이캐스트법의 특징은?

★정답★
① 충진 시간이 매우 짧다.
② 고속으로 충전한다.
③ 고압을 주물에 건다.
④ 정밀한 금형을 사용하고 냉각 속도가 빠르다.
⑤ 다이 캐스트기를 사용하고 생산 속도가 빠르다.

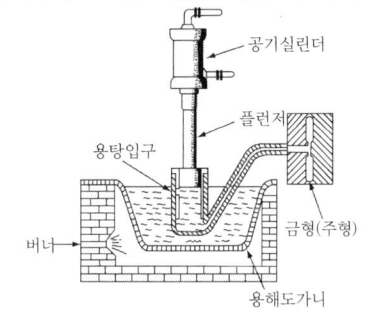

[열가압실식 다이캐스트기 구조]

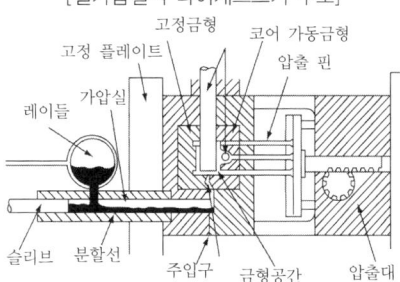

[냉가압실식 다이캐스트기 구조]

153 주형에 주입된 용탕은 주형 외벽에서부터 냉각 응고되기 시작하여 점차 내부 또는 상부로 진행되며, 응고될 때 수축에 의하여 용탕이 부족해지고 최고 응고 부위에는 공동(空洞)이 생기는 현상을 무엇이라 하는가?

★정답★
수축공(Shrinkage cavity)

154 주물의 결함에서 용탕탕계(Cold Shut), 탕경의 발생원인을 쓰시오.

정답
주형 내에 용탕이 합류될 때 그 경계면이 완전히 용융되지 않아 형태가 생기는 것

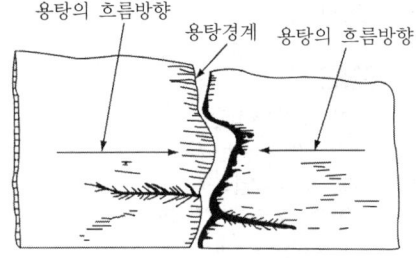

155 주물의 표면 결함에서 주형과 용탕간의 반응에 의해 주물사가 주물 표면에 용착되어 표면이 거칠어지는 현상을 무엇이라 하는가?

정답
소착(Sand burning)

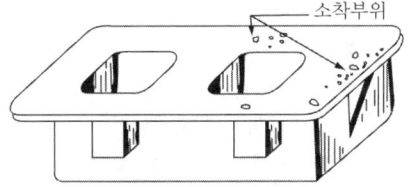

[주물표면에 모래가 소착된 예]
⑥ 살 두께가 다른 주물 : 두꺼운 부분에서 멀리 떨어진 얇은 부위에서부터 주탕

156 어긋남(Shift)이란?

정답
주형의 분리면에 서로 이가 맞지 않아서 생긴 결함

157 주물이 응고할 때 주물 각부의 수축이 불균일하여 발생되는 응력(stress) 때문에 나타나는 주물의 결함은?

정답
균열(Crack)

158 레들에서 용제가 주입법이나 탕구방안의 불량으로 주물 내에 혼입되거나 금속의 산화물이 주물 내에 혼입되어 주물 내에 형성되는 현상을 무엇이라 하는가?

정답
개재물(inclusion)

159 주물표면의 결함 중 개재물(inclusion)의 발생원인을 쓰시오.

정답
레들에서 용제가 주입법이나 탕구방안의 불량으로 주물 내에 혼입되거나 탕도 및 주형의 강도부족 또는 탕구방안 잘못으로 주물 내에 들어가거나, 금속의 산화물이 주물 내에 혼입되어 주물 내에 형성되는 것

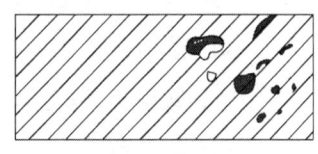

[개재물 혼입의 예]

160 주물의 표면결함에서

1) 주형이 팽창하여 주물사 뒤로 용탕이 넘어 들어가서 응고하는 경우의 결함은?

2) 용탕의 열적현상으로 주형표면이 일부 들고 일어나면서 갈라지고 그 곳에 흠이 생기는 현상은?

정답
1) 파임(Scab)   2) 꾸김(Backle)

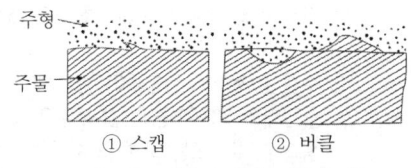

[주물표면에 모래가 소착된 예]

161 주입방법이 나쁘거나 탕도방안이 부적당하면 주입초기에 용탕이 튀어서 주형벽에 그림과 같이 둥근 모양으로 응고된 결함은?

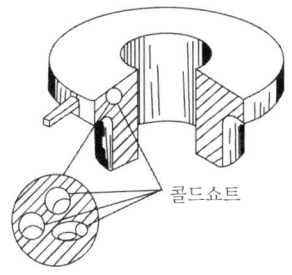
콜드쇼트

정답
콜드쇼트(Cold shut)

162 주조공정 순서를 나열하시오.
① ( ) 중자(코어)를 삽입하고 합형한다.
② ( ) 하형을 다져 조형한다.
③ ( ) 상형을 다져 조형한다.
④ ( ) 탕도를 만든다.
⑤ ( ) 주형을 분리하여 원형을 빼낸다.
⑥ ( ) 탕구를 만든다.

정답
② → ③ → ⑥ → ⑤ → ④ → ①

163 주물의 외관을 개선하는 주물결함 보수에 사용되는 충전재의 구비조건을 쓰시오.

정답
① 조재가 간단해야 한다.
② 경화 후의 기계적 강도나 화학적 내성(耐性)이 충분해야 한다.
③ 주물 금속과의 결합성이 양호해야 한다.
④ 충전재의 색은 가능한 한 주물의 소지(素地)색과 같거나 또는 같게 할 수 있는 것이어야 한다.
⑤ 경화된 충전재는 충격을 가해도 주물금속에서 떨어지지 않아야 한다.
⑥ 충전재는 에멀젼(emulsion), 등유 및 기름에 녹지 않아야 한다.

164 용해로의 일반적인 선택적인 기준에 대해 쓰시오.

정답
① 시설투자비용
② 이에 관련된 유지 및 보수비용
③ 기본 작업비용
④ 입지조건에 따른 연료의 구입 및 상대적 가격
⑤ 작업상의 청정도와 소음
⑥ 용해효율 즉 용융온도
⑦ 요구되는 금속의 순도와 정련도
⑧ 금속의 조성과 용융온도 등에 따라 용해로를 선택한다.

165 발포성 폴리에틸렌으로 만든 원형의 특징을 쓰시오.

정답
① 가벼우므로 대형원형도 쉽게 운반할 수 있다.
② 가공성이 좋다.
③ 접착에 의해서 부품을 간단히 부착 조립할 수 있다.
④ 원형의 분할, 코어프린트 등이 필요없다.
⑤ 제작기간이 짧다.

166 규사를 결합시켜주는 유기질 점결제의 종류 5가지를 쓰시오.

정답
① 유류
② 곡분류
③ 당류
④ 합성수지
⑤ 피치(Pitch)

167 강도의 보강, 붕괴성 향상, 고온성질의 개선, 주물표면의 미려화 등을 위하여 사용하는 첨가제의 종류 5가지를 쓰시오.

정답
① 탄소계 ② 목분 및 곡분
③ 당밀 ④ 규산분말
⑤ 산화철

168 용탕의 물리적 침투나 화학반응이 일어나는 것을 막고 주형표면을 곱게 하기 위하여 주형 표면에 도장을 하는 것을 무엇이라 하는가?

정답
도형제(Coating agent)

169 도형제의 주요 역할 3가지를 쓰시오.

정답
① 용융금속의 주형표면에서 주물사의 입자사이로 침투되는 것을 방지
② 용융금속의 주입시 주형표면의 모래소착(Sand burning)을 방지
③ 주물표면을 아름답게 유지

170 주물사의 재생처리법 3가지를 쓰시오.

정답
① 국부처리법
② 전체처리법(건식처리법, 습식처리법)
③ 가열처리법

171 탕구계의 기능 4가지를 쓰시오.

정답
① 주형의 공간에 용탕을 주입시킨다.
② 주형의 침식과 가스의 혼입을 방지하기 위하여 가급적 난류를 일으키지 않고 주형에 인도할 것
③ 주물의 응고에 가급적 최적의 온도구배를 이룰 것
④ 용탕이 탕구계를 통하여 유입될 때 적당한 제재작용(Skimming action)을 유도할 것

172 압탕효과를 증가시킬 수 있는 방법 4가지를 쓰시오.

정답
① 압탕부 절연
② 압탕부에 발열슬리브 또는 발열재를 사용하는 방법
③ 덧살붙임(Padding)하는 방법
④ 칠(Chill)의 사용

173 전기로의 특징 5가지를 쓰시오.

정답
① 주조용 금속은 연료의 연소열로 가열 용해되는 것이 아니므로 용해할 때 나쁜 영향을 받는 일이 적다.
② 용탕의 온도를 저온에서 고온까지 광범위하고 정확하게 조절할 수 있다.
③ 열효율이 약60%정도이며, 작은 용량에서부터 큰 용량의 것까지 설치할 수 있다.
④ 주조용 금속의 용해손실이 매우 적다.
⑤ 용탕의 성분조절이 쉽고, 인건비가 절약된다.

174 용탕의 처리에서 가스의 흡수를 방지하기 위한 방법 3가지를 쓰시오.

정답
① 슬래그를 형성시켜 분위기와 접촉을 차단하는 법
② 불활성분위기 또는 진공을 이용하는 법
③ 가스의 흡수를 감소시키기 위한 저온 용해 및 주입
④ 제재(Skim), 교반 및 옮김 등의 처리를 가급적 적게 할 것

175 진공용해의 목적에 대하여 쓰시오.

정답

① 대기와 용융금속의 반응원소가 결합하는 것을 방지하며 거칠은 용탕, 협잡물, 표면의 결함을 초래하는 산화물, 질화물의 생성을 방지한다.
② 용금 중의 H_2, N_2, SO_2 등과 같은 가스의 용해를 방지하며 용금에서 용해된 가스를 제거하는 것

176 접종의 위치와 방법 5가지를 쓰시오

정답

① 레이들에 출탕하면서 노의 출탕구에 접종하는 방법
② 레이들에 용탕을 받으면서 일괄 투입하는 방법
③ 레이들 바닥에 놓은 다음 출탕하는 방법
④ 주탕직전에 레이들 표면에 첨가하는 방법
⑤ 주입용 레이들 바닥에 접종제를 놓고 운반용 레이들로부터 다시 옮기는 방법
⑥ 주입용 레이들의 입구에 봉 또는 선으로 만든 접종제를 공급하는 방법
⑦ 탕도 또는 탕구 안에서 접종하는 방법

177 용탕표면의 탕면모양에 대하여 쓰시오.

정답

① 구갑형 : 규소, 탄소가 많고 비교적 산화되지 않은 좋은 용탕
② 세엽형 : 망간이 많을 때
③ 송엽형 : 규소 및 탄소가 적을 때
④ 부정형 : 규소 및 탄소가 더욱더 적을 때

178 동합금 주물의 탈가스 방법 5가지를 쓰시오.

정답

동합금의 탈가스는 탈수소를 의미한다.
① 산화분위기 중에서 용해한다.
② 산화제를 용탕 중에 첨가한다.
③ 분위기에서 H_2 및 H_2O를 제거한다.
④ 불활성 가스 중에서 용해한다.
⑤ 감압 또는 진공 중에서 용해한다.
⑥ N_2, Ar등의 불활성 가스를 용탕 중에 통한다.
⑦ 황동의 경우는 아연의 비등점까지 잠시 가열하여 비등 탈가스를 한다.

179 알루미늄 합금의 탈가스 방법 5가지를 쓰시오.

정답

알루미늄 합금의 탈가스는 기공의 원인이 되는 H2가스를 제거하는 것이다.
① N_2(질소)가스 또는 Ar가스등의 불활성가스를 잘 건조시켜서 용탕 중에 취입하여 수소를 몰아낸다.
② Cl_2(염소)가스를 용탕 중에 취입한다.
③ 분해해서 Cl_2(염소)가스를 발생시키는 염화물이나 불화물을 용탕 중에 첨가한다.
④ 한번응고 시킨 후 다시 용해한다.
⑤ 진공 또는 불활성가스 중에서 용해한다.
⑥ 용융금속 중에 초음파 진동을 가한다.

180 주물의 결함 중 수축공에 대하여 쓰시오.

정답

주형에 주입된 용탕은 주형 외벽에서부터 냉각, 응고되기 시작하여 점차 내부 또는 상부로 응고가 진행된다. 응고될 때 수축에 의해서 용탕이 부족해지고 최고 응고 부위에 공동(空洞)이 생기는 현상

181 가스구멍의 발생원인 3가지를 쓰시오.

정답

① 용탕의 주입불량
② 주형의 코어 불량
③ 콜드쇼트(cold shut)를 수반한 가스구멍

182 주물표면 결함의 종류 4가지를 쓰시오.

정답
① 개재물(inclusion)
② 파임(scab), 꾸김(backle)
③ 소착(sand burning)
④ 용탕경계(cold shut)

183 열간균열(hot tear crack)의 발생원인과 방지대책을 쓰시오.

정답
1) 발생원인
   주물이 응고될 때 고온에서 응고수축이 저지되어 균열이 발생하는 것
2) 방지대책
   ① 주물 두께의 급격한 변화가 없도록 주형을 설계한다.
   ② 연결부위나 코너(corner)부위를 가급적 줄인다.
   ③ 최고 응고부위에 냉금을 부착시켜 응력발생을 방지한다.
   ④ 합금의 함량을 조절한다.
   ⑤ 주형은 열팽창계수가 낮도록 할 것

184 냉간균열(cold crack)의 발생원인과 방지대책을 쓰시오.

정답
1) 발생원인
   주물이 불균일하게 냉각되었을 때 잔류응력이 저온이 될수록 주물의 인장력부위의 결함부에서 고속으로 집중되어 균열이 일어나는 것
2) 방지대책
   ① 주물의 두께를 균일하도록 설계하거나 압탕, 탕구, 냉금 배치를 적절히 하여 균일한 냉각이 되도록 한다.
   ② 주형에 첨가제등을 배합하여 수축성을 준다.
   ③ 주물의 후처리시 충격을 주지 않는다.
   ④ 냉간균열의 우려가 심한 주물은 상온까지 냉각시키지 말고 재가열하여 응력 완화 및 인성부여 조치를 취한다.

185 주물제품의 검사 종류 5가지를 쓰시오.

정답
① 외형검사 ② 치수검사
③ 중량검사 ④ 재질검사
⑤ 내부결함검사

186 주탕불량(misrun)의 원인과 방지대책을 쓰시오.

정답
1) 발생원인
   용탕이 주형을 완전히 채우지 못하고 응고된 것
2) 방지대책
   ① 탕구방안을 개선한다.
   ② 주입온도, 주입속도, 금형의 경우 예열온도를 높인다.
   ③ 가스배출이 잘 되도록 배기공의 수를 늘린다.
   ④ 충분한 압탕을 준다.

187 용탕경계(cold shut)의 원인과 방지대책을 쓰시오.

정답
1) 발생원인
   주형내에 용탕이 합류될 때 그 경계면이 완전히 용융되지 않아 형태가 생기는 것을 말하며, 또는 용탕의 온도가 낮아서 용탕이 완전히 융착하지 못하고 기계적으로 접촉되어 있는 결함
2) 방지대책
   ① 용탕의 유동성은 주입온도, 용탕의 화학조성, 탕구방안 등에 따라 영향을 받는데, 규정된 주입온도 및 주입속도를 지키고 주입온도가 떨어지지 않도록 한다.
   ② 탕구계에서 탕구나 주입구의 단면적을 적절하게 하여 용탕의 유입이 잘 되도록 해야 한다.
   ③ 용탕의 산화피막은 합류된 두 용탕의 완전한 용융을 방해하므로 용탕의 산화를 막아야 한다.

188 주물제품의 외형검사 종류 3가지를 쓰시오.

정답
① 표면의 거칠기 검사
② 부분적 변형검사
③ 합형의 틀림검사

189 방사선투과 검사법에 대하여 쓰시오.

정답
X선이나 γ선 등의 방사선을 주물에 투과시키면 주물의 검사부위의 두께나 밀도, 재질 등에 따라서 투과상태가 달라지는 원리를 이용하여 주물 내에 결함 부위를 검사하는 방법

190 주물제품의 검사방법(파괴시험, 비파괴시험)의 종류를 쓰시오.

정답
1) 파괴시험법(재료시험법)
① 인장시험법(인장강도, 항복강도, 연신율, 단면수축율)
② 압축시험법
③ 굽힘시험법
④ 항절시험법
⑤ 경도시험법(로크웰, 브리넬, 비커어스 및 쇼어경도시험법)
⑥ 충격시험법(샤르피, 아이조이드시험법)
⑦ 피로시험법
⑧ 크리프시험법
⑨ 마모시험법

2) 비파괴시험법(결함검사법)
① 침투탐상 검사법
② 방사선투과 검사법
③ 초음파탐상 검사법
④ 자분탐상 검사법
⑤ 부식 검사법
⑥ 내압 검사법

191 주물의 표면결함 중 소착(sand burning)의 발생 원인을 쓰시오.

정답
발생원인 : 주형과 용탕간의 반응에 의해 주물사가 주물표면에 융착되어 표면이 거칠어지는 현상으로 주물사의 내화도가 낮거나 국부적인 과열현상이 있거나 주형의 밀도가 낮을 경우에 발생

192 주물의 표면결함 중 파임(scab), 꾸김(buckle)의 방지대책 3가지를 쓰시오.

정답
① 주물사의 강도를 높이고 수분함량을 조절한다.
② 첨가제등을 첨가하여 주물사의 팽창을 줄인다.
③ 주입온도를 낮추고 주입속도를 높인다.

193 주조의 기술의 특징 4가지를 쓰시오.

정답
① 원하는 형태의 것을 한 번에 만들 수 있다.
② 제품의 모양이나 무게에 관계없이 만들 수 있다.
③ 이용할 수 있는 금속이나 합금의 폭이 넓다.
④ 제작 수량에 제한 없이 생산 할 수 있어 융통성이 크다.
⑤ 다른 가공 기술에 비해서 작업이 비교적 쉽다.

194 건전한 주물을 제조하려면 용융 금속이 주형의 구석구석까지 완전히 충만 되도록 잘 흘러 들어가야 된다. 이와 같이 용융 금속이 흐르는 성질을 무엇이라 하는가?

정답
유동성(fluidity)

195 주철주물의 종류 5가지를 쓰시오.

정답
① 보통주철 ② 강인주철
③ 합금주철 ④ 구상흑연 주철
⑤ 가단주철 ⑥ 칠드주철

196 제조할 때에 용탕에 마그네슘, 칼슘, 또는 세륨을 첨가하여 구상의 흑연을 석출시킨 것으로, 강도가 크고 인성도 있을 뿐만 아니라 내열성, 내마멸성 등도 주철보다 우수한 주철은 무엇인가?

정답
구상흑연주철

197 주물은 응고부터 상온까지 냉각되면 수축되므로 미리 원형의 치수에 이 수축률만큼 긴자를 사용하는 것은 무엇인가?

정답
주물자(foundry scale)

198 코어 프린트(core print)를 붙이는 목적 3가지를 쓰시오.

정답
① 코어의 위치를 지정하기 위한 것
② 코어의 가스 빼기를 위한 것
③ 코어를 고정하기 위한 것

199 원판이나 중심선을 통하는 모든 단면이 대칭인 주물을 만들 때 사용되는 원형을 무엇이라 하는가?

정답
회전형(sweep pattern)

200 주형의 건조 상태에 따른 분류 3가지를 쓰시오.

정답
① 생형
② 건조형
③ 반건조형(표면 건조형)

201 다음 주물의 주입온도(℃)를 쓰시오.

정답
① 알루미늄합금 : 670~760
② 청동 : 1100~1250
③ 주철 : 1350~1450
④ 주강 : 1530~1560

202 주물사의 고온성을 높이거나 붕괴성을 향상시키며 표면이 깨끗한 주물을 얻기 위하여 점결제 이외에 첨가하는 것은 무엇인가?

정답
첨가제

203 큐폴라(cupola)의 특징 3가지를 쓰시오.

정답
① 장입 재료가 코크스와 직접 접촉하여 용해되므로 열효율이 비교적 높아 짧은 시간에 많은 양의 용해가 가능하다
② 노의 구조가 간단하여 설비비가 적게 들고 취급도 용이하다.
③ 장기간 연속적으로 조업할 수 있어 대량 생산에 알맞다.
④ 조업 중에 성분의 변화가 일어나기 쉬우므로 용해 작업을 세심하게 관리하여야 한다.

204 큐폴라(cupola)의 바람구멍 면에서 장입구 밑면까지의 높이를 무엇이라 하는가?

정답
유효높이(effective height)

205 원심 주조법의 종류 3가지를 쓰시오.

정답
① 수평식 원심주조법
② 반원심 주조법
③ 원심 가압주조법

206 고압 응고 주조법의 특징 5가지를 쓰시오.

정답

① 수축공 또는 기공 등의 주물 결함이 제거된다.
② 잔류 가스의 영향이 줄어든다.
③ 가압에 의해조직이 미세화 되고 균일해지며, 밀도가 높아진다.
④ 주물의 표면이 곱고, 윤곽이 뚜렷하다.
⑤ 회수율이 높다.

207 금형 주조법의 특징 5가지를 쓰시오.

정답

① 생산성이 높으며, 금형이 차지하는 작업장의 면적이 작다.
② 작업 환경이 좋으며, 시설비가 적게 든다.
③ 치수가 정밀하고, 주물의 표면이 깨끗하다.
④ 주물의 불량이 적고, 기계적 성질이 향상된다.
⑤ 금형 제작에 비용과 시간이 많이 든다.
⑥ 제품의 크기 및 무게에 한계가 있다.

208 주철주물에서 주형과 용탕간의 반응에 의해 주물사가 주물 표면에 융착되어 표면이 거칠어지는 현상으로, 주물사의 내화도가 낮거나 국부적인 과열현상이 있을 때 발생하는 주물결함은 무엇인가?

정답

소착(burn on)

209 주철 주물에서 탕회 불량 및 용탕경계의 원인 4가지를 쓰시오.

정답

① 주물의 두께가 얇을 때
② 탕구방안이 나쁠 때
③ 주입온도가 낮을 때
④ 주형의 가스빼기가 나쁠 때
⑤ 용탕이 주형 밖으로 새어 나올 때
⑥ 주입높이가 낮을 때

210 주강주물에서 수축공의 방지 대책 2가지를 쓰시오.

정답

① 압탕의 급탕거리를 계산하여 압탕의 크기, 수, 위치를 결정한다.
② 압탕의 지름은 주물 본체의 두께에 따라서 적합한 크기를 취한다.
③ 경우에 따라서 칠 메탈을 사용한다.

211 구리합금 주물에서 표면거침 불량의 방지 대책 3가지를 쓰시오.

정답

① 주입온도를 가능한 한 낮춘다.
② 산화용해를 진행한 후 탈산제에 의한 탈가스 처리를 한다.
③ 주형을 잘 건조시켜 수분을 제거한다.
④ 칠 메탈을 많이 사용하여 두께효과를 적극적으로 돕게 하고, 냉각 속도를 빠르게 한다.

212 주물의 용해재료를 용해하는데 필요한 연료 3가지를 쓰시오.

정답

① 고체연료 ② 액체연료 ③ 기체연료

213 주조용 합금에 요구되는 성질 5가지를 쓰시오.

정답

① 주형의 빈자리를 충분히 잘 채울 수 있는 용융상태에서 높은 유동성을 가질 것
② 응고와 냉각시에 수축이 적을 것
③ 용융상태에서 가스를 흡수하는 능력이 적을 것
④ 응고 후에 필요한 기계적, 물리적, 화학적 성질을 가질 것
⑤ 주조성, 공작기계에 의한 절삭가공성, 용접이 잘되는 성질이 양호할 것
⑥ 응고와 냉각 후에 주물에 필요한 성질을 보장해주는 결정구조(조직)를 가질 것

⑦ 주물 전체에 걸쳐서 화학조성이 균일할 것
⑧ 주물제품의 정확한 치수 및 밀도가 보증될 것
⑨ 값이 저렴할 것

214 다음 그림에서 용융합금의 응고과정(용융합금의 냉각 응고에 따른 체적감소)을 쓰시오.

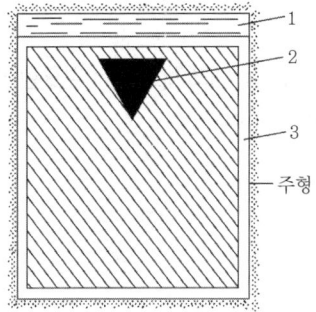

정답
① 용융합금(액상)의 냉각에 따른 수축
② 액상에서 껍질 형성 후 응고시의 수축
③ 고체상태에서의 냉각에 따른 수축

215 수축이란 주물의 체적과 치수의 전반적인 감소를 말하는데 수축의 종류 4가지를 쓰시오.

정답
① 체적수축   ② 선수축
③ 자유수축   ④ 주조수축

216 합금의 열간균열 발생 경향을 감소시키기 위한방법 5가지를 쓰시오.

정답
① 용융금속의 유동성을 증대시킨다.
② 주조합금의 입자를 미세화시킨다.
③ 합금내의 유해 혼입물과 개재가스 및 비금속 혼입물의 함량을 감소시킨다.
④ 주물내 미소 수축공을 제거한다.
⑤ 고온에서 주물을 서냉한다.

217 주물의 각 부분에서 또는 합금의 수지상정 내에서 화학조성이 균일하지 않은 것을 편석이라 하는데 편석의 종류 3가지를 쓰고 설명하시오.

정답
① 대역편석 : 주물의 각 부분에서 화학조성이 불균일한 것
② 입내편석 : 합금의 수지상정(결정립)내에서의 편석
③ 비중편석 : 합금성분의 비중차이로 일어나는 편석

218 코어(Core) 모래가 갖추어야 할 성질 4가지를 쓰시오.

정답
① 코어제작 및 취급에 충분한 습태 강도를 가질 것
② 건조후의 건태강도 및 경도가 높을 것
③ 용융 금속에 의해 파괴되지 않고 발생가스의 제거를 용이하게 할 수 있는 충분한 통기도를 가질 것
④ 주물 응고 후의 모래 떨기 작업이 용이할 것
⑤ 건조 후 보관 중에 흡습하거나 특성의 변화가 없을 것

219 도형제의 구비조건 5가지를 쓰시오.

정답
① 도포성이 양호할 것
② 도형제가 주형의 모래 입자 사이에 침투하는 침투성이 양호할 것
③ 도형제를 용해시킨 용제가 주형의 점결제를 용해하지 않을 것
④ 도포한 도형제의 층이 건조시와 용탕 주입시에 균열, 박리를 일으키지 않을 것
⑤ 용융금속 주입시에 모래 소착 현상이 일어나지 않을 것
⑥ 열전도성이 낮아 용융금속의 열을 주형에 전달하는 속도가 느릴 것

주조(鑄造)기능장

220 인베스트먼트 주조법에 사용하는 왁스(wax)의 구비조건 5가지를 쓰시오.

정답
① 상온에서 강할 것
② 응고 수축율이 적고, 연화, 용융온도까지의 팽창율이 적을 것
③ 주형건조 온도에서도 연화하지 않을 것
④ 유동성이 좋을 것
⑤ 비정질일 것
⑥ 금형에서 분리시와 보관 중에 치수가 변화하지 않을 것
⑦ 저온 휘발성 물질의 함유량이 적고 재생품의 안정성이 높을 것
⑧ 무기물, 기타 회분을 이루는 불순물의 함유량이 적을 것
⑨ 값이 쌀 것

221 고주파 유도로의 특징 3가지를 쓰시오.

정답
① 고온가열을 할 수 있다.
② 용해 시간이 짧다.
③ 전기적으로 가열조건을 정확하게 제어할 수 있다.
④ 균일한 가열과 성분조정이 가능하다.

222 염기성 아크로의 특징 3가지를 쓰시오.

정답
① 원료중의 불순물인 인, 황을 제거할 수 있어 원료 제한이 적다.
② 일정한 조성과 조직의 강을 제조할 수 있다.
③ 비교적 소용량에서 대용량까지 용해할 수 있다.

223 비철합금의 용해에 사용되는 용해로 3가지를 쓰시오.

정답
① 도가니로   ② 반사로
③ 아크로   ④ 유도로

224 도가니속에 금속 또는 합금을 장입하고 밖에서 알맞은 열원으로 가열하여 구리 합금, 알루미늄합금 등 비철합금의 용해에 사용되는 용해로는?

정답
도가니로(crucible furnace)

225 용해로용 내화재료로써 필요한 조건 5가지를 쓰시오.

정답
① 열전도도가 적고 보온이 잘 될 것
② 열팽창 수축이 적을 것
③ 내화도가 높을 것
④ 화학적 침식에 견딜 것
⑤ 기계적 강도가 클 것
⑥ 급격한 가열, 냉각에 대한 저항이 클 것
⑦ 가격이 염가 일 것

226 모래를 압축공기를 사용하여 노즐에서 주물표면에 분사하여 주물표면을 깨끗이 하는 주물 청정기는 무엇인가?

정답
샌드 블라스트(sand blast)

227 가스구멍(blow hole)의 발생원인 3가지를 쓰시오.

정답
① 용탕 및 주입불량
② 주형 및 코어 불량
③ 콜드쇼트(cold shut)를 수반한 가스구멍

228
열간균열(hot tear crack)이 발생하는 주요원인 3가지를 쓰시오.

정답
① 주물에 불충분한 용탕보급
② 주형과 코어의 수축성이 낮은 경우
③ 코어메탈의 부적당한 위치
④ 용탕의 부적당한 화학성분

229
주물사나 코어 모래가 용탕과 화학반응하여 융착되어 주물표면을 거칠게 만드는 주물의 결함은?

정답
모래소착(sand burning)

230
용탕이 주형의 중공부를 완전히 채우지 못한 경우에 생기는 주물의 결함은?

정답
주탕불량(misrun)

231
내화벽돌의 스폴링(spalling) 현상의 종류 3가지를 쓰시오.

정답
① 온도의 변화에 기인하는 스폴링
② 기계적 압력의 불균일에 의한 스폴링
③ 벽돌의 조직구조의 변화에 의한 스폴링

232
다음 ( )안에 알맞은 내용을 써 넣으시오.

"원심 주조에 있어서 용융금속이 응고할 때에 정출되는 (①)이(가) 액체의 비중과 다를 때 원심력이 개개에 작용하므로 비중차에 의거해서 내·외벽의 어느 한쪽에 (②)이(가) 이동하여 (③)현상을 일으킨다.'

정답
① 초정(= 결정핵) ② 초정(= 결정핵) ③ 편석

233
원형은 반드시 원형제작 도면에 따라서 제작하여야 된다. 원형 설계도를 작성할 때 반드시 고려해야 할 점 5가지를 쓰시오.

정답
① 수축여유(shrinkage allowance)
② 기계가공여유(machining allowance)
③ 원형 인발 기울기(pattern draft)
④ 필렛(fillet)과 라운딩(rounding)
⑤ 코어 프린트(core print)의 위치와 크기
⑥ 기타 주물의 형상에 따라 적당한 보정이 필요
⑦ 분할면의 설치 위치

234
주입컵(Pouring Cup)에서 불순물을 제거하기 위하여 설치할 수 있는 장치 4가지를 쓰시오.

정답
① 스토퍼(stopper)
② 스키머(Skimmer)
③ 철망(screen)
④ 스트레이너(strainer)

235
다음 [보기]는 주요 내화재료의 종류 이다. 산성, 중성, 염기성내화물로 구분 하시오.

[보기]
① 규석질   ② 고알루미나질
③ 마그네시아질 ④ 크롬질
⑤ 납석질   ⑥ 탄화규소질
⑦ 돌로마이트질 ⑧ 석회질
⑨ 샤모트질

가) 산성 내화물

나) 중성 내화물

다) 염기성 내화물

정답
가) ① 규석질 ⑤ 납석질 ⑨ 샤모트질
나) ② 고알루미나질 ④ 크롬질 ⑥ 탄화규소질
다) ③ 마그네시아질 ⑦ 돌로마이트질 ⑧ 석회질

236 구상흑연주철의 제조시 구상화제 첨가법 5가지를 쓰시오.

정답
① 표면 첨가법
② 개방 레이들 첨가법(=치주법)
③ 플런징법
④ 용탕통과 처리법
⑤ 인몰드법
⑥ 캔디법

237 주철주물에서 발생하는 수축공(shrinkage cavity)의 원인 5가지를 쓰시오.

정답
① 용탕이 산화되어 있는 경우
② 장입 지금에 녹이나 불순물이 많은 경우
③ 압탕의 위치를 잘못 설치하였을 경우
④ 압탕의 높이가 낮아 압탕 효과가 부족한 경우
⑤ 구조적으로 단면의 두께가 고르지 않거나 급히 변하는 부위가 있는 경우
⑥ 주입 온도가 낮을 때 초기에 주입된 용탕이 먼저 응고되어 용탕 보급이 않되는 경우

238 다음은 제품형상에 따라 원심주조법을 구분한 그림이다. 원심주조법의 명칭을 쓰시오.

1)
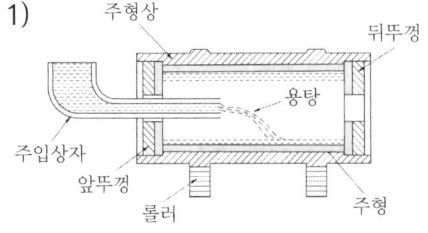

2)
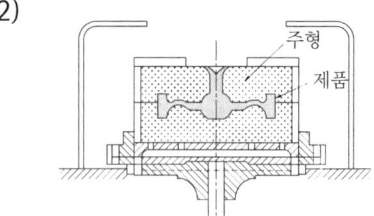

3)
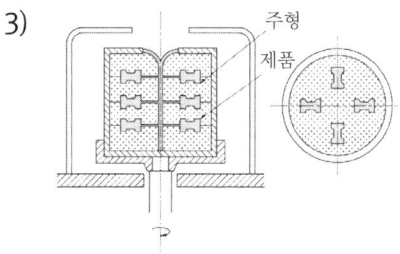

정답
1) 진원심주조법
2) 반원심주조법
3) 원심주조법

239 용탕 처리에서 가스의 흡수를 방지하기 위한 방법 3가지를 쓰시오.

정답
① 슬래그를 형성시켜 분위기(공기)와의 접촉을 차단하는 방법
② 불활성분위기 또는 진공을 이용하는 방법
③ 가스의 흡수를 감소시키기 위한 저온 용해 및 주입하는 방법
④ 교반 및 옮김 등의 처리를 가급적 적게 하는 방법

240
[그림]은 주철 용탕의 표면모양을 나타낸 것이다. ( )안에 명칭을 쓰시오.

구갑형　　　세엽형

송엽형　　　부정형

1) (　) : 망간이 많은 것
2) (　) : 규소 및 탄소가 적은 것
3) (　) : 규소 및 탄소가 많고 비교적 산화되지 않은 좋은 용탕
4) (　) : 규소 및 탄소가 아주 적은 것

정답
1) 세엽형　2) 송엽형
3) 구갑형　4) 부정형

241
□350×350mm인 주철주물을 만들 때 필요한 중추의 무게(kgf)는 얼마로 하면 안전한가? (단, 주물의 윗면에서 주입컵의 면까지의 높이(H)는 150mm, 주입금속의 비중량(S)은 7200kgf/m3이며, 안전율은 3으로 한다.)

정답
$P = A$(주물을 위에서 본면적)$\times H$(주물의 윗면에서 주입컵의 면까지의 높이)$\times S$(주입 금속의 비중량)
$P = (0.35)^2 \times 0.15 \times 7200 = 132.3$ kgf
132.3kgf이 상형에 주는 총 압력이 되므로 중추의 무게는 3배이므로
$132.3 \times 3 = 396.9$ kgf

242
주형에 사용되는 도형제의 역할 3가지를 쓰시오.

정답
① 용융금속의 주형표면에서 주물의 입자 사이로 침투되는 것을 방지한다.
② 용융금속을 주입시 주형표면에 모래소착을 방지한다.
③ 주물표면을 아름답게 유지한다.

243
용탕을 주형에 주입하기 전에 실시하는 접종(Inoculation)의 목적 3가지와 용탕의 열분석에 의해 얻은 냉각 곡선으로 초정 온도를 구하는 탄소당량(CE)의 공식을 쓰시오.

정답
① 접종의 목적
　㉠ 주철의 기계적 강도 증가시키기 위해
　㉡ 조직을 개선시키기 위해
　㉢ 칠(Chill)의 감소를 위해
　㉣ 가공성을 향상시키기 위해
② 탄소당량(CE)의 공식 :
　$CE = C\% + \dfrac{1}{3}(Si + P)\%$

244
주물제품의 내부결함을 검사할 수 있는 비파괴검사 방법과 외부 표면결함 검사 할 수 있는 비파괴검사 방법을 각각 2가지씩 쓰시오.

1) 내부 결함 :
2) 외부 결함 :

정답
1) ① 방사선투과검사
　　② 초음파탐상검사
2) ① 침투비파괴검사
　　② 누설비파괴검사

245 항공기부품이나 정밀주조산업에서 진공주조를 많이 활용하고 있다. 이러한 진공주조법의 장점 5가지를 쓰시오.

정답
① 수소, 산소, 질소 등 유해가스성분을 제거할 수 있다.
② 유해한 불순원소를 제거할 수 있다.
③ 진공처리에 의해 정련반응이 촉진된다.
④ 제품의 기계적 성질이 향상된다.
⑤ 활성금속의 용융제조가 가능하다.

246 주철 용탕의 칠시험(chill test, 냉금시험)의 목적 3가지를 쓰시오.

정답
① 접종제 첨가의 유효성 평가를 위하여
② 주철의 성분 변화를 확인하기 위하여
③ 강제 냉각시 주물의 칠 양을 측정하기 위하여
④ 칠이 생기거나 경도가 높아지는 주물의 단면 두께를 결정하기 위하여

247 정부압탕(상압탕)과 측면압탕(맹압탕)의 각각 설명하시오.

정답
① **정부압탕(상압탕)** : 용탕보급부의 상부에 위치하며, 저온 용탕이 충만 되어 내부 급탕이 곤란하다.
② **측면압탕(맹압탕)** : 주입구에 근접해서 설치하고 상압탕을 세울 수 없는 곳에 설치하며, 고온의 용탕을 최후까지 유지하여 보급 가능하다.

248 주물의 성질에 대한 다음 물음에 답하시오.
1) 건전한 주물을 제조하려면 용융 금속이 주형의 구석구석까지 완전히 충만 되도록 잘 흘러 들어가야 된다. 이와 같이 용융 금속이 흐르는 성질은?
2) 압탕에서 먼 곳부터 차례로 압탕 쪽으로 응고되는 것은?
3) 주형이 주물과 함께 수축하는 것으로서 주입된 용탕의 수축, 팽창에 견디어 낼 수 있는 주형의 성능은?

정답
1) 유동성(fluidity)
2) 지향성 응고
3) 가축성

249 주물의 중량이 200kgf, 주요부의 두께가 25mm인 주철주물을 주조하고자 할 때 탕구의 유효높이를 구하고, 주입시간을 계산하시오. (단, 주물의 높이(c)는 150mm, 상형 중에 올라온 부분의 높이(p)는 50mm 상형이 높이(h)는 200mm이며, 주물두께 25mm에 대한 주물 상수는 2.66 이다.)

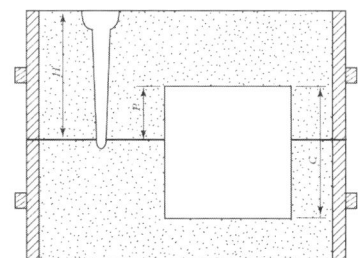

정답
① 탕구의 유효높이
$$H = h - \left(\frac{p^2}{2c}\right)$$
$$= 200 - \frac{50^2}{2 \times 150} = 191.66mm$$

② 주입시간
$$t = s\sqrt{W}$$
$$= 2.66\sqrt{200}$$
$$= 37.61초$$

250 주물사의 점토분 시험에서 건조온도와 건조한 모래를 냉각시킬 때 사용하는 기구 및 관계식을 쓰시오.

정답

① 건조온도 : 105±5℃
② 기구 명칭 : 데시케이터
③ 관계식 : 점토분(%) = 시료의 무게(g) − 남은 모래의 무게(g)/ 시료의 무게(g) × 100

251 다음을 보고 물음에 답하시오.

정답

① 압탕의 먼 곳부터 시작하여 공급원 방향을 향해 진행하는 응고는?
 : 지향성응고(방향성응고)
② 압탕의 효과가 불충분할 때 수축공을 방지하기 위하여 설치하는 것은?
 : 냉금 메탈(chill metal)
③ 코어를 고정시킬 때 보조를 해주는 것은?
 : 채플릿(chaplet)

252 압탕의 방향성응고를 위한 설계방법 3가지를 쓰시오.

정답

① 건전한 주물을 만들기 위해서는 주물이 응고할 때 온도 기울기가 잘 조절되어야 한다.
② 가능한 한 단면은 압탕쪽을 향해 기울기를 주어야 한다.(자연 응고에 의해 얻어질 수 있는 주물의 건전성은 허용된 기울기의 정도에 비례 한다)
③ 수평은 바람직하지 못하며, 평편한 표면을 갖고 있는 주물의 제작은 곤란 하다.(가능하면 항상 만곡선 표면을 갖거나 또는 평편한 표면이 수평에 대해 직각 또는 경사되게 주물을 제작하는 것이 가장 좋다)
④ 고립된 열점을 피해야 된다.(용탕에 둘러 쌓여져 있는 코어나 주물사 부분은 개방된 부분에 비하여 냉각속도가 늦으므로 냉금 또는 압탕효과의 개선을 위한 방법을 개선해야 수축공 또는 균열을 방지할 수 있다)

253 건조규사(100~200mesh)와 수지점결제를 배합하여 200~300℃로 가열 경화시켜 주형을 만드는 주조법을 무엇 이라하며, 장·단점을 쓰시오.

정답

가. 주조법 : 셀몰드 주조법(shell mould process)
나. 장점
 ① 균질, 균등의 주물이 양산
 ② 치수정밀도가 높고 기계가공이 절감
 ③ 기계화로 대량생산이 용이 함
 ④ 조형작업에 숙련공을 필요로 하지 않음
다. 단점
 ① 대형주물에 사용하기 어려움
 ② 소량생산에는 부적합

254 다음을 보고 물음에 답하시오.

정답

가. 연속조업이 아닌 냉재 용해를 할 때 스타딩 블록을 장입하여야 되는 유도로는?
 : 저주파 유도전기로(저주유도로)
나. 전기로에서 에루식(Heroult)과 디트로이드(Detroid)식의 로는?
 : 아크로
다. 니크롬, 철크롬 및 탄화규소 등의 발열체를 열원으로 하는 전기로는?
 : 저항식전기로(저항전기로)

255 인장시험으로 알 수 있는 주조품의 기계적 성질을 쓰시오.

정답

① 인장강도 ② 항복강도 ③ 연신율
④ 탄성한도 ⑤ 비례한도 ⑥ 단면수축율

256 다음에서 물음에 답하시오.

정답

가. 주형 내에 용탕이 합류될 때 그 경계면이 완전히 용융되지 않아 형태가 생기는 결함은? : 용탕경계(cold shut)
나. 용탕이 주형을 완전히 채우지 못하고 응고된 결함은? : 주탕불량(misrun)
다. 주형과 용탕간의 반응에 의해 주물사가 주물 표면에 융착되어 표면이 거칠어지는 현상의 결함은? : 소착(sand burning)

257 주철을 파면의 광택에 따라 3가지를 쓰시오.

정답

① 회주철 ② 백주철 ③ 반주철

258 유도전기로의 2가지 형태(Type)를 쓰시오.

정답

① 철심형 유도로   ② 무철심형 유도로

259 주물의 제조공정 순서를 쓰시오.

정답

① 주조계획 수립 ② 원형제작 ③ 주형제작
④ 용해   ⑤ 주입   ⑥ 후처리
⑦ 검사   ⑧ 출하

260 코어사에 많이 사용하는 것으로 1~2%의 (①)을 사용하면 1250~1350℃에서의 고온강도가 2~3배로 증가하게 되며, 주형표면의 용탕의 침입을 막아 (②)을 방지 한다.

정답

① 산화철(Fe_2O_3) ② 패임(scab)

261 냉금메탈(chill metal)을 사용해야 하는 곳 3가지를 쓰시오.

정답

① 주물의 필릿 두께가 고르지 않을 때
② 압탕만으로 용탕의 보급이 미치지 못하는 곳
③ 압탕의 효과가 불충분 할 때에는 국부적으로 두꺼운 부분에 수축공을 일으키는 경우가 많으므로 이러한 부분의 응고를 촉진시키기 위해 사용

262 다음에서 물음에 답하시오.

정답

가. 원형을 빼내지 않고 주물사 중에 묻힌 상태에서 용탕을 주입하면 그 열에 의하여 원형은 소실되고 그 자리에 용탕이 채워져서 주물을 만드는 주조법은?
 : 풀 몰드법(full mould process), 무공동(無空洞, cavityless)주조법
나. 풀 몰드법에 사용하는 원형의 특징은?
 : 소모성 원형

263 주조품의 치수를 측정하였더니 측정결과에서 외형의 치수가 도면의 치수보다 크게 나왔을 때의 원인 3가지를 쓰시오.

정답

① 주물사의 선정이 잘못 되었을 때
② 주형 상자의 합형이 잘못 되었을 때
③ 코어 및 원형이 변형되거나 이동 되었을 때

264 주조품의 내부결함 검사를 위한 비파괴 검사방법 3가지를 쓰시오.

정답

① 방사선투과 검사
② 초음파탐상 검사
③ 자분탐상 검사
④ 형광 침투탐상 검사

265 주물사의 시험법에서 압축강도 시험법의 산출식과 단위를 쓰시오.

정답

가. 산출식 : $\sigma c = W/A$ (σc : 압축강도, W : 시험편이 파괴 되었을 때의 하중kg, A : 시험편의 단면적cm², 19.6cm²)
나. 단위 : kg/cm²

266 용융금속을 CE미터(신속 열분석계)로 성분 분석을 측정한 결과, C : 15%, Si : 4.5%, P : 0.08% 일 때 탄소당량(CE)을 구하시오.

정답

가. 계산식 :
  CE = C% +1/3 (Si +P)%
  = 15 +1/3(4.5 +0.08)
  = 16.53
나. 답 : 16.53%

267 원심주조법을 이용하여 원통형 주물의 주조법에 대한 특징 중 옳은 것을 고르시오.

정답

가. 유동성에 의한 결함 발생 (많음, 적어짐)
나. 원통부 코어 형상의 성형 (필요, 불필요)
다. 압탕의 크기 (커짐, 작아짐)
라. 금속의 개재물 및 기포 결함 (높음, 낮아짐)
: 가. 적어짐, 나. 불필요, 다. 작아짐,
  라. 낮아짐

268 다음의 보기에서 ( )에 알맞은 것을 쓰시오.

[보기]
샤모트질, 탄화규소질, 크로마이트질, 돌로마이트질, 납석질, 규석질, 반규석질, 고알루미나질, 탄소질, 크롬질, 마그네시아질

성 질	종 류
산성 내화물	가. ( )
중성 내화물	나. ( )
염기성 내화물	다. ( )

정답

가. 샤모트질, 납석질, 규석질, 반규석질
나. 탄화규소질, 고알루미나질, 탄소질, 크롬질
다. 크로마이트질, 돌로마이트질, 마그네시아질

269 규사에 규산나트륨을 4~6% 정도 첨가·혼련 시켜 주형 또는 코어를 조형하고 여기에 CO_2 가스를 불어넣어 경화시키는 가) 주형법, 나) 화학식, 다) 장점 3가지를 쓰시오.

정답

가. 주형법 : CO_2 주형법 (탄산가스형법)
나. 화학식 : Na_2SiO_3
다. 장점
  ① 코어의 보강재와 심금 등을 생략할 수 있다.
  ② 주형과 코어가 곧 경화하기 때문에 변형이 적고 운반이 용이하다.
  ③ 건조가 불필요하기 때문에 조형이 빠르고 주탕까지의 시간을 단축할 수 있다.
  ④ 원형이 있는 상태에서 주형이나 코어가 경화하기 때문에 주형의 정밀도가 높다.

270 다음 물음에 답하시오.

정답

가. 일정한 수두높이 15cm로 주탕 되는 용탕의 유입속도는 몇 cm/sec 인가? (단, 유량계수 C = 1, 중력가속도 g = 980cm/sec²)
  $V = C\sqrt{2gh}^{\frac{1}{2}} = 1 \times \sqrt{2 \times 980 \times 15}^{\frac{1}{2}}$
  = 171.5

나. 주물 위에서 본 면적이 1m² 이고 주물의 윗면에서 주입컵 까지의 높이가 0.5m, 주입금속의 비중이 7200/kgf/m³ 일 때 용탕의 압력(kgf)은 얼마인가?
  P = A × H × S
  = 1 × 0.5 × 7200 = 3600kgf

주조(鑄造)기능장

271 다음 표에서 졸트식 조형기와 스퀴즈식 조형기에서 만들어진 주형표면의 경도를 쓰시오.

구분	주형의 윗면 경도	주형의 아랫면 경도
졸트식	①	②
스퀴즈식	①	②

★정답★

가. 졸트식 조형기 : 윗면의 경도는 ① 낮음, 주형의 아랫면의 경도는 ② 높음.
나. 스퀴즈식 조형기 : 주형의 윗면의 ① 경도는 높음, 아랫면의 경도는 ② 낮음.

272 원형의 종류 중 특수원형에 대하여 답하시오.

★정답★

가. 상·하형 양쪽 원형이 분리선(parting line)을 구성하는 평판의 양쪽에 바로 교착 되는 곳에 장치한 원형은? 매치플레이트(match plate)
나. 두 개의 플레이트의 한쪽에만 맞붙여서 상·하 주형을 각개의 조형기로 조형하는 것은? 패턴플레이트(pattern plate)
다. 금형원형을 제작하는 경우 특별히 간단한 형상의 주물이 아닌 이상, 목형의 원형을 사용하여 만든 주형에 주입하여 금형을 제작하는 것은? 마스터패턴(master pattern)

273 다음 그림과 같이 ① 주형이 팽창하여 주물사 뒤로 용탕이 넘어 들어가서 응고하는 경우(주형의 팽창에 의함) ② 용탕의 교란, 주형중의 수분의 비등 등에 의해 모래의 일부가 제거되고 이곳에 응고되는 경우 또는 용탕의 열적현상으로 주형표면이 일부 들고 일어나면서 갈라지고 그곳에 흠이 발생하는 결함을 무엇이라 하며, 방지대책 3가지를 쓰시오.

★정답★

1) 파임(Scab) 2) 꾸김(Backle)

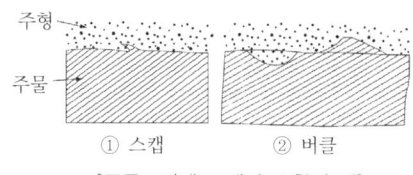

① 스캡   ② 버클
[주물표면에 모래가 소착된 예]

가. 결함 명칭 : ① 파임(scab) ② 꾸김(buckle)
나. 방지대책
 ① 주물사의 강도를 높이고 수분함량을 조절 한다.
 ② 첨가제(sea coal, pitch)등을 첨가하여 주물사의 팽창을 줄인다.
 ③ 주입온도를 낮추고 주입속도를 높인다.

274 수축공(shrinkage cavity)의 발생원인과 방지대책 5가지를 쓰시오.

★정답★

* 발생원인 : 주조방안의 불량, 주물의 모양과 주형재료의 불량, 용탕의 재질 부적당.
* 방지대책
 ① 충분한 용탕 정압을 얻을 수 있도록 높은 탕구 사용
 ② 응고수축이 적은 합금(C, Si 등은 수축을 감소시킴) 선택
 ③ 주입한 용탕이 장시간 용융상태로 있지 않게 함
 ④ 주물의 두께를 될 수 있는 대로 얇게 하고 주입온도를 필요이상 높이지 말 것
 ⑤ 수축공을 압탕 내로 유도하기 위해서 주물의 하부에서 상부로 방향성 응고가 진행 되도록 주조방안을 결정
 ⑥ 살 두께가 같은 주물에서는 분리면에 따라 압상게이트로 주탕하고 압탕이 필요치 않다.
 ⑦ 살 두께가 다른 주물에서는 두꺼운 부분에서 가장 멀리 떨어진 얇은 부위에서부터 주탕하고 급탕이 곤란한 과열부의 냉각에는 충분한 냉금 금속을 붙여야 한다.

275 코어를 제작하는 방법 3가지를 쓰시오.

정답

① 코어모래의 배합
② 코어의 제작
③ 건조
④ 보존

276 다음 그림에서 T형의 단면에서 열점제거 방법을 쓰시오.

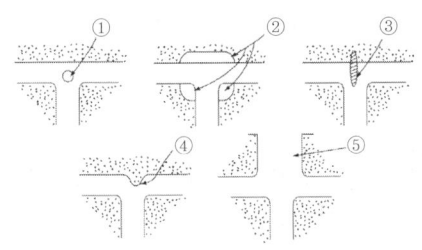

[T단면에서의 열점 제거방법]

정답

① 코어설치   ② 외부냉금 설치
③ 내부냉금 설치   ④ 두께감소
⑤ 압탕 처리

277 주물표면의 균열을 검사하기 위하여 다음과 같은 공정의 비파괴검사를 실시하였다. 다음 물음에 답하시오.

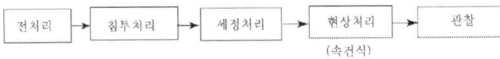

정답

가. 시험법의 명칭을 쓰시오.
  : 침투탐상시험(PT)
나. 속건식의 기호는? : S

278 다음 그림은 주물에 생기는 결함의 형태이다. ① 결함의 명칭과 ② 발생원인 3가지를 쓰시오.

(a) 여러 가지 수축공

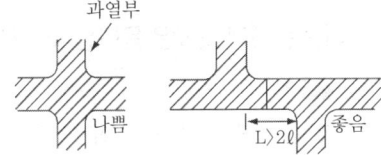
(b) 주물의 모양(십자교차부)의 개선

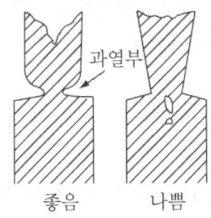
(c) 압탕의 모양개선
[주물의 수축공]

정답

가. 결함명칭 : 수축공(Shrinkage cavity), 공동(空洞)
나. 발생원인 : ① 주조방안의 불량
        ② 용탕의 재질 부적당
        ③ 주물의 모양과 주형재료의 불량

279 다음 ( )에 알맞은 용어를 넣으시오.

정답

(①)는 주형내에서 코어의 위치를 고정시켜 주입시 용융금속의 흐름이나 부력에 의해 (②)가 움직이거나 떠오르는 것을 방지하며, (③)내에서 발생한 (④)의 배출구 역할을 한다.
: ① 코어프린트(core print) ② 코어(core)
  ③ 코어(core) ④ 가스

주조(鑄造)기능장

280 용선로(cupola) 조업에서 보기의 용해재료 장입순서를 쓰시오.

[보기]
코크스, 지금, 석회석, 합금철

★정답★

: 지금 → 코크스 → 석회석 → 합금철

281 다음 ( )에 알맞은 용어를 넣으시오.

★정답★

용융금속에서 (①)이란 어떤 일정한 온도에서 용융합금을 주입할 때의 유동성이고, (②)이란 액상과 고상이 평형을 이루는 온도를 넘는 일정한 과열온도에서 용융합금을 주입할 때의 유동성이다.
: ① 실용유동성   ② 참유동성

282 큐폴라 용해 작업 중에 행잉(Hanging)이 발생 하였을 때의 조치방법 4가지를 쓰시오.

★정답★

① 장입구에서 철봉으로 쑤신다.
② 로 보수에 주의하여 요철이 없도록 한다.
③ 로 라이닝의 형상을 위쪽으로 넓히든가 단을 붙이지 않는다.
④ 일시적으로 바람을 과다하게 송풍하여 자연 낙하 하도록 한다.
⑤ 투입재료가 너무 긴 것, 얇은 것을 제거하고 규정된 치수 사용 한다.

283 용탕 주입시 불순물이나 슬래그 등을 제거 하기 위해 설치하는 것 5가지를 쓰시오.

★정답★

가. 쵸크   나. 철망
다. 스토퍼   라. 탕도끝
마. 스키머   바. 스트레이너
사. 소용돌이 탕구설치
아. 상형에 탕도, 하형에 주입구 설치

284 압력 주입방식(가압주입방식)의 장점 3가지와 단점 2가지를 쓰시오.

★정답★

* 장점
  가. 용탕 손실이 적어 회수율이 높다.
  나. 불순물 혼입이 방지 된다.
  다. 각 주입구 유입 용탕양이 같다.
  라. 탕구계에는 항상 용탕이 충만 되고 있다.
* 단점
  가. 공기의 혼입, 협잡물이 발생한다.
  나. 주형의 침식을 일으킬 수 있다.
  다. 용탕이 주형 내에 유입할 때 속도가 크기 때문에 많은 난류가 일어난다.

285 흑연의 형상에 의하여 주철을 분리하고 설명 하시오.

★정답★

① 흑연이 없는 것 : 용융상태의 금속을 급냉으로 냉각했을 때 흑연의 석출이 없는 파면 이 흰 백주철(white cast iron)이 된다.
② 편상흑연을 가진 것 : 용융금속을 서냉으로 냉각할 때 주조금속은 흑연이 편상으로 나타나고 파면이 회색인 회주철(gray cast iron)을 얻게 되는데 이것은 다소 강도가 낮은 결점은 있으나 극히 복잡하고 미려한 주물을 쉽게 제조할 수 있다.
③ 괴상흑연을 가진 것 : 백주철을 소둔하여 조직을 변화시키면 조직 내에 괴상의 흑연을 나타내게 되는데 이것을 가단주철이라고 한다.
④ 구상흑연을 가진 것 : 주철의 용탕에 구상화제인 Mg, Ce, Ca를 첨가하면 흑연이 구상으로 나타나는데 이것을 구상흑연이라 하며 주철 중에서 가장 기계적 성질이 좋다.

286 미국의 ASTM규격에 의하여 편상흑연의 형태를 분류하고 각각의 성질을 설명 하시오.

★정답★

① A형 : 편상흑연이 균일하게 분포하고 무방향으로 배열하고 있으며 편상흑연의 형태 중 기계적 성질이 가장 좋다.

② B형 : 장미상으로 방향성이 없이 분포되어 있고 비교적 고강도의 것에는 좋지 않다.
③ C형 : 편상흑연이 균등하게 분포한 속에 자유로 발달한 조대한 초정흑연(kish carbon)이 혼합된 소편 흑연조직으로 방향성이 없다.
④ D형 : 미세한 공정흑연이 수지상정간에 분포되어 있고 방향성이 없으며 페라이트가 생성하기 쉬우므로 좋지 않다. 절삭성이 우수하고 강도와 내마모성이 나쁘며 금속주형에 사용된다.
⑤ E형 : 약간의 방향성이 있는 수지상정간에 석출한 소편상흑연 이다. 강도는 크지만 약간 굴곡성이 부족하다.

287 주철의 내마모성이 양호한 이유를 쓰시오.

정답

① 윤활성능을 가진 흑연이 있어 마찰에 의한 점착(粘着)현상이 방지 된다.
② 브리넬경도가 약 130~250에 해당하는 적절한 경도를 가지고 있다.
③ 열전도성이 좋고 열충격에 강해서 마찰열을 속히 없애고 열균열의 발생을 방지하고 있다.
④ 탄성계수가 낮아서 마찰면을 곧 자리잡아 준다.

288 마그네슘(Mg)이 흑연을 구상화 시키는 역할을 설명 하시오.

정답

① 용융금속의 탈산제와 탈황제의 역할을 한다.
② 마그네슘(Mg)은 어떤 기구에 의해 구상흑연을 만든다.
③ 마그네슘(Mg)은 응고과정에서 편상흑연의 생성을 막고 흑연구상화를 촉진 한다.

289 금속의 냉각시에 발생하는 수축(shrinkage)의 3단계를 쓰시오.

정답

① 액체수축(liquid shrinkage)
② 응고수축(solidification shrinkage)
③ 고체수축(solid shrinkage)

290 압탕의 기본적인 구비조건 3가지를 쓰시오.

정답

① 주물과 압탕 자체의 응고수축을 보충할 수 있는 충분한 체적을 가져야 한다.
② 주물에 용융금속을 보급하여야 되므로 압탕은 최후에 응고하여야 되며, 적당한 위치에 설치 되어야 한다.
③ 압탕 효과를 높일 수 있도록 압탕 내의 용탕은 항상 대기압을 받을 수 있어야 한다. 즉 압탕 내의 용융금속이 정압을 유지할 수 있어 주물내의 모든 부분에 압력을 가할 수 있어야 한다.
④ 용융금속의 회수율을 높일 수 있도록 최소의 크기와 적당한 위치에 설치 되어야 한다.

291 목재가 원형용 재료로 사용될 때 장점과 단점을 쓰시오.

정답

가. 장점
① 금속에 비하여 재료비, 가공비가 저렴하며, 특히 다량생산이나 정밀도를 고려하지 않는 원형제작에 유리하다.
② 석고, 시멘트보다 가볍고 취성이 작다.
③ 합성수지에 비하여 저렴하며, 소량의 원형을 제작할 때 가공비가 적게 든다.

나. 단점
① 재질이 불균일하며 온도, 습도에 따라 신축하므로 주물치수 변화의 원인이 된다.
② 원형공에 의하여 하나하나 제작하므로 대량생산할 수 없다.
③ 기계적인 강도는 금속이나 합성수지에 비하여 작으며, 치수의 정밀성을 유지하기 어렵다.

292 주물사의 체가름(분리)방법 3가지를 쓰시오.

정답

① 분쇄체에 의한 방법
② 회전사에 의한 방법
③ 진동사에 의한 방법

주조(鑄造)기능장

293 주형은 여러 가지 성질을 가진 주물사를 재료로 하여 조형 후 용융금속을 주입한다. 그러므로 주형은 여러 가지 성질을 만족해야 하므로, 주형의 필요조건 3가지를 쓰시오.

> **정답**
>
> ① 적당한 강도를 가질 것
> ② 적당한 통기도를 가질 것
> ③ 적당한 열간성질을 가질 것
> ④ 잔류강도가 낮을 것

294 점결제의 종류에 의한 자경성 주물의 분류 3가지를 쓰시오.

> **정답**
>
> ① 무기질 점결제를 사용한 것
> ② 유기질 점결제를 사용한 것
> ③ 양자를 병용한 것

부록 3

주조기능장 2차
실기 필답형 시행문제

1. 주조기능장 2001년 시행문제

001 다이칼 주형의 원리 및 특징에 대하여 설명하시오.

★정답★

① 원리
  ㉠ $2CaO \cdot SiO_2$, $Ca(OH)_2$ 수화에 따른 규산소다의 경화
  ㉡ Ca^{2+} 이온의 존재에 의한 규산소다의 겔화 $Ca(OH)_2 \rightarrow Ca^{2+} + 2OH^-$
  ㉢ base exchange reaction에 의한 겔화 Na_2O, SiO_2 $H_2O + 2CaO$, $SiO_2 \rightarrow 8CaO$, $SiO_2 + NaOH$
② 특징
  ㉠ 조형작업이 매우 용이하다.
  ㉡ 주형의 건조가 불필요하다.
  ㉢ 모래의 붕괴성이 우수하다.
  ㉣ 주형의 흡습성이 적고 잔류 수분이 매우 적다.

002 비철용해에 사용되는 주철제 도가니의 철분용해 방지를 목적으로 도형하는 방법을 쓰시오.

★정답★

알루미나를 규산나트륨과 혼합하여 도형을 한 다음 불에 굽는다.

003 적목 그림을 보고 방법에 대한 명칭을 쓰시오.

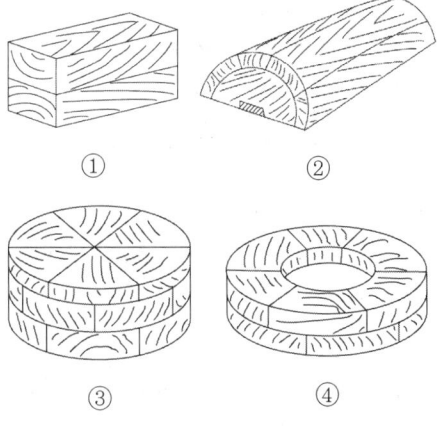

★정답★

① 왜곡방지 접합법 ② 북식
③ 부채식   ④ 윤편적

004 주탕컵에서 슬랙이나 협잡물을 제거할 수 있는 방법 5가지를 쓰시오.

★정답★

① 스키머를 만드는 방법
② Stopper를 사용하는 방법
③ Strainer를 사용하는 방법
④ 금속망을 사용하는 방법
⑤ Ceramic fillet를 사용하는 방법

05 탈황법의 종류를 4가지 쓰고 설명하시오.

정답

① 용탕표면 첨가법 : 칼슘카바이트를 용탕의 표면에 첨가하거나 래들 바닥에 깔고 용탕을 주입 후 충분하게 교반한다.
② 분사주입법 : 칼슘카바이트 분말을 질소와 같이 분사관을 통하여 용탕 중에 깊이 넣어 분사시킨다.
③ 폴리아닉법 : 용탕표변에 덩어리의 칼슘카바이트를 놓고 불활성가스를 불어넣어 용탕을 교반하는 방법
④ 포러스플러그법 : 래들 바닥에 다공성 내화물을 놓고 여기에 압축된 불활성가스를 불어넣어 교반한다.
⑤ 요동레들법 : 편심반의 대 위에 레들을 놓고 왕복회전요동을 하면서 칼슘카바이트를 첨가하는 방법
⑥ 연속탈유법 : 큐폴라 홈통에 탄산나트륨을 연속적으로 첨가하는 방법

06 내화벽돌의 스폴링(Spalling) 종류를 3가지 쓰고 설명하시오.

정답

① 온도변화에 기인하는 스폴링 : 벽돌이 온도의 급변으로 팽창하든가 또는 급격히 수축했을 때 생기는 현상.
② 기계적 압력의 불균일에 의한 스폴링 : 아크로의 안쪽은 큰 팽창이 생기나 대기쪽의 외면은 거의 팽창하지 않고, 급격히 표면만 큰 팽창을 일으켰을 때 벽돌 내부에 변형이 생겨서 스폴링 발생.
③ 벽돌의 조직구조 변화에 의한 스폴링 : 슬래그나 용재를 벽돌이 흡수, 고온에 가열, 용탕과 반응하여 조직이나 광물상에 변화가 생겨서 가열면과 무변화면 사이에 성분 조직 구조 및 광물상의 다른 구조가 생겨서 발생

07 그림과 같은 치수를 가진 주물에서의 상자가 받는 압력은 H가 150mm 및 350mm의 높이일 때 받는 압력의 합($H_1 + H_2$)를 받게 된다. 이때 필요한 주입추의 무게는 얼마로 하는 것이 안전한가? (단, $S = 7,200$ kg_f/m^3로 한다.)

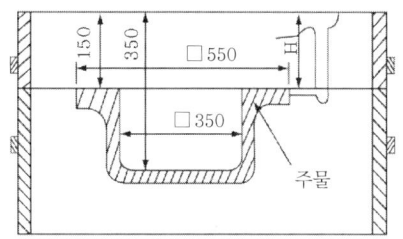

정답

$P_1 = (0.55^2 - 0.35^2) \times 0.15 \times 7200 ≒ 194$
$P_2 = 0.35^2 \times 0.35 \times 7200 ≒ 309$
$P_1 + P_2 = 194 + 309 ≒ 500$
따라서, 안전율을 3으로 할 때
$500 \times 3 = 1,500 kg_f$

08 체질(Screen)의 종류를 5가지를 쓰시오.

정답

① 회전스크린
② 진동스크린
③ 파쇄식 스크린
④ 자기분리기
⑤ 집진설비

09 용탕 표면의 탕면모양에 대하여 쓰시오.

정답

① 구갑형 : 규소, 탄소가 많고 비교적 산화되지 않은 좋은 용탕
② 세엽형 : 망간이 많을 때
③ 송엽형 : 규소 및 탄소가 적을 때
④ 부정형 : 규소 및 탄소가 더욱더 적을 때 나타난다.

10. 평판 위의 코어로서 주형의 모래 다짐시 모형의 루스피스를 빼낸 후에 생기는 공간을 막아주기 위하여 사용되는 것으로 관 이음쇠 등의 주물제조에 많이 사용되는 코어의 명칭을 쓰시오.

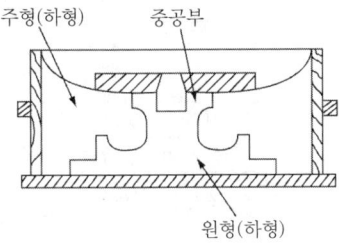

정답

슬래브 코어(Slab core)

11. 연속주조법의 특징 4가지를 쓰시오.

정답

① 공정의 간략화로 조괴, 균열 및 분괴를 위한 설비비 절감
② 용탕으로부터의 제품수율이 향상되므로 경제적 이점
③ 표면이 정치식 주괴의 표면보다 깨끗하다.
④ 빌릿 내부에 편석 등의 결함이 생기지 않으므로 제품의 품질이 향상된다.

12. 로마시대 유물을 복제하기 위하여 개발한 Shaw Process에 대하여 쓰시오.

정답

① 표면형상 : 복잡한 모양이나 곡면도 잘나온다. 치수가 정밀하고 주물표면이 깨끗하다.
② 모형재료 : 목형, 수지형, 석고형, 금형 등 제한이 없다.
③ 크기 : 소형에서 대형까지 거의 제한이 없다.

13. 금형주조에서 예열온도를 150~250℃로 예열하였다. 작업 가능한 재질과 주입온도를 쓰시오.

정답

재 질	주입온도
Zn합금	400~430℃(±50)
Al합금	640~760℃(±50)
Cu합금	900~1,200℃(±50)
주철합금	1,250~1450℃(±50)

14. 인베스트먼트의 원형재료 종류 3가지를 쓰시오.

정답

① 왁스   ② -60℃로 냉동한 수은
③ 폴리스틸렌   ④ Plastic
⑤ 요소수지

15. Core를 사용하지 않고 주철관을 제작할 때 발생하는(용탕적하) 현상에 대하여 쓰시오.

정답

① 용탕을 주입하면, 용탕은 주형면과 마찰력에 의하여 표면이 가속되고, 다시 용탕은 점성에 의하여 내부를 향해서 점차 가속되어 회전 전단되는데, 용탕과 주형간의 Slip, 또는 용탕의 점성 때문에 실제의 회전속도보다, 내측의 회전속도가 낮아져서 용탕이 견고하게 주형에 부착되지 않고 작은 물방울이 되어 낙하하는 현상
② 주형의 회전속도가 너무 작거나, 주입속도가 너무 크면 원심력이 부족하여 더욱 심하게 발생

16. 용해재료에서 연료의 구비조건을 쓰시오.

정답

① 자주 쉽게 풍부하게 공급할 수 있을 것
② 사용법이 간편하고 가격이 저렴할 것
③ 운반 및 저장이 간단할 것

17 기계조형을 할 때 목형의 수명이 50회라면 다음의 재질로 된 모형의 수명은 얼마인가?

정답

재 질	수 명
강	100,000~200,000
주철	100,000~200,000
알루미늄	50,000~100,000
합성수지	20,000~100,000

18 냉간균열의 예를 들고 발생형태, 방지대책을 쓰시오.

정답

① 발생형태 : 균열형태는 가늘고 긴 형상으로 균열면은 산화되지 않은 색깔을 나타낸다.
② 발생원인
 ㉠ 주형이나 코어의 가축성이 심해서 주물의 냉각시 응력이 발생되기 때문
 ㉡ 주조금속에 불순물이 많고 소성이 떨어질 경우
 ㉢ 탕도계, 주물의 돌기물 등을 제거할 때 충격을 심하게 가할 경우.
③ 방지대책
 ㉠ 두께가 균일한 주물의 설계.
 ㉡ 두꺼운 주물에는 칠을 사용하여 냉각속도를 균일하게 한다.
 ㉢ 주형의 수축성을 갖도록 주물사에 피치, 목분 등을 첨가한다.
 ㉣ 강 주물에서는 리브를 사용하여 보강한다.
 ㉤ 탕구절단 및 치핑시 너무 큰 힘을 가하지 않는다.

19 Cupola에서 장입시기를 판단하는 방법을 5가지 쓰시오.

정답

① 베드코크스 높이를 측정한다.
② 용탕의 온도가 높아진다.
③ 슬래그의 색깔을 보고 판단한다.
④ 장입구 쪽으로 상승하는 가스의 상태를 보고 판단한다.
⑤ 용탕의 성분을 분석해보고 판단한다.

20 인베스트먼트 주조법에서 다음 그림과 같은 수축공이 발생하였다. 원인에 대한 대책의 그림을 그리고 설명하시오.

정답

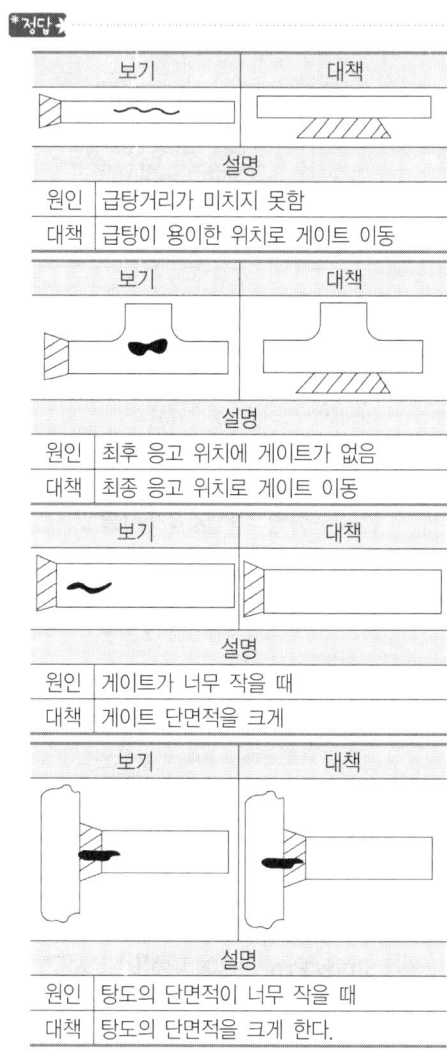

2. 주조기능장 2002년 시행문제

01 주물사의 일반적인 조건 5가지를 쓰시오.

정답

① 주물사는 충분한 성형성을 지녀야 한다.
② 사립은 적당한 입도 분포를 지녀야 한다.
③ 주입되는 금속의 온도에 견딜 수 있는 내열성을 지녀야 한다.
④ 사립의 입형은 구형에 가까운 것이 좋다.
⑤ 사립은 적당한 화학조성 및 관물 조성을 지녀야 한다.
⑥ 사립은 적당한 물리적 성질을 지녀야 한다.
⑦ 사립을 결합하는 점결제는 강한 점결력을 지녀야 한다.
⑧ 점결제를 용탕에 의해 급격히 가열을 했을 때 유해가스를 발생해서는 안된다.
⑨ 주물사는 반복 사용할 수 있어야 한다.
⑩ 주물사는 품질이 안정되고 양이 풍부하여 또한 싸게 구입할 수 있는 것이라야 한다.

02 그림과 같은 전기로의 명칭을 쓰시오.

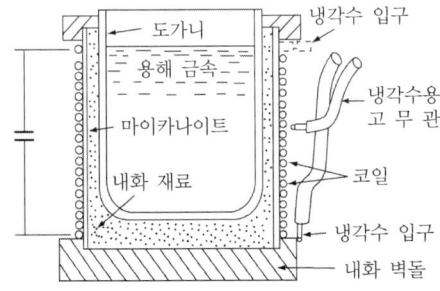

정답

고주파유도로

03 틀주형 또는 혼성주형법에 의한 긁기형 조형법의 주형제작 공정을 5가지로 대별하여 순서대로 기술하시오.

정답

① 주형상자 또는 바닥에 모래를 다져 평면을 고른다.
② 그 위에 안내판을 올려놓고 움직이지 않게 한다.
③ 제품의 모양과 비슷하게 되도록 흙속으로 주물사를 떠낸다.
④ 바깥형 긁기판으로 안내판을 따라 움직이면서 하형을 만든다.
⑤ 같은 방법으로 코어프린트를 만들고 코어를 올려 놓는다.

04 고주파 유도로의 도체 보수작업을 축로작업, 소결작업으로 크게 분류할 수 있다. 축로 작업의 순서를 쓰시오.

정답

① 출탕구 설치 ② 단열재 설치
③ 바닥면 설치 ④ 폼(Form) 설치
⑤ 측면의 축로 ⑥ 톱-캡의 설치

05 피스톤용 합금의 구비조건을 쓰시오.

정답

① 고온에서의 기계적 성질이 좋아야 한다.
② 열전도도가 크고 되도록 저온에 유지할 수 있어야 한다.
③ 마찰계수가 작고 마모가 적어야 한다.
④ 팽창계수가 작고 기통과의 간격 변화가 작아야 한다.

006 다음 그림은 비압력 주입방식으로서 탕구비는 1 : 4 : 4이다. 다음 물음에 답하시오.

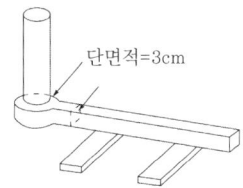
단면적=3cm

정답

㉮ 탕도의 단면적 : 3×4 = 12cm²
㉯ 주입구의 총 단면적 : 3×4 = 12cm²
㉰ 각 주입구의 단면적 : 3×4÷2 = 6cm²

007 탕구계 설계 시 주형제작에 고려해야 할 사항 5가지를 쓰시오.

정답

① 주물의 다듬질 면이나 수압을 받게 되는 중요한 부분은 하형으로 한다.
② 다듬질 면은 하면으로 한다.
③ 수평면은 되도록 하형에 둔다.
④ 코어는 되도록 코어프린트로 하형에 장착하고 형 받침을 사용하지 않는다.
⑤ 공기빼기는 되도록 상형으로 하여 각 부분의 정부에 반드시 붙인다.
⑥ 용탕은 주형 내에 충만될 때 서로 충돌하지 않게 하고 조용히 게다가 짧은 시간으로 충만될 수 있도록 강구한다.
⑦ 코어는 정착되어 있는 방향으로 눌릴 수 있게 또 가스빼기는 최후가 될 수 있게 용탕을 충만시켜야 한다.
⑧ 탕구의 높이, 탕도, 슬래그, 저류부 등을 용탕이 조용하게 또한 최후까지 힘차게 유입할 수 있게 한다.

008 주철주물공장의 용해비는 많은 복잡한 요인에 의해서 영향을 받는다. 주물공장에서 용해로 선정시 큐폴라를 선택한다면 cupola 설계 시 고려해야 할 주요 항목 5가지를 쓰시오.

정답

① 용해속도의 결정 : 시간당 요구되는 평균 용탕량 보다 조금 빠르게 결정
② 코크스비 결정 : 코크스비를 높게 잡는다.
③ 송풍량 : 결정된 용해속도와 코크스비에 대한 요구 송풍량을 산출한다.
④ 송풍설비 : 적정 송풍량을 노 단면적당 114m³/min² 이하면 적정 송풍량보다 20% 크게 잡는다.
⑤ 풍량 조절장치 : 조업 중 송풍량이나 풍압을 항상 확인 관리할 수 있는 풍량 조절장치 설치
⑥ 용해대의 단면적 : 송풍량으로부터 단위 면적당 풍량 114m³/min²을 써서 용해대의 내경 산출
⑦ Cupola 외피(철판)의 직경 : 하루 4시간 용해서 230mm의 두께, 10시간 초과시는 수냉장치 필요
⑧ 탕받이부(Well) : 출탕 방식에 따라 다르나 간헐 출탕식이라면 탕받이 부의 용량은 2~4회의 장입지금 무게와 같게 한다.
⑨ 송풍관(brast main) : 송풍기로부터 바람상자까지 압력손실을 최소로 줄이고 바람을 보낼 수 있어야 한다(송풍관 내경은 바람 유속이 25~30/sec가 적당).
⑩ 바람구멍 : 바람상자 아래에 위치시키고 바람상자로부터 송풍도관을 통하여 들어가게 한다. (바람구멍의 총단면적 : 용해대 단면적의 1/4~1/7 정도)
⑪ 장입구 높이 : 바람구멍으로부터 장입구까지의 높이는 용해속도에 따라 결정된다.
 - 5 ton/hr일 경우 : 4.8m
 - 5~8 ton/hr일 경우 : 5.8m
 - 8 ton/hr일 경우 : 6.7m
⑫ 1회 장입량 및 장입 바켓의 크기 : 1회 장입량은 용해 속도의 10%로 하고 장입 바켓의 크기는 재료의 겉보기 비중을 고려한다.
⑬ 공해대책 : 매연과 화염분진 등의 배출이 없도록 한다.

09. 그림은 와이어의 첨가방법에 의한 접종도이다. 각부 명칭을 쓰시오.

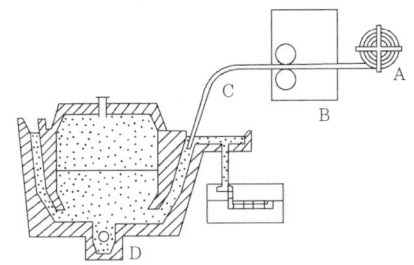

정답

A : 감개(와이어 감개)
B : 피더
C : 와이어
D : 자동주입기

10. 주철주물의 주입시간/게이트의 총 단면적을 구하시오. (단, 주물총중량 : 175kgf, 계수 (s) : 1.5, 탕구비 : 1 : 0.9 : 0.8, 유속 : 90 cm/sec, 주철밀도 : 0.0072)

정답

주입시간 $T = S\sqrt{W}$
(S = 계수, W = 주물불량)
$T = 1.5\sqrt{175} ≒ 20\text{sec}$

게이트 총단면적 $a = \dfrac{W}{VDT}$

(T : 주입시간, d : 주철의 밀도, V = 유속)

$= \dfrac{175}{90 \times 0.0072 \times 20} = 13.5\text{cm}^2$

11. 블로우 스퀴즈에 의한 자동 조형기 종류 3가지를 쓰시오.

정답

① 블로마틱 조형기
② FBS, FBM 조형기
③ AMF 조형기
④ 진공 스퀴즈 조형기
⑤ 디사메틱 조형기
⑥ 워얼워크 조형기

12. 도형제란 주형표면에 바르는 도포재인데 도형제의 요구 성질 3가지를 쓰시오.

정답

① 도형의 강도가 클 것
② 건조 및 주탕시에 균열이 발생하지 않을 것
③ 용탕과 화학적 반응을 일으키는 일이 적을 것

13. 주물용 내화벽돌의 고온에 의한 침식 이외의 침식원인 5가지를 쓰시오.

정답

① 내화물의 화학적 또는 물리적 성질
② 접촉물 및 용제의 화학적 물리적 성질
③ 사용하고 있는 노중의 gas 분위기의 영향
④ 반응 생성물의 성질과 그 상태
⑤ 장입재의 종류, 형상크기
⑥ gas 흐름 접촉물의 내화물 면을 스치는 속도

14. 왁스 퇴적 불량 원인 5가지를 쓰시오.

정답

① 왁스의 온도가 너무 낮다.
② 주입압이 너무 낮다.
③ 금형의 온도가 너무 낮다.
④ 금형의 주입구가 너무 작다.
⑤ 금형 공간으로의 주입경로(형상, 크기, 위치 등)가 적절치 않다.
⑥ 이형제가 너무 많다.

15. 주물 불량 중 buckle 현상과 발생 원인을 쓰시오.

정답

현상 : 고온의 용탕이 주형에 주입되면 장시간 용탕의 복사열을 받는 부분의 주형표면이 급히 팽창하여 갈라지면서 주물에 흠이 생기는 결함을 버클이라 한다.

발생원인
① 주물사의 성질이 나쁠 때
② 주형의 모래다짐이 충분하지 못할 때
③ 통기성이 불량하여 가스의 작용으로 주형표면층이 벗겨져서 생긴다.

16 주물 수축으로 생기는 수축공의 크기에 영향을 미치는 인자 5가지를 쓰시오.

정답
① 주물의 크기 및 형상
② 대기압 및 압탕의 작용
③ 주형재료의 특성
④ 탕구와 압탕의 크기, 형상, 위치 및 그의 처리
⑤ 금속의 화학적 성질

17 Die casting 주물 형상 설계 시 고려해야 할 사항 5가지를 쓰시오.

정답
① 분할면의 위치
② 단일 평면의 분할면
③ 단순한 평면의 분할면
④ 가동코어(배열, 인발구배, 크기, 위치 등)
⑤ 주물의 이형   ⑥ 탕구 위치
⑦ 가스빼기 위치   ⑧ 금형강도
⑨ 코어강도   ⑩ 금형의 정밀도
⑪ 주물의 살두께   ⑫ 응력제거
⑬ 압출 핀의 위치 ⑭ 압출핀의 크기
⑮ 리브   ⑯ 언더컷

18 CO_2 모래는 혼련이 불충분하면 강도가 증가하지 않으면 혼련시간이 길면 후기 강도가 저하한다. 따라서 단시간에 잘 혼련하기 위한 선택조건 3가지를 쓰시오.

정답
① 모래의 상승 억제
② 공기와 사립의 접촉금지
③ 유동성 양호
④ 청소용이

19 셸코어 제조시에 블로잉법에 의한 개방 흡입계의 구조도 각부 명칭은?

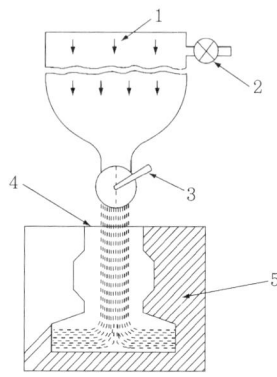

정답
① 샌드탱크
② 작동공기밸브(Air)
③ 조절밸브
④ 흡입구멍
⑤ 코어금형

20 냉가압실 Die Cast기로 10kg$_f$의 Al 합금 주물을 주조하고자 한다. 다음 조건에서 용탕 유출속도는? (단, 주입압력 : 100kg$_f$/cm², 합금밀도 : 2.58kg$_f$/cm³, 중력가속도 : 980cm/sec², 유량계수 : 0.6)

정답
$$v = c\sqrt{\frac{2gp}{\rho}}$$
$$= 0.6\sqrt{\frac{2 \times 980 \times 100,000}{2.5}}$$
$$\fallingdotseq 165.37 (cm/sec)$$

3. 주조기능장 2003년 시행문제

01 주형제작 시 고려해야 할 점 5가지를 쓰시오.

정답
① 주물의 다듬질 면이나 수압을 받게 되는 중요한 부분은 하형으로 한다.
② 다듬질면은 하면으로 한다.
③ 수평면은 하형에 둔다.
④ 코어는 되도록 Core Print로 하형에 장착하고 형받침을 사용하지 않는다.
⑤ 공기빼기는 되도록 상향으로 하여 각 부분의 정부(頂部)에 반드시 붙인다.
⑥ 용탕은 주형내에 충만될 때 서로 충돌되지 않게 하고 조용히 짧은 시간에 충만되도록 한다.
⑦ 코어는 장착되어 있는 방향으로 눌릴 수 있게 또 가스빼기로 최후가 될 수 있기 용탕을 충만시킨다.
⑧ 탕구의 높이, 탕도, Slag, 저류부 등을 용탕이 조용하게 또는 최후까지 힘차게 유입될 수 있도록 설치한다.

02 용해로용 내화재료가 구비해야 할 필요조건 5가지를 쓰시오.

정답
① 열전도도가 적고 보온이 잘될 것
② 열팽창 수축이 적을 것
③ 내화도가 높을 것
④ 화학적 침식에 견딜 것
⑤ 기계적 강도가 클 것
⑥ 급격한 가열, 냉각에 대한 저항이 클 것
⑦ 가격이 저렴할 것

03 내화벽돌에서 생기는 스폴링(박락)의 3가지 현상을 쓰시오.

정답
① 온도의 변화에 기인하는 스폴링
② 기계적 압력의 불균일에 의한 스폴링
③ 벽돌 조직구조의 변화에 의한 스폴링

04 구상흑연주철 제조시 드로스의 발생방지 대책 5가지를 쓰시오.

정답
① CE를 감소할 것
② 산소량을 감소할 것
③ 황량을 감소할 것
④ 구상흑연화제의 사용량을 적게 할 것
⑤ 용탕의 비산을 적게 할 것
⑥ 용탕의 동요을 적게 할 것(와류방지)
⑦ 재산화를 방지할 것
⑧ 수분을 낮게 할 것
⑨ 산화물에 의한 드로스는 주입온도를 높게 할 것
⑩ 용탕의 가스를 청정할 것(탈산작업)
⑪ 용탕을 조용히 주입할 것

05
주형은 적당한 통기성을 지녀야 하는데 주형의 배압(pg)과 용탕압(pn)의 관계에서 ①, ②, ③을 쓰시오.

기준	pg와 pn의 관계	영향
통기도가 낮은 경우	①	주물 내부에 기공이 생긴다.
통기도가 너무 큰 경우	②	용탕이 주물사 틈새로 침투한다.
통기도가 적당한 경우	③	기공 발생이 없고 양질의 주물 표면을 얻는다.

정답

① pg > pn
② pg < pn
③ pg = pn

06
용탕 100kgf을 목표로 하여 탄소 3.53%인 선철 30%, 탄소 3.20%인 자가회수철 30%, 탄소 0.20%인 강고철 40%의 주재료를 장입하여 최종탄소성분을 3.139%를 얻으려고 할 때 강고철 중의 탄소는 2.8%가 가탄될 경우 증가되는 탄소량을 산출하시오.

정답

(2.8−0.2)×0.4 = 1.04% 탄소 증가
목표 탄소성분 3.139% 확인해보면
− 선철 30%, 0.3×3.53 = 1.059%
− 자가회수철 30%, 0.3×3.20 = 0.960%
− 강고철 40%, 0.4×0.20 = 0.08%
합계 1.059+0.960+0.08 = 2.099%
따라서, 2.099+1.04=3.139%≒3%

07
인베스트먼트 주조공정(방법)을 쓰시오.

정답

① 정밀주조법의 일종으로서 옛날의 납형 미술주물과 그 원리가 같으며 주형은 주입1회 마다 1개를 요하며 이에 따라 납형도 1개를 요한다.
② 양산을 할 때는 폴리스티로올·ERC 수지 등을 사용하는 일도 있다.
③ 형제조에는 Bi−Sn 합금 등의 저용 합금으로서 금형을 만들어 이에 납을 주입하는 방법을 취하며 납은 파라핀, 당납, 목납 등을 사용한다.
④ 수은을 동결시키는 머어캐스트법도 있다. 스킨캔드는 실리카, 알루미나, 딜코니아 등을 규산에틸, 규산소오다로 용해하여 만든다. 주형을 1000℃ 정도로 가열하면 납이 녹아 나와서 잔사가 소실되어 형이 소성된다.
⑤ 이것을 주입 온도에 적합할 때까지 서냉하여 주탕한다.
모형금형제작 → wax pattern 사출 → 조립 → 내화물 코팅 → 디왁싱 → 소성 → 주조 → 후처리 → 검사 → 출하

08
원심주조법의 3가지 방법을 쓰고 설명하시오.

정답

① 진원심주조 : 용탕을 원통상의 용기에 넣고 수직축 또는 수평축을 중심으로 회전하는 것
② 반원심주조 : 원판상의 차륜, 풀리, 스프로켈, 치차처럼 제품의 전면이 주형으로 되어 제품의 대칭축을 회전축으로 하여 수직축의 주위에 주형을 회전하면서 중앙의 탕구로부터 용탕을 주입
③ 원심가압주조 : 불규칙한 형상의 제품을 중앙의 탕구로부터 방사상의 탕구에 붙여서 배치하고 탕구를 회전축으로 하여 수직축의 주위로 주형을 회전시키면서 주입하는 방법

09 주철이 내마모성이 양호한 이유 3가지를 설명하시오.

정답
① 윤활성능을 가진 흑연이 있어 마찰에 의한 점착현상(粘着現象)방지
② 주유시(注油時)는 흑연이 오일 주머니(oil pocket) 역할담당
③ 열전도성이 좋고 열 충격에 강해서 마찰열을 신속히 전달시켜 열균열 발생을 방지 (흑연이 3차원적으로 연결되어 있다.)
④ HB 130~250 정도의 적당한 경도를 갖는다.

10 주조 합금의 주입온도가 높아질수록 주물에 생기는 결함 5가지를 쓰시오.

정답
① 합금의 결정립이 성장된다.
② 수축현상이 심해진다.
③ 가스흡수가 증가된다.
④ 열간균열의 경향이 높아진다.
⑤ 용리현상이 일어나기 쉽다.

11 다이캐스팅 금형은 온도가 높아질수록 주물의 표면은 깨끗해지나 금형의 수명은 짧아진다. 금형의 온도를 150~200℃로 할 경우 주입 가공한 금속의 종류와 주입온도를 쓰시오.

정답

합금의 종류	주입온도
주석(Sn)합금	280~360℃(±50)
아연(Zn)합금	400~430℃(±50)
알루미늄(Al)합금	640~760℃(±50)
구리(Cu)합금	900~1,200℃(±50)
마그네슘(Mg)합금	640~700℃(±50)

12 주철 용탕이 1400℃ 이하일 때 다음을 쓰시오.

정답

	탕면의 일반적인 명칭	화학조성 성분
가	구(귀)갑형	고규소(고탄소)
나	세엽형	망간이 많을 때
다	송엽형	규소(탄소)가 적을 때
라	부정형	규소(탄소)가 더욱 적을 때

13 용해로를 선정시 고려해야 할 사항 5가지를 쓰시오.

정답
① 시설투자 비용
② 기본 작업내용
③ 유지 및 보수내용
④ 입지조건에 따른 연료의 구입 및 상대적 가치
⑤ 작업상의 청정도와 소음
⑥ 용해효율
⑦ 요구되는 금속의 순도와 정련도
⑧ 금속의 조성과 용융온도
⑨ 개인적인 취향과 판매경향

14 다음 그림의 명칭을 쓰시오.

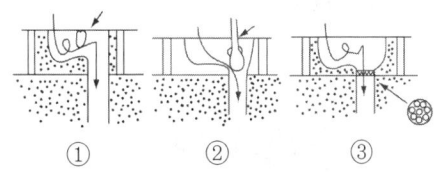
① ② ③

정답
① 스키머(skimer) ② 정지봉(stoper)
③ 스트레이너(strainer)

15 강주물의 용해시 융체(melt)의 온도를 측정하는 방법 중 Optical Pyrometer Thermo Couple 등을 사용하는 방법 이외에 현장에서 실시하는 방법 3가지를 쓰시오.

정답
① 스푼테스트(spoon test)
② 유동성 시험으로 환산하는 방법
③ 바아 테스트(bar test)

16 강주물에서 블로우 호울과 핀 호울이 발생한 경우에 대한 대책을 쓰시오.

정답
① 블로우 호울
주형의 통기성을 늘리는 것이다. 가스발생량이 적은 코어사를 사용하는 가스빼기를 설치한다. 용탕의 탈가스를 행하는 칠금속이나 케렌의 녹, 오염을 방지하는 주물사의 수분 함유량을 적게 하는 것 등을 생각할 수 있다.
② 핀 호울
용강의 탈가스를 충분이 행하고 레이롤을 충분히 건조하여 주형의 수분을 내려서 주형의 통기도를 늘리는 등의 대책이 필요하다.

17 그림에서 구상화 처리시 구상화 처리 방법의 명칭을 쓰시오.

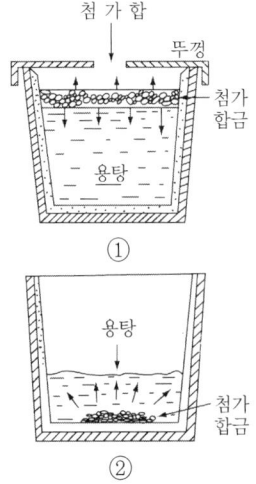

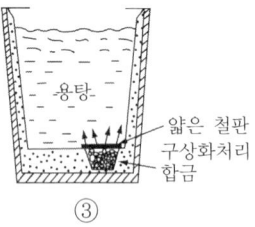

정답
① 표면첨가법 ② 치주법(개방레들)
③ 샌드위치법

18 원형의 설계 제작에서 고려해야 할 사항 3가지는?

정답
① 인발구배(발췌구배) : 주형에서 수직인 면을 가진 모형을 빼내기 위한 기울기로서 일반적으로 1/4~1° 정도이다.
② 가공여유 : 기계절삭 가공을 고려하여 그만큼 살을 여분으로 붙인 것
③ 수축여유 : 주물의 수축량 및 수축치수를 예측하여 여분의 치수를 갖도록 모형을 제작한다.

19 압탕의 보온재인 소석고가 비철주물에서 사용되고 철 주물에는 사용되지 않는 이유는?

정답
주조 시 고온에서 황산칼슘의 황이 철과 쉽게 반응하여 주물에 나쁜 영향을 주기 때문이다.

20 정밀주조법의 한 방법인 인베스트캐스법에 사용하는 소모성 원형재료 종류 3가지는?

정답
① 왁스(wax)
② 플라스틱(plastic = 합성수지)
③ 응결(응고)수은
④ 주석

4. 주조기능장 2004년 시행문제

001 주물공장 전체의 Lay-out을 쓰시오.

정답
① 운반거리를 짧게 하고 운반 횟수를 적게 한다.
② 공정 간의 흐름이 일관성 있게 한다.
③ 공간을 입체적으로 활용한다.
④ 주물의 재질, 크기, 다량생산품, 소량생산품 등에 따라 각 라인을 구분하여 배치
⑤ 환경위생 설비를 충분히 갖춘다.
⑥ 각 공정의 계측과 관리를 철저히 할 수 있도록 한다.
⑦ 작업공정에 알맞는 용량과 성능의 기계설비를 갖추도록 한다.

002 주물의 표면결함 종류를 쓰시오.

정답
① 개재물(inclusion)
② 파임(scab), 꾸김(blackle)
③ 소착(sand burning)
④ 용탕경계(cold shut)

003 압탕의 보온된 소석고가 비철주물에만 사용되는 이유는?

정답
주조 시 고온에서 황산칼슘 중의 황이 철과 쉽게 반응하여 주물에 나쁜 영향을 주기 때문이다.

004 다이캐스팅 주물의 탕주름의 원인과 대책을 쓰시오.

정답
① 원인
  금형온도가 낮을 때, 용탕온도가 낮을 때, 충진시간이 길 때, 이형제 도포량이 많을 때
② 대책
  ㉠ 탕주름이 있는 장소의 형온을 200℃ 전후로 한다.
  ㉡ 용탕온도를 높게 한다.
  ㉢ 충진시간을 짧게 하기 위해 plunger 속도를 빨리 한다.
  ㉣ 이형제의 종류를 변경하고 도포량을 줄인다.
  ㉤ gate(주입구)를 변경한다.

005 외부냉금의 응고되는 점을 표시하시오.

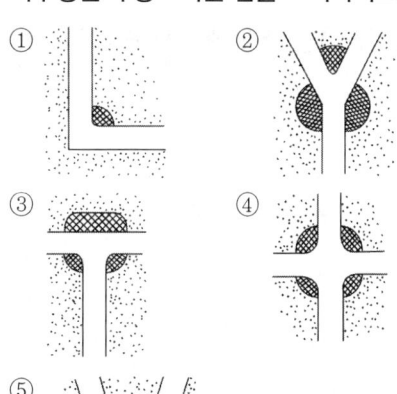

06 주물 용해용 전기로는 전력을 이용하는 방법과 공급방법의 종류는?

정답

① 아크로 ② 유도로 ③ 저항로

07 후단 조형법의 가사시간, 고사회수재생 설비에서 가열기, 냉각기를 설치하는 이유는?

정답

① 가사시간 : 모래에 경화제, 수지순으로 첨가하여 MIXING을 하면 축합반응을 일으키면서 경화하기 시작하는데 주형의 최소한의 강도를 유지하기 위해서는 MIXING후부터 조형 완료까지의 허용시간이 있는데 이를 가사시간이라 함.
② 이유 : 재생사의 온도 고·저는 작업성에 현저한 영향을 미칠 뿐 아니라 기사시간이 크게 변동되므로 모래온도를 항상 일정하게 유지하기 위해서 냉각기를 설치하며 회수된 모래의 점결제인 수지를 태워버리기 위해 가열기를 설치한다.

08 구상흑연주철 제조 시 구상화 처리방법은?

정답

① 표면 첨가법
② 개방레이둘 첨가법(치주법)
③ 용탕통과 처리법
④ 포러스 플러그법
⑤ 플런징법
⑥ 인몰드법(주형내 처리법)
⑦ 캔디법

09 주물사 수분을 신속하게 시험하는 방법은?

정답

① 카바이드법
② 전기법
③ 손으로 주물사를 만져보는 방법(핸드테스트)

10 탕구계의 기능을 쓰시오.

정답

① 주형의 공간에 용탕을 주입시킨다.
② 주형의 침식과 가스의 혼입을 방지하기 위하여 가급적 난류를 일으키지 않고 주형에 인도할 것
③ 주물의 응고에 가급적 최적의 온도구배를 이룰 것
④ 용탕이 탕구계를 통하여 유입될 때 적당한 제재작용(Skimming action)을 유도할 것

11 주조용 알루미늄 합금의 일반적인 주조 특성을 쓰시오.

정답

① 용해 시에 산화물이 형성되기 쉬우며, 또 산화물은 용탕 중에서 분리하기 어렵고, 유동성을 나쁘게 하는 경우가 있다.
② 용융 알루미늄은 대기 중의 수증기로부터 수소를 흡수하여 응고 시 기공이 생기기 쉽다.
③ 용탕의 밀도가 작으므로 주형 속의 정압이 낮다. 그리고 응고 시 수축이 크므로 충분한 압탕이 필요하다.
④ 용탕 표면에 있는 산화 피막은 교반, 출탕 또는 주입시 파괴되지 않으면 가스의 흡수를 막는 역할을 한다.
⑤ 일반적으로 주조 방안이 부적당하면 열간 균열이 생기나, 합금의 종류에도 기인된다.

12 Al 주조 작업 기호를 설명하시오.

정답

① F : 주조한 상태 그대로
② 0 : 가공재의 풀림한 것
③ H : 가공 경화한 경질상태
④ T_6 : 담금질 후 인공시효시킨 것

13 인베스트먼트 주조공정특성과 세라믹 셸 주형 방법을 쓰시오.

정답

① 특징
  ㉠ 치수가 정밀하고 섬세하며 표면이 미려한 주물은 얻는다.
  ㉡ 기계가공이 곤란하거나 형상이 복잡한 주요부분품 제조에 적당하다.
  ㉢ 상, 하형을 사용함으로써 생기는 분할 면이 없으므로 후처리 공정의 원가를 절감한다.
  ㉣ 재료비가 비싸고 제조공정이 복잡하므로 제조경비가 매우 비싸게 된다.
② 세라믹 셸 주형방법 : 왁스모형사출 → 왁스트리조립 → 트리의 세라믹 슬러리첨지 → 내화물사립피복 → 탈왁스 및 소성 → 고온주형에 용융금속주입 → 주형해제 → 후처리(주조품절단, 그라인딩, 열처리, 검사)

14 주물사에 함유된 수분량 측정식을 쓰시오.

정답

수분의 함유량
$= \dfrac{\text{건조전 시료의 무게(g)} - \text{건조후 시료의 무게(g)}}{\text{건조전 시료의무게(g)}} \times 100$

15 주물사(산사)의 노화도 측정법을 쓰시오.

정답

① 강도(생형 압축 강도) 측정에 의한 방법=강도
② 비중 측정에 의한 방법=비중
③ 색소 흡착량 측정에 의한 방법=색소흡착량=흡착량

16 주형의 얇은 부분부터 두꺼운 곳으로 응고하도록 압탕을 쓰는 방법은?

정답

진행성 응고 = 방향성 응고 = 지향성 응고

17 주형에서 상형에 미치는 용탕의 압력(P)을 쓰시오.

정답

$P = A \times H \times S$
(P : 용탕의 압력, A : 주물 위에서 본 면적[m^2], H : 주물의 윗면에서 주입컵의 면까지 높이[m], S : 주입금속의 비중)

18 주물의 응고에 요하는 시간(sec)을 공식을 쓰시오.

정답

$\theta f = K \left(\dfrac{V}{A} \right)^2$

(θf : 응고시간[sec], V : 주물의 부피[cm^3], A : 주물의 표면적[cm^2], K : 주형 상수)

19 주철을 용해하는 큐폴라의 내부구역을 쓰시오.

정답

① 송풍관(판)
② 바람상자(송풍함, 송풍상자)
③ 출재구

20 가스구멍의 발생 원인을 쓰시오.

정답

① 용탕의 주입불량
② 주형의 코어 불량
③ 콜드 쇼트(cold shut)에 의한 가스구멍

5. 주조기능장 2005년 시행문제

01 주물의 결함 중 용탕경계(cold shut)란 무엇이며 발생원인 3가지를 쓰시오.

정답

① **용탕경계** : 용탕의 온도가 낮아서 용탕이 완전히 융착하지 못하고 기계적으로 접촉되어 있는 결함(겹침현상 발생, 경계를 이루는 것, 이중 주입)
② 원인
  ㉠ 통기도가 나쁠 때(가스빼기 불충분)
  ㉡ 칠을 사용할 때 칠이 충분히 예열되지 않을 때
  ㉢ 주물의 단면 설계가 나쁘거나 탕구방안이 불량할 때(주물설계 불량)
  ㉣ 용탕의 유속이 느리고 주입시간이 길거나 주입이 끊길 때(용탕부족, 재주입)
  ㉤ 용탕의 유동성이 나쁘거나 용탕이 산화되었을 때(산화물, 개재물혼입, 유동성이 나쁠 때)
  ㉥ 주입온도가 낮을 때

02 주형사의 배합과 혼련작업에서 속련기(혼련기)의 작업안전 전 점검사항 5가지를 쓰시오.

정답

① 원재료의 확인(주형재료, 첨가제, 점결제, 수분)
② 탱크의 게이트 게이지의 확인
③ 급수 점검
④ 공기압 점검
⑤ 각 타이머 점검
⑥ 각 리미트 스위치 점검(전기스위치, 비상스위치, 전기 오동작)
⑦ 안전장치 점검(각부 조임 여부 확인, 안전판, 기기작동, 동력전달장치)

03 주조방안에서 최적의 압탕을 얻기 위한 필요 구비조건 5가지를 쓰시오.

정답

① 압탕은 주물보다 나중에 응고할 수 있어야 한다(용융상태 유지).
② 충분한 액상금속을 함유하여 주물의 응고수축을 보충할 수 있도록 한다(충분한 용탕 공급).
③ 적당한 압탕은 대기에 노출되어야 하며 용탕이 가지는 액상 금속의 압력이 주물의 모든 부분에 고루 미치는 위치에 설치되어야 한다(정압유지).
④ 응고가 주물로부터 압탕을 향하여 방향성 있게 진행되어 건전한 주물을 얻을 수 있게 하여야 한다(방향성 응고).
⑤ 압탕은 최소한의 금속을 절약하고 최대한의 효율(회수율)을 올릴 수 있는 경제성도 고려하여야 한다(주조수율 고려, 최적의 압탕 방안).
⑥ 살 두께가 두꺼운 부분에 설치, 최후의 응고 부분

04 탕구는 30cm^2, 탕도는 60cm^2, 주입구는 30cm^{2}이라 할 때 탕구비를 쓰시오.

정답

탕구비는 1 : 2 : 1

05 탈사용 장비의 종류를 3가지 쓰시오.

정답

① 펀치아웃 머신(punchout machine)
② 셰이크아웃 머신(shakeout machine)
③ 녹아웃 머신(knockout machine)

006 다음은 탕구를 표시한 그림이다. ( )안의 알맞은 탕구명칭을 보기에서 선택하여 쓰시오.

[보기]
㉮ 분할선 탕구 ㉯ 경사 상주식 탕구
㉰ 다단식 탕구 ㉱ 하주식 탕구
㉲ 측면압탕   ㉳ 샤워형 탕구
㉴ 상주식 탕구

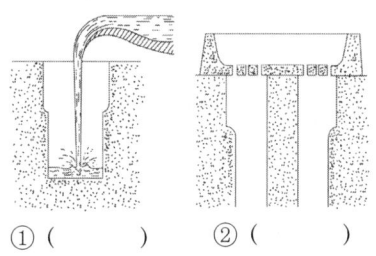
① (   )   ② (   )

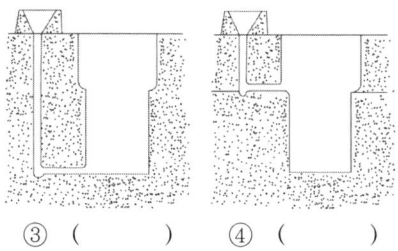
③ (   )   ④ (   )

정답
① - ㉴ 상주식 탕구(top gate)
② - ㉳ 샤워형 탕구(shawe gate)
③ - ㉱ 하주식 탕구(bottom gate)
④ - ㉮ 분할선 탕구(parting gate)

007 주물의 결함에서 열간균열이 발생하는 부위 즉, 핫스폿(hot spot) 생성이 가장 잘 발생하는 곳 3가지를 쓰시오.

정답
① 주입구 부근
② 주물의 홈이 생긴 모서리(각진 모서리, 제품 모서리, 각진 부분)
③ 코어의 모서리
④ 용탕의 흐름이 심한 곳(굴곡부)

008 다음 주물의 적정 주입온도(℃)를 쓰시오.

정답
① 알루미늄 : 670~760
② 청동 : 1050~1250
③ 주철 : 소형(1350~1400), 대형(1350~1360)
④ 주강 : 1530~1560

009 용탕탕면의 탕면모양에 대한 어떠한 성분의 영향(많고, 적음 등)을 쓰시오.

정답
① 구갑형 : 규소, 탄소가 많음, 비교적 산화되지 않은 좋은 용탕
② 세엽형 : 망간이 많을 때
③ 송엽형 : 규소, 탄소가 적을 때
④ 부정형 : 규소, 탄소가 더욱더 적을 때

010 방향성응고에 대해서 설명하시오.

정답
압탕에서 먼 곳으로부터 응고가 시작하여 압탕을 향하여 응고가 차례로 진행되어 가는 것 (외부에서 내부, 주물 말단) 또는 두께가 얇은 부분부터 응고하기 시작하며 두께가 두꺼운 방향으로 응고되어 가는 현상

011 조형작업에서 상형과 하형을 쉽게 분리하기 위하여 또는 주물사에서 쉽게 빠지도록 분할 면이나 모형표면에 뿌리거나 바르는 것을 무엇이라 하는가?

정답
이형제(parting agent) = 분리사

012 원심주조법의 3가지 방법에 대하여 쓰시오.

정답
① 진원심주조법   ② 반원심주조법
③ 원심가압주조법(압력주조법)

13 주물사 재생처리방법 3가지를 쓰시오.

정답
① 국부처리법
② 전체처리법(건식처리법, 습식처리법)
③ 가열처리법

14 다음 보기는 주요 내화재료의 종류를 열거한 것이다. 이것들을 산성, 중성, 염기성으로 구분하여 해당란에 쓰시오.

[보기]
① 규석질   ② 고알루미나질
③ 마그네시아질 ④ 크롬질
⑤ 납석질   ⑥ 탄화규소질
⑦ 돌로마이트질 ⑧ 석회질
⑨ 샤모트질

1) 산성 내화물
2) 중성 내화물
3) 염기성 내화물

정답
1) ① 규석질 ⑤ 납석질
2) ② 고알루미나질 ④ 크롬질 ⑥ 탄화규소질
3) ③ 마그네시아질 ⑦ 돌로마이트질 ⑧ 석회질

15 회주철에서 평면 $200cm^2$, 탕구높이 15cm, 안전계수 1.5일 때 중추의 무게를 계산하시오. (단, 회주철용탕의 $1cm^2$당의 무게는 $0.0073kg_f$이다. 소수점 첫째자리에서 반올림)

정답
$W = 1.5 \times 0.0073 \times 200 \times 15$
$= 32.85 ≒ 33kg_f$

16 주물의 결함에서 가스구멍이 생길 때의 방지대책 5가지를 쓰시오.

정답
① 주형에 충분한 배기공을 설치한다(flow off, 가스핀 설치, 가스빼기, 발생가스 배출 유도, 가스배출구 충분히).
② 주물사의 수분함량을 조절하고 적절하게 유도한다(주형건조, 주형에 수분을 많지 않게).
③ 탕도의 높이를 조절하고 용융금속에 압력을 가한다(유선형제작).
④ 용해온도를 너무 높게 하지 않는다(주입온도를 낮춘다, 적당한가).
⑤ 장입재료의 관리를 철저히 하고 N_2, H_2의 등의 양을 감소시킨다 (수소, 질소 낮게, 협잡물 혼입방지).
⑥ 탕구방안을 개선한다(탕구방안이 적당하지 않을 때).

17 인베스트먼트 주조법에서 사용하는 왁스(wax)의 구비조건 5가지를 쓰시오.

정답
① 상온에서 강할 것
② 응고 수축율이 적고 연화, 용융온도까지의 팽창율이 적을 것
③ 주형건조 온도에서도 연화하지 않을 것
④ 유동성이 좋을 것
⑤ 비정질일 것
⑥ 금형에서 분리사와 보관 중에 치수가 변화하지 않을 것(사출 후 용적변화하지 않을 것)
⑦ 저온 휘발성 물질의 함유량이 적고 재생품의 안정성이 높을 것(유해가스 발생이 적을 것)
⑧ 무기물, 기타 회분을 이루는 불순물의 함유량이 적을 것
⑨ 값이 쌀 것

18 알루미늄합금의 탈가스 방법 5가지를 쓰시오.

정답

알루미늄합금의 탈가스는 기공의 원인이 되는 H_2 가스를 제거하는 것이다.
① N_2 가스 또는 Ar가스 등의 불활성가스를 잘 건조시켜서 용탕 중에 취입하여 수소를 몰아낸다(질소 취입, 불활성가스 확인).
② Cl_2 가스를 용탕 중에 취입한다(용금 중에 침투).
③ 분해해서 Cl_2 가스를 발생시키는 염화물이나 불화물을 용탕 중에 첨가한다.
④ 한번 응고시킨 후 다시 용해한다(재 용해).
⑤ 진공 또는 불활성가스 중에서 용해한다(진공 상태, 진공용해, 진공탈가스법).
⑥ 용탕에 초음파 진동을 가한다(초음파, 진동).

19 흑연도가니의 규격을 쓰시오.

정답

1회에 용해할 수 있는 구리의 중량(kgf)으로 표시

20 주철 용탕 중 탄소 규소 및 인의 함량이 각각 3.45, 2.43, 및 0.03%일 때 탄소당량을 구하시오.

정답

$C.E = C + 1/3(Si + P)$
$= 3.45 + 1/3(2.43 + 0.03) = 4.27$

부록 3. 주조기능장 2006년 시행문제

01 다음 주물의 적정 주입온도(℃)를 쓰시오.

정답

① 알루미늄 : 670~760
② 청동 : 1050~1250
③ 주철 : 소형(1350~1400), 대형(1350~1360)
④ 주강 : 1530~1560

02 냉간균열(cold crack)의 발생원인과 방지대책 3가지를 쓰시오.

정답

① 발생원인 : 주물이 불균일하게 냉각되었을 때 잔류응력이 저온이 될수록 주물의 인장력부위의 결함부에서 고속으로 집중되어 균열이 일어나는 것
② 방지대책
  ㉠ 주물의 두께를 균일하도록 설계하거나 압탕, 탕구, 냉금 배치를 적절히 하여 균일한 냉각이 되도록 한다.
  ㉡ 주형에 첨가제 등을 배합하여 수축성을 준다.
  ㉢ 주물의 후처리시 충격을 주지 않는다.
  ㉣ 냉간균열의 우려가 심한 주물은 상온까지 냉각시키지 말고 재가열하여 응력 완화 및 인성부여 조치를 취한다.

03 비철합금 용해에 사용되는 용해로 3가지를 쓰시오.

정답

① 도가니로   ② 반사로
③ 아아크로   ④ 유도로

04 주철에서 보기와 같이 원소의 함유량일 때 탄소당량을 구하시오.

[보기]
C : 15%, Si : 8%, P : 0.5%

정답

- 공식 $CE = C\% + (Si+P)/3$
- 계산식 $CE = 15 + (8+0.5)/3 = 17.83 ≒ 17.8$

05 금형주조법의 특징 3가지를 쓰시오.

정답

① 생산성이 높으며 금형이 차지하는 작업장의 면적이 작다.
② 작업 환경이 좋으며, 시설비가 적게 든다.
③ 치수가 정밀하고 주물의 표면이 깨끗하다.
④ 주물의 불량이 적고, 기계적 성질이 향상 된다.
⑤ 금형 제작에 비용과 시간이 많이 든다.
⑥ 제품의 크기 및 무게에 한계가 있다.

06 회주철 주물에서 평면 200cm, 탕구 높이 15cm, 안전계수를 1.5라 할 때 중추의 무게를 구하시오. (단, 용금 $1cm^3$ 당의 중량 : 회주철 $0.0073 kg_f/cm^3$)

정답

- 계산식 : $W = 1.5 × 0.0073 × 200 × 15 = 32.85$
  $≒ 33 kg_f$

007 다음 그림에서 용탕의 탕면모양을 쓰시오.

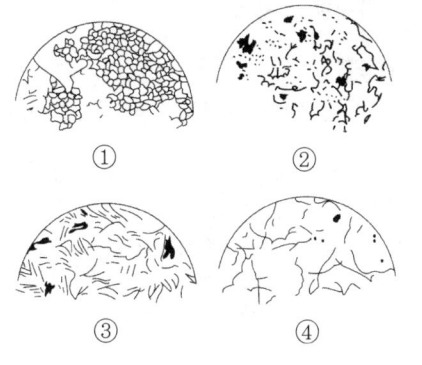

정답
① 귀갑형 ② 세엽형
③ 송엽형 ④ 부정형

008 다음 그림은 인베스트먼트 주조법의 기본적인 제조공정이다 ① ②의 방법을 쓰시오.

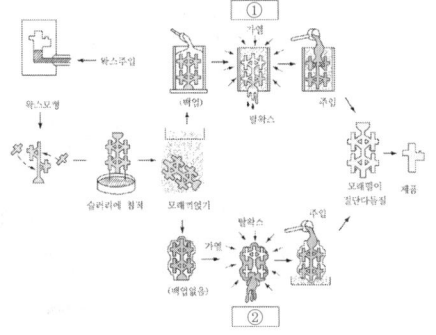

정답
① 솔리드몰드법
② 세라믹 셸몰드법

009 연속주조법의 장점 3가지를 쓰시오

정답
① 공정의 간략화로 인한 설비비의 절감
② 주조수율(yeild)의 향상으로 인한 경제적 이점
③ 얻어지는 빌레트의 표면 및 내부의 품질이 우수

010 그림과 같은 단면형상일 때 냉금(chill metal)의 위치를 표시하시오.

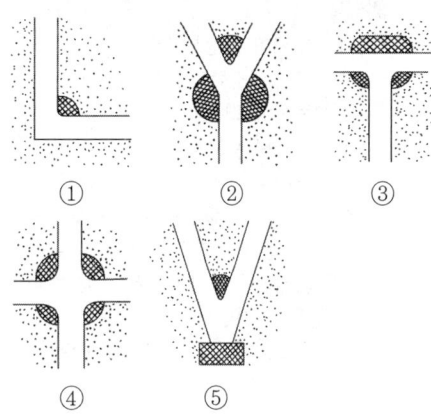

011 주조품에 가스구멍(기공)의 발생원인과 대책 2가지를 쓰시오.

정답
① 발생원인
  ㉠ 용탕의 주입불량
  ㉡ 주형의 코어의 불량
  ㉢ 콜드쇼트를 수반한 가스구멍
② 방지대책
  ㉠ 주형에 충분한 배기공을 설치하고 탕구방안을 개선한다.
  ㉡ 주물사(주형 및 코어)의 수분함량을 조절하고 적절한 건조처리를 한다.
  ㉢ 탕도의 높이를 조절하고 압탕에 의한 용융금속에 압력을 가한다.
  ㉣ 용해온도를 너무 높게 하지 않는다.
  ㉤ 장입재료의 관리를 철저히 하여 N_2, H_2 등의 양을 감소시킨다.

012 코어제작(core making)의 3공정을 쓰시오.

정답
① 코어 모래의 배합
② 코어의 제작
③ 건조

13 도형제의 구비조건 5가지를 쓰시오.

정답

① 도포성이 양호할 것
② 도형제가 주형의 모래 입자 사이에 침투하는 침투성이 양호할 것
③ 도형제를 용해시킨 용제가 주형의 점결제를 용해하지 않을 것
④ 도포한 도형제의 층이 건조시와 용탕 주입시에 균열, 박리를 일으키지 않을 것
⑤ 용융금속 주입시에 모래 소착 현상이 일어나지 않을 것
⑥ 열전도성이 낮아 용융금속의 열을 주형에 전달하는 속도가 느릴 것

14 주입컵에서 슬랙이나 협잡물을 제거할 수 있는 방법 4가지를 쓰시오.

정답

① 스트레이너
② 스토퍼
③ 스키머
④ 철망

15 접종의 목적을 쓰시오.

정답

용탕을 주입하기 전에 Si, Fe-Si, Ca-Si 등을 첨가하여 주물의 성질을 개선하는 용탕처리 방법
① 얇은 주물의 칠화방지
② 강도의 개선
③ 재질을 균일하게 한다.
④ 페라이트의 석출을 저지

16 주탕불량(misrun)의 원인과 방지대책 3가지를 쓰시오.

정답

① 발생원인 : 용탕이 주형을 완전히 채우지 못하고 응고된 것
② 방지대책
  ㉠ 탕구방안을 개선한다.
  ㉡ 주입온도, 주입속도, 금형의 경우 예열온도를 높인다.
  ㉢ 가스배출이 잘 되도록 배기공의 수를 늘린다.
  ㉣ 충분한 압탕을 준다.

17 수축공(shrinkage cavity)의 발생원인과 방지대책 3가지를 쓰시오.

정답

① 발생원인
  ㉠ 주조방안의 불량
  ㉡ 주물의 모양과 주형재료의 불량
  ㉢ 용탕의 재질 부적당
② 방지대책
  ㉠ 수축공을 압탕 내로 유도하기 위해서 주물의 하부에서 상부로 방향성 응고가 진행되도록 주조방안을 결정해야 한다.
  ㉡ 주물의 두께를 될 수 있는 대로 얇게 하고 주입온도를 필요 이상 높이지 말며 주입한 용탕이 장시간 용융상태에 있지 않게 해야 한다.
  ㉢ 살 두께가 같은 주물에서는 분리면에 따라 압상게이트로 주탕하고 압탕이 필요치 않다. 살 두께가 다른 주물에서는 두꺼운 부분에서 가장 멀리 떨어진 얇은 부위에서부터 주탕하고 급탕이 곤란한 과열부의 냉각에는 충분한 냉금속을 붙여야 한다.
  ㉣ 충분한 용탕정압을 얻을 수 있도록 높은 탕구를 사용해야 한다.
  ㉤ 응고수축이 적은 합금(C, Si 등은 수축을 감소시킴)을 선택한다.

18 탕구계(gating system)의 기능 3가지를 쓰시오.

정답
① 주형의 공간에 용탕을 주입
② 주형의 침식과 가스의 혼입을 방지하기 위하여 가급적 난류를 일으키지 않고 주형내에 인도할 것
③ 주물의 응고에 가급적 최적의 온도 구배를 이룰 것
④ 용탕이 탕구계를 통하여 유입될 때 적당한 제재 작용(skimming action)을 유도할 것

19 합금의 열간균열 발생을 감소시키기 위한 방법 3가지를 쓰시오.

정답
① 용융합금의 유동성 증가
② 주조합금의 입자를 미세화
③ 주물 내 미세한 수축공을 제거
④ 고온에서 주물을 서냉
⑤ 합금내의 유해 혼입물과 가스 및 비금속 혼입물의 함량을 감소

20 고압응고 주조법(squize casting)의 장점 3가지를 쓰시오.

정답
① 수축공, 미세기공 등의 주조 결함 제거
② 잔류 가스에 의한 악영향의 배제
③ 조직의 미세화, 균질화 및 고밀고화
④ 주물 표면이 곱고 윤곽이 뚜렷함
⑤ 회수율의 개선

7. 주조기능장 2007년 시행문제

01 매치플레이트, 패턴플레이트를 설명하시오.

정답
① 매치플레이트 : 1개의 정반 양면에 모형을 분할해서 양면에 붙인 것으로 작업자의 인력에 의해 반전, 형빼기를 할 수 있으며 비교적 소형 주물에 용이하며 대량생산에 적합하다.
② 패턴플레이트 : 접반 한쪽 면에 모형 한 면만을 부착한 것으로 조형기의 테이블에 고정하고 기계의 힘으로 형빼기를 하며, 비교적 큰 주물 및 중형용에 적합하고 다량 생산에 적합하다.

02 인베스트먼트 주조 왁스 원형에서 명칭을 쓰시오.

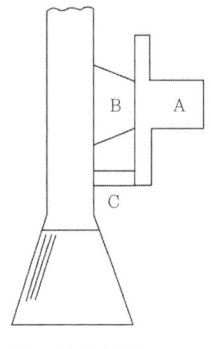
[왁스트리 원형]

정답
A : 왁스원형
B : 게이트
C : 탈왁스 보조통로

03 시료 50g 중의 점토분을 분리하고 남은 모래의 중량이 30g이었다. 이 시료의 점토분을 구하시오.

정답

$$점토분 = \frac{시료의\ 무게(g) - 남은모래의\ 무게(g)}{시료의\ 무게(g)} \times 100$$

$$= \frac{50-30}{50} = 40\%$$

04 주물용해 작업에서 용융금속의 온도를 측정하는 고온계를 쓰시오.

정답
① 광고온계 ② 열전쌍고온계
③ 복사고온계(온도계)

05 Al 합금 용해 시 수고가스가 흡수되면 주물 결함의 원인이 되므로 주입하기 전에 용탕에서 탈 가스 처리를 한다. 탈 가스 처리방법 5가지를 쓰시오.

정답
① 질소(N_2)가스 또는 Ar가스 등의 불활성가스를 잘 건조시켜 용융금속에 취입한다.
② 염소(Cl_2)가스를 용융 금속에 취입시킨다.
③ 분해해서 Cl_2가스를 발생시키는 염화물이나 불화물을 용금 중에 첨가한다.
④ 한번 응고시킨 후 신속하게 재용해한다.
⑤ 진공 또는 불활성 가스 중에서 용해한다.
⑥ 용융금속에 초음파 진동을 부여한다.
⑦ 염소가스를 발생하는 할로겐 화합물을 첨가한다.

06 원형에 코어프린트를 붙이는 목적을 쓰시오.

정답
① 코어위치를 지정하기 위한 것
② 코어의 가스 빼기를 위한 것
③ 코어를 고정하기 위한 것

07 원심력의 이용방법에 따라 분류되는 원심주조법을 쓰시오.

정답
① 진(수평식) 원심주조
② 반원심 주조
③ 원심가압 주조

08 총 장입량이 35톤이고 1차 성분 분석치가 규소 0.05%, 철 0.1%이며 사용하는 규소 모합금은 규소 10%, 철 모합금은 철 75%이다. 알루미늄 합금의 목표 성분 값이 규소 0.12%, 철 0.25%라면 규소와 철 모합금의 투입량을 구하시오. (단, 모합금의 회수율을 100%로 한다.)

정답
① 규소 10%인 모합금의 투입량
 $[(0.12-0.05)\% \times 35,000 kgf] \div 10\% = 245 kg_f$
② 철 75%인 모합금의 투입량
 $[(0.25-0.1)\% \times 35,000] \div 75\% = 70 kg_f$

09 주입컵에서 불순물을 제거하기 위하여 설치할 수 있는 장치를 쓰시오.

정답
① 스토퍼(stoper, 정지봉)
② 스키머
③ 철망
④ 스트레이너(strainer)

10 주형제작에서 도형제의 중요한 역할을 쓰시오.

정답
① 용융금속의 주형표면에서 주물사의 입자 사이로 침투되는 것을 방지한다.
② 용융금속의 주입 시 주형표면의 모래소착(Sand burning)을 방지한다.
③ 주물표면을 아름답게(미려하게) 유지한다.

11 탕구계의 각 부분의 명칭을 쓰시오.

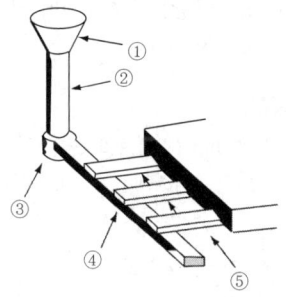

정답
① 주입컵　　② 탕구
③ 탕구바닥(탕구저)　　④ 탕도
⑤ 주입구(게이트)

12 주물불량 중 주탕불량(misrun)의 발생원인 3가지와 방지책 2가지를 쓰시오.

정답
① 발생원인
 ㉠ 용금의 유동성이 나쁠 때
 ㉡ 주입온도가 낮을 때
 ㉢ 탕구 방안이 잘못되어 주입속도가 늦을 때
 ㉣ 주형에 예열이 부적당할 때
 ㉤ 넓은 주물에 수평 주입할 때
② 방지대책
 ㉠ 탕구 방안을 개선
 ㉡ 주입온도, 주입속도, 금형의 경우 예열온도를 높인다.
 ㉢ 가스 배출이 잘 되도록 배기구의 수를 늘린다.
 ㉣ 충분한 압탕을 준다.

13 주철용탕의 표면모양을 쓰시오.

정답

① 세엽형 : 망간이 많은 것
② 송엽형 : 규소 및 탄소가 적은 것
③ 구갑형 : 규소 및 탄소가 많고 비교적 산화되지 않은 좋은 용탕
④ 부정형 : 규소가 아주 적은 것

14 주물 1000kg$_f$을 주조할 때 필요한 압탕의 부피를 계산하시오. (단, 금속의 밀도는 8,000 kg$_f$/m^3, 급탕율은 6%이며, 급탕부피/압탕부피 = 0.25이다.)

정답

급탕부피 = (주물중량×급탕률/밀도)
= 1000kg$_f$×0.06/8000(kg$_f$/m^3)
= 0.0075m^3

• $\dfrac{급탕부피}{압탕부피}$ = 0.25

• 압탕부피 = $\dfrac{0.0075}{0.25}$ = 0.03m^3

15 풀몰드 프로세스 주조 과정을 설명하시오.

정답

① 풀몰드 법 : 소모성 원형인 발포성 폴리스티렌 원형을 사용하는 방법이다. 즉, 원형을 빼내지 않고 주물사 중에 묻힌 상태에서 용탕을 주입하면, 그 열에 의하여 원형은 소실되고 그 자리에 용탕이 채워져서 주물을 만드는 방법이다.
② 쇼 프로세스 주조법 : 생형주형의 표면을 급가열함으로서 미세한 균열을 균일하게 하여 주형을 건조할 때 일어나는 주형의 수축을 방지함과 동시에 통기성을 좋게 하는 주조법이며, 탄력성이 남아 있을 때 모형을 빼내므로 검사가 없거나 심지어는 약간 역경사의 모형이라도 빼내기가 쉽다.

16 구상흑연주철에서 구상화 처리시에 발생하는 페이딩 현상을 쓰시오.

정답

구상화를 시킨 후 일정시간이 경과하면 구상화 처리 효과가 소멸되는데 이를 페이딩이라 하고, 주조 작업에서는 페이딩 타입을 정확히 체크하여 페이딩 타임 이전에 주입해야 한다.

17 주철주물에 발생하는 수축공의 원인을 5가지 쓰시오.

정답

① 주입온도가 낮을 때 먼저 응고하여 용탕 보급이 곤란한 경우
② 압탕의 높이가 낮은 경우
③ 장입 지금에 녹, 불순물이 많은 경우 용탕이 산화되어 있는 경우
④ 압탕의 위치를 잘못했을 경우
⑤ 구조적으로 두께가 급히 변하는 경우

18 모래 떨기 또는 콤프레셔를 사용해 노즐에서 표면에 분사하여 주물표면을 깨끗이 하는 주물 청정기의 명칭과 원통형 또는 다각형의 철제 통에 주물을 넣고 다각형 철편과 연마제를 같이 넣은 후 회전시켜 주물의 청정 또는 주물의 코어 모래 떨기 등에 이용하는 장비 명칭을 쓰시오.

정답

① 주물 표면을 깨끗이 하는 주물 청정기 : 샌드 블라스트(sand blast)
② 주물의 코어 모래떨기 등에 이용하는 장비 : 텀블러

19 주철에 접종제를 처리하는 목적과 용탕의 열분석에 의해 얻은 냉각곡선으로 온도를 구해 용탕의 탄소당량을 구하는 식을 쓰시오.

정답

① 목적
  ㉠ 조직의 개선
  ㉡ 가공성 향상
  ㉢ 칠의 감소
  ㉣ 기계적 강도의 증가
② 식 : $CE = C\% + \dfrac{1}{3}(Si+P)\%$

20 큐폴라 작업 중 일어나는 사고로서 행잉(hanging)을 설명하고, 행잉의 원인과 방지대책을 쓰시오.

정답

① 행잉(hanging) : 장입물이 노안에서 연속적으로 내려가지 않고 노 중간에 걸려있는 상태
② 원인 : 장입한 원료 금속이 너무 크거나 또는 슬래그가 바람구멍 윗부분에서 응고되었기 때문
③ 대책 : 송풍을 중단하거나 감소시킨 후, 장입구에서 무거운 원료 금속을 떨어뜨리거나 철봉으로 장입물을 하강시킨다.

8. 주조기능장 2008년 시행문제

01 용해로의 종류 중 반사로(reverberatory furnance)에 대한 특징 5가지를 쓰시오.

정답
① 같은 성분을 가진 다량의 용탕을 한꺼번에 얻을 수 있다.
② 파쇄나 부피가 큰 재료를 그대로 용해할 수 있다.
③ 노의 구조와 설비는 비교적 간단하지만 열효율이 낮다.
④ 재료와 연료가 직접 접촉하게 되므로 불순물이 섞이기 쉽고, 가스의 영향이 크다.
⑤ 주철계 이상의 고온 용해는 곤란하다.

02 주물 표면에 붙어있는 모래나 기타 물질 등을 제거하여 주물 표면을 청정하게 하기 위한 방법 3가지를 쓰시오.

정답
① 쇼트 블라스트에 의한 청정
② 샌드 블라스트에 의한 청정
③ 텀블러에 의한 청정
④ 진동 연마에 의한 청정
⑤ 수압 블라스트(하이드로 블라스트)에 의한 청정

03 발열자경성 주형을 만들고자 할 때 사용되는 점결제와 발열제를 1가지씩 쓰고, 붕괴성을 보다 개선시키기 위하여 일반적으로 사용되는 붕괴촉진제를 1가지 쓰시오.

정답
① 점결제 : 규산소다(또는 물유리)
② 발열제 : Fe-Si 분말
③ 붕괴촉진제 : 탄소질(씨콜)(또는 목분 또는 곡분)

04 주철주물에서 탕회불량 및 용탕경계의 원인 5가지를 쓰시오.

정답
① 주물의 투계가 얇을 때
② 탕구방안이 나쁠 때
③ 주입온도가 낮을 때
④ 주형의 가스빼기가 나쁠 때
⑤ 용탕이 주형 밖으로 새어 나올 때
⑥ 주입높이가 낮을 때

05 주철주물에서 발생하는 수축공(shrinkage cavity)의 원인 5가지를 쓰시오.

정답
① 용탕이 산화되어 있는 경우
② 장입 지금에 녹, 불순물이 많은 경우
③ 압탕의 위치를 잘못 설치하였을 경우
④ 구조적으로 단면의 두께가 고르지 않거나 급히 변하는 부위가 있는 경우
⑤ 주입 온도가 낮을 때 초기에 주입된 용탕이 먼저 응고되어 용탕보급이 안되는 경우

06 큐폴라조업에 있어서 슬래그의 발생원인 5가지를 쓰시오.

정답
① 연료 중의 회분 때문이다.
② 로벽의 내장용 내화물의 박락 때문이다.
③ 장입된 Si, Mn, Fe 등의 산화물 때문이다.
④ 강설에 부착된 녹 또는 모래 때문이다.
⑤ 조재제 자체[석회석, 형석, 백운석(Dolomite)]의 성분 때문이다.

07 후란조형법(furan mold process)에서 가사시간이란 무엇이며 고사 회수 재생설비에서 가열기(heater)나 냉각기(cooler)를 설치해야 하는 이유는 무엇인가?

정답

① 가사시간 : 모래에 경화제, 수지 순으로 첨가하여 mixing을 하면 축합반응을 일으키면서 경화하기 시작하는데 주형의 최소한의 강도를 유지하기 위해서는 mixing후부터 조형 완료까지의 허용시간을 가사시간이라 함
② 가열기나 냉각기를 설치하는 이유 : 재생사의 온도 고·저는 작업성에 현저한 영향을 미칠 뿐 아니라 가사시간이 크게 변동되므로 모래 온도를 항상 일정하게 유지하기 위해서 냉각기를 설치하며 회수된 모래의 점결제인 수지를 태워버리기 위해 가열기를 설치한다.

08 주물의 필렛 두께가 고르지 않거나 압탕 만으로는 용탕의 보급이 미치지 못하는 곳 또는 압탕의 효과가 불충분할 때 이러한 부분의 응고를 촉진시키기 위하여 사용하는 것을 무엇이라 하며 지향성 응고에 대하여 설명하시오.

정답

① 응고를 촉진시키기 위하여 사용하는 것 : 냉금메탈(Chill metal)
② 지향성응고 : 일반적으로 주형에 주입된 용융금속은 주물 표면에서부터 내부로 향하여 응고 층이 성장하며 얇은 부분이 두꺼운 부분보다 먼저 응고한다. 이와 같이 두꺼운 압탕부분이 늦게 응고하여 주물이 응고할 때 수축하는 양만큼의 용융 금속을 보충해 주어야 한다. 이와 같이 압탕이 먼 곳부터 차례로 압탕 쪽으로 응고되는 것을 지향성 응고라 한다.

09 탄소당량(CE) 값이 4.0%인 주철을 설계하고자 할 때 규소(Si)가 2.4%이고 인(P)이 0.05%일 경우 탄소당량(%)을 구하시오.

정답

① 계산과정 : $CE = C\% + \frac{1}{3}(Si + P)\%$

$4.0 = C\% + \frac{2.4 + 0.05}{3}\%$

② 답 : ∴ $C\% = 3.18\% ≒ 3.2\%$

10 주형작업을 할 때 코어(core)모래가 갖추어야 할 성질 5가지를 쓰시오.

정답

① 건조 후의 건태강도 및 경도가 높을 것
② 코어제작 및 취급에 충분한 습태강도를 가질 것
③ 주물 응고 후의 모래 떨기 작업이 용이할 것
④ 건조 후 보관 중에 흡습하거나 특성의 변화가 없을 것
⑤ 용융 금속에 의해 파괴되지 않고 발생가스의 제거를 용이하게 할 수 있는 충분한 통기도를 가질 것

11 주철에 접종(inoculation)처리하는 이유 3가지를 쓰고 페이딩(fading)현상은 무엇인지 설명하시오.

정답

① 접종 처리 이유
  ㉠ chill화를 방지하기 위하여 = 냉금방지
  ㉡ 흑연형상의 개량을 위하여 = 조직개선, 조직치밀화, 입자미세화
  ㉢ 기계적 성질의 향상을 위하여 = 강도증가
② 페이딩 현상 : 접종제를 용탕에 넣고 주조되지 않은 상태로 장시간 방치하면 접종효과가 없어지는 현상을 말한다.

12 공정합금의 조직을 미세화시켜 기계적 성질을 향상시킬 목적으로 용탕에 특수한 원소를 첨가하거나 급냉하여 공정점을 이동시키는 용탕처리 방법을 무엇이라 하는가?

정답

개량처리(Modification)

13 그림에서 사이드게이트인 경우 유효탕구높이를 구하시오.

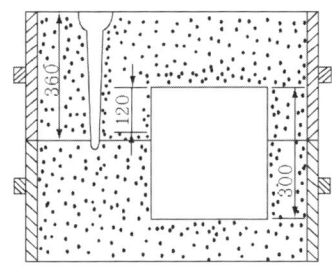

H : 탕구의 높이(cm)
C : 주물의 높이(cm)
P : 주입구 윗부분에서의 주물높이(cm)

정답

유효탕구 높이(E.S.H) $= \dfrac{2HC-P^2}{2C}$

$= \dfrac{(2 \times 36 \times 30) - 12^2}{2 \times 30}$

$= 33.6 \text{cm}$

14 주형 제작시 사용되는 이형제와 도형제에 대하여 설명하시오.

정답

① 이형제(분리사) : 조형 작업에서 상형과 하형을 쉽게 분리하기 위하여 또는 모형이 주물사에서 쉽게 빠지도록 분할면이나 모형 표면에 뿌리거나 바르는 것
② 도형제 : 용융금속의 물리적 침투나 화학적 반응이 일어나는 것을 막고, 주물 표면을 곱게 하게 하기 위하여 주형에 도장하는 것

15 주형의 통기도가 낮은 경우, 너무 큰 경우, 적당한 경우를 기준으로 하여 다음 표에 주형의 배압(Pg)과 용탕압(Pm)의 관계를 부등호로 표시하고 제품에 미치는 영향을 쓰시오.

정답

기 준	Pg와 Pm의 관계	영 향
통기도가 낮은 경우	Pg > Pm	주물내부에 기공이 생김(Blow, Pin hole)
통기도가 너무 큰 경우	Pg < Pm	용탕이 주물사의 틈새로 침투하여 주물의 표면이 거칠어진다.
통기도가 적당한 경우	Pg = Pm	주물내부에 기공발생이 없고 양질의 주물표면을 얻을 수 있다.

16 마그네틱 조형법(magnetic molding process)에 대해 설명하고 인베스트먼트법(investment casting process)의 특징 3가지를 쓰시오.

정답

① 마그네틱 조형법 : 풀몰드법의 한 응용법으로 원형을 발포폴리스티렌으로 만들고 이것을 용탕의 열에 의하여 기화, 소실시키는 방법은 풀몰드법과 같으나 모래입자 대신 강철입자를 사용하며 점결제 대신에 자력을 이용하는 조형법이다.
② 인베스트먼트법의 특징
 ㉠ 치수가 정밀하고 섬세하며 표면이 미려한 주물을 얻는다.
 ㉡ 기계가공이 곤란하거나 형상이 복잡한 주요부분품 제조에 적당하다.
 ㉢ 상·하형을 사용함으로써 생기는 분할면이 없으므로 후처리 공정의 원가를 절감한다.
 ㉣ 재료비가 비싸고 제조공정이 복잡하므로 제조경비가 매우 비싸게 된다.

17 그림은 구상화처리 방법을 나타낸 것이다. ( ) 안에 구상화처리방법의 명칭을 쓰시오.

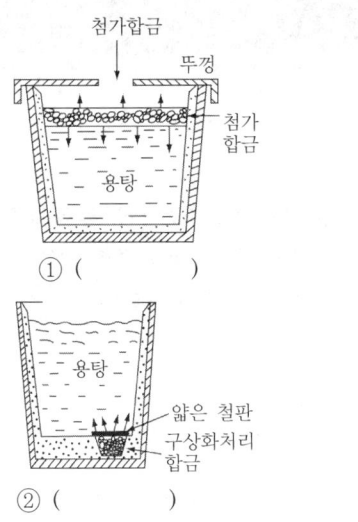

정답
① 표면첨가법
② 샌드위치법

18 그림은 주입구의 여러 가지 종류를 나타낸 것이다. 이에 대한 명칭을 ( ) 안에 쓰시오.

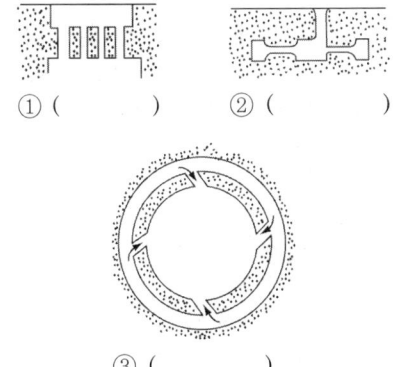

정답
① 샤워 주입구(shawer gate)
② 직접 주입구(direct gate)
③ 휠 주입구(wheel gate)

19 레이들 정련 시 탈황반응의 효율을 향상시키기 위한 조건 5가지를 쓰시오.

정답
① 용탕의 온도를 높일 것
② 슬래그의 유동성을 좋게 할 것
③ 용탕을 교반시킬 것
④ 슬래그의 염기도(CaO/SiO_2)를 높게 유지할 것
⑤ 용탕 중의 C, Mn 등 산소와 친화력이 강한 원소들의 농도를 높게 유지할 것

20 도가니형 저주파 유도로의 용해작업 중 냉재조업과 잔탕조업에 대하여 각각 설명하시오.

정답
① 냉재조업
  주파수관계로 인하여 작은 스크랩 등은 가열 효율이 떨어져 용해가 어려우므로 로용량의 1/3~1/4 정도의 중량을 갖는 스타팅 블록(starting block)을 장입하고 용해를 시작한다. 스타팅 블록이 녹아내리면 추가 장입을 하는데, 효율상 용해 초기에는 되도록 큰 재료를 장입하고 박강판 같은 작은 재료는 용탕이 로 용량의 1/2 이상이 된 후 사용하는 것
② 잔탕조업
  큐폴라 등 다른 로로부터 로용량의 1/2~1/4 정도의 용탕을 받아서 시작한다. 이때 용탕 속에 직접 냉재를 추가 장입하면 위험하므로 재료를 예열하거나 칩 등으로 용탕표면을 덮은 다음 장입하고 추가 장입은 먼저 장입한 재료가 완전히 녹아내리기 전에 한다. 특히 재료를 예열하여 사용하면 용해속도를 50% 정도 증가시킬 수 있다.

9. 주조기능장 2009년 시행문제

01 주철주물의 금형주조에서 가장 큰 문제점은 냉금부(chill)의 형성이다. 이것을 방지하기 위한 방법 3가지를 쓰시오.

정답
① 화학성분을 정확하게 한다.
② 접종 개량 주철을 주입한다.
③ 내화피복을 위한 금형의 가열온도, 표면사 및 도형제의 성분, 도포회수 등을 정확히 해야 한다.

02 냉간균열(cold crack)의 발생원인과 그 방지대책 3가지를 쓰시오.

① 발생원인 : 주물이 불균일하게 냉각 되었을 때 잔류응력이 저온이 될수록 주물의 인장력 부위의 결함부에서 고속으로 집중되어 균열이 일어나는 것.
② 방지대책 :
  ㉠ 주물의 두께를 균일하도록 설계하거나 압탕, 탕구, 냉금 배치를 적절하게 하여 균일한 냉각이 되도록 한다.
  ㉡ 주형에 첨가제 등을 배합하여 수축성을 준다.
  ㉢ 주물의 후처리시 충격을 주지 않는다.
  ㉣ 냉간균열의 우려가 심한 주물은 상온까지 냉각시키지 말고 재가열하여 응력완화 및 인성부여 조치를 취한 후 상온까지 냉각시킨다.

03 용탕을 주입하기 전에 주철의 재질을 개선하기위한 처리방법에는 접종이 있다. 이때 접종 위치와 그 방법에 대하여 5가지를 쓰시오.

정답
① 레이들에 출탕하면서 노의 출탕구에 접종하는 방법
② 레이들에 용탕을 받으면서 일괄 투입하는 방법
③ 레이들 바닥에 놓은 다음 출탕하는 방법
④ 주탕 직전에 레이들 표면에 첨가하는 방법
⑤ 주입용 레이들 바닥에 접종제를 놓고 운반용 레이들로부터 다시 옮기는 방법
⑥ 주입용 레이들의 입구에 봉 또는 선으로 만든 접종제를 공급하는 방법
⑦ 탕도 또는 탕구 안에서 접종하는 방법

04 Al합금 용해시 탈가스를 실시하는 목적은 가공이 원인이 되는 H_2가스를 제거하기 위한 것이다. 이를 제거 하기위한 방법 3가지를 쓰시오.

정답
① 불활성가스(N_2 가스, Ar 가스 등)를 용탕 중에 취입한다.
② Cl_2 가스를 용탕 중에 취입한다.
③ 염화물이나 불화물을 용탕 중에 첨가한다.
④ 한번 응고시킨 후 다시 용해한다.
⑤ 용탕 중에 진동 또는 초음파 진동을 가한다.

005 인베스트먼트 주조에서 왁스모형은 제조 부분 외에 탕구, 탕도, 게이트가 되는 부분의 것도 만들어져서 그림과 같은 일체의 왁스모형이 조립된다. 이러한 왁스모형을 무엇이라 하며, 인베스트먼트법의 특징 3가지를 쓰시오.

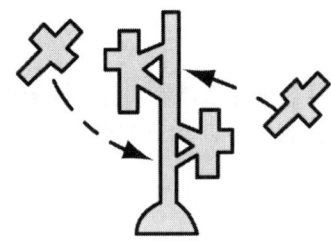

정답

① 왁스모형의 명칭 : 트리(tree) 또는 [클러스터(cluster)]
② 인베스트먼트법의 특징
 ㉠ 모양이 복잡하고 치수 정밀도가 높은 주물을 만들 수 있다.
 ㉡ 모든 재질에 적용이 가능하면 특수 합금에 적합하다.
 ㉢ 주물의 표면이 미려하다.
 ㉣ 제품의 살 두께가 얇은 것(0.5mm)도 제작 가능하다.
 ㉤ 대량생산이 가능하며 대형 주물에는 부적합하다.

006 용선로(cupola) 조업시 슬래그의 발생 공급원 역할을 하는 것을 5가지를 쓰시오.

정답

① 연료 중의 회분
② 로벽의 내장용 내화물
③ 장입된 Si, Mn, Fe 등의 산화물
④ 장입물에 부착된 녹 또는 모래
⑤ 조재제

007 다음 그림과 같은 치수를 가진 주물에서 상형 상자가 받는 압력은 H가 150mm 및 350mm의 높이 일때 받는 압력의 합(P_1+P_2)을 받게 된다. 이때 필요한 중추의 무게는 얼마로 하는 것이 안전한가? (단, 주입금속의 비중량은 7200kg$_f$/m³, 안전계수 3)

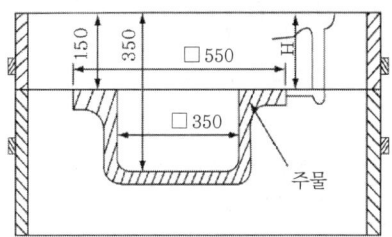

정답

$P_1 = [(0.55)^2 - (0.35)^2] \times 0.15 \times 7200$
 $\fallingdotseq 194.4\,kg_f$
$P_2 = (0.35)^2 \times 0.35 \times 7200 \fallingdotseq 308.7\,kg_f$
$P_1 + P_2 = 194.4 + 308.7 = 503.1\,kg_f$
따라서, $503.1 \times 3 = 1509.3\,kg_f$
※ $P = A \times H \times S$
(A= 주물을 위에서 본 면적(m³), H= 주물의 윗면에서 주입컵의 면 까지의 높이(m), S= 주입금속의 비중)

008 다음 그림의 탕구계에서 ① ~ ⑧의 명칭을 쓰시오.

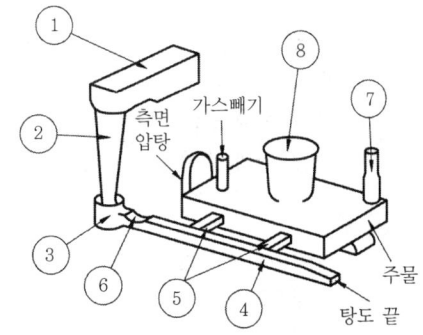

정답

① 주입컵   ② 탕구
③ 탕구 바닥(저)   ④ 탕도
⑤ 주입구   ⑥ 쵸크
⑦ 플로오프   ⑧ 압탕

주조(鑄造)기능장

09 주물의 표면에 사용되는 도형제의 역할 3가지를 쓰고 주형이 갖추어야할 조건 2가지를 쓰시오.

정답

① 도형제의 역할
  ㉠ 용융금속이 주형표면에서 주물사의 입자 사이로 침투되는 것을 방지한다.
  ㉡ 용융금속의 주입시 주형표면의 모래 소착을 방지한다.
  ㉢ 주물표면을 미려하게 한다.
② 주형의 조건
  ㉠ 적당한 강도를 가질 것
  ㉡ 적당한 통기도를 가질 것
  ㉢ 적당한 열간성질을 가질 것
  ㉣ 잔류강도가 낮을 것

10 주형재료로써 무기질점결제 중에서 많이 사용되는 것은 점토질점결제이다. 점토질 점결제의 종류 3가지를 쓰시오.

정답

① 내화점토
② 벤토나이트
③ 특수점토(백점토, 일라이트 점토)

11 목형의 중량이 3kg$_f$이고 비중이 0.45인 마디카를 목형으로 사용 했을 때 7 : 3황동 주물의 중량을 구하시오. (단, 구리의 비중은 8.9, 아연의 비중은 7.0 이다)

정답

① 계산과정 : 주물의 중량
$$= \frac{주물의 비중}{목형 비중} \times 목형중량$$
$$= \frac{8.9 \times (70/100) + 7.0 \times (30/100)}{0.45} \times 3$$
$$= \frac{6.23 + 2.1}{0.45} \times 3 = 55.53$$
② 답 : 55.5kg$_f$

12 용융금속의 온도측정에 많이 사용되는 온도측정계 3가지를 쓰시오.

정답

① 광고온계
② 열전쌍고온계
③ 복사고온계

13 주철제 도가니를 사용하여 알루미늄 합금을 용해할 때 철의 용입을 방지하는 방법을 쓰시오.

정답

도가니 안쪽에 알루미나 50%, 물 45%, 규산소다 5%와 운모가루·규산소다·물(활석가루·규산소다·물)등을 분사기로 도장하여 건조 후 사용한다.

14 주조용 원형 제작시에 모형은 목표 주물보다 크게 만들어야 하는 이유 5가지를 쓰시오.

정답

① 수축여유를 주어야 하기 때문에
② 가공여유를 주어야 하기 때문에
③ 구배(기울기) 여유를 주어야 하기 때문에
④ 라운딩(rounding) 여유를 주어야 하기 때문에
⑤ 코어프린트(core print)의 여유를 주어야 하기 때문에

15 주물의 팽창 결과로써 생기는 수축공의 크기에 영향을 미치는 인자 5가지를 쓰시오.

정답

① 주물의 크기 및 형상
② 대기압 및 압탕의 작용
③ 주형재료의 특성
④ 탕구와 압탕의 크기·형상 및 위치
⑤ 금속의 화학적 성질

06 용해로용 내화재료로써 필요한 조건 5가지를 쓰시오.

정답
① 열전도도가 적고 보온이 잘 될 것
② 열팽창 및 수축이 적을 것
③ 내화도가 높을 것
④ 화학적 침식에 견딜 것
⑤ 기계적 강도가 클 것
⑥ 급격한 가열, 냉각에 대한 저항이 클 것

07 다음은 탕구를 표시한 그림이다. ( )안에 알맞은 탕구 명칭을 쓰시오.

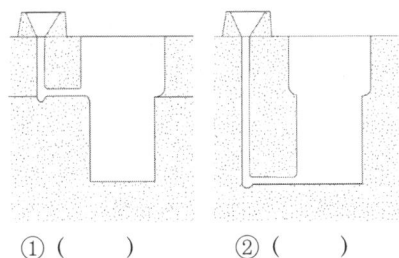

① (   ) ② (   )

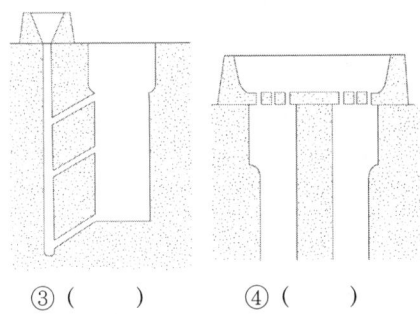

③ (   ) ④ (   )

㉮ 다단식 탕구(step gate)
㉯ 샤워형 탕구(shower gate)
㉰ 분할선 탕구(parting line gate)
㉱ 하주식 탕구(button gate)

정답
①-㉰, ②-㉱, ③-㉮, ④-㉯

08 무열자경성 주형법인 다이칼주형의 특징을 3가지를 쓰고 다이칼주형의 경화기구 2가지를 쓰시오.

정답
① 특징
  ㉠ 주형작업이 매우 용이하다.
  ㉡ 주형의 건조가 불필요하다.
  ㉢ 모래의 붕괴성이 용이하다.
  ㉣ 주형의 흡습성이 적고 잔류수분이 매우 적다.
② 경화기구
  ㉠ $2CaO \cdot SiO_2$ 및 $Ca(OH)_2$의 수화반응에 따른 규산소다의 강화
  ㉡ Ca_2+이온에 의한규산소다의 겔화.
  ㉢ 염기 교환반응에 의한 SiO_2의 생성과 겔화.
  ※무열 자결성 주형 중 다이칼 주형은 규사에 점결제로 규산소다의 경화제로 $2CaO \cdot SiO_2$를 배합하고 주형제작 후 방치함으로써 응결 경화시킨다.

09 용융금속을 주입할 때 슬래그와 개재물을 탕구계에서 제거하기 위한 방법 5가지를 쓰시오.

정답
① 탕도에 연장부를 설치한다.
② 가압탕구계에서는 슬래그와 용융금속의 비중차에 의하여 분리될 수 있도록 탕도를 상형에, 게이트를 하형에 설치한다.
③ 소용돌이 탕구를 설치하여 원심력으로 슬래그를 분리한다.
④ 탕도의 윗면을 파거나 톱니 모양으로 만들어 슬래그가 모이거나 걸리게 한다.
⑤ 비가압 탕구계에서는 스크린이나 스트레이너 코어를 탕구계 내에 설치한다.

20 다음 그림을 보고 냉강주물과 사형주물의 중심선 주탕저항(CFR)을 구하시오.

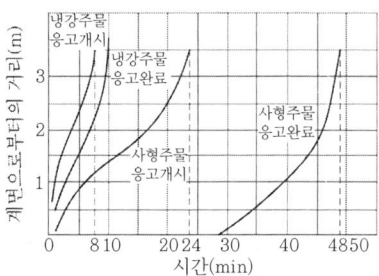

정답

① 냉강주물
  ㉠ 계산과정
  $$냉강주물(CFR) = \frac{10-8}{10} \times 100 = 20\%$$
  ㉡ 답 : 20%

② 사형주물
  ㉠ 계산과정
  $$사형주물(CFR) = \frac{48-24}{48} \times 100 = 50\%$$
  ㉡ 답 : 50%

※ 중심선 주탕저항(Centerline Feeding Resistance)이란 용탕 주입의 난이도를 표시하는

10. 주조기능장 2010년 시행문제

01 주조방안에서 탕구계의 구성 요소 5가지를 쓰시오.

정답
① 주입컵 ② 탕구
③ 탕구저 ④ 탕도
⑤ 주입구 ⑥ 탕도연장(탕도끝)
⑦ 쵸우크

02 맹압탕(Blind risers)에서 윌리엄스 코어(또는 pencil core)의 역할을 쓰시오.

정답
맹압탕 내부에 대기의 압력이 통하도록 해주는 통로 역할

03 주형제작시 사용되는 이형제와 도형제에 대하여 설명하시오.

정답
① 이형제(분리사) : 조형 작업에서 상형과 하형을 쉽게 분리하기 위하여 또는 모형이 주물사에서 쉽게 빠지도록 분할면이나 모형 표면에 뿌리거나 바르는 것
② 도형제 : 용융금속의 물리적 침투나 화학적 반응이 일어나는 것을 막고, 주물 표면을 곱게 하게 하기 위하여 주형에 도장하는 것

04 목형의 중량이 14 kg$_f$ 일 때 주물의 중량을 구하시오. (단, 목형의 비중 1.2 이고, 주물의 비중 7.2 이며, 수축 여유는 무시한다.)

정답
$$주물중량 = \frac{목형중량 \times 주물비중}{목형비중(1 + 수축여유)}$$
$$= \frac{14 \times 7.2}{1.2} = 84 \text{kg}_f$$

05 주물이 응고할 때까지 용탕의 공급이 원활하게 되기 위해 압탕이 갖추어야 할 조건 3가지를 쓰고, 주물이 응고하는데 걸리는 시간을 구하는 식을 쓰시오. (단, V는 주물의 체적(cm^3), A는 주물의 용탕 면적(cm^2), K는 용융금속과 모양에 따른 상수이다.)

정답
① 압탕이 갖추어야 할 조건
 ㉠ 압탕의 크기
 ㉡ 압탕의 모양
 ㉢ 압탕의 위치
 ㉣ 압탕과 주물부의 연결부 상태
 ㉤ 칠메탈의 사용여부
 ㉥ 단열재나 발열재의 사용여부
② 주물이 응고하는데 걸리는 시간을 구하는 식
$$시간 = K\left(\frac{V}{A}\right)^2$$

주조(鑄造)기능장

06 염기성 에로우식 전기로에 의한 용해에서 탈인의 조건 3가지를 쓰시오.

★정답★
① 슬래그 속에 FeO가 많을 것
② 슬래그 속에 CaO가 많을 것
③ 온도가 낮을 것(온도가 높을수록 탈인이 잘되지 않는다.)

07 큐폴라 용해작업 중에 행깅(hanging)이 발생하였을 때의 처치 방법 4가지를 쓰시오.

★정답★
① 투입구에서 철봉으로 쑤신다.
② 일시적으로 바람을 과다하게 송풍하여 자연히 낙하 하도록 한다.
③ 투입재료가 너무 긴 것, 엷은 것은 제거하고 규정된 치수의 것을 사용
④ 로 라이닝의 형상을 윗쪽으로 넓히든가, 단을 붙이지 않는다.
⑤ 로 보수에 주의하여 요철(凸凹)이 없도록 한다.

08 주물의 여러 가지 구성 형태가 다음 그림과 같이 L, Y, T, + 또는 V로 되어 있다면, 열점 제거를 위한 외부냉금 사용 위치를 표시하시오.

09 알루미늄합금 용해시 수소가스가 흡수되면 주물결함의 원인이 되므로 주입하기 전에 용탕에서 탈가스 처리를 해야 한다. 알루미늄 합금의 탈가스 처리방법 5가지를 쓰시오

★정답★
① 질소(N_2)가스 또는 Ar가스 등의 불활성가스를 잘 건조시켜 용융금속에 취입한다.
② 염소(Cl_2)가스를 용융 금속에 취입시킨다.
③ 분해해서 Cl_2가스를 발생시키는 염화물이나 불화물을 용금 중에 첨가한다.
④ 한번 응고시킨 후 신속하게 재용해 한다.
⑤ 진공 또는 불활성 가스 중에서 용해한다.
⑥ 용융금속에 초음파 진동을 부여한다.
⑦ 염소가스를 발생하는 할로겐 화합물을 첨가한다.

10 다이캐스트 주조에서 냉가압실 주조기와 열가압실 주조기의 특징을 비교하였다. ( )에 내용을 보기에서 선택 하시오.

[보기]
늦다, 빠르다, 크다, 작다, 대형, 소형, 적다, 많다

번호	항 목	열가압실식	냉가압실식
1	주조압력	(①)	(②)
2	주조속도	(③)	(④)
3	주물크기	(⑤)	(⑥)
4	용해량	(⑦)	(⑧)

★정답★
① 작다 ② 크다 ③ 빠르다 ④ 늦다
⑤ 소형 ⑥ 대형 ⑦ 많다 ⑧ 적다

01 주물사의 85 ~ 99%를 차지하는 사립이 갖추어야 할 조건 5가지를 쓰시오.

정답
① 충분한 성형을 가질 것
② 사립은 알맞은 입도 분포를 가질 것
③ 통기성이 좋을 것
④ 가축성이 있을 것
⑤ 보온성이 있을 것
⑥ 반복사용이 가능할 것
⑦ 값이 저렴할 것

02 주물표면 결함인 용탕경계(cold shut)의 방지대책 3가지를 쓰시오.

정답
① 규정된 주입온도 및 주입속도를 지키고 주입온도가 떨어지지 않도록 한다
② 용탕의 유입이 잘 되도록 한다. (또는 탕구계에서 탕구나 주입구의 단면적을 적절하게 한다)
③ 용탕의 산화를 막는다.(또는 용탕의 산화피막은 합류된 두 용탕의 완전한 용융을 방해 한다.)

03 그림에서 사이드 게이트인 경우 유효탕구의 높이(cm)를 구하시오. (단, 그림 안의 숫자의 단위는 mm 임.)

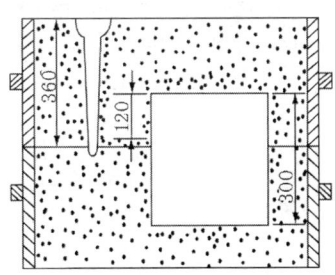

(H : 탕구의 높이(cm), C : 주물의 높이(cm), P : 주입구 윗부분에서의 주물높이(cm))

정답
유효탕구 높이(E.S.H) = $\dfrac{2HC - P^2}{2C}$

$= \dfrac{(2 \times 36 \times 30) - 12^2}{2 \times 30} = 33.6\,\text{cm}$

04 고주파 유도로의 특징 5가지를 쓰시오.

정답
① 고온가열을 할 수 있다.
② 용해 시간이 짧다.
③ 전기적으로 가열조건을 정확하게 제어 할 수 있다.
④ 균일한 가열과 성분조정이 가능하다.
⑤ 합금화에 대해 융통성이 크다.

05 주조합금의 주입온도가 높아질수록 주물에 생기는 결함 5가지를 쓰시오.

정답
① 합금의 결정립이 성장된다.(조직의 조대화)
② 수축현상이 심해진다.
③ 가스흡수가 증가된다.
④ 열간균열의 경향이 높아진다.(표면결함)
⑤ 용리현상이 일어나기 쉽다.(소착=샌드버닝)
⑥ 불순물(개재물) 혼입
⑦ 파임 = 꾸김 = 스캡

06 구상 흑연 주철의 제조시 흑연을 구상화 처리하기 위한 용탕처리 방법 5가지를 쓰시오.

정답
① 개방 레이들 첨가법
② 플런징법
③ 용탕 통과 처리법
④ 인몰드법
⑤ 샌드위치법
⑥ 표면 첨가법
⑦ 캔디법

17 열분석시험(C.E 메타기)에서 탄소당량(C.E)이 4.0 이고, 주물설계에서 Si 는 2.4%, P 는 0.05%일 때 탄소량(%)을 구하시오.

정답

$$C.E = C\% + \frac{1}{3}(Si + P)\%$$

$$\therefore 4.0 = C\% + \frac{(2.4+0.05)}{3}\%$$

$$C\% = 3.2\%$$

18 다이칼 주형이란 무엇인지 쓰고, 그 특징 3가지를 쓰시오.

정답

① 슬래그 분말 경화제 조형법이라고도 하며 주물사의 점결제로 규산소다에 규산이석회 를 경화제로 하는 무발열 자경성 주형 제조법.
② 특징
 ㉠ 조형 작업이 매우 용이하다.
 ㉡ 주형 건조가 불필요하다.
 ㉢ 모래의 붕괴성이 우수하다.
 ㉣ 주형의 흡습성이 적고 잔류수분이 매우 적다.

19 주철의 용탕을 주형에 주입하기 전에 Si, Fe-Si, Ca-Si 등을 첨가하여 접종(inoculation)할 때 얻어지는 효과 3가지를 쓰시오.

정답

① 기계적 강도 증가
② 조직의 개선
③ 냉금의 방지
④ 질량 효과의 개선

20 주형 및 코어의 도형 목적과 도형시 고려해야 할 사항 4가지를 쓰시오.

정답

① 도형의 목적
 ㉠ 양호한 주물 표면을 얻기 위한 도형은 주입용탕과 주형표면과의 직접 접촉을 피하고 열적 화학적 안정한 장벽을 형성하여 소착결함의 방지 및 후처리 비용을 적게 하고 주물 원가를 낮게 하기 위함이다.
 ㉡ 도형효과를 높이고 도형을 잘못하여 일어날 수 있는 결함을 피하기 위함
② 도형시 고려해야 할 사항
 ㉠ 주형이나 중자표면에 주의해서 도형 한다.
 ㉡ 도형 후 도형층으로부터 액체, 기체를 제거하기 위해 완전히 건조시키거나 연소시켜야 한다.
 ㉢ 도형하기전 도형재는 기계적으로 충분히 혼합시켜야 한다.
 ㉣ 사용하는 동안 도형재가 침전되지 않도록 해야 한다.
 ㉤ 도형재의 농도, 현탁성, gas 함량 등을 관리해야 한다.

* 도형방법
 ㉠ 붓칠법 : 모래 속으로 도형재의 침투가 잘 되고 움푹 들어간 곳의 도형이 어려운 부분에 용이
 ㉡ 침지법 : 속도가 빠른 방법으로서 간단한 모형의 증자에 적합하다.
 ㉢ 분무법 : 도형속도가 빠르지만 주형이나 증자에의 침투효과는 붓 칠법보다 못하다.

부록 3.
11. 주조기능장 2011년 시행문제

01. 인베스트먼트 주조에서 왁스모형은 제조 부분 외에 탕구, 탕도, 주입구가 되는 부분의 것 도 만들어져서 그림과 같은 일체의 왁스모형이 조립된다. 이러한 왁스모형을 무엇이라 하며, 인베스트먼트법의 특징 3가지를 쓰시오.

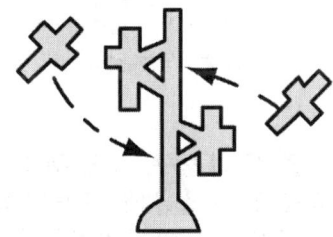

정답
① 왁스모형의 명칭
  트리(tree) 또는 [클러스터(cluster)]
② 인베스트먼트법의 특징
  ㉠ 모양이 복잡하고 지수 정밀도가 높은 주물을 만들 수 있다.
  ㉡ 모든 재질에 적용이 가능하며 특수 합금에 적합하다.
  ㉢ 주물의 표면이 미려하다.
  ㉣ 제품의 살 두께가 얇은 것(0.5mm)도 제조가 가능하다.
  ㉤ 대량생산이 가능하며 대형 주물에는 부적합하다.

02. 내화물에 대한 다음 물음에 답하시오.
  1) 내화골재에 적당량의 수경성 시멘트를 혼합한 것으로 물을 잘 혼합한 후 콘크리트와 동 일하게 사용 하든가 형에 흘려 넣어서 소요의 모양과 크기로 만들어서 사용하는 내화물 의 명칭은?
  2) 플라스틱 내화물의 일종으로 주로 로 사이나 노벽의 구축에 사용되는 것으로 결합제나 수분이 적고 뉴머틱 해머로 다져서 사용하는 내화물의 명칭은?
  3) 산성 내화물의 대표적인 것 2가지를 쓰시오.
  4) 염기성 내화물의 대표적인 것 2가지를 쓰시오.

정답
1) 캐스터블 내화물
2) 래밍 믹스
3) ① 규석내화물
   ② 샤모트질 내화물
   ③ 납석질 내화물
4) ① 마그네시아 내화물
   ② 돌로마이트 내화물
   ③ 포스토라이트

03 압탕(Riser)의 구비조건 4가지를 쓰시오.

정답

① 주물과 압탕 자체의 응고수축을 보충할 수 있는 충분한 체적을 가져야 한다.
② 주물에 용융금속을 보급해야 하므로 압탕은 최후에 응고되어야 하며 적당한 위치에 설치되어야 한다.
③ 압탕 효율을 높일 수 있도록 압탕 내의 용탕은 항상 대기압을 막을 수 있어야 한다. 즉, 압탕 내의 용융금속이 정압을 유지할 수 있어 주물 내의 모든 부분에 압력을 가할 수 있어야 한다.
④ 용융금속의 회수율을 높일 수 있도록 최소의 크기와 적당한 위치에 설치되어야 한다.

04 레이들 정련시 탈황 반응의 효율을 향상시키기 위한 조건 5가지를 쓰시오.

정답

① 용탕의 온도를 높일 것
② 슬래그의 유동성을 좋게 할 것
③ 용탕을 교반시킬 것
④ 슬래그의 염기도(CaO/SiO_2)를 높게 유지할 것
⑤ 용강 중의 C, Mn 등 산소와 친화력이 강한 원소들의 농도를 높게 유지할 것

05 구상흑연주철의 제조를 위한 공정순서를 〈보기〉에서 찾아 순서대로 쓰시오.

[보기]
탈황, 원재료, 구상화처리, 용해, 접종, 열처리, 주입, 후처리

정답

원재료 → 용해 → 탈황 → 구상화처리 → 접종 → 주입 → 후처리 → 열처리

06 주물의 필렛 두께가 고르지 않거나 압탕 만으로는 용탕의 보급이 미치지 못하는 곳 또는 압탕의 효과가 불충분할 때 이러한 부분의 응고를 촉진시키기 위하여 사용하는 것을 무엇이라 하며, 방향성 응고에 대하여 쓰시오.

정답

① 응고를 촉진시키기 위하여 사용하는 것: 냉금메탈(Chill metal)
② 방향성 응고: 일반적으로 주형에 주입된 용융금속은 주물 표면에서부터 내부로 향하여 응고 층이 성장하며 얇은 부분이 두꺼운 부분보다 먼저 응고한다. 이와 같이 두꺼운 압탕 부분이 늦게 응고하여 주물이 응고할 때 수축하는 양만큼의 용융 금속을 보충해 주어야 한다. 이와 같이 압탕이 먼 곳부터 차례로 압탕 쪽으로 응고되는 것을 방향성 응고라 한다.

07 주물제품의 탕구, 탕도, 주입고의 치가가 다음 그림과 같을 때 탕구단면적, 탕도단면적, 주입구의 총 단면적을 구하고 탕구단면적을 1로 하였을 때 탕구비를 계산하시오.
(단, 주입구는 2개소이다.)

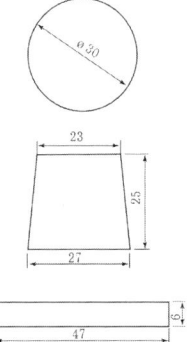

정답

① 탕구단면적: $\pi r^2 = 3.14 \times 15 \times 15 ≒ 707 mm^2$
② 탕도단면적: $\dfrac{23+27}{2} \times 25 = 625 mm^2$
③ 주입구 총 단면적: $(47 \times 6) \times 2 = 564 mm^2$
④ 탕구비: S : R : G = 707 : 625 : 564

≒ 1 : 0.9 : 0.8

⑦ 캔디법

008 큐폴라 조업에 있어서 슬래그의 발생원인 5가지를 쓰시오.

정답

① 연료 중의 회분 때문이다.
② 로 벽의 내장용 내화물의 박락 때문이다.
③ 장입된 Si, Mn, Fe 등의 산화물 때문이다.
④ 강설에 부착된 녹 또는 모래 때문이다.
⑤ 조재제 자체[석회석, 형석, 백운석(Dolomite)]의 성분 때문이다.

009 용탕경계(Cold Shut)의 발생원인과 방지대책 3가지를 쓰시오.

정답

① 발생원인
주형 내에 용탕이 합류될 때 그 경계면이 완전히 용융되지 않아 형태가 생기는 것을 말하며, 또는 용탕의 온도가 낮아서 용탕이 완전히 융착하지 못하고 기계적으로 접촉되어 있는 결함
② 방지대책
㉠ 용탕의 유동성은 주입온도, 용탕의 화학조성, 탕구방안 등에 따라 영향을 받는데, 규정된 주입온도 및 주입속도를 지키고 주입온도가 떨어지지 않도록 한다.
㉡ 탕구계에서 탕구나 주입구의 단면적을 적절하게 하여 용탕의 유입이 잘 되도록 해야 한다.
㉢ 용탕의 산화피막은 합류된 두 용탕의 완전한 용융을 방해하므로 용탕의 산화를 막아야 한다.

010 구상흑연 주철의 제조시 구상화처리 방법의 종류 5가지를 쓰시오.

정답

① 표면 첨가법
② 개방레이들 첨가법(치주법)
③ 용탕통과 처리법
④ 포러스 플러그법
⑤ 플런징법
⑥ 인몰드법(주형내 처리법)

주조(鑄造)기능장

01 CO_2 조형법에 대하여 설명하고 조형법의 특징 3가지를 쓰시오.

정답

① CO_2 조형법
  CO_2 조형법은 건조된 주물사에 점결제로 규산소다를 3~6% 첨가하고 혼련한 후 일반주물의 조형법과 같은 방법으로 조형한 후 주형에 CO_2 가스를 취입 경화시키는 방법이다.
② 특징
  ⊙ 주형 건조가 필요 없기 때문에 용탕 주입 전까지의 조형 작업시간이 짧고 변형 이 적다.
  ⓒ 주형이 단단하여 이동하기 쉽다.
  ⓒ 코어의 보강재와 코어 메탈 등을 생략할 수 있다.
  ② 손 조형이나 기계 조형에도 이용할 수 있다.
  ⑩ 주형이 경화된 후에 주물사는 대기 중에서 서서히 경화하기 때문에 밀폐된 용기 중에 보관하여야 한다.
  ⑪ 완성된 주형을 오래 놓아두면 흡습성이 있으므로, 빠른 시간 내에 주입하여야 한다.
  ⓢ 숙련을 필요로 하지 않으며, 설비비도 저렴하여 경제적인 조협법이다.

02 주조용 원형 제작시 수축여유를 고려하여 제작한다. 이때 (보기)에 제시한 재료들을 수 축여유가 큰 것부터 낮은 순서로 쓰시오.

[보기]
회주철, 알루미늄합금, 주강, 청동, 스테인리스강

정답

스테인리스강 > 주강 > 청동 > 알루미늄 합금 > 회주철

(회주철 $\frac{8}{1000}$, 알루미늄 합금 $\frac{12}{1000}$, 주강 $\frac{20}{1000}$, 청동 $\frac{15}{1000}$, 스테인리스강 $\frac{25}{1000}d$)

03 도형제의 역할 5가지를 쓰시오.

정답

① 주물의 살결을 곱게 한다.
② 주물의 사락을 용이하게 한다.
③ 주형의 융착을 방지한다.
④ 사립간의 간격을 적게 한다.
⑤ 용금의 침입을 방지한다.
⑥ 주형의 강도 증대
⑦ 주형과 용탕의 화학반응을 방지한다.
⑧ 도형제 종류에 따라 분위기 조절로 용탕의 유동성을 증가시킨다.

04 주입구를 설치하는 위치에 따라 분류할 때 주입구 종류 5가지를 쓰시오.

정답

① 직접 주입구(direct gate, top gate)
② 샤워 주입구(shawer gate)
③ 휠 주입구(wheel gate)
④ 나이프 주입구(knife gate)
⑤ 랩 주입구(lap gate)

05 주물의 각 부분에서 합금의 수지상정 내에서 화학조성이 불균일하지 않은 것을 편석이라 하는데 편석의 종류 3가지를 쓰고 설명하시오.

정답

① 대역편석 : 주물의 각 부분에서 화학조성이 불균일한 것.
② 입내편석 : 합금의 수지상정(결정립)내에서의 편석
③ 비중편석 : 합금성분의 비중차이로 일어나는 편석

16 고어는 주조상태에서 속이 비어있는 부분이나 오목한 부분을 만들기 위해서 사용한다. 코어에 코어프린트를 붙이는 목적 3가지를 쓰시오.

정답

① 코어의 위치를 지정하기 위한 것
② 코어의 가스 배기를 위한 것
③ 코어를 고정하기 위한 것

17 진원심주조법의 장점 3가지와 단점 2가지를 쓰시오.

정답

① 장점
  ㉠ 주물의 중공부에 코어를 넣을 필요가 없으며 주물의 두께는 주입량으로 조절 가능하다.
  ㉡ 원심력이 작용되므로 기포 또는 수축결함이 없는 치밀한 재질의 주물을 얻는다.
  ㉢ 압탕이나 탕도가 필요하지 않으므로 주조수율이 높고 생산성이 높다.
② 단점
  ㉠ 용탕이 주형 밖으로 새어나올 때는 용탕의 비산이 심하다.
  ㉡ 기계의 진동이 심하며 주형이 급열, 급냉되므로 파손되거나 휘어지기 쉽다.
  ㉢ 비중이 다른 금속조직 성분이 혼합되는 경우에는 편석되기 쉽다.

18 양질의 제품을 얻기 위해 주입컵 등에 설치되는 것으로 불순물이나 슬래그가 없는 깨끗한 용탕을 주입하기 위해 사용되는 것들의 명칭 4가지를 쓰시오.

정답

① 스키머(Skimmer) ② 정지봉(Stoper)
③ 스트레이너(Strainer) ④ 철망

19 상온 자경성 주형용 페놀수지 점결제의 장점 3가지와 단점 2가지를 쓰시오.

정답

① 장점
  ㉠ 배합사의 유동성이 좋다.
  ㉡ 주형의 열간 강도가 높다.
  ㉢ 주형의 치수정도가 좋다.
  ㉣ 주탕시의 가스발생량이 적다.
  ㉤ 주물사의 회수 관리가 용이하다.
② 단점
  ㉠ 저온에서는 경화속도가 둔화되어 경화성이 저하된다.
  ㉡ 후란수지 점결제와 비교해서 표면 안전성이 낮다.
  ㉢ 무른 주형이 되기 쉽다.

20 주물의 결함 중 용탕 중에 함유된 가스가 응고시에 석출되어 주물속에 남아 기공(blow hole) 또는 미세공(pin hole)등의 결함이 발생된다. 이러한 결함의 발생을 방지하기 위한 대책 5가지를 쓰시오.

정답

① 주형에 충분한 배기공을 설치하고 탕구 방안을 개선한다.
② 주물사(주형 및 코어)의 수분함량을 조절하고 적절하게 건조 처리한다.
③ 탕도의 높이를 조절하고 압탕에 의한 용융금속에 압력을 가한다.
④ 용해온도를 너무 높게 하지 않는다.
⑤ 장입재료의 관리를 철저히 하여 N_2, H_2등의 양을 감소시킨다.

12. 주조기능장 2012년 시행문제

01 용탕 주입시 불순물이나 슬래그 등을 제거하기 위하여 설치하는 것 3가지를 쓰시오.

정답
① 스키머(skimer) ② 정지봉(stopper)
③ 스트레이너(strainer), 철망

02 무열 자경성 주형법인 다이칼주형의 특징 3가지를 쓰고, 다이칼주형의 경화기구 2가지를 쓰시오.

정답
① 특징
 ㉠ 주형작업이 매우 용이하다.
 ㉡ 주형의 건조가 불필요 하다.
 ㉢ 모래의 붕괴성이 용이하다.
 ㉣ 주형의 흡습성이 적고 잔류수분이 매우 적다.
② 경화기구
 ㉠ $2CaO \cdot SiO_2$ 및 $Ca(OH)_2$의 수화반응에 따른 규산소다의 강화.
 ㉡ Ca^{2+}이온에 의한 규산소다의 겔화.
 ㉢ 염기 교환반응에 의한 SiO_2의 생성과 그의 겔화.
※ 무열 자경성 주형 중 다이칼 주형은 규사에 점결제로 규산소다,
 경화제로 $2CaO \cdot SiO_2$를 배합하고, 주형제작 후 방치함으로서 응결 경화시킨다.

03 주물의 결함 중에서 주탕불량(misrun)의 원인 5가지를 쓰시오.

정답
① 용탕의 유동성이 나쁠 때
② 주입온도가 낮을 때
③ 주입속도가 늦을 때
④ 예열이 부적당할 때
⑤ 넓은 주물을 수평으로 주입할 때
⑥ 탕구설계(방안)이 잘못 되었을 때
⑦ 주입속도가 일정하지 않을 때

04 주형재료에 대한 다음 물음에 답하시오.

1) 내화점토를 1300℃ 이상의 높은 온도에서 구워 이것을 파쇄 하여 만든 것으로 내화도와 강도가 크고 주입 후 변형이 적고 반복 사용이 가능한 주물사는?

2) 내화도가 약 1700℃ 로서 규사보다 높으며, 열팽창률이 균일하고 입도가 작기 때문에 표면용 모래에 사용하고, 고운가루는 도형제로 사용되는 주물사는?

3) 도형제의 역할 3가지를 쓰시오.

정답
1) 샤모트사 (Chamotte sand)
2) 올리빈사 (Olivine sand)
3) ① 주물표면을 아름답게 한다.
 ② 용융금속을 주입시 주형표면의 모래소착을 방지 한다.
 ③ 용융금속이 주형표면에서 주물사의 입자 사이로 침투되는 것을 방지 한다.

005 주물의 결함에서 수축공(shrinkage cavity)의 발생원인 3가지와 방지대책 2가지를 쓰시오.

정답

① 발생원인
  ㉠ 주조방안의 불량
  ㉡ 주물 모양의 부적절
  ㉢ 용탕의 재질 부적당
  ㉣ 주형재료의 불량
② 방지대책
  ㉠ 충분한 용탕정압을 얻을 수 있도록 높은 탕구를 사용
  ㉡ 응고수축이 적은 합금 (C, Si 등은 수축을 감소시킴)을 선택
  ㉢ 수축공을 압탕 내부로 유도하기 위해서 주물의 하부에서 상부로 방향성 응고가 진행되도록 주조방안을 결정
  ㉣ 주입한 용탕이 장시간 용융상태에 있지 않게 함
  ㉤ 주물의 두께를 가능한 한 얇게 하고 주입 온도를 필요이상 높게 하지 않아야 함
  ㉥ 살 두께가 다른 주물에서는 두꺼운 부분에서 가장 멀리 떨어진 얇은 부 위에서부터 주탕하고, 급탕이 곤란한 과열부의 냉각에는 충분한 냉금 금속을 붙여야 한다.

006 인베스트먼트주조법(investment casting process)에서 탈왁스 방법 3가지를 쓰시오.

정답

① 오토클레이브(autoclave)내에서 수증기로 녹여내는 방법
② 가열된 액체 속에 주형을 침지시켜 왁스를 녹여 내는 방법(열탕법)
③ 3염화 에틸렌(트리클로로 에틸렌)을 가열시켜 발생하는 증기로 녹여 내는 방법
④ 마이크로 웨이브(micro wave)를 이용하여 녹여 내는 방법

007 주조방안에서 최적의 압탕을 얻기 위한 압탕의 필요 구비조건 5가지를 쓰시오.

정답

① 압탕을 주물보다 크게 하여 나중에 응고할 수 있어야 한다.
② 충분한 액상금속을 함유하여 주물의 응고수축을 보충할 수 있도록 한다.
③ 압탕은 대기에 노출되어야 하며, 용탕이 가지는 액상 금속의 압력이 주물의 모든 부분에 고루 미치는 위치에 설치되어야 한다.
④ 응고가 주물로부터 압탕을 향하여 방향성 있게 진행되어 건전한 주물을 얻을 수 있게 하여야 한다.(방향성응고)
⑤ 압탕은 용탕을 절약하고 최대한의 효율(회수율)을 올릴 수 있는 경제성도 고려하여야 한다.

008 주철의 접종(inoculation)방법 5가지를 쓰시오.

정답

① 레이들에 출탕하면서 로의 출탕구에 접종하는 방법
② 레이들에 용탕을 받으면서 일괄 투입하는 방법
③ 출탕 직전에 레이들 표면에 첨가하는 방법
④ 레이들 바닥에 놓은 다음 출탕하는 방법
⑤ 탕도 또는 탕구 안에서 접종하는 방법
⑥ 주입용 레이들의 입구에 봉 또는 선으로 만든 접종제를 공급하는 방법
⑦ 주입용 레이들 바닥에 접종제를 놓고 운반용 레이들로부터 다시 옮기는 방법

009 선철의 성분을 판별하려고 외관검사를 실시하였더니 선철의 표면에 요철 (凸凹)부분 및 유리 흑연이 많았다면 이 선철에는 어떠한 성분이 많은지 2가지를 쓰시오.

정답

① 고 탄소(C)
② 고 규소(Si)

10

일반적으로 응고온도 범위가 넓은 합금은 그만큼 주조수축이 크고, 열간 균열 발생이 크다. 이러한 합금의 열간균열 발생을 감소하기 위한 방법 5가지를 쓰시오.

정답

① 주조합금의 입자를 미세화 시킨다.
② 주물내 미세한 수축공을 제거한다.
③ 용융금속의 유동성을 증가 시킨다.
④ 고온에서 주물을 서냉 시킨다.
⑤ 합금내의 유해 혼입물과 가스 및 비금속 혼입물의 함량을 감소시킨다.

11

도가니로의 규격을 쓰고, 200번 도가니로는 Al을 몇 kg$_f$용해를 할 수 있는지 계산 하시오. (단, Cu의 비중은 8.96, Al의 비중은 2.74임)

정답

① 도가니로의 규격 : 1회에 용해할 수 있는 구리의 무게(kg$_f$)를 기준
② Al의 용해량 : $8.96 : 200kg_f = 2.74 : x$,
  $548 = 8.96x$, $x = 61.2kg_f$
  ($200 \times 2.74/8.96 = 61.2kg_f$)

12

주형과 용융금속의 반응으로 인하여 침투현상이 나타내는데 침투현상의 방지대책 5가지를 쓰시오.

정답

① 주물사의 다짐을 충분히 한다.
② 충진성이 좋은 사립자 및 점결제를 선정 한다.
③ 사립자를 미세화 하여 복합립(復合粒)을 사용한다.
④ 주물사의 배합을 크게 하는 첨가제를 사용 한다.
⑤ 주물사의 내열 및 내화도가 좋은 재료를 사용 한다.
⑥ 내열 도형제를 사용 한다.

13

다음 그림과 같은 치수를 가진 주물에서 위의 상자가 받는 압력은 H가 150mm 및 350mm 의 높이일 때 받는 압력의 합($P_1 + P_2$)을 받게 된다. 이때 필요한 중추의 무게는 얼마로 하는 것이 안전한가? (단, S = 7200kg$_f$/m^{3}로 한다.)

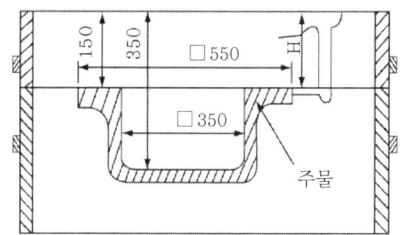

정답

$P_1 = [(0.55)^2 - (0.35)^2] \times 0.15 \times 7200 ≒ 194.4kg_f$
$P_2 = (0.35)^2 \times 0.35 \times 7200 ≒ 308.7kg_f$
$P_1 + P_2 = 194.4 + 308.7 = 503.1kg_f$
따라서, 안전한 중추의 무게는 $503.1 \times 3 = 1509.3 ≒ 1500kg_f$

* $p = A \times H \times S$
  p : 용탕의 압력(kg$_f$)
  A : 주물을 위에서 본 면적(m^2)
  H : 주물의 윗면에서 주입컵의 면까지의 높이(m)
  S : 주입금속의 비중(kg$_f$/m^3)

14

내화벽돌의 스폴링(spalling)현상의 종류 3가지를 쓰시오.

정답

① 온도의 변화에 기인하는 스폴링.(열적 스폴링)
② 기계적 압력의 불균일에 의한 스폴링.(기계적 스폴링)
③ 벽돌의 조직구조의 변화에 의한 스폴링.(구조적 스폴링)

05 다음 그림의 A부분에서 수축공이 발생 하였다. 이를 방지하기 위하여 방향성 응고가 일어나도록 그 해결책 3가지를 그림으로 그려 설명하시오.

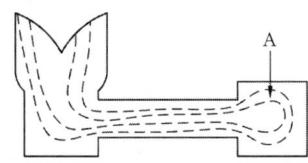

정답
① 수축공이 생긴 부분에 압탕을 설치한다.

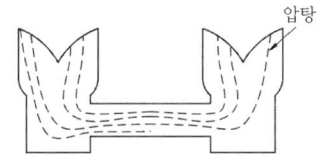

② 냉금을 설치한다.

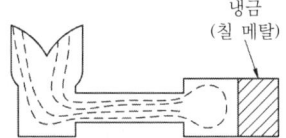

③ 얇은 부위에 절연체나 발열 보온재를 사용한다.

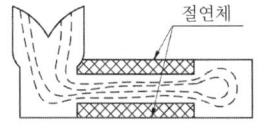

06 다이칼주형은 CO_2주형이 지니지 않은 우수한 주형의 특성을 갖고 있는 데, 다이칼주형의 특징 4가지를 쓰시오.

정답
① 조형작업이 매우 용이하다.
② 주형의 건조가 불필요하다.
③ 모래의 붕괴성이 우수하다.
④ 주형의 흡습성이 적고, 잔류수분이 매우적다.

07 용탕을 주입하기 전에 구상화의 파면검사를 육안으로 실시하였다. 그림(ϕ 15mm 시편의 단면변화) 을 보고 구상화재가 적당한지, 과다한지, 부족한지를 ( )안에 써넣으시오.

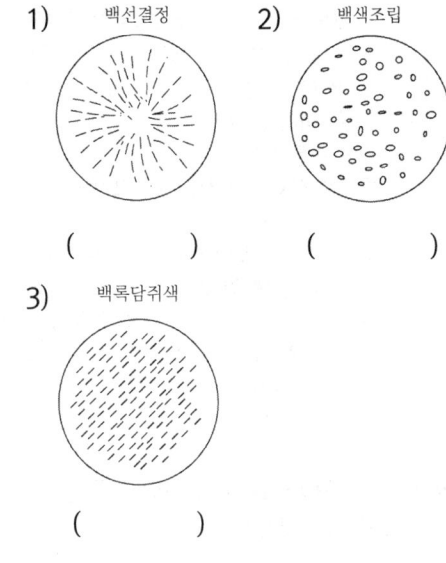

정답
1) 과다 2) 적당 3) 부족

08 가열 주형식 연속주조법(OCC process)에 의해 만들어진 제품의 특징 5 가지를 쓰시오.

정답
① 가공성이 대단히 우수하다.(기계적 성질 향상)
② 평활하고 미려한 표면을 얻을 수 있다.
   (주형 내면이 응고온도 이상 유지되므로)
③ 편석을 저하시킨다.(균일한 조직)
④ 단결정 제조가 용이하다.(고온 주형은 핵생성 없이 경쟁성장하기 때문)
⑤ 내식성이 개량된다.
⑥ 피로강도가 높다.
⑦ 미세한(0.5mm 정도) 선, 판, 관의 제조가 가능하다.(주괴와 주형벽면의 마찰이 없으므로)

19 코어프린트(core print)의 종류 5가지에 대하여 설명하시오.

정답

① 수직양쪽 코어프린트 : Core를 수직으로 넣을 때 하형, 상형 양쪽에 Core Print를 붙인 것.
② 부분걸치기 코어프린트 : 주형의 단면이외로 튀어나는 부착물이 있는 것으로 원형을 단면 방향으로 뺄 수가 없으며, 또 Core의 피복이 용이하지 않은 것에 외형의 일부에 core print를 붙인 것.
③ 한쪽걸치기 코어프린트 : 코어를 한쪽에만 지지해서 붙인 것.
④ 연결걸치기 코어프린트 : 코어를 제대로 지지하기 위해 2개 이상의 core print를 연결하는 것.
⑤ 단붙임 코어프린트 : core의 직경이 적으므로, core의 안정성이 나쁠 때 core의 직경보다 큰 core print를 붙인 것.

20 셀 금형 재료로서 구비해야 할 주된 조건 4가지를 쓰시오.

정답

① 열팽창과 왜곡(셀 금형은 250~300℃로 가열해서 사용하므로 열팽창이 작은 재료를 사용해서 치수 편차를 최소한도로 억제해야 하며, 주철에서는 완전히 왜곡빼기 풀림을 실시해야 한다.), 변형이 없어야 함.
② 내마모성이 우수할 것.(셀 모형의 마모는 블로우시의 셀사의 흐름에 의한 것이 크다. 마모는 투입구 모개의 피산경로 및 air vent 부근이며, 특히 돌출부분의 마모는 심하다. 그래서 금형전체의 재료로서 내마모성이 우수한 것을 사용한다.)
③ 열전도 열용량(셀의 생산성을 좋게 하기 위해서는 열전도 열용량 모두 큰 것이 좋다. Al 합금에서는 열전도는 크나 열용량이 적으므로 금형 두께를 크게 해야 한다. 주철은 이 두 성질 모두 양호하므로 사용하기 쉬운 재료이다.), 충분한 내열성
④ 가공성이 양호할 것.(셀 금형은 통가공, 쇼오 프로세스 소재에 의한 연마 등이 있는데 여하간에 전면이 가공되므로 가공성이 양호한 재료가 필요하다.), 절삭성

13. 주조기능장 2013년 시행문제

001 큐폴라 용해 작업 중에 행잉(Hanging)이 발생 하였을 때의 조치방법 4가지를 쓰시오.

정답
① 장입구에서 철봉으로 쑤신다.
② 로 보수에 주의하여 요철이 없도록 한다.
③ 로 라이닝의 형상을 위쪽으로 넓히든가 단을 붙이지 않는다.
④ 일시적으로 바람을 과다하게 송풍하여 자연 낙하 하도록 한다.
⑤ 투입재료가 너무 긴 것, 얇은 것을 제거하고 규정된 치수 사용 한다.

002 인베스트먼트 주조법에 사용하는 왁스(Wax)의 구비조건 5가지를 쓰시오.

정답
① 상온에서 강할 것
② 유동성이 좋을 것
③ 비정질일 것
④ 불순물 함유량이 적을 것
⑤ 용탕과 화학반응을 일으키지 않을 것
⑥ 주형건조 온도에서도 연화하지 않을 것
⑦ 응고 수축율이 적고 연화, 용융온도까지의 팽창율이 적을 것

003 용탕 주입시 불순물이나 슬래그 등을 제거 하기 위해 설치하는 것 5가지를 쓰시오.

정답
① 쵸크
② 철망
③ 스토퍼
④ 탕도끝
⑤ 스키머
⑥ 스트레이너
⑦ 소용돌이 탕구설치
⑧ 상형에 탕도, 하형에 주입구 설치

004 주철에 접종제를 처리하는 목적과 페이딩 현상을 쓰시오.

정답
가. 목적
① 기계적 강도 증가
② 조직의 개선
③ 가공성 향상
④ 냉금의 방지
⑤ 질량효과의 개선
나. 페이딩 현상 : 접종제를 용탕에 넣고 주조 되지 않은 상태로 장시간 방치하면 접종효과가 사라지는 현상

005 주물결함 중 수축공의 발생원인과 방지대책 3가지를 쓰시오.

정답
가. 원인 : 주조방안의 불량, 주물의 모양과 주형 재료의 불량, 용탕의 재질 부적당
나. 방지대책
① 충분한 용탕 정압을 얻을 수 있도록 높은 탕구 사용
② 응고수축이 적은 합금(C, Si 등은 수축을 감소시킴) 선택
③ 주입한 용탕이 장시간 용융상태로 있지 않게 함
④ 주물의 두께를 될 수 있는대로 얇게 하고

주입온도를 필요이상 높이지 말 것
⑤ 수축공을 압탕 내로 유도하기 위해서 주물의 하부에서 상부로 방향성 응고가 진행되도록 주조방안을 결정

06 다음 그림의 탕구계에서 ①~⑧의 명칭을 쓰시오.

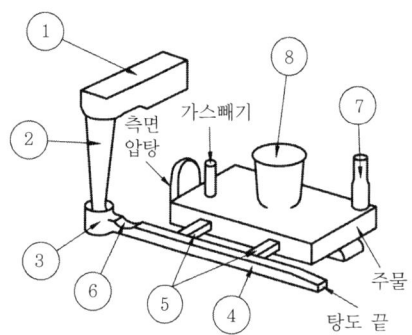

※정답※

① 주입컵　② 탕구
③ 탕구 바닥(저)　④ 탕도
⑤ 주입구　⑥ 쵸크
⑦ 플로오프　⑧ 압탕

07 다음 〈보기〉는 주요 내화재료의 종류이다. 산성, 중성, 염기성내화물로 구분 하시오.

[보기]
① 규석질
② 고알루미나질
③ 마그네시아질
④ 크롬질
⑤ 납석질
⑥ 탄화규소질
⑦ 돌로마이트질
⑧ 석회질
⑨ 샤모트질

※정답※

가. 산성 내화물
　① 규석질
　⑤ 납석질
　⑨ 샤모트질
나. 중성 내화물
　② 고알루미나질
　④ 크롬질
　⑥ 탄화규소질
다. 염기성 내화물
　③ 마그네시아질
　⑦ 돌로마이트질
　⑧ 석회질

08 셸모드 주조법의 가. 공정 순서와 나. 셸모드의 조형법 2가지를 쓰시오.

※정답※

가. 공정순서: 1. 금형을 청소하고 이형제를 바른다. → 2. 기계를 가동제어 조작하여 주형을 성형 시킨다. → 3. 주형에 코어를 넣는다. → 4. 형을 조립하고 공기압으로 청소한다. → 5. 주입장으로 운반하여 용탕을 주입한다. → 6 주입된 제품을 냉각 시키고 덧살을 제거한다.
나. 셸모드 조형법
　① 덤프법
　② 블로잉법
　③ 배면금형법
　④ 스택몰드법

09 다이칼 주형의 정의 및 특징 3가지를 쓰시오.

※정답※

가. 정의 : 주물사의 점결제로 규산소다. 경화제로 규산이석회를 사용하는 무발열자경성 주형법
나. 특징
　① 주형의 건조 불필요
　② 모래의 붕괴성 용이
　③ 조형작업이 매우 용이
　④ 주형의 흡습성이 적고 잔류수분이 매우 적음

01. 구상흑연주철의 제조시 구상화처리방법의 종류 5가지를 쓰시오.

정답
① 표면첨가법
② 치주법
③ 샌드위치법
④ 흘링징법
⑤ 인몰드법
⑥ 캔디법
⑦ 포러스 플러그법
⑧ 용탕통과 처리법

02. 용탕경계(cold shut)의 원인과 방지대책 3가지를 쓰시오.

정답
가. 원인: 주형 내에 용탕이 합류될 때 그 경계면이 완전히 용융되지 않아 형태가 생기는 것.
나. 방지대책
 ① 규정된 주입온도 및 주입속도를 지키고, 주입온도가 떨어지지 않도록 함.
 ② 탕구계에서 탕구나 주입구의 단면적을 적절하게 하여 용탕의 유입이 잘 되도록 함.
 ③ 용탕의 산화피막은 합류된 두 용탕의 완전한 용융을 방해하므로 용탕의 산화를 막아야 함.

03. 냉금(chill metal)은 압탕의 효과가 미치지 않는 부분에 응고를 촉진하기 위해 사용한다. 다음 T자형 단면을 가진 주물에서 내부냉금과 외부냉금의 위치를 표시하시오.

정답

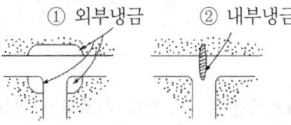

① 외부냉금 ② 내부냉금

03. 코어프린트(Core print)를 붙이는 목적 3가지를 쓰시오.

정답
① 코어를 고정하기 위한 것
② 코어의 가스빼기를 위한 것
③ 코어의 위치를 지정하기 위한 것

04. 원심주조법의 장점 3가지를 쓰시오.

정답
① 주물의 중공부에 코어를 넣을 필요가 없다.
② 기포 또는 수축 결함이 없는 치밀한 재질의 주물을 생산할 수 있다.
③ 압탕이나 탕도가 필요 없어 주조수율 및 생산성이 좋다.
④ 용탕의 주입량으로 주물의 두께 조절이 가능하다.

05. 압력 주입방식(가압주입방식)의 장점 3가지와 단점 2가지를 쓰시오.

정답
가. 장점
 ① 용탕 손실이 적어 회수율이 높다.
 ② 불순물 혼입이 방지 된다.
 ③ 각 주입구 유입 용탕양이 같다.
 ④ 탕구계에는 항상 용탕이 충만 되고 있다.
나. 단점
 ① 공기의 혼입, 협잡물이 발생한다.
 ② 주형의 침식을 일으킬 수 있다.
 ③ 용탕이 주형 내에 유입할 때 속도가 크기 때문에 많은 난류가 일어난다.

16 주물의 중량이 200kgf, 주요부의 두께가 25mm인 주철주물을 주조하고자 할 때 탕구의 ① 유효높이를 구하고, ② 주입시간을 계산하시오. (단, 주물의 높이(c)는 150mm, 상형 중에 올라온 부분의 높이(p)는 50mm 상형의 높이(h)는 200mm이며, 주물 두께 25mm에 대한 주물 상수는 2.66이다.)

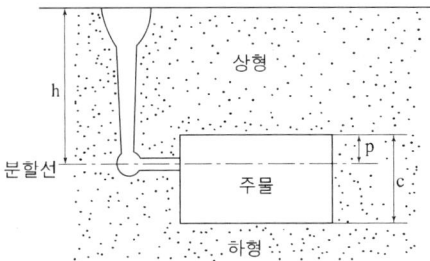

※정답

① 탕구의 유효높이

$$H = h - \left(\frac{p^2}{2c}\right)$$

$$= 200 - \frac{50^2}{2 \times 150} = 191.66\text{mm}$$

② 주입시간

$$t = s\sqrt{W}$$

$$= 2.66\sqrt{200}$$

$$= 37.61초$$

17 주물사의 시험법에서 가. 수분함유량, 나. 입도, 다. 통기도시험의 공식을 쓰시오.

※정답

① 수분 함유량(%) = (건조 전 시료무게50(g) − 건조 후 시료무게(g)) / 건조 전 시료무게 50(g) × 100

② 입도(%) = 체면상의 모래(g) / 시료의 무게(g) × 100

③ 통기도 = Vh / PAt (V : 시험편을 통과한 공기의 양(cc), h : 시험편의 높이(cm), P : 시험편 상하의 압력 차이에 의한 수주 높이(cm/Hg), A : 시험편의 단면적(cm^2), t : 공기가 통과 하는데 걸리는 시간(min))

18 다음은 탕구를 표시한 그림이다. 알맞은 탕구의 명칭을 쓰시오.

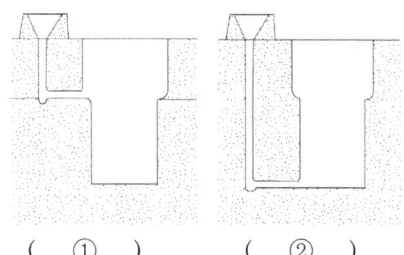

(①)   (②)

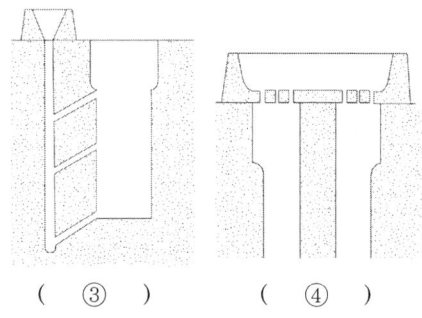

(③)   (④)

※정답

① 분할선 탕구   ② 하주식 탕구
③ 다단식 탕구   ④ 샤워형 탕구

19 다음 그림은 인베스트먼트 주조법의 제조 공정이다. ① ②의 방법을 쓰시오.

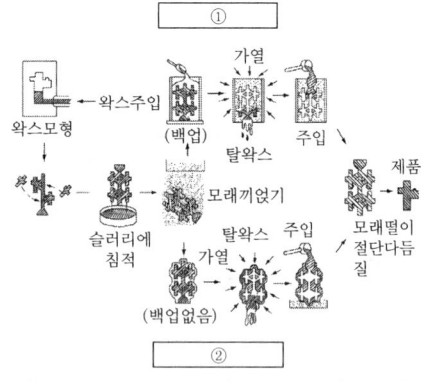

[인베스트먼트 주조법의 기본적인 제조 공정]

※정답

① 솔리드 몰드법   ② 세라믹 셸몰드법

020 다음 원형의 종류에 대하여 설명하시오.

정답

① 현형 : 주물과 동일한 형상으로 단체형이 가장 기본적인 것으로 원형의 형상이 주물과 비슷하며, 작고 간단한 주물 생산에 많이 이용
② 회전형 : 주물의 반지름 단면과 같은 형상으로 된 회전판을 일정한 중심축 주위에 회전시켜 주형을 만드는 것
③ 긁기형 : 긁기판을 일정한 안내판에 따라 움직여서 만드는 것.

부록 4

주조기능장 1차
필기 시행문제

1. 주조기능장 2003년 시행문제

001 고체연료에서 공업분석을 할 때 시험항목에 포함되지 않는 것은?
㉮ 황분   ㉯ 휘발분
㉰ 고정탄소   ㉱ 회분

002 흑연 도가니에 있어서 10번 도가니라 함은?
㉮ 1회에 텅스텐 10kg를 녹일 수 있는 도가니
㉯ 1회에 구리 10kg를 녹일 수 있는 도가니
㉰ 주강을 1일 10회 이상 녹일 수 있는 도가니
㉱ 1월 10회 이상 녹일 수 있는 도가니

003 원심 주조법에 의하여 만들어진 주철관의 조직 중 가장 치밀한 부분은?
㉮ 내부 안쪽부분   ㉯ 중간부분
㉰ 바깥쪽 표면부분   ㉱ 전체부분

004 주조품 내부에 있는 기공의 결함을 찾는데 적합한 비파괴 검사법은?
㉮ 누설탐상시험
㉯ 와전류탐상시험
㉰ 초음파탐상시험
㉱ 형광침투탐상시험

005 Cupola에서 tuyere ratio(송풍구비)란?
㉮ 유효고를 내경으로 나눈 값이다.
㉯ Tuyere의 수량을 말한다.
㉰ Tuyere level에서 장입구까지의 높이이다.
㉱ Tuyere level의 노의 단면적을 tuyere의 총 단면적으로 나눈 값이다.

006 노블락계의 페놀 수지 점결제를 사용하는 것으로 크로닝 프로세스라고 하는 것은?
㉮ CO_2법   ㉯ Full mould법
㉰ Investment법   ㉱ Shell mould법

007 금형원형을 만들기 위하여 원형에 이중 수축여유, 기계 가공 여유 등을 붙여 만드는 원형은?
㉮ 긁기형 모형(Strickle Pattern)
㉯ 매치 플레이트(Match Plate)
㉰ 원형 모형(Master Pattern)
㉱ 패턴 플레이트(Pattern Plate)

008 주강의 탈산제로서 탈산능력이 가장 강력한 것은?
㉮ Fe-S   ㉯ Ca-Si
㉰ Si-Mn   ㉱ Al

정답 001. ㉮ 002. ㉯ 003. ㉰ 004. ㉰ 005. ㉱ 006. ㉱ 007. ㉰ 008. ㉱

009. 주물사가 갖추어야 할 조건 중 틀린 것은?
- ㉮ 용해성이 커야 한다.
- ㉯ 통기성이 좋아야 한다.
- ㉰ 주형제작이 쉬워야 한다.
- ㉱ 반복사용이 가능하여야 한다.

010. CO_2 주형을 만들고자 할 때 주형의 붕괴성을 향상시키기 위한 첨가제로 적합하지 않은 것은?
- ㉮ 벤토나이트
- ㉯ 코크스분말
- ㉰ 톱밥
- ㉱ 피치분말

011. 가압식 탕구계가 가지는 이점이라 할 수 없는 것은?
- ㉮ 탕구계가 용탕으로 충만된다.
- ㉯ 탕구계 전체에 압력이 유지된다.
- ㉰ 용탕 손실이 적어 회수율이 높아진다.
- ㉱ 난류가 적어 이물질 혼입이 적다.

012. 주물을 만들 때 설치하는 압탕의 설계와 배치가 옳지 않은 것은?
- ㉮ 압탕의 응고는 주물의 응고시간보다 길어야 한다.
- ㉯ 압탕은 주물의 방향성 응고를 하도록 설치한다.
- ㉰ 압탕의 모양은 응고시간에 관계없다.
- ㉱ 일반적으로 응고수축이 크면 압탕도 크게 한다.

013. 주형 또는 코어 제조시 모형(模型)으로서 반드시 금형을 사용해야 하는 조형법은?
- ㉮ 생형법
- ㉯ 셀 형법
- ㉰ 유사형법
- ㉱ CO_2주형법

014. 다음 중 두께가 가장 얇은 주형을 제작하는 조형법은?
- ㉮ N-Process(N-법)
- ㉯ CO_2 Process(가스형법)
- ㉰ Shell mould Process(셀형법)
- ㉱ Investment Process(매몰 주조법)

015. 염기성 전로의 특징 중 틀린 것은?
- ㉮ S.P 제거가 용이하다.
- ㉯ 샤모트 벽돌이 사용된다.
- ㉰ 염기도가 높은 슬랙의 사용이 가능하다.
- ㉱ 저품위 원료로도 조업이 가능하다.

016. 비가압식 탕구방안의 탕구비에 가장 적당한 것은?
- ㉮ 1 : 4 : 4
- ㉯ 1 : 2 : 1
- ㉰ 0.25 : 1 : 0.5
- ㉱ 2 : 1 : 1

017. 도면에 의하여 원형을 제작할 때 조형 또는 주조를 위하여 도면에 표시한 형상(모형)을 원형에 다소 변경시켜 만드는 사항에 해당하지 않는 것은?
- ㉮ 라운딩
- ㉯ 덧붙임
- ㉰ 기울기(인발구배)
- ㉱ 수축여유

정답 009. ㉮ 010. ㉮ 011. ㉱ 012. ㉰ 013. ㉯ 014. ㉱ 015. ㉯ 016. ㉮ 017. ㉱

18 Die-cast기의 능력은 무엇으로 나타내는가?
㉮ 금형의 체결압력 ㉯ 제품의 크기
㉰ 주입 속도 ㉱ 금형 무게

19 나무의 심재가 갖고 있는 성질로 옳은 것은?
㉮ 수분이 많고 연하다.
㉯ 수분이 많고 단단하다.
㉰ 수분이 적고 연하다.
㉱ 수분이 적고 단단하다.

20 목재를 구입하여 중량을 측정하였더니 중량이 800g이었다. 건조 후 중량이 750g이 되었다면 이때의 함수율(%)은 얼마인가?
㉮ 약 6.7 ㉯ 약 7.3
㉰ 약 8.3 ㉱ 약 9.7

21 원형의 수리 및 보존 관리에 대한 설명 중 틀린 것은?
㉮ 부분적 수리라도 전부분을 계측 보수한다.
㉯ 보관 장소를 선정하여 입체적으로 정리 보관한다.
㉰ 일정 온도를 유지하여 흡습에 의한 변형을 방지한다.
㉱ 모형의 크기별로 구분하여 습하게 영구 보관한다.

22 코어 프린트의 구비조건이 아닌 것은?
㉮ 코어의 위치를 결정한다.
㉯ 코어를 고정한다.
㉰ 코어의 가스빼기 역할을 한다.
㉱ 코어기 자유롭게 움직일 수 있는 충분한 여유를 준다.

23 대패에 덧날을 끼우는 이유로 가장 중요한 것은?
㉮ 윗날이 빠지지 않게 한다.
㉯ 대패 작업에 힘이 적게 든다.
㉰ 대패밥에 거스럼이 일지 않게 한다.
㉱ 윗날을 보호하기 위한 것이다.

24 분할형의 상·하를 정확히 맞출 수 있으면 목형의 상형을 하형에서 직각으로 뽑을 수 있도록 만든 것은?
㉮ 주먹장부맞춤 ㉯ 쪽매맞춤
㉰ 맞대맞춤 ㉱ 다우얼 맞춤

25 대형주강주물에서 일반적으로 적용되는 수축율은?
㉮ 0.5/1000 ㉯ 2/1000
㉰ 7/1000 ㉱ 20/1000

26 목재에서 수축과 변형이 가장 작은 방향은?
㉮ 변재 방향 ㉯ 나이테 방향
㉰ 섬유 방향 ㉱ 수선방향

정답 018. ㉮ 019. ㉱ 020. ㉮ 021. ㉱ 022. ㉱ 023. ㉰ 024. ㉱ 025. ㉱ 026. ㉰

27. 일반적인 도면에서 중간부를 생략하여 그리지 않는 것은?
   ㉮ 형강
   ㉯ 파이프
   ㉰ 테이퍼 축
   ㉱ 리벳

28. 가로 40mm, 세로 35mm, 길이 80mm인 각재의 압축시험에서 파괴시 외력이 210 kg$_f$이었다면 압축 강도(kg$_f$/cm^2)는?
   ㉮ 15
   ㉯ 150
   ㉰ 18.7
   ㉱ 187

29. 표준 고속도강의 W, Cr, V의 성분비는?
   ㉮ 18 : 4 : 1
   ㉯ 18 : 9 : 1
   ㉰ 15 : 9 : 1
   ㉱ 15 : 3 : 1

30. 미하나이트(meehanite)법 주철 제조시 사용되는 접종제는?
   ㉮ Fe-Mn
   ㉯ Mg-Zn
   ㉰ Ca-Si
   ㉱ Fe-S

31. 다음 중 열전도가 큰 것부터 순서로 된 것은?
   ㉮ Cu 〉Ag 〉Au 〉Al 〉Fe
   ㉯ Cu 〉Ag 〉Au 〉Fe 〉Al
   ㉰ Ag 〉Cu 〉Au 〉Al 〉Fe
   ㉱ Ag 〉Au 〉Cu 〉Al 〉Fe

32. 순수 시멘타이트(Cementite)의 A$_0$ 변태 온도(℃)는?
   ㉮ 50
   ㉯ 150
   ㉰ 210
   ㉱ 270

33. 특수강에서 내식성과 내산성을 증가시키는 가장 대표적인 원소는?
   ㉮ C
   ㉯ Ni
   ㉰ S
   ㉱ Pb

34. 철강 재료에 대한 설명 중 틀린 것은?
   ㉮ 강괴의 종류는 탈산도에 따라 분류한다.
   ㉯ 킬드강은 주조용강으로도 사용할 수 있다.
   ㉰ 상부베이나이트는 하부베이나이트보다 경도가 높다.
   ㉱ 보통 주철의 조직상은 흑연, 펄라이트와 시멘타이트이다.

35. Austenite계 Stainless steel에 해당되는 것은?
   ㉮ 18% Co강
   ㉯ 18% Mo강
   ㉰ 18% Cr · 8% Ni강
   ㉱ 17-4 PH 강

36. 기계를 운전하기 전에 해야 할 일과 관련이 가장 적은 것은?
   ㉮ 공구 준비
   ㉯ 급유
   ㉰ 기계 점검
   ㉱ 제품분석

37. 주형을 진동시키거나 들어 올릴 때 모래가 떨어지는 현상의 결함은?
   ㉮ Cold shut
   ㉯ Crushling
   ㉰ Drop or drop out
   ㉱ Drawing

정답: 027. ㉱ 028. ㉮ 029. ㉮ 030. ㉰ 031. ㉰ 032. ㉰ 033. ㉯ 034. ㉰ 035. ㉰ 036. ㉱ 037. ㉰

038 직선형의 균열로서 내부 수축응력에 의하여 발생하는 냉간균열(Cold crack)의 가장 큰 원인은?

㉮ 경한 재료로서 수축량이 큰 경우
㉯ 큰 주물의 지느러미가 발생한 경우
㉰ 주물사의 배합이 부적당한 경우
㉱ 두께가 불균일한 대형주물을 급속히 냉각한 경우

039 분진에 습기를 부여해서 포집하는 분진 측정의 방법은?

㉮ 흡착식 ㉯ 침강식
㉰ 충돌식 ㉱ 원심식

040 금속부분에 대한 한국 산업규격이 규정하는 기호는?

㉮ KSA ㉯ KSD
㉰ KSG ㉱ KSM

041 주물의 압탕 효과를 증가시킬 수 있는 방법으로 틀린 것은?

㉮ 덧붙임(padding)을 한다.
㉯ 칠(chill)을 제거한다.
㉰ 압탕부에 단열재나 발열재로 만든 슬리브를 사용한다.
㉱ 압탕의 형상계수(체적/표면적)를 크게 한다.

042 압력을 나타내는 단위 기호는?

㉮ N ㉯ Pa
㉰ J ㉱ W

043 주철의 기계적 성질 중 상온에서 충격치가 가장 높은 것은?

㉮ 페라이트형 구상흑연주철
㉯ 펄라이트형 구상흑연주철
㉰ 흑심가단주철
㉱ 펄라이트형 가단주철

044 유압펌프의 고장 중 소음이 클 경우 원인과 대책이 서로 틀린 것은?

㉮ 흡입관이 가늘거나 막힘 : 흡입진공도를 200mmHg 이하로 한다.
㉯ 탱크 안에 기포가 있음 : 탱크 안의 오일을 새 것으로 교환한다.
㉰ 색션 필터의 막힘 또는 용량부족 : 필터의 청소 또는 용량이 큰 것을 사용한다.
㉱ 베어링이 마모되어 있음 : 펌프를 수리하거나 축심이 맞는지 조사한다.

045 코어 브로잉 머신(core blowing machine)의 장점 중 관련이 가장 적은 것은?

㉮ 압축공기와 함께 슈팅하기에 신속, 정확한 조형 방식이다.
㉯ 코어의 크기에 따라 소형에서 대형의 기계 제작이 가능하다.
㉰ CO_2 코어일 때는 CO_2 가스 취입 장치와 조합하여 사용하면 능률적인 취입이 가능하다.
㉱ 기계구조 특성상 수직형으로만 블로잉(blowing)할 수 있다.

정답 038. ㉱ 039. ㉮ 040. ㉯ 041. ㉯ 042. ㉯ 043. ㉮ 044. ㉯ 045. ㉱

46 마그네슘 합금 용해시 수소가스를 제거하기 위하여 사용되는 가스는?
  ㉮ 탄산가스   ㉯ 불활성가스
  ㉰ 인산염가스 ㉱ 후레온가스

47 인베스트먼트 주조법에서 주로 사용되는 원형재료는?
  ㉮ 수지   ㉯ 왁스
  ㉰ 목재   ㉱ 석고

48 주물의 검사방법 중 파괴검사 방법에 해당되는 것은?
  ㉮ 육안검사 ㉯ 조직검사
  ㉰ 치수검사 ㉱ 중량검사

49 원형 제작시 구석면을 라운딩(rounding)하는 이유에 해당되지 않는 것은?
  ㉮ 불순물이 석출되어 약해짐을 방지하기 위하여
  ㉯ 편석(segregation)을 방지하기 위하여
  ㉰ 표면 냉각 조건을 좋게 하여 크랙을 방지하기 위하여
  ㉱ 원형의 외관을 좋게 하기 위하여

50 생산현장에서 자동화로 얻어지는 효과로 옳지 않은 것은?
  ㉮ 생산성의 향상
  ㉯ 노동인력의 증가
  ㉰ 노무비의 감소
  ㉱ 원자재 비용의 감소

51 인베스트먼트 주조법(Investment casting process)의 점결제는?
  ㉮ 왁스(Wax)
  ㉯ 페놀레진(Phenol resin)
  ㉰ 칼슘실리케이트(Calcium silicate)
  ㉱ 에틸실리케이트(Ethyle silicate)

52 도면에 표시되는 치수는 어떤 치수를 기입하는가?
  ㉮ 소재 준비 치수
  ㉯ 가공 여유 치수
  ㉰ 가공 후 다듬질 전 치수
  ㉱ 가공 후 다듬질 완료치수

53 주철에서 탄소(C)가 4.3%일 때의 용융점은 1148℃이고 오스테나이트와 시멘타이트와의 공정 조직은?
  ㉮ 마르텐자이트 ㉯ 펄라이트
  ㉰ 페라이트   ㉱ 레데뷰라이트

54 어떠한 측정법으로 동일 시료를 무한 횟수 측정하였을 때, 데이터의 분포의 평균치와 참값과의 차를 무엇이라 하는가?
  ㉮ 신뢰성 ㉯ 정확성
  ㉰ 정밀도 ㉱ 오차

55 예방보전의 기능에 해당하지 않는 것은?
  ㉮ 취급 되어야 할 대상설비의 결정
  ㉯ 정비작업에서 점검시기의 결정
  ㉰ 대상설비 점검개소의 결정
  ㉱ 대상설비의 외주 이용도 결정

정답 046. ㉯ 047. ㉯ 048. ㉯ 049. ㉱ 050. ㉯ 051. ㉱ 052. ㉱ 053. ㉱ 054. ㉯ 055. ㉱

056. 관리한계선을 구하는데 이항분포를 이용하여 관리선을 구하는 관리도는?
㉮ Pn 관리도   ㉯ U 관리도
㉰ $\bar{X}$ - P관리도   ㉱ X 관리도

057. 로트(Lot)수를 가장 올바르게 정의한 것은?
㉮ 1회 생산 수량을 의미한다.
㉯ 일정한 제조회수를 표시하는 개념이다.
㉰ 생산목표량을 기계대수로 나눈 것이다.
㉱ 생산목표량을 공정수로 나눈 것이다.

058. 다음의 데이터를 보고 편차 제곱합(S)을 구하면?

[Data]
18.8, 19.1, 18.8, 18.2, 18.4, 18.3, 19.0, 18.6, 19.2

㉮ 0.338   ㉯ 1.029
㉰ 0.114   ㉱ 1.014

059. 공정 도시기호 중 공정계열의 일부를 생략할 경우에 사용되는 보조 도시기호는?

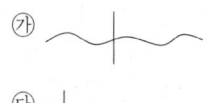   

060. 규사의 주성분을 결정하는 것은?
㉮ Al_2O_3 ㉯ MgC
㉰ SiO_2 ㉱ CaO

정답 056. ㉮   057. ㉯   058. ㉰   059. ㉯   060. ㉰

2. 주조기능장 2004년 시행문제

001. 주철의 용탕의 탄소 당량을 알기 위한 노전 시험법이 아닌 것은?
   ㉮ 쐐기형 시험   ㉯ 원통시험
   ㉰ C.E시험   ㉱ 충격시험

002. 이상적인 탕구의 기능에 해당 될 수 없는 것은?
   ㉮ 온도구배를 주어 지향성 응고를 이루게 한다.
   ㉯ 용탕의 흐르는 속도를 조절하여 조용히 들어가게 한다.
   ㉰ 용탕이 주형에 들어가게 한다.
   ㉱ 주형에 용탕이 흘러 들어갈 때 정압을 부여하지 않는다.

003. 큐폴라 조업에서 연소율(η_v)이란?
   ㉮ $\eta_v = \dfrac{CO}{CO_2+CO}$
   ㉯ $\eta_v = \dfrac{CO_2+CO}{CO}$
   ㉰ $\eta_v = \dfrac{CO_2}{CO_2+CO}$
   ㉱ $\eta_v = \dfrac{CO_2+CO}{CO_2+CO+O_2}$

004. 부식검사는 대기 속 혹은 용액에 침지하여 녹의 발생상황에 따라서 표면결함의 검출이나 재질의 적부를 판정하는 것이다. 이 검사방법 중 틀린 것은?
   ㉮ 산세척법   ㉯ 아말감법
   ㉰ 해수침지법 ㉱ 테르미트법

005. 주조합금의 응고수축(V/0)의 값이 가장 높은 것은?
   ㉮ 백주철   ㉯ 탄소강
   ㉰ 강   ㉱ 알루미늄

006. 주물사의 강도시험의 단위는?
   ㉮ kg_f/cm^2 ㉯ kg_f/m^3
   ㉰ kg_f/cm^4 ㉱ kg_f/m

007. 어떤 금속을 고액공존 상태에서 목적하는 형상으로 가공 하면 응고수축이나 가스(gas)에 기인하는 결함을 방지할 수 있다는 원리를 이용하는 특수 주조법은?
   ㉮ Rheo casting   ㉯ Spin casting
   ㉰ Counter casting ㉱ Ultra casting

정답 001. ㉱ 002. ㉱ 003. ㉰ 004. ㉱ 005. ㉱ 006. ㉮ 007. ㉮

008 회주철 주물에서 용탕은 어느 쪽으로 주입하는 것이 옳은가?
㉮ 주물의 단면두께가 얇은 곳
㉯ 주물의 단면두께가 두꺼운 곳
㉰ 주물의 단면두께가 중간인 곳
㉱ 주물의 단면두께는 관계없음

009 주형에서 탕구계에 속하지 않는 부분은?
㉮ 압탕   ㉯ 탕구
㉰ 탕도   ㉱ 주입구

010 CO_2 주형을 만드는 과정에서 경화불량이 발생되었을 경우 예상되는 원인 중 관련이 가장 적은 것은?
㉮ 물유리의 첨가 %가 너무 낮았다.
㉯ CO_2 가스 취입시간이 신속하였다.
㉰ 후란수지를 사용했던 주물사를 혼합해서 사용했다.
㉱ CO_2 가스통의 잔류가스 유무를 조사하지 않았다.

011 큐폴라(cupola)내에서 일어나는 환원반응은?
㉮ $CaO + FeS \rightarrow CaS = FeO$
㉯ $C + O_2 \rightarrow CO_2 + 8800 kcal/kg_f$
㉰ $CaO + MnS \rightarrow CaS + MnO$
㉱ $CO_2 + C \rightarrow 2CO - 3265 kcal/kg_f$

012 그림과 같은 치수를 가지는 T자 교차부 주물에 적용하는 라운딩(rounding) 계산식은?

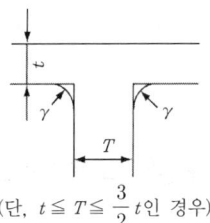

(단, $t \leq T \leq \frac{3}{2}t$인 경우)

㉮ $r = \frac{T+t}{2}$ ㉯ $r = \frac{t}{2}$ 또는 $\frac{T}{3}$
㉰ $r = \frac{T-t}{2}$ ㉱ $r = T - t$

013 주물 소재 중 다이캐스팅법으로 주조하기 어려운 것은?
㉮ Al 합금   ㉯ Mg 합금
㉰ Fe 합금   ㉱ Zn 합금

014 제강반응에서 용제의 염기성 성분이 아닌 것은?
㉮ CaO   ㉯ MgO
㉰ FeO   ㉱ SiO_2

015 미하나이트(meehanite)주철의 접종제로 사용하는 것은?
㉮ Ca-Si   ㉯ Ca-C
㉰ Ti-Mg   ㉱ Ca-S

정답 008. ㉮ 009. ㉮ 010. ㉯ 011. ㉱ 012. ㉯ 013. ㉰ 014. ㉱ 015. ㉮

16. 제품의 결함검사 중 박판 라미네이션(lamination)결함을 찾는데 가장 적합한 방법은?
   - ㉮ Leak test
   - ㉯ Ultrasonic test
   - ㉰ r-ray test
   - ㉱ Magnetic test

17. 백심가단주철의 풀림온도(℃)로 가장 적합한 것은?
   - ㉮ 950~1000
   - ㉯ 1380~1400
   - ㉰ 1420~1460
   - ㉱ 1470~1500

18. 주물사의 수분함량을 측정할 때 건조를 실시한 후 냉각은 어느 곳에서 하는 것이 좋은가?
   - ㉮ 실내공기 중에서
   - ㉯ 실외공기 중 직사광선 속에서
   - ㉰ 데시케이터 안에서
   - ㉱ 건조로 안에서

19. 주물사의 첨가제로 규산분말(硅酸粉末)을 사용하는 가장 큰 이유는?
   - ㉮ 소착방지
   - ㉯ 용금 침입방지
   - ㉰ 통기도조절
   - ㉱ 가축성향상

20. 셀몰드에 사용하는 금형의 적합한 사용 온도(℃)는?
   - ㉮ 10~50
   - ㉯ 200~300
   - ㉰ 550~650
   - ㉱ 850~950

21. 주입온도가 낮거나 주입속도가 늦을 때 용금이 완전히 합쳐지지 못하고 기계적으로 접촉되어진 결함은?
   - ㉮ 균열(crack)
   - ㉯ 스캡(scab)
   - ㉰ 수축공(shrinkage cavity)
   - ㉱ 콜드쇼트(cold shut)

22. 흑연 도가니로의 용량(kg_f)은 무엇으로 표시하는가?
   - ㉮ 1회의 알루미늄 용해량
   - ㉯ 1회의 구리 용해량
   - ㉰ 1회의 아연 용해량
   - ㉱ 1회의 흑연 용해량

23. 내화물에서 SK26의 연화점은 몇 ℃ 정도인가?
   - ㉮ 1480
   - ㉯ 1580
   - ㉰ 1650
   - ㉱ 1750

24. 연간 50000 M-H(MAN-HOUR)가 소요되는 공장에서 1M-H(MAN-HOUR)당 환산 소요금액이 1541원이었다. 직접비가 연간 4700만원 소요되었다면 직접비는 원가의 몇 %를 차지하는가?
   - ㉮ 61
   - ㉯ 58
   - ㉰ 55
   - ㉱ 42

25. 제품과 동일한 형상으로 만든 원형은?
   - ㉮ Skeleton pattern
   - ㉯ Solid pattern
   - ㉰ Strickle pattern
   - ㉱ Sweep pattern

정답 016. ㉯ 017. ㉮ 018. ㉰ 019. ㉯ 020. ㉯ 021. ㉱ 022. ㉯ 023. ㉯ 024. ㉮ 025. ㉯

026. 원형 보존 방법에 관한 설명이 적당하지 않는 것은?
㉮ 보관 장소 바닥은 모래를 깔고 벽은 나무로 한다.
㉯ 흡습에 의한 변형을 막기 위하여 온도를 일정하게 유지한다.
㉰ 원형의 크기에 따라 창고를 준비한다.
㉱ 보존구문과 기간을 기록한다.

027. 조형을 할 때 부분형(section pattern)의 사용에 가장 적합한 것은?
㉮ 대형파이프 ㉯ 대형기어
㉰ 소형 벨트폴리 ㉱ 소형실린더

028. 목재의 비중에서 15%의 수분을 포함했을 때의 무게(g)와 그 용적(cm^3)비를 무엇이라 하는가?
㉮ 진비중 ㉯ 진건비중
㉰ 기건비중 ㉱ 생재비중

029. Core print란 무엇을 말하는가?
㉮ 코어 복사기
㉯ 원형의 보강대
㉰ 코어를 주형이 지지할 수 있도록 원형에 만든 돌출부
㉱ 코어속의 받침대

030. 다음 목재 중 인장강도(kg_f/cm^2)가 가장 큰 것은?
㉮ 홍송 ㉯ 낙엽송
㉰ 이깔나무 ㉱ 미송

031. 컴파아트먼식 열기건조법의 특징 중 틀린 것은?
㉮ 용량별로 나누어 설치할 수 있다.
㉯ 열손실이 적다.
㉰ 설비비가 많이 들고 숙련을 필요로 한다.
㉱ 나무의 종류 두께 등에 따라 각 실에서 동시에 건조가 불가능 하다.

032. 상형과 하형의 원형이 분리선을 구성하는 평판의 양쪽에 바로 교착되는 곳에 장치하는 원형은?
㉮ 매치플레이트 ㉯ 패턴플레이트
㉰ 매스터패턴 ㉱ 스킨 패턴

033. 도면에 표시된 파형기호(~)는 어느 경우에 사용될 수 있는가?
㉮ 선반가공 ㉯ 래핑가공
㉰ 주물표면 ㉱ 스크래핑 표면

034. 도면에 치수를 기입할 때 지름의 기호 표시는?
㉮ ∅ ㉯ R
㉰ t ㉱ P

035. 스프링강의 기계적 성질 중 틀린 것은?
㉮ 탄성한도가 커야 한다.
㉯ 항복강도가 커야 한다.
㉰ 피로한도가 낮아야 한다.
㉱ 충격력에 견디는 성질이 커야 한다.

정답 026. ㉮ 027. ㉯ 028. ㉰ 029. ㉰ 030. ㉯ 031. ㉱ 032. ㉮ 033. ㉰ 034. ㉮ 035. ㉰

36. 상온에서 비중(比重)이 가장 큰 것은?
   ㉮ Fe   ㉯ Cu
   ㉰ Al   ㉱ Sn

37. 인장시험에서 항복강도를 측정할 때 영구변형은 몇 %를 적용하는가?
   ㉮ 0.02   ㉯ 0.2
   ㉰ 2.0   ㉱ 20.0

38. 실용용 동 중 문쯔메탈(muntz metal)의 주성분은?
   ㉮ Cu60 : Zn40   ㉯ Cu50 : Sn50
   ㉰ Cu40 : Pb60   ㉱ Cu70 : Sn30

39. Pearlite의 결정조직은?
   ㉮ α+ Fe$_3$C   ㉯ ACC
   ㉰ Fe$_3$C   ㉱ β+ Fe$_3$C

40. 구상흑연주철 제조 시 구상화를 위하여 첨가되는 원소는?
   ㉮ Mg   ㉯ Au
   ㉰ S   ㉱ C

41. 시험편의 표점거리가 112mm, 지름이 14mm이고 최대하중 5500kg$_f$에서 절단되었을 때 실제 늘어난 길이가 20mm라고 하면 연신율(%) 및 인장강도(kg$_f$/mm^2)는?
   ㉮ 178, 307   ㉯ 17.8, 35.7
   ㉰ 1.7, 3.07   ㉱ 0.178, 0.307

42. 고압 가스의 용전 용기의 보관 시 유의할 사항 중 옳지 않는 것은?
   ㉮ 전락하지 않을 것
   ㉯ 전도하지 않을 것
   ㉰ 충격을 방지하도록 할 것
   ㉱ 통풍이 안 되는 곳에 보관할 것

43. Cupola 용해에 의한 주조 작업에서 바닥에 물이 있을 때 예상되는 것은?
   ㉮ 연료비 저하   ㉯ 용해온도 증가
   ㉰ 폭발   ㉱ 노상온도 상승

44. 비조질강의 상태에서 높은 강도와 인성, 가공성을 구비한 고장력강을 만들기 위한 야금학적 요인 중 틀린 것은?
   ㉮ 합금원소 용기에 의한 연강의 고용강화
   ㉯ 미량 합금원소 용기에 의한 결정립의 조대화
   ㉰ 미량 합금원소 용기에 의한 석출강화
   ㉱ 제어 압연에 의한 강인화

45. 제품을 주형에서 빼내어 모래 떨기를 한 다음 주물표면을 청소한다. 수압으로 청소하는 기계는?
   ㉮ 쇼트블라스트   ㉯ 에어블라스트
   ㉰ 하이드로블라스트   ㉱ 진동 연마기

46. Fe-C 상태도에서 아공석강의 탄소 %는 어느 정도인가?
   ㉮ 0.03~0.8   ㉯ 1.0~1.5
   ㉰ 1.7~2.0   ㉱ 2.2~3.0

정답 036. ㉯ 037. ㉯ 038. ㉮ 039. ㉮ 040. ㉮ 041. ㉯ 042. ㉱ 043. ㉰ 044. ㉯ 045. ㉰ 046. ㉮

047 다음 중 가장 정밀한 치수를 가공할 수 있는 가공법은?
㉮ 치핑   ㉯ 주조
㉰ 줄다듬질   ㉱ 연삭

048 오일탱크 구조의 필요한 조건에 적합하지 않는 것은?
㉮ 이물질이 들어가지 않도록 밀폐되어 있을 것
㉯ 모터 펌프, 밸브 등을 설치시 변형 및 진동에 대비하여 충격을 흡수할 수 있도록 연성과 늘어나는 성질을 지니고 있을 것
㉰ 탱크 안의 유면을 알아 볼 수 있도록 유면계가 설치되어 있을 것
㉱ 적당한 크기의 주유기가 있고 여과할 수 있도록 주유구에 쇠그물이 붙어 있을 것

049 유압회로 중에 어떤 원인에 의해서 기름이 누출된다고 하여도 압력이 저하되지 않도록 누출된 만큼의 기름을 보급하는 작용을 하는 것은?
㉮ 레귤레이터   ㉯ 어큘레이터
㉰ 제너레이터   ㉱ 보조 유압탱크

050 자동제어의 필요성이 아닌 것은?
㉮ 노동조건 향상
㉯ 생산설비 수명연장
㉰ 생산속도 둔화
㉱ 품질균일화

051 그림은 각종 도형제의 가열온도와 열팽창률의 관계를 나타낸 것이다. 지르콘사($ZrO_2 \cdot SiO_2$)를 나타내는 것은?

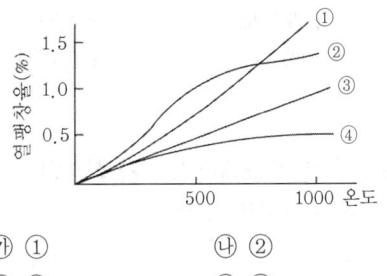

㉮ ①   ㉯ ②
㉰ ③   ㉱ ④

052 도면의 일부분을 보이게도 하고 빼기도 하려고 한다. Auto CAD에서 이와 같은 기능을 가진 것은?
㉮ Layer   ㉯ Snap Mode
㉰ Chance   ㉱ Grip Mode

053 압탕의 조건과 무관한 것은?
㉮ 압탕은 제품보다 나중에 응고하여야 한다.
㉯ 주물의 응고수축을 보충하여야 한다.
㉰ 압탕의 압력이 제품에 골고루 미쳐야 한다.
㉱ 방향성 응고를 고려할 필요는 없다.

054 탕구저는 어떠한 곳에 만드는가?
㉮ 탕도 끝부분에 만든다.
㉯ 탕도와 주입구 사이에 만든다.
㉰ 탕도 중간에 만든다.
㉱ 탕구 밑에 만든다.

정답 047. ㉱ 048. ㉯ 049. ㉯ 050. ㉰ 051. ㉱ 052. ㉮ 053. ㉱ 054. ㉱

55. 미리 정해진 일정 단위 중에 포함된 부적합(결점)수에 의거 공정을 관리할 때 사용하는 관리도는?
㉮ p관리도 ㉯ nP관리도
㉰ c관리도 ㉱ u관리도

56. 도수분포표에서 도수가 최대인 곳의 대표치를 말하는 것은?
㉮ 중위수 ㉯ 비대칭도
㉰ 모드(mode) ㉱ 첨도

57. 로트수가 10이고 준비 작업시간이 20분이며 로트별 정미작업시간이 60분이라면 1로트당 작업시간은?
㉮ 90분 ㉯ 62분
㉰ 26분 ㉱ 13분

58. 더미활동(dummy activity)에 대한 설명 중 가장 적합한 것은?
㉮ 가장 긴 작업시간이 예상되는 공정을 말한다.
㉯ 공정의 시작에서 그 단계에 이르는 공정별 소요시간들 중 가장 큰 값이다.
㉰ 실제 활동은 아니며, 활동의 선행조건을 네트워크에 명확히 표현하기 위한 활동이다.
㉱ 각 활동별 소요시간이 베타분포를 따른다고 가정할 때의 활동이다.

59. 다음 중 검사항목에 의한 분류가 아닌 것은?
㉮ 자주검사 ㉯ 수량검사
㉰ 중량검사 ㉱ 성능검사

60. 단순지수 평활법을 이용하여 금월의 수요를 예측하려고 한다면 이때 필요한 자료는 무엇인가?
㉮ 일절기간의 평균값, 가중값, 지수평활계수
㉯ 추세선, 최소자승법, 매개변수
㉰ 전월의 예측치와 실제치, 지수평활계수
㉱ 추세변동, 순환변동, 우연변동

정답 055. ㉰ 056. ㉰ 057. ㉯ 058. ㉰ 059. ㉮ 060. ㉰

3. 주조기능장 2005년 시행문제

001 후란수지를 점결제로 사용하는 주형사에서 모래 100에 대한 경화제의 적당한 사용량(%)은?
㉮ 30~40 ㉯ 0.3~0.4
㉰ 3~4 ㉱ 4~6

002 표면모래는 어느 성질이 가장 필요한가?
㉮ 점결력이 클 것 ㉯ 통기도가 좋을 것
㉰ 내화도가 높을 것 ㉱ 성형성이 좋을 것

003 상형, 하형 부분의 모형이 분리선(parting line)을 구성하는 평판의 양측에 붙어있고 일반적으로 탕구계(湯口系), 탕도계(湯道系)도 함께 들어있는 소형주물의 다량 생산에 적합한 모형은?
㉮ master pattern ㉯ pattern plate
㉰ pattern draft ㉱ match plate

004 압력제어 밸브 고장의 원인 중 압력이 너무 높거나 지나치게 낮을 때의 원인이 아닌 것은?
㉮ 스프링의 강도가 적절한 경우이다.
㉯ 조정핸들에 대한 압력설정이 적당치 않다.
㉰ 니들밸브가 정확하게 맞지 않고 있다.
㉱ 밸런스 피스톤의 작동 불량이다.

005 수축여유와 가공여유를 이중으로 주는 원형은?
㉮ 목형 ㉯ 금형
㉰ 석고형 ㉱ 플라스틱형

006 주물사의 통기도를 구하는 식이 옳은 것은? (단, V= 시험편을 통과한 공기의 양(cc), h = 시험편의 높이(cm), P= 시험편 상하의 압력 차이에 의한 수은주의 높이(cm/Hg), A = 시험편의 단면적(cm^2), t = 공기가 통과하는데 걸리는 시간(분))
㉮ $\dfrac{Vh}{PAt}$ ㉯ $\dfrac{VA}{Pht}$
㉰ $\dfrac{PV}{Aht}$ ㉱ $\dfrac{PA}{Vht}$

007 동합금 주물에서 Mold reaction을 촉진시키고 유동성을 가장 좋게 하는 원소는?
㉮ Ca ㉯ Al
㉰ S ㉱ P

008 150번 도가니에서 Al을 약 몇 kgf정도 녹일 수 있는가? (단, Cu 비중 8.9, Al 비중 2.7)
㉮ 약 27.5 ㉯ 약 45.5
㉰ 약 105.5 ㉱ 약 130.5

정답 001. ㉯ 002. ㉰ 003. ㉱ 004. ㉮ 005. ㉯ 006. ㉮ 007. ㉱ 008. ㉯

09. 다이캐스팅용 Al합금이 갖추어야 할 조건으로 틀린 것은?
㉮ 열간 취성이 적을 것
㉯ 응고 수축에 대한 용탕 보급성이 좋을 것
㉰ 금형에 소착되지 않을 것
㉱ 점성이 대처로 클 것

10. 제도용지의 폭과 길이의 비율은 얼마인가?
㉮ 1 : 2
㉯ 2 : 1
㉰ $1 : \sqrt{2}$
㉱ $\sqrt{2} : 1$

11. 주철을 용해하는데 적합한 것은?
㉮ 용광로
㉯ 고로
㉰ 용선로
㉱ 균열로

12. 다음 그림은 목재의 조직을 도시한 것이다. ①, ②, ③의 명칭은?

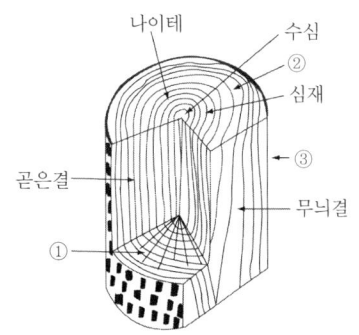

㉮ ① 적재 ② 성장테 ③ 수재
㉯ ① 혼재 ② 수선 ③ 정목
㉰ ① 변재 ② 조재 ③ 수재
㉱ ① 수선 ② 변재 ③ 수재

13. 규사에 규산나트륨을 4~6% 첨가, 혼련시켜 CO_2가스를 불어 넣어 경화시키는 주형법은?
㉮ 자경성 주형법
㉯ 마그네틱 주형법
㉰ CO_2 주형법
㉱ 시멘트계 주형법

14. 용탕 온도 측정기로서 전구의 필라멘트의 밝기를 저항기에 바꿔 밝기를 표준으로 해서 고온체 도와 전구의 색을 일치시켜 온도를 측정하는 휴대가 가능한 용탕 측정기는?
㉮ 열전 고온도계(Thermo electric Pyrometer)
㉯ 광고 온도계(Optical Pyrometer)
㉰ 색 고온계(pyroversum Pyrometer)
㉱ 복사 고온계(Radiation Pyrometer)

15. Cupola 조업 시 바닥에 물이 고이면 어떤 현상이 일어나는가?
㉮ 코크스 비가 저하한다.
㉯ 수증기 폭발의 위험이 있다.
㉰ 출선량이 증가한다.
㉱ 소화작업이 쉬워진다.

16. 구멍과 축이 억지 맞춤일 때는 어느 경우인가?
㉮ 구멍의 최소 허용치수 〉 축의 최대 허용치수
㉯ 구멍의 최대 허용치수 〉 축의 최소 허용치수
㉰ 구멍의 최대 허용치수 〈 축의 최소 허용치수
㉱ 구멍의 최소 허용치수 〈 축의 최대 허용치수

정답 009. ㉱ 010. ㉰ 011. ㉰ 012. ㉱ 013. ㉰ 014. ㉯ 015. ㉯ 016. ㉰

17. 전동기의 정, 역전회로 등에서 다른 계전기의 동시 동작을 금지시키는 회로는?
    ㉮ 인터로그회로   ㉯ 입력우선회로
    ㉰ 기동우선회로   ㉱ 정지우선회로

18. 최초로 주입된 용탕을 포획하여 불순물 등을 제거하는 탕구계의 부위는?
    ㉮ 탕구   ㉯ 주입구
    ㉰ 탕도   ㉱ 탕도선

19. 합금의 수축으로 체적이나 치수가 감소하는데 아무 장해가 없을 때의 수축을 무슨 수축이라고 하는가?
    ㉮ 체적수축   ㉯ 선수축
    ㉰ 자유수축   ㉱ 주조수축

20. 구상흑연 주철품에 해당하는 기호는?
    ㉮ GC   ㉯ GCD
    ㉰ BSC   ㉱ SC

21. 도면 $40^{+0.005}_{-0.003}$ 으로 표시된 공차의 범위에 해당되는 것은?
    ㉮ 0.002   ㉯ -0.002
    ㉰ 0.008   ㉱ 0.0002

22. 탄소강을 기름에 소입하였을 때 600℃ Ar' 변태 부근에서 나타나는 조직은?
    ㉮ 펄라이트(pearlite)
    ㉯ 마르텐사이트(martensite)
    ㉰ 트루스타이트(troostite)
    ㉱ 소르바이트(sorbite)

23. 그림의 탕구는 어느 것인가?

    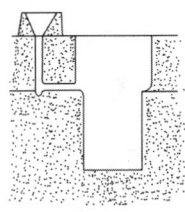

    ㉮ parting line gate
    ㉯ bottom gate
    ㉰ top gate
    ㉱ top pencil gate

24. 후란(Furan)계 수지의 종류를 열거하였다. 틀린 것은?
    ㉮ 훌후릴알콜/포름알데히드계 수지(FA/F)
    ㉯ 요소 포름알데히드/훌후릴알콜계 수지(UF/FA)
    ㉰ 페놀-포름알데히드/훌후릴알콜계 수지(PF/FA)
    ㉱ 요소-페놀/훌후릴알콜계 수지(UP/FA)

25. 용선로 용해에 있어서 컴퓨터 제어 항목이 아닌 것은?
    ㉮ 용해속도   ㉯ 용선 제고량
    ㉰ 주입속도   ㉱ 주물냉각속도

26. 다음 중 Core box로 사용되는 것으로 틀린 것은?
    ㉮ 동합금형   ㉯ 목형
    ㉰ Shell형   ㉱ Al형

정답 017. ㉮ 018. ㉱ 019. ㉰ 020. ㉯ 021. ㉰ 022. ㉮ 023. ㉮ 024. ㉱ 025. ㉱ 026. ㉰

27. 그림과 같은 결함(A)의 명칭은 무엇인가?

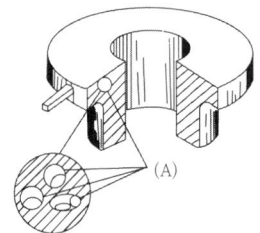

㉮ cold shot ㉯ shrinkage cavity
㉰ Inculsion ㉱ blister

28. 주철주물에 있어서 인장강도가 급격히 저하되는 온도(℃)는?

㉮ 300 ㉯ 400
㉰ 550 ㉱ 650

29. 구리, 황동, 청동의 현미경 조직시험에 필요한 부식액으로 옳은 것은?

㉮ 피크린산 5% + 알콜 용액
㉯ 염화제이철 5g + 진한 염산 50cc + 물 100cc
㉰ 피크린산 2g + 가성소오다 25g을 물에 녹여 100cc로 한 것
㉱ 염산 15cc + 피크린산 1g + 알콜 100cc

30. 코어프린트 부착목적 중 관련이 가장 적은 것은?

㉮ 코어의 위치결정 ㉯ 코어의 부상방지
㉰ 가스배기 홀 ㉱ 코어사 제거용이

31. 강자성체의 금속은?

㉮ Co ㉯ Ag
㉰ Cu ㉱ Bi

32. 탄소와 실리콘의 함량이 가장 높은 범위에 속하는 주철 재료는?

㉮ 강인주철 ㉯ 흑심가단 주철
㉰ 백심가단 주철 ㉱ 구상흑연 주철

33. 원판을 만드는데 가장 편리한 목공기계는?

㉮ band saw ㉯ circular saw
㉰ planner ㉱ belt sander

34. 수동식 졸트스퀴즈 조형기에 사용할 매치 플레이트로 가장 적합한 재료는?

㉮ 알루미늄제 ㉯ 목제
㉰ 주철제 ㉱ 청동제

35. 다음의 예는 주물재질과 탈산제 또는 탈 가스제를 짝지은 것이다. 이중에 틀린 것은?

㉮ 구리합금 : 인동(燐銅)
㉯ Al합금 : Cl_2 가스
㉰ 주강 : Al
㉱ 주철 : Ca

36. 강의 냉간가공시 감소되는 기계적 성질은?

㉮ 경도 ㉯ 항복점
㉰ 인장강도 ㉱ 연신율

37. 회주철품의 주조를 시험검사에서 주조품을 파괴하여야 할 수 있는 검사법은?

㉮ 외형검사 ㉯ 치수검사
㉰ 중량검사 ㉱ 조직검사

【정답】 027. ㉮ 028. ㉯ 029. ㉯ 030. ㉱ 031. ㉮ 032. ㉱ 033. ㉮ 034. ㉮ 035. ㉱ 036. ㉱ 037. ㉱

038. 다음 중 주물사의 노화원인으로 틀린 것은?
㉮ 사립의 이상팽창에 의한 균열
㉯ 점결제의 점결력 상실
㉰ 주물사와 점결제의 mold reaction 저하
㉱ 사립의 형상 변형

039. 불량원형을 방지하여 우수한 주물을 생산하려면 종합적인 대책이 필요하다. 바람직하지 않은 것은?
㉮ 원형제작자에게 주형 조형 기술에 대한 교육보다 원형 제작교육이 필요하다.
㉯ 원형 제작 방안을 확립하여 원형을 제작한다.
㉰ 검사 부분을 강화시켜서 검사원이 반드시 검사하도록 한다.
㉱ 정기적 교육과 검사에 따를 품질관리 교육도 겸하여 실시한다.

040. 목재를 톱으로 자르려면 톱날이 끼여서 톱질이 어려워진다. 이와 같은 현상을 줄이기 위하여 날 을 양쪽으로 엇갈리게 구부린 것은?
㉮ 날어김 ㉯ 피치
㉰ 절삭각 ㉱ 측면 경사각

041. 원심 주조법의 특징을 설명한 것 중 틀린 것은?
㉮ 편석이 발생하기 쉽다.
㉯ 주로 원통형의 제작에 용이하다.
㉰ 내부조직이 외부조직보다 치밀하다.
㉱ Core가 필요 없다.

042. 목재가 원형제작에 가장 많이 사용되는 이유로 볼 수 없는 것은?
㉮ 금속에 비해 재료비, 가공비가 싸며, 다량생산, 특별한 정도를 고려하지 않은 경우에 유리하다.
㉯ 석재, 시멘트 등에 비해 가볍고 가공성이 좋으며 휘성이 적다.
㉰ 합성수지에 비해 값이 싸고, 소량의 경우에도 가공비가 싸다.
㉱ 기계적 강도가 금속 및 합성수지보다 약하며, 치수의 정밀성을 유지하지 못한다.

043. 다음 중 염기성 내화물은?
㉮ 규사 ㉯ 돌로마이트
㉰ 내화점토 ㉱ 납석

044. 용금의 물리적 침투나 화학반응이 일어나는 것을 막고 주형 표면에 곱게 하기 위하여 주형표면에 도장을 하는 것을 무엇이라 하는가?
㉮ 이형제 ㉯ 도형제
㉰ 첨가제 ㉱ 점결제

045. 연천인율을 옳게 설명한 것은?
㉮ $\dfrac{평균근로자수}{재해자수} \times 1000$
㉯ $\dfrac{연근로시간}{재해건수} \times 1000$
㉰ $\dfrac{재해자수}{평균근로자수} \times 1000$
㉱ $\dfrac{근로손실일수}{연근로시간수} \times 1000$

정답 038. ㉰ 039. ㉮ 040. ㉮ 041. ㉰ 042. ㉱ 043. ㉯ 044. ㉯ 045. ㉰

46. 흑연이 존재하지 않는 것은?
   ㉮ 흑심가단주철   ㉯ 구상흑연주철
   ㉰ 백주철   ㉱ 회주철

47. 주조품의 내부결함을 알아낼 수 있는 비파괴 시험법은?
   ㉮ 육안검사법   ㉯ 염색침투탐상법
   ㉰ 초음파탐상법 ㉱ 침투탐상법

48. 모형공장 규모에 대한 설명 중 틀린 것은?
   ㉮ 모형공장의 크기는 주물공장 크기의 1/3~1/4 정도가 적당하다.
   ㉯ 모형공장의 작업면적은 1인당 약 10~17m^2 정도가 적당하다.
   ㉰ 정속한 환경으로 밝기가 100럭스(Lux) 이상이어야 한다.
   ㉱ 작업장에는 작업의 능률상 기계, 작업대, 조립 정반 등을 함께 동시에 배치함이 좋다.

49. 컴퓨터에 의한 공정계획(CAPP)시스템의 장점 중 틀린 것은?
   ㉮ 공정합리화와 표준화
   ㉯ 다른 용용프로그램의 통합
   ㉰ 공적계획 리드타임의 증가
   ㉱ 공정계획 입안자의 생산성증가

50. 목형의 주체가 되는 부분이나 치수의 정밀을 요하는 부분에 사용되는 목재는?
   ㉮ 정목(柾目)   ㉯ 판목(板目)
   ㉰ 종목(種目)   ㉱ 변재(邊材)

51. 부식이 가장 일어나기 쉬운 금속재료는?
   ㉮ Fe   ㉯ Au
   ㉰ Pt   ㉱ Cu

52. cupola 조업에서 슬랙(sleg)의 염기도를 구하는 식은?
   ㉮ $\dfrac{CaO+MgO}{SiO_2}$ ㉯ $\dfrac{CaO+SiO_2}{MgO}$
   ㉰ $\dfrac{SiO_2+MgO}{CaO}$ ㉱ $\dfrac{SiO_2}{CaO+MgO}$

53. 주물사에 사용되는 점결제 중 유기질 점결제에 속하는 것은?
   ㉮ 벤토나이트(Bentonite)
   ㉯ 피치(Pitch)
   ㉰ 내화점토(Fire clay)
   ㉱ 몬트모리노나이트(Montmorilonite)

54. 작업환경과 관련이 가장 먼 것은?
   ㉮ 온도   ㉯ 냉수관리
   ㉰ 소음   ㉱ 분진

55. 다음 중 로트별 검사에 대한 AQL 지표용 샘플링검사 방식은 어느 것인가?
   ㉮ KS A ISO 2859-0
   ㉯ KS A ISO 2859-1
   ㉰ KS A ISO 2859-2
   ㉱ KS A ISO 2859-3

정답 046. ㉰ 047. ㉰ 048. ㉱ 049. ㉰ 050. ㉮ 051. ㉮ 052. ㉮ 053. ㉯ 054. ㉯ 055. ㉯

056 다음 데이터로부터 통계량을 계산한 것 중 틀린 것은?

[데이터]
21.5, 23.7, 24.3, 27.2, 29.1

㉮ 중앙값(Me) = 24.3
㉯ 제곱합(S) = 7.59
㉰ 시료분산(s2) = 8.988
㉱ 범위[R] = 7.6

057 여력을 나타내는 식으로 가장 올바른 것은?

㉮ 여력 = 1일 실동시간 + 1개월 실동시간 + 가동대수
㉯ 여력 = (능력-부하)(f)$\dfrac{1}{100}$
㉰ 여력 = $\dfrac{능력-부하}{능력}$ (f)100
㉱ 여력 = $\dfrac{능력-부하}{부하}$ (f)100

058 다음 중 계량치 관리도는 어느 것인가?

㉮ A 관리도 ㉯ nP 관리도
㉰ C 관리도 ㉱ U 관리도

059 생산보전(PM : Productive Maintenance)의 내용에 속하지 않는 것은?

㉮ 사후보전 ㉯ 안전보전
㉰ 예방보전 ㉱ 개량보전

060 다음 중에서 작업자에 대한 심리적 영향을 가장 많이 주는 작업측정의 기법은?

㉮ PTS법   ㉯ 워크 샘플링법
㉰ WF법   ㉱ 스톱 워치법

정답 056. ㉯ 057. ㉰ 058. ㉮ 059. ㉯ 060. ㉱

4. 주조기능장 2006년 시행문제

01 CO_2 주형법의 특징을 설명한 것 중 틀린 것은?

㉮ 용탕 주입 시 가스의 발생이 적다.
㉯ 모형이 묻힌 채 주형이 경화되므로 치수가 정밀하다.
㉰ 건조하지 않아도 경도와 강도가 큰 주형을 만들 수 있다.
㉱ 주형이 경화된 후 모형을 꺼내야 하므로 모형의 기울기가 작아야 한다.

02 다이캐스팅용 금형재료의 조건으로 틀린 것은?

㉮ 가공 및 열처리가 용이하여야 한다.
㉯ 용탕의 침식에 대한 저항이 커야 한다.
㉰ 내마모성이 낮아야 한다.
㉱ 내열 및 내산화성이 우수하여야 한다.

03 도면에서 사용하는 선의 종류와 용도를 설명한 것 중 틀린 것은?

㉮ 해칭선 : 인접부분을 참고로 표시하는데 사용한다.
㉯ 외형선 : 대상물의 보이는 부분의 모양을 표시하는데 사용한다.
㉰ 숨은선 : 대상물의 보이지 않는 부분의 모양을 표시하는데 사용한다.
㉱ 파단선 : 대상물의 일부를 파단한 경계 또는 일부를 떼어낸 경계를 표시하는데 사용한다.

04 구상흑연주철을 제조하기 위한 측연 구상화 처리방법이 아닌 것은?

㉮ 용사법 ㉯ 샌드위치법
㉰ 캔디법 ㉱ 인몰드법

05 주철의 스테다이트(Steadite) 조직이란?

㉮ Fe, Fe_3P, Fe_3C의 3원 공정
㉯ Fe_3P, Fe, α-Fe(Ferrite)의 3원 공정
㉰ Fe_3P, Fe_3C 2원 공정
㉱ Fe, α-Fe 2원 공정

06 풀몰드법의 원형재료로 옳은 것은?

㉮ 소석고
㉯ 발포성 폴리스틸렌
㉰ 규산소다
㉱ 목점점토

07 스테인리스강에서 조직상으로 분류할 때 나타나지 않는 조직은?

㉮ 펄라이트(Pearlite)
㉯ 페라이트(Ferrite)
㉰ 마르텐자이트(Martensite)
㉱ 오스테나이트(Austenite)

정답 001. ㉱ 002. ㉰ 003. ㉮ 004. ㉮ 005. ㉮ 006. ㉯ 007. ㉮

008. 목재, 금속, 수지로 만든 모형을 정반에 고정시키고 탕구, 탕도, 압탕 등을 부착한 것으로 조형물의 합형이 용이하여 기계조형에 많이 사용하는 모형에 해당하는 것은?
㉮ 원형목형 ㉯ 매치플레이트형
㉰ 회전형   ㉱ 골격형

009. 아크(Arc)로에서 전극의 구비 조건으로 틀린 것은?
㉮ 충분한 전기 전도도와 내화도를 가질 것
㉯ 온도의 급변에 견딜 것
㉰ 회분과 유황이 많을 것
㉱ 가열 상태에서 산화가 적을 것

010. 주철주물에서 탄소당량은 그 합금이 공정 조성 인가를 알아보는 척도이다. 탄소당량(CE)을 나타내는 식으로 옳은 것은?
㉮ $CE = TC\% + \dfrac{1}{2} Si\%$
㉯ $CE = TC\% + Si\%$
㉰ $CE = TC\% + \dfrac{1}{4}(Si\%+P\%)$
㉱ $CE = TC\% + \dfrac{1}{3}(Si\%+P\%)$

011. 통기도를 구하는 식으로 옳은 것은? (단, $V =$ 시험편을 통과한 공기의 양, $h =$ 시험편의 높이, $P =$ 시험편 상하의 압력 차이에 의한 수주의 높이, $A =$ 시험편의 단면적, $t =$ 공기가 통과하는데 걸리는 시간)
㉮ 통기도 $= \dfrac{Vh}{PAt}$ ㉯ 통기도 $= \dfrac{PAt}{Vh}$
㉰ 통기도 $= \dfrac{Ph}{VAt}$ ㉱ 통기도 $= \dfrac{At}{PVh}$

012. 현형에 속하는 원형은?
㉮ 긁기회전원형 ㉯ 회전원형
㉰ 분할원형   ㉱ 긁기원형

013. 고체 연료인 코크스의 연료비(fuel ratio)란?
㉮ 연료비 $= \dfrac{\text{고정탄소}}{\text{휘발분}}$
㉯ 연료비 $= \dfrac{\text{잠열감량}}{\text{고정탄소}}$
㉰ 연료비 $= \dfrac{\text{휘발분}}{\text{고정탄소}}$
㉱ 연료비 $= \dfrac{\text{고정탄소}}{\text{잠열감량}}$

014. 작업환경에서 신체작용에 의한 장해의 분류 중 화학적 환경에 속하지 않는 것은?
㉮ 산소부족   ㉯ 납 및 그 화합물
㉰ 소음 및 진동 ㉱ 분진(석면가루)

015. 원심주조법에 대한 설명이 틀린 것은?
㉮ 관이나 원통형의 주물을 만들 때에 코어가 필요하다.
㉯ 높은 압력이 걸리므로 조직이 치밀하게 되고, 수축공이나 기공이 없다.
㉰ 주물의 모양에 따라 다르지만, 탕구나 압탕이 많이 필요하지 않아 재료의 회수율이 높다.
㉱ 비중 차이에 의한 개재물의 분리제거가 가능하다.

정답 008. ㉯ 009. ㉰ 010. ㉱ 011. ㉮ 012. ㉯ 013. ㉮ 014. ㉰ 015. ㉮

16. 압탕의 효과가 충분하지 못한 곳의 응고속도를 빨리 하기 위하여 설치하는 것은?
   ㉮ Flow off   ㉯ Strainer
   ㉰ Pencil gate   ㉱ Chill metal

17. 기준치수가 50mm, 최대허용치수가 49.975mm, 최소허용치수가 49.950 zmm일 때 위치수 허용차(a)와 아래치수 허용차(b)는 얼마인가?
   ㉮ a = -0.025, b = -0.050
   ㉯ a = -0.050, b = -0.025
   ㉰ a = +0.025, b = +0.050
   ㉱ a = +0.050, b = +0.025

18. 건조 규사와 100~200mesh 정도의 수지 점결제를 배합한 합성사를 200~300℃로 가열 경화시켜 주형을 만드는 조형법은?
   ㉮ CO_2 주형법
   ㉯ 셸몰드법
   ㉰ 다이캐스팅 주조법
   ㉱ 인베스트먼트 주조법

19. 내화도에 의한 내화물의 분류 중 SK 30~33의 온도(℃)는?
   ㉮ 570~670   ㉯ 970~1070
   ㉰ 1270~1370   ㉱ 1670~1730

20. 특수강 및 합금강 제조에 가장 우수한 용해로는?
   ㉮ 도가니로   ㉯ 큐폴라
   ㉰ 고주파유도로   ㉱ 반사로

21. 목재의 조직 중에 수분이 많고, 수평에 가까우며 재질이 무르고 변형이 쉬운 조직은?
   ㉮ 심재   ㉯ 변재
   ㉰ 연륜   ㉱ 수선

22. 압탕에 대한 설명으로 틀린 것은?
   ㉮ 압탕은 제품보다 나중에 응고하여야 한다.
   ㉯ 주물의 응고수축을 보충하여야 한다.
   ㉰ 압탕의 압력이 제품에 골고루 미쳐야 한다.
   ㉱ 방향성 응고를 고려할 필요는 없다.

23. 도가니로가 금속의 용해에 많이 쓰이는 이유는?
   ㉮ 1회에 용해량이 크고 주강 용해에 적합하다.
   ㉯ 용해되는 금속이 연료가스와 직접 닿는 일이 적고 용탕이 산화되거나 불순물이 섞이는 위험이 적다.
   ㉰ 연료비가 저렴하고 열량이 많으므로 고융점 금속의 용해에 유리하다.
   ㉱ 내화재가 불필요하고 열효율이 높다.

24. 주철에 함유되어 있는 원소 중 흑연화를 촉진시키는 원소와 억제하는 원소가 바르게 짝지어진 것은?
   ㉮ 촉진 : S, 억제 : Ca
   ㉯ 촉진 : Si, 억제 : Cr
   ㉰ 촉진 : Ca, 억제 : Si
   ㉱ 촉진 : Cr, 억제 : Al

정답 016. ㉱ 017. ㉮ 018. ㉯ 019. ㉱ 020. ㉰ 021. ㉯ 022. ㉱ 023. ㉯ 024. ㉯

25. 다음 주철 중 흑연이 정출되지 않는 재료는?
㉮ 회주철 ㉯ 구상흑연주철
㉰ 백주철 ㉱ 흑심가단주철

26. CAD 시스템의 도입으로 나타날 수 있는 일반적인 공동 효과라고 볼 수 없는 것은?
㉮ 제품원가의 증대 ㉯ 제품의 납기 단축
㉰ 제품의 표준화 ㉱ 제품의 품질향상

27. 그림과 같은 주형 제작용 공구의 명칭은?

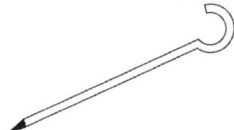

㉮ 흙손 ㉯ 모서리 다지개
㉰ 원형뽑개 ㉱ 수준기

28. 원형 제작시 도면 해독법의 설명으로 틀린 것은?
㉮ 표제란은 일반적으로 도면의 오른쪽 아래 부분에 품명, 재질, 중량, 등과 척도가 기재되어 있으므로 도면을 보기 전에 먼저 이것을 읽고 이해해야 한다.
㉯ 도면에 기재된 수압, 열처리 재료시험 등의 실시 여부와 가공 여유, 보정여유, 검사요령 등을 완전히 이해해야 한다.
㉰ 제품형상을 정확하게 파악하여야 하며, 제품 형상의 이해가 곤란한 경우 과거의 비슷한 원형이나 도면을 참고한다.
㉱ 도면의 제품 도시는 항상 1각법으로 구성되어 있으며 형상과 치수, 표기법 등을 파악해야 한다.

29. 다음 중 적열(고온)취성을 방지하는 원소는?
㉮ S ㉯ W
㉰ V ㉱ Mn

30. 주물공장의 기계조형 작업시 안전사항으로 잘못된 것은?
㉮ 주형상자의 조인트 핀과 매치플레이트 형의 조인트가 일치하도록 한다.
㉯ 주형의 냉각과 건조에 유의하여야 한다.
㉰ 완성된 주형을 옮길 때에는 충격과 변형에 주의하여야 한다.
㉱ 기계조형시 주물사는 기계적으로 다져지지만 최종적으로는 손으로 다져야 한다.

31. 주물 표면의 소착물을 제거, 청정하기 위하여 철제 용기에 주물을 장입하고 다각형을 철편을 넣어 매분 40~60회 정도의 속도로 용기를 회전시켜 주물표면의 청소나 주물의 코어 제거 작업에 쓰이는 기계는?
㉮ 텀블러(Tumbler)
㉯ 쇼트블라스트(Shot blast)
㉰ 샌드블라스트(Sand blast)
㉱ 쇼트챔버블라스트(Shot chamber blast)

32. 도면에 치수를 기입할 때 지름의 기호 표시는?
㉮ ∅ ㉯ R
㉰ t ㉱ P

025. ㉰ 026. ㉮ 027. ㉰ 028. ㉱ 029. ㉱ 030. ㉱ 031. ㉮ 032. ㉮

33. 용금이 주형을 완전히 채우지 못하고 응고되는 결함은?
   ㉮ 수축공   ㉯ 소착
   ㉰ 주탕불량 ㉱ 지느러미

34. 압력제어 밸브가 아닌 것은?
   ㉮ 감압밸브   ㉯ 셔틀밸브
   ㉰ 릴리프밸브 ㉱ 언로드밸브

35. 원형용 목재로서 갖추어야 할 성질로 틀린 것은?
   ㉮ 가공이 쉽고 재질이 고른 것
   ㉯ 온도와 습도에 의한 변형이 많고 무거울 것
   ㉰ 강도가 있고 내마멸성과 내구성이 있을 것
   ㉱ 값이 싸고 손쉽게 대량으로 구할 수 있을 것

36. 띠톱기계에서 바퀴의 회전수를 구하는 식은? (단, n = 바퀴회전수, V = 절삭속도, d = 바퀴지름)
   ㉮ $n = \dfrac{dV}{\pi}$ ㉯ $n = \dfrac{\pi V}{d}$
   ㉰ $n = \dfrac{\pi d}{V}$ ㉱ $n = \dfrac{V}{\pi d}$

37. 주형에서 코어 건조의 가장 중요한 목적은?
   ㉮ 체적과 중량의 감소
   ㉯ 수축과 변형의 촉진
   ㉰ 강도와 통기도의 증가
   ㉱ 내열성과 용해성의 향상

38. KS규격에서 제게르추(SK) 몇 번 이상의 내화도를 가진 것을 내화재로 규정하는가?
   ㉮ SK16   ㉯ SK26
   ㉰ SK36   ㉱ SK40

39. 원형의 외형치수 검사방법 중 틀린 것은?
   ㉮ 원형을 주체로 도면의 치수와 대조한다.
   ㉯ 외형이 틀린 곳이 발견되면 오차내용을 기입한다.
   ㉰ 둥근모양의 원형은 중심선을 기준으로 바깥둘레 방향으로 차례대로 검사한다.
   ㉱ 분할면을 수평으로 상자 맞춤핀 방향은 수평면으로 놓은 다음 길이 방향으로 검사한다.

40. 겨울철 알루미늄 주조 작업장에서 용탕 폭발사고의 가장 큰 발생 원인은?
   ㉮ 알루미늄 잉고트의 산화 때문이다.
   ㉯ 용탕 래들(바가지) 등을 충분히 예열하지 않은 상태에서 사용할 때 응축수분의 팽창 때문이다.
   ㉰ 염소가스와 대기 중에 노출된 지금의 화학반응으로 발생한다.
   ㉱ 알루미늄은 비중이 높으므로 저기압일 때 흔히 발생한다.

41. 주조공장의 자동화에서 고려해야 할 사항이 아닌 것은?
   ㉮ 제조 로트량   ㉯ 기계 가동률
   ㉰ 수용예측   ㉱ 공장위치

042. 주물의 열간균열의 방지대책으로 틀린 것은?
㉮ 주물 두께의 급격한 변화가 없도록 주형을 설계한다.
㉯ 주형은 열팽창계수가 높도록 한다.
㉰ 연결부위나 코너(Conner)부위를 가급적 줄인다.
㉱ 최종 응고부위에 냉금을 부착시켜 응력 발생을 방지한다.

043. 판재의 종류 중 한국산업규격에서 정한 넓은 판재의 규격에 해당되는 것은?
㉮ 두께 15mm 미만, 나비가 60mm 이상인 것
㉯ 두께 20mm 미만, 나비가 80mm 이상인 것
㉰ 두께 25mm 미만, 나비가 100mm 이상인 것
㉱ 두께 30mm 미만, 나비가 120mm 이상인 것

044. 코어프린트(Core Print)의 설계에 이용되는 원리는?
㉮ 아르키메데스의 원리
㉯ 아베의 원리
㉰ 피타고라스의 원리
㉱ 뉴톤의 원리

045. 아시큘라(Acicular) 주철의 조직은?
㉮ 펄라이트(Pearlite)
㉯ 베이나이트(Bainite)
㉰ 소르바이트(Sorbite)
㉱ 마르텐자이트(Martensite)

046. 다이아몬드를 부착한 강봉을 낙하시켜 반발하는 높이로 경도를 측정하는 경도시험법은?
㉮ 브리넬 경도시험 ㉯ 로크웰 경도시험
㉰ 비커스 경도시험 ㉱ 쇼어 경도시험

047. 주물용 모래에서 내화도가 가장 높은 것은?
㉮ 올리빈사   ㉯ 지르콘사
㉰ 샤모트사   ㉱ 카본사

048. 용적형 펌프 중 회전펌프에 해당되는 것은?
㉮ 원심펌프   ㉯ 터빈펌프
㉰ 기어펌프   ㉱ 벌류트펌프

049. 알루미늄 청동 주물의 구성 원소는?
㉮ Al+Cu+Fe   ㉯ Sb+Cs+P
㉰ Co+Zn+Mg   ㉱ Au+Sn+Pb

050. 원형 제작시 고려해야 할 사항으로 틀린 것은?
㉮ 수축여유   ㉯ 가공여유
㉰ 라운딩   ㉱ 접착여유

051. 표준 고속도강의 W, Cr, V의 성분비로 옳은 것은?
㉮ 18 : 4 : 1   ㉯ 18 : 9 : 1
㉰ 15 : 9 : 1   ㉱ 15 : 3 : 1

052. 주물사가 갖추어야 할 일반적인 구비조건으로 틀린 것은?
㉮ 주물사는 충분한 성형성을 지녀야 한다.
㉯ 주물사는 주입되는 금속의 온도에 견딜 수 있는 내열성을 지녀야 한다.
㉰ 주물사는 반복 사용할 수 있어야 한다.
㉱ 주물사의 입형(粒形)은 구형보다는 첨각형에 가까운 것이 좋다.

053. 주형에서 탕구계에 속하지 않는 부분은?
㉮ 압탕
㉯ 탕구
㉰ 탕도
㉱ 주입구

054. 주입된 용탕이 빨리 식지 않고 각 부가 고르게 응고 되려면 주물사의 어떠한 성질이 요구되는가?
㉮ 내압성이 클 것
㉯ 내식성이 클 것
㉰ 수축성이 클 것
㉱ 보온성이 클 것

055. 공정분석 기호 중 □는 무엇을 의미하는가?
㉮ 검사
㉯ 가공
㉰ 정체
㉱ 저장

056. 생산계획량을 완성하는데 필요한 인원이나 기계의 부하를 결정하여 이를 현재 인원 및 기계의 능력과 비교하여 조정하는 것은?
㉮ 일정계획
㉯ 절차계획
㉰ 공수계획
㉱ 진도관리

057. PERT에서 Network에 관한 설명 중 틀린 것은?
㉮ 가장 긴 작업시간이 예상되는 공정을 주공정이라 한다.
㉯ 명목상의 활동(Dummy)은 점선 화살표로 표시한다.
㉰ 활동(Activity)은 하나의 생산작업 요소로서 원(O)으로 표시된다.
㉱ Network는 일반적으로 활동과 단계의 상호관계로 구성된다.

058. 어떤 측정법으로 동일 시료를 무한 횟수로 측정하였을 때 데이터 분포의 평균치와 참값과의 차를 무엇이라 하는가?
㉮ 신뢰성
㉯ 정확성
㉰ 정밀도
㉱ 오차

059. TPM 활동의 기본은 이루는 3정 5S 운동에서 3정에 해당되는 것은?
㉮ 정시간
㉯ 정돈
㉰ 정리
㉱ 정량

060. 축의 완성지름, 철사의 인장강도, 아스피린 순도와 같은 데이터를 관리하는 가장 대표적인 관리도는?
㉮ $\bar{X}$-R 관리도
㉯ nP관리도
㉰ C관리도
㉱ U관리도

정답 052. ㉱ 053. ㉮ 054. ㉱ 055. ㉮ 056. ㉰ 057. ㉰ 058. ㉯ 059. ㉱ 060. ㉮

5. 주조기능장 2007년 시행문제

01 다음 중 주철 용탕의 냉금(Chill) 시험 방법은?
㉮ 쐐기형 시험법
㉯ 실리콘미터 시험법
㉰ C.E 미터 시험법
㉱ 퀸터미터 시험법

02 용탕의 온도가 낮거나 주입속도가 늦기 때문에 생기는 주물불량은?
㉮ scab   ㉯ buckle
㉰ cold shut   ㉱ inclusion

03 탕도 단면적이 10cm², 탕구 단면적이 30cm², 게이트의 총 단면적이 10cm²일 때 탕구비는?
㉮ 1 : 3 : 1   ㉯ 3 : 1 : 1
㉰ 1 : 1 : 3   ㉱ 3 : 3 : 1

04 원형 가까운 주형과 하층부는 잘 다져 지지만 상층부의 다짐이 약해지므로 추가적으로 상부를 다질 필요가 있는 조형법은?
㉮ Jolt법
㉯ Squeeze법
㉰ Blowing법
㉱ Blowing-Squeeze법

05 다음 중 염기성 내화재료로 옳은 것은?
㉮ 규석벽돌   ㉯ 납석벽돌
㉰ 샤모트벽돌   ㉱ 마그네시아벽돌

06 다음 중 주물사의 입도(R)를 구하는 식으로 옳은 것은? (단, E : 체위의 모래 무게[g], B : 시료의 무게[g])
㉮ $R = \dfrac{E}{B} \times 100\%$ ㉯ $R = \dfrac{B}{E} \times 100\%$
㉰ $R = \dfrac{E}{B-1} \times 100\%$ ㉱ $R = \dfrac{E-1}{B} \times 100\%$

07 다음 중 도가니로의 규격은 무엇으로 표시하는가?
㉮ 1회에 용해할 수 있는 알루미늄 중량(kg_f)
㉯ 1회에 용해할 수 있는 구리 중량(kg_f)
㉰ 1회에 용해할 수 있는 아연 중량(kg_f)
㉱ 1회에 용해할 수 있는 흑연 중량(kg_f)

08 내화물에서 SK26의 연화점은 몇 ℃인가?
㉮ 1480   ㉯ 1580
㉰ 1650   ㉱ 1750

정답 001. ㉮ 002. ㉰ 003. ㉯ 004. ㉮ 005. ㉱ 006. ㉮ 007. ㉯ 008. ㉯

09 미하나이트(Meehanite)주철의 접종제로 가장 많이 쓰이는 것은?
- ㉮ Ca - Si
- ㉯ Ca - C
- ㉰ Ti - Mg
- ㉱ Ca - S

10 고속으로 회전하는 임펠러에 의하여 벨트 위의 주물사를 강하게 주물상자속의 원형 위에 난타 투사하여 주물사의 충전과 다지기가 동시에 이루어지는 조형기계로 옳은 것은?
- ㉮ 샌드 슬링거
- ㉯ 고압 조형기
- ㉰ 샌드 블로어
- ㉱ 블로어스퀴즈 조형기

11 평판상의 코어로써 주형의 모래다짐 시 원형의 루스피스를 빼낸 후에 생기는 공간을 막아주기 위하여 사용되는 것으로 관, 이음새 등의 주물에 사용되는 코어는?
- ㉮ Slab core
- ㉯ Standard core
- ㉰ William core
- ㉱ Kiss core

12 쇼 프로세스(Shaw Process)의 특징을 설명한 것 중 옳은 것은?
- ㉮ 크기에 매우 제한적이다.
- ㉯ 주조품의 표면이 거칠다.
- ㉰ 모형재료는 왁스(Wax)를 사용한다.
- ㉱ 다른 정밀주조법으로서는 만들 수 없는 대형의 정밀주물제작이 가능하다.

13 그림과 같은 주형에 용탕을 주입하였을 때 상형에 올려놓는 중추의 무게는 몇 kg_f인가? (단, 주물의 밀도는 $7200 kg_f/m^3$이며, 안전계수는 3으로 한다.)

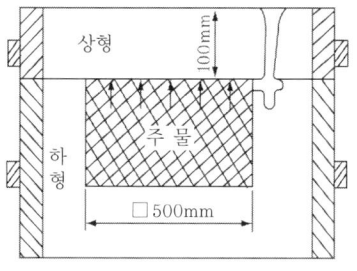

- ㉮ 90
- ㉯ 180
- ㉰ 540
- ㉱ 740

14 재료의 연성을 알기 위한 것으로 구리판, 알루미늄판 및 기타 연성 판재를 가압성형하여 변형능력을 시험하는 것은?
- ㉮ 마모시험
- ㉯ 에릭션시험
- ㉰ 크리프시험
- ㉱ 스프링시험

15 주조물의 두께가 두꺼운 대형 주강주물인 경우 수축 여유는?
- ㉮ $\dfrac{8}{1000}$
- ㉯ $\dfrac{10}{1000}$
- ㉰ $\dfrac{12}{1000}$
- ㉱ $\dfrac{25}{1000}$

16 다음 중 원형재료로 사용하지 않는 것은?
- ㉮ 석고
- ㉯ 발포수지
- ㉰ 플라스틱
- ㉱ 건조사

17 조형할 때 부분형(Section Pattern)의 사용에 가장 적합한 것은?
㉮ 대형파이프 ㉯ 대형기어
㉰ 소형벨트풀리 ㉱ 소형실린더

18 코어(core)를 주형에서 적당한 위치에 고정할 수 있도록 원형에 만든 부분을 무엇이라 하는가?
㉮ Core Box ㉯ Core Flange
㉰ Core Print ㉱ Core Seat

19 그림은 목재의 어떤 맞춤법을 나타낸 것인가?

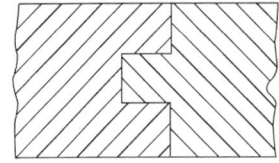

㉮ 맞대 맞춤 ㉯ T형장부 맞춤
㉰ 제혀쪽매 맞춤 ㉱ 반턱장부 맞춤

20 원형용 재료로서 목재가 많이 사용되는 이유를 설명한 것 중 틀린 것은?
㉮ 가벼워서 다루기 쉽다.
㉯ 복잡한 것도 비교적 쉽게 만들 수 있다.
㉰ 접착제, 못, 나사못 등으로 결합하기 쉽다.
㉱ 강도가 강하며, 잘 변형되지 않는다.

21 다음 중 현형에 속하지 않는 원형은?
㉮ 단체형 ㉯ 회전형
㉰ 분할형 ㉱ 조립형

22 한국 산업규격에서 제도의 적용에 대한 설명으로 틀린 것은?
㉮ 가상선은 2점 쇄선으로 표시한다.
㉯ 치수는 가능한 한 정면도에 집중하여 기입한다.
㉰ 가공방법의 기호 중 M 은 연삭가공의 약호이다.
㉱ 나사의 표시방법은 나사산의 줄의 수, 나사의 호칭, 나사의 등급으로 한다.

23 순철이 1기압 하의 용융점에서 나타내는 자유도는?
㉮ 0 ㉯ 1
㉰ 2 ㉱ 3

24 다음 중 Ledeburite란 무엇인가?
㉮ α와 Fe_3C의 혼합물
㉯ β와 Fe_3C의 혼합물
㉰ δ와 Fe_3C의 혼합물
㉱ γ와 Fe_3C의 혼합물

25 다음 열전대 중에서 가장 높은 온도를 측정할 수 있는 것은?
㉮ Fe-콘스탄탄 ㉯ Cu-콘스탄탄
㉰ 크로멜-알루멜 ㉱ 백금-백금로듐

26 셀 조형법 중에서 금형을 가열하여 그 위에 레진 코티드 샌드를 덮어 경화시켜 주형을 만드는 방법은?
㉮ 압상법 ㉯ 모래낙하법
㉰ 블로잉법 ㉱ 덤프법

※정답※ 017. ㉯ 018. ㉰ 019. ㉰ 020. ㉱ 021. ㉯ 022. ㉰ 023. ㉮ 024. ㉱ 025. ㉱ 026. ㉱

주조(鑄造)기능장

27 다음 중 용융점이 높은 것부터 낮은 순서로 나열된 것은?

㉮ Ni 〉Fe 〉Cu 〉Al 〉Zn
㉯ Fe 〉Ni 〉Cu 〉Al 〉Zn
㉰ Fe 〉Cu 〉Ni 〉Al 〉Zn
㉱ Cu 〉Fe 〉Ni 〉Zn 〉Al

28 다음은 물질의 분류기준 및 유해 그림이다. 이때 그림이 뜻하는 내용은?

㉮ 유해성 물질   ㉯ 폭발성 물질
㉰ 부식성 물질   ㉱ 산화성 물질

29 다음 중 탕구에 가장 적합한 단면의 형상은?

㉮ 원형   ㉯ 정방형
㉰ 삼각형   ㉱ 장방형

30 다음 중 주조방안 작성 시 유의해야 할 사항으로 틀린 것은?

㉮ 다듬질 면이나 중요한 부분은 하형에 둔다.
㉯ 수평면은 되도록 상형에 둔다.
㉰ 코어는 되도록 코어프린트로 하형에 장착한다.
㉱ 공기빼기는 되도록 상형으로 한다.

31 다음 중 원형검사의 순서로 가장 옳은 것은?

㉮ 오작수정 → 치수검사 → 형상검사 → 합인검사
㉯ 치수검사 → 오작수정 → 합인검사 → 형상검사
㉰ 형상검사 → 치수검사 → 합인검사 → 오작수정
㉱ 합인검사 → 형상검사 → 오작수정 → 치수검사

32 20℃에서 열팽창 계수가 매우 작아서 섀도우마스크, IC 기판, 바이메탈 소자 등에 이용되는 합금은?

㉮ Invar   ㉯ High speed steel
㉰ Brass   ㉱ Stellite

33 다음 중 금속의 응고에 관한 설명으로 틀린 것은?

㉮ 과냉각의 경우에는 엠브리오도 안정한 핵이 될 수 있다.
㉯ 과냉각의 정도가 클수록 생기는 핵의 크기는 작고 그 수는 증가한다.
㉰ 계면에너지는 구의 표면적에 반비례하고 응고할 때 방출에너지는 고상의 부피에 비례한다.
㉱ 철(Fe)이 응고할 때 결정이 우선적으로 성장하는 방향은 [100]이다.

34 유동성과 통기성이 양호해서 주형제작에 적합한 모래 입자의 형상은?

㉮ 각형   ㉯ 다각형
㉰ 첨각형   ㉱ 환형

정답 027. ㉯ 028. ㉱ 029. ㉮ 030. ㉯ 031. ㉰ 032. ㉮ 033. ㉰ 034. ㉱

35 도면에서 2종류 이상의 선이 같은 장소에 겹치게 될 경우 우선순위가 올바르게 된 것은?
- ㉮ 외형선→숨은선→중심선→절단선→무게중심선
- ㉯ 외형선→숨은선→중심선→무게중심선→절단선
- ㉰ 외형선→중심선→숨은선→무게중심선→절단선
- ㉱ 외형선→숨은선→절단선→중심선→무게중심선

36 탕구계에서 게이트의 총 단면적이 탕구의 단면적보다 작은 경우는?
- ㉮ 분할 탕구계
- ㉯ 상주식 탕구계
- ㉰ 가압 탕구계
- ㉱ 비가압 탕구계

37 다음 중 현도작성 시 고려해야 할 사항이 아닌 것은?
- ㉮ 가공여유
- ㉯ 분할면
- ㉰ 주형의 강도
- ㉱ 주물의 재질

38 공학적 설계를 지원하기 위하여 컴퓨터 지원설계 시스템(CAD)을 사용하는 이유를 설명한 것 중 가장 거리가 먼 것은?
- ㉮ 설계의 생산성 증가
- ㉯ 생산 데이터베이스의 생성
- ㉰ 설계시간의 증가
- ㉱ 설계의 문서화 작업개선

39 다음 중 주물의 재질검사에 속하지 않는 것은?
- ㉮ 형상검사
- ㉯ 주조 조직검사
- ㉰ 기계적 성질검사
- ㉱ 화학적 성분검사

40 다음 중 체크밸브에 대한 설명으로 옳은 것은?
- ㉮ 압력을 떨어뜨리지 않고 펌프 송출량을 그대로 기름 탱크로 되돌리기 위한 밸브
- ㉯ 한쪽 방향으로의 흐름을 제어하지만 역방향의 흐름은 제어가 불가능한 밸브
- ㉰ 주회로의 압력을 일정하게 유지하면서 조작의 순서를 제어할 때 사용하는 밸브
- ㉱ 자중에 의한 낙하, 운동 물체의 관성에 의한 액추에이터의 자중 등을 방지하기 위한 배압을 생기게 하고 다른 방향의 흐름이 자유스러운 밸브

41 유압 작동유의 점도가 너무 작을 때 나타나는 현상으로 가장 옳은 것은?
- ㉮ 펌프의 체적 효율이 증가한다.
- ㉯ 각 운동 부분의 마모가 심해진다.
- ㉰ 내부 누설 및 외부 누설이 감소한다.
- ㉱ 압력발생이 좋아 정확한 동력을 얻을 수 있다.

42 소품종 대량생산과 같은 품목을 대량으로 생산하는 업체의 특징을 설명한 것 중 틀린 것은?
- ㉮ 숙련된 작업자와 범용설비가 필요하다.
- ㉯ 초기에 많은 투자를 필요로 한다.
- ㉰ 반복적으로 생산하기 때문에 표준화 및 공용화가 잘되어 있다.
- ㉱ 설비 고정비 비중이 높기 때문에 가동률을 향상하는데 관심을 둔다.

정답 035. ㉱ 036. ㉰ 037. ㉱ 038. ㉰ 039. ㉮ 040. ㉯ 041. ㉯ 042. ㉮

43. 다음 중 최대허용치수에서 기준치수를 뺀 값은?
   - ㉮ 최소틈새
   - ㉯ 최대틈새
   - ㉰ 위 치수허용차
   - ㉱ 아래 치수허용차

44. 특수 주형 제작법 중 CO_2 주형 제작 시 안전 및 유의 사항으로 옳은 것은?
   - ㉮ CO_2 주형 제작 시 규산나트륨을 주성분으로 하는 점결제와 배합된 주물사는 공기가 차단된 곳에서 보관하며, 될 수 있는 대로 빨리 사용해야 한다.
   - ㉯ CO_2를 사용할 때에는 많은 양의 가스를 한꺼번에 배출시켜 주형을 조기에 경화시킨다.
   - ㉰ CO_2법에 의하여 제작된 코어나 주형은 오래 보관하여 사용하여도 무방하다.
   - ㉱ 혼련기로 CO_2형 모래를 혼련할 때에는 시간적 여유를 갖고 천천히 혼련 한다.

45. 다음 주물사 중에 내화도가 가장 높은 것은?
   - ㉮ 지르콘사
   - ㉯ 올리빈사
   - ㉰ 카본사
   - ㉱ 샤모트사

46. 다음 중 공장 작업 공정에서 레이아웃의 기본조건이 아닌 것은?
   - ㉮ 운반의 합리성을 고려한다.
   - ㉯ 재료 및 제품의 연속적 이동을 고려한다.
   - ㉰ 미래의 변경에 대한 융통성을 부여한다.
   - ㉱ 공간 이용 시 입체화는 고려하지 않는다.

47. 다음 중 용탕의 주입온도로 틀린 것은?
   - ㉮ 알루미늄 합금계 : 350~550℃
   - ㉯ 구리 합금계 : 1150~1200℃
   - ㉰ 일반주철 : 1350~1400℃
   - ㉱ 주강 : 1530~1560℃

48. 다음 중 주철의 성장을 방지하는 방법으로 틀린 것은?
   - ㉮ C 및 Si 양을 많게 한다.
   - ㉯ 흑연을 미세화한다.
   - ㉰ 탄화물 안정화 원소를 첨가한다.
   - ㉱ 흑연을 구상화한다.

49. 다음 중 Al-Si계 합금으로 대표적인 합금은?
   - ㉮ 문쯔메탈
   - ㉯ Y합금
   - ㉰ 초두랄루민
   - ㉱ 실루민

50. 수도용 주철관, 실린더 라이너 등 주물제작에 이용되며 회전시키는 원통상의 용기에 용융금속을 주입시켜 만드는 주조법은?
   - ㉮ 다이캐스팅법
   - ㉯ 원심주조법
   - ㉰ 저압주조법
   - ㉱ 금형주조법

51. 다음 중 고압응고주조법에 대한 설명으로 틀린 것은?
   - ㉮ 수축공, 미세기공 등 주조결함을 제거한다.
   - ㉯ 비철주조에 주로 사용되며, 주강은 곤란하다.
   - ㉰ 조직의 미세화, 균질화, 고밀도화가 된다.
   - ㉱ 주물의 표면이 곱고 윤곽이 뚜렷하다.

정답 043. ㉰ 044. ㉮ 045. ㉮ 046. ㉱ 047. ㉮ 048. ㉮ 049. ㉱ 050. ㉯ 051. ㉯

052. 다음 중 인베스트먼트 주조법에 대한 설명으로 틀린 것은?
㉮ 로스트 왁스법이라고도 한다.
㉯ 주형이 일체형이며, 형상에 제한이 없다.
㉰ 중공(中空)부분이 있는 제품은 높은 정밀도를 얻지 못한다.
㉱ 진공용해주조에도 적합하다

053. 다음 중 탄소강에서 탄소량이 증가할수록 증가되는 성질이 아닌 것은?
㉮ 연신율
㉯ 전기저항
㉰ 경도
㉱ 인장강도

054. 이항분포(Binomial distribution)의 특징으로 가장 옳은 것은?
㉮ $P=0$일 때는 평균치에 대하여 좌·우 대칭이다.
㉯ $P \leq 0.1$이고, $nP=0.1 \sim 10$일 때는 포아송 분포에 근사한다.
㉰ 부적합품의 출현 갯수에 대한 표준편차는 $D(x)=nP$이다.
㉱ $P \leq 0.5$이고, $nP \geq 5$일 때는 포아송 분포에 근사한다.

055. 연간 소요량 4000개인 어떤 부품의 발주비용은 매회 200원이며, 부품단가는 100원, 연간 재고 유지비율이 10%일 때 F.W.Harris식에 의한 경제적 주문량은 얼마인가?
㉮ 40개/회
㉯ 400개/회
㉰ 1000개/회
㉱ 1300개/회

056. 다음 중 주물의 내부 결함검사 방법으로 가장 적합한 비파괴검사법은?
㉮ PT ㉯ RT
㉰ MT ㉱ ET

057. 제품공정 분석표(Product Process Chart) 작성 시 가공시간 기입법으로 가장 올바른 것은?
㉮ $\dfrac{1개당\ 가공시간 \times 1로트의\ 수량}{1로트의\ 총가공시간}$
㉯ $\dfrac{1로트의\ 가공시간}{1로트의\ 총가공시간 \times 1로트의\ 수량}$
㉰ $\dfrac{1개당\ 가공시간 \times 1로트의\ 총가공시간}{1로트의\ 수량}$
㉱ $\dfrac{1로트의\ 총가공시간}{1개당\ 가공시간 \times 1로트의\ 수량}$

058. 다음 중 검사를 판정의 대상에 의한 분류가 아닌 것은?
㉮ 관리 샘플링검사 ㉯ 로트별 샘플링검사
㉰ 전수검사 ㉱ 출하검사

059. "무결점운동"이라고 불리는 것으로 품질개선을 위한 동기부여 프로그램은 어느 것인가?
㉮ TQC ㉯ ZD
㉰ MIL-STD ㉱ ISO

060. M 타입의 자동차 또는 LCD TV를 조립, 완성한 후 부적합 수(결점수)를 점검한 데이터에는 어떤 관리도를 사용하는가?
㉮ P 관리도 ㉯ nP 관리도
㉰ c 관리도 ㉱ $\overline{X}$-R 관리도

정답 052. ㉰ 053. ㉮ 054. ㉯ 055. ㉯ 056. ㉯ 057. ㉮ 058. ㉱ 059. ㉯ 060. ㉰

부록 4.
6. 주조기능장 2008년 시행문제

001 다음 중 원심주조법의 특징을 설명한 것으로 틀린 것은?

㉮ 치밀하고 건전한 주물을 만들 수 있다.
㉯ 비중 차이에 의한 개재물의 분리 제거가 쉽다.
㉰ 관이나 원통형의 주물을 만들 때는 코어가 필요하다.
㉱ 주물의 모양에 따라 다르지만 대부분 탕구, 압탕이 필요하지 않아 회수율이 높다.

002 어떤 주형을 제작하는데 $2cm^2$의 단면을 가진 탕구에, $4cm^2$ 단면적의 탕도, $2cm^2$ 단면적의 주입구 4개를 설치했을 경우 이 탕구계(gate system)의 탕구비는?

㉮ 8 : 3 : 2   ㉯ 1 : 2 : 4
㉰ 3 : 4 : 8   ㉱ 4 : 2 : 1

003 다음 중 풀 몰드(Full mold)법에 대한 설명으로 옳은 것은?

㉮ 구조가 복잡한 원형은 만들 수 없다.
㉯ 주형 제작시 코어의 설치가 필요하다.
㉰ 발포성 폴리스티렌으로 만든 원형을 사용한다.
㉱ 풀 몰드법에 사용되는 원형은 소실되지 않고 여러 번 사용할 수 있는 반복성을 가지고 있다.

004 다음의 주물 중 주입온도가 가장 높은 것은?

㉮ 알루미늄 주물   ㉯ 청동
㉰ 주철 주물   ㉱ 주강 주물

005 다음 중 다이캐스팅 주조법의 작업순서로 옳은 것은?

㉮ 주탕 → 압입 → 형 닫기 → 이형제 도포 → 금형청소 → 형 열기 → 큐링 → 압출 → 제품
㉯ 주탕 → 금형청소 → 이형제 도포 → 형 닫기 → 압입 → 형 열기 → 압출 → 큐링 → 제품
㉰ 금형청소 → 주탕 → 형 닫기 → 이형제 도포 → 압입 → 큐링 → 압출 → 형 열기 → 제품
㉱ 금형청소 → 이형제 도포 → 형 닫기 → 주탕 → 압입 → 큐링 → 형 열기 → 압출 → 제품

006 N-Process 주형 방법에 대한 성명으로 틀린 것은?

㉮ 첨가제로 Fe-Si을 사용한다.
㉯ 점결제로 물유리(water glass)를 사용한다.
㉰ 흡열반응이기 때문에 반드시 가열해야 한다.
㉱ 계면활성제를 가하여 유동성을 부여한다.

정답 001. ㉰ 002. ㉯ 003. ㉰ 004. ㉱ 005. ㉱ 006. ㉰

007 다음 중 코어 프린트를 붙이는 목적으로 틀린 것은?
㉮ 코어의 고정 ㉯ 코어의 위치결정
㉰ 코어의 가스빼기 ㉱ 코어의 강도보강

008 다음 중 경화기구에 의한 자경성 주형의 분류가 아닌 것은?
㉮ 수경성에 의한 것
㉯ 겔(gel)화에 의한 것
㉰ 무기질 점결제를 사용한 것
㉱ 산화 중합 또는 축합반응에 의한 것

009 다음 중 주물사 혼련 작업의 목적으로 틀린 것은?
㉮ 주물사의 강도를 높이기 위하여
㉯ 주물사를 되도록 곱게 부수기 위하여
㉰ 주물사립에 점결제를 골고루 입히기 위하여
㉱ 첨가제의 성분이 균일하게 분포되도록 하기 위하여

010 주조설계에서 방향성 응고를 위한 설계에 대한 설명 중 틀린 것은?
㉮ 주물의 고립된 열점을 피해 설계하여야 한다.
㉯ 주물의 연결부를 가능한 한 적게 설계하여야 한다.
㉰ 주물의 제작은 수평이 되도록 설계하는 것이 바람직하다.
㉱ 주물의 단면은 가능한 한 압탕 쪽을 향해 기울기를 갖게 설계한다.

011 탕구의 크기를 결정하는 주입시간(T)을 구하는 식으로 옳은 것은? (단, S는 살 두께에 따른 상수, W는 주물의 중량이다.)
㉮ $T = S\sqrt{W}$ ㉯ $T = W\sqrt{S}$
㉰ $T = \dfrac{W}{S}$ ㉱ $T = \dfrac{W}{S}$

012 다음 중 염기성 내화물에 해당되는 것은?
㉮ 납석 벽돌 ㉯ 마그네시아 벽돌
㉰ 규석 벽돌 ㉱ 샤모트 벽돌

013 그림과 같이 400×400mm인 주철 주물을 만들 때 필요한 중추의 무게는 약 몇 kg₍f₎인가? (단, 높이는 110mm, 주입금속의 밀도는 7200kg₍f₎/m³, 안전 계수는 3이다.)

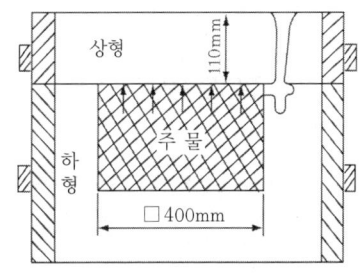

㉮ 200 ㉯ 280
㉰ 300 ㉱ 380

014 다음 중 목재의 수축을 방지하는 조건으로 틀린 것은?
㉮ 적당한 도장을 할 것
㉯ 건조된 목재를 선택할 것
㉰ 양질의 목재를 선택할 것
㉱ 노년기의 수목으로 여름에 벌채할 것

15. 원형 설계시 현도 작성법에 대한 설명으로 옳은 것은?
   ㉮ 기계가공면을 되도록 많게 한다.
   ㉯ 살두께는 급격한 변화가 있어도 상관없으며, 모서리 부분은 직선으로 한다.
   ㉰ 구조는 밀폐식을 피하고 개방식으로 하며, 그렇게 하지 못할 때에는 코어 구멍을 만든다.
   ㉱ 보강용 리브는 반드시 본래의 살두께보다 두껍게 하고 직선으로 연결한다.

16. 목형제작용 톱니의 높이는 피치의 약 얼마 정도가 적당한가?
   ㉮ $\frac{1}{3} \sim \frac{1}{2}$
   ㉯ $1 \sim 2$
   ㉰ $3 \sim 4$
   ㉱ $4 \sim 5$

17. 주형에 주입된 용탕이 가장 늦게 응고되는 곳은?
   ㉮ 탕구
   ㉯ 탕도
   ㉰ 압탕
   ㉱ 플로오프

18. 제도 용지의 크기 중 A4에 해당되는 것은?
   ㉮ 594×841mm
   ㉯ 297×420mm
   ㉰ 210×297mm
   ㉱ 105×148mm

19. 18%Cr-8%Ni을 함유한 스테인리스강으로 비자성체이고, 내식, 내산성이 우수한 스테인리스강의 계열은?
   ㉮ 오스테나이트계
   ㉯ 페라이트계
   ㉰ 석출경화계
   ㉱ 마르텐자이트계

20. 다음 중 Fe-C 상태도에서 펄라이트(Pearlite) 조직으로 옳은 것은?
   ㉮ α-고용체와 ε-탄화물의 혼합물
   ㉯ α-고용체와 γ-고용체의 혼합물
   ㉰ γ-고용체와 Fe_3C의 혼합물
   ㉱ α-고용체와 Fe_3C의 혼합물

21. 다음 중 코발트(Co)를 주성분으로 한 주조 경질합금은?
   ㉮ 스테인리스강(Stainless steel)
   ㉯ 다이스강(Dies steel)
   ㉰ 고속도강(High speed steel)
   ㉱ 스텔라이트(Stelite)

22. 철강 중에 함유된 철 이외의 5대 원소로 옳은 것은?
   ㉮ C, Mn, P, S, Si
   ㉯ P, S, C, Cr, Cu
   ㉰ P, S, V, Cr, Ni
   ㉱ C, P, S, Si, Ni

23. 점결제의 분류 중에서 유기질 점결제가 아닌 것은?
   ㉮ 유류
   ㉯ 합성수지류
   ㉰ 벤토나이트
   ㉱ 당류(糖類)

24. 다음 중 금형재료의 구비조건을 설명한 것으로 틀린 것은?
   ㉮ 내마모성이 클 것
   ㉯ 열팽창이 클 것
   ㉰ 온도 확산이 클 것
   ㉱ 고온 피로강도가 높을 것

025. 다음 중 원형검사의 순서로 옳은 것은?
㉮ 치수검사 → 형상검사 → 오작수정 → 합인검사
㉯ 형상검사 → 치수검사 → 합인검사 → 오작수정
㉰ 오작수정 → 치수검사 → 형상검사 → 합인검사
㉱ 합인검사 → 오작수정 → 형상검사 → 치수검사

026. 다음 중 치수기입에 대한 원칙을 설명한 것으로 틀린 것은?
㉮ 치수는 계산할 필요가 없도록 기입해야 한다.
㉯ 치수는 될 수 있는 대로 주투상도에 기입해야 한다.
㉰ 도면에 길이의 크기와 위치를 명확하게 표시해야 한다.
㉱ 같은 도면이나 관계 도면의 치수는 가능한 중복되도록 기입해야 한다.

027. 구상화주철의 용해시 생기는 fading 현상과 관련된 내용으로 틀린 것은?
㉮ 구상흑연 제조시 마그네슘이 과다인 경우 fading 현상이 조기에 일어난다.
㉯ 용탕의 온도가 낮을수록 fading 현상은 빠르다.
㉰ 슬래그를 빨리 제거할수록 fading 현상은 빠르다.
㉱ fading 현상은 구상흑연수를 감소시킨다.

028. 경도 시험법 중 일정한 무게의 추를 시험편에 떨어뜨려 그 때 튀어 오르는 높이를 측정하는 경도 시험법은?
㉮ 브리넬 경도   ㉯ 비커즈 경도
㉰ 로크웰 경도   ㉱ 쇼어 경도

029. 편상흑연의 형상과 분포는 일반적으로 미국의 ASTM 규격으로 정한다. 탄소가 3% 이하의 아공정 주철에서 잘 나타나며 방향성이 없어 기계적 성질이 양호하고, 균일한 편상조직을 나타내는 형태는?
㉮ A형   ㉯ B형
㉰ C형   ㉱ D형

030. 송풍구에서 들어온 산소는 $C + O_2 \rightarrow CO_2$와 같이 반응하여 코크스를 완전히 연소시키는데, 로 내 온도가 가장 높은 곳은 큐폴라 로내의 어느 곳인가?
㉮ 예열대   ㉯ 습윤대
㉰ 산화대   ㉱ 용탕저유대

031. 주물의 결함 중 용탕 경계(cold shut)란 무엇인가?
㉮ 주물에 기포가 발생한 것
㉯ 슬래그가 주물에 말려 들어간 것
㉰ 용금이 완전히 주형을 충만시키지 못한 것
㉱ 주입온도가 낮아 합친 곳이 완전 융착되지 못한 것

정답 025. ㉯ 026. ㉱ 027. ㉯ 028. ㉱ 029. ㉮ 030. ㉰ 031. ㉱

32. 다음 중 주물의 냉간 균열 방지대책으로 틀린 것은?
   ㉮ 주물의 두께를 균일하도록 설계한다.
   ㉯ 주물의 후처리시 충격을 가하지 않는다.
   ㉰ 주형에 피치, 목분 등의 첨가제를 배합하여 더욱 단단하게 만들어 준다.
   ㉱ 압탕, 탕구, 칠 메탈 등을 주물에 적절히 배치하여 균일한 냉각이 되도록 한다.

33. 금속의 특성 중 유동성에 대한 설명으로 옳은 것은?
   ㉮ 생형이 건조형보다 유동성이 좋다.
   ㉯ 합금은 응고 범위가 클수록 유동성이 좋아진다.
   ㉰ 열전도가 좋고, 흡열량이 큰 주형은 주입시 유동성이 좋다.
   ㉱ 주입온도가 용융온도보다 높을수록 유동성이 좋아진다.

34. 안전작업을 하기 위해 안전보호구를 선정할 때 유의사항으로 옳은 것은?
   ㉮ 작업복은 연령, 성별, 크기에 관계없이 항상 통일되어야 한다.
   ㉯ 기계의 주위에서 작업을 할 때에는 반드시 안전모를 쓰도록 한다.
   ㉰ 화기 사용시 직장에서는 방염성, 가연성 작업복을 사용한다.
   ㉱ 방전용 보호 장갑은 금속 또는 특수섬유 재료의 것을 사용한다.

35. 다음 중 CAD 시스템의 도입효과가 아닌 것은?
   ㉮ 품질향상   ㉯ 원가상승
   ㉰ 납기단축   ㉱ 표준화

36. 다음 중 압력에 대한 설명으로 옳은 것은?
   ㉮ 표준기압 1atm은 1013kPa이다.
   ㉯ 절대압력은 대기압과 게이지 압력의 합이다.
   ㉰ 대기압을 "0"으로 측정한 압력을 절대압력이라 한다.
   ㉱ 완전한 진공을 "0"으로 측정한 압력을 게이지 압력이라 한다.

37. 유압장치에 사용하는 작동유의 필요한 성질로 틀린 것은?
   ㉮ 압축률이 충분히 커야 한다.
   ㉯ 충분한 유동성이 있어야 한다.
   ㉰ 열을 방출시킬 수 있어야 한다.
   ㉱ 시일(seal)재와의 적합성이 좋아야 한다.

38. 공기압 회로를 구성할 때 2개소 이상의 방향으로부터의 흐름을 1개소로 합칠 때 사용하는 밸브는?
   ㉮ 2압밸브   ㉯ 감속밸브
   ㉰ 셔틀밸브   ㉱ 릴리프밸브

39. 주철주물에서 규소 및 탄소의 양이 많고 산화가 되지 않은 용탕의 탕면 모양으로 옳은 것은?
   ㉮ 세엽형   ㉯ 귀갑형
   ㉰ 부정형   ㉱ 송엽형

40. 다음 중 면심입방격자(FCC)를 갖는 금속이 아닌 것은?
   ㉮ Ag   ㉯ Au
   ㉰ Ni   ㉱ Mo

정답 032. ㉰ 033. ㉱ 034. ㉯ 035. ㉯ 036. ㉯ 037. ㉮ 038. ㉰ 039. ㉯ 040. ㉱

41 목형의 중량이 3kgf일 때 주철주물의 중량은 몇 kgf인가? (단, 수축여유는 무시하고, 목형의 비중은 0.6, 주철 주물의 비중은 7.2이다.)

㉮ 36   ㉯ 58
㉰ 72   ㉱ 96

42 주형에서 냉금메탈(chill metal)을 사용하는 이유는?

㉮ 슬래그의 분리제거
㉯ 주물의 수출방지
㉰ 가스의 신속배출
㉱ 용탕의 보충주입

43 다음 중 도면에 표시되는 치수보조 기호로 적합하지 않은 것은?

㉮ R10   ㉯ ∅10
㉰ □10   ㉱ ⊠10

44 주형에 주입된 주물의 수축공 방지대책으로 틀린 것은?

㉮ 압탕의 크기, 개수 및 위치를 적절히 선정하여 압탕 쪽으로 방향성 응고가 되도록 한다.
㉯ 주물의 두께를 최대한 두껍게 하고, 주입한 용탕은 장시간 용융상태에 있게 한다.
㉰ 충분한 용탕 정압을 얻을 수 있도록 가능한 높은 탕구를 사용한다.
㉱ 급탕거리, 주입구와 게이트(gate)를 개선하고, 과열부에 냉금을 사용한다.

45 다음 중 무철심형 유도로에 대한 설명으로 틀린 것은?

㉮ 재용해 작업을 할 수 있다.
㉯ 저렴한 경비로 신속하게 라이닝을 교체할 수 있다.
㉰ 자기력에 의한 교반작용으로 균일하게 용탕을 만들 수 있다.
㉱ 용탕의 조성을 조절할 수 없고, 조업시간이 길다.

46 일정한 수두 20cm 높이로 주탕되는 용탕의 유입속도는 약 몇 cm/s인가? (단, 유량계수는 0.2, 중력가속도 $g = 980 cm/s^2$이다.)

㉮ 12.5   ㉯ 22.8
㉰ 28.8   ㉱ 39.6

47 황동에서 자연균열을 방지하기 위한 대책으로 옳은 것은?

㉮ 암모니아나 탄산가스 분위기에서 보관한다.
㉯ 수은 및 그 화합물과 함께 보관한다.
㉰ 가공재를 180~260℃로 응력제거 풀림을 한다.
㉱ $\alpha+\beta$ 황동 및 β 황동에 Mn 또는 Cr 등을 첨가한다.

48 다음 주물의 후처리 방법 중 화학적 청정법은?

㉮ 텀블러(Tumbler)
㉯ 피클링(Pickling)
㉰ 샌드블라스트(Sand-blast)
㉱ 쇼트블라스트(Shot-blast)

정답 041. ㉮   042. ㉯   043. ㉱   044. ㉯   045. ㉱   046. ㉱   047. ㉰   048. ㉯

49 원형재료에서 목재가 가장 많이 사용되는 이유 중 틀린 것은?

㉮ 금속에 비하여 재료비가 싸다.
㉯ 금속보다 가벼우나 취성이 크다.
㉰ 석고보다 가볍고, 가공성이 좋다.
㉱ 합성수지에 비하여 값이 싸다.

50 원형의 두께가 얇거나 파손되기 쉬울 때 만들어 주는 것은?

㉮ 가공여유 ㉯ 라운딩
㉰ 수축여유 ㉱ 덧붙임

51 주형 중의 빈자리에 용탕을 충만 시키는데 필요한 수직 통로는?

㉮ 탕도 ㉯ 주입컵
㉰ 탕구 ㉱ 주입구

52 다음 중 주물 작업자가 지켜야 할 안전수칙으로 틀린 것은?

㉮ 비에 젖은 금속은 건조하지 않고 용해로에 장입하지 않는다.
㉯ 레이들에 용탕량은 가능한 한 많이 받아 생산효율을 높인다.
㉰ 출탕시 반드시 신호하고 주위의 안전을 확인한다.
㉱ 주입 중에는 탕구 위로 얼굴을 내밀지 않는다.

53 용금의 물리적 침투나 화학반응이 일어나는 것을 막고 주형 표면을 곱게 하는 주형재료는?

㉮ 도형제 ㉯ 이형제
㉰ 점결제 ㉱ 침투제

54 흑연 구상화 처리에 사용되는 첨가 금속이 아닌 것은?

㉮ Mg 및 Mg계 합금
㉯ Ca계 합금
㉰ 희토류 원소
㉱ Na계 원소

55 공정에서 만성적으로 존재하는 것은 아니고 산발적으로 발생하며, 품질의 변동에 크게 영향을 끼치는 요주의 원인으로 우발적 원인인 것을 무엇이라 하는가?

㉮ 우연원인
㉯ 이상원인
㉰ 불가피 원인
㉱ 억제할 수 없는 원인

56 계수 규준형 1회 샘플링 검사(KS A 3102)에 관한 설명 중 가장 거리가 먼 내용은?

㉮ 검사에 제출된 로트의 제조공정에 관한 사전 정보가 없어도 샘플링 검사를 적용할 수 있다.
㉯ 생산자측과 구매자측이 요구하는 품질 보호를 동시에 만족시키도록 샘플링 검사방식을 선정한다.
㉰ 파괴검사의 경우와 같이 전수검사가 불가능한 때에는 사용할 수 없다.
㉱ 1회만의 거래시에도 사용할 수 있다.

57 품질특성을 나타내는 데이터 중 계수치 데이터에 속하는 것은?

㉮ 무게 ㉯ 길이
㉰ 인장강도 ㉱ 부적합품의 수

정답 049. ㉯ 050. ㉱ 051. ㉰ 052. ㉯ 053. ㉮ 054. ㉱ 055. ㉯ 056. ㉰ 057. ㉱

058. 어떤 공장에서 작업을 하는데 있어서 소요되는 기간과 비용이 다음 [표]와 같을 때 비용구배는 얼마인가? (단, 활동시간의 단위는 일(日)로 계산한다.)

정상 작업		특급 작업	
기간	비용	기간	비용
15일	150만원	10일	200만원

㉮ 50,000원 ㉯ 100,000원
㉰ 200,000원 ㉱ 300,000원

059. 방법시간측정법(MTM : Method Time Measurement)에서 사용되는 1 TMU (Time Measurement Unit)는 몇 시간인가?

㉮ $\frac{1}{100000}$ 시간 ㉯ $\frac{1}{10000}$ 시간

㉰ $\frac{6}{10000}$ 시간 ㉱ $\frac{36}{10000}$ 시간

060. 다음 중 품질관리시스템에 있어서 4M에 해당하지 않는 것은?

㉮ Man ㉯ Machine
㉰ Material ㉱ Money

정답 058. ㉯ 059. ㉮ 060. ㉱

7. 주조기능장 2009년 시행문제

001 정지된 유체 내에서 압력을 가하면 이 압력은 유체를 통하여 모든 방향으로 일정하게 전달 되는 것은 어떠한 원리인가?
㉮ Bernoulli의 정리
㉯ Hagen-poiseuille의 법칙
㉰ pascal의 원리
㉱ Torricelli의 정리

002 주물 작업장에서 취하여야 할 안전사항 중 옳은 것은?
㉮ 안전모가 작업 능률에 지장을 줄 정도로 거추장스럽다면 사용하지 않아도 된다.
㉯ 주물공장 내에서는 용해작업으로 온도가 높으므로 헐거운 작업복을 착용한다.
㉰ 용해, 용탕 운반 작업시에는 방열복을 반드시 착용한다.
㉱ 작업통로에는 간섭이 되는 것이 있더라도 그대로 둔다.

003 다음은 주형제작에서 탕구비 계산에 포함되지 않는 것은?
㉮ 탕구   ㉯ 탕도
㉰ 게이트   ㉱ 압탕

004 Sk30으로 표시하는 내화벽돌의 연화 온도는 몇 ℃ 인가?
㉮ 1580   ㉯ 1600
㉰ 1670   ㉱ 1770

005 다음 중 주물사의 주성분으로 옳은 것은?
㉮ CaO   ㉯ MgO
㉰ SiO_2 ㉱ Al_2O_3

006 주물의 길이가 50cm, 폭이 25cm, 두께가 10cm일 때 형상인자(shape factor)는 얼마인가?
㉮ 5.5   ㉯ 7.5
㉰ 10   ㉱ 20

007 다음 중 반사로의 특징을 설명한 것 중 틀린 것은?
㉮ 주철계 이상의 고온 용해가 곤란하다.
㉯ 부피가 큰 재료를 그대로 용해할 수 있다.
㉰ 같은 성분을 가진 다량의 용탕을 한꺼번에 얻을 수 있다.
㉱ 재료와 연료가 직접 접촉하지 않으므로 불순물이 없고, 가스의 영향이 적다.

008 표준 시험편의 단면적이 19.6cm²인 시험편으로 주물사의 압축강도를 측정한 결과 7kgf/cm²이었을 때 시험편이 파괴 되었을 때 하중은 몇 kgf 인가?
㉮ 127   ㉯ 137
㉰ 147   ㉱ 157

009 주물의 표면결함 중 모래소착의 방지대책으로 틀린 것은?
㉮ 충분한 내화성을 갖는 주형재료를 사용한다.
㉯ 국부적으로 과열되는 주형부분에는 핀 또는 못을 사용한다.
㉰ 대형주물의 경우에는 주물사로서 크로마그네이트, 샤모트 모래를 사용한다.
㉱ 건조형, 가스주형 등에는 내화도가 낮은 도형제를 바르고, 조형시 모래다짐을 일반적인 경우보다 낮게 한다.

010 다음 그림과 같은 탕구 명칭으로 옳은 것은?

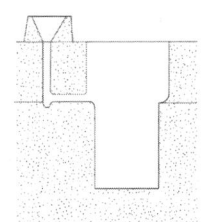

㉮ 분할선 탕구   ㉯ 하부 탕구
㉰ 샤워형 탕구   ㉱ 다단식 탕구

011 다음 보기의 셀몰드 주조법의 공정 순서로 옳은 것은?

[보기]
① 주형에 중자를 넣는다.
② 형을 조립하고 공기압으로 청소한다.
③ 주입된 제품을 냉각시키고 덧살을 제거한다.
④ 금형을 청소하고 이형제를 바른다.
⑤ 기계를 가동 제어 조작하여 주형을 성형시킨다.
⑥ 주입장으로 운반하여 용탕을 주입한다.

㉮ 4→5→1→2→6→3
㉯ 4→5→2→1→3→6
㉰ 1→2→3→4→5→6
㉱ 1→2→3→5→6→4

012 다음 중 주물사(鑄物砂)가 갖추어야 할 조건으로 틀린 것은?
㉮ 충분한 성형성을 지녀야 한다.
㉯ 통기성이 좋아야 한다.
㉰ 용융금속과 반응이 적어야 한다.
㉱ 사립의 입형(粒形)은 각형(角形)일수록 좋다.

013 원형을 주형으로부터 빼기 쉽게 하기 위하여 분할면으로부터 수직방향으로 만들어 주는 것은?
㉮ 라운딩   ㉯ 덧붙임
㉰ 인발구배   ㉱ 수축여유

정답 008. ㉯ 009. ㉱ 010. ㉮ 011. ㉮ 012. ㉱ 013. ㉰

14. 코어를 지지하기 좋게 하고, 코어 메탈 강화 또는 코어 가스의 배출을 용이하게 하기 위하여 코어를 한쪽에서 연결시킨 코어는?
   ㉮ 낙하 코어 프린트
   ㉯ 한쪽 코어 프린트
   ㉰ 브릿지 코어 프린트
   ㉱ 수평 코어 프린트

15. 산성 조업과 염기성 조업을 비교 설명한 것 중 옳은 것은?
   ㉮ 산성조업에 비해 염기성조업은 용해시간이 짧다.
   ㉯ 산성조업에 비해 염기성조업의 경우 용탕의 냉각 속도가 느리다.
   ㉰ 염기성조업은 강설의 품질이 고품질만 조업가능하며, 산성 조업은 저품질도 가능하다.
   ㉱ 염기성조업은 P, S 제거가 가능하고, 산성조업은 불가능하다.

16. 다음 중 원형 제작시 고려해야 할 사항이 아닌 것은?
   ㉮ 분할면의 결정   ㉯ 수축여유
   ㉰ 덧붙임   ㉱ 통기도

17. 한 변의 길이가 260mm인 정사각형의 투상면적을 가진 주형의 밀도가 7300kgf/m³인 주철 용탕을 부었을때 안전한 주입추의 무게는 몇 kgf 인가? (단, 주입구에서 탕면까지의 높이는 180mm 이고, 안전계수는 3으로 한다.)
   ㉮ 166.5   ㉯ 266.5
   ㉰ 366.5   ㉱ 465.5

18. 원형을 구조에 따라 분류할 때 주물과 동일한 형상의 단체형이 가장 기본적인 것으로 형상이 주물과 비슷하며, 작고 간단한 주물 생산에 많이 사용되는 형은?
   ㉮ 현형   ㉯ 회전형
   ㉰ 긁기형   ㉱ 부분형

19. 다음 중 주물자에 대한 설명으로 옳은 것은?
   ㉮ 주물의 실제 치수와 같도록 만든 자이다.
   ㉯ 주물의 응고 수축량과 같도록 만든 자이다.
   ㉰ 주물의 실제치수에 수축량을 빼서 만든 자이다.
   ㉱ 주물의 실제치수에 수축량을 더해서 만든 자이다.

20. 나무가 자랄 때 나무줄기에 가지가 말려들어가서 생기는 결함은?
   ㉮ 옹이   ㉯ 휨
   ㉰ 갈라짐   ㉱ 껍질박이

21. 다음 중 합성수지 원형의 특징을 설명한 것으로 틀린 것은?
   ㉮ 장기간 보존이 불가능하다.
   ㉯ 금형에 비하여 가벼우므로 취급이 용이하다.
   ㉰ 합성수지 원형은 들어가는 모재의 조임 부착이 적다.
   ㉱ 목형일 때 일어나는 치수의 수축 및 변화 등에 뒤틀리는 일이 적다.

정답 014. ㉰ 015. ㉱ 016. ㉱ 017. ㉯ 018. ㉮ 019. ㉱ 020. ㉮ 021. ㉮

022. 그림과 같은 T자 교차부에서의 수축 및 열간균열의 결함을 방지하기 위한 라운딩(rounding)치수 r은?

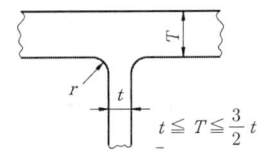

㉮ r = T ㉯ r = t
㉰ r = $\frac{t}{2}$ ㉱ r = $\frac{t}{4}$

023. 다음 원형 중 2중 수축이 적용되는 원형은?
㉮ Sweep pattern ㉯ Pattern plate
㉰ Solid pattern ㉱ Master pattern

024. 다음 중 현도를 작성할 때의 유의사항으로 틀린 것은?
㉮ 되도록 기계 가공면을 적게 한다.
㉯ 구조는 밀폐식을 피하고 개방식으로 한다.
㉰ 보강용 리브는 본래의 살두께보다 두껍게 한다.
㉱ 살두께는 균일하게 하여 급격한 변화가 없도록 한다.

025. 주형의 표면을 급속 가열 하므로서 미세한 균열을 균일하게 생성시켜 주형을 건조할 때 생기는 주형의 수축을 방지함과 동시에 통기성을 증가시키는 주조법은?
㉮ 쇼 주조법 ㉯ 감압 주조법
㉰ 고압 응고 주조법 ㉱ 마그네틱 주조법

026. 다음 중 원심 주조법의 특징을 설명한 것으로 틀린 것은?
㉮ 비중 차이에 의한 개재물의 분리제거가 가능하다.
㉯ 용융 금속에 높은 압력이 걸리게 되므로 주물의 조직이 치밀하다.
㉰ 관이나 원통형의 주물을 만들 때에는 코어가 필요하다.
㉱ 주물의 모양에 따라 다르지만, 대부분 탕구나 압탕이 필요하지 않으므로 재료의 회수율이 높다.

027. 큐폴라(cupola)의 구조 중 바람구멍 면에서 로의 바닥면까지 부분으로, 용융금속과 슬래그가 모이는 부분은?
㉮ 과열대 ㉯ 로상
㉰ 용해대 ㉱ 예열대

028. 스틸 그릿을 고속으로 회전하는 임펠러로 주물 표면에 투사하여 주물 표면을 깨끗이 하는 장치는?
㉮ 세이크아웃 머신(shake out machine)
㉯ 녹아웃 머신(knock out machine)
㉰ 쇼트브라스트(shot blast)
㉱ 펀치 아웃 머신(punch out machine)

029. 철강의 인장 시험에 있어서 항복점이 분명치 않은 재료의 탄성 판단을 하는 방법으로 내력(耐力)은 몇 %의 영구변형이 생기는 응력을 정의한 것인가?
㉮ 0.1 ㉯ 0.2
㉰ 0.3 ㉱ 0.5

정답 022. ㉰ 023. ㉱ 024. ㉰ 025. ㉮ 026. ㉰ 027. ㉯ 028. ㉰ 029. ㉯

30 헐거운 끼워맞춤에 있어서 구멍과 축의 허용치수가 다음과 같을 때 최대틈새(X)와 최소틈새(Y)는?

	구 명	축
최대허용치수	A = 50.025	a = 490975
최소허용치수	B = 50.000	b = 49.970

㉮ X = A - a, Y = B - b
㉯ X = B - b, Y = A - a
㉰ X = A - b, Y = B - a
㉱ X = B - a, Y = A - b

31 비조질강의 상태에서 높은 강도와 인성, 가공성을 구비한 고장력강을 만들기 위한 야금학적 요인을 설명한 것 중 틀린 것은?

㉮ 제어 압연에 의한 강인화를 꾀한다.
㉯ 미량 합금 원소 첨가에 의한 결정립을 조대화 시킨다.
㉰ 미량 합금 원소의 첨가에 의한 석출강화를 한다.
㉱ 합금원소 첨가에 의한 연강의 고용강화를 한다.

32 다이캐스팅 주조법에서 오버 플로우(over flow)의 역할로 옳은 것은?

㉮ 공극부의 모서리나 용탕 유입이 어려운 부분에 용탕을 끌어들이며 불순물을 포착하는 역할을 한다.
㉯ 캐비티(cavity)에 유입한 최초의 용탕이 냉각되지 않도록 하는 역할을 한다.
㉰ 캐비티(cavity) 내의 용탕흐름 및 충전 방향을 결정하는 역할을 한다.
㉱ 랜드(land)와 피이드(feed)로 탕구에서 캐비티(cavity)내에 유입하는 용탕의 흐름 상태를 결정하는 역할을 한다.

33 가단주철의 일반적인 특징을 설명한 것 중 틀린 것은?

㉮ 담금질성이 경화성이 있다.
㉯ 내식성, 내충격성이 우수하며 절삭성이 좋다.
㉰ 500℃ 까지 강도가 유지되고, 저온에서도 강하다.
㉱ 강도 및 내력이 낮은 편이며, 경도는 Si 양이 적을수록 높다.

34 다음 보기의 세라믹 셀몰드 공정을 옳게 나열한 것은?

[보기]
① 왁스사출   ② 슬러지 침지
③ 왁스트리제작 ④ 샌딩
⑤ 탈왁스   ⑥ 가열
⑦ 용탕주입

㉮ ① → ② → ③ → ④ → ⑤ → ⑥ → ⑦
㉯ ① → ③ → ② → ④ → ⑥ → ⑤ → ⑦
㉰ ① → ⑤ → ⑥ → ② → ③ → ④ → ⑦
㉱ ① → ④ → ⑤ → ⑥ → ② → ③ → ⑦

35 수축공(shrinkage cavity) 의 방지 대책으로 옳은 것은?

㉮ 주물의 하부에서 상부로 방향성 응고가 진행되도록 주조 방안을 결정한다.
㉯ 응고 수축이 많은 합금을 선택한다.
㉰ 충분한 용탕정압을 얻을 수 있도록 낮은 탕구를 사용해야 한다.
㉱ 주물의 두께를 될 수 있는 한 두껍게 하고, 주입온도를 최대한 낮춘다.

정답 030. ㉰ 031. ㉯ 032. ㉮ 033. ㉱ 034. ㉯ 035. ㉮

36. 제어계를 분류할 때 신호 처리 방식에 의한 분류 방법 중 요구되는 입력조건이 만족되면 그에 상응한 신호가 출력되는 제어는?
   ㉮ 동기 제어계   ㉯ 비동기 제어계
   ㉰ 시퀀스 제어계 ㉱ 논리 제어계

37. CAD 시스템에서 작성한 모델의 등록, 삭제, 복사, 검색, 이름의 변경 등을 하는 기능을 무엇이라고 하는가?
   ㉮ 요소 변환 기능
   ㉯ 데이터 관리 기능
   ㉰ 요소 편집 기능
   ㉱ 물리적 특성 기능

38. 다음 중 유압 작동유의 구비조건으로 틀린 것은?
   ㉮ 비압축성 이어야 한다.
   ㉯ 노화 현상이 없어야 한다.
   ㉰ 방열성이 없어야 한다.
   ㉱ 기름속의 공기를 빨리 분리 할 수 있어야 한다.

39. 로의 규격을 1회 용해할 수 있는 구리의 무게를 기준으로 하며 비철금속 용해작업에 적합한 용해로의 명칭은?
   ㉮ 용선로   ㉯ 아크로
   ㉰ 유도로   ㉱ 도가니로

40. CO_2 가스를 사용하여 주형을 경화 시킬 때 사용되는 점결제는?
   ㉮ 벤토나이트 ㉯ 석탄산수지
   ㉰ 물유리   ㉱ 후란수지

41. 연신율이 20%이고 늘어난 길이가 60mm 이였다면 원래의 길이(mm)는?
   ㉮ 40   ㉯ 45
   ㉰ 50   ㉱ 60

42. 다음 합금 중에서 수축율이 가장 적은 것은?
   ㉮ 청동   ㉯ 알루미늄 합금
   ㉰ 구상흑연 주철 ㉱ 스테인리스강

43. 주물결함에 사용하는 충전재의 구비조건으로 틀린 것은?
   ㉮ 조제가 간단해야 한다.
   ㉯ 주물금속과 결합성이 양호해야 한다.
   ㉰ 충전재는 에멀션, 등유 및 기름에 잘 녹아야 한다.
   ㉱ 경화된 충전재는 충격을 가해도 주물금속에서 떨어지지 않아야 한다.

44. 다음 중 대패에 대한 설명으로 틀린 것은?
   ㉮ 절삭각이 클수록 절삭저항이 작고 절삭 표면도 깨끗하게 된다.
   ㉯ 대패는 대팻집, 대팻날, 덧날의 세부분으로 되어 있다.
   ㉰ 목재의 표면을 평면 또는 곡면으로 매끄럽게 깎는 공구이다.
   ㉱ 대팻날은 보통 연강의 앞날에 공구강의 뒷날을 단접하여 만든다.

45. Al – Cu – Si 계 합금의 대표적인 것은?
   ㉮ 라우탈   ㉯ 실루민
   ㉰ 알드레이 ㉱ 하이드로날륨

정답 036. ㉱ 037. ㉯ 038. ㉰ 039. ㉱ 040. ㉰ 041. ㉰ 042. ㉰ 043. ㉰ 044. ㉮ 045. ㉮

46. 주물사의 수분 시험을 하기 위하여 시료 52g을 채취하여 건조하였더니 시료의 무게가 48g이었다. 이 때의 수분함유량은 몇 %인가?
㉮ 7.7
㉯ 8.7
㉰ 9.8
㉱ 10.8

> 해설
> 수분함유량(%) = 건조전 시료의 무게(g)−건조후 시료의 무게(g)/건조전 기료의 무게(g)

47. 주조에서 응고시간을 가장 적절하게 표현한 식은? (단, t : 응고시간, v : 주물체적, s : 주물의 표면적, T : 주물의 두께, K : 상수이며, Chvorinov's법칙을 적용 한다.)
㉮ $t = Kv/T$
㉯ $t = K(v^2/s)$
㉰ $t = K(v/s)^2$
㉱ $t = K(s/vT)^2$

48. 주물제도에 사용되는 재료의 기호와 그 명칭이 틀린 것은?
㉮ GC250 : 회주철품
㉯ GCD300 : 구상흑연주철
㉰ STS3 : 일반 구조용 압연강재
㉱ SM40C : 기계구조용 탄소강재

49. 도형제가 구비해야 할 성질 중 틀린 것은?
㉮ 도포성이 양호할 것
㉯ 용융금속의 열을 주형에 전달하는 속도가 빠를 것
㉰ 용융금속 주입시에 모래 소착이 일으키지 않을 것
㉱ 주형 모래 입자 사이에 침투하는 침투성이 좋을 것

50. 주철에서 오스테나이트와 시멘타이트와의 공정 조직은?
㉮ 마텐자이트(Martenite)
㉯ 펄라이트 (Pearlite)
㉰ 페라이트(Ferrite)
㉱ 레데뷰라이트(Ledeburite)

51. 다음 중 열가압실식 다이캐스팅 작업별의 조건으로 옳은 것은?
㉮ 주입 온도차가 클 것
㉯ 사출압력이 높을 것
㉰ 용탕을 흡입하는 작업이 없을 것
㉱ 산화물이 포함된 용탕일 것

52. 지느러미(fin)와 같이 얇고 폭이 넓은 탕도에서 붙인 게이트는?
㉮ 휠 게이트
㉯ 샤워 게이트
㉰ 나이프 게이트
㉱ 직접 게이트

53. 정련된 용강을 레이들 중에서 Fe-Mn, Fe-Si, Al 등으로 완전 탈산 시킨 강은?
㉮ 림드강
㉯ 킬드강
㉰ 캡드강
㉱ 세미킬드강

54. 결정립을 가지고 있으며, 어느 응력하에서 파단에 이르기까지 수백 % 이상의 연신율을 나타내는 합금은?
㉮ 제진합금
㉯ 초소성합금
㉰ 비정질합금
㉱ 형상기억합금

★정답★ 046. ㉮ 047. ㉰ 048. ㉰ 049. ㉯ 050. ㉱ 051. ㉯ 052. ㉰ 053. ㉯ 054. ㉯

055. $\overline{x}$ 관리도에서 관리상한이 22.15, 관리하한이 6.85, $\overline{R}$ = 7.5 일 때 시료군의 크기는 얼마인가?

㉮ 2 ㉯ 3
㉰ 4 ㉱ 5

해설
$\overline{X}$ 관리도의 한계
관리상한 $UCL = \overline{X} + A_2\overline{R}$, $A_2 \dfrac{3}{d_2\sqrt{n}}$
관리하한 $LCL = \overline{X} - A_2\overline{R}$
관리상한 − 관리하한
$= 22.15 - 6.85 = 2A_2\overline{R} = 2 \times 7.5 A_2$
$A_2 = 1.02$
쉬하르트 관리도용 계수표로부터 $n = 3$

056. 200개 들이 상자가 15개 있다. 각 상자로부터 제품을 랜덤하게 10개씩 샘플링 할 경우, 이러한 샘플링 방법을 무엇이라 하는가? (단, $n = 2$일 때 $A_2 = 1.88$, $n = 3$일 때 $A_2 = 1.02$, $n = 4$일 때 $A_2 = 0.73$, $n = 5$일 때 $A_2 = 0.58$ 이다.)

㉮ 계통 샘플링 ㉯ 취락 샘플링
㉰ 층별 샘플링 ㉱ 2단계 샘플링

057. 어떠한 측정법으로 동일 시료를 무한횟수 측정 하였을 때 데이터 분포의 평균치와 모집단 참값과의 차를 무엇이라 하는가?

㉮ 편차 ㉯ 신뢰성
㉰ 정확성 ㉱ 정밀도

058. 다음 중 신제품에 대한 수요 예측방법으로 가장 적절한 것은?

㉮ 시장조사법 ㉯ 이동평균법
㉰ 지수평활법 ㉱ 최소자승법

059. ASME(American Society of Mechanical Engineers)에서정의 하고 있는 제품공정 분석표에 사용되는 기호 중 "저장(Storage)"을 표현한 것은?

㉮ ○ ㉯ D
㉰ □ ㉱ ▽

060. 다음 중 사내 표준을 작성할 때 갖추어야 할 요건으로 옳지 않은 것은?

㉮ 내용이 구체적이고 주관적일 것
㉯ 장기적 방침 및 체계 하에서 추진할 것
㉰ 작업표준에는 수단 및 행동을 직접 제시할 것
㉱ 당사자에게 의견을 말하는 기회를 부여하는 절차로 정할 것

정답 055. ㉯ 056. ㉰ 057. ㉰ 058. ㉮ 059. ㉱ 060. ㉮

8. 주조기능장 2010년 시행문제

001 가압식 탕구계(pressureized gating system)의 설명으로 틀린 것은?

㉮ 주입구의 단면이 동일하다면 각 게이트에서의 유입 용탕량은 동일하다.
㉯ 용탕의 난류로 공기, 드로스 등의 혼입 염려가 있고 주형 침식 가능성이 높다.
㉰ 일정한 유속에 있어서 저압의 경우보다 부피가 작아지면 주물의 주조수율이 작아진다.
㉱ 탕구, 탕도, 주입구 순으로 단면적비가 순차적으로 작아진다.

002 목재의 유기성분 중 셀룰로오스는 몇 %정도 차지하는가?

㉮ 50~55 ㉯ 30~35
㉰ 20~25 ㉱ 5~10

003 처음의 목재 무게가 3kg$_f$이었던 것을 건조기에서 건조시킨 후 무게를 달아보았더니 2.5kg$_f$이었다. 이 목재의 함수율은 몇 %인가?

㉮ 5 ㉯ 10
㉰ 17 ㉱ 20

004 금속재료의 인장시험에서 얻을 수 없는 것은?

㉮ 연신율 ㉯ 항복응력
㉰ 단면수축율 ㉱ 내구한도

005 저압주조법의 장점 중 틀린 것은?

㉮ 주조수율이 특별히 높다.
㉯ 건전한 주물이 생산된다.
㉰ 치수 정밀도가 높고 표면이 양호하다.
㉱ 간단한 형상, 두꺼운 주물의 주조에 사용한다.

006 특수 초경합금 중 피복 초경합금의 특성이 아닌 것은?

㉮ 내마모성이 높다.
㉯ 피삭재와 고온 반응성이 높다.
㉰ 내크래이터(Crater)성과 내산화성이 우수하다.
㉱ 강, 주강, 주철, 비철, 금속의 절삭에 범용으로 사용할 수 있다.

007 다음 열전대 중에서 사용한도가 약 300℃ 정도의 낮은 온도 측정에 사용되는 것은?

㉮ 백금-백금로듐 ㉯ 크로멜-알루멜
㉰ 철-콘스탄탄 ㉱ 구리-콘스탄탄

정답 001. ㉰ 002. ㉮ 003. ㉱ 004. ㉱ 005. ㉱ 006. ㉯ 007. ㉱

08 다음 특수 주철 중 오스테나이트 기지 조직인 것은?

㉮ 크롬(Cr)주철
㉯ 니하드(nihard)주철
㉰ 노막(nomag)주철
㉱ 애시큘러(acicular)주철

09 아크로에 의한 주강의 용해시 산화정련에 대한 설명으로 틀린 것은?

㉮ 기계적 성질이 향상된다.
㉯ 로의 내화물 수명이 길어진다.
㉰ 용강의 유동성을 좋게 한다.
㉱ 용강 중의 가스 함량을 적게 한다.

10 소실원형으로 폴리스티렌 원형을 사용하며 원형 자체가 연소되어진 공간에 용탕이 흘러 들어가 주물이 되는 방법의 주조법은?

㉮ 쇼 프로세스 ㉯ 풀 몰드법
㉰ 셸 몰드법 ㉱ 인베스트먼트법

11 코어 프린트(core print)란 무엇인가?

㉮ 원형의 보강대 이다.
㉯ 코어를 복사하기 위한 것이다.
㉰ 코어 속의 받침대이다.
㉱ 코어를 주형이 지지할 수 있도록 모형에 만든 돌출부이다.

12 $\varnothing 50^{+0.02}_{-0.01}$ 의 치수에서 치수 공차는?

㉮ 0.01 ㉯ 0.02
㉰ 0.03 ㉱ 0.04

13 다음 중 스테인리스강에 대한 설명으로 틀린 것은?

㉮ 18%Cr-8%Ni 스테인리스강은 오스테나이트계이다.
㉯ 마텐자이트계 스테인리스강은 PH계로 Al, Ti, Nb 등을 첨가하여 강도를 높인다.
㉰ 오스테나이트계 스테인리스강은 입계부식과 응력부식이 일어나기 쉽다.
㉱ 2상 스테인리스강은 오스테나이트와 페라이트의 양쪽의 장점을 취한 강이다.

14 산업용 로봇의 관절 유형의 연결이 옳은 것은?

㉮ 타입 L : 선회 관절
㉯ 타입 R : 선형 관절
㉰ 타입 V : 회전 관절
㉱ 타입 O : 직교 관절

15 재해 발생 요인 중 불안전한 행동에 의한 요인은?

㉮ 불안전한 설계의 경우
㉯ 불안전한 방호장치의 경우
㉰ 불안전한 속도 조작 및 위험 경고 없이 조작하는 경우
㉱ 결함 있는 기계설비 및 장비의 경우

16 20℃에서 열팽창 계수가 매우 작아서 새도우마스크, IC기판, 바이메탈 소자 등에 이용되는 합금은?

㉮ Invar ㉯ High speed steel
㉰ Brass ㉱ Stellite

정답 008. ㉰ 009. ㉯ 010. ㉯ 011. ㉱ 012. ㉰ 013. ㉯ 014. ㉱ 015. ㉰ 016. ㉮

17 순철의 변태가 아닌 것은?

㉮ A_1 ㉯ A_2
㉰ A_3 ㉱ A_4

18 다음 도면을 사용목적에 따라 분류할 때 사용목적과 그 내용의 설명이 옳은 것을 모두 나타낸 것은?

> a. **승인도** : 만드는 사람이 주문하는 사람의 검토를 거쳐 승인을 받아 제작과 계획을 하기 위한 도면
> b. **설명도** : 실물을 보고 프리핸드로 그린 도면으로 필요한 사항을 기입하여 완성한 도면
> c. **공정도** : 제조과정에서 거쳐야 할 가공방법, 사용공구 및 치수 등을 상세히 나타낸 도면
> d. **계획도** : 제작도를 그리기 전에 그리는 도면으로 설계자의 생각이 잘 나타나 있으며, 만들고자 하는 물품의 계획을 나타낸 도면

㉮ a, d   ㉯ b, c, d
㉰ a, c, d   ㉱ a, b, c, d

19 원형 설계시 고려하여야 할 사항이 아닌 것은?

㉮ 수축여유   ㉯ 가공여유
㉰ 뽑기 테이퍼   ㉱ 성형방법

20 금속재료의 인장시험에서 연신율의 측정의 기준이 되는 것은?

㉮ 물림 간격   ㉯ 표점거리
㉰ 평행부의 단면적 ㉱ 어깨부의 반지름

21 수소저장용 합금에 대한 설명으로 틀린 것은?

㉮ 수소가스와 반응하여 금속 수소화물이 된다.
㉯ 금속 수소화물은 $1cm^3$당 10^{22}개의 수소 원자를 포함한다.
㉰ 금속 수소화물로 수소를 저항하면 10기압의 고압수소 가스 밀도와 같다.
㉱ 저장된 수소는 필요에 따라 금속 수소화물에서 방출시켜 사용한다.

22 도가니의 규격은 무엇으로 표시하는가?

㉮ 1회의 구리 용해량(kg_f)
㉯ 1회의 흑연 용해량(kg_f)
㉰ 1회의 주철 용해량(kg_f)
㉱ 1회의 알루미늄 용해량(kg_f)

23 목재의 조직에서 수분이 적고 재질이 단단하여 목재로서 가장 좋은 부분은?

㉮ 변재   ㉯ 수선
㉰ 수심   ㉱ 심재

24 주물사의 통기도를 구하는 식이 옳은 것은? (단, V는 시험편을 통과하는 공기의 양(ml), h는 시험편의 높이(cm), P는 공기압(cmH_2O), A는 시험편의 단면적(cm^2), t는 V가 통과하는데 필요한 시간(min)이다.)

㉮ $\dfrac{Vh}{PAt}$ ㉯ $\dfrac{VA}{Pht}$

㉰ $\dfrac{PV}{Aht}$ ㉱ $\dfrac{PA}{Vht}$

정답 017. ㉮ 018. ㉰ 019. ㉱ 020. ㉯ 021. ㉰ 022. ㉮ 023. ㉱ 024. ㉮

025. 흑연구상화재의 특성을 설명한 것 중 틀린 것은?
㉮ 산소 및 황과의 친화력이 강하다.
㉯ 구상화 처리온도에서의 증기압이 높다.
㉰ 마그네슘, 칼슘은 용철에 대한 용해도가 높으므로 균일하게 된다.
㉱ 세륨은 적당한 용해도를 갖지만 확산속도가 느리므로 균일하지 않게 되기 쉽다.

026. 다음 중 탕구비란 무엇인가?
㉮ 탕구의 단면적, 탕도의 단면적, 게이트의 총 단면적의 비
㉯ 탕구의 단면적, 탕도의 단면적, 중추의 총 단면적의 비
㉰ 탕구의 단면적, 주물상자의 단면적, 탕도의 총 단면적의 비
㉱ 탕구의 단면적, 게이트의 단면적, 램머의 총 단면적의 비

027. 공기압 회로를 구성할 때 2개소 이상의 방향으로부터의 흐름을 1개소로 합칠 때 사용하는 밸브는?
㉮ 2압밸브   ㉯ 감속밸브
㉰ 셔틀밸브   ㉱ 릴리프밸브

028. 주물 결함인 주탕불량(misrun)의 방지대책으로 틀린 것은?
㉮ 탕구방안을 개선한다.
㉯ 주입온도를 낮추고, 주입속도를 느리게 해준다.
㉰ 충분한 압탕을 준다.
㉱ 가스 배출이 잘되도록 배기공의 수를 늘린다.

029. 주철에 첨가되면, 시멘타이트(Fe_3C)의 분해를 방해하는 작용, 즉 펄라이트를 안정화시키는 효과를 통해 백선화를 조장하며, 황과 결합하여 고온균열(hot cracking)을 방지하는 역할을 하는 원소는?
㉮ 인(P)   ㉯ 규소(Si)
㉰ 망간(Mn)   ㉱ 크롬(Cr)

030. 주물의 중심선에서 결정이 생기고 있는 시간이 40분, 주물전체가 응고완료 하는데 걸리는 시간이 1시간 20분이 걸렸다면 이 때의 중심선 주탕저항(CFR)은?
㉮ 25%   ㉯ 40%
㉰ 50%   ㉱ 200%

031. 세라믹 셸 주형법이 솔리드 주형법보다 유리한 점을 설명한 것 중 틀린 것은?
㉮ 주조 결함 및 치수의 정밀도가 높다.
㉯ 내화물의 사용량이 현저하게 줄어 주조원가가 낮다.
㉰ 주형이 두껍기 때문에 솔리드 주형법보다 주입 후 열방출이 느려 균일하다.
㉱ 주형이 가벼워지므로 취급이 용이하고 큰 제품을 주조할 수 있다.

032. 주철 주물의 용해유로로 조업시 라이닝재(노벽재료)로써 SiO_2가 주성분인 내화물을 사용하려고 한다. 용탕의 성분변화로서 고려되어야 할 사항은?
㉮ 탄소량의 감소   ㉯ 실리콘량의 감소
㉰ 망간량의 감소   ㉱ 인량의 증가

정답 025. ㉰ 026. ㉮ 027. ㉰ 028. ㉯ 029. ㉰ 030. ㉰ 031. ㉰ 032. ㉮

33. 황동이나 청동에 비해 강도, 경도, 인성, 내마모성, 내피로성 등의 기계적 성질 및 내열, 내식성이 좋아 선박, 항공기, 자동차 등의 부품용으로 사용되며 Novostone이라고 불리는 특수청동은?
   ㉮ 인청동(phosphor bronze)
   ㉯ 알루미늄청동(aluminium bronze)
   ㉰ 규소청동(silicon bronze)
   ㉱ 연청동(lead bronze)

34. 알루미늄 용해시 용탕 중에 가장 용해되기 쉬워서 고체 속에 잔류하여 주물 불량의 요인이 되는 기체는?
   ㉮ 산소(O_2)
   ㉯ 수소(H_2)
   ㉰ 질소(N_2)
   ㉱ 탄산가스(CO_2)

35. CAD시스템 선정시 고려하여야 할 사항이 아닌 것은?
   ㉮ 사용시간
   ㉯ 용이성
   ㉰ 신뢰성
   ㉱ 시스템의 기능과 효과

36. 도면에서 중심선을 꺾어서 연결 도시한 도면과 같은 투상도는?

   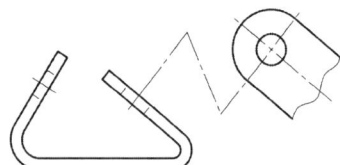

   ㉮ 보조투상도   ㉯ 국부투상도
   ㉰ 부분투상도   ㉱ 회전투상도

37. 정반형에서 두 개의 플레이트(plate)중 한쪽에만 붙여서 상, 하 주형을 각각의 조형기로 조형하는 것은?
   ㉮ 마스터패턴   ㉯ 매치 플레이트
   ㉰ 패턴 플레이트   ㉱ 골격 플레이트

38. 코어에 대한 일반적인 설명으로 틀린 것은?
   ㉮ 통기도 증가를 위해 점토를 첨가한다.
   ㉯ 가스의 발생도가 적어야 한다.
   ㉰ 주입온도에 견디는 내열성이 있어야 한다.
   ㉱ 용탕부력에 견딜 수 있는 강도가 있어야 한다.

39. 용탕의 가스 흡수를 방지하는 대책이 아닌 것은?
   ㉮ 고온 용해를 한다.
   ㉯ 슬래그를 형성시켜 분위기와의 접촉을 차단한다.
   ㉰ 불활성 가스를 취입한다.
   ㉱ 진공상태로 용해한다.

40. 다음 중 코어 프린트를 붙이는 목적으로 틀린 것은?
   ㉮ 코어의 고정   ㉯ 코어의 위치 결정
   ㉰ 코어의 가스빼기   ㉱ 코어의 강도 보강

41. 주물의 필요한 부분만을 경화시키기 위하여 금형을 사용하여 급냉시켜 경도, 내마모성, 내압성을 향상시킨 주철은?
   ㉮ 구상흑연주철   ㉯ 가단주철
   ㉰ 합금주철   ㉱ 칠드주철

정답   033. ㉯   034. ㉯   035. ㉮   036. ㉮   037. ㉰   038. ㉮   039. ㉮   040. ㉱   041. ㉱

42 원형의 외형치수 검사방법 중 틀린 것은?
- ㉮ 원형을 주체로 도면의 치수와 대조한다.
- ㉯ 외형이 틀린 곳이 발견되면 오차내용을 기입한다.
- ㉰ 둥근모양의 목형은 중심선을 기준으로 바깥둘레 방향으로 차례대로 검사한다.
- ㉱ 분할면과 상자 맞춤 핀 방향은 수평으로 놓은 다음 길이 방향으로 검사한다.

43 재결정 및 회복에 대한 설명으로 옳은 것은?
- ㉮ 결정립의 모양이나 결정의 방향에 변화를 주지 않고 물리적, 기계적 성질만이 변하는 것을 재결정이라 한다.
- ㉯ 냉간가공된 재료를 가열하여 변형이 없는 결정립상태로 되는 과정을 회복이라 한다.
- ㉰ 재결정은 처음 금속 내부의 결정 입계의 수, 결정립의 크기 등에 영향을 받는다.
- ㉱ 경도는 재결정의 과정에서는 별로 변화하지 않고 회복의 단계에서 급격히 감소한다.

44 주물의 압탕효과를 증가시킬 수 있는 방법으로 틀린 것은?
- ㉮ 덧붙임(padding)을 한다.
- ㉯ 칠(chill)을 제거한다.
- ㉰ 압탕의 형상계수(체적/표면적)를 크게 한다.
- ㉱ 압탕부에 단열재나 발열재로 만든 슬리브를 사용한다.

45 용적형 펌프 중 회전펌프에 해당되는 것은?
- ㉮ 원심펌프
- ㉯ 터빈펌프
- ㉰ 기어펌프
- ㉱ 축류펌프

46 인을 많이 함유한 주철에서 나타나는 Fe – Fe_3C – Fe_3P 3원계공정조직으로 보통 마지막 응고되는 부분에서 그물눈 모양 또는 알갱이형으로 존재하는 조직의 명칭은?
- ㉮ 스테다이트
- ㉯ 레데뷰라이트
- ㉰ 소르바이트
- ㉱ 트루스타이트

47 띠톱기계에서 바퀴의 회전수를 구하는 식은? (단, n = 바퀴 회전수, V = 절삭속도, d = 바퀴지름)
- ㉮ $n = \dfrac{dV}{\pi}$
- ㉯ $n = \dfrac{\pi V}{d}$
- ㉰ $n = \dfrac{\pi d}{V}$
- ㉱ $n = \dfrac{V}{\pi d}$

48 주물공장의 시설관리 방법 중 틀린 것은?
- ㉮ 용해 재료는 수분을 함유하지 않아야 한다.
- ㉯ 비상용 로의 경동조작 및 각종 경보장치의 가동점검을 실시한다.
- ㉰ 항상 용탕을 받을 예비 레이들을 준비하여야 한다.
- ㉱ 노가 설치되어 있는 부분의 지면은 벽돌 또는 모래를 깔고 만일을 대비하여 충분한 습도를 유지시킨다.

49 주조 제품의 내부결함을 탐상할 수 있는 비파괴시험법은?
- ㉮ 형광침투시험법
- ㉯ 방사선투과시험법
- ㉰ 현미경파단시험법
- ㉱ 자분탐상시험법

정답 042. ㉱ 043. ㉰ 044. ㉯ 045. ㉰ 046. ㉮ 047. ㉱ 048. ㉱ 049. ㉯

50. 다이캐스트법의 특징을 열거한 것 중 틀린 것은?
   ㉮ 얇고 복잡한 모양의 주물을 제조할 수 있다.
   ㉯ 용탕이 가압되므로 기공이 적고 조직이 치밀하며 강인하다.
   ㉰ 치수의 정밀도가 높고 주물의 표면이 깨끗하다.
   ㉱ 동일 규격의 제품을 생산할 때에는 대량생산이 어렵고 생산비가 비싸다.

51. 주물의 재질에 의한 주철 주물의 분류에 속하지 않는 것은?
   ㉮ 고급주철주물
   ㉯ 가단주철주물
   ㉰ 합금강 주물
   ㉱ 구상흑연주철주물

52. 규사에 규산나트륨을 4~6% 첨가, 혼련시켜 CO_2가스를 불어넣어 경화시키는 주형법은?
   ㉮ 자경성 주형법
   ㉯ 마그네틱 주형법
   ㉰ CO_2 주형법
   ㉱ 시멘트계 주형법

53. 지느러미와 같이 제품이 얇고 폭이 넓은 탕도에 붙이는 주입구는?
   ㉮ 샤워 주입구
   ㉯ 나이프 주입구
   ㉰ 휠 주입구
   ㉱ 직접 주입구

54. 내화도가 약 2200℃정도이고, 주강 주물에서 소착이 일어나기 쉬운 부분에 사용되는 주물사는?
   ㉮ 규사
   ㉯ 지르콘사
   ㉰ 샤모트사
   ㉱ 올리빈사

55. 관리도에서 점이 관리한계 내에 있으나 중심선 한쪽에 연속해서 나타나는 점의 배열 현상을 무엇이라 하는가?
   ㉮ 연
   ㉯ 경향
   ㉰ 산포
   ㉱ 주기

56. 로트의 크기 30, 부적합 품률이 10%인 로트에서 시료의 크기를 5로 하여 랜덤 샘플링할 때, 시료 중 부적합 품수가 1개 이상일 확률은 약 얼마인가? (단, 초기하분포를 이용하여 계산한다.)
   ㉮ 0.3695
   ㉯ 0.4335
   ㉰ 0.5665
   ㉱ 0.6305

57. 다음 중 브레인스토밍(Brainstorming)과 가장 관계가 깊은 것은?
   ㉮ 파레토도
   ㉯ 히스토그램
   ㉰ 회귀분석
   ㉱ 특성요인도

58. 작업개선을 위한 공정분석에 포함되지 않는 것은?
   ㉮ 제품 공정분석
   ㉯ 사무 공정분석
   ㉰ 직장 공정분석
   ㉱ 작업자 공정분석

정답 050. ㉱ 051. ㉰ 052. ㉰ 053. ㉯ 054. ㉯ 055. ㉮ 056. ㉯ 057. ㉱ 058. ㉰

059 로트의 크기가 시료의 크기에 비해 10배 이상 클 때, 시료의 크기와 합격판정개수를 일정하게 하고 로트의 크기를 증가시키면 검사특성곡선의 모양 변화에 대한 설명으로 가장 적절한 것은?

㉮ 무한대로 커진다.
㉯ 거의 변화하지 않는다.
㉰ 검사특성곡선의 기울기가 완만해진다.
㉱ 검사특성곡선의 기울기 경사가 급해진다.

060 과거의 자료를 수리적으로 분석하여 일정한 경향을 도출한 후 가까운 장래의 매출액, 생산량 등을 예측하는 방법을 무엇이라 하는가?

㉮ 델파이법
㉯ 전문가패널법
㉰ 시장조사법
㉱ 시계열분석법

정답 059. ㉯ 060. ㉱

9. 주조기능장 2011년 시행문제

001 톱날을 어긋나게 만든 것을 치진이라고 한다. 치진은 톱몸 두께의 몇 배가 적당한가?
㉮ 0.5~1.2 ㉯ 1.3~1.8
㉰ 2.0~2.5 ㉱ 2.6~3.2

002 억지끼워 맞춤에서 조립 전의 구멍의 최대 허용치수와 축의 최소 허용치수와의 차는?
㉮ 최대틈새 ㉯ 최소틈새
㉰ 최대죔새 ㉱ 최소죔새

003 35~36%Ni, 0.1~0.3%C, 0.4%Mn 와 Fe 합금으로 20℃에서 열팽창계수가 $0.9\% \times 10^{-6}$ 이고, 내식성도 크며, 바이메탈, 시계진자, 줄자, 계측기 부품 등에 사용하는 불변강은?
㉮ 인바(invar)
㉯ 니칼로이(nicalloy)
㉰ 퍼멀로이(permalloy)
㉱ 플래티나이트(platinite)

004 주강의 용해에 가장 적합한 용해로는?
㉮ 전로   ㉯ 용선로
㉰ 도가니로 ㉱ 아크 전기로

005 칠메탈(Chill metal) 설치에 적합하지 않은 곳은?
㉮ 응고 수축이 일어나는 부분
㉯ 응고 속도를 지연시켜야 할 부분
㉰ 압탕 효과가 불충분한 부분
㉱ 용탕의 보급이 미치지 않는 부분

006 건조 규사와 100~200mesh 정도의 수지 점결제를 배합한 합성사를 200~300℃로 가열 경화시켜 주형을 만드는 조형법은?
㉮ CO_2 주형법
㉯ C 프로세스
㉰ 다이캐스팅 주조법
㉱ 인베스트먼트 주조법

007 냉간 균열의 방지책으로 옳은 것은?
㉮ 주입 후 서냉 시킨다.
㉯ 인(P)의 함량을 높인다.
㉰ 단면의 두께를 불균일하게 한다.
㉱ 주입 후 형을 빨리 해체시킨다.

008 탕구계의 기능이 아닌 것은?
㉮ 압탕   ㉯ 탕구
㉰ 탕도   ㉱ 게이트

정답 001. ㉯ 002. ㉱ 003. ㉮ 004. ㉱ 005. ㉯ 006. ㉯ 007. ㉮ 008. ㉮

009 왁스원형(wax pattern)의 구비조건으로 틀린 것은?
㉮ 연화점이 낮을 것
㉯ 회분이 적을 것
㉰ 형 분리가 쉬울 것
㉱ 수축이나 변형이 적을 것

010 주물 응고시 수지상정으로 인하여 직각부분에 생기는 재질의 취약을 방지하기 위한 방법은?
㉮ 수축여유를 준다.
㉯ 보정여유를 준다.
㉰ 라운딩을 한다.
㉱ 덧붙임을 한다.

011 주조품의 내부결함 탐상에 가장 적합한 비파괴시험법은?
㉮ 누설시험   ㉯ 방사선투과시험
㉰ 자분탐상시험   ㉱ 침투탐상시험

012 인베스트먼트(Investment)주조법에 대한 설명 중 틀린 것은?
㉮ 주형이 일체형이며 형상적인 제한이 없다.
㉯ 주형은 내화성이 풍부하며 거의 모든 재질을 주조할 수 있다.
㉰ 기계가공비를 절감한 양산품의 대량생산이 가능하다.
㉱ 주형은 가스발생 물질을 다량 함유하므로 진공 용해 주조에 적합하지 않다.

013 선의 종류에 따른 선의 용도를 옳게 설명한 것은?
㉮ 굵은 실선은 반복 도형의 피치의 기준을 잡는다.
㉯ 가는 실선은 수면, 유면 등의 위치를 나타낸다.
㉰ 파선은 대상물이 보이는 부분의 겉모양을 표시한다.
㉱ 일점쇄선은 대상물의 보이지 않는 부분의 모양을 표시한다.

014 공정의 변화에 의해 영향을 받는 기본적인 3가지 형태에 해당되지 않는 것은?
㉮ 제한의 변화
㉯ 원자재의 변화
㉰ 모델계수의 변화
㉱ 모델의 구조적인 변화

015 주입중량이 144kgf이고 주물의 대표적인 살 두께가 15mm인 경우에 소요되는 주입시간(초)은? (단, 주물의 살 두께에 따른 정수는 2.23이다.)
㉮ 20.25   ㉯ 26.76
㉰ 34.84   ㉱ 39.17

016 규소와 탄소가 많고 비교적 산화되지 않은 좋은 용탕의 탕면 모양은?
㉮ 귀갑형   ㉯ 세엽형
㉰ 송엽형   ㉱ 부정형

주조(鑄造)기능장

17 CO_2주형법의 장점 중 틀린 것은?
㉮ 코어의 보강재와 심금 등을 생략할 수 있다.
㉯ 주형의 가축성, 붕괴성이 좋고, 고사의 회수율이 높다.
㉰ 건조할 필요가 없기 때문에 건조 중 변형 등을 고려할 필요가 없다.
㉱ 원형이 있는 상태에서 주형이나 코어가 경화하기 때문에 주형의 정밀도가 높다.

18 원형용 목재의 선택시 구비 조건 중 틀린 것은?
㉮ 목재에 흠이 없을 것
㉯ 목재의 기계적 성질이 좋을 것
㉰ 목재의 다듬질 표면이 곱고, 주물사가 잘 붙을 것
㉱ 목재의 함수율이 다소 변동 되더라도 수축량에는 큰 변화가 없을 것

19 탄소의 양이 증가함에 따라 기계적 성질이 떨어지는 것은?
㉮ 경도   ㉯ 항복점
㉰ 충격값   ㉱ 인장강도

20 주철의 조직에 영향을 주는 요소가 아닌 것은?
㉮ 카본(C) 조성   ㉯ 규소(Si) 조성
㉰ 냉각 속도   ㉱ 주입 온도

21 원심주조법으로 만들 수 있는 주조품이 아닌 것은?
㉮ 주철관   ㉯ 피스톤 링
㉰ 잉고트 케이스   ㉱ 실린더 라이너

22 용융금속이 유출하여 전방의 벽면에 충돌할 때 발생하는 압력(P)을 구하는 식은?
(단, Q는 유량, d는 액체의 비중, g는 중력가속도, v는 유출속도 이다.)
㉮ $P = \dfrac{Q \cdot v}{g \cdot d}$ ㉯ $P = \dfrac{d}{g} \cdot Q \cdot v$
㉰ $P = \dfrac{g}{v} \cdot Q \cdot d$ ㉱ $P = \dfrac{g}{d} \cdot Q \cdot v$

23 탕구(sprue)에 구배를 주는 이유는?
㉮ 드로스를 제거하기 위해서
㉯ 용탕의 주입온도를 감소시키기 위해서
㉰ 공기의 흡입을 방지하기 위해서
㉱ 용탕의 주입속도를 증가시키기 위해서

24 코어제작에서 오일코어 모래(oil core sand)의 단점이 아닌 것은?
㉮ 건조강도 범위가 좁다.
㉯ 원형에 부착되기 쉽다.
㉰ 램테일(Ram Tail)등이 발생된다.
㉱ 주입 후 제품에 균열 발생이 쉽다.

25 아교의 특징을 설명한 것 중 틀린 것은?
㉮ 고착시간이 짧으며 접착력이 크다.
㉯ 화학적으로 산성이며 접착면을 더럽게 한다.
㉰ 접착 후 가공할 때 공구를 손상시키지 않는다.
㉱ 흡습성이 있어 내수성이 적으며 부패하고 세균에 약하다.

정답 017. ㉯ 018. ㉰ 019. ㉰ 020. ㉱ 021. ㉰ 022. ㉯ 023. ㉰ 024. ㉱ 025. ㉯

026. W계 고속도강의 표준 성분조성 범위로 옳은 것은?
㉮ 18%W - 4%Cr - 1%V
㉯ 19%W - 1%V - 4%Co
㉰ 20%W - 5%Co - 1%V
㉱ 21%W - 5%Cr - 2%Mg

027. 주물공장 자동화의 장점이 아닌 것은?
㉮ 경쟁력 확보
㉯ 환경개선
㉰ 인력난 해결
㉱ 시설 유지비 절감

028. 원형의 종류 중 현형(solid pattern)이 아닌 것은?
㉮ 단체형   ㉯ 조립형
㉰ 분할형   ㉱ 굽기형

029. 스프링강의 기계적 성질을 설명한 것 중 틀린 것은?
㉮ 탄성한도가 커야 한다.
㉯ 항복강도가 커야 한다.
㉰ 피로한도가 낮아야 한다.
㉱ 충격력에 견디는 성질이 커야 한다.

030. 다음 중 아연(Zn)에 대한 설명으로 틀린 것은?
㉮ 융점은 약 420℃ 정도이다.
㉯ 체심입방격자를 갖는다.
㉰ 밀도는 약 7.1333g/cm^{3}정도이다.
㉱ 철강재료의 방식 피막용 재료로 많이 사용한다.

031. 다음 중 다이캐스팅용 Al합금이 갖추어야 할 조건으로 틀린 것은?
㉮ 용융점이 낮을 것
㉯ 수축율이 클 것
㉰ 고온 균열이 적을 것
㉱ 금형에 소착되지 않을 것

032. 다음 중 수소저장합금에 대한 설명으로 틀린 것은?
㉮ 수소가스와 반응하여 금속수소화물이 된다.
㉯ 수소의 흡장·방출을 되풀이 하는 재료는 분화하게 된다.
㉰ 합금이 수소를 흡장할 때는 수축하고, 방출할 때는 팽창한다.
㉱ 수소가 방출되면 금속수소화물은 원래의 수소저장 합금으로 되돌아간다.

033. 철이 910℃에서 α상에서 γ상으로 결정격자가 변화하는 변태를 무엇이라 하는가?
㉮ 자기변태   ㉯ 동형변태
㉰ 동소변태   ㉱ 동질변태

034. 주조공정의 자동화에 해당되지 않는 것은?
㉮ 도면설계 - CAD
㉯ 원형제작 - CNC
㉰ 주물사 제조 - 혼사기
㉱ 용해 - 컴퓨터제어

정답 026. ㉮ 027. ㉱ 028. ㉱ 029. ㉰ 030. ㉯ 031. ㉯ 032. ㉰ 033. ㉰ 034. ㉰

35 도면의 척도에서 비례척이 아님을 나타내는 기호는?
㉮ KS ㉯ BS
㉰ NS ㉱ US

36 염기성 내화물로써 주물에 사용되는 것은?
㉮ 샤모트 ㉯ 규석벽돌
㉰ 납석벽돌 ㉱ 마그네시아 벽돌

37 흑연구상화재로 첨가되는 금속이 아닌 것은?
㉮ Ni ㉯ Mg
㉰ Ca ㉱ Ce

38 주물의 불량 중 용탕경계에 대한 설명으로 틀린 것은?
㉮ 주입 온도가 너무 낮을 때 발생한다.
㉯ 넓은 부분을 수평하게 해서 주입할 때 발생한다.
㉰ 주형의 합형이 불안하여 코어프린트와 그 사이가 틈이 생겨 발생하는 결함이다.
㉱ 주형 내에 용탕이 합류될 때 그 경계면이 완전히 용융되지 않아 형태가 발생하는 결함이다.

39 코어 프린트를 붙이는 목적이 아닌 것은?
㉮ 코어를 고정하기 위한 것
㉯ 코어의 위치를 지정하기 위한 것
㉰ 코어의 가스 빼기를 위한 것
㉱ 코어의 강도방향을 지정하기 위한 것

40 조업 중 노저로부터 용탕이 새어 나오는 사고가 발생했을 때 가장 먼저 조치해야 하는 것은?
㉮ 송풍을 정지한다.
㉯ 석회석을 다량 투입한다.
㉰ 전로가 없을 때는 서서히 출탕한다.
㉱ 코크스를 즉시 투입하고 산소량을 증가시킨다.

41 액추에이터의 운동 방향을 제어하기 위하여 작동유의 흐름 방향을 변화시키거나 정지시키는 기능의 밸브는?
㉮ 시퀀스 밸브 ㉯ 릴리프 밸브
㉰ 언로딩 밸브 ㉱ 매뉴얼 밸브

42 로의 규격을 1회에 용해할 수 있는 구리의 무게(kg_f)를 기준으로 하며 비철금속 용해 작업에 적합한 용해로의 명칭은?
㉮ 용선로 ㉯ 아크로
㉰ 유도로 ㉱ 도가니로

43 주철의 성장 원인으로 틀린 것은?
㉮ A_1 변태에서 부피 변화로 인한 팽창
㉯ 시멘타이트의 흑연화에 의한 팽창
㉰ 불균일한 가열로 생기는 균열에 의한 팽창
㉱ 펄라이트 중에 고용되어 있는 Ni의 산화에 의한 팽창

44 작업장에서 초정밀 작업을 하려고 할 때의 조도(lux)기준은?
㉮ 75 ㉯ 150
㉰ 300 ㉱ 750

정답 035. ㉰ 036. ㉱ 037. ㉮ 038. ㉰ 039. ㉱ 040. ㉱ 041. ㉱ 042. ㉱ 043. ㉱ 044. ㉱

045 주물공장의 안전작업수칙이 아닌 것은?

㉮ 복사열 및 분진 등으로부터 신체적 건강을 보호할 수 있도록 개인 보호구를 착용한 후 작업한다.
㉯ 톱 및 연삭기(그라인더)등 위험기계를 사용할 때는 안전덮개가 설치된 상태에서 사용 한다.
㉰ 중량물 취급시에는 적절한 이동기계 및 기구를 사용하고, 기계에 의한 중량물 이동시 에는 빠른길로 이동한다.
㉱ 원료는 수분이 부착되지 않은 것을 사용하고, 용탕을 받을 용기의 내부는 충분히 건조 후 사용한다.

046 다음 중 합성수지 원형의 특징을 설명한 것 중 틀린 것은?

㉮ 장기간 보존이 불가능하다.
㉯ 금형에 비하여 가벼우므로 취급이 용이하다.
㉰ 합성수지 원형은 들어가는 모재의 조임 부착이 적다.
㉱ 목형일 때 일어나는 치수의 수축 및 변화 등에 뒤틀리는 일이 적다.

047 주형의 역할과 조건을 설명한 것 중 틀린 것은?

㉮ 형상을 유지하며 응고한다.
㉯ 용탕에 소정의 형상을 부여한다.
㉰ 가스 배출을 막아 보온 효과를 낸다.
㉱ 용탕이 공간부 안까지 흘러 들어가는 통로의 역할을 한다.

048 다음 중 대표적인 비철계 초소성 재료가 아닌 것은?

㉮ 니켈(Ni)계   ㉯ IM 744계
㉰ 티타늄(Ti)계 ㉱ 알루미늄(Al)계

049 그림과 같이 400×400mm인 주철 주물을 만들 때 필요한 중추의 무게는 몇 kg_f인가? (단, 높이는 110mm, 주입금속의 밀도는 7200kg_f/m^3 안전계수는 3이다.)

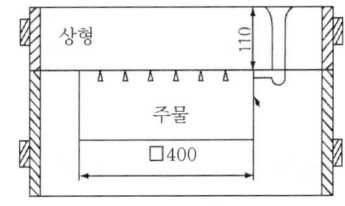

㉮ 200   ㉯ 280
㉰ 300   ㉱ 380

050 목재의 중심 부분으로 적재라고도 하며 수분이 적고 재질이 단단하여 목형용 재료로 가장 적당한 것은?

㉮ 수심   ㉯ 심재
㉰ 변재   ㉱ 춘재

051 기계조형법이 손조형법에 비하여 우수한 점 중 틀린 것은?

㉮ 제품이 균등하다.
㉯ 불량률이 많아진다.
㉰ 생산능률이 향상된다.
㉱ 제품의 중량이 감소된다.

52. 펜슬 게이트(pencil gates)가 사용되는 탕구계는?
   ㉮ 상면탕구(top gates)
   ㉯ 저면탕구(bottom gates)
   ㉰ 다단탕구(step gates)
   ㉱ 분할탕구(parting line gates)

53. 합성수지형 재료 중 ABS 수지의 3가지 구성 성분이 아닌 것은?
   ㉮ 스틸렌   ㉯ 콜라겐
   ㉰ 부타디엔   ㉱ 아크릴로니트릴

54. 도형제가 구비해야 할 성질 중 틀린 것은?
   ㉮ 도포성이 양호할 것
   ㉯ 용융금속의 열을 주형에 전달하는 속도가 빠를 것
   ㉰ 용융금속 주입시에 모래 소착을 일으키지 않을 것
   ㉱ 주형모래 입자사이에 침투하는 침투성이 좋을 것

55. 어떤 측정법으로 동일 시료를 무한회 측정하였을때 데이터 분포의 평균치와 참값과의 차를 무엇이라 하는가?
   ㉮ 재현성   ㉯ 안정성
   ㉰ 반복성   ㉱ 정확성

56. 관리도에서 측정한 값을 차례로 타점했을 때 점이 순차적으로 상승하거나 하강하는 것을 무엇이라 하는가?
   ㉮ 연(run)   ㉯ 주기(cycle)
   ㉰ 경향(trend)   ㉱ 산포(dispersion)

57. 도수분포표를 작성하는 목적으로 볼 수 없는 것은?
   ㉮ 로트의 분포를 알고 싶을 때
   ㉯ 로트의 평균치와 표준편차를 알고 싶을 때
   ㉰ 규격과 비교하여 부적합품률을 알고 싶을 때
   ㉱ 주요 품질항목 중 개선의 우선순위를 알고 싶을 때

58. 정상소요시간이 5일이고, 이때의 비용이 20,000원이며 특급소요시간이 3일이고, 이때의 비용이 30,000원이라면 비용구배는 얼마인가?
   ㉮ 4,000원/일   ㉯ 5,000원/일
   ㉰ 7,000원/일   ㉱ 10,000원/일

59. "무결점 운동"으로 불리는 것으로 미국의 항공사인 마틴사에서 시작된 품질개선을 위한 동기부여 프로그램은 무엇인가?
   ㉮ ZD   ㉯ 6 시그마
   ㉰ TPM   ㉱ ISO 9001

60. 컨베이어 작업과 같이 단조로운 작업은 작업자에게 무력감과 구속감을 주고 생산량에 대한 책임감을 저하시키는 등 폐단이 있다. 다음 중 이러한 단조로운 작업의 결함을 제거하기 위해 채택되는 직무설계방법으로서 가장 거리가 먼 것은?
   ㉮ 자율 경영팀 활동을 권장한다.
   ㉯ 하나의 연속작업시간을 길게 한다.
   ㉰ 작업자 스스로가 직무를 설계하도록 한다.
   ㉱ 직무확대, 직무충실화 등의 방법을 활용한다.

정답 052. ㉮ 053. ㉯ 054. ㉯ 055. ㉱ 056. ㉰ 057. ㉱ 058. ㉯ 059. ㉮ 060. ㉯

부록 4. 10. 주조기능장 2012년 시행문제

01 원형용 공구 중 띠톱기계의 절삭속도를 구하는 공식으로 옳은 것은? (단, V는 절삭속도, n은 바퀴의 회전수, D는 바퀴의 지름이다.)

㉮ $V = \dfrac{\pi}{2} n \cdot D$　　㉯ $V = n \cdot \pi \cdot D$

㉰ $V = \dfrac{\pi}{4} n \cdot D$　　㉱ $V = \dfrac{1}{3} n \cdot \pi \cdot d$

02 길이가 100mm인 회주철 부분품을 알루미늄 합금 금형원형으로 만들기 위한 최초의 원형모형(master pattern)의 길이는 몇 mm 인가?

㉮ 101　　㉯ 102
㉰ 103　　㉱ 104

03 내화재의 내화도는 제게르추 몇 번 이상이어야 하는가?

㉮ SK 20　　㉯ SK 22
㉰ SK 24　　㉱ SK 26

04 다음 중 주형제작에 사용되는 첨가제에 대한 종류와 그 사용목적에 대한 내용이 틀린 것은?

㉮ 피치 : 주물표면 향상
㉯ 시콜 : 후처리 작업이 용이
㉰ 규산분말 : 조형성 향상
㉱ 산화철 : 고온강도 증가

05 탕구계의 구성원이 아닌 것은?

㉮ 주입구　　㉯ 탕구저
㉰ 탕도　　㉱ 압탕

06 흑연 도가니의 규격을 표시한 번호는 무엇을 나타낸 것인가?

㉮ 1회의 구리합금 용해량을 나타낸 것
㉯ 1회의 주철 용해량을 나타낸 것
㉰ 1시간 주철 용해량을 나타낸 것
㉱ 1시간의 구리합금 용해량을 나타낸 것

07 도면에서 2종류 이상의 선이 같은 장소에 겹치게 될 경우 우선순위로 옳은 것은?

㉮ 외형선 → 숨은선 → 중심선 → 절단선 → 무게중심선
㉯ 외형선 → 숨은선 → 중심선 → 무게중심선 → 절단선
㉰ 외형선 → 중심선 → 숨은선 → 무게중심선 → 절단선
㉱ 외형선 → 숨은선 → 절단선 → 중심선 → 무게중심선

정답 001. ㉯　002. ㉯　003. ㉱　004. ㉰　005. ㉱　006. ㉮　007. ㉱

008. 치수 기입법에 대한 설명으로 틀린 것은?
㉮ 숫자로 기입되는 치수는 mm의 단위로 기입하고, 표제란에 그 단위를 기입한다.
㉯ 지시선은 치수와 함께 개별주서(나사치수, 가공방법 및 기호)를 기입하기 위하여 사용한다.
㉰ 외형선, 중심선, 기준선 및 이들의 연장선을 치수선으로 사용한다.
㉱ 치수보조선은 치수를 기입하기 위하여 투상도로부터 치수를 기입할 위치까지 이끌어 내는 선이다.

009. 다음 중 열가압실식 다이캐스팅 작업법의 조건으로 옳은 것은?
㉮ 주입 온도차가 클 것
㉯ 사출압력이 높을 것
㉰ 용탕을 흡입하는 작업이 없을 것
㉱ 산화물이 포함된 용탕일 것

010. 좋은 주물을 만들기 위해 가장 중요하게 고려할 사항은?
㉮ 수축률의 결정
㉯ 가공 여유의 결정
㉰ 변형 보정 여유의 결정
㉱ 상형, 하형, 분할면의 결정

011. 인베스트먼트 주조법에서 왁스 모형이 완전히 성형되지 않을 때의 원인으로 틀린 것은?
㉮ 입구가 너무 클 때
㉯ 금형 온도가 너무 낮을 때
㉰ 왁스 온도가 너무 낮을 때
㉱ 공극부 내의 공기가 빠져나가지 못했을 때

012. 다음 중 경화기구에 의한 자경성 주형의 분류가 아닌 것은?
㉮ 수경성에 의한 것
㉯ 겔(gel)화에 의한 것
㉰ 무기질 점결제를 사용한 것
㉱ 산화중합 또는 축합반응에 의한 것

013. 다음 중 원심 주조법의 특징을 설명한 것으로 틀린 것은?
㉮ 비중 차이에 의한 개재물의 분리제거가 가능하다.
㉯ 용융금속에 높은 압력이 걸리게 되므로 주물의 조직이 치밀하다.
㉰ 관이나 원통형의 주물을 만들 때에는 코어가 필요하다.
㉱ 주물의 모양에 따라 다르지만, 대부분 탕구나 압탕이 필요하지 않으므로 재료의 회수율이 높다.

014. 두 종류의 금속선을 양단을 접합하고 양 접합점에 온도차를 부여하면 기전력이 발생하는데 이때의 전위차를 측정하여 양 접합점의 온도차를 알 수 있는 온도계는?
㉮ 열전대 온도계 ㉯ 저항온도계
㉰ 광고온계 ㉱ 복사 온도계

015. 주물의 수축공 방지대책으로 틀린 것은?
㉮ 가능한 용탕은 높은 온도로 주입한다.
㉯ 주물의 모양 및 두께를 개선한다.
㉰ 응고수축이 적은 합금을 선택한다.
㉱ 압탕의 크기와 위치를 개선한다.

정답 008. ㉰ 009. ㉰ 010. ㉱ 011. ㉮ 012. ㉰ 013. ㉰ 014. ㉮ 015. ㉮

016 인베스트먼트 주조법에서 왁스 모형을 여러 개 단위로 탕도에 붙여 조립한 것을 무엇이라하는가?
㉮ 트리 ㉯ 슬러리
㉰ 텀블러 ㉱ 로스트왁스

017 주물사의 노화현상에 대한 설명 중 틀린 것은?
㉮ 점토가 점결력을 잃어가는 현상
㉯ 금속산화물의 혼입이 늘어나는 현상
㉰ 사립이 열로 인하여 가늘게 되는 현상
㉱ 사립이 자연시효로 인하여 입자가 점점 경화되는 현상

018 반사로의 특징을 설명한 것 중 틀린 것은?
㉮ 주철계이상의 고온 용해는 곤란하다.
㉯ 로의 구조와 설비는 비교적 복잡하지만 열효율이 높다.
㉰ 같은 성분을 가진 다량의 용탕을 한꺼번에 얻을 수 있다.
㉱ 재료와 연료가 직접 접촉하게 되므로 불순물이 섞이기 쉽고 가스의 영향이 크다.

019 주물의 결함과 그 방지대책에 대한 설명으로 틀린 것은?
㉮ 유동성불량은 고온으로 주입하여 방지한다.
㉯ 용탕침투불량은 침투성이 적은 고운모래를 사용하여 방지한다.
㉰ 기공의 불량은 주물사의 통기도를 증가시키고 함수율을 감소시켜 방지한다.
㉱ 수축공 불량은 압탕의 크기를 작게하여 방지한다.

020 다음 중 주입온도가 가장 높은 재질은?
㉮ 주철 ㉯ 구리합금
㉰ 주강 ㉱ 알루미늄 합금

021 N-process 주형 방법에 대한 설명으로 틀린 것은?
㉮ 첨가제로 Fe-Si을 사용한다.
㉯ 점결제로 물유리(water glass)를 사용한다.
㉰ 흡열반응이기 때문에 반드시 가열 해야 한다.
㉱ 계면활성제를 가하여 유동성을 부여한다.

022 주형의 주입된 용탕이 가장 늦게 응고되는 곳은?
㉮ 탕구 ㉯ 탕도
㉰ 압탕 ㉱ 플로오프

023 탕구계 설계시 주탕받이의 설명이 아닌 것은?
㉮ 탕구 입구의 난류나 와류의 발생을 감소시켜준다.
㉯ 용탕의 유입을 똑바로 하는 것을 쉽게 해준다.
㉰ 래들을 조작할 때 필요한 유입속도를 용이하게 유지 해준다.
㉱ 용탕이 탕도에 들어가기 전에 협작물이나 불순물을 분리하여 부상시켜준다.

024 구멍의 치수 $\phi 50^{+0.015}_{0}$, 축의 치수 $\phi 50^{-0.045}_{-0.065}$ 일 때 최소 틈새는?
㉮ 0.015 ㉯ 0.020
㉰ 0.045 ㉱ 0.050

정답 016. ㉮ 017. ㉱ 018. ㉯ 019. ㉱ 020. ㉰ 021. ㉰ 022. ㉰ 023. ㉯ 024. ㉰

주조(鑄造)기능장

25 주물의 중량이 150kgf이며, 두께가 약 19mm 주철주물을 주조하고자 할 때 최적의 주입시간은 약 몇 초인가? (단, 주물두께에 따른 상수값은 2.66이다.)

㉮ 11 ㉯ 22
㉰ 33 ㉱ 44

26 원형의 검사항목이 아닌 것은?

㉮ 중심선 치수, 전장의 치수
㉯ 중량, 무게중심 위치, 용탕의 재질
㉰ 중심선에서의 각부 치수, 넓이의 치수
㉱ 지름 및 반지름, 각도, 각부의 살두께

27 지름에 변화가 없는 균일한 단면을 가지며, 가늘고 긴관이나 이음관, 곡관 등을 경제적으로 제작할 때 사용하는 원형은?

㉮ 회전형 ㉯ 긁기형
㉰ 골격형 ㉱ 단체형

28 주조방안 설계에 활용하고 있는 응고 유동 계산 소프트웨어로 계산하여 얻을 수 있는 정보가 아닌 것은?

㉮ 주물의 응고시간
㉯ 주형 공간의 충전시간
㉰ 수축 결함의 위치
㉱ 혼입된 슬래그의 위치

29 저압주조의 특징을 설명한 것 중 틀린 것은?

㉮ 주조수율이 높다.
㉯ 청정한 주물이 만들어진다.
㉰ 주탕속도를 자유로이 제어할 수 있다.
㉱ 사용되는 합금종류의 제약이 없다.

30 주철에서 철(Fe)과 인(P) 의 화합물로 나타나는 조직은?

㉮ 시멘타이트(cementite)
㉯ 펄라이트(pearlite)
㉰ 스테다이트(steadite)
㉱ 레데뷰라이트(ledeburite)

31 흑연화를 저해하는 대표적인 원소는?

㉮ Al ㉯ Si
㉰ Cr ㉱ Ni

32 전기 아크로 용해된 미세한 금속을 압축공기로 주물의 표면결함 장소에 분사하여 보수하는 방법은?

㉮ 침투에 의한 보수
㉯ 메탈라이징에 의한 보수
㉰ 충진재에 의한 보수
㉱ 납땜에 의한 보수

33 폴 몰드법의 주된 원형재료로 옳은 것은?

㉮ 소석고
㉯ 발포성 폴리스틸렌
㉰ 규산소다
㉱ 목질점토

34 다음 중 원형 제작시 스테인리스강에만 적용할 수 있는 수축여유는?

㉮ 5/1000 ㉯ 10/1000
㉰ 15/1000 ㉱ 25/1000

정답 025. ㉰ 026. ㉯ 027. ㉱ 028. ㉱ 029. ㉱ 030. ㉰ 031. ㉰ 032. ㉯ 033. ㉯ 034. ㉱

035. 코어의 구비조건 중 틀린 것은?
- ㉮ 내열성이 좋을 것
- ㉯ 신속하고 완전한 건조가 가능할 것
- ㉰ 용융금속에 의한 강도와 경도를 가질 것
- ㉱ 용융금속과 접했을 때 가스발생이 많을 것

036. 주형에서 냉금메탈(chill metal)을 사용하는 이유는?
- ㉮ 슬래그의 분리제거
- ㉯ 주물의 수축방지
- ㉰ 가스의 신속한 배출
- ㉱ 용탕의 보충 주입

037. 금속의 용해에 사용되는 용해로의 내화모르타르를 선정 할 때 주의할 점으로 옳은 것은?
- ㉮ 사용하는 내화벽돌과는 가급적 재질이 달라야 한다.
- ㉯ 내화벽돌보다 내화도가 SK1~3번 높아야 한다.
- ㉰ 고온에서 균열, 변형 등이 쉽게 일어나야 한다.
- ㉱ 내화모르타르는 될 수 있는 한 많이 사용하여야 한다.

038. 미하나이트(meehanite) 주철 제조에 주로 사용되는 접종제는?
- ㉮ Ca - Si
- ㉯ Cu - S
- ㉰ Ni - Cr
- ㉱ Fe - Sn

039. 구조에 따른 원형의 분류로 볼 수 없는 것은?
- ㉮ 현형
- ㉯ 코어형
- ㉰ 석고형
- ㉱ 긁기형

040. 주조응력에 대한 설명 중 틀린 것은?
- ㉮ 회주철의 주조에서 생기는 응력은 열응력 상응력, 수축응력으로 구분된다.
- ㉯ 주조응력은 성분, 살두께 차, 치수, 주입온도, 주형의 성질에 따라 영향을 받는다.
- ㉰ 흑연화가 적은 저탄소(C), 저규소(Si), 주철에서는 일반적으로 주조응력이 적다.
- ㉱ 주조응력은 주조후 장시간 방치 또는 풀림처리에 의해 제거된다.

041. 다이캐스팅 주조법의 특징을 설명한 것 중 틀린 것은?
- ㉮ 충전 시간이 매우 길다
- ㉯ 용탕이 급냉하지 않으므로 결정 입도가 크고 강도가 높은 주물을 얻는다.
- ㉰ 고속으로 충진되며, 충진시간이 짧다.
- ㉱ 고압으로 압입하므로 살 두께가 얇은 주물을 제조할 수 있다.

042. 다음 중 고압응고주조법에 대한 설명으로 틀린 것은?
- ㉮ 수축공, 미세기공 등 주조결함을 제거한다.
- ㉯ 비철주조에 주로 사용되며, 주강은 곤란하다.
- ㉰ 조직의 미세화, 균질화, 고밀도화가 된다.
- ㉱ 주물의 표면이 곱고 윤곽이 뚜렷하다.

043. 축의 완성지름, 철사의 인장강도, 아스피린 순도와 같은 데이터를 관리하는 가장 대표적인 관리도는?
- ㉮ c관리도
- ㉯ nP관리도
- ㉰ u관리도
- ㉱ $\bar{x}$-R관리도

정답 035. ㉱ 036. ㉯ 037. ㉯ 038. ㉮ 039. ㉯ 040. ㉰ 041. ㉮ 042. ㉯ 043. ㉱

44. 로트의 크기가 시료의 크기에 비해 10배 이상 클 때, 시료의 크기와 합격판정개수를 일정하게 하고 로트의 크기를 증가시킬 경우 검사특성곡선의 모양 변화에 대한 설명으로 가장 적절한 것은?
   ㉮ 무한대로커진다
   ㉯ 별로 영향을 미치지 않는다.
   ㉰ 샘플링 검사의 판별 능력이 매우 좋아진다.
   ㉱ 검사특성곡선의 기울기 경사가 급해진다.

45. 작업시간 측정방법 중 직접측정법은?
   ㉮ PTS법   ㉯ 경험견적법
   ㉰ 표준자료법   ㉱ 스톱워치법

46. 준비작업시간 100분, 개당 정미작업시간 15분, 로트 크기 20일 때 1개당 소요작업시간은 얼마인가?
   ㉮ 15분   ㉯ 20분
   ㉰ 35분   ㉱ 45분

47. 소비자가 요구하는 품질로서 설계와 판매 정책에 반영되는 품질을 의미하는 것은?
   ㉮ 시장품질   ㉯ 설계품질
   ㉰ 제조품질   ㉱ 규격품질

48. 다음 중 Ni-Fe 합금이 아닌 것은?
   ㉮ 엘렉트론   ㉯ 니칼로이
   ㉰ 퍼멀로이   ㉱ 플래티나이트

49. 다음 중 샘플링 검사보다 전수검사를 실시하는 것이 유리한 경우는?
   ㉮ 검사항목이 많은 경우
   ㉯ 파괴검사를 해야 하는 경우
   ㉰ 품질특성치가 치명적인 결점을 포함하는 경우
   ㉱ 다수 다량의 것으로 어느 정도 부적합품이 섞여도 괜찮을 경우

50. 다음 중 분말야금에 대한 설명으로 틀린 것은?
   ㉮ 고용도의 제한이 없기 때문에 다양한 합금설계가 가능하다.
   ㉯ 생산할 수 있는 제품의 크기와 형상에는 제한이 없다.
   ㉰ 최종제품의 형상으로 가공할 수 있어 절삭가공의 생략이 가능하다.
   ㉱ 용융점이 높은 재료의 경우에도 용융하지 않고 제품을 제조할 수 있다.

51. 구상화주철의 용해시 생기는 페이딩(fading) 현상과 관련된 내용으로 틀린 것은?
   ㉮ fading 현상은 구상흑연수를 감소시킨다.
   ㉯ 용탕의 온도가 낮을수록 fading현상은 빠르다.
   ㉰ 슬래그를 빨리 제거할수록 fading현상은 빨라진다.
   ㉱ 구상흑연 제조시 마그네슘이 과다인 경우 fading 현상이 조기에 일어난다.

52. 7 : 3 황동에 Fe 2%와 소량의 Sn, Al을 첨가한 합금은?
   ㉮ German silver   ㉯ Muntz metal
   ㉰ Tin bronze   ㉱ Durana metal

정답 044. ㉯ 045. ㉱ 046. ㉯ 047. ㉮ 048. ㉮ 049. ㉰ 050. ㉯ 051. ㉯ 052. ㉱

053 헤드필드(hadfield)강에 대한 설명으로 틀린 것은?
- ㉮ 마텐자이트 조직을 가진 강이다.
- ㉯ 고온에서 서냉하면 결정립계에 M_3C가 석출한다.
- ㉰ 고온에서 서냉하면 오스테나이트가 마텐자이트로 변태한다.
- ㉱ 열전도성이 나쁘고, 팽창계수도 커서 열변형을 일으킨다.

054 브리넬경도가 [보기]와 같이 표현되었을 때 이에 따른 설명으로 틀린 것은?

[보기]
HB S (10 / 3000) 341

- ㉮ HB : 압입자의 종류
- ㉯ 10 : 압입자의 직경(mm)
- ㉰ 3000 : 시험하중(kg_f)
- ㉱ 341 : 브리넬 경도값

055 2종 이상의 금속원자가 간단한 원자비로 결합되어 존래의 물질과 전혀다른 결정격자가 형성한 물질을 무엇이라 하는가?
- ㉮ 고용체
- ㉯ 금속간 화합물
- ㉰ 편석
- ㉱ 불규칙 변태

056 안전교육의 방법 중 토의법을 적용하는 경우가 아닌 것은?
- ㉮ 수업의 초기 단계에 적용한다.
- ㉯ 팀워크가 필요로 하는 경우에 적용한다.
- ㉰ 알고있는 지식을 심화하기 위해 적용한다.
- ㉱ 어떠한 자료에 대해 보다 명료한 생각을 갖게 하는 경우에 적용한다.

057 다음 중 안전점검의 가장 주된 목적은?
- ㉮ 위험을 사전에 발견하여 개선하는데 있다.
- ㉯ 법 및 기준에 적합여부를 점검하는데 있다.
- ㉰ 안전사고의 통계율을 점검하는데 있다.
- ㉱ 장비의 설계를 하기 위함이다.

058 다음 중 유연생산시스템(FMS)의 대한 설명으로 틀린 것은?
- ㉮ 새로운 공작물의 생산 준비 기간이 길어진다.
- ㉯ 기계의 이용률이 높아지고 임금이 절약된다.
- ㉰ 생산 기술자가 적극적으로 참여한다.
- ㉱ 생산 기간의 단축과 납기가 잔축된다.

059 유압의 제일 기본 원리인 파스칼(pascal)의 원리에 대한 설명 중 틀린 것은?
- ㉮ 액체의 압력은 수평으로 작용한다.
- ㉯ 액체의 압력은 각면에 직각으로 작용한다.
- ㉰ 각 점의 압력은 모든 방향에 동일하게 작용한다.
- ㉱ 밀폐된 용기 내 액체에 가해진 압력은 동일한 크기로 각부에 전달된다.

060 다음 중 공압장치에 대한 설명으로 틀린 것은?
- ㉮ 인화의 위험이 없다.
- ㉯ 에너지 축적이 용이하다.
- ㉰ 압축공기의 에너지를 쉽게 얻을 수 있다.
- ㉱ 정확한 위치 결정 및 중간정지가 가능하다.

정답 053. ㉮ 054. ㉮ 055. ㉯ 056. ㉮ 057. ㉮ 058. ㉮ 059. ㉮ 060. ㉱

11. 주조기능장 2013년 시행문제

01 주물을 만들 때 설치하는 압탕의 설계가 틀린 것은?

㉮ 압탕의 모양은 응고시간에 관계없다.
㉯ 주물의 압탕은 방향성 응고를 하도록 설계한다.
㉰ 일반적으로 응고수축이 크면 압탕도 크게 한다.
㉱ 압탕의 응고는 주물의 응고시간보다 길어야 한다.

02 목재를 자연 건조하는 경우의 변형은?

㉮ 어느 방향이든 변형은 같다.
㉯ 나이테 방향으로 3~5% 정도 변형이 발생한다.
㉰ 섬유 길이 방향으로 0.1~0.5%로 변형이 가장 적다.
㉱ 나이테와 직각 방향으로 5~10% 정도 변형이 발생한다.

03 판상 주물에서 비가압식탕구계의 탕구비에 해당되는 것은?

㉮ 1 : 3 : 3
㉯ 3 : 2 : 1
㉰ 4 : 4 : 1
㉱ 1 : 0.75 : 0.5

04 재료 기호 표시 중 재료의 기호와 그 명칭이 틀린 것은?

㉮ GC250 : 회주철품
㉯ GCD300 : 구상흑연주철
㉰ STS3 : 일반구조용 압연강재
㉱ SM40C : 기계구조용 탄소강재

05 흑연에 대한 설명 중 틀린 것은?

㉮ 주철의 흑연은 판상, 괴상, 구상의 형태이다.
㉯ 형상에 관계없이 흑연은 결합력이 크다.
㉰ 흑연이 판상일 경우 구상 흑연에 비해 연성이 감소한다.
㉱ 흑연이 판상일 경우 구상 흑연에 비해 인장강도가 감소한다.

06 제품을 주형에서 모래 떨기를 한 다음 주물표면을 탈사 할 때 수압으로 청소하는 기계는?

㉮ 쇼트블라스트
㉯ 에어블라스트
㉰ 하이드로블라스트
㉱ 진동 연마기

정답 001. ㉮ 002. ㉰ 003. ㉮ 004. ㉰ 005. ㉯ 006. ㉰

007 대패에 대한 설명 중 틀린 것은?
㉮ 대패는 대팻집, 대팻날, 덧날의 세부분으로 되어 있다.
㉯ 목재의 표면을 평면 또는 곡면으로 매끄럽게 깎는 공구이다.
㉰ 절삭각이 클수록 절삭저항이 작고 절삭표면도 깨끗하게 된다.
㉱ 대팻날을 보통 연강의 앞날에 공구강의 뒷날을 단접하여 만든다.

008 원형의 형상이 주물과 비슷하며 작고 간단한 주물생산에 많이 이용되는 것은?
㉮ 현형 ㉯ 회전형
㉰ 긁기형 ㉱ 부분형

009 길이 80cm, 너비 40cm, 두께 5cm의 슬래브(slab)가 응고를 마칠 때까지 25초가 걸렸다고 할 때, 같은 방식의 주조법으로 길이와 너비는 같고 두께만 10cm로 두 배인 슬래브의 응고 완료할 때까지의 시간(초)은? (단, 용융금속과 모양에 따른 상수(K)는 1이다.)
㉮ 25 ㉯ 50
㉰ 75 ㉱ 100

010 주조에서 발생하는 편석(Segregation)에 대한 설명 중 틀린 것은?
㉮ 입내 편석은 합금 내의 수지상정인 결정립 내에서의 편석을 말한다.
㉯ 대역 편석은 합금내의 혼입물의 함유량이 많고, 주물의 치수나 체적이 큰 경우에는 감소된다.
㉰ 편석이란 주물의 각 부분 또는 합금의 수지상정 내에서 화학성분이 균일하지 않은 것을 말한다.
㉱ 비중 편석은 중금속을 함유하는 합금에서 주로 일어나며 용탕을 충분히 교반하고 금속주형을 사용하여 신속히 응고시키면 방지할 수 있다.

011 원심주조법의 특징을 설명한 것 중 틀린 것은?
㉮ 치밀하고 건전한 주물을 만들 수 있다.
㉯ 비중 차이에 의한 개재물의 분리 제거가 쉽다.
㉰ 관이나 원통형의 주물을 만들 때는 코어가 필요하다.
㉱ 주물의 모양에 따라 다르지만 대부분 탕구, 압탕이 필요하지 않아 회수율이 높다.

012 다이캐스팅법으로 주조하기 어려운 금속은?
㉮ Fe 합금 ㉯ Mg 합금
㉰ Al 합금 ㉱ Zn 합금

013 100번 도가니로를 사용하면 알루미늄을 약 몇 kgf 용해 할 수 있는가? (단, Cu의 비중은 8.9이며, Al비중은 2.7이다.)
㉮ 20 ㉯ 30
㉰ 80 ㉱ 100

14 CO_2 조형법의 특징을 설명한 것 중 틀린 것은?
㉮ 용탕 주입시 가스의 발생이 적다.
㉯ 코어를 만들 때에는 보강재를 줄일 수 있다.
㉰ 주형의 붕괴성이 좋고, 주물사의 회수율이 높다.
㉱ 원형이 묻힌 채 주형이 경화되므로 치수가 정밀하다.

15 주물의 결함 중 용탕 경계(cold shut)란?
㉮ 주물에 기포가 발생한 것
㉯ 슬래그가 주물에 말려 들어간 것
㉰ 용탕이 완전히 주형을 충만시키지 못한 것
㉱ 주입온도가 낮아 합류한 곳이 완전 융착되지 못한 것

16 주물자(foundry scale)란?
㉮ 주물을 검사하는데 편리하도록 만든 자
㉯ 주조금속의 수축량을 미리 고려하여 만든 자
㉰ 치수를 각종 단위로 확산하기 쉽게 만든 자
㉱ 주물 기술자들이 휴대하기 쉽게 만든 자

17 원형설계시 고려하여야 할 사항이 아닌 것은?
㉮ 수축 여유
㉯ 가공 여유
㉰ 뽑기 테이퍼
㉱ 성형 방법

18 제도용지의 폭(세로)과 길이(가로)의 비율은 얼마인가?
㉮ 1 : 2 　㉯ 2 : 1
㉰ 1 : $\sqrt{2}$ 　㉱ $\sqrt{3}$: 1

19 목재의 중심 부분을 적재라고도 부르는 것은?
㉮ 변재 　㉯ 심재
㉰ 수선 　㉱ 추재

20 채플릿에 대한 설명 중 틀린 것은?
㉮ 코어를 지지하는 역할을 한다.
㉯ 주물과 동일한 재질의 것이 좋다
㉰ 주입금속과 융합이 잘되는 것이어야 한다.
㉱ 주물을 만드는 경우 가능한 한 채플릿을 사용할 수 있게 설계하는 것이 바람직하다.

21 압탕의 효과가 충분하지 못한 곳의 응고속도를 빠르게 하기 위하여 설치하는 것은?
㉮ 플로 오프(Flow - off)
㉯ 냉금 메탈(Chill metal)
㉰ 펜슬 게이트(Pencil gate)
㉱ 스트레이너(Strainer)

22 다음 중 풀 몰드(Full mould)법에 대한 설명으로 옳은 것은?
㉮ 구조가 복잡한 원형은 만들 수 없다.
㉯ 주형 제작시 코어의 설치가 필요하다.
㉰ 발포성 폴리스티렌으로 만든 원형을 사용한다,
㉱ 풀 몰드법에 사용되는 원형은 소실되지 않고 여러 번 사용할 수 있는 반복성을 가지고 있다.

정답　014. ㉰　015. ㉱　016. ㉯　017. ㉱　018. ㉰　019. ㉯　020. ㉱　021. ㉯　022. ㉰

023 목재를 톱으로 자르면 톱날이 끼여서 톱질이 어려워진다. 이와 같은 현상을 줄이기 위하여 날끝을 양쪽으로 엇갈리게 구부린 것은?
㉮ 피치 ㉯ 날어김
㉰ 절삭각 ㉱ 측면 경사각

024 전도체 또는 자성체를 시간적으로 변화하는 자계에 적용시킬 때 생기는 전자유도 현상을 이용하여 결함을 검출하는 비파괴 검사법은?
㉮ 음향방출검사
㉯ 자분탐상검사
㉰ 와전류탐상검사
㉱ 초음파탐상검사

025 주물의 표면 결함 중 개재물에 의한 결함의 방지대책을 설명한 것 중 틀린 것은?
㉮ 탕구방안의 개선을 통해 주물사의 혼입을 막는다.
㉯ 용탕 운반시 슬래그의 처리를 완벽하게 한다.
㉰ 주물사에 점결제의 첨가량을 최대한 줄인다.
㉱ 용탕 주입시 비금속 이물질의 주입을 막기 위해 필터를 사용한다.

026 램의 지름이 10cm, 유압이 100kg$_f$/cm^{2}인 다이캐스트기의 형조임력(ton)은?
㉮ 7.85
㉯ 78.5
㉰ 785
㉱ 7850

027 알루미늄 합금의 수출률로 옳은 것은?
㉮ $\frac{8}{1000}$ ㉯ $\frac{12}{1000}$
㉰ $\frac{20}{1000}$ ㉱ $\frac{25}{1000}$

028 반사로의 특징을 설명한 것 중 옳은 것은?
㉮ 주철계 이상의 고온 용해가 용이하다.
㉯ 파쇄나 부피가 큰 재료를 그대로 용해할 수 없다.
㉰ 노의 구조와 설비가 복잡하지만 열효율이 높다.
㉱ 같은 성분을 가진 다량의 용탕을 한꺼번에 얻을 수 있다.

029 셸 몰드용 주물사의 구비조건을 설명한 것 중 틀린 것은?
㉮ 상온 강도면에서 입형은 둥근 것이 좋다.
㉯ 규사에 포함된 습기, 수분은 주위의 상대습도와 평형을 유지할 때까지 건조하여 사용한다.
㉰ 석영분이 96% 이상의 것으로 하면 표면도 깨끗하며 셸 강도가 높지만 열팽창에 큰 단점이 있다.
㉱ 점토분은 10% 이하가 적당하며, 셸 강도에 영향을 주는 카오리나이트의 점토 광물을 많이 포함하게 된다.

030 원형의 두께가 얇거나 파손되기 쉬울 때 만들어 주는 것은?
㉮ 가공여유
㉯ 라운딩
㉰ 수축여유
㉱ 덧붙임

정답 023. ㉯ 024. ㉰ 025. ㉰ 026. ㉮ 027. ㉯ 028. ㉱ 029. ㉱ 030. ㉱

주조(鑄造)기능장

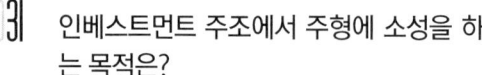

31 인베스트먼트 주조에서 주형에 소성을 하는 목적은?
㉮ 주형을 소결시켜 강도를 높이기 위해서
㉯ 주형을 용탕 온도와 같게 하기 위해서
㉰ 두꺼운 주형의 온도를 급상승하게 하기 위해서
㉱ 주형내부에 왁스가 잔류하게 하기 위해서

32 코어사에 많이 사용하는 것으로 주형표면의 용탕의 침입을 막아 패임을 방지하는 첨가제는?
㉮ 목분   ㉯ 산화철
㉰ 강모래 ㉱ 흑연분말

33 코어에 대한 일반적인 설명으로 틀린 것은?
㉮ 통기도 증가를 위해 점토를 첨가한다.
㉯ 가스의 발생도가 적어야 한다.
㉰ 주입온도에 견디는 내열성이 있어야 한다.
㉱ 용탕부력에 견딜 수 있는 강도가 있어야 한다.

34 탕구계의 기능을 설명한 것 중 틀린 것은?
㉮ 용탕이 주형에 들어가게 한다.
㉯ 온도구배를 주어 지향성 응고를 이루게 한다.
㉰ 용탕의 흐르는 속도를 조절하여 조용히 들어가게 한다.
㉱ 주형에 용탕이 흘러 들어갈 때 정압을 부여하지 않는다.

35 쇼 프로세스(Shaw Process)의 특징을 설명한 것 중 옳은 것은?
㉮ 크기에 매우 제한적이다.
㉯ 주조품의 표면이 거칠다.
㉰ 원형재료는 왁스(Wax)를 사용한다.
㉱ 다른 정밀주조법으로서는 만들 수 없는 대형의 정밀 주물제작이 가능하다.

36 원심주조에 있어서 편석을 적게 하기 위한 방법을 설명한 것 중 틀린 것은?
㉮ 합금의 점성이 클 것
㉯ 초정과 용체의 비중차가 클 것
㉰ 금형주조 살두께가 작을 것
㉱ 공정점에 가까운 성분일 것

37 비가압탕구계에 대한 설명으로 틀린 것은?
㉮ 산화물의 생성을 억제할 수 있다.
㉯ 유속이 낮으므로 주형의 침식을 방지 할 수 있다.
㉰ 탕구계 내에서 난류를 최소한으로 줄일 수 있다.
㉱ 탕구계에는 남는 용융금속의 양이 가압 탕구계보다 적으므로 주조수율이 높다.

38 용융금속의 흐름(유동성)에 가장 큰 영향을 미치는 인자는?
㉮ 점성
㉯ 주입량
㉰ 주물의 재질
㉱ 주형면의 거칠음

정답 031. ㉮ 032. ㉯ 033. ㉮ 034. ㉱ 035. ㉱ 036. ㉯ 037. ㉱ 038. ㉮

039 미하나이트(Meehanite)주철의 접종제로 주로 사용되는 것은?
㉮ Ca - Si ㉯ Ca - C
㉰ Ti - Mg ㉱ Ca - S

040 큐폴라 조업에 연소율을 표현한 것은?
㉮ $\dfrac{CO}{CO_2+CO}$ ㉯ $\dfrac{CO_2}{CO_2+CO}$
㉰ $\dfrac{CO_2+CO}{CO}$ ㉱ $\dfrac{CO_2+CO}{CO_2}$

041 도면의 종류를 사용 목적과 내용에 따라 분류할 때 내용에 따른 분류에 해당되는 것은?
㉮ 견적도 ㉯ 승인도
㉰ 제작도 ㉱ 부품도

042 회주철의 흑연 조직과 양에 영향을 미치는 인자가 가장 관련성이 적은 것은?
㉮ 탈산제 ㉯ 접종처리
㉰ 냉각속도 ㉱ 화학성분

043 모집단으로부터 공간적, 시간적으로 간격을 일정하게 하여 샘플링 하는 방식은?
㉮ 단순랜덤샘플링(simple random sampling)
㉯ 2단계샘플링(two-stage sampling)
㉰ 취락샘플링(cluster sampling)
㉱ 계통샘플링(systematic sampling)

044 예방보전(Preventive Maintenance)의 효과가 아닌 것은?
㉮ 기계의 수리비용이 감소한다.
㉯ 생산시스템의 신뢰도가 향상된다.
㉰ 고장으로 인한 중단시간이 감소한다.
㉱ 잦은 정비로 인해 제조원단위가 증가한다.

045 제품공정도를 작성할 때 사용되는 요소(명칭)가 아닌 것은?
㉮ 가공 ㉯ 검사
㉰ 정체 ㉱ 여유

046 부적합수 관리도를 작성하기 위해 $\sum c$ = 559, $\sum n$ = 222 를 구하였다. 시료의 크기가 부분군마다 일정하지 않기 때문에 u 관리도를 사용하기로 하였다. n = 10일 경우 u관리도의 UCL 값은 약 얼마인가?
㉮ 4.023 ㉯ 2.518
㉰ 0.502 ㉱ 0.252

047 작업방법 개선의 기본 4원칙을 표현한 것은?
㉮ 층별 - 랜덤 - 재배열 - 표준화
㉯ 배제 - 결합 - 랜덤 - 표준화
㉰ 층별 - 랜덤 - 표준화 - 단순화
㉱ 배제 - 결합 - 재배열 - 단순화

048 이항분포(Binomial distribution)의 특징에 대한 설명으로 옳은 것은?

㉮ P = 0.01일 때는 평균치에 대하여 좌·우 대칭이다.
㉯ P ≤ 0.1이고, nP = 0.1~10일 때는 포아송 분호에 근사한다.
㉰ 부적합품의 출현 개수에 대한 표준편차는 D(x) = nP이다.
㉱ P ≤ 0.5 이고, nP ≤ 5일 때는 정규 분포에 근사한다.

049 인청동의 특징을 설명한 것 중 틀린 것은?

㉮ 내식성 및 내마모성이 우수하다.
㉯ 펌프부품, 기어 및 화학기계용 부품에 사용된다.
㉰ 주석 청동 중에 보통 0.05~0.5%의 인을 함유한다.
㉱ 인은 극소량이 Cu 중에 고용되고, 나머지 Cu_3P 상은 연성을 높여주는 역할을 한다.

050 다음 중 Ni - Cr계 합금의 특징이 아닌 것은?

㉮ 내열성이 크다.
㉯ 내식성이 크고 산화도가 적다.
㉰ 전기저항이 대단히 적다.
㉱ Fe 및 Cu에 대한 열전효과가 크다.

051 Cu - Pb계 베어링으로 화이트메탈보다 내하중성이 크므로 고속 고하중용 베어링으로 적합한 것은?

㉮ 켈밋(Kelmet)
㉯ 자마크(Zamak)
㉰ 오일라이트(Oillite)
㉱ 베비트 메탈(Babbit metal)

052 실루민의 주조 조직에 나타나는 규소는 육각판상의 거친 결정이므로 개량처리하여 조직을 미세화 시켜야 한다. 이 때 사용하는 접종제가 아닌 것은?

㉮ 알루미늄
㉯ 불화알칼리
㉰ 수산화나트륨
㉱ 금속 나트륨

053 스테인리스강에 대한 설명 중 틀린 것은?

㉮ Cr은 Cr_2O_3라는 산화피막을 형성하여 내부를 부식으로부터 보호한다.
㉯ 강의 내식성은 Fe합금 또는 Fe - Ni 합금에 함유하는 Si의 양에 따라 좌우된다.
㉰ 스테인리스강은 페라이트계, 마텐자이트계, 오스테나이트계 및 석출경화형으로 나뉘어진다.
㉱ 오스테나이트계 스테인리스강은 질산염, 크롬산염 등의 부동태화제를 첨가하여 공식을 방지한다.

054 Fe – C 평형 상태도에서 조직과 관련된 설명으로 틀린 것은?

㉮ 페라이트는 BCC 구조이다.
㉯ Fe_3C는 금속간 화합물이다.
㉰ 레데뷰라이트는 $\gamma + Fe_3C$의 공정이다.
㉱ 펄라이트는 $\delta + Fe_3C$의 고용체이다.

055 강에서 탈산제로 사용하고, 황(S)의 제거에 가장 좋은 원소는?

㉮ Pb
㉯ Zn
㉰ Mn
㉱ Cu

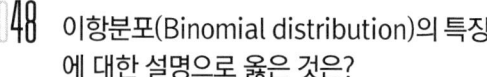

정답 048. ㉯ 049. ㉱ 050. ㉰ 051. ㉮ 052. ㉮ 053. ㉯ 054. ㉱ 055. ㉰

056 교육 방법 중 OJT(On The Job Training)의 특징이 아닌 것은?
㉮ 상호신뢰 및 이해도가 높아진다.
㉯ 직장의 설정에 맞게 실제적 훈련이 가능하다.
㉰ 훈련에만 전념할 수 있으며, 전문가를 강사로 초빙 가능하다.
㉱ 개인에게 적절한 지도훈련이 가능하다.

057 사고예방 대책의 기본원리 5단계에 속하지 않는 것은?
㉮ 조직
㉯ 분석평가
㉰ 원가 절감
㉱ 사실의 발견

058 실린더의 지름이 한정되어 있으나 큰 힘이 필요로 하는 곳에 사용하기 위해 두 개의 복동 실린더가 한 개의 실린더 형태로 조립되어 있는 실린더는?
㉮ 충격 실린더
㉯ 양로드 실린더
㉰ 탠덤 실린더
㉱ 텔레스코프 실린더

059 제어와 자동제어 중 자동제어 시스템을 선택할 경우 해당되는 것은?
㉮ 외란변수에 의한 영향이 작을 때
㉯ 외란변수에 변화가 아주 작을 때
㉰ 여러 개의 외란변수가 존재할 때
㉱ 특징은 확실히 알고 있는 하나의 외란변수만 존재할 때

060 읽고 쓰기가 가능한 메모리 형태의 표시로 맞는 것은?
㉮ CLO
㉯ RAM
㉰ PLM
㉱ EEROM

정답 056. ㉰ 057. ㉰ 058. ㉰ 059. ㉰ 060. ㉯

부록 4. 주조기능장 2014년 시행문제

01 분할형의 상·하를 정확히 맞출 수 있으며 원형의 상형을 하형에서 직각으로 뽑을 수 있도록 만든 것은?
① 주먹장부맞춤   ② 쪽매맞춤
③ 맞대찾춤   ④ 다우얼맞춤

02 주강 주물에서 일반적으로 적용되는 수축률은?
① 8/1000   ② 12/1000
③ 15/1000   ④ 20/1000

03 억지 끼워 맞춤에서 조립 전의 구멍의 최대 허용치수와 축의 최소 허용치수와의 차는?
① 최대틈새   ② 최소틈새
③ 최대죔새   ④ 최소죔새

04 톱의 규격은 무엇으로 표기하는가?
① 머리 길이   ② 자루 길이
③ 날의 길이   ④ 톱몸 길이

05 유실 또는 소실하는 모형 재료에 사용되는 것은?
① 석고   ② 목재
③ 왁스   ④ 실리콘

06 주형을 만드는 기계(주형 및 코어를 만드는 기계)에 포함되지 않는 것은?
① 샌드 블로어
② 샌드 슬링거
③ 졸트 스퀴즈식
④ 샌드 블라스트

07 내화도를 나타내는 내화물의 기준치 SK 26은 몇 ℃의 온도인가?
① 1100   ② 1250
③ 1580   ④ 1710

08 통기도를 구하는 식으로 옳은 것은?
(단, V : 시험편을 통과한 공기의 양
h : 시험편의 높이
P : 시험편 상하의 압력차이에 의한 수주높이
A : 시험편의 단면적
t : 공기가 통과하는데 걸리는 시간)

① 통기도 = $\dfrac{V \times h}{P \times A \times t}$

② 통기도 = $\dfrac{P \times A \times t}{V \times h}$

③ 통기도 = $\dfrac{P \times A}{V \times h \times t}$

④ 통기도 = $\dfrac{A \times t}{P \times V \times h}$

정답 001. ④ 002. ④ 003. ④ 004. ③ 005. ③ 006. ④ 007. ③ 008. ①

009 도면에서 사용하는 선의 종류와 용도를 설명한 것 중 틀린 것은?

① 해칭선 : 인접부분을 참고로 표시하는데 사용한다.
② 외형선 : 대상물의 보이는 부분의 모양을 표시하는데 사용한다.
③ 숨은선 : 대상물의 보이지 않는 부분의 보양을 표시하는데 사용한다.
④ 파단선 : 대상물의 일부를 파단한 경계 또는 일부를 떼어낸 경계를 표시하는데 사용한다.

010 목형의 중량이 12kgf이고, 주물의 비중이 7.2, 목형의 비중이 1.2일 때 주물제품의 중량(kgf)은? (단, 수축여유는 고려하지 않는다.)

① 36
② 72
③ 144
④ 216

011 주물공장 전체의 레이아웃을 하는데 있어서 고려 할 사항으로 틀린 것은?

① 환경위생설비를 충분히 갖춘다.
② 운반거리를 되도록 짧게 하고 운반회수도 가능한 한 적게 한다.
③ 주물의 재질, 크기, 다량 전문생산품, 다종 소량생산품 등에 따라 각 라인을 구분하여 배치한다.
④ 현재의 작업공정에 맞는 용량과 성능보다 30%쯤 여유를 갖는 기계 설비와 부지를 갖추도록 한다.

012 접종에 관한 설명으로 틀린 것은?

① 질량효과를 개선한다.
② 수축공 등의 결함이 제거된다.
③ 흑연 및 기지조성이 개선된다.
④ 시간이 지나면 접종효과가 감소한다.

013 원형의 종류 중 현형(solid pattern)이 아닌 것은?

① 단체형
② 조립형
③ 분할형
④ 긁기형

014 금속의 특성 중 유동성에 대한 설명으로 옳은 것은?

① 생형이 건조형보다 유동성이 좋다.
② 합금은 응고 범위가 클수록 유동성이 좋아진다.
③ 열전도가 좋고, 흡열량이 큰 주형은 주입시 유동성이 좋다.
④ 주입온도가 용융온도보다 높을수록 유동성이 좋아진다.

015 도면에 치수를 기입할 때 구의 반지름 기호로 옳은 것은?

① SØ
② SR
③ St
④ SP

정답 009. ① 010. ② 011. ④ 012. ② 013. ④ 014. ④ 015. ②

16. 용탕표면에 탈황제를 첨가하고 레이들 바닥에 다공성 내화물을 놓고 압축된 불활성 가스를 불어 넣어 용탕을 교반하면서 용탕을 탈황처리하는 방법은?

① 분사주입법
② 폴리아닉법
③ 용탕표면 첨가법
④ 포러스 플러그법

17. 용융금속이 유출하여 전방의 벽면에 충돌할 때 발생하는 압력(P)을 구하는 식은?

(단, Q는 유량, d는 액체의 비중, g는 중력가속도, v는 유출속도이다.)

① $P = \dfrac{Q \cdot v}{g \cdot d}$
② $P = \dfrac{d}{g} \cdot Q \cdot v$
③ $P = \dfrac{g}{v} \cdot Q \cdot d$
④ $P = \dfrac{g}{d} \cdot Q \cdot v$

18. 탕구비를 옳게 표시한 것은?

① 탕구단면적 : 탕도단면적 : 게이트총단면적
② 탕구단면적 : 게이트총단면적 : 탕도단면적
③ 탕도단면적 : 탕구단면적 : 게이트총단면적
④ 탕도단면적 : 게이트총단면적 : 탕구단면적

19. 다음 중 주물자에 대한 설명으로 옳은 것은?

① 주물의 실제 치수와 같도록 만든 자이다.
② 주물의 응고 수축량과 같도록 만든 자이다.
③ 주물의 실제치수에 수축량을 빼서 만든 자이다.
④ 주물의 실제치수에 수축량을 더해서 만든 자이다.

20. 아교의 특징을 설명한 것 중 틀린 것은?

① 고착시간이 짧으며 접착력이 크다.
② 화학적으로 산성이며 접착면을 더럽게 한다.
③ 접착 후 가공할 때 공구를 손상시키지 않는다.
④ 흡습성이 있어 내수성이 적으며 부패하고 세균에 약하다.

21. 송풍구에서 들어온 산소는 $C + O_2 \rightarrow CO_2$와 같이 반응하여 코크스를 완전히 연소시키는데, 로 내 온도가 가장 높은 곳은 큐폴라 로내의 어느 곳인가?

① 예열대
② 습윤대
③ 산화대
④ 용탕저유대

22. 무철심형 유도로에 대한 설명으로 틀린 것은?

① 재용해 작업을 할 수 있다.
② 저렴한 경비로 신속하게 라이닝을 교체할 수 있다.
③ 용탕의 조성 조절이 어려우며, 조업시간이 길다.
④ 자기력에 의한 교반작용으로 균일하게 용탕을 만들 수 있다.

023 코어의 구비조건으로 틀린 것은?
① 내열성이 좋을 것
② 건조 후 변형이 자유로울 것
③ 표면이 고울 것
④ 붕괴성이 있을 것

024 그림과 같은 T자 교차부에서의 수축 및 열간균열의 결함을 방지하기 위한 라운딩(rounding)치수 r 은?

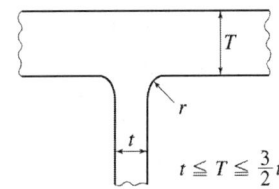

① r=T
② r=t
③ r= $\frac{t}{2}$
④ r= $\frac{t}{4}$

025 목재의 인공건조법에 해당되지 않는 것은?
① 침재건조법
② 자재건조법
③ 진공건조법
④ 평적건조법

026 상형과 하형의 원형이 분리선을 구성하는 평판의 양쪽에 바로 교착되는 곳에 장치하는 원형은?
① 매치 플레이트
② 패턴 플레이트
③ 마스터 패턴
④ 스킨 패턴

027 인베스트먼트 주조법(Investment casting)의 점결제는?
① 왁스(Wax)
② 페놀레진(Phenol resin)
③ 칼슘 실리케이트(Calcium silicate)
④ 가수분해 에틸 실리케이트(Ethyle silicate)

028 주형내에 용탕이 합류될 때 그 경계면이 완전히 용융되지 않아 생기는 형태의 결함은?
① 열간균열
② 용탕경계
③ 지느러미
④ 가스구멍

029 차바퀴 모양의 주물을 설계할 때 그림 (가)의 모양보다는 (나)쪽으로 설계하는 편이 좋은 가장 큰 이유는?

(가)   (나)

① 유동성을 좋게 하기 위하여
② 중량을 줄이기 위하여
③ (나)가 기계적 충격에 강하기 때문에
④ 기계적으로 (나)의 모양이 더 강하기 때문에

030 사형주물 중 경화속도가 가장 빠른 주조법은?
① 셸몰드법
② 풀몰드법
③ 콜드박스법
④ CO_2법

정답 023. ② 024. ③ 025. ④ 026. ① 027. ④ 028. ② 029. ① 030. ③

031. 두께가 가장 얇은 주형을 제작하는 조형법은?
① N - 형법(N - Process)
② 가스형법(CO_2 Process)
③ 셸몰드법(Shell mold Process)
④ 인베스트먼트 주조법(Investment Process)

032. 다음 중 현도를 작성할 때의 유의사항으로 틀린 것은?
① 되도록 기계 가공면을 적게 한다.
② 구조는 밀폐식을 피하고 개방식으로 한다.
③ 보강용 리브는 본래의 살두께보다 두껍게 한다.
④ 살두께는 균일하게 하여 급격한 변화가 없도록 한다.

033. 열가압실식 및 냉가압실식 다이캐스팅기에 관한 설명으로 옳은 것은?
① 열가압실식은 냉가압실식보다 주조 압력이 크다.
② 열가압실식은 냉가압실식보다 주조 속도가 빠르다.
③ 열가압실식은 가압실과 로가 분리되어 있다.
④ 냉가압실식은 철의 용해량이 열가압실식보다 많다.

034. 탕구에 대한 일반적인 설명 중 틀린 것은?
① 탕구는 보통 원형의 단면이다.
② 탕구는 용탕을 충만시키는 통로이다.
③ 탕구는 보통 수직으로 탕도에 이어진다.
④ 탕구는 용탕이 와류가 발생하도록 설계해야 한다.

035. CO_2 주형법의 특징으로 옳은 것은?
① 물유리로 배합된 주물사는 밀폐된 용기 중에 보관해야 한다.
② 건조가 필요하기 때문에 조형이 느리다.
③ 숙련을 필요로 하고 설비비가 고가이다.
④ 코어의 보강재와 심금이 꼭 필요하다.

036. 목형에 도장하는 목적으로 틀린 것은?
① 습기의 흡수를 방지한다.
② 주형사와의 분리를 좋게 한다.
③ 목형의 변형을 방지한다.
④ 고온에서도 잘 견디게 한다.

037. 수축공(shrinkage cavity)의 방지대책으로 옳은 것은?
① 응고 수축이 많은 합금을 선택한다.
② 주물의 두께를 될 수 있는 한 두껍게 하고, 주입온도를 최대한 낮춘다.
③ 충분한 용탕 정압을 얻을 수 있도록 낮은 탕구를 사용해야 한다.
④ 주물의 하부에서 상부로 방향성 응고가 진행되도록 주조 방안을 결정한다.

038. 압탕의 구비조건을 설명한 것으로 틀린 것은?
① 압탕은 주물보다 나중에 응고해야 한다.
② 압탕은 주물의 응고수축을 보충해야 한다.
③ 압탕은 주물의 모든 부분에 정압이 유지되어야 한다.
④ 압탕 설계시 용융금속의 경제성은 고려할 필요가 없다.

정답 031. ③ 032. ③ 033. ② 034. ④ 035. ① 036. ④ 037. ④ 038. ④

39 염기성 내화물에 해당되는 것은?
① 규석질   ② 납석질
③ 샤모트질 ④ 돌로마이트질

40 원형재료에서 목재가 가장 많이 사용되는 이유 중 틀린 것은?
① 금속에 비하여 재료비가 싸다.
② 금속보다 가벼우나 취성이 크다.
③ 석고보다 가볍고, 가공성이 좋다.
④ 합성수지에 비하여 값이 싸다.

41 내화도가 약 2200℃ 정도이고, 주강 주물에서 소착이 일어나기 쉬운 부위에 사용되는 주물사는?
① 규사   ② 지르콘사
③ 샤모트사 ④ 올리빈사

42 지느러미(fin) 같이 얇고 폭이 넓은 탕도에 붙인 주입구는?
① 샤워주입구(Shower Gate)
② 휠 주입구(Wheel Gate)
③ 나이프 주입구(Knife Gate)
④ 랩 주입구(Lap Gate)

43 np관리도에서 시료군 마다 시료수(n)는 100이고, 시료군의 수(k)는 20, ∑np = 77이다. 이때 np관리도의 관리상한선(UCL)을 구하면 약 얼마인가?
① 8.94   ② 3.85
③ 5.77   ④ 9.62

44 그림의 OC곡선을 보고 가장 올바른 내용을 나타낸 것은?

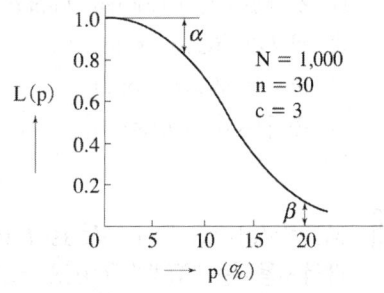

① α : 소비자 위험
② L(P) : 로트가 합격할 확률
③ β : 생산자 위험
④ 부적합품률 : 0.03

45 미국의 마틴 마리에타사(Martin Marietta Corp.)에서 시작된 품질개선을 위한 동기부여 프로그램으로, 모든 작업자가 무결점을 목표로 설정하고, 처음부터 작업을 올바르게 수행함으로써 품질비용을 줄이기 위한 프로그램은 무엇인가?
① TPM 활동
② 6 시그마 운동
③ ZD 운동
④ ISO 9001인증

46 다음 중 단속생산 시스템과 비교한 연속생산 시스템의 특징으로 옳은 것은?
① 단위당 생산원가가 낮다
② 다품종 소량생산에 적합하다.
③ 생산방식은 주문생산방식이다.
④ 생산설비는 범용설비를 사용한다.

정답 039. ④ 040. ② 041. ② 042. ③ 043. ④ 044. ② 045. ③ 046. ①

47 일정 통계를 할 때 1일당 그 작업을 단축하는 데 소요되는 비용의 증가를 의미하는 것은?

① 정상소요시간(Normal duration time)
② 비용견적(Cost estimation)
③ 비용구배(Cost slope)
④ 총비용(Total cost)

48 MTM(Method Time Measurement)법에서 사용되는 1 TMU(Time Measurement Unit)는 몇 시간인가?

① $\dfrac{1}{100000}$
② $\dfrac{1}{10000}$
③ $\dfrac{6}{10000}$
④ $\dfrac{36}{1000}$

49 36%Ni-Fe 합금으로 열팽창계수가 가장 적은 것은?

① 백동
② 인바
③ 모넬메탈
④ 퍼멀로이

50 Fe-C 상태도에서 A_3점은 약 몇 ℃인가?

① 210
② 768
③ 910
④ 1400

51 다음의 격자결함 중 선결함에 해당되는가?

① 공공(vacancy)
② 전위(dislocation)
③ 결정립계(grain boundary)
④ 침입형 원자(interstitial atom)

52 원자 충전율이 74%인 면심입방격자(FCC)는 근접원자간 거리는? (단, a는 격자상수이다.)

① $\dfrac{1}{2}a$
② $\dfrac{1}{\sqrt{2}}a$
③ $\dfrac{1}{\sqrt{3}}a$
④ $\dfrac{4}{3}a$

53 쾌삭강에서 피삭성 향상에 기여하지 않는 원소는?

① W
② S
③ Pb
④ Ca

54 마텐자이트(Martensite) 변태를 설명한 것 중 틀린 것은?

① 마텐자이트 변태를 하면 표면기복이 생긴다.
② 마텐자이트는 단일상이 아닌 금속간 화합물이다.
③ M_s점에서 마텐자이트 변태를 개시하여 M_f에서 완료한다.
④ 오스테나이트에서 마텐자이트로 변태하는 무확산 변태이다.

55 철강의 일반적인 물리적 성질을 나타낸 내용으로 틀린 것은?

① 합금강에서 전기저항은 합금원소의 증가에 따라 커진다.
② 탄소강의 비열, 전기전도도는 탄소량의 증가에 따라 감소한다.
③ 합금강에서 오스테나이트 강은 페라이트강보다 팽창계수는 크고 열전도도는 작다.
④ 탄소강의 비중, 팽창계수, 열전도도는 탄소량의 증가에 따라 감소한다.

정답 047. ③ 048. ① 049. ② 050. ③ 051. ② 052. ② 053. ① 054. ② 055. ②

056. 고압가스용기를 취급하는 또는 운반시 잘못된 것은?

① 운반용 기구를 사용한다.
② 반드시 캡을 씌워서 운반한다.
③ 지면 바닥에 쓰러뜨려 조심스럽게 굴려서 운반한다.
④ 트럭으로 운반시에는 로프 등으로 단단히 묶는다.

057. 산업현장에서 발생한 재해를 조사하는 목적에 해당하지 않는 것은?

① 재해의 원인규명
② 재해방지 대책수립
③ 관계자의 책임 추궁
④ 동종재해 발생 방지

058. 다음 중 공장 작업 공정에서 레이아웃의 기본조건이 아닌 것은?

① 운반의 합리성을 고려한다.
② 재료 및 제품의 연속적 이동을 고려한다.
③ 미래의 변경에 대한 융통성을 부여한다.
④ 공간 이용시 입체화는 고려하지 않는다.

059. 시간에 따라 예측할 수 없는 방법으로 공정의 변화가 발생하는 이유 중 틀린 것은?

① 환경의 변화
② 원자재의 변화
③ 부분품의 마모
④ 모델 계수의 변화

060. 자동제어에서 계측 – 목표값과 비교 – 판단 – 조작 – 계측과 같이 결과로부터 원인의 수정으로 순환해서 끊임없이 동작하는 것은?

① 출력
② 응답
③ 시퀀스
④ 피드백

정답 056. ③ 057. ③ 058. ④ 059. ④ 060. ④

13. 주조기능장 2015년 시행문제

01 열전대 중 1300℃ 이상을 측정할 수 있는 열전대는?

① R(백금-백금·로듐)
② K(크로멜-알루멜)
③ J(철-콘스탄탄)
④ T(구리-콘스탄탄)

02 그림은 목재의 어떤 맞춤법을 나타낸 것인가?

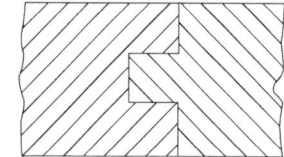

① 맞대 맞춤
② T형장부 맞춤
③ 제혀 쪽매 맞춤
④ 반턱장부 맞춤

03 금속제도에서 그림 A 부분이 지시하는 표시로 옳은 것은?

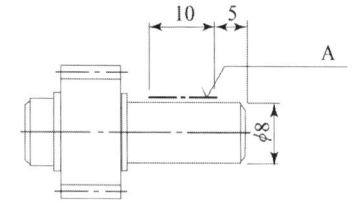

① 평면의 표시법
② 특정 모양 부분의 표시
③ 특수가공 부분의 표시
④ 가공 전과 후의 모양 표시

04 주조 제품의 내부결함을 탐상할 수 있는 비파괴 시험법은?

① 형광침투시험법
② 방사선투과시험법
③ 현미경파단시험법
④ 자분탐상시험법

05 지름에 변화가 없는 직선관이나 곡선 모양의 관을 만들 때 사용되는 원형은?

① 긁기형   ② 회전형
③ 골격형   ④ 사복형

06 다음 주물의 후처리 방법 중 화학적 청정법은?

① 텀블러(Tumbler)
② 피클링(Pickling)
③ 샌드블라스트(Sand-blast)
④ 쇼트블라스트(Shot-blast)

07 원형제작시 고려해야 할 사항이 아닌 것은?

① 분할면의 결정   ② 수축여유
③ 덧붙임   ④ 통기도

정답 001. ① 002. ③ 003. ③ 004. ② 005. ① 006. ② 007. ④

008 탕구계에서 탕구의 단면적이 3cm², 탕도의 단면적이 6cm², 주입구의 총단면적이 12cm²일 때 탕구비는?

① 4 : 2 : 1
② 2 : 4 : 1
③ 1 : 4 : 2
④ 1 : 2 : 4

009 다이캐스트법의 특징을 설명한 것 중 틀린 것은?

① 얇고 복잡한 모양의 주물을 제조할 수 있다.
② 용탕이 가압되므로 기공이 적고 조직이 치밀하며 강인하다.
③ 치수의 정밀도가 높고 주물의 표면이 깨끗하다.
④ 동일 규격의 제품은 생산할 때에는 대량생산이 어렵고 생산비가 비싸다.

010 코어를 지지하기 좋게 하고, 코어 메탈 강화 또는 코어 가스의 배출을 용이하게 하기 위하여 코어를 한쪽에서 연결시킨 코어는?

① 수평 코어 프린트
② 낙하 코어 프린트
③ 한쪽 코어 프린트
④ 브리지 코어 프린트

011 주조품 제작시 가장 먼저 고려해야 할 사항은?

① 주형제조
② 주입작업
③ 이형제첨가
④ 주조계획수립

012 주물의 중량이 100Kgf이고 살 두께에 따른 상수가 1.5일 때 주입시간(sec)은?

① 1.5
② 15
③ 150
④ 1500

013 원형을 주형으로부터 빼기 쉽게 하기 위하여 분할면으로부터 수직방향으로 만들어 주는 것은?

① 라운딩
② 덧붙임
③ 인발구배
④ 수축여유

014 규사에 규산나트륨을 4~6% 첨가, 혼련시켜 CO_2가스를 불어넣어 경화시키는 주형법은?

① 자경성 주형법
② 마그네틱 주형법
③ CO_2주형법
④ 시멘트계 주형법

015 한국산업표준에서 제도의 적용에 대한 설명으로 틀린 것은?

① 1각법은 눈→물체→투상면이다.
② 치수는 가능한 한 정면도에 집중하여 기입한다.
③ 가공방법의 기호 중 M 은 연삭가공의 약호이다.
④ 나사의 표시방법은 나사산의 줄의 수, 나사의 호칭, 나사의 등급으로 한다.

016 일반구조용 압연강재를 나타내는 것으로 옳은 것은?

① SS400
② SPN200
③ SM45C
④ STC104

정답 008. ④ 009. ④ 010. ④ 011. ④ 012. ② 013. ③ 014. ③ 015. ③ 016. ①

17. 재료의 연성을 알기 위한 것으로 구리판, 알루미늄판 및 기타 연성 판재를 가압성형하여 변형 능력을 시험하는 것은?
   ① 마모시험
   ② 에릭션시험
   ③ 크리프시험
   ④ 스프링시험

18. 다음 중 경화기구에 의한 자경성 주형의 분류가 아닌 것은?
   ① 수경성에 의한 것
   ② 겔(gel)화에 의한 것
   ③ 무기질 점결제를 사용한 것
   ④ 산화중합 또는 축합반응에 의한 것

19. 저압 주조법의 특징을 설명한 것 중 틀린 것은?
   ① 주입 속도를 자유롭게 조절할 수 없다.
   ② 주조할 수 있는 금속의 종류가 제한되어 있다.
   ③ 복잡하거나 얇은 주물 또는 대형 주물의 주조가 가능하다.
   ④ 방향성 응고가 쉽게 이루어지므로 기공이나 수축공이 적은 건전한 주물을 얻을 수 있다.

20. 풀 몰드법의 주된 원형재료는?
   ① 소석고
   ② 규산소다
   ③ 목질점토
   ④ 발포성 폴리스틸렌

21. 표준 시험편의 단면적이 $19.6 cm^2$인 시험편으로 주물사의 압축강도를 측정한 결과 $7 kg_f/cm^2$이었다면 시험편이 파괴되었을 때의 하중은 약 몇 kg_f인가?
   ① 127
   ② 137
   ③ 147
   ④ 157

22. 인베스트먼트 주조법에서 왁스 모형이 완전히 성형되지 않을 때의 원인이 아닌 것은?
   ① 공극부 내의 공기가 잘 빠져나갔을 때
   ② 금형 온도가 너무 낮을 때
   ③ 왁스 온도가 너무 낮을 때
   ④ 주입구가 너무 작을 때

23. 주물 표면의 소착물을 제거, 청정하기 위하여 철제 용기에 주물을 장입하고 다각형의 철편을 넣어 매분 40~60회 정도의 속도로 용기를 회전시켜 주물표면의 청소나 주물의 코어 제거작업에 쓰이는 기계는?
   ① 텀블러(tumbler)
   ② 쇼트블라스트(shot blast)
   ③ 샌드블라스트(sand blast)
   ④ 쇼트 챔버 블라스트(shot chamber blast)

24. 원형용 목재로서 갖추어야 할 성질로 틀린 것은?
   ① 가공이 쉽고 재질이 고른 것
   ② 온도와 습도에 의한 변형은 적으나 무거울 것
   ③ 강도가 있고 내마멸성과 내구성이 좋을 것
   ④ 값이 싸고 손쉽게 대량으로 구할 수 있을 것

정답 017. ② 018. ③ 019. ① 020. ④ 021. ② 022. ① 023. ① 024. ②

025. 주형 또는 코어 제작시 모형(模型)으로서 반드시 금형을 사용해야 하는 조형법은?
① 생형법
② 셸형법
③ 유사형법
④ CO_2형법

026. 목재의 유기성분 중 셀룰로오스는 몇 % 정도 차지하는가?
① 50 ~ 55
② 30 ~ 35
③ 20 ~ 25
④ 5 ~ 10

027. 인베스트먼트 주조법의 특징을 설명한 것 중 틀린 것은?
① 재질에 있어 제한적이다.
② 소량에서 대량 생산까지 가능하다.
③ 모양이 복잡하고 치수 정밀도가 높은 주물을 만들 수 있다.
④ 가공이 힘들거나 기계 가공이 불가능한 제품에 이용된다.

028. 주물사에서 사립의 구비조건을 설명한 것 중 틀린 것은?
① 사립은 알맞은 입도 분포를 가져야 한다.
② 용탕의 압력에 견딜만한 고온 강도를 가져야 한다.
③ 용탕에 견디는 내화도와 용탕에서의 가스를 외부로 배출시킬 통기도를 가져야 한다.
④ 보온성이 적어 주물의 냉각이 빨리 이루어지는 성질을 가져야 한다.

029. 압탕의 설치에 있어 보다 많은 주의를 기울여야 할 주물에 대한 설명 중 틀린 것은?
① 순금속보다 합금일수록 압탕을 잘 설치하여야 한다.
② 높은 중심선 저항계수를 갖고 있는 주물일수록 압탕을 잘 설치하여야 한다.
③ 금형보다는 사형주물일 경우 압탕을 잘 설치하여야 한다.
④ 백주철보다 회주철이 주물재료인 경우 압탕을 잘 설치하여야 한다.

030. 무게가 150kgf인 주물을 만들 때 목형의 무게는 몇 kg인가? (단, 비중은 주물이 7.2, 목형이 0.6이다.)
① 10.0
② 12.5
③ 15.0
④ 17.5

031. 다음 중 주입온도가 낮을 때 일어나는 주된 현상은?
① 수축이 크다.
② 유동성이 나쁘다.
③ 기포의 원인이 된다.
④ 균열을 일으키기 쉽다.

032. 다음 중 주입온도가 가장 높은 재질은?
① 주철
② 주강
③ 구리 합금
④ 알루미늄 합금

033. 벤토나이트(bentonite)의 주성분은?
① 씨콜
② 고령석
③ 포틀란도
④ 몬모릴로나이트

정답 025. ② 026. ① 027. ① 028. ④ 029. ④ 030. ② 031. ② 032. ② 033. ④

34. 주조응력에 대한 열간균열(hot tear)을 감소하는데 가장 적합한 것은?
   ① 고온에서 주물을 급냉
   ② 용융금속의 유동성 감소
   ③ 주조합금의 입자의 조대화
   ④ 주물 내 미세한 수축공 제거

35. 도가니로의 규격 표시로 옳은 것은?
   ① 1회에 용해할 수 있는 알루미늄 중량(kg)
   ② 1회에 용해할 수 있는 구리 중량(kg)
   ③ 1회에 용해할 수 있는 아연 중량(kg)
   ④ 1회에 용해할 수 있는 흑연 중량(kg)

36. 원형용 공구 중 띠톱기계의 절삭속도를 구하는 식으로 옳은 것은? (단, V는 절삭속도, n은 바퀴의 회전수, D는 바퀴의 지름이다.)
   ① $V = \frac{\pi}{2} n \cdot D$
   ② $V = n \cdot \pi \cdot D$
   ③ $V = \frac{\pi}{4} n \cdot D$
   ④ $V = \frac{1}{3} n \cdot \pi \cdot D$

37. 주물 응고시 수지상정으로 인하여 직각부분에 생기는 재질의 취약을 방지하기 위한 방법은?
   ① 수축여유를 준다.
   ② 보정여유를 준다.
   ③ 라운딩을 한다.
   ④ 덧붙임을 한다.

38. 금형주조법의 특징이 아닌 것은?
   ① 생산성이 높다.
   ② 시설비가 적게 든다.
   ③ 제품의 크기 및 무게에 한계가 없다.
   ④ 치수가 정밀하고, 기계적 성질이 향상된다.

39. 선의 종류에 따른 선의 용도를 옳게 설명한 것은?
   ① 굵은 실선은 반복 도형의 피치의 기준을 잡는다.
   ② 가는 실선은 수면, 유면 등의 위치를 나타낸다.
   ③ 파선은 대상물이 보이는 부분의 겉모양을 표시한다.
   ④ 일점쇄선은 대상물의 보이지 않는 부분의 모양을 표시한다.

40. 원형을 구조와 재료에 따라 분류할 때 구조에 따른 분류에 해당되지 않는 것은?
   ① 현형   ② 코어형
   ③ 석고형   ④ 긁기형

41. 주물의 결함 중 주탕불량의 방지대책으로 옳은 것은?
   ① 주입온도를 낮춘다.
   ② 주입속도를 높인다.
   ③ 가스 배출 배기공의 수를 줄인다.
   ④ 넓은 주물의 경우 수평주입을 한다.

42. 탕구계통이 아닌 것은?
   ① 압탕   ② 탕구
   ③ 탕도   ④ 게이트

043 미리 정해진 일정단위 중에 포함된 부적합 수에 의거하여 공정을 관리할 때 사용되는 관리도는?
① c 관리도 ② P 관리도
③ X 관리도 ④ nP 관리도

044 TPM 활동 체제 구축을 위한 5 가지 기둥과 가장 거리가 먼 것은?
① 설비초기관리체제 구축 활동
② 설비효율화의 개별개선 활동
③ 운전과 보전의 스킬 업 훈련 활동
④ 설비경제성검토를 위한 설비투자분석 활동

045 로트에서 랜덤하게 시료를 추출하여 검사한 후 그 결과에 따라 로트의 합격, 불합격을 판정하는 검사방법을 무엇이라 하는가?
① 자주검사 ② 간접검사
③ 전수검사 ④ 샘플링검사

046 자전거를 셀 방식으로 생산하는 공장에서, 자전거 1대당 소요공수가 14.5H이며, 1일 8H, 월 25일 작업을 한다면 작업자 1명 당 월 생산 가능 대수는 몇 대인가? (단, 작업자의 생산종합효율은 80%이다.)
① 10 ② 11
③ 13 ④ 14

047 도수분포표에서 알 수 있는 정보로 가장 거리가 먼 것은?
① 로트 분포의 모양
② 100 단위당 부적합 수
③ 로트의 평균 및 표준편차
④ 규격과의 비교를 통한 부적합품률의 추정

048 ASME(American Society of Mechanical Engineers)에서 정의하고 있는 제품공정 분석표에 사용되는 기호 중 "저장(Storage)"을 표현한 것은?
① ○ ② □
③ ▽ ④ ⇨

049 피아노 선재가 구비해야 하는 성질에 관한 설명으로 틀린 것은?
① 탄성한도는 낮아야 한다.
② 피로강도가 높아야 한다.
③ 소르바이트 조직이 적당하다.
④ 인이나 유황의 함량이 적은 강재이어야 한다.

050 석출경화계 스테인리스강에서 석출경화성 첨가원소가 아닌 것은?
① Sn ② Al
③ Ti ④ Nb

051 주물표면을 급냉하여 경도가 높은 Fe_3C 조직으로 해서 내마모성을 주고, 내부는 회주철로 하여 인성을 부여한 주철은?
① 합금주철 ② 보통주철
③ 가단주철 ④ 냉경주철

정답   043. ①   044. ④   045. ④   046. ②   047. ②   048. ③   049. ①   050. ①   051. ④

52. 특수강 중에 각종 원소를 첨가하였을 때의 효과에 대한 설명으로 틀린 것은?
   ① Ni은 탄소와의 친화력이 낮고, 페라이트에 고용된다.
   ② Ni은 담금질성을 개선하는 효과가 Cr보다 우수하다.
   ③ Mo을 첨가한 Mo 강은 400℃ 부근까지 고온강도를 개선한다.
   ④ Mn의 첨가량이 1.0% 이상이 되면 결정입자를 조대화하고 취성이 증대된다.

53. 냉각시 0.25% 탄소강의 723℃ 선상에서 펄라이트(pearlite)의 양(%)은? (단, 공석점의 C 함유량은 0.8% 이며, α의 탄소 함유량은 무시한다.)
   ① 2.23
   ② 25.50
   ③ 31.25
   ④ 34.46

54. 인청동은 인(P)이 몇 % 정도 함유하는가?
   ① 0.05~0.5 정도
   ② 0.6~5 정도
   ③ 6~9 정도
   ④ 10~20 정도

55. 다음 중 알루미늄(Al) 합금이 아닌 것은?
   ① 라우탈(Lautal)
   ② 두랄루민(Duralumin)
   ③ 베빗메탈(Babbit metal)
   ④ 하이드로날륨(Hydronalium)

56. 안전모의 종류와 용도가 잘못 연결된 것은?
   ① A : 물체의 낙하 또는 비래가 있는 장소
   ② B : 추락에 의한 위험이 있는 장소
   ③ AB : 물체의 낙하 또는 비래 및 추락의 위험이 있는 장소
   ④ BE : 물체의 낙하 또는 비래 및 추락에 의한 위험과 감전에 의한 위험이 있는 장소

57. 작업자의 신체 기능과 작업 중 긴장감을 저하시켜 불안전한 행동을 일으키는 것은?
   ① 피로
   ② 경험 부족
   ③ 의욕의 결여
   ④ 지식의 부족

58. 작동유 중에 수분이 흡입되었을 때의 영향을 설명한 것 중 옳은 것은?
   ① 캐비테이션이 발생한다.
   ② 작동유의 윤활성을 돕는다.
   ③ 작동유의 방청성을 좋게 한다.
   ④ 작동유의 산화 및 열화를 방지한다.

59. 피드백 제어계 중 물체의 위치, 방위, 자세 등의 기계적 변위를 제어량으로 해서 임의의 변화에 추종하도록 구성된 제어계는?
   ① 서보 기구(SERVO MECHANISM)
   ② 프로세스 제어(PROCESS CONTROL)
   ③ 자동 조정(AUTOMATIC REGULATION)
   ④ 프로그램 제어(PROGRAM CONTROL)

60. 전기 계전기(릴레이)의 기능 중 코일부와 접점이 전기적으로 절연되어 있기 때문에 각각 다른 성질의 신호를 취급할 수 있는 기능은?
   ① 변환기능
   ② 전달기능
   ③ 증폭기능
   ④ 연산기능

정답 052. ② 053. ③ 054. ① 055. ③ 056. ④ 057. ① 058. ① 059. ① 060. ①

14. 주조기능장 2016년 시행문제

001 KS 규격에서 제게르 추(KS) 몇 번 이상의 내화도를 가진 것을 내화재료 규정하는가?
① SK16 ② SK26
③ SK36 ④ SK40

002 셸 몰드용 주물사의 구비조건을 설명한 것 중 틀린 것은?
① 상온 강도면에서 입형은 둥근 것이 좋다.
② 규사에 포함된 습기, 수분은 주위의 상대습도와 평형을 유지할 때까지 건조하여 사용한다.
③ 석영분이 96% 이상의 것으로 하면 표면도 깨끗하며 셸 강도가 높지만 열팽창에 큰 단점이 있다.
④ 점토분은 10% 이하가 적당하며, 셸 강도에 영향을 주는 카오리나이트의 점토 광물을 많이 포함되게 한다.

003 모형 제작 시 도면 해독법의 설명으로 틀린 것은?
① 도면의 제품 도시는 항상 1각법으로 구성되어 있으며, 형상과 치수, 표기법 등을 파악해야 한다.
② 도면에 기재된 수압, 열처리, 재료시험 등의 실시 여부와 가공 여유, 보정 여유, 검사요령 등을 완전히 이해해야 한다.
③ 제품형상을 정확하게 파악하여야 하며, 제품 형상의 이해가 곤란한 경우 과거의 비슷한 원형이나 도면을 참고한다.
④ 표제란은 일반적으로 도면의 오른쪽 아래 부분에 품명, 재질, 중량 등과 척도가 기재되어 있으므로 도면을 보기 전에 먼저 이것을 읽고 이해해야 한다.

004 한 변의 길이가 260mm인 정사각형의 투상면적을 가지며, 주형의 밀도가 7300kg/m³인 주철 용탕을 부었을 때 안전한 주입추의 무게는 몇 kgf인가? (단, 주입구에서 탕면까지의 높이는 180mm이고, 안전계수는 3으로 한다.)
① 166.5 ② 266.5
③ 366.5 ④ 465.5

정답 001. ② 002. ④ 003. ① 004. ②

05 주철 주물의 무게가 100kg이고 살 두께에 따른 상수 값이 2.23일 때 주입시간(s)은?
① 16.3　　② 22.3
③ 163　　④ 223

06 대패에 덧날을 끼우는 이유로 가장 중요한 것은?
① 원날이 빠지지 않게 한다.
② 거스러미가 일지 않게 한다.
③ 대패 작업에 힘이 적게 든다.
④ 원날을 보호하기 위한 것이다.

07 기계조형법이 손조형법에 비하여 우수한 점 중 틀린 것은?
① 제품이 균등하다.
② 불량률이 많아진다.
③ 생산능률이 향상된다.
④ 제품의 중량이 감소된다.

08 아크(arc)로에서 전극의 구비 조건으로 틀린 것은?
① 회분과 유황이 많을 것
② 온도의 급변에 견딜 것
③ 가열상태에서 산화가 적을 것
④ 충분한 전기전도도와 내화를 가질 것

09 주물결함인 미스런(Misrun)에 방재대책에 관한 설명 중 틀린 것은?
① 충분한 압탕을 준다.
② 주입구 면적을 감소함으로써 방지할 수 있다.
③ 금형 주조 시 금형온도를 증가시켜 방지할 수 있다.
④ 주형의 가스 배출성 및 통기도를 향상시켜 방지할 수 있다.

10 인베스트먼트 주조에서 주형에 소성을 하는 목적은?
① 주형을 소결시켜 강도를 높이기 위해서
② 주형을 용탕 온도와 같게 하기 위해서
③ 주형 내부에 왁스를 잔류하게 하기 위해서
④ 두꺼운 주형의 온도를 급상승하게 하기 위해서

11 지느러미(fin)와 같이 얇고 폭이 넓은 탕도에 붙인 게이트는?
① 휠 게이트
② 샤워 게이트
③ 직접 게이트
④ 나이프 게이트

12 평판상의 코어로써 주형의 모래다짐 시 원형의 루스피스를 빼낸 후에 생기는 공간을 막아주기 위하여 사용되는 것으로 관, 이음새 등의 주물에 사용되는 코어는?
① 키스 코어(Kiss core)
② 슬래브 코어(Slab core)
③ 윌리암 코어(William core)
④ 스텐다드 코어(Standard core)

정답 005. ②　006. ②　007. ②　008. ①　009. ②　010. ①　011. ④　012. ②

13 흑연화를 저해하는 대표적인 원소는?
① Al ② Si
③ Cr ④ Ni

14 원심주조에 있어서 편석을 적게 하기 위한 방법을 설명한 것 중 틀린 것은?
① 합금의 점성이 클 것
② 공정점에 가까운 성분일 것
③ 금형주조 살두께가 작을 것
④ 초정과 용체의 비중차가 클 것

15 주조방안 설계에 활용하고 있는 응고 유동 계산 소프트웨어로 계산하여 얻을 수 있는 정보가 아닌 것은?
① 주물의 응고시간
② 수축 결함의 위치
③ 주형 공간의 충전시간
④ 혼입된 슬래그의 위치

16 로의 규격을 1회에 용해할 수 있는 구리의 무게(kg)를 기준으로 하며 비철금속 용해 작업에 적합한 용해로의 명칭은?
① 용선로 ② 아크로
③ 유도로 ④ 도가니로

17 다음 중 열가소성 수지에 해당되는 것은?
① 페놀 수지 ② 멜라민 수지
③ 아크릴 수지 ④ 에폭시 수지

18 다음 중 주형제작에서 탕구비에 포함되지 않는 것은?
① 탕구 ② 탕도
③ 게이트 ④ 압탕

19 다음 주물 중 주입온도가 가장 높은 것은?
① 청동 주물
② 주강 주물
③ 주철 주물
④ 알루미늄 주물

20 도형제의 구비해야 할 성질을 설명한 것 중 틀린 것은?
① 용융금속을 주입 시에 모래 소착현상이 일어나지 않을 것
② 도형제를 용해시킨 용제가 주형의 점결제를 용해 할 것
③ 도형제가 주형의 모래 입자 사이에 침투하는 침투성이 양호할 것
④ 열전도성이 낮아 용융금속의 열을 주형에 전달하는 속도가 느릴 것

21 주형의 표면을 급속 가열함으로서 미세한 균열을 균일하게 생성시켜 주형을 건조할 때 생기는 주형의 수축을 방지함과 동시에 통기성을 증가시키는 주조법은?
① 쇼 주조법
② 감압 주조법
③ 고압 응고 주조법
④ 마그네틱 주조법

정답 013. ③ 014. ④ 015. ④ 016. ④ 017. ③ 018. ④ 019. ② 020. ② 021. ①

22. CO_2 조형법의 특징을 설명한 것 중 틀린 것은?
① 용탕 주입 시 가스의 발생이 적다.
② 코어를 만들 때에는 보강재를 줄일 수 있다.
③ 주형의 붕괴성이 좋고, 주물사의 회수율이 높다.
④ 원형이 묻힌 채 주형이 강화되므로 치수가 정밀하다.

23. 코어의 구비조건 중 틀린 것은?
① 신속하고 완전한 건조가 가능할 것
② 용탕과 접했을 때 가스 발생이 많을 것
③ 붕괴성이 좋아 용탕응고 후 모래가 잘 떨어질 것
④ 코어 제작이 쉽고 건조 전 후에 변형되지 않을 것

24. 다음 중 코어 프린트를 붙이는 목적으로 틀린 것은?
① 코어의 고정
② 코어의 위치 결정
③ 코어의 가스 빼기
④ 코어의 강도 보강

25. 다음 중 염기성 내화재료로 옳은 것은?
① 규석 벽돌
② 납석 벽돌
③ 샤모트벽돌
④ 마그네시아벽돌

26. 지름에 변화가 없는 균일한 단면을 가지며, 가늘고 긴 관이나 이음관, 곡관 등을 경제적으로 제작할 때 사용하는 원형은?
① 회전형
② 긁기형
③ 골격형
④ 단체형

27. 주조품의 내부 결함을 찾아낼 수 있는 비파괴 시험법은?
① 육안검사법
② 침투탐상검사법
③ 초음파탐상검사법
④ 염색침투탐상검사법

28. 원형의 두께가 얇거나 파손되기 쉬울 때 만들어 주는 것은?
① 덧붙임
② 라운딩
③ 가공여유
④ 수축여유

29. 도면에서 2종류 이상의 선이 같은 장소에 겹치게 될 경우 우선순위로 옳은 것은?
① 외형선 → 숨은선 → 중심선 → 절단선 → 무게중심선
② 외형선 → 숨은선 → 중심선 → 무게중심선 → 절단선
③ 외형선 → 중심선 → 숨은선 → 무게중심선 → 절단선
④ 외형선 → 숨은선 → 절단선 → 중심선 → 무게중심선

정답 022. ③ 023. ② 024. ④ 025. ④ 026. ② 027. ③ 028. ① 029. ④

030. 원형의 구조상 제품과 같은 형태로 제작된 것에 속하는 것은?
① 분할형
② 긁기형
③ 회전형
④ 프리프린트

031. 한국산업표준에서 정한 주물사의 수분 측정 시 건조온도(℃)는?
① 80 ~ 85
② 105 ~ 110
③ 140 ~ 145
④ 165 ~ 170

032. 주물의 재질에 의한 주철 주물의 분류에 해당되지 않는 것은?
① 합금강 주물
② 고급주철 주물
③ 가단주철 주물
④ 구상흑연주철 주물

033. 도면에서 중심선을 꺾어서 연결 도시한 도면과 같은 투상도는?

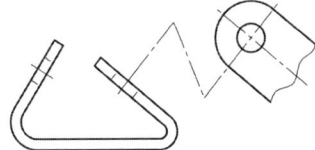

① 보조투상도
② 국부투상도
③ 부분투상도
④ 회전투상도

034. 풀 몰드(Full mould)법에 대한 설명으로 옳은 것은?
① 구조가 복잡한 원형은 만들 수 없다.
② 주형 제작 시 코어의 설치가 필요하다.
③ 발포성 폴리스티렌으로 만든 원형을 사용한다.
④ 풀 몰드법에 사용되는 원형은 소실되지 않고 여러 번 사용할 수 있는 반복성을 가지고 있다.

035. 목재를 톱으로 자르면 톱날이 끼여서 톱질이 어려워진다. 이와 같은 현상을 줄이기 위하여 날끝을 양쪽으로 엇갈리게 구부린 것은?
① 피치
② 날어김
③ 절삭각
④ 측면 정사각

036. 기계조형법인 졸트법에 대한 설명으로 틀린 것은?
① 주형을 상·하 운동 시킨다.
② 수평면에 적당한 조형법이다.
③ 주형의 윗면이 가장 단단하다.
④ 비교적 복잡한 주물의 조형에 이용된다.

037. 큐폴라(Cupola)의 구조 중 바람 구멍면에서 로의 바닥면까지의 부분으로, 용융금속과 슬래그가 모이는 부분은?
① 로상
② 과열대
③ 용해대
④ 예열대

주조(鑄造)기능장

38 다음 중 원형 검사의 순서로 가장 옳은 것은?

① 오작수정 → 치수검사 → 형상검사 → 합인검사
② 치수검사 → 오작수정 → 합인검사 → 형상검사
③ 형상검사 → 치수검사 → 합인검사 → 오작수정
④ 합인검사 → 형상검사 → 오작수정 → 치수검사

39 원형 보존 방법에 관한 설명으로 적당하지 않는 것은?

① 보존구분과 기간을 기록한다.
② 원형의 크기에 따라 창고를 준비한다.
③ 보관 장소 바닥은 모래를 깔고 벽은 나무로 한다.
④ 흡습에 의한 변형을 막기 위하여 온도를 일정하게 유지한다.

40 다이케스팅에서 Zn합금을 주조할 때 금형은 몇 도(℃)정도로 예열하는가?

① 40~70   ② 80~150
③ 200~350 ④ 400~550

41 동일한 부피의 압탕이 최대의 응고시간을 가지려면 어떤 형상이어야 하는가?

① 구형   ② 삼각형
③ 정사각형 ④ 육각형

42 주물의 압탕효과를 증가시킬 수 있는 방법이 아닌 것은?

① 칠(chill)을 제거한다.
② 덧붙임(padding)을 한다.
③ 압탕의 형상계수(체적/표면적)를 크게 한다.
④ 압탕부에 단열재나 발열재로 만든 슬리브를 사용한다.

43 이항분포(binomial distribution)에서 매회 A가 일어나는 확률이 일정한 값 P일 때, n회의 독립시행 중 사상 A가 x회 일어날 확률 $P(x)$를 구하는 식은? (단, N은 로트의 크기, n은 시료의 크기, P는 로트의 모부적 합품률이다.)

① $P(x) = \dfrac{n!}{x!(n-x)!}$

② $P(x) = e^{-x} \cdot \dfrac{(nP)^x}{x!}$

③ $P(x) = \dfrac{\binom{NP}{x}\binom{N-NP}{n-x}}{\binom{N}{n}}$

④ $P(x) = \binom{n}{x} P^x (1-P)^{n-x}$

정답 038. ③ 039. ③ 040. ② 041. ① 042. ① 043. ④

44 다음은 관리도의 사용 절차를 나타낸 것이다. 관리도의 사용 절차를 순서대로 나열한 것은?

[다음]
㉠ 관리하여야 할 항목의 선정
㉡ 관리도의 선정
㉢ 관리하려는 제품이나 종류선정
㉣ 시료를 채취하고 측정하여 관리도를 작성

① ㉠ → ㉡ → ㉢ → ㉣
② ㉠ → ㉢ → ㉣ → ㉡
③ ㉢ → ㉠ → ㉡ → ㉣
④ ㉢ → ㉣ → ㉠ → ㉡

45 다음 내용은 설비보전조직에 대한 설명이다. 어떤 조직의 형태에 대한 설명인가?

[다음]
보전작업자는 조직상 각 제조부문의 감독자 밑에 둔다.
• 단점 : 생산우선에 의한 보전작업 경시, 보전기술 향상의 곤란성
• 장점 : 운전자와 일체감 및 현장감족의 용이성

① 집중보전 ② 지역보전
③ 부문보전 ④ 절충보전

46 다음 표는 어느 자동차 영업소의 월별 판매 실적을 나타낸 것이다. 5개월 단순이동 평균법으로 6월의 수요를 예측하면 몇 대인가?

월	1월	2월	3월	4월	5월
판매량	100대	110대	120대	130대	140대

① 120대 ② 130대
③ 140대 ④ 150대

47 샘플링에 관한 설명으로 틀린 것은?

① 취락 샘플링에서는 취락 간의 차는 작게, 취락 내의 차는 크게 한다.
② 제조공정의 품질특성에 주기적인 변동이 있는 경우 계통 샘플링을 적용하는 것이 좋다.
③ 시간적 또는 공간적으로 일정 간격을 두고 샘플링하는 방법을 계통 샘플링이라고 한다.
④ 모집단을 몇 개의 층으로 나누어 각 층마다 랜덤하게 시료를 추출하는 것을 층별 샘플링이라고 한다.

48 표준시간 설정 시 미리 정해진 표를 활용하여 작업자의 종작에 대해 시간을 산정하는 시간연구법에 해당되는 것은?

① PTS법
② 스톱워치법
③ 워크샘플링법
④ 실적자료법

정답 044. ③ 045. ③ 046. ① 047. ② 048. ①

49 주조성이 양호하며 내식성이 우수하여 화폐, 종, 동상 등 미술공예품으로 많이 사용되는 청동은?

① Cu+Zn ② Cu+Sn
③ Cu+Al ④ Cu+P

50 Ni-Cr계 합금에 대한 설명으로 틀린 것은?

① 전기저항이 대단히 작다.
② 내식성이 크고 산화도가 작다.
③ Fe 및 Cu에 대한 열전 효과가 크다.
④ 내열성이 크고 고온에서 경도 및 강도의 저하가 작다.

51 분말상 Cu에 약 10%Sn 분말과 2%흑연 분말을 혼합하고, 윤활제 또는 휘발성 물질을 가한 후 가압 성형하여 소결한 베어링 합금은?

① 켈밋 메탈
② 배빗 메탈
③ 앤티프릭션 메탈
④ 오일리스 베어링

52 다음 중 면심입방격자(FCC)를 갖는 금속이 아닌 것은?

① Ag ② Au
③ Ni ④ Mo

53 일반적으로 평형의 조건은 Gibbs의 상율을 이용한다. Fe-C 평형상태도에서 상율을 나타내는 식이 F = C − P + I 라면 F는 무엇을 나타내는가?

① 성분수
② 상의수
③ 자유도
④ 환경변수(온도, 압력)

54 쾌삭강(free cutting steel)의 피삭성을 증가시키는 합금 원소로만 이루어진 것은?

① Sb, cr, N
② Cr, Mg, Na
③ S, Pb, Se
④ Mn, P, Sb

55 철강 표면에 Al을 침투시키는 금속 침투법은?

① 세라다이징 ② 크로마이징
③ 칼로라이징 ④ 고주파 담금질

56 다량의 고열물체를 취급하는 장소나 매우 뜨거운 장소에 필요한 사항이 아닌 것은?

① 체온을 급격히 내릴 수 있는 시설을 마련한다.
② 출입이 금지된 장소에 사업주의 허락 없이 출입해서는 아니 된다.
③ 근로자가 작업 중 땀을 많이 흘리게 되는 장소에 소금과 깨끗한 음료수를 비치한다.
④ 작업 중 근로자의 작업복이 심하게 젖게 되는 작업장에는 탈의시설, 목욕시설, 세탁시설 및 작업복을 말릴 수 있는 시설을 설치한다.

정답 049. ② 050. ① 051. ④ 052. ④ 053. ③ 054. ③ 055. ③ 056. ①

057 안전관리 활동은 안전관리 조건이 충족될 때, 4개의 각 단계에 따라 진행된다. 안전관리의 4-사이클 중에서 실기(do) 다음에 해야 할 단계는?

① 검토(Check)
② 계획(Plan)
③ 준비(Prepare)
④ 설계(Design)

058 정보자동화에서 MRP(material requirement planning)란 어떤 의미인가?

① 분산 처리망
② 근거리 통신망
③ 환형 구조 설계
④ 자재 소요량 계획

059 근접 센서에 대한 설명으로 틀린 것은?

① 산업 자동화에 적합하다.
② 수명이 길고, 신뢰성이 높다.
③ 접촉 감지 동작으로 기계적 마모가 심하다.
④ 무접점 반도체 소자로 빠른 동작 특징을 갖는다.

060 제어 시스템에서 동기 제어계(synchronous control system)를 옳게 설명한 것은?

① 실제의 시간과 관계된 신호에 의하여 제어가 이루어지는 것
② 시간과는 관계없이 입력신호의 변화에 의해서만 제어가 이루어지는 것
③ 제어프로그램에 의해 미리 결정된 순서대로 신호가 출력되어 제어되는 것
④ 요구되는 입력조건이 만족되면 그에 상응하는 신호가 출력되어 제어되는 것

정답 057. ① 058. ④ 059. ③ 060. ①

주조기능장 필기 & 실기

초 판	인쇄	2013년 1월 5일
초 판	발행	2013년 1월 10일
개정2판	발행	2023년 1월 10일
개정3판	발행	2025년 1월 20일
개정4판	발행	2026년 1월 5일

지은이 | 공학박사 조수연
발행인 | 조규백
발행처 | **도서출판 구민사**
　　　　(07293) 서울특별시 영등포구 문래북로 116, 604호(문래동3가 46, 트리플렉스)
전화 (02) 701-7421
팩스 (02) 3273-9642
홈페이지 www.kuhminsa.co.kr

신고번호 | 제2012-000055호 (1980년 2월 4일)
I S B N | 979-11-6875-572-7　　13500

값 44,000원

※ 낙장 및 파본은 구입하신 서점에서 바꿔드립니다.
※ 본서를 허락없이 부분 또는 전부를 무단복제, 게재행위는 저작권법에 저촉됩니다.